오차 분석 입문

An Introduction to Error Analysis: The Study of Uncertainties in Physical Measurements, 2/e by John R. Taylor
Copyright © 1997 by University Science Books

All rights reserved.
This Korean edition was published by SNU press in 2015 by arrangement with University Science Books, an imprint of AIP Publishing LLC through KCC (Korea Copyright Center Inc.), Seoul.
이 책은 (주)한국저작권센터(KCC)를 통한 저작권자와의 독점계약으로 서울대학교출판문화원 에서 출간되었습니다. 저작권법에 의해 한국 내에서 보호를 받는 저작물이므로 무단전재와 복제를 금합니다.

오차 분석 입문

자연과학적 측정에서 불확실성의 탐구

초판 1쇄 발행 2015년 8월 20일
초판 3쇄 발행 2023년 2월 28일

지은이 존 테일러
옮긴이 김재관

펴낸곳 서울대학교출판문화원
주소 08826 서울 관악구 관악로 1
도서주문 02-889-4424, 02-880-7995
홈페이지 www.snupress.com
페이스북 @snupress1947
인스타그램 @snupress
이메일 snubook@snu.ac.kr
출판등록 제15-3호

ISBN 978-89-521-1565-2 93500

ⓒ 김재관, 2015

이 책은 저작권법에 의해서 보호를 받는 저작물이므로
무단 전재와 복제를 금합니다.

만약 q가 여러 개의 변수 $x, \ldots, z$에 대한 어떤 함수라면, 독립적이고 랜덤한 불확실성에 대해서는 다음이 성립한다.

$$\delta q = \sqrt{\left(\frac{\partial q}{\partial x}\delta x\right)^2 + \cdots + \left(\frac{\partial q}{\partial z}\delta z\right)^2}. \qquad \text{(p. 117)}$$

통계적 정의 (4장)

만약 $x_1, \ldots, x_N$ 이 하나의 물리량 x에 대한 N개의 개별적 측정값을 나타낸다면, 평균, 표준 편차 및 평균의 표준 편차는 다음과 같이 정의된다.

$$\bar{x} = \frac{1}{N}\sum_{i=1}^{N} x_i = \text{평균}; \qquad \text{(p. 152)}$$

$$\sigma_x = \sqrt{\frac{1}{N-1}\Sigma(x_i - \bar{x})^2} = \text{ 표준 편차, 또는 SD}; \qquad \text{(p. 156)}$$

$$\sigma_{\bar{x}} = \frac{\sigma_x}{\sqrt{N}} = \text{ 평균의 표준 편차, 또는 SDOM.} \qquad \text{(p. 160)}$$

정규 분포 (5장)

연속적인 변수 x의 측정에 대한 어떤 극한 분포에 대해서

$$f(x)dx = \text{ 어떤 하나의 측정이 } x \text{에서 } x + dx \text{ 사이에 있는 답을 줄 확률}; \qquad \text{(p. 201)}$$

$$\int_a^b f(x)dx = \text{어떤 하나의 측정이 } x = a \text{에서 } x = b \text{ 사이에 있는 답을 줄 확률}; \qquad \text{(p. 201)}$$

$$\int_{-\infty}^{\infty} f(x)dx = 1 \text{은 정규화 조건} \qquad \text{(p. 201)}$$

이다. 가우스 분포 또는 정규 분포는

$$G_{X,\sigma}(x) = \frac{1}{\sigma\sqrt{2\pi}} e^{-(x-X)^2/2\sigma^2} \qquad \text{(p. 208)}$$

이다. 여기서

X = 분포의 중심 = x의 참값
= 많은 측정값의 평균,
σ = 분포의 폭
= 많은 측정값의 표준 편차

이다. 하나의 측정값이 X로부터 표준 편차의 t배 안에 있을 확률은

$$Prob(t\sigma \text{ 범위 안}) = \frac{1}{\sqrt{2\pi}}\int_{-t}^{t} e^{-z^2/2}dz = \text{정규 오차 적분} \qquad \text{(p. 213)}$$

인데, 특별히

$$Prob(1\sigma \text{ 범위 안}) = 68\%$$

이다.

An Introduction to
Error Analysis

오차 분석 입문

자연과학적 측정에서 불확실성의 탐구

존 테일러 지음 | 김재관 옮김

서울대학교출판문화원

An Introduction to Error Analysis

The study of uncertainties in physical measurements

by John R. Taylor
Translated by Jae Kwan Kim

Seoul National University Press

| 옮긴이의 말 |

세상에는 우연하게 일어나는 일이 분명히 있는 것 같다.

테일러(Taylor) 교수의 *An Introduction to Error Analysis*를 번역하게 된 것도 어떻게 보면 무심코 그냥 지나쳤을 조그마한 일이 계기가 되었다.

몇 년 전 당시 중학생이던 아이가 덧셈, 뺄셈, 곱셈, 그리고 나눗셈에서의 유효 숫자에 관하여 물은 적이 있었는데 나는 답을 이론적으로 명쾌하게 설명하지 못했었다. 아이의 핀잔에 자극을 받아서 답을 찾다가 테일러 교수의 책에서 그 답이 명확하게 설명되어 있다는 것을 발견하였다. 그뿐만 아니라 이 책에서는 불확실성과 확률에 대한 기본 개념들과, 오차의 정의 그리고 오차의 분석에 대해서 처음부터 쉽게 이해할 수 있도록 명확하게 서술되어 있었다.

오차 분석은 자연과학과 공학뿐만 아니라 학문의 거의 전 분야에서 필요한 중요한 "도구"임이 분명하고 학문과 사회와 산업이 발전할수록 더욱더 그 중요성이 높아지는 주제일 것이라는 생각이 들어서 국문으로 출판된 오차 분석에 대한 국내 서적을 검색해보았는데 놀랍게도 제대로 된 번역서조차 찾을 수 없었다.

테일러 교수의 책은 미국의 많은 대학에서 자연과학과 공학을 전공하는 학생들에게는 거의 필수적으로 권장되고 있고, 이미 세계 7개 주요 언어로 번역되었다고 한다. 경제 규모와 산업 수준이 세계 10위권에 진입하고 있는 우리나라에도 오차 분석에 대한 좋은 입문서가 꼭 필요할 것이라는 생각이 들어 이 책을 국내에 소개하는 것을 심각하게 고려하게 되었다.

외국 서적은 원서로 읽어야 정확하게 의미를 알 수 있다고 일반적으로 알려져 있고 나도 그렇게 생각하고 있었다. 그런데 현실은 다른 것 같다. 많은 학생이 원서 읽기를 힘겨워하는 것을 보았다. 원서의 내용을 정확하게 이해하는 것이 쉽지 않았을 것이고 읽는 속도 또한 느렸을 것이다. 그렇기 때문에 이제 막 본격적인 학문의 길로 들어서는 대학생들에게는 오차 분석에 대한 좋은 번역서가 학습과 연구에 큰 도움이 될 수 있을 것이라고 생각했다.

그런데도 처음에는 망설였다. 완벽한 번역이 불가능하다는 것은 알고 있었지만 좋은 번역을 할 수 있을 것인지 확신이 서지 않았기 때문이다. 그러다가 용기를 내어 2013년 초에 서울대학교출판문화원에 계획서를 제출했고 고맙게도 출판위원회는 출판을 승인하였다. 2013년 여름에 집중해서 번역 작업을 하였고 1년 반 동안 수정과 교정 과정을 거쳐서 이제 세상에 나오게 되었다.

원전의 내용을 충실하게 전달할 수 있도록 우리말로 번역한다는 것은 무척 어려운 일임이 틀림없다. 서울대학교 영어영문학과 이상옥 명예교수는 산문집『두견이와 소쩍새』중 "번역 문화를 생각하며"라는 제목의 글에서 이탈리아 속담 하나를 언급하셨다. "아름다운 번역은 원전을 배반하기 쉽고 충실한 번역은 못생겼기 쉽다." 모든 번역자들은 이러한 이율배반적인 상황을 경험하였을 것이고 또 겪고 있을 것이다.

역자는 번역에 착수하면서 아름다움보다는 충실함을 우선하기로, 즉 원저자의 의사와 원전의 내용을 정확하게 전달하는 것을 가장 중요시하기로 하였고, 문체와 용어의 선택에서도 그러한 측면을 고려하였다. (물론 여기서 번역자인 나는 원저자의 의사를 정확하게 알고 있고 원전의 내용도 정확하게 이해하고 있다는 것을 전제한다.) 이 책은 수학과 과학에 관한 전문 서적이라기보다는 대학생들이나 대학원생들에게 오차 분석에 대한 내용을 알기 쉽게 전달하는 책이라고 인정하고, 수학적이거나 과학적인 내용을 가능하면 쉽게 풀어 서술하여 학생들의 이해를 높이고자 시도하였다.

수학이나 과학 서적을 번역할 때 어려움 중의 하나는 방정식을 제시하고 설명하는 것이다. 역자는 원저자가 이야기하듯 서술하는 방식을 그대로 따르려고 노력하였는데 얼마나 자연스러울지는 자신하지 못하겠다. 정확하게 옮기려고 역자는 최선의 노력을 다하였다고 생각하지만 오차 분석에 대한 번역서인데도 번역 자체에 오류가 있을 수 있다는 두려움을 늘 느끼고 있고 이 두려움은 책이 출판된 후에도 계속 나를 따라다닐 것이다.

전문 용어에 대응하는 우리말을 선택할 때는 대한수학회의 수학용어집, 한국통계학회의 통계용어집, 한국물리학회의 물리학용어집을 주로 참고하였다. 그러나 이 용어집들에서도 적절한 번역어를 찾을 수 없으면 할 수 없이 역자가 가장 적합하다고 판단하는 우리말 낱말을 선택하였다. 이 용어집들을 보면 전문 용어에는 띄어쓰기를 하지 않고 길게 붙여 쓰는 경향이 있다. 붙여 쓰는 이유는 조사가 있는 우리말의 구조가 영어와 다르기 때문이라고 한다. 그런데 붙여 쓰면 원래 영문 용어에서는 쉽게 전달되던 의미가 잘 전달되지 않는 것 같았다. 그래서 이 번역서에서는 비록 학계의 관행을 벗어나는 것이기는 하지만 학생들이 가장 잘 이해할 수 있도록 돕기 위해서 많은 용어에서 띄어쓰기를 시도하였다. 그렇지만 독자들은 학계에서 사용하는 용어에 대해서도 잘 알아야 할 것이기 때문에 번역서의 끝에 국문-영문 용어 대비표를 작성해서 수록하였다.

번역 원고를 몇 분이 검토하였다. 김충언 박사와 공군 위탁 장교로 교육받던 김병조 군이 수식 등에서 오류를 바로잡게 도와주었고, 명지대학교 컴퓨터 공학부 이충기 교수가 원고를 정독하고 많은 조언을 해주었다. 서울대학교 지구환경과학부 박창업 명예교수께서 용어와 서술에 대해서 귀중한 제안을 해주셨다. 이분들의 도움에 진정으로 감사드리는 바이다.

그리고 유니버시티 사이언스 북스(University Science Books)의 암브러스터(Kathy Armbruster)와 원저자 테일러 교수에게 따뜻한 격려에 대한 감사의 뜻을 전하고 싶다. 어떻게 보면 이 번역서가 나오게 된 가장 큰 계기는 서울대학교출판문화원이 출판하기로 결정하였기 때문이다. 출판문화원 출판위원회와 곽진희 실장, 권영자 전문위원에게 기회를 마련해준 것에 감사드린다. 그리고 원고를 처음부터 끝까지 여러 차례 정독하고 정성을 다해 교정하고 다듬어준 편집자 이라미 선생에게 특히 깊은 감사를 드리는 바이다.

2015년 7월

김재관

| 제2판 머리말 |

대학에서 초급 실험과목을 다년간 가르쳐본 결과 과학을 전공하는 대학생들에게 오차 분석이라는 주제를 정확하게 **처음부터 차근차근 잘 알게 해주는** 책이 꼭 필요하다고 확신하게 되었으며 이를 계기로 나는 **오차 분석 입문**의 초판을 집필하게 되었다. 이 주제에 대해서 몇 권의 좋은 책을 쉽게 구할 수 있었지만 그 어느 책도 이 주제를 처음 접하는 학생들에게 정말로 알맞지는 않았다. 초판에 대한 압도적으로 호의적인 반응은 그러한 필요성이 존재하고 있었다는 것을 확인시켜주었고 또한 이 책이 그 필요성을 만족시켰다는 것을 시사하고 있다고 하겠다.

초판에 대한 인기가 지속된 것은 이 책이 여전히 실제 필요에 부응하고 있음을 의미하고 있다고 하겠지만 초판이 나온 지 십여 년이 지나자 모든 대학 교재 집필자가 그러하듯이 나도 초판을 개선하고 최신화해야 한다는 의무감을 느끼게 되었다. 수정 방향에 대한 아이디어는 여러 방면에서 나왔다. 독자들의 제안도 있었고, 휴대용 계산기나 개인용 컴퓨터가 널리 사용되는 환경에 이 책도 적응할 필요가 있었다. 그리고 이 책을 교재로 학생들을 가르쳐보니 어떤 부분이 개선될 필요가 있는지도 알게 되었다.

초판에 대한 압도적인 좋은 반응 때문에 나는 초판에서 채택한 기초적 수준과 보편적 접근이라는 방침을 개정판에서도 그대로 유지하기로 결정했다. 그러므로 대다수의 수정 사항들은 단지 명확성을 높이기 위해 표현을 달리한 것들이었다. 그럼에도 몇 가지는 대폭 수정하였는데 그 주요 내용은 다음과 같다.

(1) 각 장의 끝에 있는 문제의 수를 거의 2배로 늘렸는데 이는 배우는

학생들에게는 선택의 폭을 넓혀주고, 가르치는 교수에게는 매년 다른 문제들을 숙제로 내줄 수 있는 여유를 갖게 할 목적에서 비롯되었다. 그러나 독자들은 264개나 되는 문제들을 모두 풀어볼 필요는 전혀 없다. 장마다 약 여섯 개 정도의 문제들을 풀어보면 대개는 충분하리라고 본다.

(2) 몇몇 독자가 이 교재 전반에 걸쳐서 일정한 간격마다 규칙적으로 간단한 연습문제를 몇 개 내주는 방안을 건의하였다. 그 목적은 독자들이 직전에 배운 내용을 정말 이해하였는지 스스로 점검할 수 있게 하려는 것이다. 이러한 연습문제들은 이 책에서 "**즉시 점검**"이라는 이름으로 등장하는데 만약 방금 배운 주제가 새로운 내용이라면 학생들에게는 모든 **즉시 점검** 문제를 꼭 풀어보도록 강력하게 권하고 싶다. 만약 어떤 **즉시 점검** 문제를 푸는 데 1-2분 이상 걸린다면 학생들은 아마도 그 문제에 선행하는 몇 개 문단의 내용을 다시 정독할 필요가 있을 것이다. 모든 **즉시 점검** 문제에 대한 해답은 이 책의 끝에 있는 해답 편에 제공되어 있다. 이 문제들이 오히려 주의를 산만하게 한다고 느끼는 학생들은 이 문제들을 건너뛰어도 좋다.

(3) 제2판에서 새롭게 추가된 사항은 초판에서 앞뒤 겉표지 안쪽에 방정식들을 요약하였던 것을 더욱 증보하여 장별로 중요한 모든 방정식을 해당되는 장의 끝에 요약한 일이다. 새로 추가된 이 일람표에는 해당하는 장과 심지어는 연습문제 중에서도 핵심이 되는 모든 방정식을 열거하였다.

(4) 제2판에서는 특히, 처음 몇몇 장에 새로운 그림들이 등장한다. 이 그림들은 교재의 내용이 너무 어렵게 보이지 않도록 해줄 것인데 여기에는 학생들이 불확실성에 대해서 시각적으로 사고하는 것을 권장하고자 하는 나의 의식적인 노력이 반영되었다고 할 수 있다. 예를 들어 많은 학생이 오차막대를 이용해서 시각적으로 사고하면 측정의 일관성과 같은 주제를 잘 파악하게 되는 것을 보았다.

(5) 각 장의 끝에 있는 연습문제들을 세 가지 방향에서 재구성하였다. 첫 번째로 책의 마지막에 수록한 해답 편에는 모든 홀수 번호 문제에 대한 답을 제공하였다. (초판에는 선별된 문제의 해답만 수록되었다.) 이 새로운 방식은 더 간단하고 또 전통을 따른 것이다. 두 번째로는 난이도에 대한 지침으로서 별표 체계를 사용해서 문제들에 등급을 부여하였다. 별 하나(★)는 내용을 이해하였다면 푸는 데 몇 분이 걸리지 않을 간단한 연습문제를 뜻하고,

별 두 개(★★)는 좀 더 어려운 문제라는 것을 의미한다. 별 세 개(★★★)는 몇 가지 어려운 개념들이 관련되는, 본격적으로 탐구하는 문제이고, 그래서 푸는 데 시간이 훨씬 많이 걸린다는 것을 나타낸다. 내가 이렇게 분류한 것은 아주 대략적인 방법이라는 것을 기꺼이 인정하지만 혼자 학습하는 학생들에게는 이렇게 분류하는 것이 도움될 것이고, 학생들에게 숙제를 내주는 선생님들에게는 문제를 선택하는 데 도움이 될 것이다.

세 번째로 나는 연습문제를 절 번호에 따라 배열하였다. 만약 N번째 절을 공부하였다면 독자들은 그 절에 해당하는 문제들을 풀어볼 준비가 되어 있어야 한다. 이러한 체계는 학생들과 선생님들에게는 편리할 것이나 최근에는 사람들이 그다지 선호하지는 않는다. 그 이유는 아마도 이 체계에서는 다른 여러 절에서 배운 여러 아이디어가 관련되는 깊이 있는 문제가 배제될 수 있다는 우려에서 비롯하였다고 추정된다. 그러나 나는 이러한 주장이 피상적이라고 생각한다. N번째 절에 배정된 문제에는 그 이전의 거의 모든 절에서 제시된 아이디어들이 당연히 관련되기 때문에 좀 더 일반적인 제목 아래 수록하는 문제만큼이나 일반적이고 깊이가 있을 수 있다.

(6) 제2판에는 Lotus 123이나 Excel과 같은 컴퓨터 스프레드시트 프로그램을 사용해야 하는 문제들을 추가하였다. 그러나 이 중 어떠한 문제를 풀 때에도 어느 특정 시스템만 사용해야 하는 것은 아니다. 오히려 이 문제들은 단지 가용한 어떤 시스템이라도 활용해서 다양한 임무를 완수하는 것을 학생들이 배우도록 권장하기 위한 것이다. 마찬가지로 몇몇 문제는 학생들이 휴대용 계산기에 내장된 기능들을 이용해서 표준 편차 등을 계산하는 방법을 익히게 할 목적으로 추가되었다.

(7) 제2판에는 표본 표준 편차에 대한 두 개의 증명을 수록한 부록을 하나 (부록 E) 새로 추가하였다. 첫 번째는 어떠한 물리량에 대한 N개의 측정값으로부터 그 물리량의 확률 분포 폭의 참값을 추정하고자 한다면 그 최량의 추정값은 분모가 (N−1)로 되어 있는 표본 표준 편차 공식에 의해서 주어진다는 것이다. 두 번째는 이 추정값에서의 불확실성은 방정식 (5.46)에 의해서 주어진다는 것이다. 이 증명들은 뜻밖에 어렵고 또 문헌에서 쉽게 찾아볼 수가 없다.

이 개정판에 대해서 좋은 제안을 해준 많은 분에게 기쁜 마음으로 감사드린다. 콜로라도 주립대학교에 근무하는 나의 친구와 동료 중에서는 알렉산더(David Alexander), 앤더슨(Dana Anderson), 바틀릿(David Bartlett), 브루스(Barry Bruce), 큐마랏(John Cumalat), 더브슨(Mike Dubson), 포드(Bill Ford), 존슨(Mark Johnson), 리(Jerry Leigh), 나우엔버그(Uriel Nauenberg), 오설리반(Bill O'Sullivan), 리스티넨(Bob Ristinen), 스미스(Rod Smythe), 자피라토스(Chris Zafiratos)에게 소중한 시간과 지식을 아낌없이 베풀어주고 나누어준 점에 깊이 감사드린다. 다른 기관에 소속된 분들로서는 특별히 영국 리즈 대학교의 체임버스(R. G. Chambers), 뉴 멕시코 주립대학교의 헤거(Sharif Heger), 곤자가 대학교의 호프마스터(Steven Hoffmaster), 북 아이오와 대학교의 매콤버(Hilliard Macomber), 베이츠 대학의 세몬(Mark Semon), 브라운 대학교의 팀비에(Peter Timbie), 펜실베이니아 주립대학교의 다이크(David Van Dyke)에 깊이 감사드리는 바이다. 저자는 이 모든 분으로부터 큰 도움을 받는 은혜를 입었다. 그리고 저자는 출판사인 유니버시티 사이언스 북스(University Science Books)의 암브러스터(Bruce Armbruster)에게 관대한 격려와 지원에 아주 깊이 고마움을 표하는 바이다. 그러나 누구보다도 내 아내 데비(Debby)에게 감사한다. 책을 집필하는 데서 오는 스트레스와 긴장을 아내가 어떻게 견뎌냈는지 나는 모르겠는데, 용케 참아준 것에 대해서 참으로 고마운 마음을 전하는 바이다.

1996년 9월
콜로라도 주 볼더에서
테일러

| 제1판 머리말 |

아무리 주의를 기울이고 과학적으로 실시하더라도 모든 측정은 필연적으로 불확실성의 지배를 받는다. 오차 분석은 이 불확실성에 대한 탐구이고 이 불확실성을 평가하려는 노력인데, 그 두 가지 기능 중 첫 번째는 과학자들로 하여금 이 불확실성의 크기가 얼마인지 추정할 수 있도록 해주는 것이고, 두 번째는 필요할 때에 과학자들이 그 불확실성의 크기를 축소시킬 수 있도록 도와주는 것이다. 불확실성 또는 "오차"의 분석은 과학적 실험에서 극히 중대한 부분이고 따라서 오차 분석은 실험 과학에 관한 대학 교과과정에서 중요한 영역을 차지한다. 오차 분석은 실험 교과목에서 가장 흥미로운 부분일 수도 있다. 불확실성을 추정하고, 타당한 결론을 이끌어낼 수 있게 해주는 수준까지 불확실성을 축소시키는 것은 지극히 도전적인 일이고 어쩌면 지루하고 일상적인 실험들을 정말로 재미있는 실전 훈련이 되게 할 것이다.

이 책은 자연 과학이나 공학을 전공하는 대학 1학년이나 2학년 학생들이 일반적으로 수강하는 종류의 실험 물리학에 대한 초급 교과목과 함께 사용할 수 있는 오차 분석에 대한 입문서이다. 나는 오차 분석이 이러한 실험 교과목에서 가장 중요한 부분이라고는 (유일하게 중요한 부분이라고는 더더욱) 주장하지 않는다. 그러나 나는 이 과목들에서 오차 분석이 가장 학대받고 소홀하게 취급되는 것을 보아왔다. 많은 경우 오차 분석은 공식 몇 개를 수록한 노트 서너 페이지를 학생들에게 나누어주는 것으로 이른바 "가르쳐지고" 학생들은 이 분석 업무를 홀로 진행하는 것으로 기대되고 있다. 그 결과 오차 분석은 아무런 의미가 없는 제례 의식이 되어버려서 학생들은 각 실험 보고서 말미에 오차에 대한 계산을 몇 줄 적어내고 마는데, 이는 학생들이 왜 그렇게 해야 하는지를 이해해서가 아니라 교수나 강사가 그렇게 하라고 말했기 때문이다.

오차 분석이라는 주제에 대해서 한 번도 들어본 적이 없는 학생들까지도 포함한 모든 학생이 오차 분석이 무엇인지, 왜 그렇게 흥미롭고 또 중요한지, 나아가 오차 분석의 기본적인 도구들을 실험 보고서 작성에 어떻게 사용하는지에 대해서 배울 수 있어야 한다고 확신하였기 때문에 나는 이 책을 집필하게 되었다. 이 책의 (1장부터 5장까지의) Part 1에서는 교과 실험에서 마주치는 유형의 실험에 대한 많은 예를 사용해서 바로 이러한 내용을 다루고자 노력하였다. 이 내용들을 완전히 터득한 학생들은 신입생 실험과목에서 학습하기를 기대하는 오차 분석에 대한 거의 전부를 알고 또 이해해야만 한다. 여기에는 오차의 전파, 초급 통계학의 사용, 그리고 정규 분포의 관점에서 이론들을 정당화하는 것이 포함된다.

Part 2에는 최소제곱 맞추기, 상관 계수, χ^2(카이제곱) 검정 등과 같은 고급 주제를 선별해서 실었다. 비록 일부 신입생들은 이 주제들에 흥미를 느끼게 되겠지만 이 고급 주제들은 신입생 실험과목에 공식적으로는 거의 확실히 포함되지 않을 것이다. 그렇지만 이 주제들 중 몇 개는 중급 혹은 상급 실험과목에서는 필요하게 될 것인데 바로 이 때문에 나는 이 고급 주제들을 이 책의 Part 2에 편성해놓았다.

대부분 실험과목에서 오차 분석과 같은 주제에 많은 시간을 투입할 수 없다는 것을 나는 잘 알고 있다. 콜로라도 주립대학교에서는 신입생 실험과목의 첫 6주 동안에는 매주 한 시간씩 오차 분석에 대한 강의를 실시한다. 이 강의들을 통해서 각 장의 끝에 있는 문제들을 몇 차례 숙제로 내주면서 1장부터 4장까지는 상세하게, 5장은 간략하게 가르칠 수 있었다. 이 강의들은 학생들에게 오차 전파에 대해서 실제 필요한 지식을 제공하고, 통계학의 기초 기법을 알게 해주었으며 정규 분포의 근거가 되는 이론도 머리를 끄덕일 정도로 이해하게 해주었다.

콜로라도 주립대학교의 몇몇 학생들의 평에 견주어보면 일부 학생들에게 이 강의는 불필요한 사치품이었던 것이 분명하였다. 아마도 이 학생들에게는 읽기와 일련의 문제를 숙제로 내주었으면 충분했을 수도 있었을 것이다. 강의를 듣지 않더라도 학생들이 이 책을 학습할 수 있다고 나는 확신하고 있다.

Part 2는 2학년 실험과목을 시작할 때 (여기서도 문제를 숙제로 내주어서 보완하면서) 몇 개 강의로 가르칠 수 있을 것이다. Part 1에서도 그렇지만 Part 2에서는 학생들이 필요하거나 흥미를 느끼면 언제라도 읽을 수 있게 하려는 의도가 더욱 크다. Part 2의 일곱 개 장(章)은 이러한 목적에 활용하도록 권장하기 위해서 서로 거의 독립적으로 구성되어 있다.

각 장의 끝에는 선별한 문제들이 수록되어 있는데 기법들을 확실하게 연마하려면 독자들은 몇몇 문제라도 풀어보아야 할 필요가 있다. 대부분의 오차 계산은 절차가 상당히 간단명료하다. 그러나 (이 책에 있는 문제들을 풀거나 실제 실험 보고서를 작성할 때) 학생들이 많은 복잡한 계산을 하고 있다면 문제를 불필요하게 어려운 방식으로 풀고 있다고 보면 틀림없다. 가르치는 교수와 공부하는 독자들에게 선택의 폭을 넓혀주기 위해서 나는 평균 수준의 학생들이 풀어보아야 하는 수보다는 훨씬 많은 수의 문제를 수록하였다. 이 문제들의 3분의 1 정도만 풀어본다고 해도 그걸로 충분할 것이다.

이 책의 앞뒤 겉표지 안쪽에 기본 공식들을 요약해서 수록하였다. 독자들에게 이 공식 일람표가 이 책으로 공부할 때나 그 후에라도 참고 자료로 유용하게 쓰이기를 바란다. 이 일람표는 장별로 정리되어 있는데, 바라건대 독자들은 각 장을 학습한 다음 간략히 복습할 때 참고할 수 있을 것이다.

교재 안에서 (방정식이나 절차에 대한 규칙과 같은) 상당수의 명제는 배경에 음영을 주어서 돋보이게 하였다. 명제 중에서도 중요하고 (나중에 수정되지 않는) 최종 형태를 갖는 명제들만 그렇게 처리하였다. 독자들은 이 명제들을 반드시 기억해야 할 것이고, 그렇기 때문에 독자들의 주의를 끌려고 일부러 돋보이게 한 것이다.

독자들이 알고 있기를 기대하는 수학에 대한 지식의 수준은 책의 진도에 맞추어 점차 높아진다. 첫 두 개 장에는 단지 대수만 필요하고 3장은 미분에 대한 지식을 요구하며 (그리고 선택 주제인 3.11절의 경우에는 편미분에 대한 지식도 필요하고) 5장을 이해하기 위해서는 적분과 지수 함수에 대한 지식이 요구된다. Part 2를 공부하는 독자들은 이 모든 수학적 지식에 숙달되어 있을 것으로 기대한다.

이 책에는 물리학 실험에 대한 예제들이 매우 많으나 독자들이 그 근거가 되는 이론을 반드시 알아야 하는 것은 아니다. 더욱이 이 예제들은 초급 역학이나 광학에 관한 것이 많은데 그 이유는 독자들이 역학과 광학에 대한 이론을 배웠을 것이기 때문이다. 예제의 근거가 되는 이론을 알고 싶어 하는 독자들은 초급 물리학 교재의 색인을 참고하면 그 교재에서 해당 이론에 대한 설명을 쉽게 찾아볼 수 있을 것이다.

오차 분석은 많은 사람이 열정적으로 탐색하는 주제이고 어떤 접근법도 모든 사람을 만족시키지는 못할 것이다. 만약 이해의 편의성과 엄격한 정확성 간에 선택을 하라고 요구받는다면 편견일 수도 있지만 나 자신의 견해로는 물리학 교재는 당연히 전자인 이해의 편의성을 택해야 한다고 생각한다. 예를 들면 오차를 제곱하여 결합시키는 방법과 직접적으로 더하는 방법은 논란이 많은 문제인데 나는 직접 더하는 방법을 먼저 다루기로 하였다. 그 이유는 직접 더하는 방법에 대한 이론적인 근거가 더 이해하기 쉽기 때문이다.

최근 몇 년간에 휴대용 계산기가 등장하면서 대학생 실험과목에는 큰 변화가 일어났다. 계산기의 등장은 불행한 결과도 가져왔는데 그중 가장 눈에 띄는 것은 계산기가 제공할 수 있다는 이유로 **무의미한** 엄청난 개수의 자릿수까지 인용하는 지독한 습관을 길러주고 있다는 것이다. 그러나 이것은 어떤 관점에서 보더라도, 특히 오차 분석에는 크나큰 편익을 가져다주었다. 휴대용 계산기는 예전 같으면 몇 시간이나 소요되었을 평균이나 표준 편차 등의 계산을 단 몇 초에 끝낼 수 있게 해준다. 계산기는 또한 가우스 함수 등을 도표를 수록한 책에서 찾는 것보다도 훨씬 빠르게 계산해주기 때문에 이전에 계산할 때 사용되던 많은 표를 아예 필요 없게 만들어버렸다. 나는 이 경이로운 도구를 가능하면 많이 활용하려고 노력하였다.

좋은 논평과 제언으로 도와주신 몇 분에게 나는 기쁜 마음으로 감사드리고 싶다. 이 책의 초고를 몇 개 대학에서 교재로 사용했었는데 책에 대해 논평을 해준 많은 학생과 교수에게 감사드리고자 한다. 콜로라도 주립대학교의 모리슨(John Morisson)과 네즈빗(David Nesbitt), 미시간 주립대학교의 프랫(Pratt) 교수와 슈뢰더(Schroeder) 교수, 캘리포니아 대학교 버클리 캠퍼스의 슈가트(Shugart) 교수, 베이츠 대학의 세몬(Semon) 교수의 논평이 특별히 많은 도움이 되었다. 다이앤(Diane Casparian), 린다(Linda Frueh), 그리고 코니(Connie Gurule)가 몇 차례의 초고를 아름답게 그리고 아주 빠른 속도로 타이핑해주었다. 나의 장모인 프랜시스 크레치만(Frances Kretschmann)의 도움이 없었더라면 교정을 마감 시간 내에 절대로 끝내지 못했을 것이다. 나에게 베풀어준 도움에 대해서 모든 분에게 감사드린다. 그러나 그 누구에게보다도 참으로 정성스럽고 인정사정없이 편집을 해주어서 이 책을 비할 바 없이 개선시켜준 내 아내에게 감사한다.

1981년 11월 1일
콜로라도 주 볼더에서
테일러

| 차례 |

Part I

1. 오차 분석에 대한 예비 서술
2. 불확실성의 보고 방법과 사용 방법
3. 불확실성의 전파
4. 랜덤 불확실성의 통계적 분석
5. 정규 분포

Part I 에서는 대학교 1학년 물리학 실험과목에서 필요한 오차분석에 대한 기본적인 개념들을 소개한다. 1장과 2장에서는 오차분석이 무엇이며, 왜 중요하고, 전형적인 실험 보고서에서 어떻게 사용될 수 있는지를 서술한다. 3장에서는 오차의 전파에 관하여 서술하는데, 오차 전파란 원래 측정값에서의 불확실성이 계산 과정을 통해 "전파하여" 최종 계산 값에 불확실성을 야기하는 것을 의미한다. 4장과 5장에서는 랜덤 불확실성을 평가하는 데 사용되는 통계적 방법을 소개한다.

제1장

오차 분석에 대한 예비 서술

오차 분석이란 측정에서의 불확실성에 대한 탐구이고 평가이다. 아무리 조심스럽게 시행하더라도 측정에서 불확실성은 완전히 없어지지 않는다는 것을 지금까지의 경험이 잘 보여주고 있다. 과학의 전체 체계와 응용이 측정에 의존하고 있기 때문에 불확실성을 평가하고 그 불확실성의 크기를 최소한의 수준으로 낮추는 능력은 실로 지극히 중요하다.

1장에서는 실험적 불확실성이 필연적으로 나타날 수밖에 없다는 것을 구체적으로 보여주고 또 그 불확실성의 크기를 아는 것이 얼마나 중요한지를 가르쳐주는 몇 가지 간단한 측정에 대해서 서술하고자 한다. 그다음에 실험 불확실성의 크기를 평범한 상식적인 수단에 의해서 (적어도 간단한 경우에는) 어떻게 추정하는가를 서술하기로 한다.

1.1 "오차" 대 "불확실성"

"오차"와 "불확실성"이라는 용어는 의심할 여지없이 서로 다른 것을 의미하지만, 많은 과학자가 종종 그 차이를 명확하게 구별하지 않는다는 것을 독자들은 알고 있어야 한다. 예를 들면 이 책의 주제는 아마도 "불확실성의 분석"이라고 불러야 더 적절할 것 같은데 대부분의 경우 예외 없이 "오차 분석"이라고 부른다. 그렇지만 두 용어 사이에는 주목할 만한 정도로 유용한 구별이 있다는 인식이 확산되고 있는 바 나는 이러한 인식을 따르고자 한다.

과학적 측정과 관련되는 측면에서 "오차"와 "불확실성"이라는 용어의 정의에는 논란의 여지가 있지만, 다음에 서술하는 정의는 우리가 이 주제에 대한 논의를 시작하기에 충분할 것으로 생각된다. 어떤 물리량의 측정에서 **오차**란 측정된 값과 참된 값과의 차(差)를 뜻한다. 만약 내가 어떤 공이 경사면을 따라서 굴러 내려가는 데에 걸리는 시간을 측정해서 56초라는 값을 얻었는데, 실제로 걸린 시간의 참값은 54초였다면 내 측정에서의 오차는 2초이다. 과학자들은 그들이 시행하는 모든 측정에서 오차를 알고 싶어 할 것이다. 그러나 우리는 사실상 결코 그렇게 할 수 없다. 무엇인가를 측정하는 이유는 대부분 그 무엇인가의 참값을 모르기 때문이고, 이 참값을 모르면 우리는 오차를 알아낼 수가 없다. 측정에서의 **불확실성**이란 과학자들이 오차가 얼마만큼 클 것인지를 추정하려는 시도이다. 낙하 시간을 56초라고 측정했다면, 나의 반응 시간과 시계를 읽는 데에서 어려움을 감안할 경우 낙하 시간은 실제로는 53초에서 59초 사이의 어딘가에 있을 것이라고 결론지을 수 있을 것이다. 이 결론을 진술하는 통상적인 방식은 나의 측정값은 56 ± 3 초라고 쓰는 것이다. 이 진술의 의미는 참된 값은 56으로부터 어느 쪽으로든지 3만큼 떨어진 거리 안에 있을 것이라고, 또는 더 간략하게는 나의 측정값의 불확실성은 3이라고 내가 믿는다는 것이다. 바꾸어 말하면, 추정한 불확실성보다도 **거의 확실하게 미지의 오차가 더 크지는 않도록 (또는 어떠한 경우에도 훨씬 더 크지는 않도록)** 불확실성은 (내 측정에서는 3으로) 정의된다. 언론 매체에서 (예를 들어 어느 정치 후보자를 지지하는 수에 대한) 측정의 불확실성은 통상적으로 **오차의 범위**라고 불린다.

1.2 불확실성의 불가피성

불확실성이 나타나는 것이 불가피하다는 것은 일상생활에서 마주치는 어떤 측정이라도 세밀하게 음미해보기만 하면 충분히 입증할 수 있다. 예를 들어 문짝을 달기 전에 문틀의 높이를 측정해야만 하는 어떤 목수를 생각해보자. 처음에 대강 측정하기 위해 그 목수는 문틀을 한번 쳐다보고는 그 높이가 210 cm라고 추정할 수 있을 것이다. 이러한 투박한 "측정"에는 분명히 불확실성이 따를 것이다. 더 정확하게 말하라고 압박하면 목수는 문의 높이가 205 cm에서 215 cm 사이에 있다고 시인하는 것으로 그의 불확실성을 표현할 수 있을 것이다.

만약 그 목수가 더 정확하게 측정하고자 한다면 줄자로 재보고 높이가 211.3 cm라고 알아낼 수도 있다. 이번 측정값은 처음 측정값보다는 확실히 훨씬 더 정밀하겠지만 이번 측정값에도 여전히 약간의 불확실성이 남아 있다. 왜냐하면 그 목수가 그 높이를, 예를 들어 211.3001 cm가 아니고 적확(的確)하게 211.3000 cm라고 안다는 것은 불가능하기 때문이다.

여전히 남아 있는 이 불확실성은 여러 가지 원천에서 비롯되는데 그 몇 가지를 이 책에서 논의할 것이다. 그중 몇 가지 원인은 목수가 조금 수고를 마다하지 않으면 제거될 수도 있을 것이다. 예를 들어 불확실성의 한 원천은 조명이 침침해서 줄자를 읽는 데 지장을 주는 것일 수 있는데, 이 문제는 조명을 밝게 하면 교정될 수 있다.

그 반면에 불확실성의 몇 가지 원천은 측정 과정에 내재한 본질적인 것이어서 결코 완전하게는 제거되지 않는다. 예를 들어 그 목수의 줄자의 눈금이 0.5 cm까지 매겨져 있다고 하자. 문의 위쪽은 0.5 cm 눈금 표지에 딱 맞지는 않을 것이다. 그렇다면 목수는 문의 위쪽이 두 눈금 표지 사이에 어디에 놓이는지 추정해야만 한다. 문의 위쪽이 두 눈금 표지 중 하나와 정확하게 일치한다고 하더라도 눈금 표지 자체의 폭이 1 mm라면 여전히 문의 위쪽이 눈금 표지의 폭 내에서 어디에 놓이는지 **추정해야만** 한다. 둘 중 어느 경우에도 목수는 궁극적으로 문의 상단이 줄자의 눈금 표지와 비교해서 어디에 놓이는지 추정해야만 하고, 이 추정 과정은 측정값에 얼마간의 불확실성을 가져온다.

눈금이 더 촘촘하고 세밀하게 매겨져 있는 더 좋은 줄자를 사면, 목수는 그의 추정값에서 불확실성의 크기를 축소할 수는 있을 것이나 그래도 여전히 완전하게 제거할 수는 없다. 만약 목수가 기술적으로 가능한 한 가장 정밀하게 문의 높이를 재고자 집요하게 고집한다면 고가의 레이저 간섭계를 구입할 수도 있다. 그렇지만 레이저 간섭계조차도 그 정밀도는 빛의 파장 길이 (약 0.5×10^{-6} m) 정도의 정밀도에 한정된다. 목수는 비록 환상적일 정도로 정밀하게 문의 높이를 측정할 수 있지만 여전히 문의 높이를 **적확하게** 알지는 못한다.

더욱이 목수가 한층 더 높은 정밀도를 달성하기 위해 각고의 노력을 한다고 할지라도 중요한 원칙적 문제와 마주치게 될 것이다. 이 목수는 틀림없이 문의 높이란 어느 곳에서 측정하는가에 따라서 달라진다는 것을 깨닫게 될 것이다. 같은 곳에서도 온도에 따라서, 또 습도에 따라서 달라지고 심지어는 먼지 한 겹만 털어내도 높이가 달라진다는 것을 알게 될 것이다. 다르게 표현하자면 목수는 결국 문틀의 **유일한** 높이라는 것은 존재하지 않는다는 것을 알게 될 것이다. 이러한 종류의 문제를 **정의의 문제**라고 한다. (문의 높이란 명확하게 정의되지 않는 물리량이다.) 이 정의의 문제는 많은 과학적 측정에서 중요한 역할을 담당한다.

우리 목수의 경험은 보편적으로 타당한 중요한 진실의 실례를 보여준다. 말하자면 (예를 들어 길이, 시간 혹은 온도와 같은) 어떠한 물리량도 완전히 확실하게는 측정될 수 없다는 것이다. 주의를 기울인다면 불확실성을 극히 작게 축소시킬 수는 있겠지만 불확실성을 완전히 제거한다는 것은 불가능하다.

일상생활의 측정에서 우리는 대체로 불확실성에 대해서 논의하는 번거로운 일은 하지 않는다. 어떤 경우에는 불확실성은 전혀 관심거리가 되지 않는다. 만약 우리가 집에서 학교까지 거리가 3마일이라고 말한다고 할지라도 이 진술이 "거리가 2.5마일에서 3.5마일 사이"라는 것을 뜻하는지 혹은 "2.99마일에서 3.01마일 사이"라는 것을 뜻하는지는 일반적으로 중요하지 않다. 가끔 불확실성이 중요할 때도 있으나 직관적으로 이에 대한 명시적인 숙고 없이 불확실성은 허용되어버린다. 문짝을 맞출 때 목수는 높이를 오차가 1 mm나 그 정도를 넘지 않는 범위에서 알아야만 할 것이다. 문의 높이에 대한 불확실성이 이 정도 크기보다 작다면 (모든 실제적인 측면에서) 이 문짝은 완벽하게 잘 들어맞는다고 하겠고 목수는 오차 분석에 대해서 더 이상 염려할 필요가 없다.

1.3 불확실성을 아는 것의 중요함

목수가 문 높이를 측정하는 앞의 예는 모든 측정에 불확실성이 어떻게 도사리고 있는지를 잘 보여주고 있다. 지금부터는 이 불확실성의 크기를 아는 것이 얼마나 심대한 중요성을 갖는지 더욱 명료하게 보여주는 예를 다 같이 살펴보기로 하자.

아르키메데스(Archimedes)가 풀었다고 전해지는 문제에 우리가 직면해 있다고 가정해보자. 우리는 왕관이 (제작자가 주장하는 대로) 18캐럿 황금으로 되어 있는지, 아니면 더 값싼 합금으로 만들어져 있는지 판정해달라고 요청받았다. 아르키메데스의 방법을 따라서 우리는 왕관의 밀도를 검정해보기로 결정했다. 18캐럿 황금의 밀도와 의심받는 합금의 밀도는 각각 다음과 같이 주어졌다고 하자.

$$\rho_{\text{gold}} = 15.5\,\text{gram/cm}^3,$$
$$\rho_{\text{alloy}} = 13.8\,\text{gram/cm}^3.$$

만약 우리가 왕관의 밀도를 측정할 수 있다면 (아르키메데스가 제시한 방법을 따라서) 왕관의 측정된 밀도 ρ를 황금의 밀도 ρ_{gold}와 합금의 밀도 ρ_{alloy}와 비교해서 왕관이 황금인지 아니면 합금인지를 판단할 수 있을 것이다.

이를 위해 밀도를 측정하는 일에 전문가 두 사람을 불렀다고 가정하자. 첫 번째 전문가인 조지는 신속하게 왕관의 밀도를 측정하고서는 ρ의 최량의 추정값은 15이고 거의 확실하게 13.5에서 16.5 gram/cm^3 사이에 있을 것이라고 보고하였다. 두 번째 전문가인 마사는 측정에 시간이 더 걸렸는데 ρ의 최량의 추정값은 13.9이고 ρ가 존재할 거의 확실한 범위는 13.7에서 14.1 gram/cm^3 사이라고 보고하였다. 두 전문가의 측정 결과는 그림 1.1에 요약되어 있다.

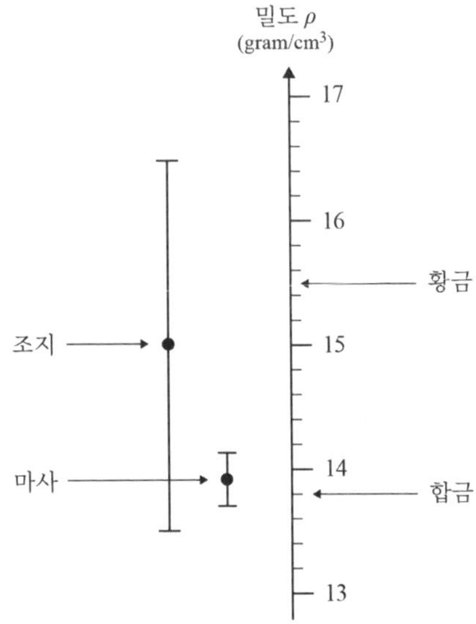

그림 1.1 황금으로 만들어졌다고 추정되는 왕관의 밀도에 대한 두 가지 측정값. 두 개의 검은 점은 조지와 마사의 최량의 추정값을 나타내고 두 개의 수직 오차 막대는 오차의 범위를 표시하는데 이 막대는 밀도 ρ가 거의 확실하게 놓여 있을 것이라고 두 전문가가 믿는 범위를 나타낸다. 조지가 추정한 값의 범위는 너무도 넓어서 황금의 밀도와 의심받는 합금의 밀도 둘 다 이 범위 안에 안착한다. 따라서 조지가 측정한 값으로는 왕관의 금속이 황금인지 아닌지 판단할 수 없다. 마사의 불확실성은 현저하게 더 작고, 따라서 마사의 측정은 왕관이 황금으로 만들어져 있지 않다는 것을 분명하게 보여주고 있다.

상기 평가 결과에서 첫 번째로 주목할 점은 마사의 측정값이 훨씬 더 정밀하겠지만 조지의 평가 결과도 어쩌면 맞을 수 있다는 것이다. 두 전문가는 각각 ρ가 놓여 있으리라고 확신하는 범위를 진술하였는데 두 전문가의 믿음 구간은 겹치고 있고 따라서 두 개의 진술이 모두 옳다는 것이 완벽하게 가능하다고 (그리고 심지어는 거의 확실하다고까지) 할 수 있다.

다음에 주목할 사항은 조지가 측정한 값은 불확실성이 너무 커서 아무 쓸모가 없다는 것이다. 18캐럿 황금의 밀도와 합금의 밀도는 모두 조지가 추정한 불확실성의 범위인 13.5부터 16.5 gram/cm^{3}까지 안에 포함되고 있으므로 조지의 측정값에서는 아무런 결론을 이끌어낼 수 없다. 반면에 마사의 측정은 왕관이 진짜가 아니라는 것을 명료하게 가리키고 있다. 의심받는 합금의 밀도 13.8은 마사가 추정한 13.7부터 14.1까지 범위에 여유 있게 안착하고 있다. 그러나 18캐럿 황금의 밀도 15.5는 추정 범위를 훨씬 벗어나 있다. 명백히 측정으로부터 어떠한 결론이 도출되어야만 한다면 실험적 불확실성들은 너무 커서는 안 된다. 그렇다고 불확실성이 극단적으로 작을 필요도 없다. 이러한 측면에서 이 예는 불확실성이 합리적인 수준까지 (측정된 값의 몇 % 이내로) 작아져야 하지만 그렇다고 극단적인 정밀도까지는 거의 필요하지 않은 대표적인 자연 과학적 측정이라고 할 수 있다.

우리의 최종 판단이 왕관의 밀도는 13.7에서 14.1 gram/cm^3 사이에 있을 것이라는 마사의 주장에 달려 있기 때문에 마사는 자기의 주장에 대해서 다른 사람들이 믿을 수 있는 충분한 이유를 제공해야 한다. 바꾸어 말하면 마사는 자신이 진술한 값의 범위를 반드시 **정당화해야** 한다. 이 점을 초심자 학생들은 간과하기 쉬운데, 초심자들은 그들이 계산한 불확실성을 주장만 하고 정당화하는 데는 관심이 없다. 불확실성을 어떻게 추정했는지에 대해서 간명하게 설명하지 않으면 추정값에 대한 주장은 아무런 소용이 없다.

우리의 두 전문가의 측정에서 가장 중요한 점은 대부분 과학적 측정과 마찬가지로 두 전문가의 측정이 불확실성에 대한 신뢰할 수 있는 진술을 포함하고 있지 않다면 두 측정은 아무런 쓸모가 없다는 것이다. 사실 우리가 두 전문가의 최량의 추정값(조지 15와 마사 13.9)만 가지고 있다면 우리는 타당한 결론을 내릴 수 없었을 뿐만 아니라 오히려 조지의 결과(15)는 왕관이 진짜일 것이라고 가리키기 때문에 우리는 잘못된 결론을 내렸을 수도 있었다.

1.4 더 많은 예

지난 두 개 절에서 사례를 열거한 것은 이들이 중요하기 때문이 아니라 오차 분석의 가장 근원적인 특징들을 소개하기 위해서였다. 따라서 앞에서 열거한 사례들이 억지로 만들어낸 듯한 느낌을 주는 것은 이러한 관점에서 용인될 수 있을 것이다. 그런데 응용 과학이나 기초 과학의 어떤 분야에서도 우리는 오차 분석이 관련되는 아주 중요한 예를 쉽게 찾아볼 수 있다.

응용 과학 분야의 예를 들어보자. 발전소를 설계하는 엔지니어는 장차 사용하고자 하는 재료와 연료의 특성들을 잘 알아야 할 것이다. 휴대용 계산기 제작자는 여러 전자 부품의 속성들을 잘 파악하고 있어야 한다. 이 두 경우에 누군가는 필요한 파라미터들을 측정해야 하고, 이들의 신뢰성을 입증해야 하는데 이를 위해서는 오차 분석이 요구된다. 비행기, 기차, 또는 차량의 안전성에 관여하는 엔지니어들은 운전자의 반응 시간, 제동 거리를 비롯한 많은 변수에서의 불확실성을 이해해야 하는데 만약 오차 분석에 실패하면 원서의 표지 사진[1]에서와 같은 사고에 이를 수 있다. 의류의 제작과 같이 덜 과학적인 분야에서조차도 제품의 품질 관리라는 이름으로 오차 분석은 없어서는 안 될 중요한 역할을 담당한다.

기초 과학에서는 오차 분석이 한층 더 근본적인 역할을 담당한다. 새로운 이론이 발표되면 옛 이론과 새 이론이 서로 다른 결과를 예측하는 한두 가지 실험을 이용해서 새 이론은 옛 이론에 대해서 검정되어야 한다. 원칙적으로 연구자는 단지 실험만 수행하고 그 실험 결과가 서로 경쟁하는 여러 이론 간에 어떤 것이 승자인지를 결정하게 하면 된다. 그러나 실제로는 피할 수 없는 실험적 불확실성으로 인해서 상황은 복잡해진다. 실험에서의 불확실성은 주의 깊게 분석되어야 하고, 실험이 마지막에 하나의 이론을 골라내서 공인할 수 있도록 그 불확실성의 영향을 축소시켜야 한다. 말하자면 실험 결과는 불확실성과 더불어 한 이론의 예측과는 **일관적이어야** 하고 알려진 기존의 모든 다른 이론의 예측과는 **일관적이지 않아야** 한다. 명백히 이러한 절차의 성공 여부는 결정적으로 과학자의 오차 분석에 대한 이해와 다른 사람들에게 자신이 이해한 것을 납득시키는 과학자의 능력에 달려 있다.

과학 이론의 이러한 검정의 유명한 사례는 빛이 태양 근처를 지나갈 때 휘는 것을 관측한 것이다. 1916년 일반 상대성 이론을 발표했을 때 아인슈타

1 1895년 10월 22일 프랑스 노르망디(Normandie)의 그랑빌(Granville)을 출발해서 파리의 몽파르나스역(Gare de Montparnasse)에 도착한 특급 열차가 계획대로 정지하지 못하여 역의 건물 벽을 뚫고 지나가 아래로 추락한 사고 현장 사진임. (옮긴이 주)

인은 자신의 일반 상대성 이론에 의하면 별빛이 태양을 지나가면서 각도 $\alpha = 1.8''$만큼 휠 것으로 예측된다고 지적하였다. 가장 단순한 형태의 물리학 이론에 의하면 빛이 전혀 휘지 않을 것이라고 ($\alpha = 0$이라고) 예측되고, 좀 더 심도 있는 고전 물리학 이론을 적용하면 (아인슈타인 자신이 1911년에 언급하였듯이) 그 휜 각도는 $\alpha = 0.9''$일 것으로 예측되었다. 원칙상으로는 어떤 별이 태양의 가장자리와 직선상에 놓여 있을 때 그 별을 관측하고, 휜 각도 α를 측정하기만 하면 해결되는 문제였다. 만약 측정된 결과가 $\alpha = 1.8''$이면 일반 상대론이 정당함이 입증되는 것이고 (적어도 이 현상에 대해서는) α가 0이나 $0.9''$로 측정되면 일반 상대론은 틀리고 고전 이론이 맞게 되는 것이었다.

실제로는 태양 옆을 별빛이 지나가면서 휘는 각도를 측정하는 것은 극히 어려운 일이었고 일식 중에만 가능하였다. 그럼에도 별빛이 휘는 각도는 1919년 다이슨(F. W. Dyson), 에딩턴(A. S. Eddington), 그리고 데이비슨(C. Davidson)에 의해서 성공적으로 측정되었는데, 이들은 α에 대한 최량의 추정값은 $\alpha = 2''$이고 95% 믿음 한계는 $1.7''$와 $2.3''$ 사이라고 보고하였다.[2] 명백하게 이 측정된 결과는 일반 상대론과는 일관적이었고 다른 두 개의 고전 이론과는 일관적이지 않았다. 그리하여 이 관측 결과는 아인슈타인의 일반 상대성 이론에 대한 강력한 지지를 표명한 것이 되었다.

당시에 이 결과에 대해서 논란이 많았다. 불확실성들이 지나치게 작게 추정되었고 따라서 이 실험으로는 결론을 내지 못했다고 많은 사람이 주장했다. 그러나 뒤따르는 실험들에서 아인슈타인의 예측이 타당함이 확인되었고 다이슨과 에딩턴 그리고 데이비슨의 결론이 정당했음이 입증되었다. 여기서 중요한 점은 실험 연구자들이 불확실성을 신뢰성 있게 추정할 수 있는 능력과 그렇게 하였다는 것을 다른 모든 사람에게 납득시키는 능력에 문제 전체의 사활이 걸려 있었다는 것이다.

물리학 초급 실험에서 학생들은 새로운 이론을 검정하는 결정적인 실험들을 수행할 기회는 없을 것이다. 그렇지만 기존의 물리 이론을 검정하는

---

2 이 간략한 설명은 F. W. Dyson, A. S. Eddington, C. Davidson의 원작 논문(*Philosophical Transactions of the Royal Society*, **220A**, 1920, 291)에 근거하였다. 원전에 **개연 오차**(probable error)로 인용된 것을 나는 95% 믿음 한계로 변환하였다. 믿음 한계에 대한 엄밀한 의의는 제5장에서 확립하게 된다.

실험은 자주 수행한다. 예를 들어 뉴턴의 중력 이론은 물체가 일정한 중력 가속도 g로 (적절한 조건에서) 낙하한다고 예측한다. 학생들은 이 예측이 맞는지 틀리는지를 검정하는 실험을 수행해볼 수 있다. 중력 이론은 교과실험에서 가능한 것보다는 훨씬 더 정밀하게 여러 번 검정되었기 때문에 일견 이러한 실험은 일부러 만든 것 같고 무의미하다고 생각할 수 있다. 그럼에도 만약 학생들이 오차 분석의 중대한 역할을 이해하고, 가용한 실험 장비로 할 수 있는 가장 정밀한 실험을 수행해보는 것을 도전으로 받아들인다면 이러한 실험은 재미있고 많은 것을 깨닫게 해주는 실전 훈련이 될 것이다.

1.5 눈금을 읽을 때 불확실성을 추정하기

지금까지 우리는 모든 측정에 불확실성이 따라다니는 이유와 불확실성의 크기를 아는 것이 중요한 이유를 밝혀주는 몇 가지 예를 검토해보았다. 그렇지만 실제로 이 불확실성의 크기를 평가하는 방법에 대해서는 아직까지 논의를 시작하지 않았다. 이러한 평가는 상당히 복잡할 수 있는데 바로 이것이 이 책의 중심 주제이다. 다행스럽게도 몇 가지 간단한 측정에서는 때로는 상식 수준의 방법을 사용해서 불확실성의 크기를 적절하게 추정할 수 있다. 이번 절과 1.6절에서 이러한 종류의 측정에 대해서 논의하고자 한다. 이 예들을 이해하는 것은 독자들로 하여금 실험에서 오차 분석을 이용하는 것을 시작할 수 있게 해줄 것이고 나중에 있을 논의들에 대한 토대를 형성시켜 줄 것이다.

첫 번째 예는 그림 1.2의 자와 그림 1.3의 전압계와 같이 눈금이 매겨져 있는 척도를 사용하는 측정들이다.

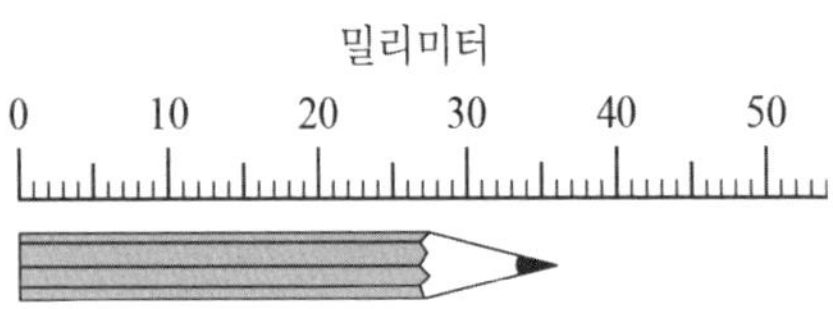

그림 1.2 자로 길이 재기

그림 1.2에서 연필의 길이를 재기 위해서는 연필의 끝을 자의 0에 일치시키고, 촉의 끝이 자의 눈금에 어디까지 오는지를 결정해야 한다. 그림 1.3에서 전압을 측정하기 위해서는 바늘이 전압계 눈금에서 어디를 가리키는가를 결정해야 한다. 만약 자와 전압계가 신뢰할 만하다면 주된 문제는 눈금과 비교해서 뾰족한 끝의 위치를 판단하는 것이다. (물론 자와 전압계를 신뢰할 수 **없다면** 이 불확실성도 역시 계산에 포함시켜야 한다.)

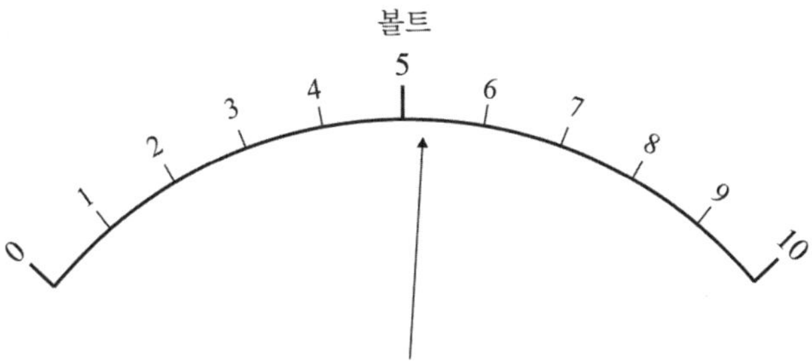

그림 1.3 전압계의 눈금 읽기

그림 1.2에서 자의 눈금 표지는 (1mm 간격으로) 매우 촘촘하다. 연필의 길이는 의심할 여지없이 35mm나 37mm보다는 36mm에 더 가까운데 그러나 그 이상으로 정밀하게 읽는다는 것은 불가능하다고 합리적으로 판단할 수 있다. 이 경우 우리는

$$\text{길이의 최량의 추정값} = 36\,\text{mm},$$
$$\text{거의 확실한 범위} = 35.5\text{에서 } 36.5\,\text{mm까지} \tag{1.1}$$

라고 결론을 진술할 수 있으며 연필의 길이를 가장 가까운 mm까지 측정했다고 말할 수 있다.

다른 이웃하는 눈금 표지보다도 제시한 표지에 더 가깝다고 표현하는 이러한 방식의 결론은 상당히 보편화되어 있다. 이런 이유로 과학자들은 다른 유보 조건 없이 "$l = 36\,\text{mm}$"라고 진술하면 이는 l이 35mm나 37mm보다는 36mm에 더 가깝다는 것을 의미한다고 가정한다. 즉,

$$l = 36\,\text{mm}$$

라는 것은

$$35.5\,\text{mm} \le l \le 36.5\,\text{mm}$$

라는 것을 의미한다. 마찬가지로 만약 불확실성에 대한 일체의 언급 없이 단지 $x = 1.27$이라고 답이 주어진다면 이는 x가 1.265와 1.275 사이에 놓여 있다는 것을 의미한다고 받아들인다. 그렇지만 이 책에서 나는 이러한 관례를 따르지 않고 불확실성을 명시적으로 표시할 것이다. 그럼에도 독자들은 이러한 관례를 이해해야 하고 이 관례가 불확실성을 명시하지 않고 진술하는 모든 수에 적용된다는 것을, 특히 많은 자릿수를 표시해주는 휴대용 계산기가 보편화된 이 시대에는 더 잘 알고 있어야 한다. 만약 독자들이 무심코 계산기로부터 123.456이라는 수를 아무런 유보 조건 없이 복사하였다면 이 수를 보는 사람은 이 수가 확실하게 여섯 개의 유효 숫자까지 유효하다고 (거의 있을 법하지 않는데도) 받아들일 권리가 있다.

그림 1.3에 보인 전압계의 눈금 표지의 간격은 자의 눈금에 비해서 매우 듬성듬성하다. 여기서 거의 모든 관측자는 단지 바늘 끝이 가장 가깝게 있는 눈금 표지만을 식별하는 것보다는 더 정밀하게 측정할 수 있다는 데에 동의할 것이다. 표지 간 간격이 더 넓어서 독자들은 바늘이 두 개의 표지 사이의 공간에서 어디에 놓이는지를 실제에 가깝게 추정할 수 있다. 그리하여 전압계로부터 읽은 전압의 적절한 값은

$$\begin{aligned}&\text{전압의 최량의 추정값} = 5.3\text{ 볼트},\\&\text{거의 확실한 범위: } 5.2\text{에서 } 5.4\text{ 볼트}\end{aligned} \tag{1.2}$$

라고 할 수 있다. 눈금 표지들 사이에서의 위치를 추정하는 과정은 **사이 채우기**라고 불린다. 이것은 연습하면 향상될 수 있는 중요한 기술이다.

어떤 다른 관측자는 방정식 (1.1)과 (1.2)에서와 같이 정밀하게 추정하는 것에 동의하지 않을지 모른다. 혹자는 그림 1.2에서 연필의 길이를 방정식 (1.1)에서 추정한 값보다 더 작은 불확실성을 갖도록 사이 채울 수 있다고 당연히 생각할 수 있다. 그렇지만 방정식 (1.1)과 (1.2)는 관련되는 물리량과 개연적 (혹은 거의 확실한) 불확실성에 대한 **합리적인** 추정값이라는 점은 그

누구도 부정하지는 않을 것이다. 따라서 측정이 눈금 표지가 있는 척도에서 뾰족한 끝의 위치를 결정하는 문제라면 그 불확실성을 근사적으로 추정하는 것은 상당히 쉽다는 것을 알 수 있다.

1.6 반복할 수 있는 측정에서 불확실성을 추정하기

대부분의 측정에서 불확실성을 추정하는 일은 눈금에서 뾰족한 끝의 위치를 결정하는 문제와 관련된 불확실성을 추정하는 것보다 훨씬 어렵다. 예를 들면 스톱워치를 사용해서 시간 간격을 측정할 때 불확실성의 주된 원천은 시계의 문자반을 읽는 데에 있지 않고 스톱워치를 작동시키고 멈추는 데 반응하는 시간의 불확실성에 있다. 그러나 만약 우리가 같은 측정을 여러 차례 반복해서 실시한다면, 때로는 이러한 종류의 불확실성은 신뢰성 있게 추정할 수 있다. 예를 들어 흔들이의 주기를 한 번 측정해서 2.3초라는 답을 얻었다고 하자. 한 번 측정한 결과를 가지고는 실험적 불확실성에 대해서 아무 말도 할 수 없다. 그런데 측정을 한 번 더 되풀이해서 2.4초라는 값을 얻었다면 우리는 즉각 불확실성의 크기는 0.1초 정도라고 말할 수 있다. 만약 4회 연속해서 측정한 결과가 (초 단위로)

$$2.3,\ 2.4,\ 2.5,\ 2.4 \tag{1.3}$$

로 얻어졌다면 우리는 상당히 실제에 가깝게 불확실성을 추정할 수 있다.

첫 번째, 당연한 가정은 흔들이의 주기에 대한 최량의 추정값은 **평균값**[3]인 2.4초라는 것이다.

두 번째, 다른 하나의 합리적이면서 안전한 가정은 올바른 값은 최젓값

3 나는 5장에서 한 물리량에 대한 여러 개의 측정값에 근거한 최량의 추정값은 거의 항상 그 측정값들의 평균이라는 것을 증명하겠다.

2.3과 최곳값 2.5 사이에 놓여 있다는 것이다. 그리하여 우리는

$$\text{최량의 추정값} = \text{평균} = 2.4\text{초},$$
$$\text{거의 확실한 범위: } 2.3\text{에서 } 2.5\text{초까지} \tag{1.4}$$

라고 합리적으로 결론 내릴 수 있다.

같은 실험을 여러 번 반복해서 측정할 수 있다면 얻은 측정된 값들이 퍼져 있는 정도는 항상 측정에서의 불확실성에 대한 좋은 지표가 된다. 4장과 5장에서 나는 반복해서 얻은 측정된 값을 처리하는 통계적 방법에 대해서 논의할 예정이다. 적절한 조건에서는 이러한 통계적 방법이 방정식 (1.4)와 같이 상식에 근거한 방법에 따라서 얻은 값보다도 더 정확한 추정값을 산출해준다. 올바른 통계적 처리는 관측자의 개인적인 판단에 의존하지 않고 불확실성에 대한 객관적인 값을 도출해준다는 장점도 또한 가지고 있다.[4] 그렇지만 방정식(1.4)에 의한 진술은 (1.3)에 열거된 네 개의 측정된 값으로부터 이끌어낼 수 있는 간명하면서도 사실적인 대표적 결론이다.

(1.3)에서와 같은 반복 측정이 늘 불확실성을 드러내준다고 믿고 의지할 수는 없다. 첫 번째로 매번 측정할 때 우리가 정말로 **똑같은** 물리량을 측정하고 있다는 것이 보장되어야 한다. 예를 들어 똑같다고 알고 있는 철사 두 개를 끊어보고 (각 철사로는 단 한 번만 시도할 수 있는 실험인데) 그 파괴 강도를 측정한다고 하자. 두 개의 값이 서로 다르다면 그 차이는 측정에서 불확실성을 나타내는 것일 수도 있고, **또는** 두 개의 철사가 사실 똑같지는 않다는 것을 의미할 **수도** 있다. 두 개의 측정된 값 간의 차이 하나로는 측정의 신뢰성을 밝혀주지는 못한다.

매번 똑같은 물리량을 측정하고 있다고 우리가 확신할 수 있다고 할지라도, 반복 측정으로 불확실성이 반드시 드러나는 것은 아니다. 예를 들어

---

4 또한 올바른 통계적 처리는 일반적으로 관측된 값의 최저부터 최고까지 전체 범위보다는 **더 작은 크기로** 불확실성을 산출해준다. 따라서 (1.3)의 네 개의 시간 기록을 보고서 우리는 주기가 "거의 확실하게" 2.3과 2.5초 사이에 어디쯤 있을 것으로 판단하였다. 4장과 5장의 통계적 방법들은 70%의 확신을 갖고서 주기가 2.36에서 2.44초까지라는 더 작은 범위에 놓여 있을 것이라고 진술한다.

(1.3)의 값들을 측정하는 데 사용된 시계가 늘 5% 빠르게 간다면, 이 시계로 측정한 값들은 모두 5%만큼 더 길 것이다. (같은 시계로 측정한다면) 아무리 많이 반복해서 측정한다고 할지라도 이 결함은 드러나지 않을 것이다. 모든 측정에 같은 방식으로 영향을 주는 이러한 종류의 불확실성을 **계통** 오차라고 부르는데 4장에서 논의되겠지만 감지하기가 매우 어렵다. 이 예에서 택할 수 있는 교정 방법은 시계를 더 신뢰성 높은 시계와 대조하는 것이다. 더 일반적으로는 어떤 측정 기기가 의심스러우면 신뢰할 수 있다고 알려진 다른 기기와 그 의심스러운 기기를 대조해보아야만 한다.

이번 절과 앞 절에서 논의한 사례들은 실험적 불확실성이 때로는 쉽게 추정될 수 있음을 보여주었다. 다른 한편으로는 많은 측정에서 불확실성은 그렇게 쉽게 추정되지는 **않는다**. 또한 우리는 궁극적으로 여태까지 논의한 간단한 추정값보다는 훨씬 정밀한 값으로 불확실성을 추정하게 되기를 바라고 있다. 3장부터 계속 우리는 이에 대한 주제들에 전념할 것이다. 2장에서는 관심의 대상이 되는 모든 물리량에서 불확실성을 추정할 수 있다고 임시로 가정하고 이 불확실성을 어떻게 가장 잘 보고할 수 있는지 또 실험의 결론을 이끌어내는 데에 불확실성을 어떻게 사용하면 되는지를 논의하고자 한다.

제2장

불확실성의 보고 방법과 사용 방법

1장을 학습하였으므로 독자들은 이제 실험적 불확실성의 중요성과 그 불확실성이 어떻게 생겨나는가에 대해서 어느 정도 알게 되었을 것이다. 또한 몇 가지 간단한 상황에서 불확실성을 추정하는 방법도 이해하게 되었을 것이다. 독자들은 2장에서 오차 분석에 관한 기본적 표기법과 규칙에 대하여 배우고, 물리학 실험실에서 실시하는 대표적인 실험들에 적용해보는 예제들을 공부하게 된다. 그 목적은 독자들이 오차 분석에 대한 용어에 친해지고 초급 실험과목에서 오차 분석을 사용하는 데 낯설지 않게 하려는 것이다. 3장에서는 불확실성을 실제로 평가하는 방법에 대한 체계적인 학습을 시작할 것이다.

2.1절에서 2.3절까지는 오차 분석의 기본적인 개념들과 불확실성을 진술하는 일반적 규칙들을 논의한다. 2.4절에서 2.6절까지는 물리학 초급 실험과목에서 실시하는 대표적인 실험들에 이 아이디어들이 어떻게 사용되는가에 대하여 논의하고자 한다. 끝으로 2.7절에서 2.9절까지는 비율 불확실성을 소개하고 그 의의를 논할 것이다.

2.1 최량의 추정값 ± 불확실성

측정의 결과를 진술하는 올바른 방식은 물리량에 대한 최량의 추정값과 그 물리량이 놓여 있다고 확신하는 범위를 제공하는 것이다. 예를 들면 1.6절에서 논의한 스톱워치를 이용한 시간 간격을 측정한 결과는

$$\begin{aligned}&\text{시간에 대한 최량의 추정값} = 2.4\text{초},\\&\text{거의 확실한 범위: } 2.3\text{에서 } 2.5\text{초까지}\end{aligned} \tag{2.1}$$

라고 보고되었다. 여기서 최량의 추정값 2.4초는 다른 모든 예에서도 그렇듯이, 거의 확실한 값의 추정 범위인 2.3초에서 2.5초까지의 중간에 자리한다. 이 관계는 명백히 거의 모든 측정에 본질적이고 또 측정에 붙어 다닌다. 이 관계는 측정 결과를 좀 더 간결한 형식으로 표현할 수 있게 해준다. 예를 들면 방정식 (2.1)에 기록된 시간의 측정값은 통상적으로 다음과 같이 진술된다.

$$\text{시간의 측정된 값} = 2.4 \pm 0.1\text{ 초}. \tag{2.2}$$

가 한 줄의 진술은 (2.1)에서의 두 줄의 진술과 동등하다.

일반적으로 물리량 x를 측정한 어떠한 결과도 다음과 같이 진술된다.

$$(x\text{의 측정된 값}) = x_{\text{best}} \pm \delta x. \tag{2.3}$$

이 진술은 첫 번째로 해당 물리량에 대한 실험자의 최량의 추정값은 수(數) x_{best}이고, 두 번째로는 해당 물리량이 $x_{\text{best}} - \delta x$와 $x_{\text{best}} + \delta x$ 사이 어디인가에 놓여 있을 것이라고 실험자가 상당히 확신한다는 것을 의미한다. 위 진술에서 수(數) δx는 측정된 값 x의 **불확실성,** 또는 **오차의 범위**라고 불린다. 편의를 도모하기 위해 δx는 항상 양수로 정의되고, 그래서 $x_{\text{best}} + \delta x$는 늘 측정된

값의 **가장 큰** 확실한 값을, $x_{\text{best}} - \delta x$는 **가장 작은** 확실한 값을 의미한다.

나는 $x_{\text{best}} - \delta x$와 $x_{\text{best}} + \delta x$의 의미를 일부러 모호하게 남겨두었지만 때로는 그 의미를 더욱 정밀하게 정의할 수 있다. 문의 높이 측정과 같은 간단한 측정에서는 측정된 값이 놓여 있으리라고 **절대적으로** 확신할 수 있는 구간을 $x_{\text{best}} - \delta x$에서 $x_{\text{best}} + \delta x$까지라고 우리는 쉽게 단언할 수 있다. 그러나 안타깝게도 대부분의 과학적 측정에서는 이렇게 진술하기가 매우 어렵다. 특히 측정된 값이 $x_{\text{best}} - \delta x$와 $x_{\text{best}} + \delta x$ 사이에 있다는 것을 **완전하게** 확신할 수 있으려면 δx의 값을 아주 크게 선택해야 하므로 불확실성의 진술이 전혀 유용하지 않게 된다. 이러한 상황을 피하려고 때로는 실제 물리량이 $x_{\text{best}} \pm \delta x$ 범위에 존재한다고 어떤 백분율로 확신할 수 있도록 δx의 값을 선정할 수 있다. 예를 들면 선거 때 실시되는 공공 여론조사 결과는 95% 믿음 한계를 나타내는 오차의 범위로 전통적으로 진술되어왔다. 3% 포인트 오차 범위에서 선거인단의 60%가 (60±3이) 후보 A를 지지한다는 진술은 A 후보를 지지하는 투표자의 비율이 57%와 63% 사이에 있다고 여론 조사자는 95% 믿는다는 것을 의미한다. 바꾸어 말해서 같은 선거를 여러 번 치른다면 총 선거 횟수의 95%의 경우에는 올바른 답이 상기 오차 범위 **안에** 있고 5% 정도 횟수의 선거에서만 그 범위 **밖에** 있을 것이라고 기대할 수 있다는 것이다.

당연히 측정 과정을 지배하는 통계적 법칙들을 이해하기 전까지는 아직 우리는 오차의 범위에 대한 확신을 백분율로 진술할 수는 없다. 4장에서 나는 이 문제로 다시 돌아가겠다. 당분간은 측정된 물리량이 $x_{\text{best}} - \delta x$와 $x_{\text{best}} + \delta x$ 사이에 있을 것이라고 "상당히 확신할" 수 있다는 의미로 δx를 정의하는 것에서 만족하기로 하자.

즉시 점검[1] 2.1

(a) 한 학생이 단순 흔들이의 길이를 측정하고 나서 최량의 추정값은 110mm인데 그 길이가 거의 확실하게 놓여 있을 범위는 108mm에서 112mm까지라고 보고하였다. 이 결과를 (2.3)의 표준 형식으로 다시 기술하라. (b) 만약 다른 학생이 전류를 측정하고 나서 그 값이 $I = 3.05 \pm 0.03$ 암페어라고 보고하였다면 전류 I가 거의 확실하게 놓여 있을 범위는 어떻게 되는가?

2.2 유효 숫자

불확실성들을 진술하는 몇 가지 기본적인 규칙들은 강조할 만한 가치가 있다. 첫 번째 δx는 불확실성에 대한 추정값이므로 이것을 지나치게 높은 정밀도를 가지고 진술하면 안 된다. 중력 가속도 g를 측정할 때 그 결과를 다음과 같이 보고하는 것은 사리에 맞지 않다.

$$(\text{g의 측정된 값}) = 9.82 \pm 0.02385\,\mathrm{m/s^2}. \qquad (2.4)$$

측정에서의 불확실성을 유효 숫자 네 자리까지 안다는 것은 상상하기 어렵다. 높은 정밀도를 갖는 측정에서는 불확실성을 두 자리까지 진술할 때도 있으나 이 책에서 우리는 다음 규칙을 채택하기로 한다.

불확실성을 진술하는 규칙

실험적 불확실성은 거의 항상 하나의 유효 숫자로 반올림되어야만 한다. (2.5)

따라서 g의 불확실성이 $0.02385\mathrm{m/s^2}$으로 계산되었다면 이 답은 $\delta g = 0.02\mathrm{m/s^2}$으로 반올림되어야만 하고, (2.4)의 결론은 다음과 같이 다시 기술해야만 한다.

$$(\text{g의 측정된 값}) = 9.82 \pm 0.02\,\mathrm{m/s^2}. \qquad (2.6)$$

이 규칙의 중요한 실제적인 결과 중 하나는 계산기는 물론이고 연필과 종이도 없이 머릿속으로 많은 종류의 오차 계산을 수행할 수 있다는 것이다.

---

1 이 "**즉시 점검**" 문제는 직전에 배운 개념을 이해했는지 점검하기 위한 목적으로 교재 전체를 통해서 띄엄띄엄 등장할 것이다. 이 문제들은 복잡하지 않은 간단명료한 연습문제들이고 머릿속에서 풀어낼 수 있을 것이다. 독자들은 잠시 시간을 내서 이 문제들을 풀어보기를 권고한다. 만약 풀 수 없다면 독자들은 문제에 선행하는 두서너 문단을 다시 읽어야만 한다.

규칙 (2.5)에는 단 하나의 중요한 예외가 있다. 만약 불확실성 δx에서 선도하는 숫자가 1이면 δx에서 두 개의 유효 숫자를 유지하는 것이 더 좋다는 것이다. 예를 들어 어떤 계산을 실시했는데 불확실성이 $\delta x = 0.14$로 나왔다고 하자. 만약 한 자릿수로 반올림하면 $\delta x = 0.1$로 되어서 상대적으로 크기가 아주 축소된다. 따라서 이 경우에는 두 자리를 유지하는 것이 덜 왜곡시킨다고 주장할 수 있기 때문에 $\delta x = 0.14$라고 매길 수 있다. 같은 논리에 의해서 선도 숫자가 2일 경우에도 적용할 수 있을 것이다. 그러나 분명히 2보다 크면 적용할 수가 없다.

어떤 측정에서 불확실성이 추정되고 나면 측정된 값의 유효 숫자에 대하여 고려해야 한다. 다음과 같이 진술하는 것은 전혀 사리에 맞지 않는다.

$$\text{측정된 속력} = 6051.78 \pm 30\,\text{m/s}. \tag{2.7}$$

30이라는 불확실성은 숫자 5가 실제로 작게는 2, 크게는 8도 될 수 있다는 것을 의미한다. 분명히 5에 뒤따르는 숫자들인 1, 7, 그리고 8은 전혀 의미가 없고 따라서 반올림되어야만 한다. (2.7)의 올바른 진술은

$$\text{측정된 속력} = 6050 \pm 30\,\text{m/s} \tag{2.8}$$

라고 하는 것이다. 일반적인 규칙은 다음과 같다.

답을 진술하는 규칙

진술한 답에서 마지막 유효 숫자는 불확실성의 크기와 그 차수가 같아야만 (소수점 자리가 같아야만) 한다. (2.9)

예를 들어 만약 답이 92.81인데 불확실성이 0.3이라면 다음과 같이 반올림되어야만 한다.

$$92.8 \pm 0.3.$$

만약 불확실성이 3이라면 같은 답은

$$93 \pm 3$$

으로 반올림되어야만 하고, 만약 불확실성이 30이라면 그 답은 다음과 같아야만 한다.

$$90 \pm 30.$$

규칙 (2.5)와 (2.9)에 대한 중요한 전제 조건은 다음과 같다. 반올림으로 생겨나는 부정확함을 축소하기 위해서는 **후속하는 계산에서 사용될 수의 유효 숫자는 마지막으로 조정되는 수의 유효 숫자보다도 적어도 한 자리가 더 많도록 유지해야 한다.** 계산의 마지막 단계에서 최종 답은 이러한 무의미한 잔여 숫자들을 제거할 수 있도록 반올림되어야만 한다. 휴대용 계산기는 실험실에서 독자들이 실시하는 어떠한 계산에서 유의한 유효 숫자의 개수보다도 훨씬 더 많은 유효 숫자로 수를 잘 유지할 것이다. 명백히 계산의 중간에는 이러한 수를 반올림할 필요가 없으나 계산의 마지막 단계에서는 반드시 적절하게 반올림해야 한다.[2]

모든 측정된 물리량에서 불확실성의 차원은 측정된 물리량의 차원과 같다는 점에 주목해야 한다. 그러므로 방정식 (2.6)과 (2.8)에서처럼 답과 불확실성의 다음에 (m/s^2, cm^3 등과 같은) 단위를 적는 것이 분명히 더욱 명확하고 간결하다. 같은 이유로 측정된 물리량이 너무 크거나 작으면 (예를 들어, 3,000 대신에 3×10^3을 사용하는) 유효 숫자 표기법을 채택해야 하고 이 경우에는 답과 불확실성을 같은 형식으로 적으면 더욱 명확해진다. 예를 들어 결과를

$$\text{측정된 전하} = (1.61 \pm 0.05) \times 10^{-19} \text{ 쿨롱}$$

2 규칙 (2.9)에는 작은 예외가 하나 더 있다. 불확실성에서 선도하는 숫자가 작으면 (1이거나 2이면) 최종 답에서 유효 숫자를 하나 더 보존하는 것이 적합할 것이다. 예를 들면 답을 3.6 ± 1로 쓴다는 것은 전적으로 받아들일 수 있는데, 만약 이 답을 반올림해서 4 ± 1로 쓴다면 가치 있는 정보를 버리게 되기 때문이다.

으로 기술하면 다음 형식으로 기술하는 것보다도 훨씬 더 읽기 쉽고 이해하기 쉽다.

$$\text{측정된 전하} = 1.61 \times 10^{-19} \pm 5 \times 10^{-21}\ \text{쿨롱}.$$

즉시 점검 2.2

다음에 주어진 측정된 값들을 각각 가장 알맞은 형식으로 다시 기술하라.

(a) $v = 8.123456 \pm 0.0312\,\mathrm{m/s}$

(b) $x = 3.1234 \times 10^4 \pm 2\,\mathrm{m}$

(c) $m = 5.6789 \times 10^{-7} \pm 3 \times 10^{-9}\,\mathrm{kg}$.

2.3 불일치

실험 보고서에서 불확실성을 어떻게 사용하는가 하는 문제를 본격적으로 논의하기 전에 몇 가지 중요한 용어를 소개하고 또 정의하고자 한다. 첫 번째로 같은 물리량에 대한 두 개의 측정값이 같지 않다면 우리는 **불일치**가 존재한다고 말한다. 수치상으로 두 개의 측정값 간의 불일치는 그 차로서 정의된다.

$$\text{불일치} = \text{같은 물리량에 대한 두 가지 측정된 값 간의 차.} \tag{2.10}$$

더 구체적으로 표현하자면 두 개의 측정값 각각은 하나의 최량의 추정값과 하나의 불확실성으로 이루어지는데 불일치는 두 개의 최량 추정값 간의 차로 정의된다. 한 예로 같은 저항을 두 학생이 측정하고 나서 다음과 같이

$$\text{학생 A} : 15 \pm 1\ \text{옴}$$

그리고

$$\text{학생 B} : 25 \pm 2\text{옴}$$

이라는 결과를 얻었다면, 두 측정값 간의 불일치는

$$\text{불일치} = 25 - 15 = 10\text{옴}$$

이다.

이 불일치가 **유의한지** 아닌지를 식별해보라. 방금 언급한 두 개의 측정값을 그림 2.1(a)에 그림으로 설명하였는데, 두 개의 측정값에 동시에 속하는 저항 값이 없기 때문에 이 그림은 불일치가 **유의하다는** 것을 명료하게 보여주고 있다. 분명히 두 개의 측정값 중 적어도 하나는 틀릴 것이며, 따라서 무엇이 잘못되었는지 알아내려면 주의 깊게 검사할 필요가 있다.

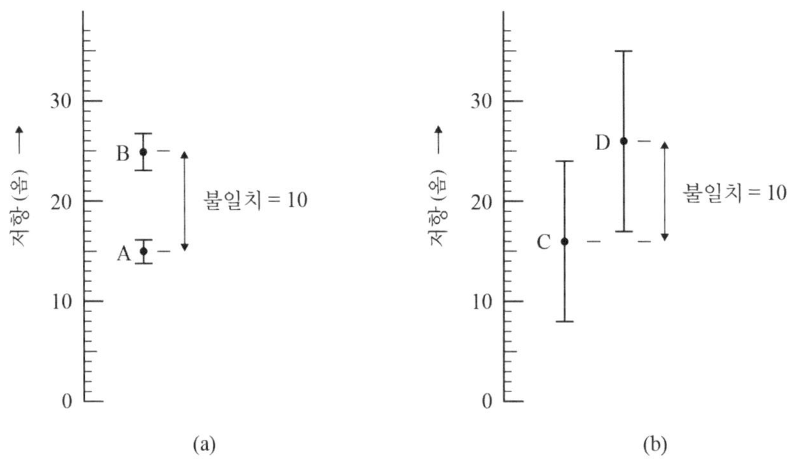

그림 2.1 (a) 같은 저항에 대한 두 개의 측정값. 각 측정값은 검은 점으로 표시한 최량의 추정값과 수직 오차 막대로 표시한 거의 확실한 값의 범위로 구성된다. 그 불일치는 (두 개의 최량의 추정값 간의 차는) 10옴으로 **유의**한데, 이유는 불일치가 두 측정값의 결합 불확실성보다도 훨씬 크기 때문이다. 적어도 한 실험자가 착오를 범했을 것이 거의 확실하다. (b) 같은 저항에 대한 두 개의 다른 측정값. 이번에도 불일치는 10옴인데 진술한 오차의 범위가 겹치기 때문에 이 경우는 불일치가 **무의미**하다. (비록 정밀하지 못하다고 비판받을 수는 있겠지만) 어느 하나의 측정값도 의심할 이유는 없다.

그 반면에 다른 두 학생이 다음과 같은 결과를 보고했다고 가정해보자.

$$\text{학생 C}: 16 \pm 8\text{옴}$$

그리고

$$\text{학생 D}: 26 \pm 9\text{옴}.$$

이번에도 불일치는 10옴으로 앞에서와 같으나, 이 경우에는 그림 2.1(b)에 보인 바와 같이 두 학생이 측정한 오차의 범위가 넉넉하게 겹치고 있고 두 개의 측정값이 모두 옳을 수 있기 때문에 불일치는 **무의미**하다. 같은 물리량에 대한 두 개의 측정값 사이의 불일치는 단지 크기로만 평가되어서는 안 되고 더 중요한 것은 **측정값의 불확실성과 비교해서** 그 불일치가 얼마나 큰가 하는 것이다.

교과 실험에서는 이전에 여러 번 정밀하게 측정되었으며 이미 정확한 **공인된 값**이 알려져 있고 또 발표된 적이 있는, 예를 들면 전자의 전하 또는 보편 기체 상수 등과 같은 물리량을 학생들로 하여금 다시 측정하게 할 수 있다. 이 공인된 값조차도 적확한 값은 물론 아니고 이 값도 측정의 결과로 얻어진 것이며 따라서 다른 모든 측정값과 마찬가지로 약간의 불확실성을 가지고 있다. 그렇지만 많은 경우에 공인된 값은 학생들이 스스로 측정해서 달성할 수 있는 값보다 훨씬 정확하다. 예를 들면 현재 공인된 보편 기체 상수의 값은

$$(\text{공인된 } R\text{의 값}) = 8.31451 \pm 0.00007\,\text{J}/(\text{mol}\cdot\text{K}) \tag{2.11}$$

이다. 예상한 대로 이 값도 **불확실하다**. 그러나 대부분의 교과 실험의 기준에서 본다면 그 불확실성은 극도로 작다. 따라서 학생들이 이런 상수를 측정한 값을 공인된 값과 비교할 때는 일반적으로 공인된 값을 적확한 값이라고 간주해도 된다.[3]

---

3 이것이 항상 맞는 것은 아니다. 예를 들어 학생들이 유리의 굴절률을 찾아보면 유리의 조성에 따라서 그 값이 1.5에서 1.9까지 분포하는 것을 알게 될 것이다. 조성을 모르는 유리 조각의 굴절률을 측정하는 실험에서 공인된 값은 기대하는 답에 대한 대강의 지침 그 이상일 수가 없다.

비록 많은 실험에서 공인된 값이 이미 알려져 있는 물리량을 측정하도록 요구되지만, 그러나 **참**값을 알고 있는 물리량에 대한 측정은 거의 요구되지 않는다.[4] 사실, 측정되는 물리량의 참값을 적확하게는 **결코 알아낼 수 없을 뿐만** 아니라 참값이라는 것은 정의하기조차도 어렵다. 그렇지만 측정된 값과 이에 대응하는 참값과의 차이(差異)를 논하는 것은 때로는 유익하다. 일부 저자들은 참값과 관련지어 이 차이를 **참 오차**라고 지칭한다.

2.4 측정된 값을 공인된 값과 비교하기

어떠한 결론을 이끌어내지 않는 실험은 수행해야 할 가치가 없다. 잔물결 통에 간섭무늬가 나타나는 것이라든지 광학 시스템을 통과한 빛의 색깔에 대한 실험과 같이 몇몇 실험은 정성적 결과를 보기 위해 수행하기도 하나 절대다수의 실험은 **정량적** 결론으로, 말하자면 수치적 결과의 진술로 인도한다. **측정된 수 하나를 진술하는 것은 전혀 관심의 대상이 아니라는** 사실을 인정하는 것이 매우 중요하다. 어떤 금속의 밀도가 $9.3 \pm 0.2\,\text{gram/cm}^3$으로 측정되었다든지 카트의 운동량이 $0.051 \pm 0.004\,\text{kg}\cdot\text{m/s}$로 측정되었다고 하는 진술은 그 자체로는 전혀 흥미를 끌 만한 일이 아니다. 측정된 값을 공인된 값과 비교하거나, 측정된 값을 이론적으로 예측된 값과 비교하거나 아니면 여러 개의 측정된 값을 서로 비교하는 것과 같이 **두 개나 그 이상의 수를 비교해야지만** 그 근저에 있는 물리 법칙에 따라서 이 수들이 서로 연관되어 있다는 것을 보여주는 흥미로운 결론이 얻어질 수 있다. 오차 분석이 참으로 중요하게 되는 것은 이렇게 수들을 비교할 때이다. 이번 절과 연이은 두 개의 절에서는 결론을 이끌어내는 데에 불확실성의 추정값들이 어떻게 사용되는지를 보여주는 대표적인 세 가지 실험에 대해서 논의하고자 한다.

---

4 여기에 한 가지 사례가 있다. 만약 독자들이 지름에 대한 원둘레의 비를 측정한다면 그 정답은 적확하게 π이다. (말할 것도 없이 이러한 실험은 일부러 만든 것이다.)

아마도 가장 간단한 형태의 실험은 공인된 값을 알고 있는 물리량의 측정일 것이다. 이미 앞에서 말한 바와 같이 이러한 종류의 실험은 교과 실험과목에서 실시하는 약간 인공적인 실험이다. 이 실험의 절차는 물리량을 측정하고, 실험적 불확실성을 추정한 뒤에 그 값들을 공인된 값과 비교하는 것으로 이루어진다. 이런 방식을 따라서 학생 A가 (표준 온도와 기압에서) 공기 중 음속을 실험으로 측정하고 나서

$$\text{A가 측정한 속력} = 329 \pm 5\,\text{m/s} \tag{2.12}$$

라는 결론에 도달하였고, 이에 비해서 공인된 속력은

$$\text{공인된 속력} = 331\,\text{m/s} \tag{2.13}$$

라고 하자. 학생 A는 이 값들을 그림 2.2에서와 같이 그래프로 표시하는 것을 선택할 수 있을 것이다. 이 학생은 분명히 보고서에 방정식 (2.12)와 (2.13)을 나란히 기술하여 보고서를 읽는 사람으로 하여금 결과를 명확하게 평가할 수 있게 해야만 할 것이다. 어쩌면 이 학생은 공인된 값이 자기가 측정한 값의 오차 범위 안에 놓여 있으므로 자신의 측정이 만족스러운 것이라고 명시적으로 진술해야만 할지도 모른다.

불확실성이 δx라고 하는 것의 의미는 x의 올바른 값이 **거의 확실하게** $x_{\text{best}} - \delta x$와 $x_{\text{best}} + \delta x$ 사이에 놓여 있다는 것인데, 그 올바른 값이 이 구간을 약간 벗어난 곳에 있는 것도 틀림없이 **가능하다**. 그러므로 공인된 값이 측정된 값의 추정된 범위를 약간 벗어나 있더라도 측정은 만족스러운 것으로 간주될 수 있다. 예를 들어, 만약 학생 B가 측정한 값이

$$\text{B가 측정한 속력} = 325 \pm 5\,\text{m/s}$$

이면, 학생 B는 당연히 자신의 측정값이 공인된 속력 331 m/s와 일관적이라고 주장할 수 있다.

반면에 만약 공인된 값이 오차 범위를 상당히 벗어나 있다면 (즉, 불일

치가 불확실성의 2배 이상 된다면) 측정에서 무엇인가 잘못되었다고 생각할 충분한 이유가 있다. 예를 들어, 운이 나쁜 학생 C가

$$C\text{가 측정한 값} = 345 \pm 2\,\mathrm{m/s} \tag{2.14}$$

를 얻었는데, 이에 비해서 공인된 값은

$$\text{공인된 속력} = 331\,\mathrm{m/s} \tag{2.15}$$

이었다. 학생 C의 불일치는 14 m/s 인데, (그림 2.2에서 볼 수 있듯이) 이 값은 C가 진술한 불확실성의 7배나 된다. 이 학생은 무엇이 잘못되었는지 알아내기 위해 자신의 측정과 계산을 검사해야 할 필요가 있을 것이다.

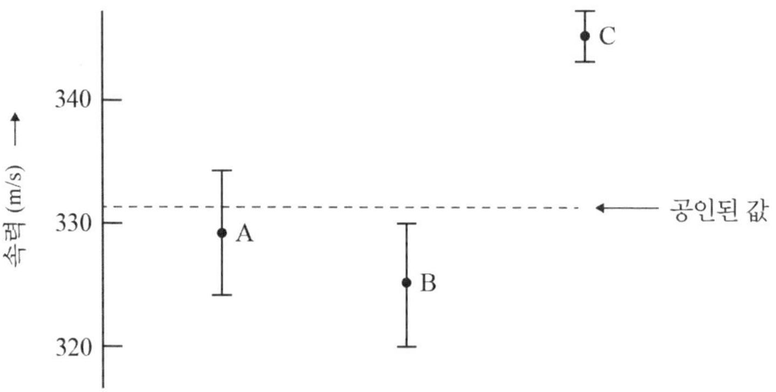

그림 2.2 표준 온도와 기압에서 음속에 대한 세 개의 측정값. 공인된 값인 331m/s가 학생 A의 오차 범위 안에 들어왔으므로 이 학생의 결과는 만족스럽다. 학생 B의 측정에서는 공인된 값이 오차 범위를 조금 벗어나 있지만 이 측정 결과는 인정할 수 있다. 학생 C의 측정에서는 공인된 값이 진술된 오차 범위를 **훨씬 벗어나** 있어서 이 학생의 측정은 분명히 만족스럽지 못하다.

안타깝게도 학생 C의 착오를 추적하는 것은 수많은 가능성 때문에 매우 번거로운 일이 될 것이다. 이 학생이 측정할 때나 계산 과정에서 착오를 범해 345 m/s 라는 답이 얻어졌을 수도 있고, 불확실성을 틀리게 추정했을 수도 있다. (만약 답이 345 ± 15 m/s 이었다면 인정되었을 것이다.) 이 학생은 틀린 공인된 값과 자신의 측정을 비교했을 수도 있다. 예를 들면 331m/s 라는 값은 표준 온도와 기압에서의 음속이다. 표준 온도가 0℃ 이기 때문에 (2.14)의 측정된

속도가 표준 온도에서 취득되지 **않았을** 가능성도 다분히 있다. 사실 측정이 (말하자면 보통 실내 온도인) 20℃ 에서 수행되었다면 올바른 공인된 음속은 343 m/s 이므로 학생의 측정은 충분히 인정될 수 있다.

마지막으로 어쩌면 가장 있을 수 있는 경우인데, 방정식 (2.14)와 (2.15) 간의 불일치는 (1장에서 논의했듯이 시종일관 느리게 가는 시계 등과 같이) 미처 감지되지 아니한 계통 오차가 있다는 것을 가리킬 수도 있다. 이러한 (일관되게 결과를 한 방향으로 쏠리게 하는 오차인) 계통 오차를 감지하려면 모든 장비의 눈금을 조심스럽게 맞추고 모든 절차를 세밀하게 재검토해야 할 필요가 있다.

2.5 두 개의 측정된 수를 비교하기

많은 실험에는 이론적으로 반드시 같아야만 하는 두 개의 수를 측정하는 것이 관련된다. 예를 들면 운동량 보존의 법칙은 어떤 한 고립계의 총 운동량이 늘 일정하다고 진술한다. 이것을 검정하기 위해서 마찰이 없는 궤도를 따라서 카트 두 대가 이동하다가 충돌하는 일련의 실험을 수행할 수 있다. 우리는 카트 두 대가 충돌하기 전의 총 운동량(p)과 충돌한 후의 총 운동량(q)을 측정하고 나서 실험적 불확실성 범위 안에서 $p = q$ 인지 아닌지 검사할 수 있을 것이다. 어떤 측정값 짝에 대하여 그 결과는 다음과 같다고 하자.

$$\text{처음 운동량 } p = 1.49 \pm 0.03\,\text{kg} \cdot \text{m/s}$$

그리고

$$\text{나중 운동량 } q = 1.56 \pm 0.06\,\text{kg} \cdot \text{m/s}.$$

여기서 p 가 거의 확실하게 놓여 있을 범위인 (1.46 에서 1.52 까지)는 그림 2.3에서 확인할 수 있듯이 q 가 거의 확실하게 놓여 있을 범위인 (1.50에서 1.62 까지)와 넉넉하게 **겹치고 있다**. 그러므로 이 측정값들은 운동량 보존과 일관적이다. 만약 이와 반대로 두 개의 확실한 범위가 서로 겹치기는커녕 가깝지도 않다면 측정값들은 운동량 보존과 일관성을 갖지 못하는 것이므로, 측정과 계산 과정에서 잘못하지 않았는지, 계통 오차가 있지는 않았는지, 또 (중력이나 마찰력과 같은) 외부 힘들이 고립계의 운동량에 변동을 가져오지는 않았는지 검사해봐야만 할 것이다.

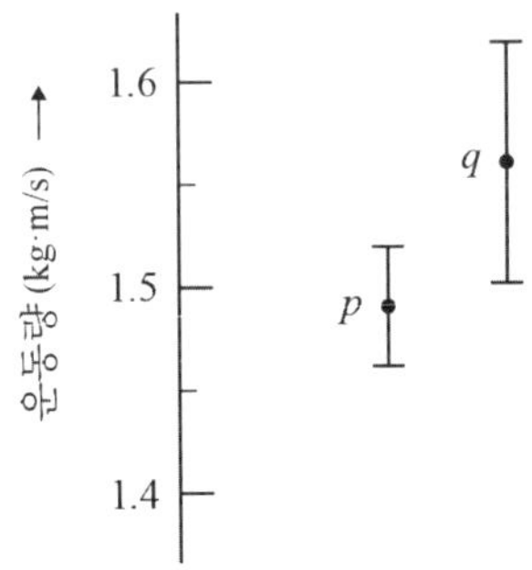

그림 2.3 카트 두 대의 충돌 전 총 운동량(p)과 후의 총 운동량(q)의 측정된 값. p와 q에 대한 오차의 범위가 겹치고 있기 때문에 이 측정값들은 확실히 (p와 q가 같다는 것을 의미하는) 운동량 보존과 일관적이다.

만약 위와 같이 짝으로 구성되는 유사한 측정을 여러 번 반복한다면 그 결과를 보여주는 가장 좋은 방법에는 어떤 것이 있을까? 첫 번째, 일련의 유사한 측정들의 결과를 표로 기록하는 것은 각각의 결과를 별개의 진술로 나열하는 것보다는 일반적으로 더 좋은 방법이다. 두 번째, 일반적으로 불확실성은 측정에 따라서 거의 차이가 없다. 예를 들면 처음 운동량 p에 대한 모든 측정에서 그 불확실성은 $\delta p \approx 0.03\,\mathrm{kg \cdot m/s}$이고 나중 운동량 q의 모든 측정에서 그 불확실성은 $\delta q \approx 0.06\,\mathrm{kg \cdot m/s}$라고 우리는 확신할 수 있을 것이다. 그러면 측정 결과를 보여주는 좋은 방안은 표 2.1에 제시한 바와 같을 것이다.

표 2.1 측정된 운동량(단위: kg · m/s)

시행 번호	처음 운동량 p (모두 ±0.03)	나중 운동량 q (모두 ±0.06)
1	1.49	1.56
2	3.10	3.12
3	2.16	2.05
등등		

각각의 측정값 짝에서 p에 대한 값이 있을 거의 확실한 범위는 q에 대한 값이 있을 거의 확실한 범위와 겹친다. (혹은 거의 겹친다.) 만약 측정 결과들에서 오차 범위가 겹친다면 이 실험 결과들이 운동량의 보존과 일관적이라고 선언할 수는 있다. 그러나 이 실험이 운동량의 보존을 **증명하는** 것은 아니라는 사실을 명심해야 한다. 어떠한 실험도 운동량의 보존을 증명할 수는 없다. 우리는 단지 불확실성이 점점 더 작아지는 실험을 아주 많이 시행하고서 그 모든 결과가 운동량의 보존과 **일관적이기를** 바랄 수 있을 뿐이다.

실제 실험에서는 표 2.1에 등재되는 항목들이 열두 개나 그 이상이 될 것이고 따라서 나중 운동량 하나하나가 각각에 대응하는 처음 운동량과 일관적인지 일일이 검사한다는 것은 무척 지루한 일이 될 것이다. 결과들을 전시하는 더 좋은 방법은 이 표에 네 번째 열을 하나 추가해서 차(差) $p-q$를 나열하는 것이다. 만약 운동량이 보존된다면 이 값들은 0과 일관적이어야 한다. 이 방법을 적용하는 데 있어서 단 하나 어려운 점은 차 $p-q$에서의 불확실성을 계산해야만 한다는 것이다. 이 계산은 다음과 같이 이루어질 수 있다. 우리가 측정했는데

$$(p\text{의 측정된 값}) = p_{\text{best}} \pm \delta p$$

이고

$$(q\text{의 측정된 값}) = q_{\text{best}} \pm \delta q$$

이었다고 가정하자. 수 p_{best}와 q_{best}는 각각 p와 q에 대한 최량의 추정값이다. 그러므로 $(p-q)$에 대한 최량의 추정값은 $(p_{\text{best}}-q_{\text{best}})$이다. $(p-q)$의 불확실성을 알아내려면 $(p-q)$의 가장 큰 확실한 값과 가장 작은 확실한 값을 반드시 결정해야 한다. 만약 p가 **가장 큰** 확실한 값인 $(p_{\text{best}}+\delta p)$이고 동시에 q는 **가장 작은** 확실한 값인 $(q_{\text{best}}-\delta q)$이면 $(p-q)$의 가장 큰 확실한 값이 얻어질 것이다. 따라서 $(p-q)$의 가장 큰 확실한 값은

$$\text{가장 큰 확실한 값} = (p_{\text{best}} - q_{\text{best}}) + (\delta p + \delta q) \tag{2.16}$$

이다. 마찬가지로 $(p-q)$의 가장 작은 확실한 값은 p가 가장 작은 값인

$(p_{\text{best}} - \delta p)$이고 q는 가장 큰 값인 $(q_{\text{best}} + \delta q)$일 때 얻어진다. 따라서

$$\text{가장 작은 확실한 값} = (p_{\text{best}} - q_{\text{best}}) - (\delta p + \delta q) \tag{2.17}$$

이다. 방정식 (2.16)과 (2.17)을 결합하면 **차(差) $(p-q)$의 불확실성은 원래 불확실성의 합** $\delta p + \delta q$가 된다. 예를 들어 만약 p와 q가 각각

$$p = 1.49 \pm 0.03\,\text{kg} \cdot \text{m/s}$$

이고

$$q = 1.56 \pm 0.06\,\text{kg} \cdot \text{m/s}$$

이면

$$(p-q) = -0.07 \pm 0.09\,\text{kg} \cdot \text{m/s}$$

가 된다.

이제 우리는 표 2.1에 열을 하나 더 추가해서 표 2.2를 만들 수 있다.

표 2.2 측정된 운동량(단위: kg · m/s)

시행 번호	처음 운동량 p (모두 ±0.03)	나중 운동량 q (모두 ±0.06)	차 $p-q$ (모두 ±0.09)
1	1.49	1.56	−0.07
2	3.10	3.12	−0.02
3	2.16	2.05	0.11
등등			

표의 마지막 열에 있는 수들이 0과 일관적인지를 (이를테면 이 수들이 불확실성인 0.09보다 작거나 비슷한지를) 검사하면 우리의 실험 결과가 운동량 보존의 법칙과 일관적인지 아닌지를 한눈에 알 수 있다. 표보다 더 좋을 수 있는 대안은 그림 2.4에서처럼 좌표 평면에 표시해서 시각적으로 검사하는 것이다.

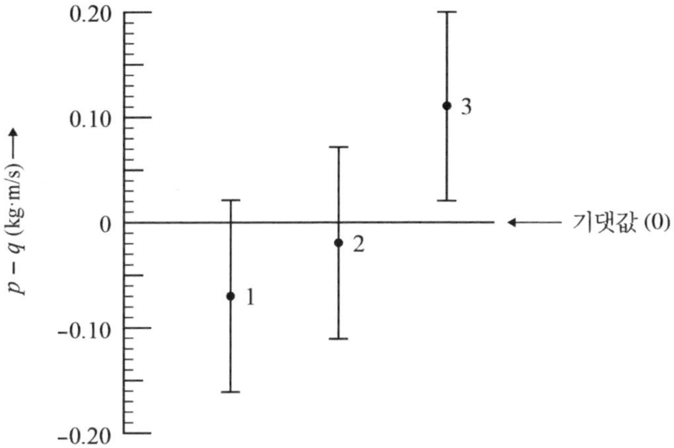

그림 2.4 운동량 보존을 검정하기 위한 세 번의 시행. 학생들은 카트 두 대가 충돌하기 전후에 (각각 p, q라고 칭한) 총 운동량을 측정하였다. 운동량이 보존된다면 차 $(p-q)$는 모두 0이 되어야만 한다. 상기 도표는 각 시행에서 오차 막대와 함께 $(p-q)$의 값을 보여주고 있다. 시행 1과 2에서는 기댓값인 0이 오차 범위 안에 있고 시행 3에서는 단지 약간만 벗어나 있다. 그러므로 이 결과들은 운동량의 보존과 일관적이다.

같은 효과를 거둘 수 있는 또 하나의 대안은 **비** q/p를 계산하는 것인데 이 값들은 기댓값 $q/p=1$에 일관적이어야 한다. (그런데 이 대안을 적용하려면 q/p의 불확실성을 계산해야 하는데, 이에 대해서는 3장에서 논의한다.)

$(p-q)$의 불확실성에 관해서 지금까지 논의한 사항은 어떠한 두 개의 측정된 수의 차에도 적용될 수 있다. 만약 우리가 어떤 수든지 두 개의 수 x와 y를 측정하고서 두 수의 차 $x-y$를 계산했다면, 그 차의 불확실성은 방금 논증한 바에 따라서 x와 y 각각에 대한 불확실성의 **합**으로 주어진다. 그리하여 우리는 다음과 같은 잠정 규칙을 수립하였다고 할 수 있다.

차(差)에서의 불확실성 (잠정 규칙)

만약 두 개의 물리량 x와 y가 각각 δx와 δy 크기의 불확실성을 가지고 측정되고, 만약 측정된 값 x와 y가 그 차인 $q=x-y$를 계산하는 데 사용된다면 q**의 불확실성은** x **와** y**의 불확실성의 합**이다.

$$\delta q = \delta x + \delta y. \tag{2.18}$$

3장에서 $q=x-y$의 불확실성이 방정식 (2.18)에서 추정하는 것보다 약간 작을 수 있음을 알게 될 것이므로 우리는 상기 규칙을 "잠정적"이라고 부르기로 한다. 따라서 방정식 (2.18)은 나중에 "개선된" 규칙으로 교체될 것인데 거기서는 $q=x-y$의 불확실성이 방정식 (3.13)에 의해서 정의되는 δx와 δy의 이른바 이차 합에 의해서 산출된다. 이 개선된 규칙은 q의 불확실성을 조금 작게 추정하므로 독자들은 만약 적법하다면 그 규칙을 적용하고 싶어 할 것이다. 그러나 당분간 우리는 다음 세 가지 이유에 의해서 잠정 규칙 (2.18)로 만족하기로 하자. (1) 규칙 (2.18)은 이해하기가 쉽고 3장에 있는 개선된 규칙에 비하면 훨씬 더 그러하다. (2) 대부분 두 규칙에 따른 값들 간의 차가 그다지 크지 않다. (3) 방정식 (2.18)은 $q=x-y$의 불확실성의 상계를 항상 산출해준다. 따라서 우리는 $x-y$의 불확실성이 방정식 (2.18)에 의해서 주어지는 값보다는 최소한 더 크지는 않으리라는 것을 안다.

결과 (2.18)은 **오차의 전파**에 관한 일련의 규칙 중 첫 번째이다. 측정된 물리량 x와 y의 항으로 q를 계산하려면 x와 y의 불확실성이 어떻게 전파해서 q의 불확실성을 일으키는지 알 필요가 있다.

즉시 점검 2.3

얼음의 잠열을 측정하는 실험에서 한 학생이 스티로폼 컵에 담긴 물에 얼음 덩어리를 넣고, 이 얼음이 녹으면서 온도가 변하는 것을 관찰한다. 넣은 얼음의 질량을 결정하려고 그 학생은 얼음을 넣기 전과 후에 컵에 담긴 물의 무게를 잰 다음 두 측정값 간의 차를 계산한다. 만약 두 측정값이

$$(\text{컵과 물의 질량}) = m_1 = 203 \pm 2\ \text{그램}$$

이고

$$(\text{컵과 물과 얼음의 질량}) = m_2 = 246 \pm 3\ \text{그램}$$

이라고 한다면, 얼음의 질량 $m_2 - m_1$에 대한 답(최량의 추정값)을 잠정 규칙 (2.18)에 의한 불확실성과 함께 구하라.

2.6 그래프로 관계를 검사하기

많은 물리적 법칙은 하나의 물리량이 다른 물리량과 비례해야 한다는 것을 함축한다. 예를 들면, 훅(Hooke)의 법칙은 스프링의 늘어나는 길이가 스프링을 잡아당기는 힘에 비례한다고 진술하고, 뉴턴의 법칙은 물체의 가속도는 가해지는 힘의 총합에 비례한다고 말한다. 교과 실험에서 수행하는 많은 실험은 이러한 비례 관계를 검사하려고 고안되었다.

만약 어떤 물리량 y가 다른 물리량 x에 비례한다면 x에 대한 y의 그래프는 원점을 지나가는 직선이다. 따라서 y가 x에 비례하는지 아닌지를 검정하기 위해서는 측정된 값 x에 대한 y의 측정된 값을 좌표 평면에 점으로 표시하고 그 결과로 얻어지는 점들이 원점을 지나가는 직선 위에 놓이는지 아닌지 그 여부에 주목하면 된다. 직선은 아주 쉽게 바로 알아볼 수 있기 때문에 이 방법은 비례 관계를 검사하는 간단하면서도 효율적인 수단이다.

그래프를 사용하는 방법을 보여주기 위해 훅의 법칙을 검정하는 실험을 생각해보기로 한다. 일반적으로 $F = kx$라고 표현되는 이 법칙은 스프링의 늘어나는 길이 x는 잡아당기는 힘 F에 비례한다고, 즉, $x = F/k$라고 선언한다. 여기서 k는 스프링의 "힘 상수"이다. 이 법칙을 검정하는 간단한 방법은 스프링을 수직으로 걸어 놓고 여기에 여러 질량을 매다는 것이다. 이렇게 하면 매단 짐의 무게인 $m\mathrm{g}$가 힘 F가 되고, 늘어난 길이는 다음과 같아야만 한다.

$$x = \frac{m\mathrm{g}}{k} = \left(\frac{\mathrm{g}}{k}\right)m. \qquad (2.19)$$

늘어난 길이 x는 짐 m에 비례해야 하고, m에 대한 x의 그래프는 원점을 지나가는 직선이어야만 한다.

만약 우리가 다양한 서로 다른 짐 m에 대해서 x를 측정하고, 측정된 값 x와 m을 좌표 평면에서 점으로 표시하면 그 결과로 얻어진 점들이 **정확하게** 하나의 직선 위에 놓이지는 않을 것은 거의 확실하다. 예를 들어 우리가 여덟 개의 서로 다른 짐 m에 대한 늘어난 길이 x를 측정하고, 표 2.3에 제시한 결과를 얻었다고 가정해보자.

표 2.3 짐과 늘어난 길이

짐 m (그램) (δm 무시)	200	300	400	500	600	700	800	900
늘어남 x (cm) (모두 ±0.3)	1.1	1.5	1.9	2.8	3.4	3.5	4.6	5.4

이 값들을 그림 2.5(a)의 좌표 평면에 점으로 표시하였는데, 이 그림은 원점을 통과하면서 여덟 점을 모두 가깝게 지나갈 직선이 있을 가능성을 보여주고 있다. 그렇게 기대할 수밖에 없지만 여덟 개 점은 적확하게 하나의 직선 위에 놓여 있지는 않다. 문제는 이러한 결과가 실험에서의 불확실성에 기인하는지 (우리가 바라는 바이지만), 우리가 범한 착오에 기인하는지, 아니면 심지어는 늘어난 길이 x가 m에 비례하지 **않는** 것인지 여부이다. 이 물음에 답하려면 우리는 불확실성을 반드시 고려해보아야 한다.

늘 그러하듯이 측정된 값 x와 m은 불확실성의 지배를 받는다. 문제를 단순화시키기 위하여, 질량의 값은 아주 정확하게 알고 있기 때문에 m의 불확실성은 무시할 수 있다고 가정하자. 그 반면에 x에 대한 모든 측정값은 (표 2.3에서 나타낸 것처럼) 불확실성을 약 0.3 cm 갖고 있다고 가정한다. 일례로 200 그램의 짐에 의해서 늘어난 길이는 거의 확실하게 1.1 ± 0.3 cm 범위에 있을 것이다. 그래프 상에서 우리의 첫 번째 실험 점은 $m = 200$ 그램인 수직선 위에 놓이고 $x = 0.8$ cm에서 $x = 1.4$ cm의 중간 어디쯤 있을 것이다. 이 범위는 그림 2.5(b)에 표시되어 있는데, 이 그림은 각 실험 점을 관통하면서 실험 점이 놓여 있을 범위를 표시하는 **오차 막대들을** 보여주고 있다. 당연히 **원점과 모든 오차 막대를 관통하거나 근접하여 지나가는** 직선이 있기를 우리는 기대해야만 한다. 그림 2.5(b)에서 그러한 직선이 있는 것을 볼 수 있고, 따라서 그림 2.5(b)의 근거가 되는 데이터는 x가 m에 비례한다는 진술과 일관적이라고 결론지을 수 있다.

우리는 방정식 (2.19)에서 m에 대한 x의 그래프의 기울기는 g/k라는 것을 보았다. 그러므로 그림 2.5(b)에 있는 직선의 기울기를 측정한다면 우리는 스프링 상수 k를 알아낼 수 있다. 데이터에 합리적으로 잘 맞추어지면서 기울기가 가장 가파른 직선과 가장 완만한 직선을 그으면 우리는 k에 대한 불확실성을 구할 수 있다. (연습문제 2.18 참조하라.)

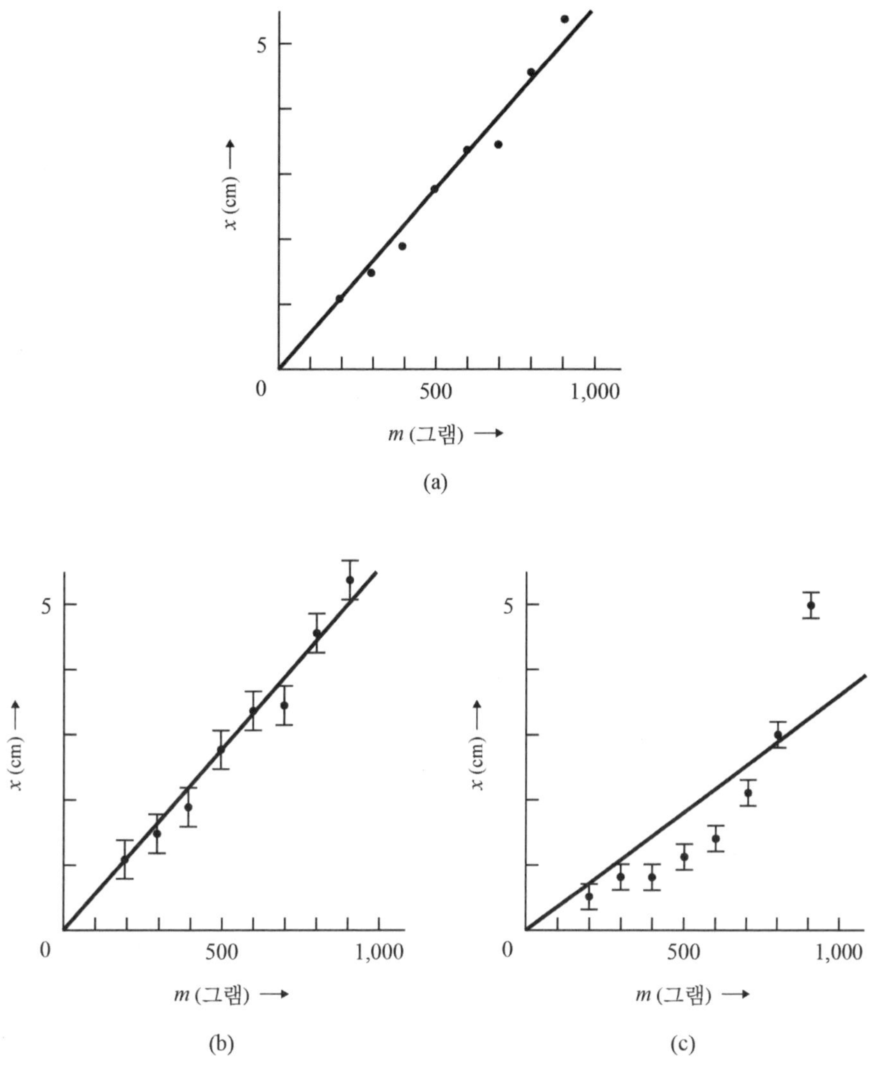

그림 2.5 짐 m에 대하여 스프링의 늘어남을 표시하는 세 개의 도표. (a) 오차 막대가 없는 표 2.3의 데이터. (b) x의 불확실성을 표시하는 오차 막대를 포함한 같은 데이터. (m의 불확실성은 무시할 만큼 작다고 가정한다.) 이 데이터는 x와 m 사이에 비례 관계가 기대된다는 것과 일관적이다. (c) x가 m에 비례한다는 진술과는 일관적이지 않는 다른 데이터 집합.

만약 최량의 직선이 상대적으로 많은 수의 오차 막대를 빗나가거나 (오차 막대의 길이에 비해서) 혹은 큰 거리로 어느 하나의 오차 막대를 빗나간다면 실험 결과는 x가 m에 비례한다는 진술과는 **일관적이지 않을** 수 있을 것이다. 이러한 상황은 그림 2.5(c)에 그림으로 설명되어 있다. 이 그림에 주어진 결과들을 가지고 보면 측정과 (불확실성의 계산을 포함하는) 계산을 다시 검사해야만 할 것이고 어떤 이유인지 모르지만 x가 m에 비례하지 **않는** 것인지 검토해볼 필요가 있다. [예컨대 그림 2.5(c)에서 첫 번째 다섯 점은 원점을 지나는 직선에 맞추어질 수 있다. 이런 상황은 약 600그램까지는 x가 m에 비례한다고 시사하고 있으나 훅의 법칙은 그 점에서 무너지고 스프링은 훨씬 더 급격하게 늘어나기 시작한다.]

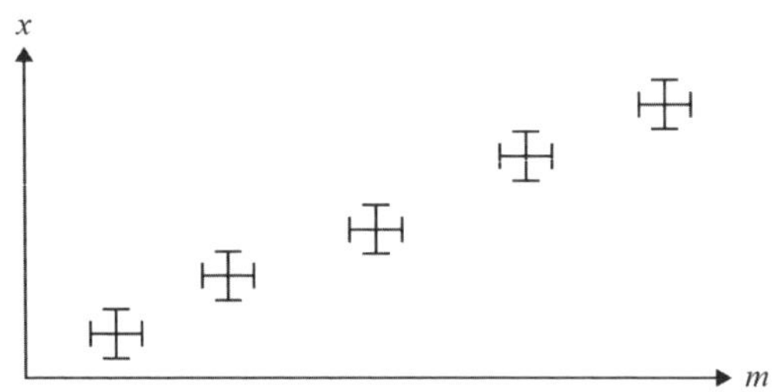

그림 2.6 두 개 변수 모두에 불확실성이 포함된 측정값은 변수마다 오차 막대가 하나씩 대응하는 십자형을 이용해서 표시할 수 있다.

여태까지 우리는 (수평 축을 따라 그려진) 질량의 불확실성은 무시할 만큼 작고, 유일한 불확실성은 수직 오차 막대로 표시한 x에 대한 불확실성이라고 가정하였다. 만약 x와 m 둘 다 상당한 크기의 불확실성에 의해서 지배받는다면 이들을 표시하는 가장 간단한 방법은 수직**과** 수평 오차 막대를 그림 2.6에서처럼 그려 넣는 것인데 각 막대의 길이는 x와 m의 불확실성의 크기를 각각 나타낸다. 이 그림에서 각 십자형은 x와 m의 대한 한 번의 측정에 대응하는데, 여기서 x는 십자형의 수직 막대로 정의되는 구간에 거의 확실하게 놓여 있을 것이고, m은 십자형의 수평 막대로 정의되는 구간에 거의 확실하게 놓여 있을 것이다.

위 예보다 조금 더 복잡해질 수 있는 문제는 어떤 물리량이 다른 물리량의 **거듭제곱**에 비례할 가능성이 있는 경우이다. (예를 들면 자유롭게 낙하하는 물체가 시간 t 동안 떨어진 거리는 $d = (1/2)gt^2$이고 t의 제곱에 비례한다.) 물리량 y가 x^2에 비례한다고 하자. 그러면

$$y = Ax^2 \tag{2.20}$$

이다. 여기서 A는 상수이고 x에 대한 y의 그래프는 그림 2.7(a)에 그 일반적인 형상이 주어진 바와 같은 포물선이어야만 한다. 만약 우리가 x와 y에 대한 일련의 값을 측정하고 x에 대한 y의 값을 좌표 평면에서 점으로 표시한다면, 그림 2.7(b)와 같은 그래프를 얻게 될 것이다. 공교롭게도 이와 같은 점들의 집합이 포물선에 맞추어지는지는 (또는 직선을 제외한 다른 어떤 곡선에 맞추어지는지는) 시각적으로 판단하기가 매우 어렵다. $y \propto x^2$인지를 검사하는 더 나은 방법은 x의 **제곱**에 대한 y의 값을 좌표 평면에서 점으로 표시하는 것이다. 방정식 (2.20)에서 그러한 좌표 평면의 점들은 직선이 되어야 한다는 것을 알 수 있으며, 이 사실은 그림 2.7(c)에서 쉽게 확인할 수 있다.

같은 방식으로, 만약 $y = Ax^n$이면 (여기서 n은 임의의 지수인데) x^n에 대한 y의 그래프는 직선이어야 하고 관측된 값 y를 x^n에 대해서 좌표 평면에 점으로 표시하면 잘 맞추어지는지를 쉽게 검사할 수 있다. 좌표 평면에 표시할 변수들을 현명하게 선택하면 비선형적 관계가 (말하자면 휘어진 비선형 그래프가) 선형 관계로 변환될 수 있는 경우가 많이 있다. 8.6절에서 이러한 "선형화"에 대한 중요한 사례를 논의할 예정이지만 여기서도 간략하게 언급할 가치가 있다.

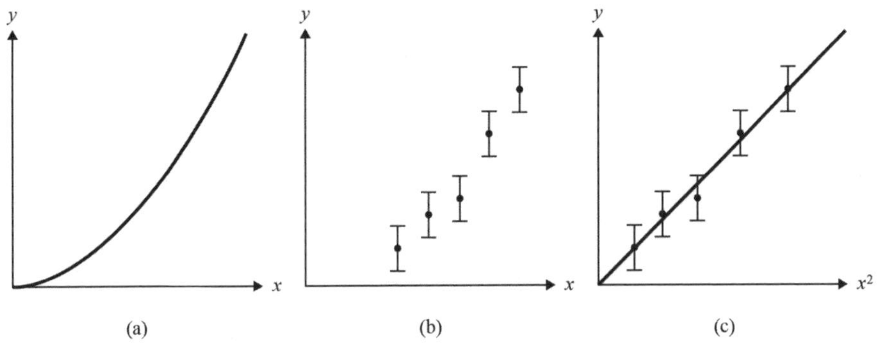

그림 2.7 (a) 만약 y가 x^2에 비례한다면 x에 대한 y의 그래프는 일반적인 형상이 이 그림과 같은 포물선이어야 한다. (b) x에 대한 y의 좌표를 표시한 점들이 포물선에 맞는지는 시각적으로 판단하기가 매우 어렵다. (c) 반면에 x^2에 대한 y의 좌표를 표시한 점들은 원점을 지나가는 직선이어야만 하는데, 이것을 검사하기는 쉽다. (여기에 든 사례에서는 점들이 **정말로** 원점을 지나가는 직선에 맞는다는 것을 쉽게 알 수 있다.)

때로는 단일 변수 y가 다른 변수 x에 **지수적으로** 종속한다.

$$y = Ae^{Bx} .$$

(예를 들면 방사성 표본의 활동도는 시간에 지수적으로 종속한다.) 이러한 관계에서 y의 자연 로그는 x에 선형적이라는 것을 쉽게 보일 수 있다. 즉, 지수적 관계가 있다면 x에 대한 $\ln(y)$의 그래프는 직선이어야 한다.

그래프를 이용하지 않는 다른 여러 방법이 두 물리량 간의 비례 관계를 검사하는 데 사용될 수 있다. 예를 들어 $y \propto x$이면 비 y/x는 상수이어야 한다. 따라서 y와 x의 값을 표로 만든 다음 비 y/x를 보여주는 열을 하나 추가하고 나서 이 **비** y/x가 실험적 불확실성의 범위 안에서 상수인지 아닌지를 검사하면 된다. 많은 휴대용 계산기들이 이 측정된 값의 집합이 직선에 얼마나 잘 맞는지를 보여주는 (상관 계수라고 불리는) 내장된 기능을 보유하고 있다. (이 기능은 9.3절에서 논의할 것이다.) $y \propto x$임을 검사하는 데 다른 방법이 사용될 때에도 그래프를 이용한 검사를 병행하는 것은 좋은 관행이다. 그림 2.5(b)와 (c)에서와 같은 그래프들은 측정값이 예측을 얼마나 잘 (또는 서투르게) 입증하는지를 명확하게 보여주고 있다. 그러한 그래프를 그려보면 독자들은 실험과 관련된 물리적 법칙에 대해서도 더욱 잘 이해할 수 있게 된다.

2.7 비율 불확실성

어떤 측정

$$(\text{측정된 } x) = x_{\text{best}} \pm \delta x$$

에서의 불확실성 δx는 측정의 신뢰도나 정밀도를 가리킨다. 그렇지만 불확실성 δx 하나만으로는 측정의 전말을 다 밝히지는 못한다. 1마일의 거리에서 1인치의 불확실성은 대단히 정밀한 측정을 의미하지만 3인치의 거리에서 1인치의 불확실성은 매우 조악한 측정이라는 것을 나타낸다. 명백히 측정의 품질은 불확실성 δx 하나로만 나타내어지는 것이 아니고 x_{best}에 대한 δx의 **비**로도 나타내어지기 때문에 우리는 다음에 정의하는 **비율 불확실성**을 고려하게 된다.

$$\text{비율 불확실성} = \frac{\delta x}{|x_{\text{best}}|}. \tag{2.21}$$

(이 비율 불확실성은 때로는 **상대 불확실성** 또는 **정밀도**라고 불린다.) 이 정의에서 기호 $|x_{\text{best}}|$는 x_{best}의 절댓값[5]을 뜻한다. 비율 불확실성과의 혼동을 피하려고 불확실성 δx는 때로는 **절대 불확실성**이라고 불린다.

대부분의 중대한 실험에서 불확실성 δx는 측정된 값 x_{best}보다 훨씬 작다. 그러므로 비율 불확실성 $\delta x/|x_{\text{best}}|$는 일반적으로 작은 수가 되는데 여기에 100을 곱해서 그 값을 **백분율 불확실성**이라고 인용하는 것이 편리할 때도 있다. 예를 들면 다음 측정

$$\text{길이 } l = 50 \pm 1\,\text{cm} \tag{2.22}$$

에서의 비율 불확실성은

$$\frac{\delta l}{|l_{\text{best}}|} = \frac{1\text{cm}}{50\text{cm}} = 0.02$$

이고 백분율 불확실성은 2%이다. 따라서 결과 (2.22)는 다음과 같이 쓸 수 있다.

$$\text{길이 } l = 50\text{cm} \pm 2\%.$$

5 어떤 수 x의 절댓값 $|x|$는 만약 x가 양수이면 x와 같고 x가 음수이면 마이너스 부호를 생략하면 된다. $|x_{\text{best}}|$가 양수이든 음수이든 무관하게 비율 불확실성이 불확실성 δx처럼 항상 양수가 되게끔 방정식 (2.21)에서 절댓값을 사용한다. 실제 실험에서는 측정된 값이 항상 양수가 되도록 문제를 조정할 수 있고 (2.21)에서 절댓값 부호는 생략할 수 있다.

여기서 절대 불확실성 δx의 단위는 l의 단위와 같은데, 비율 불확실성 $\delta x/|x_{\text{best}}|$는 단위를 갖지 않는 **무차원량**이라는 사실에 주의해야 한다. 이 차이를 명심하면 절대 불확실성을 비율 불확실성과 혼동하는 흔히 범하기 쉬운 착오를 피할 수 있을 것이다.

비율 불확실성은 측정된 양의 크기와 관계없이 측정의 품질을 나타내 주는 근사적인 지표이다. 10% 정도의 비율 불확실성은 상당히 조악한 측정의 특징이다. (10인치를 대강 측정하면 불확실성이 1인치 정도가 될 수 있고, 10마일을 대강 측정하면 1마일 정도의 불확실성을 갖게 될 것이다.) 1이나 2% 정도의 비율 불확실성은 상당히 조심스럽게 측정했다는 것을 나타내는데 물리학 초급 실험과목에서 수행하는 실험에서 기대할 수 있는 최상의 정밀도라고 할 수 있다. 1%보다도 훨씬 작은 크기의 비율 불확실성은 달성하기가 무척 어렵고 초급 실험과목에서는 드문 경우에 속한다.

이러한 구분은 당연히 극히 개략적이다. 몇몇 간단한 실험에서는 0.1%나 그보다 작은 크기의 비율 불확실성도 어렵지 않게 달성할 수 있다. 품질이 우수한 줄자로는 10피트를 1/10인치의 불확실성 또는 약 0.1% 비율 불확실성을 갖도록 측정할 수 있고, 좋은 타이머(timer, 시간 간격 측정 장치)로는 한 시간에 1초보다 작은 불확실성 또는 0.03%의 비율 불확실성으로 측정할 수 있다. 그 반면에 많은 종류의 물리량은 측정하기가 매우 어려워서 10%의 불확실성조차도 실험에서 큰 업적으로 간주되기도 한다. 그러므로 백분율 불확실성이 크다고 해서 반드시 그 측정이 과학적으로 쓸모가 없다는 것을 의미하는 것은 아니다. 사실 물리학의 역사를 보면 많은 중요한 실험에서 실험적 불확실성이 10% 또는 그 이상이었다. 물리학 초급 실험과목에서는 최소 불확실성이 몇 퍼센트나 되는 장비로도 많은 것을 배울 수 있다는 점에는 틀림이 없다.

즉시 점검 2.4

궤도 위를 달리는 두 대의 카트의 속도에 대한 다음 측정값에서의 오차를 비율 불확실성과 백분율 불확실성으로 환산하라. (a) $v = 55 \pm 2\,\text{cm/s}$; (b) $u = -20 \pm 2\text{cm/s}$. (c) 어떤 카트의 운동 에너지가 $K = 4.58\text{J} \pm 2\%$로 측정되었다. 이 결과를 절대 불확실성으로 환산해서 다시 기술하라. (불확실성은 유효 숫자 한 개로 표현되어야 하므로 독자들은 머릿속에서 계산할 수 있어야 한다.)

2.8 유효 숫자와 비율 불확실성

비율 불확실성이라는 개념은 우리에게 친숙해진 유효 숫자의 관념과 밀접하게 연관되어 있다. 사실 어떤 물리량에서 유효 숫자의 개수는 그 물리량의 비율 불확실성의 근사적 지표이다. 그 관계를 명확하게 이해하기 위하여 유효 숫자라는 관념을 간략히 검토해보고 이 개념이 근사적이면서도 상당히 모호하다는 것을 깨달아보도록 하자.

유효 숫자 두 개로 $x = 21$이라고 진술하는 것은 수학자에게는 모호함 없이 x가 20이나 22보다는 21에 더 가깝다는 것을 의미하고, 그래서 유효 숫자가 둘인 21이라는 수는 21 ± 0.5라는 것을 의미하게 된다. 실험 과학자에게 대부분의 수는 계량기에서 읽어낸 (또는 계량기에서 읽은 수로부터 계산한) 것이다. 그 특별한 사례로 만약 어떤 디지털 계량기가 두 개 유효 숫자를 표시하는데 21이었다고 가정하면 이 수는 21 ± 0.5를 의미할 **수도** 있고, $x = 21 \pm 1$이나 심지어는 $x = 21 \pm 5$를 나타낼 수도 있다. (많은 계량기에는 실제 불확실성을 설명하는 안내서가 함께 딸려 있다.) 이러한 상황에서는 어떤 측정된 수의 유효 숫자가 두 개라고 하는 진술은 불확실성에 대한 대략적인 지표일 뿐이다. 유효 숫자라는 개념이 어떻게 정확하게 정의되어야 하는지에 대해서 따지기보다는 나는 중도를 채택해서 그 개념을 정의하고자 한다. 즉,

유효 숫자가 두 개인 21이라는 수는 $x = 21 \pm 1$을 의미하고, 더 일반적으로는 유효 숫자의 개수가 N개인 수는 N번째 숫자에서의 1에 해당하는 정도의 불확실성을 가진다고 정의하기로 한다.

두 개의 수

$$x = 21 \quad \text{그리고} \quad y = 0.21$$

을 고려해보기로 하는데, 두 개의 수 모두 유효 숫자 두 개까지 정확한 것으로 보증된다고 하자. 조금 전에 동의한 규약에 따르면 이 값들은

$$x = 21 \pm 1 \quad \text{그리고} \quad y = 0.21 \pm 0.01.$$

이라는 것을 의미한다. 비록 두 수가 똑같이 유효 숫자를 두 개 갖고 있지만 이 수들의 불확실성은 크게 다르다는 것은 자명하다. 반면에 두 수의 **비율 불확실성**은 이 사례들에서 5%로 같다.

$$\frac{\delta x}{x} = \frac{\delta y}{y} = \frac{1}{21} = \frac{0.01}{0.21} = 0.05 \qquad \text{또는 } 5\%.$$

의심할 여지없이 21이나 0.21이라는 (210이거나 2.1 또는 0.0021 등의) 수가 유효 숫자를 두 개 가지고 있다는 진술은 이 수들이 5% 정도 불확실하다는 것과 동등하다. 마찬가지 이유로 유효 숫자가 세 개인 21.0이라는 수는 0.5% 만큼 불확실하다고 할 수 있고, 유효 숫자가 그 이상인 경우에도 이와 유사하게 추론을 계속할 수 있다.

안타깝게도 이 유용한 연계는 어디까지나 근사적일 뿐이다. 예를 들면 유효 숫자가 두 개인 수가 $s = 10$이라는 진술은

$$s = 10 \pm 1 \quad \text{또는} \quad 10 \pm 10\%$$

라는 것을 의미한다. 반대쪽의 극단적인 경우로 (유효 숫자가 역시 두 개인 수가) $t = 99$라는 진술은

$$t = 99 \pm 1 \quad \text{또는} \quad 99 \pm 1\%$$

라는 것을 의미한다. 분명히 유효 숫자 두 개와 관련되는 비율 불확실성은 해당 수의 첫 번째 자리의 숫자에 따라서 1부터 10%까지 걸쳐 있다.

유효 숫자와 비율 불확실성과의 근사적인 대응관계는 표 2.4와 같이 요약할 수 있다.

표 2.4 유효 숫자와 비율 불확실성과의 근사적인 대응관계

유효 숫자의 수	대응하는 비율 불확실성	
	범위	근삿값
1	10%에서 100% 사이	50%
2	1%에서 10% 사이	5%
3	0.1%에서 1% 사이	0.5%

2.9 측정된 두 수를 곱하기

어쩌면 비율 불확실성은 측정된 수들을 서로 곱할 때 그 중요성이 가장 높게 드러난다고 할 수 있을 것 같다. 예를 들어 어떤 물체의 운동량을 알아내려고 한다면 우리는 질량 m과 속도 v를 먼저 측정하고, 그다음에 이 둘을 곱해서 운동량 $p = mv$를 계산할 것이다. m과 v는 둘 다 불확실성의 지배를 받고 있으며 우리는 두 물리량의 불확실성을 추정해야만 한다. 그다음 문제는 m과 v에서의 이미 알려진 불확실성으로부터 유래하는 p의 불확실성을 알아내는 것이다.

편의상 먼저 표준 형식인

$$(x\text{의 측정된 값}) = x_{\text{best}} \pm \delta x$$

를 비율 불확실성에 대한 형식으로 다음과 같이 다시 쓰기로 한다.

$$(x\text{의 측정된 값}) = x_{\text{best}}\left(1 \pm \frac{\delta x}{|x_{\text{best}}|}\right). \tag{2.23}$$

예를 들어 비율 불확실성이 3%이면, (2.23)에 따라서

$$(x\text{의 측정된 값}) = x_{\text{best}}\left(1 \pm \frac{3}{100}\right)$$

이라는 것을 알 수 있다. 즉, 3% 불확실성은 x가 거의 확실하게 x_{best}의 0.97배와 1.03배 사이에 있다는 것을 의미한다.

$$(0.97) \times x_{\text{best}} \le x \le (1.03) \times x_{\text{best}}.$$

곱해줘야 할 측정된 수에 대해서 생각하는 데 이 형식이 아주 유용한 방법이라는 것을 우리는 알게 될 것이다.

m과 v가

$$(m\text{의 측정된 값}) = m_{\text{best}}\left(1 \pm \frac{\delta m}{|m_{\text{best}}|}\right) \tag{2.24}$$

그리고

$$(v\text{의 측정된 값}) = v_{\text{best}}\left(1 \pm \frac{\delta v}{|v_{\text{best}}|}\right) \tag{2.25}$$

로 측정되었을 때 $p = mv$를 계산하는 문제로 이제 되돌아가 보자. m_{best}와 v_{best}는 각각 m과 v에 대한 최량의 추정값이므로 $p = mv$에 대한 최량의 추정값은

$$(p\text{의 최량의 추정값}) = p_{\text{best}} = m_{\text{best}}v_{\text{best}}$$

이다. (2.24)와 (2.25)에서 플러스 부호를 취하면 m과 v에 대한 가장 큰 확실한 값이 얻어진다. 그리하여 $p=mv$에 대한 가장 큰 확실한 값은

$$(p\text{의 가장 큰 값}) = m_{\text{best}}v_{\text{best}}\left(1+\frac{\delta m}{|m_{\text{best}}|}\right)\left(1+\frac{\delta v}{|v_{\text{best}}|}\right) \tag{2.26}$$

이다. 위 방정식에서 두 개의 마이너스 부호를 사용하면 p에 대한 가장 작은 확실한 값의 표현이 얻어진다. 방정식 (2.26)에서의 괄호 안의 곱은 다음과 같이 전개된다.

$$\left(1+\frac{\delta m}{|m_{\text{best}}|}\right)\left(1+\frac{\delta v}{|v_{\text{best}}|}\right) = 1+\frac{\delta m}{|m_{\text{best}}|}+\frac{\delta v}{|v_{\text{best}}|}+\frac{\delta m}{|m_{\text{best}}|}\frac{\delta v}{|v_{\text{best}}|}. \tag{2.27}$$

비율 불확실성 $\delta m/|m_{\text{best}}|$와 $\delta v/|m_{\text{best}}|$는 둘 다 (두서넛 퍼센트 정도로) 작은 수이므로 그 곱은 아주 작아진다. 그러므로 (2.27)의 마지막 항은 무시될 수 있다. 다시 방정식 (2.26)으로 돌아가면 다음 방정식을 얻는다.

$$(p\text{의 가장 큰 값}) = m_{\text{best}}v_{\text{best}}\left(1+\frac{\delta m}{|m_{\text{best}}|}+\frac{\delta v}{|v_{\text{best}}|}\right).$$

p에 대한 가장 작은 확실한 값은 위 식에서 두 개의 마이너스 부호를 사용하면 얻어진다. 이리하여 측정된 값 p와 v로부터 유래하는 $p=mv$의 값은 다음과 같이 주어지게 된다.

$$(p\text{의 값}) = m_{\text{best}}v_{\text{best}}\left(1\pm\left[\frac{\delta m}{|m_{\text{best}}|}+\frac{\delta v}{|v_{\text{best}}|}\right]\right).$$

이 방정식을 일반적인 형식인

$$(p\text{의 값}) = p_{\text{best}}\left(1\pm\frac{\delta p}{|p_{\text{best}}|}\right)$$

와 비교해보면 p에 대한 최량의 추정값은 (우리가 이미 알고 있는 바와 같이) $p_{\text{best}} = m_{\text{best}} v_{\text{best}}$이며, **$p$의 비율 불확실성은 m과 v의 비율 불확실성의 합**으로 다음과 같이 주어진다는 것을 알 수 있다.

$$\frac{\delta p}{|p_{\text{best}}|} = \frac{\delta m}{|m_{\text{best}}|} + \frac{\delta v}{|v_{\text{best}}|}.$$

만약, 예를 들어 m과 v에 대한 측정값이 각각

$$m = 0.53 \pm 0.01\,\text{kg}$$

과

$$v = 9.1 \pm 0.3\text{m/s}$$

로 주어지면, $p = mv$ 에 대한 최량의 추정값은 다음과 같다.

$$p_{\text{best}} = m_{\text{best}} v_{\text{best}} = (0.53) \times (9.1) = 4.82\,\text{kg} \cdot \text{m/s}.$$

p의 불확실성을 계산하기 위해 먼저 우리는 비율 오차

$$\frac{\delta m}{m_{\text{best}}} = \frac{0.01}{0.53} = 0.02 = 2\%$$

와

$$\frac{\delta v}{v_{\text{best}}} = \frac{0.3}{9.1} = 0.03 = 3\%$$

를 계산한다. p에 대한 비율 불확실성은 다음 합으로 주어진다.

$$\frac{\delta p}{p_{\text{best}}} = 2\% + 3\% = 5\%.$$

만약 p의 절대 불확실성을 구하고자 한다면, p_{best}를 곱해주어야 한다.

$$\delta p = \frac{\delta p}{p_{\text{best}}} \times p_{\text{best}} = 0.05 \times 4.82 = 0.241\,.$$

이제 δp와 p_{best}를 반올림하면 최종 답이 얻어진다.

$$(p\text{의 값}) = 4.8 \pm 0.2\,\text{kg}\cdot\text{m/s}.$$

앞에서 고찰한 사항은 두 개의 측정된 값의 곱에는 어디에나 적용된다. 따라서 우리는 오차의 전파에 관한 두 번째 일반 규칙을 발견했다고 할 수 있다. 만약 우리가 임의의 두 개의 물리량 x와 y를 측정하고 나서 곱을 형성시킨다면 당초 두 물리량의 불확실성들이 "전파해서" 곱에서의 불확실성을 일으키게 된다. 이 불확실성은 다음 규칙에 의해서 주어진다.

곱에서의 불확실성 (잠정 규칙)

만약 물리량 x와 y가 작은 비율 불확실성인 $\delta x/|x_{\text{best}}|$와 $\delta y/|y_{\text{best}}|$를 갖는 것으로 측정되고, 또 이 측정된 값 x와 y가 곱 $q = xy$를 계산하는 데 사용된다면 **q의 비율 불확실성은 m과 v의 비율 불확실성의 합이다.**

$$\frac{\delta q}{|q_{\text{best}}|} \approx \frac{\delta x}{|x_{\text{best}}|} + \frac{\delta y}{|y_{\text{best}}|}. \tag{2.28}$$

이 규칙은 차(差)에서의 불확실성에 관한 규칙처럼 나중에 더 정밀한 규칙으로 교체할 예정이기 때문에 나는 이 규칙을 "잠정적"이라고 지칭하겠다. 이 규칙의 또 다른 두 가지 특징을 강조하고자 한다. 첫 번째, (2.28)의 유도는 x와 y의 비율 불확실성이 아주 작아서 이들의 곱은 무시할 수 있어야 한다는 것을 요구한다. 이 요구 조건은 실제에는 거의 언제나 성립하는데 나는 항상 그렇다고 가정할 것이다. 그렇지만 비율 불확실성이 1보다 아주 작지 **않으면** 규칙 (2.28)이 적용되지 않을 수도 있다는 것을 잊지 말아야 한다. 두 번째, 비록 x와 y의 차원이 다른 경우에도 비율 불확실성은 모두 무차원량이기 때문에 (2.28)은 차원적으로 형평을 맞추어준다.

물리학에서 우리는 자주 수들을 서로 곱한다. 그래서 곱의 불확실성을 알아내게 해주는 규칙 (2.28)은 분명히 오차 분석에서 중요한 도구가 될 것이다. 당분간 우리의 주목적은 어떠한 곱 $q=xy$의 불확실성도 방정식 (2.28)에서처럼 비율 불확실성의 항으로서 아주 간단하게 표현할 수 있다는 것을 강조하자는 것이다.

즉시 점검 2.5

어떤 사각형 판의 면적을 알아내려고 한 학생이 두 변의 길이를 측정했는데 $l = 9.1 \pm 0.1$cm 그리고 $b = 3.3 \pm 0.1$ cm 였다. 이 측정값들의 불확실성을 비율 불확실성으로 표현하고, 면적 $A = lb$의 값(최량의 추정값)을 불확실성과 함께 구하여라. (후자를 처음에는 백분율 불확실성으로, 그다음에는 절대 불확실성으로 구하여라. 모든 계산을 머릿속에서 암산하라.)

✔ 2장의 주요 정의와 방정식

• 불확실성을 진술하는 표준 형식

어떤 물리량 x에 대한 측정을 보고하는 표준 형식은

$$(x\text{의 측정된 값}) = x_{\text{best}} \pm \delta x$$

이다. 여기서

$$x_{\text{best}} = (x\text{ 의 최량의 추정값})$$

이고

$$\delta x = (\text{측정에서의 불확실성}) \qquad [(2.3)\text{ 참조}]$$

이다. 이 진술은 x 의 옳은 값이 거의 확실하게 $x_{\text{best}} - \delta x$부터 $x_{\text{best}} + \delta x$까지 범위 안에 (또는 그 가까이에) 놓여 있을 것이라고 우리가 믿는다는 것을 표현한다.

• 불일치

같은 물리량에 대한 두 가지 측정값 간의 **불일치**는

$$\text{불일치} = \text{같은 물리량에 대한 두 가지 측정값 간의 차} \qquad [(2.10)\text{ 참조}]$$

로 정의된다.

• 비율 불확실성

만약 x가 표준 형식인 $x_{\text{best}} \pm \delta x$로 측정되었다면, x의 **비율 불확실성**은

$$\text{비율 불확실성} = \frac{\delta x}{|x_{\text{best}}|} \qquad [(2.21)\text{ 참조}]$$

이다. **백분율 불확실성**이란 단지 퍼센트로 표현한 (즉 100%가 곱해진) 비율 불확실성일 뿐이다.

우리는 두 가지 물리량 x와 y의 불확실성이 어떻게 전파해서 차 $x-y$와 곱 xy에서의 불확실성을 일으키는지를 보여주는 두 개의 잠정 규칙인 (2.18)과 (2.28)을 구했다. 오차 전파에 관한 완전한 논의는 3장에 등장하며 거기서 나는 규칙 (2.18)과 (2.28)이 자주 좀 더 정밀한 (3.6절에 주어진) 규칙으로 교체될 수 있음을 보여줄 것이다. 바로 이 이유 때문에 (2.18)과 (2.28)을 여기에 다시 쓰지 않았다.

✔ 2장의 연습문제

일러두기: 각 장의 끝에 있는 연습문제들은 절 번호에 따라서 배열되어 있다. 어떤 특정한 절에 대한 문제를 풀려면 당연히 이전 절에서의 아이디어들이 필요하지만 그 특정 절 다음에 배우는 지식이 요구되지는 않다. 그러므로 어떤 특정한 절을 학습하고 나면 곧바로 그 절에 해당되는 문제를 풀어보아도 좋다.

각 문제의 근사적인 난이도는 별표 하나, 둘 또는 세 개로 표시되어 있다. 별이 하나인 문제는 간단명료하고 대체로 단 하나의 아이디어가 관련된다. 별이 두 개인 문제는 좀 더 어렵고 좀 더 많은 (예컨대 그래프를 그린다든지 하는) 노력이 필요하고, 별이 세 개인 문제는 매우 어렵고 상당한 노력이 요구될 것이다.

홀수 번호 문제에 대한 답은 이 책의 뒤쪽에 있는 해답 편에 제공되어 있다.

2.1절에 관한 문제: 최량의 추정값±불확실성

2.1.★ 제1장에서 어떤 목수가 출입구의 높이를 측정한 값을 보고하면서 최량의 추정값은 210 cm이고 출입구의 높이가 205cm와 215 cm 사이에 있다는 것을 확신한다고 진술하였다. 이 결과를 $x_{\text{best}} \pm \delta x$의 표준 형식으로 다시 쓰라. 방정식 (1.1), (1.2) 그리고 (1.4)에서 보고되었던 측정값들에 대해서도 같은 방식으로 기술하라.

2.2.★ 공기 궤도 위에서의 카트의 운동을 연구하는 학생이 어떤 순간에 카트의 위치와 속도, 가속도를 표 2.5에 제시된 결과와 같이 측정하였다. 이 결과들을 $x_{\text{best}} \pm \delta x$의 표준 형식으로 다시 쓰라.

표 2.5 위치, 속도, 그리고 가속도의 측정값들; 연습문제 2.2와 관련

변수	최량의 추정값	거의 확실한 범위
위치, x	53.3	53.1에서 53.5 (cm)까지
속도, v	−13.5	−14.0에서 −13.0 (cm/s)까지
가속도, a	93	90에서 96 (cm/s^2)까지

2.2절에 관한 문제: 유효 숫자

2.3.★ 다음 결과들을 알맞은 개수의 유효 숫자를 사용해서 가장 명료한 형식으로 다시 쓰라.

(a) 측정된 높이 $= 5.03 \pm 0.04329\,\text{m}$

(b) 측정된 시간 $= 1.5432 \pm 1\,\text{s}$

(c) 측정된 전하 $= -3.21 \times 10^{-19} \pm 2.67 \times 10^{-20}\,\text{C}$

(d) 측정된 파장 $= 0.000{,}000{,}563 \pm 0.000{,}000{,}07\,\text{m}$

(e) 측정된 운동량 $= 3.267 \times 10^{3} \pm 42\,\text{gram} \cdot \text{cm/s}$.

2.4.★ 다음 방정식들을 가장 명료하고 알맞은 형식으로 다시 쓰라.

(a) $x = 3.323 \pm 1.4\,\text{mm}$

(b) $t = 1{,}234{,}567 \pm 54{,}321\,\text{s}$

(c) $\lambda = 5.33 \times 10^{-7} \pm 3.21 \times 10^{-9}\,\text{m}$

(d) $r = 0.000{,}000{,}538 \pm 0.000{,}000{,}03\,\text{mm}$

2.3절에 관한 문제: 불일치

2.5.★ 두 학생이 같은 막대의 길이를 측정하고 나서 결과를 $135 \pm 3\,\text{mm}$와 $137 \pm 3\,\text{mm}$라고 각각 보고하였다. 이 결과를 보여주는 도해를 그림 2.1에서처럼 그려라. 두 측정값 간의 불일치는 얼마인가? 그 불일치는 유의한가?

2.6.★ 두 연구진이 따로따로 새로운 기본 입자 하나를 발견하였다. 두

팀이 보고한 질량의 크기는 다음과 같다.

$$m_1 = (7.8 \pm 0.1) \times 10^{-27}\,\mathrm{kg}$$

그리고

$$m_2 = (7.0 \pm 0.2) \times 10^{-27}\mathrm{kg}.$$

두 측정값을 보여주는 도해를 그림 2.1에서처럼 그려라. 이 두 측정값이 과연 같은 입자에 대한 것이냐는 의문이 제기될 수 있다. 보고된 질량의 크기에 따른다면 이 측정값들이 과연 같은 입자에 대한 것이라고 말할 수 있는가? 구체적으로 (이 두 측정값이 정말로 같은 입자에 대한 것이라고 가정한다면) 두 측정값 간의 불일치는 얼마인가?

2.4절에 관한 문제: 측정된 값을 공인된 값과 비교하기

2.7.★ (a) 한 학생이 어떤 액체의 밀도를 다섯 번 측정하고 나서 1.8, 2.0, 2.0, 1.9, 그리고 1.8이라는 (모두 $\mathrm{gram/cm^3}$ 단위로) 결과를 얻었다. 이 측정값들에 근거한 최량의 추정값과 불확실성은 얼마라고 독자들은 제안하는가? (b) 그 학생은 액체의 공인된 밀도가 $1.85\,\mathrm{gram/cm^3}$이라고 통보받았다. 이 학생이 측정한 최량의 추정값과 공인된 값 간의 불일치는 어떻게 되는가? 이 불일치는 유의한가?

2.8.★ 학생 두 그룹이 전자의 전하를 측정하고 그 결과들을 다음과 같이 보고하였다.

$$\text{Group A}: \ e = (1.75 \pm 0.04) \times 10^{-19}\,\mathrm{C}$$

그리고

$$\text{Group B}: \ e = (1.62 \pm 0.04) \times 10^{-19}\,\mathrm{C}.$$

각 그룹은 측정된 값과 (불확실성이 무시할 만큼 작은) 공인된 값인

$$e = 1.60 \times 10^{-19}\,\mathrm{C}$$

간의 불일치를 어떻게 보고하겠는가? 이 측정 결과와 공인된 값을 보여주는 도해를 그림 2.2와 같이 그려라. 독자들은 어느 결과가 만족스럽다고 말할 수 있는가?

2.5절에 관한 문제: 두 개의 측정된 수를 비교하기

2.9.★ (a) 단순 흔들이에 관한 실험에서 어떤 학생이 그림 2.8에 보인 바와 같이 가벼운 끈으로 매단 강철 공을 사용했다. 단순 흔들이의 유효 길이 l은 끈의 상단에서 구의 **중심**까지 거리다. l을 알아내기 위해서 먼저 끈의 상단에서 공의 밑면까지 거리 x와 공의 반지름 r을 측정한 다음 뺄셈으로 $l = x - r$을 얻는다.

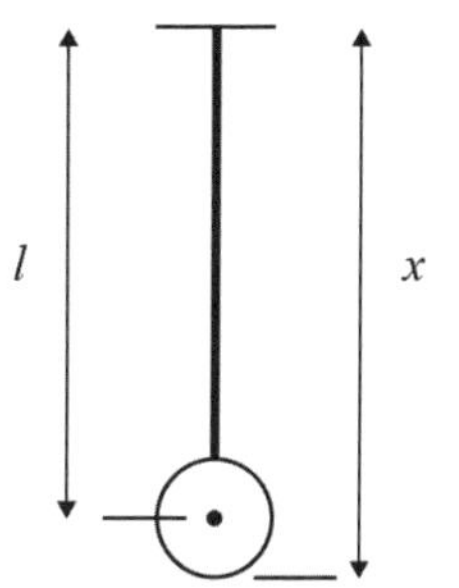

그림 2.8 단순 흔들이; 연습문제 2.9와 관련

만약 측정된 두 값이

$$x = 95.8 \pm 0.1\,\mathrm{cm} \quad \text{그리고} \quad r = 2.30 \pm 0.02\,\mathrm{cm}$$

이면, 길이 l의 최량의 추정값과 잠정 규칙 (2.18)에 따른 불확실성은 얼마인가?

2.10.★ 회전목마의 출발 시간과 정지 시간을 손목시계의 초침을 이용해서 기록하고, 그 차(差)로부터 목마가 한 바퀴 도는 데 걸리는 시간을 측정하였다. 만약 출발 시간과 정지 시간에서의 불확실성이 각각 ±1초라면 한 번 회전하는 데 걸리는 시간에 대한 불확실성을 잠정 규칙 (2.18)에 따라서 구한다면 얼마가 되겠는가?

2.11.★ 각(角) 운동량의 보존을 검사하기 위한 실험에서 한 학생이 어떤 회전계의 처음 모멘트와 나중 모멘트로 (L과 L'으로) 표 2.6에 제시한 결과를 얻었다. 이 표에 차 $(L-L')$과 그것의 불확실성을 보여주는 열을 하나 추가하라. 이 학생의 결과는 각 운동량 보존과 일관적인가?

표 2.6 처음과 나중 각 운동량(단위: kg · m^2/s); 연습문제 2.11과 2.14와 관련

처음 L	나중 L'
3.0 ± 0.3	2.7 ± 0.6
7.4 ± 0.5	8.0 ± 1
14.3 ± 1	16.5 ± 1
25 ± 2	24 ± 2
32 ± 2	31 ± 2
37 ± 2	41 ± 2

2.12.★ 기울기가 θ이고 마찰이 없는 경사면을 미끄러져 내려가는 카트의 가속도 a는 $g\sin\theta$일 것으로 기대된다. 이것을 시험하기 위해 한 학생이 서너 개의 서로 다른 값의 θ에 대해서 카트의 가속도 a를 측정하고, 각각의 θ에 대응하는 기대 가속도 $g\sin\theta$를 계산하여 표 2.7에 제시한 결과를 얻었다. 이 표에 차 $(a-g\sin\theta)$와 그것의 불확실성을 보여주는 열을 하나 추가하라. 이 결과는 a가 $g\sin\theta$로 주어진다는 것을 뒷받침하는가? 만약 그렇지 않다면 그 이유를 제시할 수 있는가?

표 2.7 측정 가속도와 기대 가속도; 연습문제 2.12와 관련

시행 번호	가속도 a (m/s^2)	기대 가속도 $g\sin\theta$ (m/s^2)
1	2.04 ± 0.04	2.36 ± 0.1
2	3.58 ± 0.06	3.88 ± 0.08
3	4.32 ± 0.08	4.57 ± 0.05
4	4.85 ± 0.09	5.05 ± 0.04
5	5.53 ± 0.1	5.72 ± 0.03

2.13.★★ 어떤 실험자가 분리된 차량과 트레일러의 질량 M과 m을 측정하였다. 이 실험자는 그 결과를 표준 형식에 따라서 $M_{\text{best}} \pm \delta M$과 $m_{\text{best}} \pm \delta m$이라고 보고했다. 총 질량 $M+m$에 관한 그 실험자의 최량의 추정값은 어떻게 될까? 총 질량의 가장 큰 확실한 값과 가장 작은 확실한 값을 고려해보면 불확실성은 곧 δM과 δm을 합한 것임을 보여라. 단순히 답만 쓰지 말고 그 논거를 명료하게 진술하라. (이 연습문제는 오차 전파에 대한 또 하나의 예를 제공한다. 즉, 측정된 수 M과 m의 불확실성들이 전파해서 합 $M+m$의 불확실성을 일으킨다는 것이다.)

2.6절에 관한 문제: 그래프로 관계를 검사하기

2.14.★★ 연습문제 2.11에 주어진 데이터를 이용하여 그 문제에서 서술한 실험에서의 처음 각(角) 운동량 L에 대한 나중 각(角) 운동량 L'을 좌표평면에 점으로 표시하라. (수직과 수평 오차 막대를 포함하고 원점도 반드시 포함시켜라. 다른 모든 그래프에서와 마찬가지로 좌표 축에 이름과 단위도 명기하고, 모눈종이를 사용하되 그래프가 페이지의 상당한 부분을 점유하도록 축척을 결정하라.) 어떤 곡선에 그 점들이 놓일 것으로 생각하는가? 이 점들이 실험적 불확실성 안에서 그 곡선에 놓이는가?

2.15.★★ 이상 기체 법칙에 따르면 기체의 부피가 일정하게 유지되는 경우에는 기체의 압력은 절대 온도 T에 비례해야만 한다. 이 비례 관계를 검사하기 위해 한 학생이 다섯 가지의 서로 다른 온도에서 (언제나 부피가 같

은) 기체의 압력을 측정하고, 표 2.8과 같은 결과를 얻었다. T에 대한 P의 그래프를 좌표 평면에 점으로 표시하고, 이 결과가 P와 T 간에 성립할 것으로 기대되는 비례 관계를 뒷받침하는지 아닌지를 판단하라.

표 2.8 기체의 온도와 압력; 연습문제 2.15와 관련

온도 (K) (무시할 수 있는 불확실성)	압력 (기압) (모두 ±0.04)
100	0.36
150	0.46
200	0.71
250	0.83
300	1.04

2.16.★★ 광학에서 어떤 종류의 렌즈는 (이를테면 구형 렌즈는) 초점 거리 f라고 불리는 파라미터에 의해 특징지을 수 있고 f는 동일 렌즈에 대해서는 늘 같은 값을 갖는다. 만약 사물이 렌즈로부터 거리 p만큼 떨어진 거리에 놓여 있다면 그 렌즈는 **렌즈 방정식** $1/f=(1/p)+(1/q)$를 만족하는 거리 q에 상을 만든다는 것을 독자들은 배웠을 것이다. (아니면 배우게 될 것이다.) 이 아이디어가 어떤 특정 렌즈에 적용되는지 검사하기 위해 한 학생이 렌즈로부터 다양한 거리 p에 작은 전구를 놓고 각 거리에 대응하는 상의 위치 q를 측정하였다. 그다음에 이 학생은 렌즈 방정식으로부터 대응하는 f의 값을 계산하여 표 2.9에 제시한 결과를 얻었다. p에 대한 f의 값을 적절한 오차 막대와 함께 좌표 평면에 점으로 표시하고, 이 특정한 렌즈가 유일한 초점 거리를 갖는 것이 참인지를 결정하라.

표 2.9 물체 쪽 거리 p(단위: cm)와 대응하는 초점 거리 f (단위: cm); 연습문제 2.16과 관련

물체 쪽 거리 p (무시할 수 있는 불확실성)	초점 거리 f (모두 ±2)
45	28
55	34
65	33
75	37
85	40

2.17.★★ 저항 R에 전류 I로 공급되는 전력 P는 $P = RI^2$ 이라는 관계를 갖는 것으로 알려져 있다. 이 관계를 검사하기 위해서 한 학생이 물컵에 잠겨 있지만 값을 모르는 어떤 저항에 여러 가지 다른 크기의 전류를 흘려보내고는 (물의 온도가 상승하는 것을 측정해서) 공급된 전력을 측정하였다. 표 2.10에 제시한 결과를 이용해서 I에 대한 P를 그리고 I^2에 대한 P를 좌표 평면에서 점으로 표시하는데 오차 막대도 함께 포함해서 나타내라. 두 번째 도표를 이용해서 이 실험이 P와 I^2 간에 존재할 것으로 기대되는 비례 관계와 일관적인지를 판단하라.

표 2.10 전류 I와 전력 P; 연습문제 2.17과 관련

전류 I (암페어) (무시할 수 있는 불확실성)	전력 P (와트) (모두 ±50)
1.5	270
2.0	380
2.5	620
3.0	830
3.5	1280
4.0	1600

2.18.★★★ v라는 속도로 돌멩이를 연직 상방으로 던지면 이 돌멩이는 $v^2 = 2gh$로 주어지는 높이 h만큼 올라가야만 한다. 특히 v^2은 h에 비례해야만 한다. 이 비례 관계를 검정하기 위해서 한 학생이 서로 다른 속도로 일곱 번 돌멩이를 던져 v^2과 h를 측정했고 표 2.11에 제시한 결과를 얻었다.

(a) 수직과 수평 오차 막대를 포함해서 h에 대한 v^2을 좌표 평면에서 점으로 표시하라. (통례대로 모눈종이를 사용하고 좌표 축에 이름을 붙이며 또 축척을 적절하게 선택하라.) 이 좌표 평면에서의 점들이 $v^2 \propto h$라는 예측과 일관적인가?
(b) 독자가 그린 그래프의 기울기는 2g가 되어야만 한다. 이 기울기를 알아내기 위해서 이 점들을 지나가는 최량이라고 생각되는 직선을 긋고 그 기울기를 측정하라. 기울기의 불확실성을 알아내기 위해 데이터에 합리적으로 잘 맞추어지는 가장 가파른 직선과 가장 완만한 직선을 그어라. 이 두 직선의 기울기가 곧 기울기의 가장 큰 확실한 값과 가장 작은 확실한 값을 제공한다. 독자들의 결과가 공인된 값인 $2g = 19.6\,m/s^2$과 일관적인가?

표 2.11 연직 상방으로 던져진 돌멩이의 높이와 속도; 그림 2.18과 관련

h (m) 모두 ±0.05	v^2 (m^2/s^2)
0.4	7 ± 3
0.8	17 ± 3
1.4	25 ± 3
2.0	38 ± 4
2.6	45 ± 5
3.4	62 ± 5
3.8	72 ± 6

2.19.★★★ 단순 흔들이를 가지고 수행하는 실험에서 한 학생이 주기 T가 (진동하는 도중에 흔들이가 연직선과 이루는 가장 큰 각도로 정의되는) 진폭 A로부터 독립적인지를 검사하기로 결정하였다. 이 학생은 표 2.12에 제시한 결과를 얻었다.

표 2.12 흔들이의 진폭과 주기; 연습문제 2.19와 관련

진폭 A (도)	주기 T (초)
5 ± 2	1.932 ± 0.005
17 ± 2	1.94 ± 0.01
25 ± 2	1.96 ± 0.01
40 ± 4	2.01 ± 0.01
53 ± 4	2.04 ± 0.01
67 ± 6	2.12 ± 0.02

(a) A에 대한 T의 그래프를 그려라. (축척을 신중하게 생각해서 선택하라.) 이 선택에 대해서 조금이라도 의심이 남아 있다면 한 그래프는 원점인 $A=T=0$을 포함하도록 그리고, 다른 그래프는 1.9초와 2.2초 사이의 값들만 보여주도록 그려보라. 이 학생은 주기가 진폭과는 독립적이라고 결론을 내려야만 하는가? (b) 만약 T에 대한 모든 측정값이 0.3초만큼 불확실하다면 문항 (a)의 결론은 어떻게 달라지겠는가?

2.7절에 관한 문제: 비율 불확실성

2.20.★ 연습문제 2.3에 보고된 다섯 개의 측정된 값에 대해서 백분율 불확실성을 계산하라. (합리적인 개수의 유효 숫자로 반올림하는 것을 잊지 마라.)

2.21.★ 연습문제 2.4에 있는 네 개의 측정된 값에 대한 백분율 불확실성을 계산하라.

2.22.★ 다음 측정값들에서의 백분율 불확실성을 절대 불확실성으로 변환하고, 결과를 적합하게 반올림해서 표준 형식인 $x_{\text{best}} \pm \delta x$로 다시 쓰라.

(a) $x = 543.2\text{m} \pm 4\%$

(b) $v = -65.9\,\text{m/s} \pm 8\%$

(c) $\lambda = 671 \times 10^{-9}\,\text{m} \pm 4\%$

2.23.★ 막대 자는 가장 가까운 밀리미터까지 읽을 수 있고, 이동식 현미경은 가장 가까운 0.1 mm 까지 읽을 수 있다. 2 cm 의 길이를 1 % 의 정밀도를 가지고 측정하고자 한다고 가정하자. 독자들은 이 길이를 막대자로 측정할 수 있는가? 이동식 현미경으로는 가능하겠는가?

2.24.★ (a) 어떤 디지털 전압계로는 가장 가까운 1,000분의 1볼트까지 읽을 수 있다. 약 3 볼트의 전압을 측정한다면 이 측정에서의 백분율 불확실성은 어떻게 되는가? (b) 어떤 디지털 천칭으로는 가장 가까운 100분의 1그램의 질량까지 읽을 수 있다. 약 6그램의 질량을 측정한다면 이 측정에서의 백분율 불확실성은 어떻게 되는가?

2.25.★★ 카트의 가속도를 알아내려고 어떤 학생이 카트의 처음 속도 v_i와 나중 속도 v_f를 측정하고, 두 값의 차 $(v_f - v_i)$를 계산하였다. 두 개의 개별 시행에서 얻은 데이터는 표 2.13에 제시되어 있다. 이 데이터는 모두 ±1 % 의 불확실성을 가지고 있다. (a) 네 개의 측정값 모두에서 절대 불확실성을 계산하고 각 시행에서의 변화량 $(v_f - v_i)$와 그것의 불확실성을 알아내라. (b) $(v_f - v_i)$의 두 개의 값 각각에 대해서 백분율 불확실성을 계산하라. 아주 큰 두 수의 차를 취해서 작은 수를 알아내는 것의 비극적인 결과를 이 답들이, 특히 두 번째 시행에 대한 답이 잘 보여준다.

표 2.13 처음과 나중 속도(모두 cm/s 단위이고 모두 ±1%); 문제 2.25와 관련

	v_i	v_f
첫 번째 시행	14.0	18.0
두 번째 시행	19.0	19.6

2.8절에 관한 문제: 유효 숫자와 비율 불확실성

2.26.★ (a) 어떤 학생의 계산기가 답을 123.123이라고 표시하고 있다. 만약 이 수가 실제로는 단 세 개의 유효 숫자를 가지고 있다고 그 학생이 판

단한다면 절대 불확실성과 비율 불확실성은 어떻게 되겠는가? (명확하기 위해서 유효 숫자가 N자리인 수는 N번째 자리에서 ± 1 만큼 불확실하다는 규약을 채택하라.) (b) 수 1231.23에 대해서도 같은 계산을 수행하라. (c) 수 321.321에 대해서 같은 계산을 수행하라. (d) 이 수들의 비율 불확실성은 세 개 유효 숫자에 대해서 기대되는 범위에 놓여 있는가?

2.27.★★ (a) 내 계산기가 답을 $x = 6.1234$라고 표시하고 있으나 나는 x가 2%의 비율 불확실성을 가지고 있다는 것을 알고 있다. 나의 답을 적절하게 반올림해서 표준 형식인 $x_{\text{best}} \pm \delta x$로 다시 진술하라. 이 답이 실제로는 몇 개의 유효 숫자를 가지고 있는가? (b) 2%의 비율 불확실성을 가진 수 $y = 1.1234$에 대해서도 같은 계산을 수행하라. (c) $z = 9.1234$에 대해서도 그렇게 하라.

2.9절에 관한 문제: 측정된 두 수를 곱하기

2.28.★ (a) 어떤 학생이 두 개의 물리량 a와 b를 측정하고, $a = 11.5 \pm 0.2\,\text{cm}$ 그리고 $b = 25.4 \pm 0.2\,\text{s}$라는 결과를 얻었다. 이 학생이 이제 곱 $q = ab$를 계산하려고 한다. 답을 구하라. 단 잠정 규칙 (2.28)을 이용해서 알아낼 수 있는 백분율 불확실성과 절대 불확실성 모두를 제시하라. (b) $a = 5.0\,\text{m} \pm 7\%$ 그리고 $b = 3.0\,\text{N} \pm 1\%$ 라는 결과를 가지고서 문항 (a)에서 한 계산을 반복하라.

2.29.★ (a) 어떤 학생이 두 개의 물리량 a와 b를 측정하고, $a = 10 \pm 1\,\text{N}$ 그리고 $b = 272 \pm 1\,\text{s}$라는 결과를 얻었다. 이 학생이 이제 곱 $q = ab$를 계산하려고 한다. 그 답을 구하라. 단, 잠정 규칙 (2.28)을 이용해서 알아낼 수 있는 백분율 불확실성과 절대 불확실성을 둘 다 제시하라. (b) $a = 3.0\,\text{ft} \pm 8\%$ 그리고 $b = 4.0\,\text{lb} \pm 2\%$를 가지고서 문항 (a)에서 한 계산을 반복하라.

2.30.★★ 어떤 잘 알려진 규칙은 두 수를 서로 곱할 때에는 원래 두 수

중에서 덜 정밀한 수의 유효 숫자의 개수로 반올림한다면 그 답은 신뢰할 수 있다고 진술하고 있다. (a) 규칙 (2.28)을 이용하고, 또 유효 숫자가 대략 비율 불확실성에 대응한다는 사실을 이용해서 위 규칙이 **근사적으로** 타당함을 증명하라. (명확하기 위해 덜 정밀한 수의 유효 숫자가 두 개인 경우를 다루어라.) (b) "잘 알려진" 규칙보다도 답이 실제로 약간 덜 정밀할 수 있다는 것을 사례를 들어서 입증하라. (정밀도가 축소되는 것은 여러 개의 수가 함께 곱해진다면 특히 더 심해진다.)

2.31.★★ (a) 어떤 학생이 두 개의 수를 다음과 같이 측정하였다.

$$x = 10 \pm 1 \text{ 그리고 } y = 20 \pm 1.$$

이 수들의 곱 $q = xy$에 대한 이 학생의 최량의 추정값은 어떻게 되는가? x와 y의 가장 큰 확실한 값을 (11과 21을) 사용해서 q의 가장 큰 확실한 값을 계산하라. 마찬가지로 q의 가장 작은 확실한 값을 계산하고 그다음에 q가 거의 확실하게 놓여 있을 범위를 알아내라. 독자들의 결과를 규칙 (2.28)에 의한 결과와 비교하라. (b) 다음 측정값들에 대해서 같은 계산을 반복하라.

$$x = 10 \pm 8 \text{ 그리고 } y = 20 \pm 15.$$

[규칙 (2.28)은 비율 불확실성이 1보다 훨씬 작다는 것을 가정하고서 유도되었다는 것을 기억하라.]

제3장

불확실성의 전파

일반적으로 대부분의 물리량은 단 한 번의 직접적인 측정만으로 얻어지지 않고 뚜렷이 구별되는 두 개의 단계를 거쳐서 구해진다. 먼저 직접 측정될 수 있는 하나 또는 그 이상의 물리량들을 측정하는데 이때 측정된 값으로부터 관심의 대상이 되는 새로운 물리량을 계산할 수 있다. 그다음에는 첫 단계에서 직접 측정된 물리량을 이용해서 관심의 대상인 새로운 물리량 그 자체를 계산한다. 예를 들어 직사각형의 면적을 구하고자 한다면 면적을 바로 측정하는 것이 아니라 실제로는 길이 l과 높이 h를 측정하고, 그다음에 $A = lh$라는 공식을 이용해서 면적을 계산해낸다. 마찬가지로 어떤 물체의 속도를 구하는 가장 쉬운 방법은 이동한 거리 d와 경과된 시간 t를 측정하고, 그 후에 $v = d/t$라는 관계를 이용해서 v를 계산하는 것이다. 초급 실험과목에서 실험해본 경험이 있는 독자들은 더 많은 사례를 쉽게 생각해낼 수 있을 것이다. 사실 조금만 생각해보면 흥미로운 실험의 대부분은 직접 측정과 그다음에 이루어지는 계산이라는 명확히 구별되는 두 개의 단계로 구성된다는 것을 알 수 있다.

측정이 두 단계로 이루어진다면 불확실성 역시 두 단계로 추정된다. 우리는 직접 측정된 물리량에 대한 불확실성을 반드시 먼저 추정해야 하고 그다음에 이 불확실성들이 계산 과정을 통해서 어떻게 "전파하여" 최종 답에서의 불확실성을 만들어내는가를 결정해야 한다.[1] 오차의 전파라는 문제가 이

1 4장에서는 최종 불확실성을 평가하는 데 때로는 사용될 수 있는 다른 한 방법을 논의할 것이다.

장의 중심 주제이다.

사실 오차 전파에 대한 예들은 이미 2장에서 제시하였다. 2.5절에서 두 개의 수 x와 y를 측정하고, 그 값들이 차(差) $q = x - y$를 계산하는 데 사용되었다면 무슨 일들이 생기는가에 대해서 논의하였다. 우리는 q의 불확실성이 곧 x와 y의 불확실성의 **합** $\delta q \approx \delta x + \delta y$라는 것을 보았다. 2.9절에서는 곱 $q = xy$에 대하여 논의하였으며 연습문제 2.13에서는 합 $q = x + y$에 대해 논의하였다. 나는 3.3절에서 이 사례들을 다시 검토할 것이다. 이 장의 나머지 부분은 한층 더 일반적인 불확실성의 전파에 할애될 것이고 또 몇 개의 사례를 보여줄 것이다.

3.3절에서 오차 전파를 본격적으로 다루기 전에 나는 3.1절과 3.2절에서 직접 측정된 물리량에서의 불확실성을 추정하는 문제에 대하여 짧게 논의하고자 한다. 1장에서 소개한 방법들에 대하여 재검토하고 직접 측정에서의 오차를 추정하는 문제에 대하여 더 많은 예를 제공할 것이다.

3.3절부터는 오차 전파 문제를 취급하게 될 것이다. 독자들은 오차 전파와 관련되는 거의 모든 문제는 세 개의 간단한 규칙을 사용해서 풀 수 있다는 것을 배우게 될 것이다. 또한 더 복잡하지만 모든 경우를 포괄하고 세 개의 간단한 규칙이 도출되는 하나의 규칙이 제시될 것이다.

이 장의 분량은 많다. 이 사실은 그 내용이 아주 중요하다는 것을 반영한다. 오차 분석은 실험실에서 독자들이 반복해서 사용하는 기법이고 독자들은 여기서 설명하는 방법들에 익숙해져야 할 필요가 있다. 단 하나의 예외는 3.11절의 내용이 5.6절까지는 다시 사용되지는 않을 것이라는 사실이다. 그러므로 이 장의 아이디어들이 독자들에게 모두 새롭다면 이 책을 처음 읽을 때는 3.11절을 건너뛰는 것도 괜찮을 것 같다.

모든 측정이 여러 번 반복될 수 있고 모든 불확실성이 그 특성에서 랜덤하다는 것이 알려져 있다면 관심의 대상인 물리량의 불확실성은 답이 퍼져 있는 정도를 조사하면 추정될 수 있다. 이 방법이 가능하더라도 이 장에서 논의하는 두 단계로 구성되는 절차를 점검하는 목적으로 사용하는 것이 일반적으로 가장 바람직하다.

3.1 직접 측정에서의 불확실성

거의 모든 직접 측정에는 (자, 시계, 또는 전압계의) 눈금이나 (디지털 시계나 전압계의) 디지털 표시 읽기가 관련된다. 눈금 읽기에서의 몇 가지 문제들을 1.5절에서 논의하였다. 때때로 불확실성의 주된 원천들은 눈금을 읽는 일과 눈금 표지 간을 사이 채우는 일이다. 이러한 상황에서 불확실성은 쉽게 합리적으로 추정될 수 있다. 예를 들어 명확하게 정의된 길이 l을 밀리미터 단위까지 눈금을 매긴 자를 가지고 측정한다면 그 길이는 가장 가까운 밀리미터까지는 읽을 수 있지만 더 자세히는 못 읽는다. 이 경우 불확실성 δl은 $\delta l = 0.5\,\mathrm{mm}$라고 할 수 있을 것이다. 만약 눈금의 표지가 더 듬성듬성하다면 (10분의 1인치와 같이) 예를 들어 그 간격의 5분의 1까지는 읽을 수 있다고 합리적으로 결정할 수 있다. 어떤 경우라도 눈금 읽기와 관련되는 불확실성은 상당히 쉽게 그리고 실제에 가깝게 추정할 수 있다는 것은 분명하다.

안타깝게도 불확실성의 다른 원천들이 눈금 읽기의 어려움보다도 때로는 더욱 중요하다. 두 점 사이의 거리를 측정하는 데에서 주된 문제는 이 두 점이 실제로 어디에 있는가를 판단하는 것이다. 예를 들면 광학 실험에서는 그림 3.1에서처럼 렌즈의 중심에서 초점이 맞은 상까지 거리 q를 측정하고자 할 수 있다. 실제로 렌즈는 대체로 두께가 몇 밀리미터에 달해서 그 중심의 위치를 알아내기가 어렵고 만약 렌즈가 다루기 어려운 커다란 좌대에 얹혀서 나온다면 중심의 위치를 알아내기란 더욱 어렵다. 더군다나 상은 몇 밀리미터 범위에 걸쳐서 초점이 잘 맞은 것처럼 보일 수 있다. 비록 장비가 밀리미터까지 명확하게 눈금이 매겨진 광학 좌대에 얹혀 있다고 하더라도 렌즈에서 상까지 거리에서의 불확실성은 1센티미터나 그 근방이 될 가능성이 많다. 이러한 불확실성은 관련되는 두 점의 위치가 명료하게 정의되지 않아서 생겨나는 까닭에 이러한 부류의 문제를 **정의의 문제**라고 부른다.

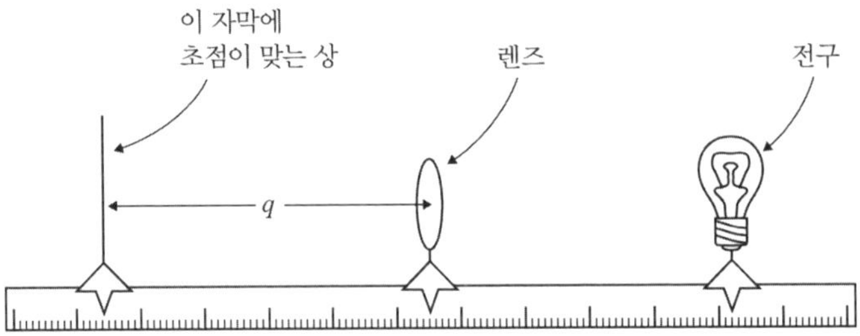

그림 3.1 오른쪽 전구의 상은 렌즈에 의해서 왼쪽에 있는 자막에 초점이 맞게 된다.

이 예는 오차 추정에서 중대한 위험을 잘 보여주고 있다. 만약 눈금만 보고 불확실성의 다른 원천을 잊어버린다면 독자들은 총 불확실성을 대단히 과소평가하게 될 것이다. 초심자들의 공통된 실수는 불확실성의 몇몇 원천들을 간과하여 때로는 10배 또는 그 이상으로 불확실성을 **과소평가하는** 것이다. 물론 오차를 **과대평가하는** 것도 반드시 피해야 한다. 안전을 꾀하여 모든 측정에서 오차를 넉넉하게 매기는 실험자는 부정합이라는 난처한 상황은 피할 수 있겠지만 그의 실험들은 쓸모없게 될 것이다. 분명히 가장 이상적인 것은 불확실성을 일으키는 가능한 모든 원인을 식별하고 그 영향을 정확하게 평가하는 것인데 이 일은 대부분 생각만큼 그렇게 어렵지는 않다.

적어도 겉으로 보기에는 디지털 계량기를 읽는 것이 전통적인 아날로그 계량기를 읽는 것보다 훨씬 더 쉬운 것 같다. 디지털 계량기에 결함이 없다면 그 계량기는 유효 숫자만 표시해야 한다. 따라서 디지털 눈금 읽기에서 유효 숫자의 개수는 곧 표시된 숫자들의 개수이다. 그렇지만 안타깝게도 2.8절에서 논의한 바와 같이 유효 숫자의 정확한 의미 자체가 명확하지 않다. 그러므로 디지털 전압계로 $V=81$ 마이크로볼트라는 것은 불확실성이 $\delta V=0.5$에서 $\delta V=1$까지 또는 그 이상까지 아무 값이나 될 수 있다는 것을 의미한다. 만약 디지털 계량기에서 불확실성을 알려주는 안내서가 없다면 합리적인 가정은 마지막 숫자에서의 불확실성이 ± 1이라는 (그래서 방금 언급한 전압은 $V=81\pm 1$이라는) 것이다.

아날로그 눈금보다 디지털 계량기가 정확도에 대한 느낌을 오도하는 경향이 있다. 예를 들어 어떤 학생이 애트우드(Atwood) 장비나 이와 유사한 장비에서 추의 낙하 시간을 재는 데 디지털 타이머를 사용했다고 가정하자. 타이머가 8.01초라고 표시한다면 낙하 시간은 겉보기에는

$$t = 8.01 \pm 0.01 \text{ 초} \tag{3.1}$$

이다. 그렇지만 한 조심스러운 학생이 거의 같은 조건에서 이 실험을 반복하고 두 번째 측정으로 8.41을 얻었는데, 이를테면 그 값이

$$t = 8.41 \pm 0.01 \text{ 초}$$

였다고 하자. 불일치가 이만큼 큰 것에 대한 그럴듯한 해명은 출발 절차에서의 불확실성이 초기 조건을 변동시키고 이에 따라서 낙하 시간도 변동시킨다는 것이다. 말하자면 측정된 시간이 실제로 서로 다르다는 것이다. 어떤 경우라고 할지라도 방정식 (3.1)에서 주장하는 정확도는 분명히 터무니없이 너무 우수하다. 두 개의 측정에 근거한다면 더 현실적인 답은

$$t = 8.2 \pm 0.2 \text{ 초}$$

일 것이다. 특히 불확실성은 당초 한 번의 눈금 읽기에 근거한 방정식 (3.1)에서 제시하는 것보다 약 20배나 된다.

이 예는 1장에서 언급한 또 다른 사항을 상기시킨다. 즉, 측정을 반복할 수 있다면 측정은 여러 차례 되풀이해야 한다. 반복 측정으로부터 유래하는 값들의 퍼짐은 때로는 불확실성에 대한 좋은 지표가 되고, 이 값들의 평균은 어떤 하나의 값보다도 거의 확실하게 더 높은 신뢰성을 갖는다. 4장과 5장에서 다중 측정의 통계적 처리에 대하여 논의한다. 여기서 나는 반복해서 측정할 수 있다면 (평균을 취함으로써) 더욱 신뢰성 높은 답을 얻기 위하여 또 (더 중요할 수도 있는데) 불확실성에 대한 추정값을 얻기 위하여 반복해서 측정하라고 강조하고자 한다. 안타깝게도 1장에서도 언급했듯이 반복 측정이 늘 불확실성을 드러내주는 것은 아니다. 만약 측정이 (항상 늦게 가는 시계처럼) 모든 결과를 같은 방향으로 밀어주는 계통 오차의 지배를 받는다면 결과들이 퍼져 있더라도 이 계통 오차를 반영하지는 못한다. 이 계통 오차를 제거하기 위해서는 눈금 맞추기와 또 절차들을 주의 깊게 점검해야 한다.

3.2 셈 실험에 대한 제곱근 규칙

다른 한 종류의 직접 측정에서는 불확실성을 쉽게 추정할 수 있다. 어떤 실험은 랜덤하게 발생하나 확정된 평균 비율은 가지고 있는 사건들을 셀 것을 요구한다. 예를 들면 어떤 병원에서 출생하는 아기들은 상당히 랜덤하게 태어난다. 그렇지만 장기간에 걸쳐서 보면 어떤 병원에서도 아기들은 확정된 평균 비율에 따라서 출생한다. 그 평균 비율을 알고 싶어 하는 어떤 인구 학자가 한 지역 병원에서 특정한 2주 동안 14회 출생한 것을 세었다고 해보자. 이 결과에 근거해서 그 학자는 당연히 2주 동안 출생에 대한 기대 횟수의 최량의 추정값은 14라고 말할 것이다. 이 학자가 착오를 범하지 않았다면 14는 **적확하게** 그 학자가 관찰하기로 선택했던 2주라는 기간에 출생한 횟수이다. 출생이 일어나는 랜덤한 방식 때문에 14는 모든 2주 단위의 기간에 발생한 출생의 실제 평균 횟수와는 당연히 **다를** 수 있다. 어쩌면 이 평균 횟수는 13, 15 심지어는 분수인 13.5나 14.7도 될 수 있을 것이다.

분명히 이러한 종류의 실험에서의 불확실성은 관측된 세어진 수에 (우리 예에서는 14에) 있지 않다. 그보다는 그 불확실성은 관측된 개수가 참 평균 개수를 얼마나 잘 근사하는가에 있다. 문제는 이 불확실성이 얼마나 큰가를 추정하는 일이다. 나는 11장에서 이러한 셈 실험에 대한 이론을 논할 예정인데, 그 답은 놀라울 정도로 간단해서 여기서도 쉽게 진술할 수 있다. 랜덤한 사건을 센 수가 어떤 수라도 그 수에서의 불확실성은 **세어진 수의 제곱근**이다. 우리의 사례에서 인구 학자는 어떤 특정 2주 동안 출생한 횟수를 14회로 세었다. 그러므로 이 인구 학자의 불확실성은 $\sqrt{14} \approx 4$이고 그 학자의 최종 결론은 다음과 같을 것이다.

$$(2\text{주 동안 평균 출생 횟수}) = 14 \pm 4.$$

이 진술을 더 일반화시키기 위해서 (병원에서의 신생아 출생과 같이) 확정된 평균 비율을 가지고 랜덤하게 발생하는 어떤 사건들의 발생을 센다고 가정하자. 우리가 어떤 선택한 (2주와 같은) 시간 T 동안 세고, 관찰된 사건의 수를 그리스 문자 ν라고 표기했다고 가정하자. ("누"라고 읽으며, 이 기호는 문자 n의 그리스 문자 형태인데 number를 나타낸다.) 이 실험에 근거한다면 시간 T 동안 발생하는 사건의 평균 개수에 대한 최량의 추정값은 당연히 관찰된 개수 ν이고, 이 추정값에서의 불확실성은 관찰된 개수인 ν의 제곱근이다. 그러므로 시간 T 동안 평균 개수에 대한 우리의 답은 다음과 같다.

$$(\text{시간 } T \text{ 동안 사건의 평균 개수}) = \nu \pm \sqrt{\nu}. \tag{3.2}$$

나는 이 중요한 규칙을 **셈 실험에 대한 제곱근 규칙**이라고 지칭하겠다.

이러한 종류의 셈 실험들은 물리학 실험실에서 흔히 일어난다. 가장 두드러진 예는 방사능에 관한 연구에서 존재한다. 방사성 물질에서 각각의 원자핵은 랜덤한 시간에 붕괴하는데 큰 표본에서의 붕괴는 확정된 평균 비율을 가지고 발생한다. 이 비율을 알아내기 위해서는 독자들은 단지 어떤 편리한 시간 T 동안 붕괴하는 개수 ν를 세기만 하면 되고 시간 간격 T 동안 기대되는 불확실성을 포함한 붕괴 개수는 제곱근 규칙 (3.2)로 주어진다.

즉시 점검 3.1

(a) 어떤 방사성 표본의 활동도를 점검할 목적으로 한 검사관이 액체 섬광계수기에 이 표본을 넣은 다음 하나의 2분 간격 동안 붕괴 개수를 세고, 그 수가 33개라는 것을 알았다. 2분 간격 동안에 표본에서 발생한 붕괴 개수로 이 검사관은 어떻게 보고해야만 하겠는가? (b) 대신에 검사관이 50분 동안 표본을 관찰하고, 그 수가 907개라는 것을 알았다. 50분 동안에 발생하는 붕괴 개수에 대한 검사관의 답은 무엇일까? (c) 두 측정에서 백분율 불확실성을 알아내고, 문항 (b)에서와 같이 더 긴 시간 간격 동안 세는 것의 유용성에 대해서 논평하라.

3.3 합과 차; 곱과 몫

나는 이 장의 나머지 부분에서 하나 또는 그 이상의 물리량 $x, y, \ldots$를 각각에 대응하는 불확실성 $\delta x, \delta y, \ldots$와 함께 측정하고, 진정한 관심의 대상인 물리량 q를 계산하기 위하여 $x, y, \ldots$의 측정된 값들을 사용하기 원한다고 가정하겠다. q의 계산은 대체로 간단명료한데 문제는 불확실성 $\delta x, \delta y, \ldots$가 계산 과정을 통해서 어떻게 전파하고, 또 어떻게 q의 최종 값에서 불확실성인 δq로 되느냐는 것이다.

합과 차

2장에서 두 개의 물리량 x와 y를 측정할 때, 또 이들의 합 $x+y$와 차 $x-y$를 계산할 때 무슨 일이 생기는지를 논의하였다. 합이나 차의 불확실성을 추정하기 위해서는 합이나 차의 가장 큰 확실한 값과 가장 작은 확실한 값을 추정하기만 하면 되었다. x의 가장 큰 확실한 값과 가장 작은 확실한 값은 $x = x_{\text{best}} \pm \delta x$이고, y에 대한 그 값들은 $y = y_{\text{best}} \pm \delta y$이다. 따라서 $x+y$의 가장 큰 확실한 값은

$$x_{\text{best}} + y_{\text{best}} + (\delta x + \delta y)$$

이고, 가장 작은 확실한 값은

$$x_{\text{best}} + y_{\text{best}} - (\delta x + \delta y)$$

이다. 그리하여 $q = x + y$에 대한 최량의 추정값은

$$q_{\text{best}} = x_{\text{best}} + y_{\text{best}}$$

이고 불확실성은 다음과 같이 주어진다.

$$\delta q \approx \delta x + \delta y. \tag{3.3}$$

이와 유사한 논증으로 (독자들은 이것을 입증할 수 있어야 하는데) **차** $x-y$의 불확실성도 (3.3)임을 보여줄 수 있다. 말하자면 합 $x+y$나 혹은 차 $x-y$의 불확실성은 x와 y의 불확실성의 합 $\delta x + \delta y$라는 것이다.

합이나 차를 구하고자 하는 여러 개의 수 $x, \ldots, w$가 있다면 (3.3)을 반복 적용함으로써 다음 잠정 규칙이 도출된다.

합과 차에서의 불확실성 (잠정 규칙)

만약 여러 개의 물리량 $x, \ldots, w$가 불확실성 $\delta x, \ldots, \delta w$을 가지고서 측정되고, 측정된 값들이

$$q = x + \cdots + z - (u + \cdots + w)$$

의 계산에 사용된다면, 계산된 q의 값에서의 불확실성은 원래 불확실성들의 합

$$\delta q \approx \delta x + \cdots + \delta z + \delta u + \cdots + \delta w \tag{3.4}$$

로 주어진다.

바꾸어 말하면 독자들이 임의 개수의 물리량을 더하거나 빼면 물리량들의 불확실성들은 항상 **더해진다**. 앞에서와 마찬가지로 나는 부호 $\approx$를 이 규칙이 어디까지나 잠정적이라는 것을 강조하기 위해서 사용하였다.

예: 질량을 더하기와 빼기

규칙 (3.4)의 간단한 예로서 어떤 실험자가 두 개의 플라스크에 담긴 액체를 혼합한다고 가정하자. 먼저 각 플라스크가 가득 찼을 때와 비었을 때의 분리된 질량을 다음과 같이 측정하였다.

$$\begin{aligned} M_1 &= \text{첫 번째 플라스크와 그 내용물의 질량} = 540 \pm 10\text{그램}, \\ m_1 &= \text{첫 번째 빈 플라스크의 질량} = 72 \pm 1\text{그램}, \\ M_2 &= \text{두 번째 플라스크와 그 내용물의 질량} = 940 \pm 20\text{그램}, \\ m_2 &= \text{두 번째 빈 플라스크의 질량} = 97 \pm 1\text{그램}. \end{aligned}$$

이제 실험자는 액체의 총 질량을 다음과 같이 계산한다.

$$\begin{aligned} M &= M_1 - m_1 + M_2 - m_2 \\ &= (540 - 72 + 940 - 97)\text{그램} = 1{,}311\text{그램}. \end{aligned}$$

규칙 (3.4)에 따르면 이 답에서의 불확실성은 네 가지 불확실성의 합이다.

$$\begin{aligned} \delta M \approx \delta M_1 + \delta m_1 + \delta M_2 + \delta m_2 &= (10 + 1 + 20 + 1)\text{그램} \\ &= 32\text{그램}. \end{aligned}$$

그리하여 최종 답은 (알맞게 반올림해서) 다음과 같다.

$$\text{액체의 총질량} = 1{,}310 \pm 30\text{그램}.$$

빈 플라스크들의 질량에서의 아주 작은 불확실성들이 최종 불확실성에 이바지하는 바가 무시할 수 있을 만큼 작다는 사실에 주목하라. 이 효과는 중요하므로 우리는 나중에 이에 대하여 논의할 것이다. 경험을 쌓음에 따라서, 크기가 미미하여 시작할 때 무시할 수 있는 불확실성을 미리 식별하는 것을 독자들은 배우게 될 것이다. 종종 이 방법은 불확실성의 계산을 크게 단순화시켜준다.

곱과 몫

2.9절에서는 측정된 물리량의 곱 $q = xy$에서의 불확실성을 논의하였다. 만약 비율 불확실성들이 작으면 $q = xy$의 비율 불확실성은 x와 y의 비율 불확실성들의 합으로 주어지는 것을 보았다. 이 결과의 유도 과정을 다시 검토하기보다 여기서는 몫 $q = x/y$라는 비슷한 경우에 대해 논하고자 한다. 곧 보게 되겠지만 몫에서의 불확실성은 곱에서의 불확실성과 같은 규칙에 의해서 주어진다. 즉, $q = x/y$의 비율 불확실성은 x와 y의 비율 불확실성들의 합이다.

곱과 몫에서의 불확실성은 비율 불확실성의 항으로 가장 잘 표현되기 때문에 후자에 대한 속기 표기법은 도움이 될 것이다. 만약 우리가 어떤 물리량 x를 통상적인 방식으로 다음과 같이 측정했다면

$$(x\text{의 측정된 값}) = x_{\text{best}} \pm \delta x,$$

그러면 x의 비율 불확실성은 다음과 같이 정의된다.

$$(x\text{의 비율 불확실성}) = \frac{\delta x}{|x_{\text{best}}|}.$$

(분모에서의 절댓값 부호는 x_{best}가 음수일지라도 비율 불확실성이 항상 양수가 되는 것을 보장한다.) 기호 $\delta x/|x_{\text{best}}|$는 쓰고 읽기에 어색하므로 앞으로 하첨자

"best"를 생략하고 다음과 같이 쓰는 것으로 축약하고자 한다.

$$(x\text{에서의 비율 불확실성}) = \frac{\delta x}{|x|}.$$

x가 어떠한 물리량이라도 측정된 결과는 비율 불확실성의 항으로 다음과 같이 표현할 수 있다.

$$(x\text{의 값}) = x_{\text{best}}(1 \pm \delta x/|x|).$$

그러므로 $q = x/y$의 값은 다음과 같이 쓸 수 있다.

$$(q\text{의 값}) = \frac{x_{\text{best}}}{y_{\text{best}}}\frac{1 \pm \delta x/|x|}{1 \pm \delta y/|y|}.$$

지금 우리가 당면한 문제는 오른편의 두 번째 인자의 거의 확실한 극단 값을 알아내는 것이다. 예를 들어, 만약 분자가 가장 큰 값 $1+\delta x/|x|$를 갖고 분모는 **가장 작은** 값 $1-\delta y/|y|$를 갖는다면 이 인자는 가장 크게 된다. 그러므로 $q=x/y$의 가장 큰 확실한 값은

$$(q\text{의 가장 큰 확실한 값}) = \frac{x_{\text{best}}}{y_{\text{best}}}\frac{1 + \delta x/|x|}{1 - \delta y/|y|} \tag{3.5}$$

이다.

식 (3.5)의 마지막 인자는 $(1+a)/(1-b)$이라는 형식을 취하는데, 여기서 수 a와 b는 일반적으로 작다. (말하자면 1보다는 훨씬 작다.) 이 인자는 두 가지 근사로 단순화될 수 있다. 먼저 b는 작은 수이므로 이항 정리2는

2 이항 정리는 $1/(1-b)$를 무한 급수 $1+b+b^2+\cdots$ 로 표현한다. 만약 b가 1보다 훨씬 작다면 (3.6)에서처럼 $1/(1-b) \approx 1+b$가 된다. 만약 독자가 이항 정리에 대해서 잘 모른다면 독자는 연습문제 3.8에서 자세한 사항을 발견하게 될 것이다.

$$\frac{1}{1-b} \approx 1+b \tag{3.6}$$

라는 것을 함축한다. 그러므로

$$\begin{aligned}\frac{1+a}{1-b} &\approx (1+a)(1+b) = 1+a+b+ab \\ &\approx 1+a+b\end{aligned}$$

인데, 두 번째 줄에서 우리는 두 개의 작은 물리량의 곱 ab를 무시하였다. (3.5)로 돌아가서 위의 근사들을 적용하면 $q=x/y$의 가장 큰 확실한 값은

$$(q\text{의 가장 큰 값}) = \left(\frac{x_{\text{best}}}{y_{\text{best}}}\right)\left(1+\frac{\delta x}{|x|}+\frac{\delta y}{|y|}\right)$$

이다. 유사한 계산 과정은 가장 작은 확실한 값을 두 개의 마이너스 부호를 갖는 비슷한 식으로 보여준다. 이 둘을 결합하면 다음을 얻게 된다.

$$(q\text{의 값}) = \frac{x_{\text{best}}}{y_{\text{best}}}\left(1 \pm \left[\frac{\delta x}{|x|}+\frac{\delta y}{|y|}\right]\right).$$

이 방정식을 다음 표준 형식과 비교하면

$$(q\text{의 값}) = q_{\text{best}}\left(1 \pm \frac{\delta q}{|q|}\right)$$

기대한 대로 q의 최량의 추정값은 $q_{\text{best}} = x_{\text{best}}/y_{\text{best}}$이고, 비율 불확실성은

$$\frac{\delta q}{|q|} \simeq \frac{\delta x}{|x|}+\frac{\delta y}{|y|} \tag{3.7}$$

이라는 것을 알 수 있다.

두 개의 측정된 양(量) x와 y를 나누거나 곱하면 그 답의 비율 불확실성은 (3.7)에서와 같이 x와 y의 비율 불확실성의 합이 된다고 결론 내릴 수 있다. 만약 일련의 수를 곱하거나 나누는 경우에 위의 결과를 반복해서 적용하면 다음과 같은 잠정 규칙에 도달하게 된다.

곱과 몫에서의 불확실성 (잠정 규칙)

만약 여러 개의 물리량 $x, \ldots, w$가 작은 크기의 불확실성 $\delta x, \ldots, \delta w$를 갖고서 측정되고, 이 측정된 값들이

$$q = \frac{x \times \cdots \times z}{u \times \cdots \times w}$$

를 계산하는 데 사용된다면, q의 계산된 값에서의 비율 불확실성은 $x, \ldots, w$의 비율 불확실성들의 합

$$\frac{\delta q}{|q|} \approx \frac{\delta x}{|x|} + \cdots + \frac{\delta z}{|z|} + \frac{\delta u}{|u|} + \cdots + \frac{\delta w}{|w|} \tag{3.8}$$

로 계산된다.

간단하게 말해서 물리량들이 곱해지거나 나누어지면 **비율 불확실성들은 더해진다**.

예: 측량 문제

측량에서는 가끔 (키 큰 나무의 높이처럼) 접근할 수 없는 길이 l의 값을 세 개의 다른 길이 l_1, l_2, l_3을 측정해서 이들의 항으로 다음과 같이 구한다.

$$l = \frac{l_1 l_2}{l_3}.$$

우리가 이러한 실험을 수행하고, 다음 결과들을 (ft 단위로) 얻었다고 가정하자.

$$l_1 = 200 \pm 2\,, \qquad l_2 = 5.5 \pm 0.1\,, \qquad l_3 = 10.0 \pm 0.4\,.$$

l에 대한 우리의 최량의 추정값은

$$l_{\text{best}} = \frac{200 \times 5.5}{10.0} = 110\ \text{ft}$$

이다. (3.8)에 의하면, 답의 비율 불확실성은 l_1, l_2, l_3의 비율 불확실성들인 1%, 2%, 4%의 합으로 주어진다. 그러므로 비율 불확실성은

$$\begin{aligned}\frac{\delta l}{|l|} \approx \frac{\delta l_1}{l_1} + \frac{\delta l_2}{l_2} + \frac{\delta l_3}{l_3} &= (1+2+4)\% \\ &= 7\%\end{aligned}$$

이고, 우리의 답은 최종적으로

$$l = 110 \pm 8\ \text{ft}$$

이다.

즉시 점검 3.2

독자들이 세 개의 물리량 x, y, z를 다음과 같이 측정하였다고 가정하자.

$$x = 8.0 \pm 0.2, \qquad y = 5.0 \pm 0.1, \qquad z = 4.0 \pm 0.1.$$

주어진 불확실성들을 백분율 불확실성으로 표현하고, $q = xy/z$를 불확실성 δq와 함께 [잠정 규칙 (3.8)에 의해서 주어진 바와 같이] 계산하라.

3.4 두 가지 중요한 특수 사례

규칙 (3.8)의 두 가지 중요한 특수한 사례는 별도로 언급할 가치가 있다. 하나는 두 수의 곱과 관련되는데 두 수 중 하나에는 불확실성이 없다. 다른 사례에는 (x^3과 같은) 측정된 수의 거듭제곱이 관련된다.

측정된 물리량에 적확한 수를 곱하기

우리가 어떤 물리량 x를 측정하고, 그 값을 곱 $q = Bx$를 계산하는 데 사용한다고 하자. 단, 여기서 수 B에는 **불확실성이 없다**고 가정한다. 예를 들면 우리는 어떤 원의 지름을 측정하고 나서 원둘레를 $c = \pi \times d$라고 계산할 수 있고, 또는 똑같은 종이 200장의 두께 T를 측정하고 나서 종이 낱장의 두께를 $t = (1/200) \times T$로 계산할 수 있다. 규칙 (3.8)에 따르면 $q = Bx$의 비율 불확실성은 B와 x의 비율 불확실성들의 합이다. $\delta B = 0$이므로 이는 다음을 함축한다.

$$\frac{\delta q}{|q|} = \frac{\delta x}{|x|}.$$

다시 말하면, (적확한 것으로 알려진 수 B를 갖는) $q = Bx$의 비율 불확실성은 x의 비율 불확실성과 같다. 만약 우리가 $|q| = |Bx|$를 방정식 전체에 곱하여 $\delta q = |B|\delta x$가 산출되게 하면 위 결과를 다르게 표현할 수 있어서 다음과 같은 편리한 규칙[3]을 얻게 된다.

---

3 이 규칙 (3.9)는 좀 더 완전한 규칙인 (3.18)과 (3.19)로 교체될 예정인 잠정 규칙 (3.8)로부터 추론되었다. 다행스럽게도 같은 결론 (3.9)가 개선된 규칙으로부터 나오게 된다. 따라서 규칙 (3.9)는 이미 그 최종 형식이다.

측정된 물리량에 적확한 수를 곱하기

어떤 물리량 x가 불확실성 δx를 갖고서 측정되고, 그 값이 곱

$$q = Bx$$

을 계산하는 데 사용된다. 단, 여기서 B에는 불확실성이 없다. 그러면 q의 불확실성은 바로 $|B|$를 x의 불확실성에 곱한 것이다.

$$\delta q = |B|\,\delta x. \qquad (3.9)$$

이 규칙은 종이 낱장의 두께나 빠르게 돌아가는 바퀴가 1회전하는 데 걸리는 시간처럼 낱개로 측정하기에는 아주 불편할 정도로 작으나 여러 개로는 측정할 수 있는 물리량을 측정하는 데 특히 유용하다. 예를 들어 우리가 종이 200장 두께를 측정하고, 다음과 같은 결과를 얻었다면

$$(200\text{장의 두께}) = T = 1.3 \pm 0.1\text{인치},$$

종이 낱장의 두께는 이 결과로부터 곧바로 나온다.

$$\begin{aligned}(\text{낱장의 두께}) = t &= \frac{1}{200} \times T \\ &= 0.0065 \pm 0.0005\text{인치}.\end{aligned}$$

(같은 종이 여러 장을 함께 측정하고 그 값을 매수로 나누는) 이 기법이 아니었다면 측정하는 데 상당히 정교한 장비를 필요로 했을 것인데, 이 기법을 사용하면 정말 쉽게 측정할 수 있게 된다는 사실에 주목해야 한다. 이 기법에 의해서 불확실성도 놀라울 만큼 작은 크기로 산출된다는 사실 또한 유념해야 한다. 물론, 이 종이들의 두께가 같다는 것은 전제되어야 한다.

즉시 점검 3.3

독자들이 어떤 원의 지름을 다음과 같이

$$d = 5.0 \pm 0.1\,\mathrm{cm}$$

로 측정하고, 이 값을 원둘레 $c = \pi d$를 계산하는 데 사용한다고 가정하자. 불확실성과 함께 원둘레에 대한 독자들의 답은 어떻게 되는가?

거듭제곱

규칙 (3.8)의 두 번째 특수한 사례는 측정된 물리량의 거듭제곱에 관한 것이다. 예를 들면 우리가 어떤 물체의 속도 v를 측정하고, 그다음에 이 물체의 운동 에너지 $(1/2)mv^2$을 구하려고 제곱 v^2을 계산할 수 있다. v^2은 바로 $v \times v$이므로 (3.8)로부터 v^2의 비율 불확실성은 v의 비율 불확실성의 2배가 된다. 더 일반적으로는 (3.8)로부터 임의의 거듭제곱에 대한 일반 규칙은 명료하게 다음과 같다.

거듭제곱에서의 불확실성

만약 어떤 물리량 x가 불확실성 δx를 가지고 측정되고, 그 측정된 값이 거듭제곱

$$q = x^n$$

을 계산하는 데 사용된다면, q의 비율 불확실성은 x의 비율 불확실성의 n배이다.

$$\frac{\delta q}{|q|} = n\frac{\delta x}{|x|}. \tag{3.10}$$

이 규칙은 n이 양의 정수라고 가정하고서 유도되었다. 그러나 실제로는 이 규칙은 이 경우뿐만 아니라, 나중에 방정식 (3.26)에서 보게 되겠지만, 지수 n이 **어떤** 수라도 성립하는 것으로 일반화된다.

즉시 점검 3.4

어떤 정육면체의 부피를 알기 위해서 변의 길이를 측정하고, $2.00 \pm 0.02\,\mathrm{cm}$라는 값을 얻었다. 이 불확실성을 백분율 불확실성으로 변환시키고 정육면체의 부피를 불확실성과 함께 구하라.

예: g의 측정

어떤 학생이 돌멩이가 지상 높이 h에서 낙하하는 시간을 측정해서 중력 가속도 g를 측정하려고 한다. 여러 번 낙하 시간을 측정한 다음에 이 학생은

$$t = 1.6 \pm 0.1\,\mathrm{s}$$

라고 결론을 내린 후 높이 h를 다음과 같다고 측정하였다.

$$h = 46.2 \pm 0.3\,\mathrm{ft}.$$

h는 아주 잘 알려진 공식 $h = \frac{1}{2}\mathrm{g}t^2$에 의해서 주어지기 때문에 학생은 g를 다음과 같이 계산하였다.

$$\begin{aligned} \mathrm{g} &= \frac{2h}{t^2} \\ &= \frac{2 \times 46.2\,\mathrm{ft}}{(1.6\,\mathrm{s})^2} = 36.1\,\mathrm{ft/s^2}. \end{aligned}$$

이 학생의 답에서의 불확실성은 얼마인가?

이 학생의 답에서의 불확실성은 방금 개발한 규칙을 사용해서 알아낼 수 있다. 이것을 위해서는 g를 계산하는 데 사용된 식 $g = 2h/t^2$ 의 각 인자에서의 비율 불확실성을 알 필요가 있다. 인자 2에는 불확실성이 없다. h와 t의 비율 불확실성은 각각 다음과 같다.

$$\frac{\delta h}{h} = \frac{0.3}{46.2} = 0.7\,\%$$

그리고

$$\frac{\delta t}{t} = \frac{0.1}{1.6} = 6.3\,\%.$$

규칙 (3.10)에 의하면 t^2의 비율 불확실성은 t의 비율 불확실성의 2배이다. 그러므로 곱과 몫에 관한 규칙 (3.8)을 공식인 $g = 2h/t^2$ 에 적용해서 우리는 비율 불확실성이

$$\begin{aligned}\frac{\delta g}{g} &= \frac{\delta h}{h} + 2\frac{\delta t}{t} \\ &= 0.7\,\% + 2 \times (6.3\,\%) = 13.3\,\% \end{aligned} \tag{3.11}$$

라는 것을 알아낼 수 있고, 이로부터 불확실성은

$$\delta g = (36.1\ \mathrm{ft/s^2}) \times \frac{13.3}{100} = 4.80\ \mathrm{ft/s^2}$$

으로 얻어진다. 따라서 학생의 (적절하게 반올림한) 최종 답은

$$g = 36 \pm 5\ \mathrm{ft/s^2}$$

이다.

이 예는 불확실성이 때로는 얼마나 쉽게 추정될 수 있는가를 보여주고 있다. 더불어 오차 분석이 어떻게 불확실성의 크기를 알게 해주는가를 보여줄 뿐만 아니라 불확실성을 축소시키는 방안도 가르쳐주고 있다. 이 예에서

방정식 (3.11)은 오차에 대한 가장 큰 기여가 시간의 측정에서 비롯된다는 것을 보여준다. 만약 우리가 g에 대한 더욱 정밀한 값을 원한다면 반드시 t의 측정이 개선되어야 하며 반면에 h의 측정을 개선하려는 어떤 시도도 노력의 낭비일 뿐일 것이다.

끝으로 g의 공인된 값은 32 ft/s^{2}인데 이 값은 학생이 측정한 값의 오차 범위 안에 놓인다. 따라서 학생의 측정은 특별하게 정밀하지는 않지만 g에 대한 알려진 값과는 완벽하게 일관적이라고 할 수 있다.

3.5 합에서의 독립 불확실성

이제까지 소개한 규칙들은 짤막하게 요약될 수 있다. 측정된 물리량들이 더해지거나 빼지면 **불확실성들은 더해진다**. 측정된 물리량들이 곱해지거나 나누어지면 **비율 불확실성들이 더해진다**. 이번 절과 다음 절에서 나는 어떤 정해진 조건 아래에서는 이 규칙들을 사용하여 계산한 불확실성이 어떻게 해서 불필요하게 크게 산출되는가를 논의하겠다. 구체적으로 원래의 불확실성들이 서로 **독립**적이고 **랜덤**하다면 최종 불확실성에 대한 더 실제에 가까운 (그리고 더 작은) 추정값은 불확실성들 혹은 비율 불확실성들이 **제곱하여 더해지는** (그 절차는 곧 정의될 것인데) 유사한 규칙에 의해서 주어진다.

먼저 표준 형식으로 측정된 두 개의 수 x와 y의 합 $q = x + y$의 계산에 대해서 알아보았는데 수 x는

$$(x\text{의 측정된 값}) = x_{\text{best}} \pm \delta x$$

로 주어지고 y에 대해서도 식은 유사하다. 앞 절에서 사용한 논거는 다음과 같았다. 첫 번째, $q = x + y$에 대한 최량의 추정값은 명백하게 $q_{\text{best}} = x_{\text{best}} + y_{\text{best}}$이다. 두 번째, x와 y의 가장 큰 확실한 값은 $x_{\text{best}} + \delta x$와 $y_{\text{best}} + \delta y$이기 때문에 q의 가장 큰 확실한 값은

$$x_{\text{best}} + y_{\text{best}} + \delta x + \delta y \tag{3.12}$$

이다. 마찬가지로 q의 가장 작은 확실한 값은

$$x_{\text{best}} + y_{\text{best}} - \delta x - \delta y$$

이다. 그러므로 q의 값은 거의 확실하게 이 두 수 사이에 놓여 있을 것이고 q의 불확실성은 다음과 같을 것이라고 결론을 내렸다.

$$\delta q \approx \delta x + \delta y.$$

이 공식이 δq를 과대평가할 것이라는 이유를 알아보기 위해 q의 실제 값이 어떻게 하면 가장 큰 극값 (3.12)와 같을 수 있는지를 검토해보자. 명백히 우리가 x를 δx의 전체 크기만큼 과소평가하고 **동시에** y도 δy의 전체 크기만큼 과소평가한다면 그렇게 될 것인데 명백하게 이것은 거의 있을 법하지 않은 사건이다. 만약 x와 y가 독립적으로 측정되었고, 또 그 오차들이 사실상 랜덤하다면 x의 **과소평가**가 y의 **과대평가**를 동반하거나 x의 **과대평가**가 y의 **과소평가**를 동반할 가능성이 50%이다. 분명히 x와 y를 둘 다 δx와 δy의 전체 크기만큼 과소평가할 확률은 무척 낮다. 그러므로 $\delta q \approx \delta x + \delta y$는 있음직한 오차를 과장해서 나타낸다.

무엇이 δq의 더 나은 추정값을 구성하는 것일까? 그 답은 불확실성이라는 용어로 우리가 도대체 무엇을 의미하는가에 (다르게 표현하자면 q가 "거의 확실하게" $q_{\text{best}} - \delta q$와 $q_{\text{best}} + \delta q$ 사이에 어딘가에 있다는 진술로 우리가 무엇을 의미하는가에) 따라서 달라진다. 또한 답은 측정에서의 오차를 지배하는 통계적 법칙에 따라서도 달라진다. 5장은 랜덤 불확실성의 지배를 받는 측정을 묘사하는 정규 분포 즉 가우스 분포에 대해서 논의한다. 만약 x와 y의 측정이 독립적으로 실시되고 둘 다 정규 분포에 의해서 지배된다면 $q = x + y$의 불확실성은 다음에 의해서 주어지는 것을 5장은 보여준다.

$$\delta q = \sqrt{(\delta x)^2 + (\delta y)^2}\,. \tag{3.13}$$

우리가 두 개의 수를 (3.13)에서처럼 제곱하고 이들을 더하고, 그 합의 제곱근을 취하는 방식으로 결합한다면 이 두 수는 **제곱하여 더해진다**고 말한다. 따라서 (3.13)에 실체화된 규칙은 다음과 같이 진술된다. 만약 x와 y의 측정들이 독립적으로 실시되고 둘 다 정규 분포에 의해서 지배된다면 $q = x + y$의 계산된 값에서의 불확실성 δq는 불확실성 δx와 δy의 **제곱 합** 또는 **이차 합**이다.

$q = x + y$의 불확실성에 대한 새로운 식 (3.13)을 이전의 식

$$\delta q \approx \delta x + \delta y \tag{3.14}$$

와 비교해보자. 먼저 새로운 식 (3.13)은 간단한 기하학적 논증으로 알 수 있듯이 이전의 식 (3.14)보다는 항상 작다. 즉, 임의의 두 양수 a와 b에 대해서 수 a, b, 그리고 $\sqrt{a^2 + b^2}$ 는 (그림 3.2에 있는) 직각삼각형의 세 변이다. 삼각형의 한 변의 길이는 다른 두 변의 길이의 합보다는 항상 작으므로 $\sqrt{a^2 + b^2} < a + b$가 성립하고 따라서 (3.13)은 항상 (3.14)보다 작다.

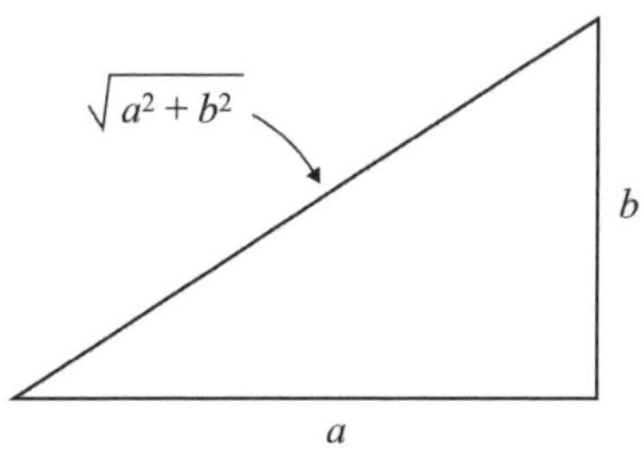

그림 3.2 삼각형의 한 변의 길이는 다른 두 변의 합보다 항상 작으므로 부등식 $\sqrt{a^2 + b^2} < a + b$ 는 항상 참이다.

$q = x + y$의 불확실성에 대한 식 (3.13)은 (3.14)보다 항상 작으므로 독자들은 (3.13)을 적용하는 것이 가능할 **때는 항상** (3.13)을 사용해야만 한다. 그렇지만 (3.13)이 늘 적용될 수 있는 것은 **아니다**. 식 (3.13)은 x에 대한 과대평가는 y에 대한 과소평가로 또는 그 역으로도 상쇄될 수 있는 가능성을 반영하고 있는데 그렇지만 이러한 상쇄가 가능하지 않은 측정도 있다.

예를 들어 $q=x+y$는 같은 스틸 줄자로 측정된 두 길이 x와 y의 합이라고 가정하자. 나아가 불확실성들의 주된 원천은 줄자가 현재의 온도와는 다른 온도에서 사용하도록 설계되었을 것에 대한 염려라고 가정하자. 만약 우리가 이 기준 온도를 모른다면 (그리고 비교할 수 있는 신뢰할 만한 다른 줄자가 없다면) 이 줄자는 눈금을 맞춘 (바로잡은) 길이보다는 더 길거나 짧을 것이고 따라서 올바른 길이에 못 미치거나 넘는 눈금으로 읽게 할 것을 우리는 인정해야만 한다. 이러한 불확실성에 대해서는 쉽게 대비할 수 있을 것이다.[4] 그렇지만 문제의 핵심은 줄자가 너무 길면 $\boldsymbol{x}$와 $\boldsymbol{y}$를 **둘 다 과소평가**하고 반면에 너무 짧으면 $\boldsymbol{x}$와 $\boldsymbol{y}$를 **둘 다 과대평가**한다는 것이다. 따라서 $q=x+y$의 불확실성을 계산할 때 제곱하여 더하는 것을 정당화시켜주던 상쇄가 일어날 가능성이 전혀 없다.

나는 나중에 (9장에서) 오차가 독립적이고 랜덤하거나 아니거나 관계없이 $q=x+y$의 불확실성은 단순 합 $\delta x+\delta y$ 보다 **단연코 더 크지는 않다**는 것을 증명할 것이다.

$$\delta q \le \delta x+\delta y. \tag{3.15}$$

다시 말하면 δq에 대한 이전의 식 (3.14)는 사실 모든 경우에 유효한 **상계**이다. 만약 x와 y에서의 오차들이 (스틸 줄자에 대한 예에서처럼) 독립적이지 **않고** 또 랜덤하지 **않다**는 의심이 들면 δq에 대한 이차 합 (3.13)을 사용하는 것이 정당화되지 않는다. 반면에 상계인 (3.15)는 δq가 단연코 $\delta x+\delta y$ 보다 더 악화되지는 않는다는 것을 보장하고, 그래서 가장 안전한 방도는 이전의 규칙

$$\delta q \approx \delta x+\delta y$$

4 예를 들면 이 줄자의 팽창 계수가 $\alpha=10^{-5}$/도이고 눈금을 맞춘 온도와 현재 온도 간의 차가 10도 이상인 것은 거의 있을 법하지 않다고 판단된다고 하자. 그러면 이 줄자가 올바른 길이로부터 10^{-4}, 또는 0.01% 이상 벗어나는 것은 거의 있을 법하지도 않을 것이고 따라서 불확실성은 0.01%이다.

을 사용하는 것이다.

때로는 불확실성들이 제곱하여 더해지든지 아니면 직접 더해지든지 간에 거의 차이가 없다. 예를 들어 x와 y가 둘 다 불확실성 $\delta x = \delta y = 2\,\text{mm}$로 측정된 길이들이라고 하자. 만약 우리가 이 불확실성들이 독립적이고 랜덤하다고 확신한다면 우리는 $x+y$의 오차를 제곱 합

$$\sqrt{(\delta x)^2 + (\delta y)^2} = \sqrt{4+4}\,\text{mm} = 2.8\,\text{mm} \approx 3\,\text{mm}$$

라고 추정할 수 있을 것인데, 그러나 만약 우리가 이 불확실성들이 독립적이지 않다고 의심한다면 우리는 보통 합

$$\delta x + \delta y = (2+2)\,\text{mm} = 4\,\text{mm}$$

를 사용해야만 할 것이다. 많은 실험에서 불확실성의 추정은 너무나 투박해서 두 답 (3mm와 4mm) 간의 차이는 중요하지 않다. 반면에 때로는 제곱 합이 보통 합보다는 현저하게 작다. 또한 의외로 제곱 합이 때로는 보통 합보다도 계산하기가 더 쉽다. 이러한 효과들에 대한 예들이 다음 절에 주어져 있다.

즉시 점검 3.5

독자들이 두 개의 비커에 담긴 물의 부피를

$$V_1 = 130 \pm 6\,\text{ml} \quad \text{그리고} \quad V_2 = 65 \pm 4\,\text{ml}$$

라고 측정하고, 그다음에 첫 번째 비커의 물을 두 번째 비커로 조심스럽게 부었다고 가정하자. 만약 원래의 불확실성들이 독립적이고 랜덤하다면 총 부피 $V = V_1 + V_2$에 대한 최량의 추정값과 불확실성 δV를 독자들은 어떻게 예측하겠는가? 만약 원래의 불확실성들이 독립적이 아니라는 의심이 들면 δV를 독자들은 얼마라고 산출하겠는가?

3.6 독립 불확실성에 대하여 계속

바로 앞 절에서 나는 두 개의 물리량 x와 y에서의 독립적이고 랜덤한 불확실성들이 어떻게 전파해서 합 $x+y$에서의 불확실성을 일으키는지에 대해서 논의하였다. 우리는 이러한 종류의 불확실성들에 관해서는 두 오차가 제곱하여 더해져야 한다는 것을 알았다. 자연히 우리는 차와 곱 그리고 몫에 관해서 대응하는 문제들을 검토할 수 있다. 우리가 5.6절에서 보게 되겠지만 모든 경우에 이전의 공식들인 (3.4)와 (3.8)은 오차들의 (혹은 비율 오차들의) 합이 이차 합에 의해서 대체된다는 점에서만 수정된다. 더 나아가 이전의 공식들인 (3.4)와 (3.8)은 불확실성들이 독립적이고 랜덤하든 아니든 무관하게 항상 성립하는 상계임이 증명될 것이다. 그리하여 두 개의 중심이 되는 규칙들의 최종 판본은 다음과 같다.

합과 차에서의 불확실성

$x, \ldots, w$가 불확실성 $\delta x, \ldots, \delta w$를 가지고 측정되고, 그 측정된 값들이 다음 계산을 위해 사용된다고 가정하자.

$$q = x + \cdots + z - (u + \cdots + w).$$

만약 $x, \ldots, w$의 불확실성들이 **독립적이고 랜덤하다**는 것이 알려져 있다면, q의 불확실성은 원래 불확실성들의 이차 합

$$\delta q = \sqrt{(\delta x)^2 + \cdots + (\delta z)^2 + (\delta u)^2 + \cdots + (\delta w)^2} \tag{3.16}$$

이다. 어떠한 경우에도 δq는 이들의 보통 합

$$\delta q \le \delta x + \cdots + \delta z + \delta u + \cdots + \delta w \tag{3.17}$$

보다 결코 더 클 수는 없다.

곱과 몫에서의 불확실성

$x, \ldots, w$가 불확실성 $\delta x, \ldots, \delta w$를 가지고 측정되고, 그 측정된 값들이 다음 계산을 위해서 사용된다고 가정하자.

$$q = \frac{x \times \cdots \times z}{u \times \cdots \times w}.$$

만약 $x, \ldots, w$의 불확실성들이 **독립적이고 랜덤하다**면, q의 비율 불확실성은 원래 비율 불확실성들의 이차 합으로 다음과 같이 주어진다.

$$\frac{\delta q}{|q|} = \sqrt{\left(\frac{\delta x}{x}\right)^2 + \cdots + \left(\frac{\delta z}{z}\right)^2 + \left(\frac{\delta u}{u}\right)^2 + \cdots + \left(\frac{\delta w}{w}\right)^2}. \tag{3.18}$$

어떠한 경우에도 δq는 이들의 보통 합보다 결코 더 클 수는 없다.

$$\frac{\delta q}{|q|} \le \frac{\delta x}{|x|} + \cdots + \frac{\delta z}{|z|} + \frac{\delta u}{|u|} + \cdots + \frac{\delta w}{|w|}. \tag{3.19}$$

내가 아직까지 독립적이고 랜덤한 불확실성들의 경우에 제곱하여 더하기의 사용을 정당화하지 않았음을 독자들은 인지해야 한다. 나는 오직 여러 가지의 불확실성이 독립적이고 랜덤하다면 오차들이 부분적으로 상쇄될 가능성이 높다는 것을, 그리고 이 불확실성들로부터 비롯되는 불확실성은 (또는 비율 불확실성은) 원래 불확실성들의 (또는 비율 불확실성들의) 단순 합보다는 작아야 한다는 것을 논증했을 뿐이다. 제곱 합은 정말로 이러한 성질을 가지고 있다. 나는 제곱 합을 사용하는 것이 정당하다는 것을 5장에서 올바르게 보여줄 것이다. (3.17)과 (3.19)에서의 상계는 9장에서 증명된다.

예: 직접 더하기 대(對) 제곱하여 더하기

논의한 바와 같이 어떤 때는 제곱하여 더하기로 계산한 불확실성이나 직접 더하기로 계산한 불확실성 간에는 큰 차이가 없다. 그렇지만 상당히 차이가 나는 경우가 가끔 있는데 놀랍게도 제곱하여 더하기가 때로는 계산하기에 훨씬 단순하다. 어떻게 해서 이러한 상황이 일어날 수 있는지를 알아보기 위해 다음 예를 고려해보자.

우리가 어떤 직류 전기 모터의 효율성을 알아내려고 이 모터를 이용해서 질량 m을 높이 h까지 들어 올린다고 가정하자. 성취한 일은 mgh이고, 모터에 공급된 전기 에너지는 VIt인데, 여기서 V는 가하여진 전압이고, I는 전류, 그리고 t는 모터가 작동한 동안의 시간이다. 이때 효율은 다음과 같다.

$$\text{효율, } e = \frac{\text{모터가 한 일}}{\text{모터에 공급된 에너지}} = \frac{mgh}{VIt}.$$

m, h, V, I는 1%의 정확도를 가지고 측정될 수 있다고 가정하고

$$(m, h, V, I\text{에서의 비율 불확실성}) = 1\%,$$

그리고 시간 t는 5%의 불확실성을 가지고 있다고 가정한다.

$$(t\text{에 대한 비율 불확실성}) = 5\%.$$

(물론 g는 무시할 수 있는 불확실성을 가진 것으로 알려졌다.) 만약 우리가 이제 효율 e를 계산한다면, ("비율 불확실성"이 더해지는) 이전의 규칙에 의한 불확실성은 다음과 같다.

$$\begin{aligned}\frac{\delta e}{e} &\approx \frac{\delta m}{m} + \frac{\delta h}{h} + \frac{\delta V}{V} + \frac{\delta I}{I} + \frac{\delta t}{t} \\ &= (1 + 1 + 1 + 1 + 5)\% = 9\%.\end{aligned}$$

반면에 우리가 여러 가지 불확실성이 독립적이고 랜덤하다고 확신한다면 이차 합에 의해서 $\delta e/e$를 다음과 같이 계산할 수 있다.

$$\begin{aligned}\frac{\delta e}{e} &= \sqrt{\left(\frac{\delta m}{m}\right)^2 + \left(\frac{\delta h}{h}\right)^2 + \left(\frac{\delta V}{V}\right)^2 + \left(\frac{\delta I}{I}\right)^2 + \left(\frac{\delta t}{t}\right)^2} \\ &= \sqrt{(1\,\%)^2 + (1\%)^2 + (1\%)^2 + (1\%)^2 + (5\%)^2} \\ &= \sqrt{29}\,\% \approx 5\,\%.\end{aligned}$$

명백히 이차 합에 의한 δe에 대한 추정값은 현저하게 작다. 더욱이 한 자리 유효 숫자까지는 m, h, V, I가 이러한 방식으로 계산된 e의 불확실성에는 **전혀 아무런 기여도 하지 않는다**. 즉, 한 자리 유효 숫자로는 (이 예에서) 다음 사실을 알게 되었다.

$$\frac{\delta e}{e} = \frac{\delta t}{t}.$$

이 주목할 만한 단순화는 쉽게 이해될 수 있다. 수들이 제곱하여 더해지면 이 수들은 먼저 제곱된 다음에 더해진다. 제곱하는 과정이 더 큰 수의 중요성을 더욱 두드러지게 만든다. 그리하여 어떤 수가 (이 예에서처럼) 다른 어떤 수보다도 5배 크다면 그 수의 제곱은 다른 어떤 수의 제곱의 25배나 된다. 그래서 우리는 다른 수들을 일반적으로 전부 무시할 수 있다.

이 예는 제곱하여 오차들을 결합하는 것이 직접 더하기로 계산하는 것보다도 어떻게 해서 일반적으로 더 낫고 또 어떻게 해서 더 쉬운지를 보여준다. 더욱이 이 예는 오차들이 **진정으로** 독립적인 문제 또 제곱의 덧셈이 정당화되는 문제의 유형을 보여주고 있다. (지금 당장엔 나는 오차들이 랜덤하다는 것을 기정사실로 간주할 것이나 4장에서 한층 어려운 이 문제에 대해서 논의하겠다.) 측정된 다섯 개의 물리량은 (m, h, V, I, t는) 단위가 서로 다른 물리적으로는 완전히 구별되는 별개의 물리량일 뿐만 아니라 완전히 다른 과정에 의해서 측정되었다. 이 중 어떤 물리량에서도 그 오차의 원천들이 다른 물리량에서 오차의 원천들과 서로 관련되어 있을 것이라고는 거의 상상할 수조차 없다. 그러므로 오차들은 독립적이라고 취급되는 것이 합리적이고, 그래서 제곱하여 결합될 수 있다.

즉시 점검 3.6

독자들이 세 개의 수를 다음과 같이 측정했다고 가정하자.

$$x = 200 \pm 2, \;\; y = 50 \pm 2, \;\; z = 20 \pm 1,$$

여기서 세 불확실성은 독립적이고 랜덤하다. 독자들은 $q = x + y - z$와 $r = xy/z$의 값을 불확실성과 함께 얼마라고 말하겠는가?

3.7 단일 변수에 대한 임의의 함수

독자들은 지금까지 독립적이든 아니든 불확실성이 합, 차, 곱 그리고 몫을 통해서 어떻게 전파하는지를 보았다. 그런데 사인, 코사인, 또는 제곱근 등과 같은 많은 종류의 계산은 한층 더 복잡한 연산을 요구하고 독자들은 불확실성들이 이러한 경우에 어떻게 전파하는지를 알 필요가 있다.

한 가지 예로서 임계각 θ를 측정해서 유리의 굴절률을 알아내는 것을 상상해보자. 우리는 초급 광학에서 $n = 1/\sin\theta$라는 것을 알고 있다. 그러므로 만약 우리가 각도 θ를 측정하면 굴절률 n을 쉽게 계산할 수 있겠지만 이때 우리는 θ에 대한 측정에서의 불확실성인 $\delta\theta$로부터 비롯되는 $n = 1/\sin\theta$에서의 불확실성 δn이 얼마가 되는지를 반드시 결정해야 한다.

더 일반적인 경우로, 우리가 $x_{\text{best}} \pm \delta x$라는 표준 형식으로 물리량 x를 측정하고, $q(x) = 1/\sin x$나 $q(x) = \sqrt{x}$와 같은 어떤 알려진 함수 $q(x)$를 계산하고자 한다고 가정해보자. 이 계산에 대해서 생각하는 간단한 방도는

그림 3.3과 같이 $q(x)$의 그래프를 그려보는 것이다. $q(x)$에 대한 최량의 추정값은 당연히 $q_{best} = q(x_{best})$인데, 그림 3.3에서 x_{best}와 q_{best}의 값들을 실선으로 연결해서 보여주고 있다.

불확실성 δq를 결정하기 위해서 우리는 늘 사용하던 논증을 채택하기로 한다. x의 가장 큰 확실한 값은 $x_{best} + \delta x$인데 그래프를 이용하면 q_{max}로 표기한 q의 가장 큰 확실한 값을 곧바로 알아낼 수 있다. 마찬가지로 우리는 가장 작은 확실한 값 q_{min}을 그림에서 보인 바와 같이 명시할 수 있다. 만약 불확실성 δx가 (우리가 늘 그렇다고 가정하듯이) 작다면 이렇게 그리는 데 관련되는 그래프의 잘라낸 조각은 근사적으로 직선이고 q_{max}와 q_{min}는 q_{best}의 양쪽에 같은 간격으로 위치하게 된다는 것을 쉽게 알 수 있다. 그러면 그래프에서 나타낸 이 두 길이 중 아무것이나 불확실성 δq로 선택하면 되고, 따라서 q의 값은 표준 형식인 $q_{best} \pm \delta q$로 구해진다.

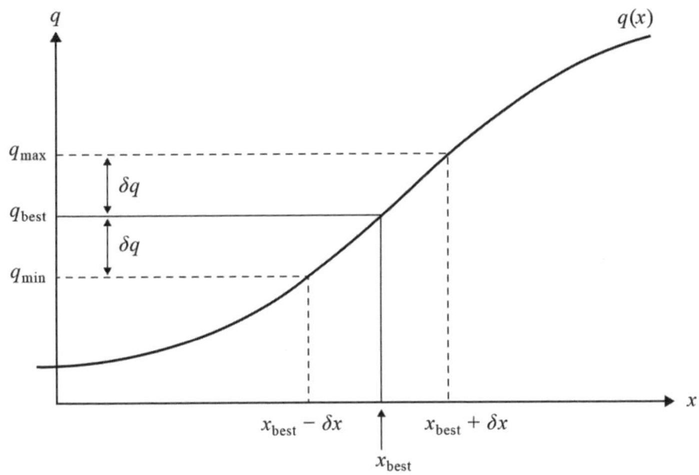

그림 3.3 $q(x)$ 대 x의 그래프. 만약 x가 $x_{best} \pm \delta x$로 측정되었다면 $q(x)$에 대한 최량의 추정값은 $q_{best} = q(x_{best})$이다. $q(x)$의 가장 크고 작은 확실한 값은 x의 값 $x_{best} \pm \delta x$에 대응한다.

종종 불확실성들은 방금 설명한 대로 그래프에서 계산된다. (그 예로 연습문제 3.26과 3.30을 참조하라.) 그렇지만 일반적으로 함수 $q(x)$는 (예를 들면 $q(x) = \sin x$나 $q(x) = \sqrt{x}$와 같이) 명시적으로 알려져 있고, 그래서 불확실성 δq를 해석적으로 계산할 수 있다. 그림 3.3에서 우리는 다음을 알게 된다.

$$\delta q = q(x_{\text{best}} + \delta x) - q(x_{\text{best}}). \tag{3.20}$$

그런데 어떤 임의의 함수 $q(x)$에서 만약 증가분 u가 충분히 작다면 미적분의 기본 근사는

$$q(x+u) - q(x) = \frac{dq}{dx}u$$

라는 것을 단언한다. 따라서 δx가 (우리가 통상적으로 그렇다고 가정하듯이) 작다면, (3.20)에서의 차(差)는 다음과 같이 다시 쓸 수 있다.

$$\delta q = \frac{dq}{dx}u. \tag{3.21}$$

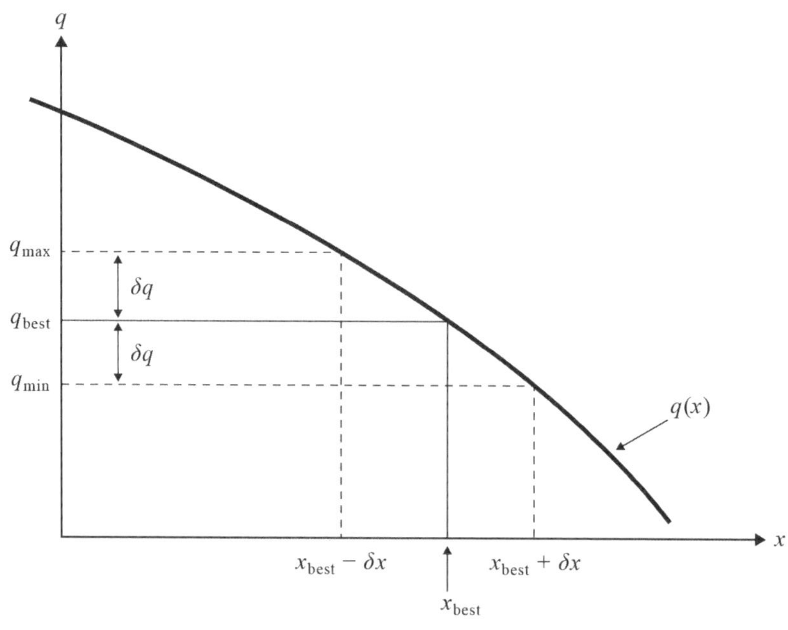

그림 3.4 만약 $q(x)$의 기울기가 음이면, q의 가장 큰 확실한 값은 x의 가장 작은 확실한 값에 대응하고 q의 가장 작은 확실한 값은 x의 가장 큰 확실한 값에 대응한다.

그러므로 불확실성 δq를 구하고자 한다면, 우리는 도함수 dq/dx를 계산하고 그다음에 불확실성 δx를 곱해주기만 하면 된다.

규칙 (3.21)은 아직 그 최종 형식에 도달한 것은 아니다. 이 식은 그림 3.3과 같이 기울기가 양인 함수에 대하여 유도된 것이다. 그림 3.4는 음의 기울기를 가진 함수를 보여준다. 여기에서 가장 큰 확실한 값 q_{max}는 명백하게 x의 최솟값에 대응하기 때문에

$$\delta q = -\frac{dq}{dx}\delta x \tag{3.22}$$

가 된다. dq/dx는 음(陰)이기 때문에 $-dq/dx$를 $|dq/dx|$라고 쓸 수 있고, 따라서 우리는 다음과 같은 일반 규칙에 도달하게 된다.

단일 변수 함수에서의 불확실성

만약 x가 불확실성 δx를 가지고 측정되고 $q(x)$를 계산하는 데 사용된다면, q의 불확실성 δq는

$$\delta q = \left|\frac{dq}{dx}\right|\delta x \tag{3.23}$$

로 주어진다.

일반적으로 이 규칙은 우리로 하여금 δq를 빠르고 쉽게 구할 수 있게 허용해준다. 때로는 $q(x)$가 매우 복잡해서 도함수를 계산하는 것이 성가신 일이 될 수 있고 오히려 (3.20)으로 되돌아가는 것이 (연습문제 3.32에서 논의하겠지만) 어떤 때는 더 쉬울 수 있다. 특히 독자들이 휴대용 계산기나 컴퓨터에 $q(x)$를 계산하도록 프로그램을 만들었다면 $q(x_{best}+\delta x)$, $q(x_{best})$ 그리고 이들의 차를 알아내는 것이 $q(x)$를 명시적으로 미분하는 것보다도 더 쉬울 수 있다.

예: 코사인에서의 불확실성

규칙 (3.23)을 적용하는 간단한 예로 우리가 각도 θ를

$$\theta = 20 \pm 3^\circ$$

로 측정하고 $\cos\theta$를 알아내고자 원한다고 가정해보자. $\cos\theta$에 대한 최량의 추정값은 당연히 $\cos 20^\circ = 0.94$ 이다. 그리고 (3.23)에 따르면 불확실성은

$$\begin{aligned}\delta(\cos\theta) &= \left|\frac{d\cos\theta}{d\theta}\right|\delta\theta \\ &= |\sin\theta|\,\delta\theta \quad \text{(라디안으로)}\end{aligned} \tag{3.24}$$

이다. $\delta\theta$를 반드시 라디안으로 표현해야 한다고 표시했는데 그 이유는 θ가 라디안으로 표현되는 경우에 한해서 $\cos\theta$의 도함수가 $-\sin\theta$이기 때문이다. 그러므로 $\delta\theta = 3^\circ$를 $\delta\theta = 0.05$ 라디안으로 다시 쓰면 (3.24)에서 다음 값이 얻어진다.

$$\begin{aligned}\delta(\cos\theta) &= (\sin 20^\circ)\times 0.05 \\ &= 0.34\times 0.05 = 0.02.\end{aligned}$$

따라서 우리의 답은 최종적으로 다음과 같다.

$$\cos\theta = 0.94 \pm 0.02.$$

즉시 점검 3.7

독자들이 x를 3.0 ± 0.1로 측정하고 그다음에 $q = e^x$를 계산한다고 가정하자. 불확실성과 함께 그 답은 어떻게 되는가? (e^x의 도함수는 e^x라는 것을 기억하라.)

규칙 (3.23)의 다른 하나의 예로 3.4절에서 얻었던 결과를 다시 유도하고 또 일반화시킬 수 있다. 우리가 물리량 x를 측정하고 그다음에 거듭제곱 $q(x)=x^n$을 계산한다고 가정하자. 여기서 n은 양수이거나 음수이거나 관계없이 이미 알려진 고정된 임의의 수이다. (3.23)에 따르면 q에서의 불확실성은 다음과 같다.

$$\delta q = \left|\frac{dq}{dx}\right|\delta x = \left|nx^{n-1}\right|\delta x.$$

만약 이 방정식의 양변을 $|q|=|x^n|$으로 나누어주면,

$$\frac{\delta q}{|q|} = |n|\frac{\delta x}{|x|} \tag{3.25}$$

라는 것을 알 수 있는데, 말하자면 $q=x^n$의 비율 불확실성은 x의 비율 불확실성의 $|n|$배라는 것이다. n이 어떤 수라도 성립하기 때문에 여기에서의 결과가 좀 더 일반적이라는 것을 빼고는 (3.25)는 더 앞서 구한 규칙 (3.10)과 같다. 예를 들어 $n=1/2$이면 $q=\sqrt{x}$이고, 그래서

$$\frac{\delta q}{|q|} = \frac{1}{2}\frac{\delta x}{|x|}$$

이다. 말하자면 $q=\sqrt{x}$의 비율 불확실성은 x의 비율 불확실성의 **절반**이다. 마찬가지로 $1/x=x^{-1}$의 비율 불확실성은 x의 비율 불확실성과 같다.

결과 (3.25)는 단지 규칙 (3.23)의 하나의 특수한 경우이다. 그렇지만 이 결과는 아주 중요해서 다음과 같이 별도의 일반 규칙으로 진술할 충분한 가치를 가지고 있다.

거듭제곱에서의 불확실성

만약 x가 불확실성 δx를 가지고 측정되고 $q(x)=x^n$을 계산하는 데에 (여기서 n은 고정된 기지의 수) 사용된다면, q의 비율 불확실성은 x의 비율 불확실성의 $|n|$배이다.

$$\frac{\delta q}{|q|}=|n|\frac{\delta x}{|x|}. \tag{3.26}$$

즉시 점검 3.8

독자들이 x를 100 ± 6으로 측정했다면 $q=\sqrt{x}$ 에 대하여 불확실성과 함께 어떻게 보고하겠는가?

3.8 단계적 전파

이제 우리는 오차의 전파에 대한 대부분의 문제를 다룰 수 있는 도구들을 충분히 보유하게 되었다. 어떤 계산도 일련의 단계들로 분해될 수 있는데, 각 단계는 다음 세 가지 종류의 연산 중 단 하나에만 관련된다. (1) 합과 차, (2) 곱과 몫, (3) x^n, $\sin x, e^x$, 그리고 $\ln x$와 같은 단일 변수 함수의 계산. 예를 들면 우리는 측정된 물리량 x, y, z와 u로부터

$$q=x(y-z\sin u) \tag{3.27}$$

를 다음 단계에 따라서 계산할 수 있다. 먼저, **함수** $\sin u$를 계산한 후 z와 $\sin u$의 **곱**을 계산한다. 그다음에 y와 $z\sin u$의 **차**를 계산하고 마지막으로 x

와 $(y-z\sin u)$의 **곱**을 계산한다.

우리는 어떻게 각각의 불확실성이 분리된 연산들을 통해서 전파하는지 알고 있다. 따라서 만약 관련된 다양한 물리량들이 독립적이라면 우리는 원래의 측정으로부터 차례대로 진행함으로써 최종 답의 불확실성을 계산할 수 있다. 예를 들어 만약 (3.27)에서 물리량 x, y, z와 u가 이들에 대응하는 불확실성 $\delta x, \ldots, \delta u$를 가지고 측정되었다면, q의 불확실성은 다음과 같이 계산할 수 있다. 먼저 $\sin u$에서의 불확실성을 구하고, 이것을 알고 나면 다음으로 z와 $\sin u$의 곱에서의 불확실성을, 그러고 나서는 y와 $z\sin u$ 간의 차의 불확실성을, 그리고 마지막으로 완전한 곱 (3.27)에서의 불확실성을 계산한다.

즉시 점검 3.9

독자들이 세 개의 수를 다음과 같이 측정했다고 가정하자.

$$x = 200 \pm 2,\ \ y = 50 \pm 2,\ \ z = 40 \pm 2,$$

여기서 세 수의 불확실성은 독립적이고 랜덤하다. 단계적 전파를 이용해서 양 $q = x/(y-z)$를 불확실성과 함께 알아내어라. [먼저 차 $(y-z)$의 불확실성을 구하고, 그다음에 몫 $x/(y-z)$의 불확실성을 구하라.]

오차의 단계적 계산에 관한 몇 가지 예를 논의하기에 앞서서 일반 사항 세 가지를 강조하고자 한다. 첫 번째, 합과 차의 불확실성에는 (δx와 같은) 절대 불확실성이 관련되는데 그에 비해서 곱과 몫의 불확실성에는 ($\delta x/|x|$와 같은) 비율 불확실성이 관련되기 때문에, 곧 실례를 보여주겠지만 단계적 계산에는 절대 불확실성에서 비율 불확실성으로 바뀌거나 반대로 변화하는 경우를 위한 어떤 도구들이 필요하게 된다.

두 번째, 이 모든 계산을 단순화시켜주는 중요한 특징은 (되풀이해서 강조했지만) 불확실성은 두 자리 이상의 수로 표현될 필요가 거의 없다는 것이다. 이 때문에 대부분의 계산은 신속하게 암산으로 수행될 수 있으며 그래서 더 작은 크기의 많은 불확실성은 완전하게 무시할 수 있다. 시행을 여러 번 하게 되는 전형적인 실험에서는 첫 번째 시행에 대한 오차 전파의 계산은 종이에 쓰면서 주의 깊게 실시할 필요가 있다. 그다음에는 종종 모든 시행이 서로 아주 유사하여 더 이상 오차를 새로 계산할 필요가 없거나, 아니면 최악의 경우라도 뒤이어지는 시행에서는 첫 번째 시행에 대한 오차 계산을 머릿속에서 수정할 수 있다는 것을 알게 될 것이다.

마지막으로, 독자들은 여기서 주창하는 단계적 방법으로는 신뢰할 만하게 불확실성을 구할 수 없는 함수 $f(x)$를 가끔 만날 수 있다는 사실을 알고 있어야 할 필요가 있다. 이러한 함수에는 한 번 이상 등장하는 변수가 적어도 하나 이상 관련되어 있다. 예를 들어 (3.27) 대신 다음 함수의 값을 평가한다고 가정해보자.

$$q = y - x\sin y.$$

이 함수는 두 개의 항 y와 $x\sin y$의 차인데 두 항은 둘 다 y에 종속적이기 때문에 분명히 두 항은 독립적이 **아니다**. 따라서 불확실성을 추정하려면 두 항을 종속적이라고 (말하자면 그 불확실성들을 제곱하며 더하는 것이 아니라 선형적으로 더해야 한다고) 간주해야 할지 모른다. 어떤 상황에서는 이러한 처리가 참된 불확실성을 대단히 과대평가할 수 있다. 이러한 함수를 마주치면 단계적 계산은 불필요할 정도로 크게 불확실성을 산출할 수 있다는 것을 인지해야 하고 따라서 이때에 만족할 만한 유일한 절차는 3.11절에서 발전시키게 될 일반 공식을 사용하는 것이라는 사실을 우리는 반드시 알고 있어야 한다.

3.9 예

이 절과 다음 절에서 나는 초급 실험과목에서 마주치게 되는 종류의 계산에 대한 세 가지 예를 보여주겠다. 이 예 중 그 어느 것도 유별나게 복잡하지는 않는데 사실, 실제 문제라도 여기서 설명하는 문제에 비해 훨씬 더 복잡하지는 않다.

예: 단순 흔들이를 이용한 중력 가속도의 측정

첫 번째 예로서, 단순 흔들이를 이용해서 중력 가속도 g를 측정한다고 가정해보자. 이러한 흔들이의 주기는 $T=2\pi\sqrt{l/g}$ 라고 잘 알려져 있다. 따라서 만약 l과 g가 측정되었다면 우리는 g를 다음과 같이 구할 수 있다.

$$g = 4\pi^2 l/T^2. \tag{3.28}$$

이 결과는 g를 세 인자 $4\pi^2$, l, T^2의 곱 또는 몫으로 표현한다. 만약 다양한 불확실성이 독립적이고 랜덤하다고 하면 답의 비율 불확실성은 바로 그 인자들에서의 비율 불확실성들의 이차 합이다. 인자 $4\pi^2$은 불확실성을 갖고 있지 않고, T^2의 비율 불확실성은 T의 비율 불확실성의 2배이다.

$$\frac{\delta(T^2)}{|T^2|} = 2\frac{\delta T}{T}.$$

따라서 g에 대한 답에서의 비율 불확실성은 다음과 같다.

$$\frac{\delta g}{g} = \sqrt{\left(\frac{\delta l}{l}\right)^2 + \left(2\frac{\delta T}{T}\right)^2}. \tag{3.29}$$

길이 l의 값 하나에 대한 주기 T를 측정하고, 다음 결과[5]를 얻었다

5 얼핏 보기에는 불확실성 $\delta T = 0.004$s는 비현실적으로 작아 보일지 모르지만 여러 번 진동하는데 걸리는 시간의 간격을 측정한다면 독자들도 이 정도는 쉽게 달성할 수 있다. 스톱워치로 확실히 가능한 0.1s의 정확도로 측정할 수 있다면 25회 진동에 걸리는 시간을 측정함으로써 T를 0.004s의 정확도 안으로 알아낼 수 있다.

고 가정하자.

$$l = 92.95 \pm 0.1\,\text{cm},$$
$$T = 1.936 \pm 0.004\,\text{s}.$$

g 에 대한 최량의 추정값은 (3.28)에서 쉽게 알아낼 수 있다.

$$g_{\text{best}} = \frac{4\pi^2 \times (92.95\,\text{cm})}{(1.936\,\text{s})^2} = 979\,\text{cm/s}^2.$$

(3.29)를 이용해서 g에 대한 불확실성을 구하기 위해서는 l과 T에 대한 비율 불확실성들이 필요하다. 이들은 (암산으로) 다음과 같이 쉽게 계산된다.

$$\frac{\delta l}{l} = 0.1\,\% \quad \text{그리고} \quad \frac{\delta T}{T} = 0.2\,\%.$$

(3.29)에 대입하면 다음을 알게 되고,

$$\frac{\delta g}{g} = \sqrt{(0.1)^2 + (2 \times 0.2)^2}\,\% = 0.4\,\%$$

이로부터

$$\delta g = 0.004 \times 979\,\text{cm/s}^2 = 4\ \text{cm/s}^2$$

이 된다. 따라서 이 측정들에 근거한 우리의 최종 답은

$$g = 979 \pm 4\,\text{cm/s}^2$$

이다. g의 측정된 값과 불확실성을 알아냈으면 우리는 당연히 이 값들을 공인된 g의 값과 비교하게 된다. 만약 후자의 값이 $981\,\mathrm{cm/s^2}$ 이면 현재 측정된 값은 전적으로 만족할 만하다.

만약 이 실험이 파라미터들의 값을 달리하면서 반복된다면 (이러한 실험 대다수가 그렇게 해야 하는데) 불확실성 계산에서 세세한 것까지 완전히 되풀이할 필요는 없다. 때로는 (g에 대한 답들에서) 모든 불확실성이 거의 같다는 것을 확신할 수 있기 때문에 더 이상의 계산이 필요 없을 수도 있다. 어떤 때는 대표적인 몇 개의 g값에 대해서만 불확실성을 계산하고 나머지 불확실성들은 검사만 해도 추정할 수 있다. 어떤 경우라도 최상의 절차는 거의 항상 l, T, 그리고 g에 관한 다양한 값들과 그 각각에 대응하는 불확실성들을 하나의 표에 기록하는 것이다. (연습문제 3.40을 참조하라.)

예: 스넬(Snell)의 법칙을 이용한 굴절률의 측정

만약 광선이 공기로부터 유리로 지나가면 입사각 i와 굴절각 r은 그림 3.5와 같이 정의되고 또 이들은 스넬의 법칙 $\sin i = n \sin r$에 의해 서로 관련되는데 여기서 n은 굴절률이다. 따라서 만약 각도 i와 r을 측정한다면 굴절률 n을 다음과 같이 계산할 수 있다.

$$n = \frac{\sin i}{\sin r}. \tag{3.30}$$

이 답에서의 불확실성은 쉽게 계산된다. n이 $\sin i$와 $\sin r$의 몫이므로 n의 비율 불확실성은 $\sin i$와 $\sin r$의 비율 불확실성의 이차 합이다.

$$\frac{\delta n}{n} = \sqrt{\left(\frac{\delta \sin i}{\sin i}\right)^2 + \left(\frac{\delta \sin r}{\sin r}\right)^2}. \tag{3.31}$$

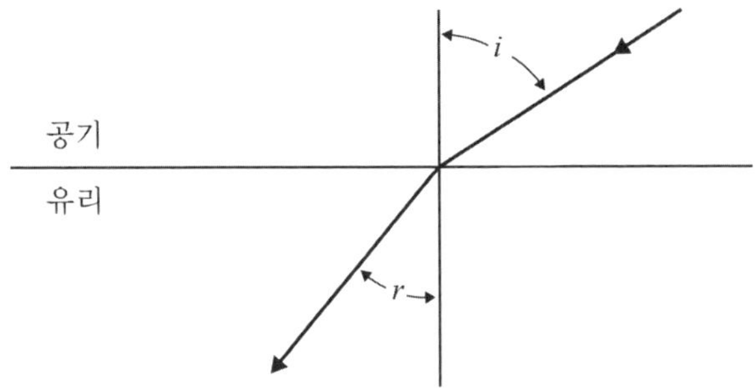

그림 3.5 광선이 공기로부터 유리로 지나갈 때의 입사각 i와 굴절각 r.

임의의 각도 θ에 대한 사인 함수의 비율 불확실성을 알아내기 위해서 우리는 다음 관계에 주목한다.

$$\begin{aligned}\delta \sin\theta &= \left|\frac{d\sin\theta}{d\theta}\right|\delta\theta \\ &= |\cos\theta|\,\delta\theta \quad (\text{라디안으로}).\end{aligned}$$

따라서 비율 불확실성은

$$\frac{\delta\sin\theta}{|\sin\theta|} = |\cot\theta|\,\delta\theta \quad (\text{라디안으로}) \tag{3.32}$$

이다.

이제 우리가 i의 값 서너 개에 대해서 각도 r을 측정하고서 표 3.1의 첫 두 개 열에 제시한 (모든 측정값에서 $\pm 1^\circ$ 혹은 0.02라디안만큼 불확실하다고 판단되는) 결과들을 얻었다고 가정하자. $n = \sin i / \sin r$의 계산은 표 3.1의 그 다음 세 개 열에 보인 것과 같이 쉽게 수행될 수 있다. 그러면 n에서의 불확실성은 끝의 세 개 열과 같이 구해지는데 $\sin i$와 $\sin r$에 대한 비율 불확실성들은 (3.32)를 사용해서 계산되고, 마지막으로 n의 비율 불확실성은 (3.31)을 사용해서 알아낼 수 있다.

표 3.1 굴절률 구하기

i (도) 모두 ±1	r (도) 모두 ±1	$\sin i$	$\sin r$	n	$\frac{\delta \sin i}{\lvert\sin i\rvert}$	$\frac{\delta \sin r}{\lvert\sin r\rvert}$	$\frac{\delta n}{n}$
20	13	0.342	0.225	1.52	5%	8%	9%
40	23.5	0.643	0.399	1.61	2%	4%	5%

표 3.1에 보인 바와 같은 일련의 측정을 실시하기 전에 어떻게 하면 데이터와 계산을 가장 잘 기록할 수 있을 것인지 독자들은 신중하게 생각해보아야 한다. 표 3.1과 같이 깔끔하게 정리하면 데이터의 기록을 편하게 해주고 계산 과정에 착오를 범할 위험을 감소시켜준다. 또한 이렇게 하면 독자들이 추적하고 점검하기에도 한결 쉽다.

만약 독자들이 이와 같은 실험을 여러 차례 되풀이해야 하는 경우에 반복할 때마다 오차 계산을 매번 다시 해야 한다면 그것은 매우 따분한 일이 될 것이다. 만약 독자들이 프로그램 가능한 휴대용 계산기를 가지고 있다면 반복적인 계산을 자동으로 실행해주는 프로그램을 작성할 수도 있다. 그렇지만 반복하는 모든 실험마다 오차를 계산할 필요는 거의 없다는 것을 독자들은 알고 있어야 한다. 만약 i의 가장 작은 값이나 가장 큰 값에 대응하는 n의 (그리고 그 중간 몇 개 값의) 불확실성들을 알아낸다면 오차 분석을 위한 대부분의 목적에는 이 불확실성들만으로도 충분하다.

3.10 더 복잡한 예

방금 제시한 두 가지 예는 물리학의 초급 실험과목에서 실시하는 많은 실험 중에서 대표적인 것들이다. 그렇지만 상당히 많은 실험이 더 복잡한 계산을 요구한다. 그러한 실험의 한 예로서 경사면을 따라 굴러 내려가는 카트의 가속도 측정을 여기서 논하고자 한다.[6]

6 만약 원한다면 독자들은 연속성에 훼손됨이 없이 이 절을 건너뛰어도 되고 연습문제 3.42와 관련하여 이 절을 학습하기 위해 되돌아와도 좋다.

예: 경사면을 굴러 내려가는 카트의 가속도

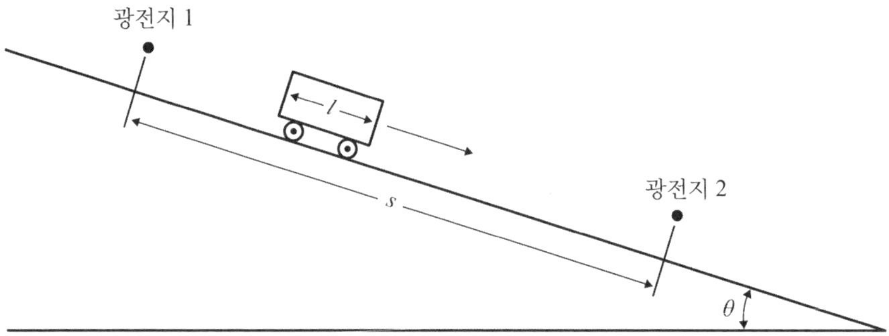

그림 3.6 기울기가 θ인 경사면을 따라서 굴러 내려가는 카트. 각각의 광전지는 카트가 해당 광전지를 지나가는 데 걸리는 시간을 측정하는 타이머와 연결되어 있다.

그림 3.6에 보인 바와 같이 기울기가 θ인 경사면을 따라서 굴러 내려가는 카트를 생각해보자. 기대 가속도는 $g\sin\theta$ 인데 만약 우리가 θ를 측정한다면 기대 가속도와 이것의 불확실성은 (연습문제 3.42 참조) 손쉽게 계산될 수 있다. 그림에 보인 바와 같이 타이머와 연결된 두 개의 광전지를 이용하여 카트가 통과하는 데 걸리는 시간 간격들을 측정하면 우리는 실제 가속도 a를 측정할 수 있다. 카트의 길이가 l이고 첫 번째 광전지를 통과하는 데 시간 t_1이 걸린다면 첫 번째 광전지에서의 속력은 $v_1 = l/t_1$이다. 같은 방법으로 $v_2 = l/t_2$이다. (엄밀하게 말하자면 이 속력들은 두 개 광전지를 통과하는 동안 카트의 **평균** 속력들이다. 그렇지만 l이 작다면 평균 속력과 순간 속력 간의 차이는 근소하다.) 만약 광전지 간의 거리가 s라면 널리 알려진 공식 $v_2^2 = v_1^2 + 2as$ 는 다음을 함축한다.

$$a = \frac{v_2^2 - v_1^2}{2s} = \left(\frac{l^2}{2s}\right)\left(\frac{1}{t_2^2} - \frac{1}{t_1^2}\right). \tag{3.33}$$

이 공식과 측정된 값들 l, s, t_1, 그리고 t_2를 이용해서 우리는 관측된 가속도와 그 불확실성을 쉽게 알아낼 수 있다.

이 실험에 대한 데이터의 한 세트가 불확실성을 포함해서 다음과 같이 얻어졌다. (괄호 속의 수들은 대응하는 백분율 불확실성들인데 독자들이 쉽게 점검해 볼 수 있다.)

$$\begin{aligned} l &= 5.00 \pm 0.05\,\mathrm{cm}\ (1\%) \\ s &= 100.0 \pm 0.2\,\mathrm{cm}\ (0.2\%) \\ t_1 &= 0.054 \pm 0.001\,\mathrm{s}\ (2\%) \\ t_2 &= 0.031 \pm 0.001\,\mathrm{s}\ (3\%). \end{aligned} \tag{3.34}$$

이 값들로부터 (3.33)에서의 첫 번째 인자를 $l^2/2\mathrm{s} = 0.125\,\mathrm{cm}$ 라고 곧바로 계산할 수 있다. l과 s에서의 비율 불확실성은 1%와 0.2%인 까닭에 $l^2/2s$에서의 비율 불확실성은

$$\begin{aligned} (l^2/2s\text{에서의 비율 불확실성}) &= \sqrt{\left(2\frac{\delta l}{l}\right)^2 + \left(\frac{\delta s}{s}\right)^2} \\ &= \sqrt{(2\times 1\%)^2 + (0.2\%)^2} = 2\% \end{aligned}$$

이다. (s의 불확실성이 어떻게 해서 전혀 의미 있는 기여를 하지 못하고 있으며 또 어떻게 해서 아예 무시될 수도 있었던 것인지에 주목하라.) 그러므로,

$$l^2/2s = 0.125\,\mathrm{cm} \pm 2\% \tag{3.35}$$

이다.

(3.33)의 두 번째 인자와 그것의 불확실성을 계산하기 위해 우리는 단계적으로 진행한다. t_1에서의 비율 불확실성은 2%이므로 $1/t_1^2$에서의 비율 불확실성은 4%이다. 따라서 $t_1 = 0.054\,\mathrm{s}$이기 때문에

$$1/t_1^2 = 343 \pm 14\,\mathrm{s}^{-2}$$

이다. 마찬가지 방법으로 $1/t_2^2$에서의 비율 불확실성은 6%이고,

$$1/t_2^2 = 1041 \pm 62\,\mathrm{s}^{-2}$$

이다. 이들의 차를 구하고 (제곱하여 오차를 결합하면), 다음을 구할 수 있다.

$$\frac{1}{t_2^2} - \frac{1}{t_1^2} = 698 \pm 64\,\mathrm{s}^{-2} \quad (\text{또는 } 9\%). \tag{3.36}$$

마지막으로 (3.33)에 의하면 구하고자 하는 가속도는 (3.35)와 (3.36)의 곱이다. 이 방정식들을 서로 곱하면 (그리고 비율 불확실성들을 제곱하여 결합하면) 우리는 다음을 얻게 된다.

$$\begin{aligned} a &= (0.125\,\mathrm{cm} \pm 2\%) \times (698\,\mathrm{s}^{-2} \pm 9\%) \\ &= 87.3\,\mathrm{cm/s^2} \pm 9\% \end{aligned}$$

또는

$$a = 87 \pm 8\,\mathrm{cm/s^2}. \tag{3.37}$$

만약 기대 가속도 $g\sin\theta$가 계산되었다면 그 값을 위 답과 비교해볼 수 있다.

(3.37)에 이르는 계산 과정을 주의 깊게 조사해보면 몇 가지 흥미로운 특징이 드러난다. 첫 번째로, 인자 $l^2/2s$에서의 2%의 불확실성은 $(1/t_2^2) - (1/t_1^2)$에서의 9%라는 불확실성에 의해서 완전히 압도당한다. 만약 후속되는 시행들에서 더 많은 계산이 필요하다면 l과 s의 불확실성은, 따라서 (즉시 점검이 이 불확실성들이 여전히 중요하지 않다는 것을 보여주는 한에서는) 무시될 수 있다.

이 계산의 다른 하나의 중요한 특징은 우리가 $1/t_1^2$, $1/t_2^2$, 그리고 차 $(1/t_2^2) - (1/t_1^2)$의 값을 매길 때 t_1과 t_2에서의 2%와 3%의 불확실성이 최종적인 불확실성인 9%로 성장하는 방식이다. 이러한 성장 일부는 제곱을 취하는 데서 비롯하고 다른 일부는 큰 수들의 차를 취하는 데서 비롯한다. 우리는 실험을 확장하여 v_1과 v_2의 값이 둘 다 큰 값이 되도록 카트를 초기에 밀어주어서 가속도 a의 불변성을 점검해볼 수 있다. 만약 우리가 그렇게 한다면 t_1과 t_2는 더 작아지고 조금 전에 기술한 효과들은 더욱 악화될 것이다. (연습문제 3.42를 참조하라.)

3.11 오차 전파에 관한 일반 공식[7]

지금까지 우리는 오차 전파에 관한 세 개의 주된 규칙을 합과 차, 곱과 몫 그리고 단일 변수의 임의 함수에 대하여 확립하였다. 지난 세 개의 절에서 복잡한 함수의 계산이 때로는 어떻게 해서 여러 단계로 분해될 수 있고 그 함수에서의 불확실성이 우리가 확립한 세 개의 간단한 규칙에 따라서 어떻게 단계적으로 계산될 수 있는지를 알아보았다.

이 마지막 절에서 나는 하나의 일반 공식을 제시할 것인데, 이 공식으로부터 앞선 세 개의 공식 모두가 유도되고, 이 공식을 사용하면 오차 전파와 관련한 어떤 문제도 풀어낼 수 있다. 때로는 이 일반 공식은 사용하기에 번거로울지 몰라도 이론적 측면에서는 아주 유용하다. 더군다나 몇 가지 문제에서는 불확실성을 단계적으로 계산하는 것보다는 일반 공식을 사용해서 단 한 번에 계산하는 것이 더 나을 수 있다.

단일 단계로 계산하는 것이 더 바람직한 문제를 예를 들어 설명하기 위해, 세 개의 물리량 x, y와 z를 측정하고 한 변수가 (이 경우에는 x인데) 한 번 이상 등장하는

$$q = \frac{x+y}{x+z} \tag{3.38}$$

7 독자들은 연속성을 크게 훼손하지 않으면서 이 절을 읽는 것을 뒤로 미룰 수 있다. 여기서 취급하는 내용은 5.6절이 될 때까지는 다시 사용되지는 않는다.

와 같은 함수를 계산해야 한다고 가정해보자. 만약 우리가 δq를 단계적으로 계산하려고 한다면 먼저 두 개의 합 $x+y$와 $x+z$의 불확실성을 계산하고, 그다음에 몫의 불확실성을 계산할 것이다. 이런 방식으로 진행한다면 우리는 x의 오차로 인해 분자에 생기는 오차가 어느 정도까지는 x의 오차로 인해서 분모에 생기는 오차를 상쇄할 수 있다는 가능성을 완전히 놓치게 된다. 이러한 상쇄가 어떻게 생겨나는지를 이해하기 위해 x, y, 그리고 z가 모두 양의 수라고 가정하고 x의 측정이 오차의 지배에 놓인다면 어떤 문제가 발생하는지 생각해보자. 만약 우리가 x**를 과대평가한다면** $x+y$와 $x+z$를 **둘 다 과대평가하게 되며**, 이 과대평가들은 $(x+y)/(x+z)$를 계산할 때 서로 (대부분은) 상쇄된다. 마찬가지로 x**에 대한 과소평가는** $x+y$와 $x+z$ **모두의 과소평가**로 이어지고 이 둘은 몫을 형성할 때 서로 상쇄된다. 두 가지 중 어떤 경우일지라도 x의 오차는 몫 $(x+y)/(x+z)$에서 상당량 상쇄되는데 단계적 계산은 이런 상쇄를 완전하게 놓치게 된다.

한 함수에 (3.38)에서처럼 같은 물리량이 두 번 이상 관여될 때는 언제라도 어떤 오차들은 서로 상쇄될 수 있다. (이 효과는 때로는 **보상 오차**라고 불린다.) 이 상쇄가 가능하면 불확실성의 단계적 계산은 최종 불확실성을 과대평가할 수 있다. 이러한 과대평가를 피할 수 있는 유일한 방법은 지금부터 내가 발전시키려는 방법을 사용해서 한 단계에 불확실성을 계산하는 것이다.[8]

먼저 우리가 두 개의 물리량 x와 y를 측정하고 그다음에 어떤 함수 $q=q(x,y)$를 계산한다고 가정하자. 이 함수는 $q=x+y$와 같이 단순할 수도 있고 또는 $q=(x^3+y)\sin(xy)$와 같이 한층 복잡할 수도 있다. **단일 변수**의 함수 $q(x)$에 대해서는 x에 관한 최량의 추정값이 x_{best}라면 $q(x)$의 최량의 추정값은 $q(x_{\text{best}})$라는 것을 논증했었다. 다음으로 x의 거의 확실한 극값이 (말하자면 가장 큰 또는 작은 값이) $x_{\text{best}}\pm\delta x$라고 논증하였고 따라서 여기에 대응하는 q의 극값들은

$$q(x_{\text{best}}\pm\delta x) \tag{3.39}$$

8 한 변수가 두 번 이상 등장하는 함수는 가끔 그렇지 않은 형식으로 다시 표현될 수 있다. 예를 들면 $q=xy-xz$는 $q=x(y-z)$로 다시 쓸 수 있다. 두 번째 형식에서는 불확실성 δq는 과대평가될 염려 없이 단계적으로 계산될 수 있다.

라고 논증하였다. 마지막으로 우리는 (임의의 작은 증가분 u에 대해) 근사

$$q(x+u) \approx q(x) + \frac{dq}{dx}u \tag{3.40}$$

를 사용했는데, 이는 거의 확실한 극값 (3.39)를 다음과 같이 고쳐 쓰기 위해서였다.

$$q(x_{\text{best}}) \pm \left|\frac{dq}{dx}\right|\delta x, \tag{3.41}$$

여기서 절댓값은 dq/dx가 음수가 될 가능성을 허용하기 위해 사용되었다. 그러므로 결과 (3.41)은 $\delta q \approx |dq/dx|\delta x$라는 것을 의미한다.

q가 두 개 변수의 함수인 $q(x,y)$일 때도 그 논증은 유사하다. 만약 x_{best}와 y_{best}가 x와 y의 최량의 추정값이라면, 우리는 q의 최량의 추정값은 통상적인 방식에 의해서

$$q_{\text{best}} = q(x_{\text{best}}, y_{\text{best}})$$

라고 기대할 수 있다. 이 결과에서의 불확실성을 추정하기 위해 우리는 근사 (3.40)을 일반화시킬 필요가 있다. 그 요구되는 일반화는

$$q(x+u, y+v) \approx q(x,y) + \frac{\partial q}{\partial x}u + \frac{\partial q}{\partial y}v \tag{3.42}$$

인데, 여기서 u와 v는 x와 y에서의 작은 증가분들이고 $\partial q/\partial x$와 $\partial q/\partial y$는 q의 x와 y에 관한 이른바 **편도함수들**이다. 즉, $\partial q/\partial x$는 y를 고정된 것으로 간주하면서 q를 x에 대해서 미분한 것이고, $\partial q/\partial y$는 그 반대의 경우이다. [편도함수와 근사 (3.42)에 대한 더 깊은 논의에 관해서는 연습문제 3.43과 3.44를 참조하라.]

x와 y의 거의 확실한 극값들은 $x_{\text{best}} \pm \delta x$와 $y_{\text{best}} \pm \delta y$이다. 만약 우리

가 이 값들을 (3.42)에 대입하고 또 $\partial q/\partial x$와 $\partial q/\partial y$가 양수도 될 수 있고 음수도 될 수 있다는 것을 상기한다면 q의 극값들은

$$q(x_{\text{best}}, y_{\text{best}}) \pm \left(\left| \frac{\partial q}{\partial x} \right| \delta x + \left| \frac{\partial q}{\partial y} \right| \delta y \right)$$

라는 것을 알 수 있다. 이것은 $q(x,y)$의 불확실성이

$$\delta q \approx \left| \frac{\partial q}{\partial x} \right| \delta x + \left| \frac{\partial q}{\partial y} \right| \delta y \tag{3.43}$$

라는 것을 의미한다. 이 새로운 규칙에 대한 다양한 일반화를 논하기 전에 몇 가지 친숙한 사례를 다시 유도하는 데에 이 규칙을 적용해보기로 한다. 예컨대

$$q(x,y) = x + y \tag{3.44}$$

라고 가정하는데, 말하자면 q는 바로 x와 y의 단순 합이다. 편도함수들은 둘 다 일이고

$$\frac{\partial q}{\partial x} = \frac{\partial q}{\partial y} = 1, \tag{3.45}$$

그래서 (3.43)에 의하면

$$\delta q \approx \delta x + \delta y \tag{3.46}$$

이다. 이 방정식은 $x+y$의 불확실성이 x와 y의 불확실성의 합이라는 잠정 규칙 바로 그것이다.

만약 q가 곱 $q = xy$라면, (3.43)이 q의 비율 불확실성은 x와 y의 비율 불확실성들의 합이라는 친숙한 규칙으로 환원된다는 것을 거의 같은 방식으

로 확인할 수 있다. (연습문제 3.45를 참조하라.)

규칙 (3.43)은 다양한 방식으로 일반화될 수 있다. 만약 δx와 δy가 독립적이고 랜덤하다면 합 (3.43)은 제곱 합으로 교체될 수 있다는 것을 알게 되더라도 독자들은 놀라지 않을 것이다. 만약 함수 q가 두 개 이상의 변수에 종속적이라면 추가되는 각 변수에 대해서 항을 하나 더 추가하면 된다. 이러한 방식으로 우리는 다음의 일반 규칙에 (이 규칙의 완전한 정당화는 5장과 9장에 등장하는데) 도달한다.

다변수 함수에서의 불확실성

$x, \ldots, z$가 불확실성 $\delta x, \ldots, \delta z$를 가지고 측정되고, 이 측정된 값들이 함수 $q(x, \ldots, z)$를 계산하는데 사용된다고 가정하자. 만약 $x, \ldots, z$의 불확실성이 독립적이고 랜덤하다면 q의 불확실성은

$$\delta q = \sqrt{\left(\frac{\partial q}{\partial x}\delta x\right)^2 + \cdots + \left(\frac{\partial q}{\partial z}\delta z\right)^2} \tag{3.47}$$

이다. 어떠한 경우라도 이 값은 다음의 보통 합보다는 결코 더 크지는 않다.

$$\delta q \le \left|\frac{\partial q}{\partial x}\right|\delta x + \cdots + \left|\frac{\partial q}{\partial z}\right|\delta z. \tag{3.48}$$

비록 공식 (3.47)과 (3.48)이 무척 복잡해 보이지만 독자들이 한 번에 한 항씩 이 공식들에 대해서 생각해본다면 이 공식들은 아주 쉽게 이해될 수 있다. 예를 들어 모든 측정된 값 $x, y, \ldots, z$ 중에서 단지 x만 불확실성의 지배에 놓인다고 잠시 가정하자. (즉 $\delta y = \cdots = \delta z = 0$이다.) 그러면 (3.47)은 오직 하나의 항만 보유하게 되고 우리는

$$\delta q = \left|\frac{\partial q}{\partial x}\right|\delta x \quad (\text{만약 } \delta y = \cdots = \delta z = 0\text{이면}) \tag{3.49}$$

라는 것을 알게 된다. 다르게 표현하자면 항 $|\partial q/\partial x|\delta x$ 단독으로는 x의 불확실성 하나만에 의해서 생겨나는 q의 불확실성 혹은 부분 불확실성을 나타낸다. 같은 방식으로 $|\partial q/\partial y|\delta y$는 δy에만 의한 q의 부분 (그리고 독립적인) 불확실성이다. 다시 (3.47)을 참고하면 q에서의 총 불확실성은 개별적인 불확실성 $\delta x, \delta y, \ldots, \delta z$에 기인하는 부분 불확실성들의 이차 합이라는 것을 알게 된다. 이것은 결과 (3.47)에 대해서 사고하는 좋은 방식이고 또한 q에서의 총 불확실성을 계산하는 목적으로 (3.47)을 사용하는 가장 간단한 방법을 제시해준다. 먼저 (3.49)와 $y, \ldots, z$에 대한 유사한 식을 사용해서 $\delta x, \delta y, \ldots, \delta z$에 의한 부분 불확실성들을 따로따로 계산한다. 그다음 이 개별 불확실성들을 제곱하고 결합시켜 (3.47)과 같이 총 불확실성을 얻는다.

마찬가지로 $\delta x, \delta y, \ldots, \delta z$가 독립적이든 아니든 무관하게 규칙 (3.48)은 q에서의 총 불확실성이 $\delta x, \delta y, \ldots, \delta z$ 각각의 개별적인 부분 불확실성의 단순 합을 절대로 초과하지 않는다는 것을 진술하고 있다.

예: 일반 공식 (3.47)을 사용하기

물리량

$$q = x^2 y - x y^2$$

을 결정하기 위해 어떤 과학자가 x와 y를 다음과 같이 측정하였다.

$$x = 3.0 \pm 0.1 \qquad \text{그리고} \qquad y = 2.0 \pm 0.1.$$

q 그리고 q의 불확실성에 대한 이 과학자의 (3.47)에 따른 답은 무엇이겠는가?

이 과학자의 q에 대한 최량의 추정값은 $q_{\text{best}} = 6.0$이라는 것을 쉽게 알 수 있다. δq를 알아내기 위해 조금 전 그 윤곽이 서술된 단계를 밟아나간다. δx만에 의한 q의 불확실성은, 우리는 δq_x라고 표기하는데 (3.49)에 의해서 다음과 같이 주어진다.

$$\begin{aligned}\delta q_x &= (\delta x\text{만에 의한 } q\text{의 오차}) \\ &= \left|\frac{\partial q}{\partial x}\right|\delta x \qquad (3.50) \\ &= |2xy - y^2|\,\delta x = |12 - 4| \times 0.1 = 0.8.\end{aligned}$$

마찬가지로 δy에 의한 q의 불확실성은 다음과 같다.

$$\begin{aligned}\delta q_y &= (\delta y\text{만에 의한 } q\text{의 오차}) \\ &= \left|\frac{\partial q}{\partial y}\right|\delta y \qquad (3.51) \\ &= |x^2 - 2xy|\,\delta x = |9 - 12| \times 0.1 = 0.3.\end{aligned}$$

끝으로 (3.47)에 의하면 q의 총 불확실성은 이 두 가지 부분 불확실성의 이차합이다.

$$\begin{aligned}\delta q &= \sqrt{(\delta q_x)^2 + (\delta q_y)^2} \qquad (3.52) \\ &= \sqrt{(0.8)^2 + (0.3)^2} = 0.9.\end{aligned}$$

그러므로 q에 대한 최종 답은 다음과 같다.

$$q = 6.0 \pm 0.9.$$

이 예에서 사용한 절차를 따른다면 불확실성을 계산하기 위해 (3.47)이나 혹은 (3.48)을 사용하는 것은 상당히 간단명료하다. 말하자면 δq에 대한 개별적인 기여들을 먼저 계산하고 나서 비로소 전체 불확실성이 얻어지도록 결합한다. 이 절차는 계산들을 아주 작게 쪼개서 이들을 올바르게 얻을 수 있게 해준다. 이 절차는 그 이상의 이점을 가지고 있는데 측정값들 $x, y, \ldots, z$ 중 어느 것이 최종 불확실성에 가장 크게 기여하는지를 알 수 있게 해준다는 것이다. (예컨대 위의 예에서 $\delta q_y = 0.3$은 $\delta q_x = 0.8$에 비해서 매우 작아서 전자는 아예 무시될 수도 있다.)

일반적으로 말해서 3.8절에서 3.10절까지에 서술한 단계적 전파 방법이 적용 가능하다면 그 절차는 일반 규칙인 (3.47)이나 (3.48)보다는 대체로 더 간단하다. 그렇지만 함수 $q(x, \ldots, z)$에 어떤 변수라도 두 번 이상 등장한다면 보상 오차가 존재할 수 있다. 그렇다면 단계적인 계산은 최종 불확실성을 과대평가할 수 있으므로 (3.47)이나 (3.48)을 사용해서 δq를 단일 단계로 계산하는 것이 더 낫다.

✔ 3장의 주요 정의와 방정식

• 셈 실험에서의 제곱근 규칙

만약 우리가 랜덤하지만 확정된 평균 비율을 가지고 발생하는 사건을 관찰하고 시간 T 동안에 ν개가 발생하는 것으로 세었다면, 참 평균 개수에 대한 추정값은 다음과 같다.

$$(\text{시간 } T \text{ 동안 사건의 평균 개수}) = \nu \pm \sqrt{\nu}. \qquad [(3.2) \text{ 참조}]$$

• 오차 전파의 규칙

오차 전파의 규칙은 우리가 $\delta x, \ldots, \delta w$를 불확실성으로 갖는 여러 가지 물리량 $x, \ldots, w$를 구하고 그다음에 그 값들을 이용해서 물리량 q를 계산하는 상황에 적용된다. $x, \ldots, w$의 불확실성들은 계산 과정을 통해서 "전파"하여 q에서의 불확실성을 다음과 같이 일으킨다.

합과 차: 만약

$$q = x + \cdots + z - (u + \cdots + w)$$

이면, 모든 오차가 독립적이고 랜덤한 경우에는

$$\delta q = \sqrt{(\delta x)^2 + \cdots + (\delta z)^2 + (\delta u)^2 + \cdots + (\delta w)^2} \qquad [(3.16) \text{ 참조}]$$

이고, 그렇지 않더라도 항상 다음 부등식이 성립한다.

$$\delta q \le \delta x + \cdots + \delta z + \delta u + \cdots + \delta w. \qquad [(3.17) \text{ 참조}]$$

곱과 몫: 만약

$$q = \frac{x \times \cdots \times z}{u \times \cdots \times w}$$

이면, 모든 오차가 독립적이고 랜덤한 경우에는

$$\frac{\delta q}{|q|} = \sqrt{\left(\frac{\delta x}{x}\right)^2 + \cdots + \left(\frac{\delta z}{z}\right)^2 + \left(\frac{\delta u}{u}\right)^2 + \cdots + \left(\frac{\delta w}{w}\right)^2} \qquad [(3.18) \text{ 참조}]$$

이고, 그렇지 않더라도 항상 다음 부등식이 성립한다.

$$\frac{\delta q}{|q|} \le \frac{\delta x}{|x|} + \cdots + \frac{\delta z}{|z|} + \frac{\delta u}{|u|} + \cdots + \frac{\delta w}{|w|}. \qquad [(3.19) \text{ 참조}]$$

측정된 물리량 곱하기 적확한 수: 만약 B가 적확하게 알려져 있고

$$q = Bx$$

이면

$$\delta q = |B|\delta x \text{ 이거나 동등하게 } \frac{\delta q}{|q|} = \frac{\delta x}{|x|} \qquad \text{[(3.9) 참조]}$$

이다.

거듭제곱에서의 불확실성: 만약 n이 적확한 수이고

$$q = x^n$$

이면

$$\frac{\delta q}{|q|} = |n|\frac{\delta x}{|x|} \qquad \text{[(3.26) 참조]}$$

이다.

단일 변수 함수에서의 불확실성: 만약 $q = q(x)$가 x에 대한 임의의 함수라면,

$$\delta q = \left|\frac{dq}{dx}\right|\delta x \qquad \text{[(3.23) 참조]}$$

이다. $q(x)$가 복잡해서 $q(x)$를 계산하려고 프로그램을 만들었다면, $q(x)$를 미분하는 대신에 동등한 공식

$$\delta q = |q(x_{\text{best}} + \delta x) - q(x_{\text{best}})| \qquad \text{[연습문제 3.32 참조]}$$

을 사용하는 것이 때로는 더 쉬울 수 있다.

오차 전파에 관한 일반 공식: 만약 $q = q(x, \ldots, z)$가 $x, \ldots, z$에 대한 어떤 임의의 함수라면, 모든 오차가 독립적이고 랜덤한 경우에는

$$\delta q = \sqrt{\left(\frac{\partial q}{\partial x}\delta x\right)^2 + \cdots + \left(\frac{\partial q}{\partial z}\delta z\right)^2} \qquad \text{[(3.47) 참조]}$$

이고, 그렇지 않더라도 항상 다음 부등식이 성립한다.

$$\delta q \le \left|\frac{\partial q}{\partial x}\right|\delta x + \cdots + \left|\frac{\partial q}{\partial z}\right|\delta z. \qquad \text{[(3.48) 참조]}$$

✔ 3장의 연습문제

3.2절에 관한 문제: 셈 실험에 대한 제곱근 규칙

3.1.★ 방사성 표본의 활동도를 측정하려고 두 명의 학생이 표본이 방출하는 알파 입자의 수를 센다. 학생 A는 3분간 관찰하면서 28개의 입자를 세었다. 학생 B는 30분간 관찰한 다음 310개로 세었다. (a) 3분 동안에 방출된 입자의 평균 개수로 학생 A는 불확실성과 함께 결과를 어떻게 보고할 것인가? (b) 학생 B는 30분 동안에 방출된 입자의 평균 개수로 불확실성과 함께 결과를 어떻게 보고할 것인가? (c) 이 두 가지 측정에서 비율 불확실성들은 어떻게 되는가? 논평하라.

3.2.★ 어떤 핵 물리학자가 방사성 원자핵의 빔에 의해서 방출되는 입자를 연구한다. 제안된 이론에 의하면 입자가 전방과 후방으로 방출되는 평균 비율들은 동등해야 한다. 이 이론을 검정하기 위해 10시간의 간격 동안 전방과 후방으로 방출되는 입자의 총 개수를 세었고 998개가 전방으로 1,037개가 후방으로 방출되는 것을 알았다. (a) 이 수들과 관련되는 불확실성들은 어떻게 되는가? (b) 이 결과들은 평균 비율이 동등해야 한다는 이론에 의심이 가도록 할 수 있겠는가?

3.3.★ 오차 분석의 대부분 아이디어는 다양한 분야에서 중요하게 응용되고 있다. 그 응용성은 셈 실험을 위한 제곱근 규칙 (3.2)에 대해서는 다음 예가 보여주듯이 특별히 중요한 것이 사실이다. 어떤 특정 종류의 암의 정상적인 평균 발생률은 연간 10,000명당 두 건이다. (인구가 20,000명인) 어떤 도시가 인근에 있는 화학 물질 폐기장 때문에 암의 발생률이 높아져서 고통을 받고 있다는 의혹이 방송되었다. 이 주장을 검정하기 위해 어떤 기자가 그 도시의 지난 4년 동안의 기록들을 조사하였고, 암으로 20명의 환자가 발생

한 사실을 확인하였다. 그 기자는 기대되는 환자의 수가 열여섯 명이라고 (이 수가 맞는지 확인하라.) 계산하였고, 그래서 관측된 발생률이 기대 발생률보다도 25% 더 높다고 결론지었다. 특정 암에 대해서 정상적인 발생률보다도 이 도시에서의 발생률이 높다는 사실을 상기 결과가 입증한다는 기자의 주장이 정당한가?

3.4.★★ 방사성 원자들의 표본이 붕괴함에 따라서 원자들의 수가 지속해서 감소하고 표본의 방사능도 같은 비율로 감소한다. 이 효과를 연구하기 위해 어떤 핵 물리학자가 2시간 동안 방사성 표본에 의해서 방출되는 입자들을 감시한다. 이 학자는 1분 동안 방출되는 입자들의 수를 세고, 이러한 측정을 반 시간 간격으로 반복해서 다음 결과를 얻었다.

경과한 시간, t (시간):	0.0	0.5	1.0	1.5	2.0
세어진 개수, ν, 1분 동안:	214	134	101	61	54

(a) 개수에서의 불확실성을 보여주기 위해 경과 시간에 대한 세어진 개수들을 좌표 평면에서 오차 막대와 함께 점으로 표시하라. (경과한 시간에서 모든 불확실성을 무시하라.) (b) 이론적으로는 방출된 입자의 수는 $\nu = \nu_o \exp(-rt)$와 같이 (이 경우에는 $\nu_o = 200$이고 $r = 0.693\,\mathrm{h}^{-1}$인데) 지수적으로 감소한다고 예측한다. 같은 그래프에 기대 곡선을 그려 넣고 데이터가 이론적 예측에 얼마나 잘 맞추어지는지에 대해 논평하라.

3.3절에 관한 문제: 합과 차; 곱과 몫

3.5.★ (3.4)와 (3.8)의 잠정 규칙을 사용해서 다음을 계산하라.

(a) $(5 \pm 1) + (8 \pm 2) - (10 \pm 4)$

(b) $(5 \pm 1) \times (8 \pm 2)$

(c) $(10 \pm 1)/(20 \pm 2)$

(d) $(30 \pm 1) \times (50 \pm 1)/(5.0 \pm 0.1)$

3.6.★ (3.4)와 (3.8)의 잠정 규칙을 사용해서 다음을 계산하라.

(a) $(3.5 \pm 0.1) + (8.0 \pm 0.2) - (5.0 \pm 0.4)$

(b) $(3.5 \pm 0.1) \times (8.0 \pm 0.2)$

(c) $(8.0 \pm 0.2)/(5.0 \pm 0.4)$

(d) $(3.5 \pm 0.1) \times (8.0 \pm 0.2)/(5.0 \pm 0.4)$

3.7.★ 어떤 학생이 다음 측정들을 실시하였다.

$$a = 5 \pm 1\,\mathrm{cm}, \quad b = 18 \pm 2\,\mathrm{cm}, \quad c = 12 \pm 1\,cm,$$
$$t = 3.0 \pm 0.5\,\mathrm{s}, \quad m = 18 \pm 1\,\mathrm{gram}$$

(3.4)와 (3.8)의 잠정 규칙을 사용해서 다음 물리량들을 불확실성과 백분율 불확실성과 함께 계산하라. (a) $a+b+c$, (b) $a+b-c$, (c) ct, (d) mb/t.

3.8.★★ 이항 정리는 어떤 수 n과 $|x|<1$인 어떤 x에 대해서

$$(1+x)^n = 1 + nx + \frac{n(n-1)}{1 \cdot 2}x^2 + \frac{n(n-1)(n-2)}{1 \cdot 2 \cdot 3}x^3 + \cdots$$

이라고 진술한다.

(a) 만약 n이 양의 정수라면 이 무한 급수는 종결한다는 것을 (즉 유한한 개수의 0이 아닌 항을 갖는다는 것을) 보여라. $n=2$와 $n=3$에 대해서 이항 급수를 명시적으로 기술하라. (b) $n=-1$에 대해서 이항 급수를 기술하라. 이 경우는 $1/(1+x)$에 대한 무한 급수가 되는데 x가 작으면 두 개의 항만 보유하여도 (3.6)에서 인용되었듯이 좋은 근사가 얻어진다.

$$\frac{1}{1+x} \approx 1 - x.$$

$x = 0.5$, 0.1, 그리고 0.01의 각각 대해서 이 근사 공식의 양변을 모두 계산

하고, 각 경우에 근사 $(1-x)$가 적확한 값인 $1/(1+x)$와는 얼마나 차이가 나는지를 백분율로 구하라.

3.4절에 관한 문제: 두 가지 중요한 특수 사례

3.9.★ 나는 원판의 지름을 $d = 6.0 \pm 0.1\,\text{cm}$ 로 측정하고, 이 값을 사용해서 원둘레 $c = \pi d$와 반지름 $r = d/2$ 를 계산하고자 한다. 그 답은 어떻게 되겠는가? ["측정량 $\times$ 적확한 수"에 관한 규칙 (3.9)는 두 가지 계산에 모두 적용된다. 특히 반지름 r은 $d \times 1/2$로 기술할 수 있는데, 여기서 $1/2$은 당연히 적확한 수이다.]

3.10.★ 나는 ± 0.005 인치의 불확실성으로 두서너 인치의 두께를 측정할 수 있는 캘리퍼스(calipers) 일습을 가지고 있다. 나는 이것으로 52장의 카드 한 벌의 두께를 측정하고 0.590인치라는 결과를 얻었다. (a) 만약 카드 한 장의 두께를 계산한다면 (불확실성을 포함한) 나의 답은 어떻게 되겠는가? (b) 카드 여러 벌을 한꺼번에 측정한다면 이 결과를 개선시킬 수 있다. 만약 내가 카드 한 장의 두께를 불확실성이 0.00002인치가 되도록 알아내고자 한다면 카드 몇 벌을 한꺼번에 측정해야 하겠는가?

3.11.★ 좋은 스톱워치를 가지고서 조금 훈련한다면 1초에서 몇 분까지 범위의 시간을 0.1초의 불확실성으로 측정할 수 있다. 우리가 주기 $\tau \approx 0.5$ 초인 흔들이의 주기 τ를 알아내고자 한다고 가정하자. 만약 우리가 한 번 진동하는 데 걸리는 시간을 측정한다면 그 불확실성은 어림잡아서 20%가 될 것이다. 그러나 여러 번 진동하는 데 걸리는 시간을 한꺼번에 측정한다면 다음 문항들이 보여주듯이 측정의 정밀도는 훨씬 높아질 것이다.

(a) 만약 우리가 5회 진동에 걸리는 시간을 측정하고 2.4 ± 0.1초라는 결과를 얻었다면 절대 불확실성과 백분율 불확실성과 함께 τ에 대한 최종적인 우리의 답은 어떻게 되겠는가? [규칙 (3.9)를 기억하라.]

(b) 만약 우리가 20회의 진동을 측정하고 9.4 ± 0.1초를 얻었다면 어떻게 되겠는가?

(c) 더 많은 수의 진동을 측정한다면 τ에서의 불확실성은 무한정으로 개선될 수 있겠는가?

3.12.★ 만약 x가 $4.0 \pm 0.1\,\mathrm{cm}$로 측정되었다면, x^2과 x^3에 대해서는 어떻게 보고하면 되겠는가? 거듭제곱에 관한 규칙 (3.10)에 의해서 결정되는 백분율 불확실성과 절대 불확실성을 제시하라.

3.13.★ 만약 내가 어떤 구의 반지름을 $r = 2.0 \pm 0.1\,\mathrm{m}$라고 측정하였다면 나는 이 구의 부피를 어떻게 보고해야만 하겠는가?

3.14.★ 중세의 성을 찾은 한 방문객이 우물에 돌을 던지고 낙하 시간을 측정하는 방법으로 우물의 깊이를 측정한다. 방문객이 낙하 시간으로 $t = 3.0 \pm 0.5$초라는 것을 알고 그 깊이를 $d = (1/2)\mathrm{g}t^2$으로 계산한다. 만약 $\mathrm{g} = 9.80\,\mathrm{m/s^2}$이고 그 불확실성은 무시할 수 있을 만큼 작다면 방문객의 결론은 어떻게 되겠는가?

3.15.★★ 두 명의 학생이 어떤 방사성 표본에서 나오는 알파 입자의 방출률을 측정하도록 요청받았다. 학생 A는 2분 동안 관찰하고서 32개의 입자를 세었다. 학생 B는 1시간 동안 관찰하고서 786개의 입자를 세었다. (이 표본은 아주 서서히 붕괴하기 때문에 측정하는 시간 중에는 기대 방출률이 일정하다고 가정한다.) (a) 2분 동안 방출된 입자의 수에 관한 학생 A의 결과인 32에서의 불확실성은 어떻게 되는가? (b) 1시간 동안 방출된 입자의 수에 관한 학생 B의 결과인 786에서의 불확실성은 어떻게 되는가? (c) 각 학생은 각자가 센 수를 관찰한 분 단위 시간으로 나누어서 분당 입자의 **방출률**을 알아내고자 한다. 2분과 60분의 관찰 시간에서의 불확실성은 무시할 수 있다고 가정한다면 방출률에 대한 두 학생의 답은 불확실성을 포함해서 어떻게 되겠는가? 논평하라.

3.5절에 관한 문제: 합에서의 독립 불확실성

3.16.★ 어떤 학생이 다섯 개의 길이를 (모두 cm 단위로)

$$a = 50 \pm 5,\ b = 30 \pm 3,\ c = 60 \pm 2,\ d = 40 \pm 1,\ e = 5.8 \pm 0.3$$

으로 측정하고 네 가지 합 $a+b, a+c, a+d, a+e$를 계산한다. 본래의 오차들이 독립적이고 랜덤하다고 가정하고 이 학생의 네 가지 계산에서 불확실성들을 구하라. [규칙 (3.13) "오차들은 제곱하여 더해진다."] 만약 이 학생이 본래의 오차들이 독립적이 **아니라고** 생각할 이유가 있다면 최종 불확실성으로 이 학생은 어떤 값을 제출해야 할까? [규칙 (3.14) "오차들은 직접 더해진다."] 불확실성은 한 개의 유효 숫자로만 필요하다고 가정하고 두 번째 불확실성이 (a, b, c, d, e의 불확실성이) 완전히 무시될 수 있는 사례들을 찾아보라. 만약 독자가 제곱하여 더하기를 휴대용 계산기로 실행한다면 직교 좌표계에서 극 좌표계로 변환은 주어진 x와 y에 대해서 $\sqrt{x^2+y^2}$을 자동적으로 계산해준다는 것을 유념하라.

3.17.★ 다음 값들을 각각 구하라.

(a) $(5.6 \pm 0.7) + (3.70 \pm 0.03)$

(b) $(5.6 \pm 0.7) + (2.3 \pm 0.1)$

(c) $(5.6 \pm 0.7) + (4.1 \pm 0.2)$

(d) $(5.6 \pm 0.7) + (1.9 \pm 0.3)$

각 합에 대해 원래의 불확실성들이 독립적이고 랜덤한 ("오차는 제곱하여 더해지는") 경우와 그렇지 않은 ("오차는 직접 더해지는") 경우를 고려하라. 불확실성은 한 개의 유효 숫자만으로 필요하다고 가정하고서 원래 불확실성들 중 두 번째의 불확실성이 완전히 무시될 수 있는 사례를 찾아보라. 만약 독자들이 제곱하여 더하기를 휴대용 계산기로 실행한다면 직교 좌표계에서 극 좌표계로 변환은 주어진 x와 y에 대해서 $\sqrt{x^2+y^2}$을 자동적으로 계산해준다는 것을 유념하라.

3.6절에 관한 문제: 독립 불확실성에 대하여 계속

3.18.★ 독자들이 아직 하지 않았다면 연습문제 3.7을 (본래의 불확실성들이 독립적이지 **않다**고 가정하고) 먼저 풀어라. 원래의 불확실성들이 **진정** 독립적이고 랜덤하다고 가정하고서 각 계산을 되풀이하라. 오차 전파에 관한 두 가지 다른 방법을 비교해볼 수 있도록 답을 표로 정리하라.

3.19.★ 독자들이 아직 하지 않았다면 연습문제 3.5를 (본래의 불확실성들이 독립적이지 **않다**고 가정하고) 먼저 풀어라. 원래의 불확실성들이 **진정** 독립적이고 랜덤하다고 가정하고서 각 계산을 되풀이하라. 오차 전파에 관한 두 가지 다른 방법을 비교해볼 수 있도록 답을 표로 정리하라.

3.20.★ 독자들이 아직 하지 않았다면 연습문제 3.6을 (본래의 불확실성들이 독립적이지 **않다**고 가정하고) 먼저 풀어라. 원래의 불확실성들이 **진정** 독립적이고 랜덤하다고 가정하고 각 계산을 되풀이하라. 오차 전파에 관한 두 가지 다른 방법을 비교해볼 수 있도록 답을 표로 정리하라.

3.21.★ (a) 수평 공기 궤도 위 카트의 속도를 알아내기 위해 어떤 학생이 카트가 이동한 거리 d와 소요된 시간 t를 다음과 같이 측정하였다.

$$d = 5.10 \pm 0.01\,\text{m} \quad \text{그리고} \quad t = 6.02 \pm 0.02\,\text{s}.$$

$v = d/t$에 관한 결과는 불확실성과 함께 어떻게 되는가? (b) 만약 학생이 카트의 질량을 $m = 0.711 \pm 0.002\,\text{kg}$으로 측정했다면 운동량 $p = mv = md/t$에 대한 학생의 답은 어떻게 되겠는가? (모든 오차는 랜덤하고 독립적이라고 가정하라.)

3.22.★ 어떤 학생이 저항의 성질을 조사하고 있다. 학생이 저항을 통해서 흐르는 전류와 저항기 양단의 전압을 다음과 같이 측정하였다.

$$I = 2.10 \pm 0.02\,\text{암페어}, \quad \text{그리고} \quad V = 1.02 \pm 0.01\,\text{볼트}.$$

(a) 저항에 공급된 전력 $P=IV$에 대해서 계산된 값은 불확실성과 함께 어떻게 되는가? (b) 저항 $R=V/I$에 대해서는 어떻게 되는가? (본래의 불확실성들은 독립적이라고 가정하라. I는 암페어 단위로, V는 볼트 단위로 표현된다면 전력 P는 와트 단위로 나오고 저항은 옴 단위로 나온다.)

3.23.★ 각(角) 운동량 보존에 관한 실험에서 어떤 학생은 질량이 M이고 반지름이 R인 두께가 일정한 원판이 각(角) 속도 ω로 회전할 때 이 원판의 각 운동량 L을 구해야 한다. 이 학생의 측정은 다음과 같다.

$$M = 1.10 \pm 0.01\,\mathrm{kg},$$
$$R = 0.250 \pm 0.005\,\mathrm{m},$$
$$\omega = 21.5 \pm 0.4\,\mathrm{rad/s}\,.$$

다음에 이 학생은 $L=(1/2)MR^2\omega$로 각 운동량 L을 계산한다. [인자 $(1/2)MR^2$은 균일한 원판의 관성 모멘트이다.] 불확실성과 함께 L에 관한 학생의 답은 어떻게 되겠는가? (원래 불확실성 세 가지가 독립적이라고 간주하고, R^2에서의 비율 불확실성은 R에서의 비율 불확실성의 2배라는 것을 기억하라.)

3.24.★★ 톰슨(J. J. Thomson)은 전자에 관한 그의 유명한 실험에서 "전하 대 질량의 비" $r=e/m$를 측정하였다. 여기서 e는 전자의 전하이고, m은 전자의 질량이다. 현대적 교과 실험에서 실시하는 이 실험의 변형된 형태에서는 전자를 전압 V를 이용해서 가속하고 자기장에서 휘어지게 함으로써 비 r를 알아낸다. 전하 대 질량의 비 $r=e/m$는 다음 공식에 의해서 주어진다.

$$r = \frac{125}{32\mu_o^2N^2}\,\frac{D^2V}{d^2I^2}. \tag{3.53}$$

이 방정식에서 μ_o는 (적확하게 $4\pi\times10^{-7}N/A^2$인) 진공의 투과 상수이고 N은 자기장을 생산해내는 코일의 감은 수이며, D는 장(場; field) 코일의 지름, V는 전자를 가속하는 전압, d는 전자의 곡선 경로의 지름, 그리고 I는 장

코일에서의 전류이다. 어떤 학생이 이 양들을 다음과 같이 측정하였다.

$$N = 72 \quad (\text{적확하게})$$
$$D = 661 \pm 2\,\text{mm}$$
$$V = 45.0 \pm 0.2\,\text{volts}$$
$$d = 91.4 \pm 0.5\,\text{mm}$$
$$I = 2.48 \pm 0.04\,\text{amps}.$$

(a) 전하 대 질량의 비에 대한 이 학생의 답을 불확실성과 함께 구하라. [모든 불확실성은 독립적이고 랜덤하다고 가정하라. (3.53)에서 첫 번째 인자는 적확한 값으로 알려져 있고 따라서 하나의 기지의 상수 K로 간주될 수 있다. 두 번째 인자는 네 개의 수, D^2, V, d^2, I^2의 곱과 묶이어서 최종 답에서의 비율 불확실성은 규칙 (3.18)에 의해서 주어진다. D^2의 비율 불확실성은 D의 비율 불확실성의 2배라는 것 등을 기억하라.] (b) 이 답이 공인된 값 $r = 1.759 \times 10^{11}\,\text{C/kg}$ 과 얼마나 잘 일치하는가? (독자들은 이 문제를 풀기 위해서 이 실험의 이론을 실제로 이해해야 할 필요가 없다는 것을 유념하라. 또한 독자들은 단위에 대해서 염려할 필요가 없고 독자들이 모든 투입 물리량에 대해서 SI 단위를 사용한다면 답은 자동으로 주어진 단위로 도출된다.)

3.25.★★ 우리는 거듭제곱에서 불확실성에 관한 규칙 (3.10)으로부터 만약 $q = x^2$이면 q의 비율 불확실성은 x의 비율 불확실성의 2배라는 것을 알고 있다.

$$\frac{\delta q}{q} = 2\frac{\delta x}{|x|}.$$

다음의 (틀린) 논증을 검토해보자. 우리는 x^2을 x 곱하기 x라고 간주할 수 있다.

$$q = x \times x$$

그러므로 규칙 (3.18)에 의해서

$$\frac{\delta q}{q} = \sqrt{\left(\frac{\delta x}{x}\right)^2 + \left(\frac{\delta x}{x}\right)^2} = \sqrt{2}\,\frac{\delta x}{|x|}$$

가 된다. 이 결론은 틀렸다. 몇 개의 문장으로 그 이유를 설명하라.

3.7절에 관한 문제: 단일 변수에 대한 임의의 함수

3.26.★ 핵 물리학에서 아원자 입자의 에너지는 다양한 방법으로 측정된다. 한 가지 방법은 이 입자가 납 조각과 같은 장애물에 의해서 얼마나 빠르게 멈추는지를 측정하고서 에너지 대 멈춤 비율에 대한 출판된 그래프를 이용하는 것이다. 그림 3.7은 납에서의 광자에 (빛의 입자에) 관한 그런 그래프를 보여준다. 수직 축은 광자의 에너지 E를 MeV (백만 전자볼트) 단위로 보여주고, 수평 축은 이에 대응하는 흡수 계수 μ를 $\mathrm{cm}^2/\mathrm{gram}$ 단위로 보여준다. (이 계수의 엄밀한 정의는 여기서 우리에게 중요하지 않다. μ는 광자가 얼마나 빠르게 납 안에서 멈추어지는지에 대한 적절한 측도일 뿐이다.) 이 그래프에서 흡수 계수 μ를 알면 곧바로 광자의 에너지 E를 알 수 있다.

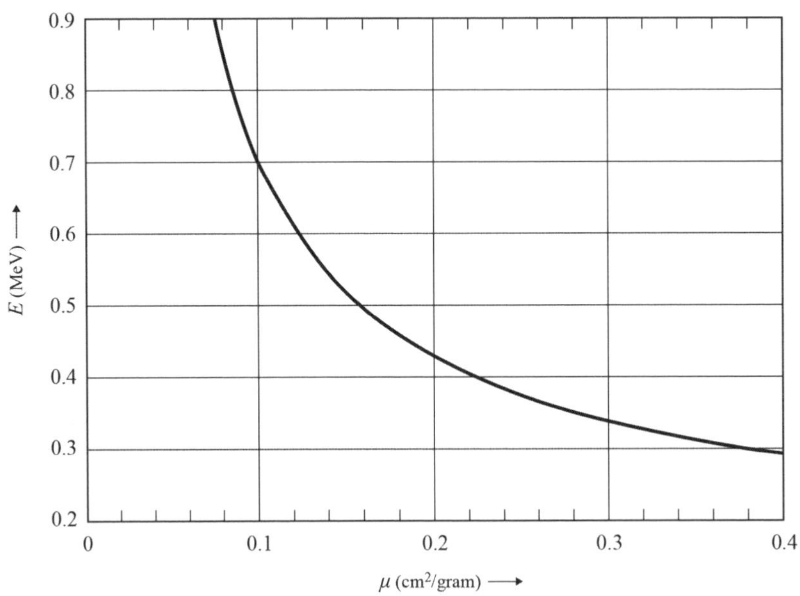

그림 3.7 에너지 E 대 납에서의 광자의 흡수 계수; 연습문제 3.26과 관련

(a) 어떤 학생이 (모두 같은 에너지 E를 가진) 광자의 빔을 관찰하고 납 속에서의 흡수 계수는 $\mu = 0.10 \pm 0.01\,\text{cm}^2/\text{gram}$이라는 것을 알았다. 이 그래프를 이용해서 에너지 E와 불확실성 δE를 구하라. (독자들은 그림 3.3에서 했던 것처럼 관심의 대상이 되는 여러 점을 연결하는 직선을 그래프에 그리는 것이 도움된다는 사실을 알게 될 것이다.) (b) 만약 이 학생이 $\mu = 0.22 \pm 0.01\,\text{cm}^2/\text{gram}$이라고 측정했다면 학생의 답은 어떻게 되겠는가?

3.27.★ 어떤 학생이 유리에서 공기로 지나가는 빛의 임계각 θ를 $\theta = 41 \pm 1^\circ$로 측정하고서 유리 조각의 굴절률 n을 알아내려고 한다. 임계각과 굴절률 간의 관계는 $n = 1/\sin\theta$로 알려져 있다. 학생의 답을 구하고 규칙 (3.23)을 사용해서 그 답의 불확실성을 알아내라. ($\delta\theta$를 라디안으로 나타내는 것을 잊지 마라.)

3.28.★ (a) 단순 흔들이의 주기 T는 이론에 의하면 $T = 2\pi\sqrt{L/g}$ 인데 여기서 L은 흔들이의 길이다. 만약 L이 $L = 1.40 \pm 0.01\text{m}$로 측정되었다면 T의 예측된 값은 어떻게 되겠는가? (b) T의 측정된 값 $T = 2.39 \pm 0.01\,\text{s}$는 문항 (a)에서 예측된 값과 일관적이라고 할 수 있는가? g의 값으로는 적확한 수 $9.80\,\text{m/s}^2$을 사용하라.

3.29.★ (a) 플랑크 상수 h를 측정하는 실험은 그 값을 $h = K\lambda^{1/3}$이라는 형식으로 내놓는다. 여기서 K는 적확한 알려진 상수이고 λ는 수소 램프에 의해서 방출되는 빛의 측정된 파장이다. 만약 어떤 학생이 그 학생이 0.3%라고 추정하는 비율 불확실성을 가지고 파장 λ를 측정했다면 h에 대한 답에서의 비율 불확실성은 어떻게 되겠는가? 이에 대해서 논평하라. (b) 만약 이 학생의 h에 대한 최량의 추정값이 $6.644 \times 10^{-34}\,\text{J}\cdot\text{s}$라면 이 학생의 결과는 공인된 값인 $6.626 \times 10^{-34}\,\text{J}\cdot\text{s}$와 만족할 만한 정도로 잘 일치하는가?

3.30.★★ 분광계는 빛살에서 다른 파장들을 분리해내는 장치이다. 이것은 다른 파장들을 다른 각도들 θ로 편향시켜주는데 만약 각도 θ와 파장 λ

간의 관계가 알려져 있다면 실험자는 각도 θ를 측정해서 λ를 알아낼 수 있다. 어떤 분광계로 조심스럽게 측정할 결과 그림 3.8에 보인 눈금 맞추기 곡선을 수립할 수 있었다. 이 그림은 간단하게 말하자면 θ에 대한 (나노미터 단위의 또는 nm 단위의) λ의 그래프인데 몇 개의 정확하게 알고 있는 파장들에 대해서 θ를 측정함에 의해서 얻어졌다. 한 학생이 수소 램프로부터 방출되는 좁은 빛살을 이 분광계로 향하게 해서 빛이 세 개의 잘 정의된 파장들로 구성되어 있다는 것을 알아냈다.

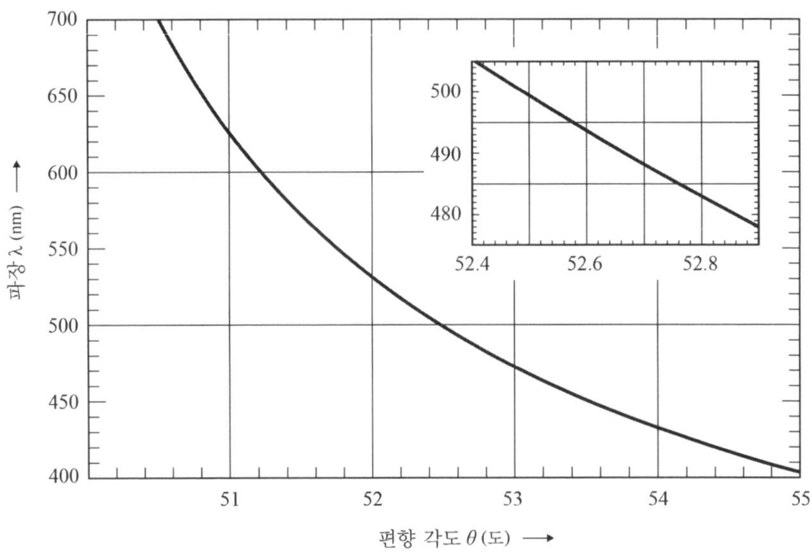

그림 3.8 편향 각도 θ에 대한 파장 λ의 분광계를 위한 눈금 맞추기 곡선; 연습문제 3.30과 관련

즉, 이 학생은 세 개의 (하나는 적색, 다른 하나는 청록색, 마지막 하나는 보라색의) 좁은 빛살이 세 개의 다른 각도에서 출현하는 것을 관찰하였다. 그 학생은 세 각도를 다음과 같이 측정하였다.

$$\theta_1 = 51.0 \pm 0.2^\circ$$

$$\theta_2 = 52.6 \pm 0.2^\circ$$

$$\theta_3 = 54.0 \pm 0.2^\circ$$

(a) 그림 3.8에 주어진 눈금 맞추기 곡선을 사용해서 대응하는 파장들 λ_1, λ_2, 그리고 λ_3을 불확실성과 함께 알아내라. (b) 이론에 의하면 이 파장들은 656, 486, 그리고 434 nm가 되어야 한다. 이 학생의 측정들은 이론 값들과 만족할 만큼 잘 일치하고 있는가? (c) 만약 분광계가 각도를 읽을 수 있는 버니어 눈금을 장착하고 있다면 각도는 $0.05°$이나 더 작은 불확실성으로 측정될 수 있다. 상기 세 개의 측정값도 $0.05°$ 불확실성을 가지고 있다고 가정하자. 이 새로운 더 작은 불확실성들이 주어졌다면 **그래프에 더 이상의 선들을 긋지 않고서** 문항 (a)에 대한 독자의 답을 이용하여 세 개의 파장에서의 새로운 불확실성들을 구하되 왜 그렇게 하는지를 명확하게 설명하라. (힌트: 눈금 맞추기 곡선은 어떤 측정된 값의 근방에서는 거의 직선이다.) (d) 한층 더 정확한 측정값들을 최대한 이용하기 위해서는 실험자는 눈금 맞추기 곡선을 확대할 필요가 있을 것이다. 그림 3.8 내의 삽화는 각도 θ_2 근방에서 곡선을 확대한 것이다. 만약 θ_2가 $52.72 \pm 0.05°$로 측정되었다면 파장 λ_2를 알아내는 데 이 그래프를 사용하라. 파장 λ_2의 불확실성에 대한 문항 (c)에서의 예측이 올바른지를 검사하라.

3.31.★★ (a) 어떤 각도 θ가 $125 \pm 2°$로 측정되고 이 값이 $\sin\theta$를 계산하는 데 사용된다. 규칙 (3.23)을 사용해서 $\sin\theta$와 이것의 불확실성을 계산하라. (b) 만약 a가 $a_{\text{best}} \pm \delta a$로 측정되고 이 값이 $f(a) = e^a$를 계산하는 데 사용된다면 f_{best}와 δf는 어떻게 되겠는가? 만약 $a = 3.0 \pm 0.1$이라면 e^a는 얼마이고 또 그것의 불확실성은 어떻게 되는가? (c) 함수 $f(a) = \ln a$에 대해서 문항 (b)의 계산을 되풀이하라.

3.32.★★★ $\delta q = |dq/dx|\delta x$라고 진술하는 규칙 (3.23)은 일반적으로 함수 $q(x)$의 불확실성을 빠르게 그리고 쉽게 알아낼 수 있도록 해준다. 드물지만 만약 $q(x)$가 매우 복잡하다면, 도함수의 값을 구하는 것이 성가신 일이 될 수 있어서 오히려 (3.23)이 도출된 (3.20)으로 되돌아가는 것이 때로는 더 쉬울 수가 있다. 그렇지만 (3.20)은 기울기가 양인 함수에 대해서 유도되었다는 점에 주목하라. 만약 기울기가 음이라면 부호는 역전되어야 하고, 그래서 (3.20)의 일반 형식은

$$\delta q = \left| q(x_{\text{best}} + \delta x) - q(x_{\text{best}}) \right| \tag{3.54}$$

가 되어야 한다. 특히 만약 독자들이 휴대용 계산기나 컴퓨터가 $q(x)$를 구하도록 프로그램했다면 $q(x_{\text{best}} + \delta x)$와 $q(x_{\text{best}})$를 계산해서 그 값들의 차를 구하는 것이 쉬울 것이다.

(a) 만약 독자들이 컴퓨터나 프로그램 가능한 휴대용 계산기를 보유하고 있다면 다음 함수를 계산할 수 있도록 프로그램을 작성하라.

$$q(x) = \frac{(1+x^2)^3}{x^2 + \cot x}.$$

이 프로그램을 이용해서 $x = 0.75 \pm 0.1$일 때 $q(x)$를 구하고 규칙 (3.54)를 사용해서 δq를 알아내라. (b) 만약 독자들이 용기를 갖고 있다면, $q(x)$를 미분하고 규칙 (3.23)을 사용해서 얻은 δq에 대한 독자들의 값을 검사하라.

3.33.★★★ 연습문제 3.32를 풀어라. 단, 함수로는

$$q(x) = (1 - x^2)\cos\left(\frac{x+2}{x^3}\right)$$

를 사용하고, 측정된 값 $x = 1.70 \pm 0.02$를 사용하라.

3.8절에 관한 문제: 단계적 전파

3.34.★ (모든 주어진 불확실성은 독립적이고 랜덤하다고 가정하고) 단계적 전파를 사용하여 다음 양(量)을 구하라.

(a) $(20 \pm 1) + [(5.0 \pm 0.4) \times (3.0 \pm 0.2)]$

(b) $(20 \pm 1) / [(5.0 \pm 0.1) - (3.0 \pm 0.1)]$

(c) $(1.5 \pm 0.1) - 2\sin(30 \pm 6^\circ)$

[문항 (c)에서 숫자 2는 정확한 수이다.]

3.35.★ (모든 주어진 불확실성은 독립적이고 랜덤하다고 가정하고서) 단계적 전파를 사용하여 다음 양(量)을 구하라.

(a) $(20 \pm 1) + [(50 \pm 1)/(5.0 \pm 0.2)]$

(b) $(20 \pm 1) \times [(30 \pm 1) - (24 \pm 1)]$

(c) $(2.0 \pm 0.1) \times \tan(45 \pm 3^\circ)$

3.36.★ 3.8절에 서술된 단계적 전파에 의해서 다음 양(量)을 계산하라. 모든 불확실성은 독립적이고 랜덤하다고 가정하라.

(a) $(12 \pm 1) \times [(25 \pm 3) - (10 \pm 1)]$

(b) $\sqrt{16 \pm 4} + (3.0 \pm 0.1)^3 (2.0 \pm 0.1)$

(c) $(20 \pm 2) e^{-(1.0 \pm 0.1)}$

3.37.★ (a) 경사진 공기 궤도를 미끄러져 내려오는 활주체의 가속도를 알아내려고 두 점에서의 속도와 (v_1과 v_2와) 두 점 간에 이동하는 데 걸리는 시간 t를 나는 다음과 같이 측정하였다.

$$v_1 = 0.21 \pm 0.05, \quad v_2 = 0.85 \pm 0.05$$

(모두 m/s 단위로) 그리고

$$t = 8.0 \pm 0.1\,\text{s}.$$

만약 모든 불확실성은 독립적이고 랜덤하다고 가정한다면, 가속도 $a = (v_2 - v_1)/t$와 그것의 불확실성에 대해서 어떻게 보고해야 하겠는가? (b) 나는 가속도가 $0.13 \pm 0.01\,\text{m/s}^2$이 되어야 한다고 이론적으로 계산했다. 나의 측정값이 이 예측과 일치하는가?

3.38.★ (a) 연습문제 3.37에서처럼 나는 경사진 공기 궤도 위의 두 점에서의 속도 v_1과 v_2를 측정해서 그 문제에 주어져 있는 결과들을 얻었다. 두 점 간에 걸리는 시간을 측정하는 대신에 나는 거리를

$$d = 3.740 \pm 0.002\,\mathrm{m}$$

로 측정한다. 만약 내가 지금 가속도를 $a = (v_2^2 - v_1^2)/2d$로 계산한다면 불확실성과 함께 나의 답은 어떻게 되어야 하는가? (b) 이 답은 나의 이론적 예측 $a = 0.13 \pm 0.01\,\mathrm{m/s^2}$과는 얼마나 잘 일치하는가?

3.39.★★ (a) 수평 공기 궤도 위의 활주체가 활주체를 전후로 진동하게 해주는 스프링에 연결되었다. 이 계의 총 에너지는 $E = (1/2)mv^2 + (1/2)kx^2$으로 주어지는데 여기서 m은 활주체의 질량이고, v는 속도, k는 스프링의 힘 상수, 그리고 x는 스프링이 평형점으로부터 늘어난 길이이다. 어떤 학생이 다음과 같은 측정을 실시하였다.

$$m = 0.230 \pm 0.001\,\mathrm{kg}, \quad v = 0.89 \pm 0.01\,\mathrm{m/s},$$

$$k = 1.03 \pm 0.01\,\mathrm{N/m}, \quad x = 0.551 \pm 0.005\,\mathrm{m}.$$

총 에너지에 대한 이 학생의 답은 어떻게 되는가? (b) 그다음에 학생은 $v = 0$인 진동의 극단에서 활주체의 위치 x_{max}를

$$x_{\mathrm{max}} = 0.698 \pm 0.002\,\mathrm{m}$$

로 측정하였다. 이 끝점에서의 에너지의 값에 대한 학생의 답은 어떻게 되겠는가? (c) 학생의 결과들은 두 에너지가 같아야만 한다는 것을 요구하는 에너지 보존과 일관적인가?

3.9절에 관한 문제: 예

3.40.★★ 3.9절의 단순 흔들이에 관한 논의를 다시 복습하라. 실제 실험에서는 실험자는 여러 개의 서로 다른 길이 l에 대한 주기 T를 측정해야만 하는데 그렇게 하면 비교할 수 있는 g에 대한 여러 개의 값을 얻게 된다.

조금 생각해보면 독자들은 모든 데이터와 계산을 정리해서 표 3.2에서처럼 하나의 편리한 표로 나타낼 수 있다. 표 3.2를 사용해서 (혹은 독자들이 선호하는 다른 배열을 사용해서) 표에 보인 네 개 짝의 데이터에 대한 g와 그것의 불확실성을 계산하라. 독자들의 답은 공인된 값인 980 cm/s^2과 일관적인가? l이 작아지는 데에 따른 δg의 변동에 대해서 논평하라. (첫 번째 데이터 짝에 대한 답이 독자들로 하여금 계산 방법을 점검할 수 있게 해줄 것이다.)

표 3.2 흔들이를 가지고 g를 알아내기; 연습문제 3.40과 관련

l (cm) 모두 ± 0.1	T (sec) 모두 ± 0.001	g (cm/s^2)	$\delta l/l$ (%)	$\delta T/T$ (%)	$\delta g/g$ (%)	answer $g \pm \delta g$
93.8	1.944	980	0.1	0.05	0.14	980 ± 1.4
70.3	1.681					
45.7	1.358					
21.2	0.922					

3.41.★★ 3.9절에 있는 유리의 굴절률 측정에 대해서 복습하라. 표 3.1과 유사한 표를 사용해서 표 3.3에 주어진 데이터에 대한 굴절률 n과 그것의 비율 불확실성을 계산하라. 독자들의 답은 제조업자의 주장인 $n = 1.50$과 일관적인가? 불확실성의 변동에 대해서 논평하라. (모든 각도의 단위는 도이고 i는 입사각, r은 굴절각이다.)

표 3.3 굴절률 데이터(단위: 도); 연습문제 3.41과 관련

i (모두 ±1)	10	20	30	50	70
r (모두 ±1)	7	13	20	29	38

3.10절에 관한 문제: 더 복잡한 예

3.42.★★★ 3.10절에 있는 기울기 θ의 경사면을 따라 굴러 내려가는 카트에 대한 실험을 복습하라. (a) 만약 카트의 바퀴가 매끄럽고 가볍다면 기대되는 가속도는 $g\sin\theta$이다. 만약 θ가 $5.4 \pm 0.1°$로 측정되었다면 기대되

는 가속도와 그것의 불확실성은 어떻게 되겠는가? (b) 경사면의 꼭대기에서 카트를 여러 방식으로 밀어주면서 실험을 반복한다면 데이터와 모든 계산은 상례대로 표 3.4와 같이 하나의 표에 기록될 수 있을 것이다. 가속도에 관한 방정식 (3.33)을 사용해서 (이전과 같은 값 $l^2/2\text{s} = 0.125\,\text{cm} \pm 2\%$를 사용해서) 표 3.4에 제시된 데이터에 대한 a와 δa를 계산하라. 결과는 문항 (a)에서 얻은 a의 기대되는 불변성과 그리고 $g\sin\theta$의 기대되는 값과 일치하는가? 더 빠른 속도에서 a의 불변성을 검사하기 위해 카트를 더 세게 밀어주는 것은 가치가 있을까? 설명하라.

표 3.4 가속도 데이터; 연습문제 3.42와 관련

t_1 (s) 모두 ± 0.001	t_2 (s) 모두 ± 0.001	$\dfrac{1}{t_1^2}$	$\dfrac{1}{t_2^2}$	$\dfrac{1}{t_2^2} - \dfrac{1}{t_1^2}$	a (cm/s^2)
0.054 ± 2%	0.031 ± 3%	343 ± 14	1040 ± 62	698 ± 64	87 ± 8
0.038	0.027				
0.025	0.020				

3.11절에 관한 문제: 오차 전파에 관한 일반 공식

3.43.★ $q(x,y)$의 편도함수 $\partial q/\partial x$는 y를 상수로 취급하면서 q를 x에 관하여 미분함으로써 얻어진다. 다음 세 개의 함수에 대해서 편도함수 $\partial q/\partial x$와 $\partial q/\partial y$를 쓰라.

$$\text{(a)}\ q(x,y) = x + y, \quad \text{(b)}\ q(x,y) = xy, \quad \text{(c)}\ q(x,y) = x^2y^3.$$

3.44.★★ 3.11절에서 사용된 결정적인 근사는 점 $(x+u, y+v)$에서의 함수 q의 값을 u와 v의 값이 작을 때 점 (x, y) 근방에서의 값과 관련시킨다.

$$q(x+u, y+v) \approx q(x, y) + \frac{\partial q}{\partial x}u + \frac{\partial q}{\partial y}v. \tag{3.55}$$

이 근사가 연습문제 3.43의 세 함수에 대해서 유효하다는 것을 명시적으로 입증하라. 말하자면 각 함수에 대해서 방정식 (3.55)의 양변을 정확하게 쓰고, u와 v가 작을 경우 양변이 근사적으로 같다는 것을 보여라. 예를 들어 $q(x, y) = xy$이면 방정식 (3.55)의 좌변은

$$(x+u)(y+v) = xy + uy + xv + uv$$

이다. 독자들이 보여줄 수 있듯이 (3.55)의 우변은

$$xy + yu + xv$$

이다. 만약 u와 v가 작다면 첫 번째 식에서 uv는 무시될 수 있고 두 가지 식은 근사적으로 같아진다.

3.45.★ (a) 함수 $q(x, y) = xy$에 대해서 편도함수들 $\partial q/\partial x$와 $\partial q/\partial y$를 쓰라. 우리가 x와 y를 불확실성 δx와 δy와 함께 측정하고, 그다음에 $q(x, y)$를 계산한다고 가정하자. 일반 규칙 (3.47)과 (3.48)을 이용해서 δx와 δy가 독립적이고 랜덤한 경우와 그렇지 않을 경우 모두에 대해서 불확실성 δq를 쓰라. 전체를 $|q| = |xy|$로 나누고 곱의 비율 불확실성에 관한 간단한 규칙 (3.18)과 (3.19)를 다시 유도할 수 있다는 것을 보여라. (b) 함수 $q(x,y) = x^n y^m$에 대해서 문항 (a)를 되풀이하라. 단, 여기서 n과 m은 알려진 고정된 수들이다. (c) $q(x)$가 하나의 변수에만 종속한다면 방정식 (3.47)과 (3.48)은 어떻게 되겠는가?

3.46.★★ 만약 독자들이 두 개의 독립 변수를

$$x = 6.0 \pm 0.1 \qquad \text{그리고} \qquad y = 3.0 \pm 0.1$$

로 측정하고 이 값들을 이용해서 $q = xy + x^2/y$를 계산한다면 독자들의 답과 이 답의 불확실성은 어떻게 되겠는가? [독자들은 반드시 일반 규칙 (3.47)을

사용해야 한다. 계산을 단순화하기 위해 (3.50)과 (3.51)에 정의된 바와 같이 두 개의 개별적인 기여 δq_x와 δq_y를 먼저 계산하고 나서 이들을 제곱하여 결합하는 방법으로 계산하라.]

3.47.★★ 애트우드 장치는 가볍고 마찰이 없는 도르래를 지나가는 끈의 양쪽 끝에 매달린 ($M > m$인) 두 개의 질량 M과 m으로 구성되어 있다. 질량들을 놓아주면 질량 M은 다음 가속도로 아래로 가속된다는 것을 쉽게 보여줄 수 있다.

$$a = g\frac{M-m}{M+m}.$$

M과 m이 $M = 100 \pm 1$과 $m = 50 \pm 1$로, 둘 다 그램 단위로, 측정되었다고 가정하자. 일반 규칙 (3.47)을 사용해서 기대 가속도의 불확실성 δa를 질량과 질량의 불확실성의 항으로 나타내는 공식을 유도하고 그다음에 주어진 수들에 대한 δa를 구하라.

3.48.★★★ 만약 우리가 세 개의 독립적인 물리량 x, y, z를 측정하고, 그다음에 $q = (x+y)/(x+z)$와 같은 함수를 계산한다면 3.11절을 시작할 때 논의했듯이 단계적 계산은 q의 불확실성 δq를 과대평가할 수 있다. (a) 측정된 값 $x = 20 \pm 1, y = 2$, 그리고 $z = 0$를 고려해보는데 단순화시키기 위해 δy와 δz는 무시할 수 있다고 가정하자. 일반 규칙 (3.47)을 사용해서 불확실성 δq를 올바르게 계산하고 그 결과를 단계적으로 δq를 계산한다면 얻게 될 값과 비교해보라. (b) $x = 20 \pm 1$, $y = -40$, $z = 0$에 대해서 되풀이하라. 문항 (a)와 (b) 사이에 어떤 차이라도 있으면 그것들에 대해서 설명하라.

3.49.★★★ 만약 어떤 물체가 렌즈로부터 거리 p에 놓여 있고 상이 렌즈로부터 거리 q에 맺혔다면 렌즈의 초점거리는 다음과 같이 구할 수 있다.

$$f = \frac{pq}{p+q}. \tag{3.56}$$

[이 방정식은 "렌즈 방정식" $1/f = (1/p) + (1/q)$로부터 얻어진다.] (a) 일반 규칙 (3.47)을 사용해서 불확실성 δf에 관한 공식을 p, q, 그리고 이들의 불확실성들의 항으로서 유도하라. (b) (3.56)으로부터 바로 시작한다면 p와 q가 둘 다 분자와 분모에 등장하므로 단계적으로는 δf를 구할 수 없다. 그러나 f는 다음과 같이 다시 쓸 수 있음을 보여라.

$$f = \frac{1}{(1/p) + (1/q)}.$$

이 형식으로부터 출발하면 독자들은 δf를 단계적으로 **평가할 수 있다**. 그렇게 계산하고, 독자들은 문항 (a)와 같은 답을 얻었다는 것을 확인하라.

3.50.★★★ 독자들이 세 개의 독립적인 변수를

$$x = 10 \pm 2, \quad y = 7 \pm 1, \quad \theta = 40 \pm 3^{\circ}$$

라고 측정했다고 가정하고 이 값들을 사용해서 다음을 계산하라.

$$q = \frac{x+2}{x + y\cos(4\theta)}.$$

q와 그것의 불확실성에 대한 독자들의 답은 어떻게 되는가? 변수 x가 분자와 분모에 모두 등장하므로 오차 전파를 단계적으로 진행할 수 없다는 것을 유념하라. 그러므로 독자들은 반드시 일반 규칙 (3.47)을 사용해야만 한다.

제4장

랜덤 불확실성의 통계적 분석

측정의 신뢰도를 평가하는 최상의 방법 중 하나는 측정을 여러 차례 반복하고 얻어진 다른 값들을 조사해보는 것이라는 것을 우리는 알았다. 이 장과 5장에서 나는 이러한 방법으로 측정을 분석하는 통계적 방법들에 대하여 서술하겠다.

앞에서 지적한 바와 같이 모든 형식의 실험 불확실성들이 반복된 측정들에 근거한 통계적 분석으로 평가될 수 있는 것은 아니다. 이러한 이유로 불확실성은 통계적으로 처리될 **수 있는 랜덤** 불확실성과 그렇게 될 **수 없는 계통** 불확실성이라는 두 가지 집단으로 구별된다. 이와 같은 구별은 4.1절에 서술되어 있다. 이 장의 나머지 대부분은 랜덤 불확실성에 할애될 것이다. 4.2절에서는 공식적으로 정당함을 입증하지 않고 어떤 단일 물리량 x에 대한 일련의 측정된 값들 $x_1, \ldots, x_N$과 관련되는 두 가지 중요한 정의를 도입한다. 먼저 $x_1, \ldots, x_N$의 **평균** 또는 mean으로 불리는 $\overline{x}$를 정의한다. 그다음에 $x_1, \ldots, x_N$의 **표준 편차**를 정의하는데 이것은 σ_x로 표시되고 개별적으로 측정된 값들인 $x_1, \ldots, x_N$에서의 평균적 불확실성을 특징짓는다. 4.3절은 표준 편차의 사용에 관한 예들을 제공한다.

4.4절은 중요한 개념인 **평균의 표준 편차**를 소개한다. 이 파라미터는 $\sigma_{\overline{x}}$로 표시되고 x에 대한 최량의 추정값으로서의 평균 $\overline{x}$에서의 불확실성을 특징짓는다. 4.5절은 평균의 표준 편차에 대한 예들을 제공한다. 끝으로 4.6절에서 계통 오차라는 성가신 문제로 되돌아가볼 것이다.

4장의 어디에서도 나는 서술되는 방법들의 정당성을 완전하게 입증하려고 시도하지는 않겠다. 이 장의 주된 목적은 기본적인 공식들을 도입하고 이들이 어떻게 사용되는지를 서술하는 데 있다. 5장에서 나는 정규 분포 곡선의 중요한 성질에 근거해서 정당성을 올바르게 입증할 것이다.

4장의 내용과 (통계적 분석과) 3장의 내용과의 (오차 전파와의) 관계는 언급할 가치가 크다. 실제적인 관점에서 보면 이 두 가지 주제는 (대수와 기하는 비록 관련은 되어 있지만 수학의 별개의 분야인 것처럼) 비록 연관은 되어 있지만 오차 분석에 관한 별개의 분야라고 간주될 수도 있다. 대부분의 실험에서는 두 가지가 모두 사용되므로 두 가지 주제에 모두 정통해야 한다.

몇몇 유형의 실험에서는 오차 전파의 역할과 통계 분석의 역할은 상호 보완적이다. 말하자면 어떤 실험은 오차 전파 방법이나 통계적 방법 중 어떤 방법에 의해서도 분석될 수 있다. 하나의 예를 생각해보자. 단순 흔들이의 길이 l과 주기 T를 측정해서 중력 가속도를 측정하기로 독자들이 결정했다고 가정해보자. $T=2\pi\sqrt{l/g}$ 이므로 독자들은 $g=4\pi^2 l/T^2$에 의해서 g를 알아낼 수 있다. 독자들은 값이 다른 여러 개의 길이를 사용해서 각 길이에 대응하는 주기 T를 측정하는 실험을 반복하기로 결정할 수 있다. 이러한 방법에 의해서 독자들은 g에 대한 여러 가지 값을 얻게 될 것이다. g에 대한 이 값들에서의 불확실성을 알아내기 위해 독자들은 두 방법 중 어느 하나를 따라서 진행할 수 있다. 만약 독자들이 실제에 가깝게 l과 T의 불확실성을 추정할 수 있다면 독자들은 불확실성을 전파시켜서 g의 값에서의 불확실성을 알아낼 수 있다. 다른 대안으로서, g에 대해서 여러 개의 값이 주어져 있다면 이들을 통계적으로 분석할 수 있다. 특히 이들의 **표준 편차**는 이 불확실성에 대한 좋은 측도가 될 것이다. 안타깝게도 독자들은 불확실성을 알아내는 방법으로 실은 하나만을 선택할 수는 없다. 만약 불확실성이 이 두 가지 방법에 의해 구해질 수 있다면 이 두 가지 방법이 최소한 근사적일지라도 같은 답을 주는지를 조사하기 위해 독자들은 **두 가지** 방법을 실제로 **모두** 사용해야 한다.

4.1 랜덤 오차와 계통 오차

반복 측정에 의해서 드러나는 실험적 불확실성은 **랜덤** 오차라고 명명하고 이러한 방식에 의해서 드러나지 않는 불확실성은 **계통** 오차라고 일컫는다. 이러한 구별을 설명하기 위해 몇 가지 예를 검토해보자. 먼저 안정적으로 회전하는 턴테이블이 한 번 회전하는 데 걸리는 시간을 잰다고 가정하자. 오차의 원천들 중의 하나는 시계를 작동시키고 정지시키는 데에 걸리는 우리의 반응 시간이다. 만약 우리의 반응 시간이 늘 똑같다면 두 가지 지연 시간은 서로 상쇄할 것이다. 그렇지만 실제로는 우리의 반응 시간은 변동할 것이다. 우리는 시작할 때 더 지체할 수 있을 것이고 이렇게 되면 1회전에 걸리는 시간을 과소평가하게 될 것이다. 반면에 정지시킬 때 더 지체할 수 있을 것이고 그럴 때는 1회전에 걸리는 시간을 과대평가하게 될 것이다. 두 가지에 대한 가능성이 동등하게 있을 법하기 때문에 지체 효과의 부호는 **랜덤**할 것이다. 만약 이 실험을 여러 번 반복한다면 우리는 때로는 과대평가할 것이고 때로는 과소평가할 것이다. 그리하여 변동하는 반응 시간은 구해지는 답에서의 변동성으로 나타나게 될 것이다. 결과의 퍼짐을 통계적으로 분석하면 이러한 종류의 오차에 대해서 매우 신뢰성 높은 추정값을 얻을 수 있을 것이다.

반면에 우리의 시계가 시종일관 느리게 간다면 우리가 계측한 시간은 과소평가될 것이고 (같은 시계를 사용해서) 아무리 많이 반복하더라도 이러한 원천에 기인하는 오차는 드러나지 않을 것이다. 이러한 종류의 오차를 **계통적**이라고 일컫는데 그 이유는 이 오차가 우리의 결과를 항상 한 방향으로 밀어주기 때문이다. (만약 시계가 천천히 가면 우리는 늘 과소평가하게 되고, 만약 시계가 빠르게 간다면 우리는 늘 과대평가하게 된다.) 계통 오차는 여기서 숙고해보는 그러한 종류의 통계적 분석에 의해서는 발견될 수 없다.

랜덤 오차 대 계통 오차에 관한 두 번째 예로서 잘 정의된 어떤 길이를 눈금이 매겨진 자로 측정한다고 가정해보자. 불확실성의 하나의 원천은 눈금 표지 간을 사이 채워야 하는 필요성일 것이고 이 불확실성은 아마도 랜덤할 것이다. (사이 채울 때 우리는 아마도 과소평가할 가능성만큼 과대평가도 하게 될 것이다.) 그런데 우리의 자가 왜곡되었을 가능성도 있는데 그러면 불확실성의 이러한 원천은 거의 확실하게 계통적일 것이다. (만약 그 눈금이 매겨진 자가 늘어난 상태라면 항상 과소평가하게 될 것이고 자가 줄어든 상태라면 항상 과대평가할 것이다.)

이 두 개의 예와 같이 거의 모든 측정은 랜덤 불확실성과 계통 불확실성 모두의 지배를 받는다. 독자들은 더욱 많은 예들을 쉽게 찾아낼 수 있을 것이다. 특히, 랜덤 불확실성들의 공통된 원천들은 (사이 채울 때와 같이) 관찰자의 판단에 따르는 작은 크기의 오차들, (기계적 진동과 같은) 장비의 작은 크기의 교란들, 정의의 문제들, 그리고 그 외의 몇 가지라는 사실을 알아야 한다. 어쩌면, 계통 오차의 가장 명백한 원인은 느리게 가는 시계나, 늘어난 눈금이 매겨진 자 그리고 부적절하게 0점 조정된 계량기 등과 같이 기기의 눈금을 잘못 맞추는 데 있을 것이다.

랜덤 오차와 계통 오차 간의 차이를 더 분명히 알기 위해 그림 4.1의 비유를 검토해보기로 한다. 여기서 "실험"이란 표적에 발사한 일련의 탄환인데 정확한 "측정"이란 중심에 가깝게 도착한 탄환을 의미한다. 랜덤 오차는 중앙이 아니라 다른 위치에 탄환이 랜덤하게 도달하게 만드는 어떤 원인들에 의해서 야기된다. 예를 들면 사수의 손이 흔들릴 수 있고, 사수와 표적 사이의 대기 상태가 동요해서 표적의 모습을 랜덤한 방식으로 왜곡시킬 수도 있다. 계통 오차는 그 무엇인가가 어떤 "일률적인" 한 방향으로 탄환이 중앙을 벗어난 위치에 도착하게 만들면 생겨나게 되는데, 한 예로 만약 총의 가늠쇠가 잘못 정렬되어 있어서 일어날 수 있다. 그림 4.1에서 작거나 큰 랜덤 또는 계통 오차들의 여러 가지 조합에 따라서 결과들이 어떻게 달라지는가에 주목하자.

비록 그림 4.1은 랜덤 오차와 계통 오차의 영향에 관하여 아주 훌륭하게 설명하고 있지만 이 그림은 한 가지 중요한 측면에서 오도하고 있다. 네 개 그림 각각에 표적의 위치를 보여주고 있기 때문에 우리는 어느 특정한 탄환이 정확한지 아닌지를 한눈에 분간할 수 있다. 특히 위에 있는 두 개 그림 간의 차이는 곧바로 명백해진다. 왼쪽 그림에서 탄환들은 표적의 중앙 근방에 모여 있는 데 비해 오른쪽 그림에서는 탄환들이 표적의 중앙에서 상당히 벗어난 점을 중심으로 모여 있다. 그러므로 분명히 왼쪽 그림에 대해 책임이 있는 사수는 계통 오차를 거의 가지고 있지 않다. 그러나 오른쪽 그림에

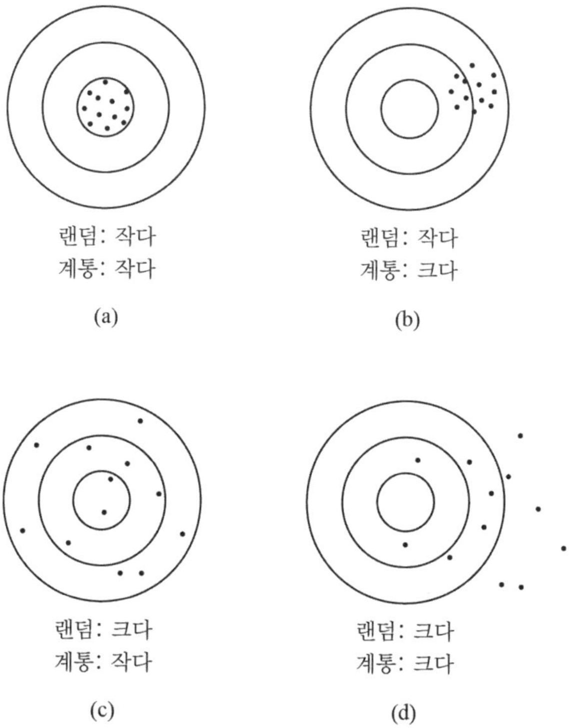

그림 4.1 사격 훈련에서 랜덤 오차와 계통 오차. (a) 모든 탄환이 서로 가깝게 도착하기 때문에 우리는 랜덤 오차는 작다고 말할 수 있다. 탄환들의 중심이 표적의 중심에 있기 때문에 계통 오차도 역시 작다. (b) 랜덤 오차는 여전히 작지만 계통 오차는 훨씬 더 크다. 탄환들은 "일률적으로" 오른편으로 치우쳐서 중앙을 벗어나 있다. (c) 여기서는 랜덤 오차는 크나 계통 오차는 작다. 탄환은 넓게 흩어져 있으나 일률적으로 중앙을 벗어난 것은 아니다. (d) 여기서는 랜덤 오차와 계통 오차가 둘 다 크다.

대해 책임이 있는 사수는 상당히 큰 계통 오차를 가지고 있다. 그림 4.1에서 표적의 위치를 안다는 사실은 실험실의 계측에서는 측정된 물리량의 참값을 안다는 것에 해당한다. 그런데 실제 대다수 측정에서 우리는 이 참값을 **모른다.** (만약 그 참값을 안다면 우리는 수고스럽게 일부러 측정하지는 않을 것이다.)

대부분의 실제 실험에 가깝도록 그림 4.1의 비유를 개선하기 위해서는 우리는 표적의 위치를 보여주는 둥근 고리들이 없도록 그림 4.2처럼 그림들을 다시 그려야 할 필요가 있다. 이 그림들에서 랜덤 오차를 식별하기는 여전히 쉽다. (위쪽의 두 개의 그림은 명백히 아래쪽 두 그림보다도 작은 크기의 랜덤 오차들을 가지고 있다.) 그런데 어느 사수가 더 큰 계통 오차를 가지고 있는지를 결정하는 것은 그림 4.2를 가지고는 **불가능하다.** 이 상황은 대부분의 실

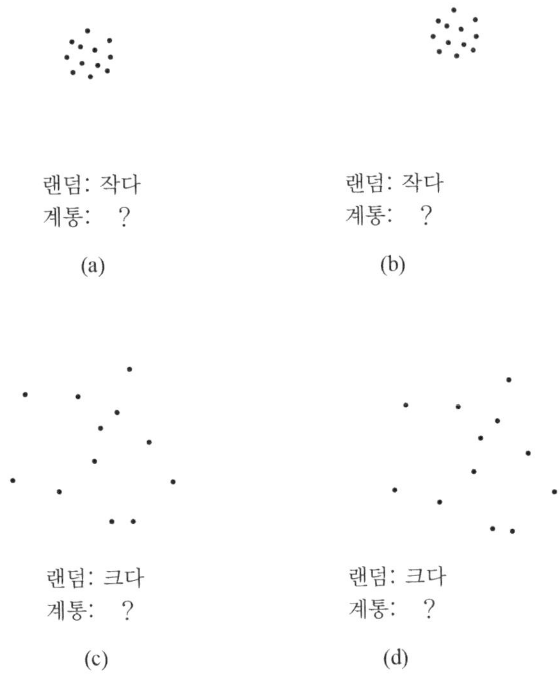

그림 4.2 그림 4.1에서와 같은 실험인데 표적의 위치가 보이지 않도록 다시 그렸다. 이 상황은 측정하고자 하는 물리량의 참값을 우리가 모르는 실제 실험 대부분이 처해 있는 상황에 가깝다. 우리는 여기에서 랜덤 오차는 여전히 잘 평가할 수 있지만 계통 오차에 대해서는 아무것도 알 수 없다.

제 실험들이 처해 있는 바로 그러한 상황이다. 측정된 값들의 분포를 조사해 보면 랜덤 오차들은 쉽게 평가할 수 있지만 계통 오차들에 대해서는 어떤 지침도 얻을 수 없다.

랜덤 오차와 계통 오차가 항상 명쾌하게 구별되지는 않고 한 실험에서는 랜덤 오차를 일으키는 문제가 다른 실험에서는 계통 오차를 만들어낼 수도 있다. 그 예로 독자들이 머리를 먼저 한쪽으로 기울이고 다음에는 다른 쪽으로 머리를 기울인 다음 (보통 시계와 같은) 대표적인 계량기를 읽는다면 계량기의 판독은 달라질 것이다. **시차**(視差)라고 불리는 이 효과는 독자들이 눈을 계량기의 정면에 똑바로 위치시켜야만 그 계량기는 올바르게 읽혀진다는 것을 의미한다. 독자들이 아무리 주의를 기울인다고 해도 눈을 항상 **적확하게** 정면에 위치시킬 수는 없다. 결과적으로 독자들의 측정값은 시차로 인해서 작은 크기의 불확실성을 가지게 되는데 이 불확실성은 거의 확실하게 랜덤할 것이다. 그 반면에 좌석 한편에 계량기를 두고 나서 시차에 대하여 염려하는 것을 잊어버린 부주의한 실험자는 모든 판독에 계통 오차를 도입하게 된다. 따라서 시차라고 하는 동일 효과가 한 경우에는 랜덤 불확실성을, 다른 경우에는 계통 오차를 만들어내게 된다.

랜덤 오차에 대한 처리는 계통 오차에 대한 처리와는 다르다. 후속하는 절에서 서술하는 통계적 방법들은 랜덤 불확실성에 대해서 신뢰할 만한 추정값을 산출해주고 우리가 확인할 수 있듯이 불확실성을 축소할 수 있는 명확한 절차를 제공해준다. 방금 논의한 이유 때문에 계통 불확실성은 평가하기가 어렵고 심지어는 감지하기조차 힘들다. 숙련된 과학자는 계통 오차의 있을 수 있는 모든 원천을 예상하는 것과 요구되는 정밀도보다도 모든 계통 오차가 훨씬 작게 되도록 확실히 해두는 것을 배워야만 한다. 이렇게 하는 것은 예를 들어 계량기들을 공인된 표준들에 대조하는 것, 이들을 교정하는 것, 필요하다면 더 좋을 계량기들을 새로 구입하는 것 등을 필요로 한다. 안타깝게도 초급 물리학 실험과목에서는 이러한 점검들은 거의 가능하지 않고 따라서 계통 오차들에 대한 처리는 많은 경우 어설프다. 이 개념은 4.6절에서 더 깊이 논의하겠다. 당장에 나는 모든 계통 오차가 식별되고 그 오차들이 요구되는 정밀도보다도 훨씬 작게 만들진 실험들에 대해 논의하겠다.

4.2 평균과 표준 편차

우리가 어떤 물리량 x를 측정해야 할 필요가 있고, 그래서 계통 오차의 모든 원천을 식별한 다음 이들을 무시할 수 있는 수준으로 축소시켰다고 가정하자. 남은 불확실성의 원천들은 모두 랜덤하기 때문에 측정을 여러 번 반복한다면 그 원천들을 감지할 수 있을 것이다. 예를 들어 우리는 그 측정을 다섯 번 반복하고, 그 결과로

$$71,\ 72,\ 72,\ 73,\ 71 \tag{4.1}$$

을 (편의상 여기서는 단위를 생략했는데) 얻을 수 있다.

우리가 묻고자 하는 첫 번째 질문은 이것이다. (4.1)의 다섯 개 측정된 값이 주어지면 물리량 x에 대한 최량의 추정값 x_{best}로서 우리는 어떤 값을 취해야 하는가? 우리의 최상의 선택으로는 주어진 다섯 개 값의 **평균** (average 또는 mean) $\overline{x}$가 합리적인 것 같은데, 나는 5장에서 이 선택이 일반적으로 가장 좋다는 것을 증명할 것이다. 따라서

$$\begin{aligned} x_{\text{best}} &= \overline{x} \\ &= \frac{71+72+72+73+71}{5} \\ &= 71.8 \end{aligned} \tag{4.2}$$

이다. 여기서 두 번째 줄은 바로 목전에 있는 수들의 평균 $\overline{x}$에 대한 정의이다.[1]

더 일반적으로 우리가 물리량 x를 N번 (모두 같은 장비와 절차를 사용해서) 측정하고 N개의 값

$$x_1, x_2, \ldots, x_N \tag{4.3}$$

을 얻었다고 가정하자. 다시 한번 말하자면, x에 대한 최량의 추정값은 일반적으로 $x_1, x_2, \ldots, x_N$의 평균이다. 즉

$$x_{\text{best}} = \overline{x} \tag{4.4}$$

이고, 여기서

$$\begin{aligned} \overline{x} &= \frac{x_1 + x_2 + \cdots + x_N}{N} \\ &= \frac{\Sigma x_i}{N} \end{aligned} \tag{4.5}$$

1 휴대용 계산기 시대에도 (4.2)와 같은 평균은 머릿속에서 쉽게 계산될 수 있다는 것은 지적할 가치가 있다. 모든 수가 70대이므로 평균도 당연히 그래야 한다. 남은 일은 1, 2, 2, 3, 1의 평균을 구하는 것인데 이 수들의 평균이 $9/5 = 1.8$인 것은 자명하고 우리의 답은 $\overline{x} = 71.8$이다.

이다. 마지막 줄에서 나는 유용한 시그마 기호를 도입하였다. 이 기호를 따르면

$$\sum_{i=1}^{N} x_i = \sum_i x_i = \Sigma x_i = x_1 + x_2 + \cdots + x_N$$

이다. 여기서 두 번째와 세 번째의 표현은 통상적인 생략형인데 혼동의 위험이 없다면 나는 이들을 사용할 것이다.

평균(average 또는 mean)이란 개념은 모든 독자에게 거의 확실히 친숙할 것이다. 우리의 다음 개념은 **표준 편차**의 개념인데 독자들에게는 그렇게 친숙하지는 않을 것이다. **측정값** $x_1, x_2, \ldots, x_N$의 표준 편차는 **측정값** $x_1, x_2, \ldots, x_N$**의 평균 불확실성**에 대한 추정값이고 다음과 같이 결정된다.

만약 $\bar{x}$가 물리량 x에 대한 최량의 추정값으로 주어졌다면 우리는 당연히 차분 $x_i - \bar{x} = d_i$에 대해서 고려해볼 수 있을 것이다. 이 차분은 종종 $\bar{x}$로부터의 x_i의 **편차**라고 (또는 **잔차**라고) 불리는데 i**번째 측정값이 평균** $\bar{x}$**로부터 얼마나 차이 나는지** 우리에게 알려준다. 만약 $d_i = x_i - \bar{x}$가 모두 매우 작다면 측정값들은 모두 서로 근접해 있고, 추측건대 매우 정밀할 것이다. 만약 몇 개의 편차가 크다면 우리의 측정들은 분명히 그토록 정밀하지는 못할 것이다.

편차라는 개념에 대해서 독자들이 확실하게 이해할 수 있도록 (4.1)에 보고된 다섯 개 측정값의 집합에 대한 편차들을 계산해보기로 한다. 편차들의 크기가 (물론) 모두 같지 않다는 것을 알아야 한다. 만약 i번째 측정값이 우연히 $\bar{x}$에 가깝다면 d_i는 작을 것이고, 그러나 x_i가 멀리 떨어져 있다면 d_i는 클 것이다. x_i 중 몇 개는 $\bar{x}$보다 크지 않을 수 없고 또 몇 개는 작을 수밖에 없기 때문에 d_i 중 몇 개는 양수이고 또 몇 개는 음수가 될 것이라는 사실도 또한 알아야 한다.

측정값 $x_1, x_2, \ldots, x_5$의 평균적 신뢰도를 추정하기 위해 우리는 당연히 편차들 d_i의 평균을 취하려고 시도할 것이다. 그러나 표 4.1을 일별해보면 편차들의 평균은 안타깝게도 0이라는 것을 알 수 있다. 사실 평균 $\bar{x}$의 정

의 자체가 $d_i = x_i - \overline{x}$가 어느 때는 양이 되고 어느 때는 음이 되어서 $\overline{d}$가 0이 되는 것을 보증하기 때문에 편차들의 평균은 측정된 값 $x_1, x_2, \ldots, x_N$의 어떤 집합에 대해서도 0이 될 수밖에 없다. (연습문제 4.4를 참조하라.) 그러므로 명백하게 편차들의 평균은 측정값 $x_1, x_2, \ldots, x_N$의 신뢰도를 특징짓는 유용한 수단이 아니다.

표 4.1 편차의 계산

시행 번호 i	측정된 값 x_i	편차 $d_i = x_i - \overline{x}$
1	71	−0.8
2	72	0.2
3	72	0.2
4	73	1.2
5	71	−0.8
	$\sum x_i = 359$	$\sum d_i = 0.0$
	평균, $\overline{x} = \sum x_i/N = 359/5 = 71.8$	

이 곤혹스러운 상황을 비켜가는 최상의 전략은 **양의** 수들의 집합을 만들어주도록 모든 편차를 **제곱하고** 이 수들의 평균을 내는 것이다.[2] 만약 우리가 그 결과에 대한 제곱근을 취하면 x 자체와 차원이 같은 양을 얻게 될 것이다. 이 수가 $x_1, x_2, \ldots, x_N$의 **표준 편차**라고 불리며 σ_x라고 표시된다.

$$\sigma_x = \sqrt{\frac{1}{N}\sum_{i=1}^{N}(d_i)^2} = \sqrt{\frac{1}{N}\sum_{i=1}^{N}(x_i - \overline{x})^2}. \tag{4.6}$$

이 정의에 따라서 표준 편차는 측정값 $x_1, x_2, \ldots, x_N$의 **제곱근평균제곱**(제곱의 평균의 제곱근) 편차라고 (또는 RMS 편차라고) 서술될 수 있다. 이것이 측

2 다른 가능한 방법은 절댓값 $|d_i|$를 취하고 이들의 평균을 내는 것인데 d_i^2의 평균이 더 편리한 것으로 입증되었다. $|d_i|$의 평균은 때로는 (오해하게 만드는) **평균 편차**라고 불린다.

정의 신뢰도를 특징짓는 유용한 수단이라는 것은 증명되어 있다. [우리가 곧 논의할 것이지만 분모를 N 대신에 $N-1$로 대체하는 것으로 (4.6)의 정의는 때로는 수정되기도 한다.]

(4.6)에 의해서 정의된 대로 표준 편차 σ_x를 계산하기 위해서는 우리는 편차들 d_i를 계산해서 제곱하고, 이 제곱들의 평균을 낸 다음, 그 결과의 제곱근을 취해야 한다. 표 4.1에 수록된 데이터에 대해서 표 4.2에서 이러한 계산을 시작해보기로 한다.

표 4.2의 네 번째 열에 있는 수들 d_i^2을 더하고 5로 나누면 우리는 σ_x^2이라는 (때로는 측정의 **분산**이라고 불리는) 양을 얻게 된다.

표 4.2 표준 편차의 계산

시행 번호 i	측정된 값 x_i	편차 $d_i = x_i - \bar{x}$	편차의 제곱 d_i^2
1	71	−0.8	0.64
2	72	0.2	0.04
3	72	0.2	0.04
4	73	1.2	1.44
5	71	−0.8	0.64
	$\Sigma x_i = 359$	$\Sigma d_i = 0.0$	$\Sigma d_i^2 = 2.80$
		$\bar{x} = 359/5 = 71.8$	

$$\sigma_x^2 = \frac{1}{N}\Sigma d_i^2 = \frac{2.80}{5} = 0.56. \tag{4.7}$$

이 수의 제곱근을 취하면 우리는 표준 편차가

$$\sigma_x \approx 0.7 \tag{4.8}$$

이라는 것을 알게 된다. 그러므로 다섯 개 측정값 71, 72, 72, 73, 71의 평균 불확실성은 근사적으로 0.7이다.

안타깝게도 표준 편차의 정의에는 다른 하나의 대안이 있다. (4.6)에서 인자 N을 $(N-1)$로 대체하고 $x_1, x_2, \ldots, x_N$의 표준 편차를 다음과 같이 정의하는 것에는 이론적인 근거가 있다.

$$\sigma_x = \sqrt{\frac{1}{N-1}\Sigma d_i^{\,2}} = \sqrt{\frac{1}{N-1}\Sigma(x_i - \bar{x})^2}. \tag{4.9}$$

나는 여기서 σ_x에 대한 정의 (4.9)가 (4.6)의 정의보다 더 우수하다는 것을 증명하려고 시도하지는 않겠으나 이 새로운 "개선된" 정의에 의한 σ_x는 명백히 이전의 정의 (4.6)에 의한 것보다도 약간 더 크다는 것과 그렇기 때문에 (4.6)이 측정값 $x_1, x_2, \ldots, x_N$의 불확실성을, 특히 측정값의 수 N이 작을 때, 작게 평가하는 경향을 (4.9)가 바로잡아준다는 것은 언급하고자 한다. 이 경향은 $N=1$이라는 (즉 우리가 단 하나의 측정만 시행한다는) 극단적인 (그리고 터무니없는) 사례에 관하여 숙고해보면 이해할 수 있다. 이때는 평균 $\bar{x}$가 하나의 관측된 값 x_1과 같고, 따라서 단 하나의 편차는 자동적으로 0이다. 그러므로 (4.6)의 정의는 $\sigma_x = 0$이라는 터무니없는 결과를 내준다. 그 반면에 정의 (4.9)는 0/0이라는 결과를 내준다. 말하자면 이 결과는 정의 (4.9)에 의해서는 σ_x가 정의되지 않는다는 것을 의미하고, 따라서 단지 하나의 측정값만 가지고는 우리는 불확실성에 대해서 아무것도 알지 못한다는 것을 올바르게 반영하고 있다. 정의 (4.6)은 때로는 **모집단 표준 편차**(모 표준 편차)라고 불리고 정의 (4.9)는 **표본 표준 편차**라고 명명되고 있다.

정의 (4.6)과 (4.9)의 차이는 수치적으로 거의 대부분의 경우에 무의미하다. 우리는 항상 측정을 여러 번 (최소한 다섯 번, 더 바람직하게는 훨씬 많이) 되풀이해야만 한다. 비록 단지 다섯 번만($N=5$) 측정한다고 해도, $\sqrt{N}=2.2$와 $\sqrt{N-1}=2$ 간의 차이는 대부분의 측정 목적에서 보면 무의미하다. 예를 들면 우리가 표준 편차 (4.8)을 개선된 정의 (4.9)를 이용해서 다시 계산한다고 해도 우리는 $\sigma_x = 0.7$ 대신에 $\sigma_x = 0.8$을 얻게 되는데 그 차이는 그렇게 중요하지 않다. 그렇지만 독자들은 두 가지 정의가 있다는 것을 알고 있어야 할 필요가 있다. 물리학 실험에서는 더 보수적인 (말하자면 더 큰) 정의 (4.9)가 대개는 최상의 선택이나 그렇지만 어떤 경우라도 실험 보고서에는 보고서를 읽는 사람이 독자적으로 계산을 검사해볼 수 있도록 하기 위해 표준 편차의 어떠한 정의를 독자들이 사용하고 있는지를 명료하게 진술해야 한다.

즉시 점검 4.1

같은 길이의 궤도를 한 카트가 굴러 내려가는 데 걸리는 시간을 측정하고 다음과 같은 결과를 얻었다고 하자. (단위: 초)

$$21, 24, 25, 22.$$

평균 소요 시간과 그리고 개선된 정의 (4.9)에 의해 주어지는 표준 편차를 구하라.

표준 편차의 개념을 이해하기 위해서는 즉시 점검 4.1에서와 같은 간단한 사례에 대해 반드시 독자들 스스로 계산해볼 수 있어야 한다. 그렇지만 대부분의 과학용 계산기들은 이 계산을 자동적으로 실행하는 내장된 기능을 보유하고 있고, 그래서 독자들은 많은 측정값이 관련되는 실제 실험에 대해서 분명히 이 기능을 사용하고 싶어질 것이다. 만약 계산기를 사용해서 표준 편차를 계산하는 방법에 확신이 없다면, 독자들은 시간을 들여서 배우고 그 다음에 계산기의 그 기능을 즉시 점검 4.1의 답과 비교해보아야 한다. 어떤 계산기들은 정의 (4.6)과 (4.9) 둘 중에서 하나를 선택할 수 있게도 해주고 또 어떤 것은 오직 (4.9)만을 사용하게도 한다. 독자들은 자신들의 계산기가 어떠한 계산을 실행하는지를 확실하게 알아야만 한다.

4.3 단일 측정값의 불확실성으로서 표준 편차

측정값들 $x_1, x_2, \ldots, x_N$으로부터 계산되는 표준 편차 σ_x는 그 측정값들의 평균적 불확실성을 특징짓는다는 주장을 상기하라. 5장에서 나는 다음에 서술할 한층 더 정밀한 진술을 증명해서 이 주장을 정당화할 것이다. 만약 독자들이 같은 물리량 x를 동일한 방법으로 많이 측정하고 또 불확실성의 원천들이 모두 랜덤하고 작다면 독자들의 결과는 참값 x_{true}를 중심으로 이른바 정규 곡선 또는 종 모양 곡선에 따라서 분포할 것이다. 구체적으로 **결과의 약 68%는**[3] **x_{true}의 양편으로 σ_x만큼 떨어진 거리 안에 안착할 것이다.** 즉, 독자들의 측정값들의 68%는 $x_{\text{true}} \pm \sigma_x$ 범위 안에 안착한다는 것이다.

바꾸어 말하면 독자들이 (같은 방법을 사용해서) **단 한** 번의 측정을 실시한다면 그 결과가 올바른 값으로부터 σ_x만큼의 범위 안에 있을 **확률**이 68%일 것이다. 따라서 우리는 "불확실성"이라고 부르던 바로 그것을 의미하는 것으로 σ_x를 받아들이기로 한다. 만약 독자들이 x에 대해서 한 차례 측정을 실시한다면 이 측정과 관련되는 불확실성은

$$\delta x = \sigma_x$$

로 취할 수 있고, 이렇게 선택하면 독자들은 그 측정값이 올바른 답으로부터 σ_x만큼의 범위 안에 있을 것이라고 68% 확신할 수 있다.

이 아이디어들을 적용하는 것을 보여주기 위해 우리는 유사한 스프링들을 한 상자 받았고 이 스프링들의 상수 k를 측정하도록 지시받았다고 가정해보기로 하자. 우리는 각각의 스프링에 하중을 가한 다음에 하중으로 인해 늘어나는 스프링의 길이를 관측해서 스프링 상수를 측정할 수 있다. 또는 더 좋은 방법일 수 있는데 각각의 스프링에 질량을 매달은 다음 그 질량의 진동

3 우리가 곧 알게 되듯이 적확한 수는 68.27⋯%인데 이런 종류의 수를 그토록 정밀하게 진술한다는 것은 명백하게 어리석은 일이다. 사실 이 수를 "약 3분의 2"라고 생각하는 것이 때로는 최상이다.

주기를 측정하여 스프링 상수를 알아낼 수 있다. 우리가 어떤 방법을 선택하더라도 우리는 각 스프링의 상수 k와 그것의 불확실성 δk를 알아야 한다. 그런데 모든 스프링에 대해서 하나하나 이 같은 측정을 되풀이한다는 것은 도저히 감당할 수 없을 정도로 시간이 걸리는 일일 것이다. 대신에 우리는 다음과 같이 추론해볼 수 있을 것이다. 만약 우리가 첫 번째 스프링을 여러 번 (5 또는 10회 정도) 측정한다면 이 측정값들의 평균은 첫 번째 스프링 k에 대한 좋은 추정값일 것이다. 현재로는 더 중요한 것은 이 다섯 개나 열 개의 측정값의 표준 편차 σ_x는 k의 측정에 관한 우리의 방법에서 불확실성에 대한 추정값을 제공한다는 것이다. 만약 스프링들이 서로 상당히 유사하고 각각의 스프링을 측정하는 데에 같은 방법을 사용한다면 우리는 모든 측정에서 불확실성이 같을 것으로 기대하는 것은 합리적일 것이다.[4] 그렇다면 후속되는 각 스프링에 대해서 우리는 오직 한 번만 상수를 측정하면 되고, 불확실성 δk는 첫 번째 스프링에 대해서 측정된 표준 편차 σ_k이며 우리의 답이 올바른 값으로부터 σ_k의 범위 안에 있다는 것에 대해서 68% 확신한다고 곧바로 진술할 수 있다.

수치적으로 이 아이디어들을 설명하기 위해 우리는 첫 번째 스프링에 대해서 열 번 측정하고 다음과 같은 k에 대한 측정된 값을 (모두 뉴턴/미터 단위로) 얻었다고 가정해볼 수 있다.

$$86, 85, 84, 89, 85, 89, 87, 85, 82, 85. \tag{4.10}$$

이 값들로부터 우리는 곧바로 $\bar{k} = 85.7\,\mathrm{N/m}$ 라고 계산할 수 있고, 그리고 (4.9)의 정의를 사용하면

$$\sigma_k = 2.16\,\mathrm{N/m} \tag{4.11}$$

$$\approx 2\,\mathrm{N/m} \tag{4.12}$$

4 만약 어떤 스프링들이 첫 번째 스프링과는 매우 다르다면, 이 스프링들을 측정하는 데 있어서의 불확실성은 다를 것이다. 따라서 이 스프링들이 상당히 크게 다르다면 두서너 개의 다른 스프링을 하나하나 여러 번 측정해서 불확실성을 대조할 필요가 있다.

로 얻어진다. 그러므로 모든 1회 측정에서 k의 불확실성은 근사적으로 $2\,\mathrm{N/m}$이다. 만약 우리가 지금 두 번째 스프링을 한 번 측정하고서 그 답으로 $k = 71\,\mathrm{N/m}$를 얻었다면 더 이상 애쓸 필요 없이 $\delta k = \sigma_k = 2\,\mathrm{N/m}$로 취할 수 있고, k는 다음 범위에 놓여 있다고 68%의 확신을 갖고서 진술할 수 있다.

$$(\text{두 번째 스프링의 } k) = 71 \pm 2\,\mathrm{N/m}. \tag{4.13}$$

4.4 평균의 표준 편차

만약 $x_1, x_2, \ldots, x_N$이 같은 물리량 x를 N번 측정한 결과라면, 우리가 이미 보았듯이, 물리량 x에 대한 우리의 최량의 추정값은 이 값들의 평균 $\bar{x}$이다. 우리는 또한 표준 편차 σ_x는 개별적인 측정값, $x_1, x_2, \ldots, x_N$의 평균적 불확실성을 의미한다는 것을 보았다. 그렇지만 $x_{\text{best}} = \bar{x}$라는 우리의 답은 모든 N개의 측정값의 현명한 조합을 나타내며 개별적으로 취하는 어떤 하나의 측정된 값보다도 신뢰성이 높다고 생각할 충분한 이유가 있다. 5장에서 나는 최종 답 $x_{\text{best}} = \bar{x}$에서의 불확실성은 $\sqrt{N}$ **으로 나누어진** 표준 편차 σ_x에 의해서 주어진다는 것을 증명하겠다. 이 물리량은 **평균의 표준 편차** 또는 SDOM이라고 불리고 있으며 $\sigma_{\bar{x}}$로 표기한다.

$$\sigma_{\bar{x}} = \sigma_x / \sqrt{N}. \tag{4.14}$$

(다른 통상적 명칭은 **표준 오차** 또는 **평균의 표준 오차**이다.) 그리하여 N개의 측정된 값 $x_1, x_2, \ldots, x_N$에 근거해서 x의 값에 대한 최종 답을

$$(x\text{의 값}) = x_{\text{best}} \pm \delta x$$

로 진술할 수 있는데, 여기서 $x_{\text{best}} = \bar{x}$ 로서 $x_1, x_2, \ldots, x_N$ 의 평균이고, δx 는 평균의 표준 편차

$$\delta x = \sigma_{\bar{x}} = \sigma_x / \sqrt{N} \tag{4.15}$$

이다.

하나의 예로서 (4.10)에 보고된 어떤 하나의 스프링의 스프링 상수 k에 대한 10회 측정을 고려해보기로 하자. 우리가 본 바와 같이 이 값들의 평균은 $\bar{k} = 85.7\,\text{N/m}$ 이고 표준 편차는 $\sigma_k = 2.2\,\text{N/m}$ 이다. 그러므로 평균의 표준 편차는

$$\sigma_{\bar{x}} = \sigma_k / \sqrt{10} = 0.7\,\text{N/m} \tag{4.16}$$

이다. 따라서 10회 측정에 근거한 우리의 최종 답에서 스프링의 상수는

$$k = 85.7 \pm 0.7\,\text{N/m} \tag{4.17}$$

이라고 할 수 있을 것이다. 이러한 답을 제시할 때는 답을 읽는 사람들이 이 수들의 의의를 스스로 판단할 수 있도록 그 수들이 무엇을 의미하는지 (말하자면 평균과 평균의 표준 편차와 같이) 명료하게 진술해야 한다.

평균의 표준 편차 $\sigma_{\bar{x}} = \sigma_x / \sqrt{N}$ 의 중요한 특징은 분모에 있는 인자 $\sqrt{N}$ 이다. 표준 편차 σ_x는 개별적인 측정값 $x_1, x_2, \ldots, x_N$ 의 평균적 불확실성을 표현한다. 그렇기 때문에 만약 우리가 (같은 측정 기술을 사용해서) 더 많이 측정하더라도 표준 편차 σ_x는 눈에 띌 정도로 변동하지는 않을 것이다. 그 반면에 평균의 표준 편차 $\sigma_x / \sqrt{N}$ 는 우리가 N을 증가시키면 천천히 감소할 것이다. 이 감소가 바로 우리가 기대하던 것이다. 만약 우리가 평균을 계산하기 전에 더 많이 측정한다면 우리는 당연히 최종 결과를 더 신뢰할 수

있을 것으로 기대할 것이고 이 향상된 신뢰도가 (4.15)의 분모에 있는 $\sqrt{N}$ 이 보장하는 바로 그것이다. 이 결론은 측정의 정밀도를 향상시킬 수 있는 자명한 방법을 제시한다.

안타깝게도 우리가 N을 증가시키더라도 인자 $\sqrt{N}$은 상당히 느리게 증가한다. 예를 들면 우리가 단지 측정 횟수만을 증가시켜서 정밀도를 10배 더 향상시키려고 한다면 N을 100배만큼 증가시켜야 하는데 이것은 줄잡아 말하더라도 시도하기조차 어려운 일이 아닐 수 없다. 더군다나 잠시 동안 우리는 계통 오차들을 간과하고 있었는데 계통 오차들은 측정 횟수를 증가시킨다 할지라도 축소되지 **않는다.** 그러므로 실제로 정밀도를 눈에 띄게 증가시키고자 한다면 측정의 수를 증가시키는 데에만 기댈 것이 아니라 측정 기술을 개선시키는 것이 아마도 더 나을 것이다.

즉시 점검 4.2

어떤 학생이 전자의 전하의 크기 e를 모두 10^{-20}쿨롱 단위로 다음과 같이 다섯 번 측정하였다.

$$15, 17, 18, 14, 16.$$

(평균으로 주어지는) e에 대한 최량의 추정값과 (SDOM으로 주어지는) 불확실성을 구하라.

4.5 예

이 절에서 나는 지난 세 개 절에서의 아이디어들을 사용하는 간단한 실험 두 가지를 논하고자 한다.

예: 직사각형의 면적

평균의 표준 편차를 적용하는 간단한 첫 번째 예로서 근사적으로 2.5cm×5cm인 직사각형 판의 면적 A를 아주 정확하게 측정해야 한다고 가정해보자. 우리는 먼저 손에 넣을 수 있는 한 가장 좋은 측정 도구를 구해야 하는데 이를 버니어 캘리퍼스(vernier calipers)라고 하자. 그다음에 길이 l과 폭 b를 여러 번 측정한다. 변이 고르지 않을 것을 참작하기 위해 여러 가지 다른 위치에서 측정들을 실시하고, 각 기기에 있을 수 있는 작은 결함을 감안하기 위해 여러 개의 다른 캘리퍼스를 (확보가 가능하다면) 사용한다. l과 b 각각에 대해 10회 측정을 시행하고 표 4.3의 결과들을 얻었다고 하자.

표 4.3 길이와 폭(단위: mm)

	측정된 값	평균	SD	SDOM
l	24.25, 24.26, 24.22, 24.28, 24.24 24.25, 24.22, 24.26, 24.23, 24.24	$\bar{l}$ = 24.245	σ_l = 0.019	$\sigma_{\bar{l}}$ = 0.006
b	50.36, 50.35, 50.41, 50.37, 50.36 50.32, 50.39, 50.38, 50.36, 50.38	$\bar{b}$ = 50.368	σ_b = 0.024	$\sigma_{\bar{b}}$ = 0.008

l에 대한 열 개의 측정된 값을 이용해서 독자들은 평균, SD, SDOM이라고 이름 붙인 열 아래에 주어진 평균 $\bar{l}$과 표준 편차 σ_l 그리고 평균의 표준 편차 $\sigma_{\bar{l}}$을 빠르게 계산할 수 있을 것이다. 같은 방법으로 독자들은 $\bar{b}$, σ_b, 그리고 $\sigma_{\bar{b}}$를 계산할 수 있다. 계산을 더 진행하기 전에 독자들은 이 값들이 합리적인지를 알기 위해 그 결과를 검사해봐야만 한다. 예를 들면 σ_l과 σ_b는 l과 b의 측정에서의 평균적 불확실성이어야 한다. l과 b는 똑같은 방법으로 측정되었으므로 σ_l과 σ_b는 서로 유의할 정도로 다르면 안 되고 또는 우리가 이 측정값들에 대한 합리적인 불확실성이라고 판단하는 것으로부터도 크게 차이가 나면 안 된다.

지금까지의 이 결과들이 합리적이라고 스스로 확신했다면 독자들은 이제 신속하게 계산을 마무리할 수 있다. 길이에 대한 최량의 추정값은 평균 $\bar{l}$

이고 불확실성은 SDOM $\sigma_{\bar{l}}$ 이므로 l에 대한 최종 값은 다음과 같다.

$$l = 24.245 \pm 0.006\,\text{mm} \quad (\text{또는 } 0.025\%).$$

여기서 괄호 속의 수는 백분율 불확실성이다. 유사하게 b에 대한 값은

$$b = 50.368 \pm 0.008\,\text{mm} \quad (\text{또는 } 0.016\%)$$

이다. 마지막으로 면적 $A = lb$는 이 값들의 곱인데 그 비율 불확실성은 (오차들이 독립적이라고 가정하면) l과 b의 비율 불확실성의 이차 합에 의해서 다음과 같이 주어진다.

$$\begin{aligned} A &= (24.245\,\text{mm} \pm 0.025\%) \times (50.368\,\text{mm} \pm 0.016\%) \\ &= 1221.17\,\text{mm}^2 \pm 0.03\% \\ &= 1221.2 \pm 0.4\,\text{mm}^2. \end{aligned} \tag{4.18}$$

A에 대한 답 (4.18)에 도달하기 위해 우리는 평균 $\bar{l}$과 $\bar{b}$를 계산했는데 이들은 각각 평균의 표준 편차와 같은 불확실성을 가지고 있다. 그다음에 우리는 $\bar{l}$과 $\bar{b}$의 곱으로서 면적 A를 계산하고 오차 전파에 의해서 그 불확실성을 알아냈다. 우리는 다르게 진행했을 수도 있다. 예컨대 l의 첫 번째 측정된 값을 b의 첫 번째 측정된 값과 곱하여 A에 대한 첫 번째 값을 얻을 수 있다. 이러한 방식으로 계속해 나가면 A에 대해서 10개의 답을 계산할 수 있을 것이고 이 열 개의 답을 통계 처리해서 $\bar{A}$, σ_A, 그리고 마지막으로 $\sigma_{\bar{A}}$를 계산할 수 있다. 그렇지만 l과 b의 오차들이 독립적이고 랜덤하다면 또 우리가 충분히 많이 측정한다면 이 대안적 절차는 첫 번째 방법과 같은 결과를 주게 될 것이다.[5]

5 이 두 번째 절차는 다소 비논리적인 속성을 갖고 있다. 왜냐하면 l의 첫 번째 측정된 값을 b의 첫 번째 측정값에 곱해야 하는 특별한 이유가 없기 때문이다. 그뿐만 아니라 우리는 l을 여덟 번 측정하고 b를 열두 번 측정했을 수도 있는데 그렇다면 우리는 이들을 서로 짝지을 수 없었을 것이다. 그러므로 첫 번째 절차가 논리적으로 선호된다.

예: 다른 하나의 스프링

두 번째 예로서 통계적 분석이 직접 측정된 값들에는 적용될 수 없고 최종 답에는 적용 가능한 경우를 검토해보자. 어떤 스프링의 끝에 고정된 질량 m의 진동을 측정해서 그 스프링의 스프링 상수를 측정하려 한다고 가정하자. 우리는 초급 역학 과목에서 진동의 주기는 $T = 2\pi\sqrt{m/k}$ 라는 것을 배워서 알고 있다. 그리하여 T와 m을 측정하면 우리는 k를 다음과 같이 알아낼 수 있다.

$$k = 4\pi^2 m / T^2. \tag{4.19}$$

k를 구하는 가장 간단한 방법은 정확하게 알고 있는 하나의 질량 m을 고르고 T를 여러 번 조심스럽게 측정하는 것이다. 그렇지만 다양한 이유로 여러 가지 **다른** 질량들 m에 대한 주기 T를 측정하는 것이 한층 더 흥미로울 수 있을 것이다. (예를 들면 이러한 방법으로는 우리는 k도 측정하고 동시에 $T \propto \sqrt{m}$ 이라는 사실도 검사할 수 있다.) 그렇게 하면 우리는 표 4.4의 첫 두 줄에 있는 수들과 같은 수치들의 집합을 얻을 수 있을 것이다.

표 4.4 스프링 상수 k의 측정

질량 m (kg)	0.513	0.581	0.634	0.691	0.752	0.834	0.901	0.950
주기 T (s)	1.24	1.33	1.36	1.44	1.50	1.59	1.65	1.69
$k = 4\pi^2 m/T^2$	13.17	12.97	등등					

첫 번째 줄에 있는 여러 가지의 서로 다른 질량들의 (또는 두 번째 줄에서는 시간들의) 평균을 낸다는 것은 당연히 사리에 맞지 않는데 그 이유는 이들이 같은 물리량의 다른 측정값들이 **아니기** 때문이다. 또한 m의 다른 값들을 비교한다 해도 측정의 불확실성에 대해서 아무것도 배울 수 없다. 반면에 우리는 각각의 m의 값을 그것에 대응하는 주기 T와 결합해서 표 4.4의 마지막 줄에 주어진 바와 같이 k를 계산할 수 있다. 맨 아래 줄에 있는 k에 대한 우리의 답은 모두 같은 물리량에 대한 측정값들**이고** 그러므로 통계적 분석의 대

상이 된다. 특히 k에 대한 최량의 추정값은 평균인 $k = 13.16\,\mathrm{N/m}$ 이고, 따라서 불확실성은 평균의 표준 편차인 $\sigma_{\bar{k}} = 0.06\,\mathrm{N/m}$ 이다. (연습문제 4.20을 참조하라.) 그리하여 표 4.4의 데이터에 근거한 최종 답은 다음과 같게 된다.

$$\text{스프링 상수 } k = 13.16 \pm 0.06\,\mathrm{N/m}. \tag{4.20}$$

우리가 m과 T의 본래 값에서의 불확실성을 합리적으로 추정했었더라면 k의 불확실성을 δm과 δT에 대한 추정값들로부터 오차 분석에 의해 추정할 수 있었을 것이다. 이 사례에서는 두 가지 방법에 의해서 얻어지는 k의 최종적인 불확실성을 비교해보는 것은 좋은 아이디어일 것이다.

4.6 계통 오차

앞선 몇몇 절에서 나는 본격적인 측정이 시작되기 전에 모든 종류의 계통 오차는 무시할 수 있는 수준으로 축소되었다는 것을 당연하게 받아들였었다. 여기서, 마음에 들지는 않지만 감지할 수 있을 정도의 계통 오차가 있을 가능성을 다시 취급해보고자 한다. 조금 전에 논의한 예에서 우리는 시종일관 높게 또는 작게 값을 나타내는 천칭으로 질량 m을 측정했을 수 있고 우리의 시계는 시종일관 빠르게 가거나 느리게 갔을 수 있다. 이 계통 오차들 중 그 어떤 것도 스프링 상수 k에 대한 여러 가지 답의 비교에서는 눈에 띄지 않을 것이다. 그 결과 평균의 표준 편차 $\sigma_{\bar{k}}$는 불확실성 δk의 **랜덤 성분** δk_{ran} 으로 간주될 수 있고 이것은 명백히 총 불확실성 δk가 아니다. 우리가 당면한 문제는 **계통 성분** δk_{sys}를 추정하는 방법을 결정하는 것과 그다음으로 완전한 불확실성 δk에 도달하기 위해서는 δk_{ran}과 δk_{sys}를 어떻게 결합해야 하는가를 결정하는 것이다.

계통 오차들에 대한 취급 방법을 가르쳐주는 간단한 이론은 존재하지 않는다. 사실 계통 오차들에 대한 유일한 이론은 이 오차들이 모두 식별되어야 하고, 또 이 오차들은 요구되는 정밀도보다도 훨씬 낮은 수준으로 감축되어야 한다는 것이다. 그러나 교과 실험에서 이 목표를 달성하기는 일반적으로 어렵다. 학생들은 대부분의 경우에 한 계량기를 교정하기 위해 그것을 더 좋은 것과 비교해서 검사할 수 없을 뿐만 아니라 부적합한 것을 교체하려고 새로운 것을 구입하는 것은 상상조차 할 수 없다. 이러한 사유로 인해 몇몇 교과 실험에서는 더 구체적인 정보가 결여되어 있다면 계량기들은 약간의 확정된 계통 불확실성을 보유하고 있는 것으로 간주되어야 한다는 규칙을 제정해놓고 있다. 예를 들면 모든 스톱워치는 0.5%까지 계통 불확실성을, 모든 저울은 1%까지, 모든 전압계와 전류계는 3%까지 등과 같이 결정해놓을 수 있다.

이러한 규칙이 있다면 진행해가는 데에는 여러 가지 방법이 있다. 그렇지만 그 어떤 것도 엄밀하게 정당화되지는 않는다. 그래서 우리는 여기서 단지 하나의 방안만을 기술하고자 한다. (연습문제 4.23에서 4.28까지 더 많은 예가 주어져 있다.) 4.5절의 마지막 문제에서 스프링 상수 $k = 4\pi^2 m/T^2$은 m과 이에 대응하는 T에 대한 일련의 값들을 측정하여 구해졌다. 우리가 이미 보았듯이 k에 대한 여러 가지 답에 대한 통계적 분석은 δk의 랜덤 성분에 대해서 다음과 같은 답을 제공한다.

$$\delta k_{\mathrm{ran}} = \sigma_{\bar{k}} = 0.06\,\mathrm{N/m}. \tag{4.21}$$

m을 측정하는 데 사용된 저울과 그리고 T를 측정하는 데 사용된 시계의 계통 불확실성들이 각각 최대 1%와 0.5%라고 통보받았다고 가정하자. 그러면 우리는 오차 전파에 의해서 δk의 계통 성분을 알아낼 수 있는데 남은 단 하나의 문제는 오차들을 제곱하여 결합하는가 아니면 직접 결합하는가 하는 것이다. m과 T의 오차들은 확실히 독립적이므로 어느 정도 상쇄가 가능할 것이고 따라서 이차 합을 사용하는 것이 아마도 합리적일 것이다.[6] 이러한

6 우리가 이차 합 아니면 보통 합을 사용해야 하는지는 저울이 "1%까지 계통 오차"를 가지고 있다는 진술이 무엇을 의미하는가에 달려 있다. 만약 이것이 오차는 **확실히** 1%를 초과하지 않는다

선택은 다음 결과를 준다.

$$\frac{\delta k_{\mathrm{sys}}}{k}=\sqrt{\left(\frac{\delta m_{\mathrm{sys}}}{m}\right)^2+\left(2\frac{\delta T_{\mathrm{sys}}}{T}\right)^2} \tag{4.22}$$

$$=\sqrt{(1\%)^2+(1\%)^2}=1.4\% \tag{4.23}$$

이고, 따라서

$$\delta k_{\mathrm{sys}}=k_{\mathrm{best}}\times 0.014$$

$$=(13.16\,\mathrm{N/m})\times 0.014=0.18\,\mathrm{N/m} \tag{4.24}$$

이다.

이제 랜덤과 계통 불확실성들 모두에 대한 추정값들을 가지고 있으므로 우리는 전체적인 불확실성을 가지고 스프링 상수 k에 대해서 최종 결론을 어떻게 진술할 것인가를 반드시 결정해야 한다. δk_{ran}과 δk_{sys}를 결합하는 방법은 완전히 명료하지는 않기 때문에 많은 과학자는 두 가지 성분을 분리된 채로 놓아두고 다음과 같은 형식으로 최종 답을 진술한다.

$$(k\text{의 측정된 값})=k_{\mathrm{best}}\pm\delta k_{\mathrm{ran}}\pm\delta k_{\mathrm{sys}} \tag{4.25}$$

$$=13.16\pm 0.06\pm 0.18\,\mathrm{N/m}.$$

(어쩌면 이 수들은 모두 소수점 한 자리로 반올림되어야 할 것이다). 대안으로 δk_{ran}과 δk_{sys}가 제곱하여 결합되어야 한다는 주장이 입증될 수도 있으며, 이 경우에는 우리는 총 불확실성을

$$\delta k=\sqrt{(\delta k_{\mathrm{ran}})^2+(\delta k_{\mathrm{sys}})^2} \tag{4.26}$$

는 것을 (시계의 경우에도 마찬가지로) 의미한다면 직접 합이 적절할 것이고 δk_{sys}는 **확실히** 2%를 초과하지 않는다. 반면에 혹 실험실에 있는 모든 저울을 분석해보니 이들이 정규 분포를 따르고 저울의 68%는 신뢰도가 1% 이상인 것으로 (시계의 경우에도 마찬가지로) 밝혀질 수 있다. 이 경우에는 우리는 (4.22)에서처럼 제곱하여 더하기를 통상적인 68% 믿음의 유의성을 가지고 사용할 수 있다.

$$= \sqrt{(0.06)^2 + (0.18)^2} = 0.19\,\mathrm{N/m}$$

라고 수 하나로 진술하고, 결론 (4.25)를

$$(k\text{의 측정된 값}) = k_{\mathrm{best}} \pm \delta k = 13.16 \pm 0.19\,\mathrm{N/m}$$

으로, 혹은 더 나을 수 있는데, $13.2 \pm 0.2\,\mathrm{N/m}$로 교체할 수 있다.

δk에 대한 식 (4.26)은 사실 엄밀하게는 정당화될 수 없다. 답의 유의성 역시 명료하지가 않는데, 예를 들어 우리는 참된 답이 $\bar{k} \pm \delta k$ 범위 안에 놓여 있다는 것에 대해서 68%의 확신을 주장할 수 없다. 그렇지만 우리가 제거할 수 없는 계통 불확실성을 기기가 가지고 있다는 것을 감안한다면 이 표현은 최소한 총 불확실성에 대해서 합리적인 추정값을 제공한다. 특히 답 (4.26)이 현실적이고 또 교육적이라는 것을 알 수 있는 하나의 중요한 측면이 있다. 우리는 4.4절에서 측정값의 수 N이 증가하면 평균의 표준 편차 $\sigma_{\bar{k}}$가 0으로 수렴하는 것을 보았다. 이 결과는 독자들이 엄청나게 많이 측정할 수 있는 인내심을 가지고 있다면 장비나 기술을 개선하지 않고도 불확실성을 무한정하게 축소시킬 수 있다는 것을 시사한다. 그런데 우리는 지금 이 제안이 틀리다는 것을 알 수 있다. N의 증가는 **랜덤** 성분 $\delta k_{\mathrm{ran}} = \sigma_{\bar{k}}$를 무한정으로 축소시킬 수 있다. 그러나 주어진 어떠한 기기도 N을 증가시킨다고 할지라도 축소시킬 수 **없는 약간의** 계통 불확실성을 지니고 있다. (4.26)에서 우리는 δk_{ran}이 δk_{sys}보다도 작아지면 δk_{ran}을 더 축소시킨다고 해도 거의 얻는 것이 없다는 것을 명료하게 알 수 있다. 특히 총 δk는 δk_{sys}보다는 결코 작아질 수 없다. 이 사실은 우리가 이미 추측한 바와 같이 불확실성을 크게 축소시키려면 하나하나의 측정에서 랜덤 오차와 계통 오차를 모두 줄일 수 있도록 기술과 장비에서 개선이 요구된다는 것을 다시 확인시켜준다.

2장에서 논의했듯이 교과 실험의 유별난 특징은 아마도 중력 가속도와 같이 이미 정확하고 공인된 값이 잘 알려져 있는 물리량을 측정하도록 독자들이 지시받을 수 있다는 것이다. 이러한 종류의 실험들에서 오차 분석의 논리는 약간 혼란스럽다. 아마도 가장 정직한 전략은 독자들이 측정된 값 q_{best}와 그것의 불확실성에 대한 모든 계산을 완료한 **후의** 시점까지는 기지의 공인된 값을 모른 체하는 것이다. 이때가 되면 독자들은 당연히 공인된 값이 $q_{\text{best}} \pm \delta q$의 범위 안에 안착하는지 (최소한 가깝기는 한지) 여부를 물어야 한다. 만약 그렇다면 독자들은 보고서에 일치한다고 기록하면 된다. 그렇지만 공인된 값이 $q_{\text{best}} \pm \delta q$의 범위를 훨씬 벗어나 있으면 이 과도한 불일치의 잠재적 원인들을 조사해야만 한다. 예를 들어 독자들은 중력 가속도 g를 측정하고, 다음 결과를 (모두 m/s^2 단위로)

$$g_{\text{best}} = 9.97 \tag{4.27}$$

불확실성

$$\delta g_{\text{ran}} = 0.02 \qquad \text{그리고} \qquad \delta g_{\text{sys}} = 0.03$$

과 함께 얻을 수 있다. 그렇다면 총 불확실성은 (4.26)에서와 같이,

$$\delta g = 0.04$$

가 된다. 명백히, 공인된 중력 가속도의 값

$$g = 9.80\text{m/s}^2$$

은 측정된 범위 9.97 ± 0.04를 훨씬 벗어나 있다. (더 구체적으로는 불일치는 0.17인데 불확실성의 4배이다.) 이 결과는 분명히 만족스럽지 **못하고** 따라서 추가 분석이 요구된다.

점검해야 할 첫 번째 사항은 독자들이 g_{best}나 또는 불확실성들 δg_{ran}나 δg_{sys} 중 하나를 계산할 때 명백한 착오를 범했을 가능성이다. 만약 이 계산들이 올바르다고 확신한다면 그다음 가능성은 공인된 값이 틀렸을 수 있다는 것이다. 공인된 값이 $g = 980\,\text{cm/s}^2$인 경우에는 그 가능성은 상당히

희박하지만 많은 다른 사례에서는 전적으로 가능하다. 예를 들어 독자들이 공기의 밀도를 측정한다고 하자. 이 밀도는 온도와 압력에 강하게 종속적이기 때문에 독자들은 틀린 공인된 값을 찾아보았을 수 있다.

이러한 의심스러운 사항들을 모두 제거하고 나면 단 하나의 가능성이 남아 있게 된다. 즉, 독자들이 어떤 계통 오차를 틀림없이 간과하여 δg_{sys}에 대한 독자들의 값이 지나치게 작을 수 있다는 것이다. 이론적으로는 독자들은 그 범인을 (원인을) 찾아내야 한다. 그러나 이 탐색 자체가 다음의 여러 가지 가능성 때문에 어려울 수 있다.

(1) 어쩌면 독자들의 계량기들 중 하나가 독자들이 δg_{sys}를 계산할 때 허용했던 것보다도 더 큰 계통 오차를 가지고 있을 수 있다. 그 불쾌한 불일치를 설명하기 위해서는 시계에서의 (또는 전압기 등에서의) 계통 오차가 얼마나 큰 값을 가져야 할 필요가 있는지 결정해보는 방법으로 독자들은 이 가능성을 조사해볼 수 있다. 만약 소요되는 오차가 터무니없이 크지가 않다면 이것은 독자들이 처한 난처함에 대한 하나의 가능한 설명이 될 것이다.

(2) 계통 오차에 다른 하나의 잠재적 원인은 독자들의 계산에 필요한 파라미터로 틀린 값을 사용했을 수 있다는 것이다. 이러한 종류에 속하는 세상에 잘 알려진 사례는 밀리컨(R. A. Millikan)의 유명한 전자의 전하 e를 측정한 실험이다. 밀리컨의 방법은 공기의 점성도에 종속적이었는데 밀리컨은 0.4%만큼 더 작은 값을 사용하였다. 이 불일치는 밀리컨이 측정한 e의 모든 값을 0.6%만큼 더 작게 만들었는데 이 오차는 근 20년 동안 인지되지 않았다. 이러한 종류의 착오는 학생들이 유효 숫자의 개수가 너무 작은 값을 사용할 때 교과 실험에서도 가끔 발생한다. 예를 들어 독자들이 양성자를 가지고 실험을 실시하는데 독자들은 1%보다도 더 나은 정확도를 기대한다고 가정해보자. 만약 독자들이 양성자의 질량으로 1.7×10^{-27}kg을 (더 정밀한 1.67×10^{-27}kg 대신에) 취한다면 독자들은 약 2%의 계통 오차를 도입한 것이 되고 이것은 1% 결과를 얻고자 하는 독자들의 희망을 틀림없이 좌절시킬 것이다.

(3) 분석하기가 훨씬 더 어려운 경우는 실험 설계에 결함이 있었을 가능성이다. 예를 들어, 독자들이 아주 높은 위치에서 물체를 떨어뜨려서 g를 측정하려고 시도한다면 공기의 저항은 감지할 수 있을 정도로 큰 계통 오차

를 도입시킬 것이다. [그렇지만 이 오차는 (4.27)에서 g가 큰 값을 갖는 것은 설명하지는 못할 것이다. 왜냐하면 공기의 저항은 가속도가 지나치게 작은 값을 갖는 원인이 될 것이기 때문이다.] 마찬가지로 독자들이 방사성 물질의 반감기를 측정하고자 하는데 독자들의 표본이 반감기가 더 짧은 다른 종류의 물질로 오염되어 있다면 독자들은 일률적으로 너무 짧은 답을 얻게 될 것이다.

말할 것도 없이 계통 오차의 원천을 추적하여 찾아내는 것은 어렵고, 그래서 많은 위대한 과학자의 최선의 노력을 좌절시켰다. 독자들이 계통 오차의 원천을 탐지하는 데 실패했다고 해도 교수나 강사들이 그렇게 심하게 벌점을 주지 않을 것은 거의 확실하다. 그럼에도 불구하고 가르치는 분들은 최소한 그 문제에 대한 지적(知的)인 논의를 기대할 것이고 또 독자들이 식별할 수 없는 계통 오차가 있는 것 같다고 정직하게 인정하는 것을 기대할 것이다.

✔ 4장의 주요 정의와 방정식

우리가 한 물리량 x를 같은 방법을 사용해서 N번 $x_1, x_2, \ldots, x_N$으로 측정한다고 가정하자. 모든 불확실성이 랜덤하고 작다면 우리는 다음 결과들을 갖게 된다.

• 평균

이 측정값들에 근거한 x에 대한 최량의 추정값은 이 측정값들의 평균이다.

$$\bar{x} = \frac{1}{N}\sum_{i=1}^{N} x_i. \qquad \text{[(4.5) 참조]}$$

• 표준 편차

개별 측정값 $x_1, x_2, \ldots, x_N$의 평균적 불확실성은 표준 편차 또는 SD에 의해서 주어진다.

$$\sigma_x = \sqrt{\frac{1}{N-1}\sum (x_i - \bar{x})^2}. \qquad \text{[(4.9) 참조]}$$

SD에 대한 이 정의는 **표본** 표준 편차라고 불리고 우리의 목적에는 가장 적합하다. **모집단** 표준 편차는 분모에 있는 인자 $N-1$을 N으로 대체하면 얻어진다. 독자들은 일반적으로 휴대용 계산기에 내장된 기능을 이용해서 표준 편차를 계산하고 싶어할 것인데 어떠한 정의를 사용하고 있는지 명확하게 해야 한다.

표준 편차 σ_x의 자세한 의의는 (같은 방법을 사용해서 얻은) x의 측정값들의 약 68%가 참값으로부터 σ_x 거리 안에 놓여야만 한다는 것이다. (이 주장은 5.4절에서 정당화된다.) 이 결과가 σ_x를 x에 대한 어떤 한 측정값의 **불확실성**으로, 즉

$$\delta x = \sigma_x$$

로 인식하도록 허용해준다. 그래서 이렇게 선택하면 어떤 하나의 측정값이

올바른 답으로부터 σ_x 안에 안착할 것이라고 우리는 68% 확신할 수 있다.

• 평균의 표준 편차

계통 오차가 무시할 수 있을 만큼 작다면 x에 대한 최량의 추정값에서의 (말하자면 $\bar{x}$에서의) 불확실성은 평균의 표준 편차 또는 SDOM이다.

$$\sigma_{\bar{x}} = \frac{\sigma_x}{\sqrt{N}}. \qquad \text{[(4.14) 참조]}$$

만약 상당한 크기의 계통 오차들이 **있다면**, $\sigma_{\bar{x}}$는 x에 대한 최량의 추정값에서의 불확실성 중 **랜덤 성분을** 나타낸다.

$$\delta x_{\mathrm{ran}} = \sigma_{\bar{x}}.$$

만약 독자들이 계통 성분, δx_{sys}을 추정할 수 있는 어떤 방도를 갖고 있다면 총 불확실성에 대한 (엄밀하게 정당화되지는 않지만) 합리적인 표현은 δx_{ran}과 δx_{sys}의 이차 합이다.

$$\delta x_{\mathrm{tot}} = \sqrt{(\delta x_{\mathrm{ran}})^2 + (\delta x_{\mathrm{sys}})^2}. \qquad \text{[(4.26) 참조]}$$

✔ 4장의 연습문제

4.2절에 관한 문제: 평균과 표준 편차

4.1.★ 독자들이 3층의 창문으로부터 공이 낙하하는 시간을 세 번 측정하고 다음과 같은 결과들을 (10분의 1초 단위로) 얻었다고 하자.

$$11, 13, 12.$$

(a) 평균과 표준 편차를 구하라. 후자에 대해서는 (4.9)의 개선된 정의와 (**표본** 표준 편차와) (4.6)의 원래의 정의를 (**모집단** 표준 편차를) 둘 다 사용하라. 단지 세 개의 측정만을 사용하더라도 두 정의 간의 차이는 그렇게 크지 않다는 사실에 주목하라. (b) 만약 독자들이 휴대용 계산기에 내장된 기능을 사용해서 평균과 표준 편차를 계산하는 방법을 아직 모르고 있다면 몇 분의 시간을 할애해서 배우도록 하라. 문항 (a)에 대한 답을 검사하는 데 계산기를 사용하고 특히 독자들의 휴대용 계산기가 어떤 정의를 사용하는지 알아내라.

4.2.★ 한 학생이 중력 가속도 g를 다섯 번 측정해서 다음 결과들을 (모두 m/s^2 단위로) 얻었다.

$$9.9,\ 9.6,\ 9.5,\ 9.7,\ 9.8.$$

(a) 평균과 [(4.9)의 정의에 따른] 표준 편차를 구하라. 표 4.2의 배열과 유사한 배열을 사용해서 계산을 수행하라. (b) 이 SD 값을 휴대용 계산기의 내장 기능을 이용해서 계산한 것과 비교하라. (만약 독자들이 휴대용 계산기에 내장된 기능을 사용해서 평균과 표준 편차를 계산하는 방법을 아직 모르고 있다면 몇 분의 시간을 할애해서 배우도록 하라.)

4.3.★ (4.10)에 보고된 열 개 측정값의 평균과 표준 편차를 구하라. 만약 앞선 두 개의 문제 중 어느 하나도 아직 풀어보지 않았다면 이 계산들을 반드시 직접 실행하고 그 값을 계산기에 내장된 기능을 이용해서 검사하라.

4.4.★ N개의 물리량 $x_1, x_2, \cdots, x_N$의 평균은 이들의 합을 N으로 나눈 것으로 정의된다. 즉, $\overline{x} = \Sigma x_i / N$이다. x_i의 편차는 차분 $d_i = x_i - \overline{x}$이다. 편차들 $d_1, \cdots, d_N$의 평균은 항상 0이라는 것을 명료하게 보여라.

만약 독자들이 Σ 기호에 익숙하지 않다면 독자들은 이 문제를 이 Σ 기호를 사용해서 풀어보고 또 사용하지 않고서도 풀어보아야 한다. 예를 들면, 합 $\Sigma(x_i - \overline{x})$를 $(x_1 - \overline{x}) + (x_2 - \overline{x}) + \cdots + (x_N - \overline{x})$로 풀어서 쓰고 항들을 다시 묶어라.

4.5.★★ (a) 단일 물리량 x에 대한 N개의 측정값 $x_1, x_2, \cdots, x_N$의 표준 편차를 계산하는 것은 합 $\Sigma(x_i - \overline{x})^2$의 계산을 요구한다. 이 합을 다음과 같이 다시 쓸 수 있다는 것을 보여라.

$$\Sigma[(x_i - \overline{x})^2] = \Sigma[(x_i)^2] - \frac{1}{N}[\Sigma(x_i)]^2. \tag{4.28}$$

이 문제는 Σ 기호를 사용하는 데 있어서 좋은 훈련이다. 많은 휴대용 계산기들은 다음과 같은 이유 때문에 이 결과를 활용한다. 왼쪽의 식을 사용하려면 계산기는 $\overline{x}$와 지시된 합을 계산하기 위해 모든 데이터를 (많은 기억장치를 사용하여) 일일이 추적해야 하는데, 오른쪽의 식을 사용하면 기기는 $\Sigma\left[\left(x_i^2\right)\right]$이나 $\Sigma(x_i)$의 누계만을 간직하면 되므로 훨씬 적은 기억장치들을 사용하게 된다. (b) 항등식 (4.28)을 문제 4.1의 세 개의 측정값에 대해서 검증하라.

4.6.★★ 3장에서 독자들은 셈 실험에서 세어진 수와 관련되는 불확실성은 "제곱근 규칙"에 따라 세어진 수의 제곱근으로 주어진다는 것을 배웠다.

이 규칙은 다음 진술에 의해서 (11장에서 증명되지만) 이제 한층 정밀하게 표현된다. 만약 우리가 시간 T 동안에 일어나는 랜덤한 사건의 개수 ν를 몇 차례 세어서

$$\nu_1, \nu_2, \ . \ . \ . \ , \nu_N$$

을 얻었다면, (1) 시간 T 동안에 발생하는 참 평균 개수에 대한 최량의 추정값은 평균 $\bar{\nu} = \sum \nu_i / N$이고, (2) 관측된 수들의 **표준 편차**는 바로 이 최량의 추정값의 **제곱근**과 근사적으로 일치해야 한다. 즉, 어떤 하나의 측정값에서의 불확실성은 $\sqrt{\bar{\nu}}$이다. 특히 우리가 단 한 번 세고 나서 수셈 ν를 얻었다면 최량의 추정값은 바로 ν이고 그것의 불확실성은 $\sqrt{\nu}$이다. 이 결과는 "불확실성"이 실제로는 표준 편차이고, 참된 답이 놓여 있을 것이라고 약 68% 확신할 수 있는 범위를 이 불확실성이 제공한다는 추가적인 정보를 가진 3장의 제곱근 규칙 바로 그것이다. 연습문제 4.6과 4.7에서는 이 아이디어들을 탐구해본다.

어떤 핵 물리학자가 가이거 계수기를 사용해서 어떤 하나의 2초 간격 동안에 학자의 실험실에 도달하는 우주선 입자의 개수를 추적한다. 이 학자가 입자 개수들을 20번 세고서 다음 결과들을 얻었다.

$$10, 13, 8, 15, 8, 13, 14, 13, 19, 8,$$
$$13, 13, 7, 8, 6, 8, 11, 12, 8, 7.$$

(a) 이 개수들의 평균과 표준 편차를 구하라. (b) 후자는 근사적으로 전자의 제곱근이어야 한다. 이 기대가 얼마나 잘 입증되고 있는가?

4.7.★★★ 연습문제 4.6의 첫 번째 단락을 읽고서 다음 문제를 풀어라. 어떤 보건 물리학자가 새로운 검출기를 시험하고 있는데 이것을 약한 방사성 표본 근처에 놓아두었다. 다섯 개의 개별적인 10초 간격들에서 이 검출기는 방사능 방출의 개수를 다음과 같이 세었다.

$$16, 21, 13, 12, 15.$$

(a) 이 다섯 수의 평균과 표준 편차를 구하라. (b) 표준 편차와 그것의 기댓값인 평균 개수의 제곱근과 비교하라. (c) 당연히 문항 (b)의 두 수는 적확하게 일치하지는 않는데, 그래서 우리는 이 불일치를 평가할 수 있는 방도를 알아내고자 한다. 이 목적을 위해 독자들은 두 가지 수의 불확실성을 알아내야 할 필요가 있다. $\sqrt{\nu}$의 불확실성은 오차 전파를 이용해서 쉽게 알아낼 수 있다. (ν에 대한 최량의 추정값은 $\bar{\nu}$이고 따라서 그것의 불확실성은 SDOM이라는 것을 기억하라.) 관측된 SD에서의 불확실성은 방정식 (5.46)에 의해서 주어진다. 두 가지 불확실성을 모두 구하고 문항 (b)에서 비교한 두 가지 수의 일관성에 대해서 논평하라.

4.8.★★★ Lotus 123이나 Excel과 같은 스프레드시트 프로그램들은 측정값들의 한 집합의 표준 편차를 구하는데 (그리고 보편적으로 많은 종류의 데이터를 기록하고 처리하는데) 탁월한 수단으로 활용된다. (a) 만약 독자들이 이러한 프로그램들 중 어떤 하나를 사용할 수 있다면 측정값 열 개로 구성되는 어떤 집합의 SD를 계산할 수 있는 스프레드시트를 표 4.2의 배열을 사용해서 새로 만들어라. 첫 번째 열은 시행 번호 i를 나열해야 하고, 두 번째 열은 사용자가 데이터 x_i를 기입하는 곳이어야 한다. 평균 $\bar{x}$는

$$\frac{\text{입력 데이터의 합}}{\text{입력 데이터의 수}}$$

을 산출해주는 공식에 의해서 계산될 수 있는데 독자들은 이것을 중심이 되는 표의 가장자리에 놓을 수 있다. 세 번째 열에는 편차를 계산할 수 있는 공식, $x_i - \bar{x}$를, 네 번째 열에는 편차의 제곱을 계산하는 공식을 넣는다. 마지막으로 중심이 되는 표의 가장자리에 SD를 계산할 수 있는 다음 공식을 적어놓는다.

$$\text{SD} = \sqrt{\frac{\text{제곱한 편차의 합}}{N-1}}.$$

(대부분의 스프레드시트 프로그램들은 표준 편차를 자동적으로 계산한다. 여기서의 착안점은 독자들로 하여금 내장된 기능을 사용하지 않고서 자신의 프로그램을 새로 만들게 하려는 것이다.) (b) 방정식 (4.10)의 데이터에 독자들이 개발한 스프레드시트를 검정하라. (c) (어려운 부분) 문항 (a)에 대한 대부분의 간단한 풀이들은 두 가지 귀찮은 결점들을 가지고 있다. 첫 번째로 독자들이 데이터를 하나하나 입력하면 스프레드시트는 평균과 SD에 대한 답을 계산할 것인데 그런데 이 답들은 (그때까지의 데이터에 대해서조차도) 독자들이 **모든** 데이터의 입력을 마칠 때까지는 올바르지 않을 것이다. 두 번째로 독자들의 스프레드시트는 개수가 열 개가 아닌 데이터의 평균과 SD를 구하는 데 사용하기 전에 아마도 약간 수정되어야 할지도 모른다. 만약 할 수 있다면 독자들의 스프레드시트가 이러한 결함을 가지고 있지 않고 **어떤 개수**의 데이터에 대해서도 (편리한 최대 개수, 말하자면 30개까지도) 평균과 SD를 구할 수 있도록 독자들의 스프레드시트를 수정하라. (d) 연습문제 4.6의 데이터를 이용해서 독자들이 만든 새로운 스프레드시트를 검정하고, 독자가 데이터를 입력하는 과정에서 프로그램이 매 단계마다 올바른 답을 내주는지를 확신할 수 있도록 하라.

4.3절에 관한 문제: 단일 측정값의 불확실성으로서 표준 편차

4.9.★ 어떤 학생이 단순 흔들이의 주기를 세 번 측정해서 모두 초 단위로 1.6, 1.8, 그리고 1.7이라는 답을 얻었다. 평균과 표준 편차는 얼마인가? [표준 편차에 대한 개선된 정의 (4.9)를 사용하라.] 만약 이 학생이 네 번째 측정을 실시하기로 결심한다면 이 새로운 측정값이 1.6에서 1.8초까지 범위 밖에 안착할 가능성은 어떻게 되겠는가? (여기서 수들은 "답이 정연하게 나오도록" 선정되었다. 5장에서는 수들이 정연하게 나오지 않을 때에도 이러한 종류의 문제를 푸는 방법을 설명하겠다.)

4.10.★ 어떤 물리량 x에 대해서 여러 번 측정한 다음에 우리는 근사적으로 측정값들의 68%가 $\bar{x} \pm \sigma_x$의 범위 안에 안착할 것으로 발견하기를 기대한다. (적확한 수는 68.27 ... %인데 그 차는 대체로 무의미하다.) 만약 독자들이 아직 그렇게 하지 않았다면 (4.10)의 열 개의 측정값에 대해서 평균과 표준

편차를 확인하라. 우리는 $\bar{x} \pm \sigma_x$의 범위 안에 몇 개의 측정값이 안착할 것으로 기대해야만 하는가? 실제로는 몇 개가 안착하는가?

4.11.★ 어떤 학생이 탄동 검류계를 통해서 방전시키는 방법으로 축전기에 있는 몇 개의 미지의 전하 Q를 측정하고자 한다. 방전은 탄동 검류계의 바늘을 급격하게 움직이게 하는데 이로부터 비롯되는 최대 진폭이 학생에게 Q의 값을 알려준다. 측정을 실시하기 전에 학생은 흔들리는 바늘의 최대 진폭을 얼마나 신뢰도 높게 읽어낼 수 있는지를 알고자 한다. 그리하여 학생은 적확하게 같은 전압으로 (그러므로 같은 전하로) 축전기를 다섯 번 충전시키고 그것으로 인한 전하를 측정할 수 있도록 준비하였다. 이 학생의 결과들은 (마이크로쿨롱 단위로) 다음과 같다.

$$1.2, 1.4, 1.6, 1.6, 1.2.$$

올바른 값이 측정한 값의 $\pm \delta Q$ 범위 안에 있을 것으로 68% 확신하기를 이 학생이 원한다고 가정한다면 위 결과에 의거할 때 전하 Q에 대한 후속되는 측정에서 불확실성 δQ로서 이 학생이 무엇을 취할 것인가를 제안하라.

4.12.★ 프리즘 분광기의 눈금을 맞추기 위해, 어떤 학생이 알려진 열 개의 서로 다른 파장 λ를 가진 빛을 분광기를 통해서 보내고 각 빛살이 굴절한 각도 θ를 측정한다. 이 결과들을 이용해서 이 학생은 그림 3.8처럼 λ를 θ의 함수로 보여주는 눈금 맞추기 곡선을 작성한다. λ의 첫 번째 값에 대해서 이 학생은 θ를 여섯 번 측정하고 다음의 결과를 [도(°) 단위로] 얻었다.

$$52.5, 52.3, 52.6, 52.5, 52.7, 52.4.$$

남아 있는 아홉 개의 λ 값에 대해서는 학생은 θ에 대응하는 값을 단 한 번만 측정한다. 이 학생은 θ에 대한 이 아홉 개 측정값 각각의 불확실성으로 무엇을 취해야 하는가?

4.13.★★ (a) 시간 t를 (초 단위로) 측정한 다음 30개 측정값의 평균과 표준 편차를 계산하라.

8.16, 8.14, 8.12, 8.16, 8.18, 8.10, 8.18, 8.18, 8.18, 8.24,
8.16, 8.14, 8.17, 8.18, 8.21, 8.12, 8.12, 8.17, 8.06, 8.10,
8.12, 8.10, 8.14, 8.09, 8.16, 8.16, 8.21, 8.14, 8.16, 8.13.

[독자들은 당연히 휴대용 계산기의 내장 기능을 (또는 독자들이 그렇게 했다면 연습문제 4.8을 풀기 위해 제작한 스프레드시트를) 이용해야 할 것인데 만약 독자들이 선도하는 숫자 8을 모두 생략하고 아무 계산도 하기 전에 소수점 자리를 두 자리 오른쪽으로 이동시킨다면 번호판 누르는 수고를 덜 수 있을 것이다.] (b) 여러 번 측정한 다음에는 관측된 값들의 68%가 $\bar{t}$로부터 σ_t 범위 안에 (말하자면 $\bar{t}\pm\sigma_t$ 범위 안에) 있을 것으로 기대할 수 있다. 문항 (a)의 측정값들에 대해서 몇 개가 $\bar{t}\pm\sigma_t$ 범위 **밖에** 놓일 것으로 기대하는가? 실제로는 몇 개가 그렇게 되는가? (c) 5장에서 우리는 그 값들의 95%가 $\bar{t}$로부터 $2\sigma_t$ 범위 안에 (말하자면 $\bar{t}\pm 2\sigma_t$ 범위 안에) 있을 것으로 기대할 수 있음을 보여줄 것이다. 문항 (a)의 측정값들에 대해서 독자들은 몇 개가 $\bar{t}\pm 2\sigma_t$ 범위 **밖에** 놓일 것으로 기대하는가? 실제로는 몇 개가 그렇게 되는가?

4.14.★★ (a) 독자들이 아직 그렇게 하지 않았다면 연습문제 4.6을 풀어라. (b) 이 문제의 측정된 값들 중 약 몇 개가 $\bar{\nu}\pm\sigma_\nu$의 범위 밖에 놓일 것으로 기대해야만 하는가? 실제로는 몇 개가 그렇게 되는가? (c) 5장에서 우리는 측정값들의 95%가 $\bar{\nu}$로부터 $2\sigma_\nu$ 범위 안에 (말하자면 $\bar{\nu}\pm 2\sigma_\nu$ 범위 안에) 있을 것으로 기대할 수 있음을 보여줄 것이다. 문항 (a)의 측정값들에 대해서 독자들은 몇 개가 $\bar{\nu}\pm 2\sigma_\nu$ 범위 **밖에** 놓일 것으로 기대하는가? 실제로는 몇 개가 그렇게 되는가?

4.4절에 관한 문제: 평균의 표준 편차

4.15.★ 연습문제 4.1에서의 측정값 세 개가 주어졌다면 해당 시간의 최량의 추정값과 그것의 불확실성을 어떻게 진술하겠는가? (독자들의 답은 어떻게 해서 평균이 본래 측정값들보다도 더 많은 유효 숫자를 가지게 되는가를 설명해줄 것이다.)

4.16.★ (a) 연습문제 4.2에 보고된 g에 대한 다섯 개의 측정값에 근거한다면 이 학생의 g에 대한 최량의 추정값과 그것의 불확실성은 어떻게 되어야만 하는가? (b) 그 학생의 결과는 공인된 값인 $9.8\,\mathrm{m/s^2}$과 얼마나 잘 일치하는가?

4.17.★ (a) 연습문제 4.13에 있는 30개 측정값에 근거한다면 관련되는 시간의 최량의 추정값과 그것의 불확실성은 모든 불확실성이 랜덤하다고 가정할 경우 어떻게 되는가? (b) 최량의 추정값의 유효 숫자 수를 데이터의 유효 숫자 수와 비교해서 논평하라.

4.18.★ 음속 u를 여러 차례 측정한 다음에 어떤 학생이 측정된 값들의 표준 편차 σ_u는 $\sigma_u = 10\,\mathrm{m/s}$ 라고 결론 내렸다. 모든 불확실성이 참으로 랜덤할 경우에는 이 학생이 충분히 많이 측정하고 평균을 취한다면 어떤 정밀도도 얻을 수 있을 것이다. (a) 최종 불확실성이 $\pm 3\,\mathrm{m/s}$ 로 얻어지기 위해서는 얼마나 많은 수의 측정이 필요한가? (b) 최종 불확실성이 단지 $\pm 0.5\,\mathrm{m/s}$ 로 얻어지기 위해서는 얼마나 많은 수의 측정이 필요한가?

4.19.★★★ (a) 연습문제 4.6의 데이터는 2초 동안 가이거 계수기에 의해서 세어지는 우주선 입자의 수를 20번 측정한 값이다. 이 수들의 평균을 취하여 2초 동안에 도착하는 입자의 수에 대한 최량의 추정값과 그 수의 (SDOM에 의해서 주어지는 바와 같은) 불확실성을 구하라. (b) 이 문제의 다른 해법은 다음과 같다. 만약 이 모든 데이터를 더한다면 독자들은 40초 동안에 세어진 수를 (이 수의 제곱근에 의해서 주어지는 불확실성과 함께) 얻게 될 것이

다. 만약 이 결과를 20으로 나눈다면 독자들은 2초 동안에 도착하는 입자 수와 그것의 불확실성을 얻게 되어야 한다. (b)와 (c)에 대한 독자들의 답들이 최소한 근사적일지라도 일치하는지를 검사하라. (2초 시간 간격은 무시할 수 있는 불확실성을 가지고 측정되었다고 가정하라.) (c) 이론적으로는 이 두 가지 방법으로 얻어진 답이 같아야 한다는 것을 증명하라. (독자들의 증명은 일반적이어야 한다. 즉 독자들은 연습문제 4.6에서의 구체적인 수가 아니라 대수 기호를 사용해서 서술해야 한다. 어떤 세어진 수의 SD도 그 수의 제곱근이어야 한다는 것을 기억하라.)

4.5절에 관한 문제: 예

4.20.★ 표 4.4에 있는 스프링 상수 k의 계산을 완성하라. 그다음에 $\overline{k}$와 그것의 불확실성을 (SDOM $\sigma_{\overline{k}}$를) 계산하라.

4.21.★ 표 4.3은 한 직사각형의 길이 l과 폭 b의 각각에 대한 열 개의 측정값을 기록하고 있다. 이 값들이 면적 $A = lb$를 계산하려고 사용되었다. 만약 이 측정들이 짝으로 (l에 대해서 하나 그리고 b에 대해서 하나) 실시되었다면 각 짝을 서로 곱해서 면적 A에 대한 하나의 값을 얻는 것은 당연하다. (첫 번째 l에 첫 번째 b를 곱해서 첫 번째 A의 값을 얻는 등 이렇게 계속한다.) 이렇게 해서 얻어지게 되는 열 개의 A의 값과 평균 $\overline{A}$, SD σ_A, 그리고 SDOM $\sigma_{\overline{A}}$를 계산하라. $\overline{A}$와 $\sigma_{\overline{A}}$에 대한 이 답들을 평균 $\overline{l}$과 $\overline{b}$를 먼저 계산하고서 곱한 $\overline{l}\,\overline{b}$를 A로 취하고 그것의 불확실성을 오차 전파에 의해서 구하는 (4.18)의 답과 비교하라. (측정값의 개수가 아주 많다면 두 가지 방법은 일치해야만 한다.)

4.22.★★ 이 문제는 오차 분석이 두 가지 방법 중 어느 것에 의해서도 수행될 수 있는 실험의 한 예이다. 한 방법은 원래 측정에서 추정된 오차를 전파시키는 것이고 다른 방법은 여러 가지 답의 통계 분석에 의한 것이다. 한 학생이 4장의 도입부에서 간략하게 서술한 바 있는 단순 흔들이를 사용해서 중력 가속도 g를 측정하고자 한다. 주기가 $T = 2\pi\sqrt{l/g}$인 것으로 알려

져 있기 때문에 그 학생은 $g = 4\pi^2 l / T^2$에 의해서 g를 구할 수 있다. 여기서 l은 단순 흔들이의 길이를 나타낸다. 학생은 서로 값이 다른 다섯 개 l에 대해서 T를 측정하고 다음 결과를 얻었다.

길이, l (cm)	57.3	61.1	73.2	83.7	95.0
시간, T (s)	1.521	1.567	1.718	1.835	1.952

(a) 데이터의 표를 복사하고 학생이 계산한 다섯 개의 g값이 나열된 줄 하나를 추가하라. (b) 이 학생은 길이 l을 약 0.3% 이내로 (말하자면 2 또는 3밀리미터 이내로) 읽을 수 있다고 추정하였다.[7] 마찬가지로 이 학생은 모든 시간을 $\pm 0.2\%$ 이내로 추정하였다. 오차 전파를 이용해서 g에 대한 이 학생의 값들에서의 불확실성을 추정하라. (c) 이 학생의 g 값들은 같은 물리량에 대한 다섯 번의 측정이므로 우리는 통계적으로 이들을 분석할 수 있다. 특히 표준편차는 이 학생의 답들 중 어떤 값 하나의 불확실성을 나타낸다. SD는 얼마인가? 이 값은 문항 (b)에서 오차 전파에 의해서 구해진 불확실성과 비교하면 어떠한가? [원래 추정된 불확실성들의 정확한 속성을 모르기 때문에 (이 학생도 아마 모를 것인데) 독자는 그 일치가 **특별하게** 좋을 것이라고 기대하지는 말아야 한다. 그렇지만 두 가지 방법은 **대략적으로는** 일치해야만 하는데 그래서 불일치가 크다는 것은 뭔가 잘못되었다는 분명한 조짐일 수 있다.] (d) 이 학생의 g에 대한 최종 답은 불확실성과 함께 어떻게 되는가? [문항 (c)의 통계 분석을 사용하고 최종 불확실성은 SDOM이라는 것을 기억하라.] 이 학생의 답은 (학생의 실험실에서의) 공인된 값인 $979.6\,\text{cm/s}^2$과 비교하면 어떠한가?

7 비록 l에 대한 5회 측정에서 백분율 불확실성은 아마도 적확하게 같지는 않을 것이지만 많은 실험에서 이들이 최소한 근사적으로는 같다고 가정하는 것이 (시간도 줄여주고) 타당하다. 다르게 표현하자면 다섯 번의 개별적인 오차 전파를 실시하는 대신에 독자들은 때로는 대표적인 경우에 대해서 단 한 번만 적확하게 시행하고 다섯 경우 모두가 상당히 유사하다고 가정한다.

4.6절에 관한 문제: 계통 오차

4.23.★ 계통 오차에 대한 유명한 사례는 밀리컨의 역사적인 전자의 전하 e의 측정에서 발생하였다. 밀리컨은 이 실험에 여러 해 종사하고 있었고 모든 랜덤 오차를 극히 낮은 수준으로, 확실하게 0.1% 이하로 낮추었다. 안타깝게도 e에 대한 그의 답은 (η라고 표시한) 공기의 점성도에 종속하였는데 그가 사용한 η의 값은 0.4% 만큼 더 낮았다. 밀리컨의 e에 대한 값은 $e = K\eta^{3/2}$이라는 형식을 갖고 있었는데 여기서 K는 η를 제외한 여러 가지의 측정된 파라미터가 관련되는 복잡한 식을 대표하고 있다. 그렇기 때문에 η의 계통 오차는 e에 계통 오차를 야기했다. (랜덤한 그리고 계통적인) 모든 다른 오차가 0.4%보다도 작다면 e에 대한 밀리컨의 오차는 어떻게 되는가? (이 예는 많은 계통 오차 중 대표적인 것이다. 오차들이 식별되기 전까지는 이들에 대해서 어떻게 해볼 수가 없다. 식별되고 나면 이 오차들은 제거될 수 있는데 이 경우는 η의 올바른 값을 사용하면 제거된다.)

4.24.★★ 어떤 실험에서 계통 오차는, 예를 들어 엉터리로 단열된 열량계로부터의 열 손실을 간과하는 것 또는 불충분하게 윤활제를 바른 카트에서 마찰을 간과하는 것과 같이 (고려하는 상황에서는) 미미하지 **않은** 효과를 무시하여 생겨날 수 있다. 여기 또 하나의 예가 있다. 어떤 학생이 고층 빌딩의 서로 다른 창문 네 곳에서 떨어뜨린 (3 또는 4인치 지름의) 나무 공의 낙하 시간을 재어서 중력 가속도 g를 측정하고자 한다. 이 학생은 공기의 저항이 미미하다고 보고, 낙하거리가 $d = (1/2)gt^2$으로 주어진다고 가정한다. 줄자와 전자식 타이머를 사용해서 네 개의 개별적인 낙하 거리와 시간을 다음과 같이 측정하였다.

길이, d (미터)	15.43	17.37	19.62	21.68
시간, T (초)	1.804	1.915	2.043	2.149

(a) 이 데이터를 복사하고 세 번째 줄을 추가해서 $g = 2d/t^2$으로 계산된 대응하는 가속도를 적어 넣어라. (b) 모든 오차가 랜덤하다고 가정한다면 이

결과들에 근거한 g에 대한 최량의 추정값은 어떻게 되는가? 이 답이 공인된 값 $g = 9.80\,m/s^2$과 일치하지 않는다는 것을 보여라. (c) 자신의 모든 계산과 줄자와 타이머를 모두 검사하고 나서 이 학생은 가속도를 $9.80\,m/s^2$과 다르게 만드는 데는 어떤 계통 오차가 있음에 틀림없다고 (올바르게) 결론을 내리고 이 학생은 공기의 저항이 그 범인일 것으로 지목하였다. 이 학생의 주장을 지지할 수 있는 논거를 적어도 두 가지 제시하라. (d) 이 계통 오차의 영향을 축소시킬 수 있도록 실험을 수정할 방안을 몇 가지 제안하라.

4.25.★★ (a) 어떤 학생이 음속을 $u = f\lambda$로 측정하는데 여기서 f는 가청 주파수 발진기의 문자반에 표시된 주파수이고, λ는 공명 공기 기둥에서 몇 개의 극댓값의 위치를 알아내서 측정된 파장이다. λ에 대한 몇 개의 측정값이 있기 때문에 이들은 통계적으로 분석될 수 있고, 그래서 이 학생은 $\lambda = 11.2 \pm 0.5\,\text{cm}$라는 결론에 도달하였다. (발진기의 조절 눈금) $f = 3{,}000\,\text{Hz}$에 대해서는 오직 한 번만 측정되었는데 그 학생이 이 측정의 신뢰도를 판단할 수 있는 방도는 전혀 없다. 교수는 이 발진기가 "확실하게 1% 신뢰할 수 있다."라고 말한다. 따라서 이 학생은 f에는 1% 계통 오차를 (그런데 λ에는 전혀 없는 것으로) 허용하기로 한다. u에 대한 학생의 답은 불확실성과 함께 어떻게 되는가? 발진기의 눈금 맞추기에서의 1% 계통 오차가 중요하게 될 가능성이 있는가? (b) 만약 이 학생의 측정값이 $\lambda = 11.2 \pm 0.1\,\text{cm}$였고, 발진기의 눈금 맞추기가 3% 신뢰할 수 있었다면 답은 어떻게 되겠는가? 이 경우에는 계통 오차가 중요한가?

4.26.★★ 어떤 학생이 한 저항기의 양단 전압 (V)와 이로 인해 저항에 흐르는 전류 (I)를 측정하고, 그다음에 $R = V/I$로 저항을 계산하는 방법으로 저항기의 저항을 검사하고자 한다. 이 학생은 V와 대응하는 I에 대한 네 개의 다른 값을 다음과 같이 측정하였다.

전압, V (볼트)	11.2	13.4	15.1	17.7
전류, I (암페어)	4.67	5.46	6.28	7.22

(a) 대응하는 (옴의 단위로 나오는) R의 값 네 개를 계산하라. R에 대한 최량의 추정값은 무엇이고, 그것의 불확실성의 랜덤 성분은 (δR_{ran}은) 어떻게 되는가? (b) 저항기는 2.50 옴으로 평가되었는데 이 값은 $R_{\text{best}} \pm \delta R_{\text{ran}}$에 놓여 있지 않다. 그래서 이 학생은 전압계와 전류계가 얼마간의 계통 오차의 영향을 받고 있을 가능성을 검토하기로 한다. 실험실 기술자는 실험실에 있는 많은 계량기는 최대 2%의 계통 오차를 가진다고 진술하고 있다. 오차 전파를 사용하여 R의 가능한 계통 오차를 알아내고 그다음에 총 불확실성을 도출하도록 계통 오차와 랜덤 오차를 결합하라. (두 가지 계산에서 모두 오차들을 제곱에서 결합하라.) 학생의 최종 답은 어떻게 되는가? 그리고 이 답은 주어진 값과 비교해서 어떠한가?

4.27.★★ 어떤 실험들은 측정을 실시하기 전에 장비의 눈금 맞추기를 요구한다. 눈금 맞추기에서의 어떤 랜덤 오차들은 실험 자체에서는 계통 오차들이 될 것이다. 이 효과를 보여주기 위해 자기장이 원자가 내놓는 빛의 주파수를 미세하게 쏠리게 하는 제이만(zeeman) 효과를 검토해보자. 이 쏠림은 거리 d만큼 (여기서 d는 대체로 수 밀리미터) 떨어진 두 개의 평행한 반사하는 표면으로 구성되는 파브리-페로(Fabry-Perot) 간섭계에 의해서 측정될 수 있다. 이 간섭계를 사용하기 위해서는 사용자는 거리 d를 알아야만 한다. 다시 말하자면 사용자는 d를 측정해서 장비의 눈금을 맞추어야만 한다. 이러한 측정을 수행하는 편리한 방법은 간섭계를 통해 파장 λ가 정확하게 알려진 빛을 보내는 것인데 이렇게 하면 그림 4.3에 묘사된 바와 같은 일련의 줄무늬가 나타나게 된다. 이 시점에서 간섭계를 넣어둔 상자로부터 공기를 모두 뽑아내면 간섭무늬는 서서히 옆으로 쏠리는데 기준 표지를 지나서 이동하는 줄무늬의 개수는 $N = 2(n-1)d/\lambda$이다. 여기서 n은 공기의 굴절률이다. n과 λ가 정확하게 알려져 있으므로 N을 세면 d는 정확하게 알아낼 수 있다. N이 꼭 정수는 아니므로 기준 표지를 지나가는 완전한 줄무늬의 비율을 반드시 추정해야만 하는데 이 추정이 불확실성의 단 하나의 중대한 원천을 도입하게 된다.

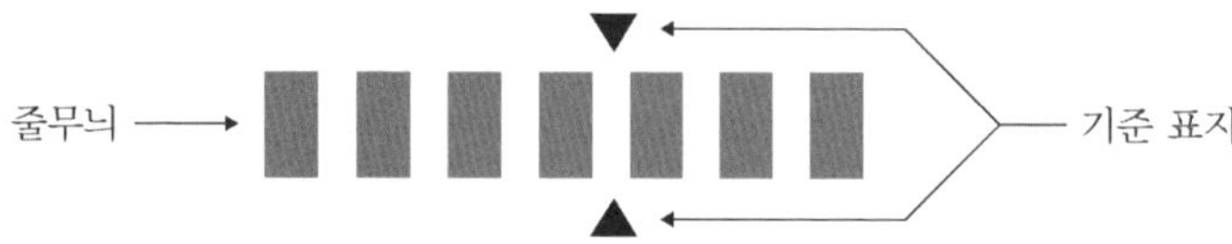

그림 4.3 한 파장의 광선이 파브리–페로 간섭계를 통해서 보내어질 때 이 간섭계는 서로 교대되는 밝고 어두운 무늬를 만들어낸다. 만약 공기를 간섭계로부터 뽑아낸다면 전체 무늬가 옆으로 쏠리고, 기준 표지를 지나가는 (밝고–어둡고–밝은) 완전한 줄무늬의 수를 셀 수 있다; 연습문제 4.27과 관련

(a) 이러한 하나의 실험에서 학생이 N을 다섯 번 다음과 같이 측정하였다.

$$N\text{의 값} = 3.0, 3.5, 3.2, 3.0, 3.2.$$

N에 대한 최량의 추정값과 그것의 불확실성은 어떻게 되는가? 이로부터 유래하는 d의 백분율 불확실성은 얼마인가? (b) 독자들이 방금 구한 불확실성은 순수하게 랜덤한 것이다. 그럼에도 간섭계를 사용한 모든 후속 측정에서 학생은 문항 (a)에서 사용한 d에 대한 값을 사용할 것이고 그러면 그 값에서의 어떠한 오차도 학생의 최종 답에서는 **계통** 오차를 야기할 것이다. 이 학생이 d의 계통 오차로 얼마의 백분율을 사용해야 하는가?

4.28.★★★ 계통 오차는 때로는 실험자가 의식을 못하고 틀린 물리량을 측정할 때 생겨날 수 있다. 여기에 사례가 하나 있다. 어떤 학생이 가벼운 끈에 의해서 늘어뜨린 강철 공으로 만들어진 단순 흔들이를 사용해서 g를 측정하려고 시도하고 있다. (그림 4.4 참조)

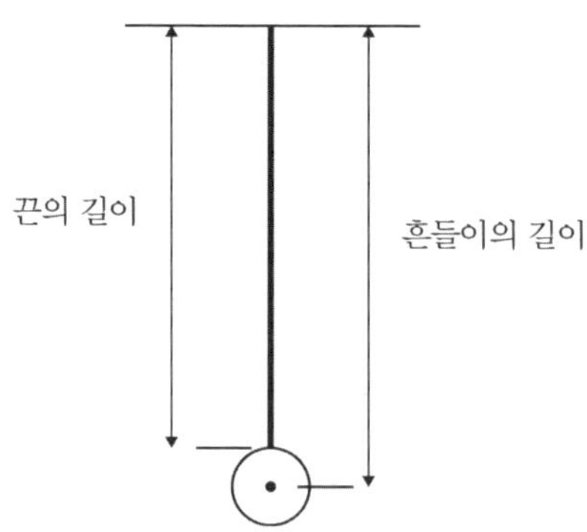

그림 4.4 한 단순 흔들이가 금속 공과 매단 끈으로 이루어져 있다. 이 단순 흔들이의 유효 길이는 끈의 길이 **더하기** 공의 반지름이다; 연습문제 4.28과 관련

이 학생은 단순 흔들이의 서로 다른 길이 l과 대응하는 주기 T를 다음과 같이 다섯 번 측정하였다.

길이, l (cm)	51.2	59.7	68.2	79.7	88.3
주기, T (s)	1.448	1.566	1.669	1.804	1.896

(a) 각각의 짝에 대해 이 학생은 g를 $g = 4\pi^2 l/T^2$으로 계산하였다. 그다음에 학생은 다섯 개 값의 평균과 SD 그리고 SDOM을 계산했다. 모든 오차가 랜덤하다고 가정하고서, 학생은 SDOM을 최종 불확실성으로 취하고 답을 표준 형식인 평균 ± SDOM으로 내놓았다. g에 대한 이 학생의 답은 어떻게 되는가? (b) 이 학생의 그 값을 공인된 값인 $g = 979.6\,\text{cm/s}^2$과 비교했는데 불일치가 그의 불확실성의 무려 10배나 되는 것을 알고서 몹시 놀랐다. 이 애처로운 결론을 확인하라. (c) 자신의 모든 계산을 점검해보고 이 학생은 어떤 계통 오차를 간과했음에 틀림없다는 결론에 도달하였다. 이 학생은 주기 T의 계산에서 아무런 문제가 없었다고 확신하고서 스스로에게 다음 질문을 던졌다. 총 오차의 범위가 공인된 값 $979.6\,\text{cm/s}^2$을 **간신히 포함하기** 위해서는 길이 l에서의 계통 오차의 크기가 얼마나 되어야 하는가? 그 답이 근사적으로 1.5%임을 보여라. (d) 이 결과는 학생의 길이에 대한 측정이 약 1 cm의 계통 오차의 지배를 받았다는 것을 의미할 수 있는데 학생은 처음에는 말도 되지 않는다고 기각했었다. 그런데 이 단순 흔들이를 뚫어져라 쳐다보다가 이 학생은 1 cm가 어림잡아서 강철공의 반지름이라는 것을 또한 자신이 단지 **끈의** 길이만 기록했었다는 것도 깨달았다. 단순 흔들이의 올바른 길이는 회전축으로부터 공의 **중심**까지의 거리이므로 (그림 4.4 참조) 이 학생의 측정값들은 정말로 일률적으로 공의 반지름만큼 작았다. 그리하여 이 학생은 공의 지름을 알아내기 위해 캘리퍼스를 사용했는데 지름이 2.00 cm라는 것이 밝혀졌다. 학생의 데이터에 필요한 수정을 실시하고 g에 관한 이 학생의 최종 답을 불확실성과 함께 계산하라.

제5장

정규 분포

이 장에서는 반복된 측정들의 통계적 분석에 대한 논의를 계속한다. 4장에서는 중요한 아이디어들인 평균, 표준 편차 그리고 평균의 표준 편차를 소개하고, 이 아이디어들의 의의와 몇 가지 용도를 알아보았다. 이 장에서는 이 통계적 아이디어들을 이론적으로 정당화하고 앞선 장들에서 증명하지 않고 진술한 몇 가지 결과에 대한 증명을 보여주고자 한다.

여러 번 반복된 측정에 대한 논의에서 첫 번째 문제는 얻어진 값들을 다루고, 전시하는 방법을 알아보는 것이다. 하나의 편리한 방법은 5.1에 서술한 **분포**나 **히스토그램**을 사용하는 것이다. 5.2절에서는 측정의 수가 무한히 많아지면 얻어지는 결과들의 분포인 **극한 분포**의 개념을 소개한다. 5.3절에서는 많은 작은 랜덤 오차의 지배를 받는 어떤 측정에 대한 극한 분포인 **정규 분포** 또는 **가우스 분포**를 정의하겠다.

정규 분포의 수학적 성질들을 이해하고 나면 우리는 몇 가지 중요한 결과를 아주 쉽게 증명해나갈 수 있다. 4장에서 예상했듯이 (하나의 물리량을 같은 기술을 사용하여 실시한) 모든 측정값의 68%는 참값으로부터 표준 편차의 1배 범위 안에 놓여야만 한다는 것을 5.4절에서 증명할 것이다. 5.5절에서는 만약 우리가 어떠한 물리량 x를 N번 측정하고 측정값 $x_1, x_2, \ldots, x_N$을 얻었다면 이 값들에 근거한 최량의 추정값 x_{best}는 평균 $\bar{x} = \sum x_i/N$이라고 하는 1장에서 사용한 결과를 증명한다. 5.6절에서는 독립적이고 랜덤한 오차들을 전파시킬 때에 제곱하여 더하기를 사용하는 것이 정당하다는 것을 입증할 것이다. 5.7절에서는 x의 최상의 추정값으로 쓰일 때 평균 $\bar{x}$의 불확실성은 평균의 표준 편차 $\sigma_{\bar{x}} = \sigma_x / \sqrt{N}$으로 주어진다는 것을 증명하겠다. 끝으로 5.8절에서 실험 결과들에 수치적 확신을 어떻게 배정하는가에 대해 논의하겠다.

이 장에서 사용되는 수학은 지금까지 사용된 것들에 비해서 더 고급에 속한다. 특히 독자들은 그래프 아래의 면적을 의미하는 적분, 변수 변환, 그리고 (가끔은) 부분 적분 등과 같은 적분의 기본 아이디어들을 이해할 필요가 있다. 그렇지만 정규 분포에 관한 5.3절을 처음부터 끝까지 (필요하다면 연필과 종이를 가지고 계산해보면서) 공부하고 나면 독자들은 이 장의 나머지 내용을 이해하는 데 큰 어려움이 없을 것이다.

5.1 히스토그램과 분포

어떤 실험에 대한 본격적인 통계적 분석은 많은 측정을 요구한다는 것은 분명하게 이해하고 있어야 한다. 따라서 우리는 먼저 아주 많은 수의 측정된 값들을 기록하고 전시하는 방법들을 고안해내야 한다. 한 예로 어떤 길이 l을 열 번 측정한다고 가정해보자. 예를 들면 x는 렌즈에서부터 렌즈에 의해 형성된 상까지의 거리일 수 있을 것이다. 우리는 다음 값들을 (모두 cm 단위로) 얻을 수 있을 것이다.

$$26, 24, 26, 28, 23, 24, 25, 24, 26, 25. \tag{5.1}$$

이러한 방식으로 기록된 상태에서는 이 열 개의 수는 거의 아무런 정보도 전달하지 못하고, 만약 우리가 훨씬 더 많은 측정값을 이렇게 기록한다면 그 결과는 혼란스러운 수들의 미궁이 되어버릴 것이다. 말할 것도 없이 더 나은 체계가 있어야 한다.

그 첫 번째 단계로 (5.1)에서의 수들을 오름차순으로 다시 배열할 수 있다.

$$23, 24, 24, 24, 25, 25, 26, 26, 26, 28. \tag{5.2}$$

다음으로 세 개의 수치 24, 24, 24를 그대로 기록하기보다 우리는 24라는 값을 세 번 얻었다고 간단하게 기록할 수 있다. 다르게 표현하자면 얻어진 서로 **다른** x의 값을 그 값이 관측된 **횟수**와 함께 표 5.1과 같이 기록할 수 있다.

표 5.1 측정된 길이 x와 이들의 관측된 횟수

서로 다른 값, x_k	23	24	25	26	27	28
관측된 횟수, n_k	1	3	2	3	0	1

여기서 나는 여러 가지 서로 다른 관측된 값들인 $x_1 = 23, x_2 = 24, x_3 = 25$ 등을 나타내기 위해 x_k $(k = 1, 2, \ldots)$라는 표기를 도입하였다. 그리고 n_k $(k = 1, 2, \ldots)$는 대응하는 값 x_k가 관측된 횟수인 $n_1 = 1$, $n_2 = 3$ 등을 나타낸다.

만약 우리가 표 5.1에서처럼 측정값들을 기록한다면 우리는 더욱 편리하다고 입증된 방식으로 평균 $\bar{x}$의 정의를 다시 쓸 수 있다. 이전의 정의로부터 우리는

$$\bar{x} = \frac{\sum_i x_i}{N} = \frac{23 + 24 + 24 + 24 + 25 + \cdots + 28}{10} \tag{5.3}$$

이라는 것을 알고 있다. 이 방정식은

$$\bar{x} = \frac{(23 \times 1) + (24 \times 3) + (25 \times 2) + \cdots + (28 \times 1)}{10}$$

과 같은데 일반적으로 다음과 같이 표기한다.

$$\bar{x} = \frac{\sum_k x_k n_k}{N}. \tag{5.4}$$

본래의 형식 (5.3)에서는 우리는 실시된 **모든** 측정값에 걸쳐서 합을 해야 하는데 그에 비해서 (5.4)에서는 얻어진 모든 **서로 다른** 값에 걸쳐서 각 값이 발생한 횟수를 곱해서 더한다. 이 두 가지 합은 당연히 똑같으나 많이 측정할 경우에는 형식 (5.4)가 한층 더 유용한 것으로 입증되고 있다. (5.4)에서와 같은 합은 **가중 합**이라고 불리는데 각각의 값 x_k는 그것이 발생한 횟수 n_k에 의해 **가중되었다**. 나중에 참고가 되도록, 모든 수 n_k를 더한다면 실시된 총 측정 횟수 N을 얻게 된다는 것에 주목하라. 즉,

$$\sum n_k = N \tag{5.5}$$

이다. (예를 들면 표 5.1에 대해 이 방정식은 마지막 줄에 있는 수들의 합은 10 임을 단언한다.)

즉시 점검 5.1

대학 생활 첫 두 해 동안 조(Joe)는 (모두 같은 수의 학점을 가진) 20개 과목을 수강했고 일곱 개의 A, 네 개의 B, 일곱 개의 C, 그리고 두 개의 F를 취득했다. 평점 평균을 계산할 목적으로 각 문자 평점에는 수치 점수가 통상적인 방식으로 다음과 같이 배정되었다.

문자 평점	F	D	C	B	A
점수, s_k	$s_1 = 0$	$s_2 = 1$	$s_3 = 2$	$s_4 = 3$	$s_5 = 4$

있을 수 있는 서로 다른 점수 s_k와 각 점수가 취득된 횟수 n_k를 보여주는 표를 표 5.1과 같이 만들어라. 방정식 (5.4)를 사용해서 조(Joe)의 평점 평균인 $\bar{s}$를 계산하라.

이전의 두 개 단락에서의 아이디어들은 때로는 훨씬 편리한 방식으로 고쳐서 말할 수 있다. 결과 $x = 24$가 세 번 얻어졌다고 말하는 대신에 우리는 $x = 24$가 전체 측정의 3/10에서 얻어졌다고 말할 수 있다. 바꾸어 말하자면 결과 x_k가 발생한 **횟수** n_k를 사용하는 대신에 우리는 비율

$$F_k = \frac{n_k}{N} \tag{5.6}$$

를 도입하는데 이것은 N번 측정에서 결과 x_k가 발생한 횟수의 **비율**이다. 이 비율 F_k는 우리의 측정값들이 있을 수 있는 서로 다른 값들 중에서 어떻게 **분포하는지**를 서술하기 때문에 결과들의 **분포**를 명시한다고 말할 수 있다.

평균 $\bar{x}$에 대한 공식 (5.4)를 비율 F_k의 항으로 다음과 같이 간결한 형식으로 다시 쓸 수 있다.

$$\bar{x} = \sum_k x_k F_k. \tag{5.7}$$

말하자면 평균 $\bar{x}$는 다름 아닌 얻어진 모든 서로 다른 값 x_k의 가중 합인데 각각의 x_k는 그것이 발생한 횟수의 비율인 F_k에 의해서 가중되었다.

(5.5)의 결과는

$$\sum_k F_k = 1. \tag{5.8}$$

이라는 것을 함축한다. 말하자면 만약 모든 가능한 결과 x_k에 대한 비율 F_k를 전부 더한다면 반드시 1이 되어야만 한다는 것이다. 합이 1이 되는 어떤 집합을 **정규화되었다**고 말하는데 그래서 관계 (5.8)은 **정규화 조건**이라고 불린다.

측정값들의 분포는 그림 5.1에서처럼 **히스토그램**으로 그래픽하게 전시될 수 있다. 이 그림은 x_k에 대한 F_k를 좌표 평면에 표시한 것인데 서로 다른 측정된 값 x_k는 수평 축에 좌표로 표시하였고 각 x_k의 발생 횟수의 비율은 x_k 위에 그린 연직 막대의 높이로 나타내어진다. (x_k에 대한 n_k의 값을 좌표로 표시할 수도 있는데 우리의 목적에는 x_k에 대한 F_k를 좌표 평면에 표시하는 것이 한결 편리하다.) 이 그림처럼 데이터를 히스토그램으로 전시하면 신문이나 잡지 기자들이 잘 알고 있는 것처럼 빠르고 쉽게 파악될 수 있다.

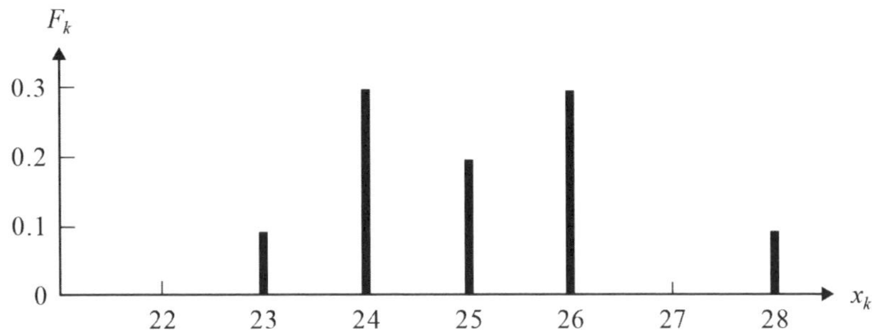

그림 5.1 어떤 길이 x를 10회 측정한 경우에 대한 히스토그램. 수직 축은 각 x_k가 관측된 횟수의 비율 F_k를 보여준다.

그림 5.1과 같은 히스토그램은 결과들의 분포가 x_k 위에 그린 수직 막대의 높이에 의해 표시되기 때문에 **막대 히스토그램**으로 불릴 수 있다. 이러한 종류의 히스토그램은 값 x_k가 정수 값으로 그 간격이 알맞게 떨어져 있을 때 적합하다. (예를 들면 학생들의 시험 점수는 대체로 정수로 주어지고 막대 히스토그램을 이용하면 편리하게 전시된다.) 그렇지만 대부분의 물리량은 있을 수 있는 값의 범위가 연속적이기 때문에 측정값들은 대체로 깔끔한 정수로 된 결과들을 제공하지는 않는다. 예를 들면 방정식 (5.1)에 보고된 길이에 대한 열 개의 값 대신에 다음과 같은 열 개의 값을 얻게 될 가능성이 훨씬 더 높다.

$$26.4, 23.9, 25.1, 24.6, 22.7, 23.8, 25.1, 23.9, 25.3, 25.4. \qquad (5.9)$$

이 열 개 값에 대한 막대 히스토그램은 모두 높이가 같고 분리된 열 개의 막대로 구성될 것이고 상대적으로 거의 아무런 정보도 전달하지 못할 것이다. (5.9)에서와 같은 측정된 값들이 주어지면, 최선의 방도는 값들의 범위를 편리한 몇 개의 **구간**이나 **"칸"**으로 나누고 각 "칸"에 몇 개의 값이 안착하는지를 세는 것이다. 예를 들어 (5.9)의 측정된 값들 중에서 $x = 22$와 23 사이에 있는 개수, $x = 23$과 24 사이에 있는 개수 등을 셀 수 있을 것이다. 이러한 방식으로 센 결과를 표 5.2에서 보여주고 있다. (만약 어떤 측정된 값이 적확하게 두 개의 칸의 경계에 안착한다면 독자들은 이 값을 어디에 놓을 것인지를 결정해야 한다. 간단하고 합리적인 한 가지 방도는 두 개의 칸에 각각 절반씩 배정하는 것이다.)

표 5.2 칸으로 분류된 (5.9)의 열 개 측정값

칸	22에서 23	23에서 24	24에서 25	25에서 26	26에서 27	27에서 28
칸의 측정값 수	1	3	1	4	1	0

표 5.2에 있는 결과들은 우리가 **칸 히스토그램**이라고 부르는 형식으로 그림 5.2와 같이 좌표 평면에 표시할 수 있다. 이 도표에서 각 칸에 안착하는 측정값들의 비율은 그 칸 위에 그려진 직사각형의 면적에 의해서 나타내어진다. 그리하여 $x = 23$과 24 사이 구간 위의 그늘진 직사각형의 면적은 $0.3 \times 1 = 0.3$인데 모든 측정값의 3/10이 그 구간에 안착한다는 것을 가리킨다. 일반적으로 우리는 k번째 칸의 폭을 Δ_k로 나타낸다. (꼭 그럴 필요는 없지만 이 폭들은 통상적으로 모두 같다.) 칸 위에 그려진 직사각형의 높이 f_k는 면적 $f_k\Delta_k$가 다음과 같도록 선정된다.

$$f_k\Delta_k = k\text{번째 칸에 있는 측정값들의 비율.}$$

바꾸어 말하자면 칸 히스토그램에서 k번째 직사각형의 면적 $f_k\Delta_k$가 갖는 의미는 막대 히스토그램에서 k번째 막대의 높이가 갖는 의미와 같다.

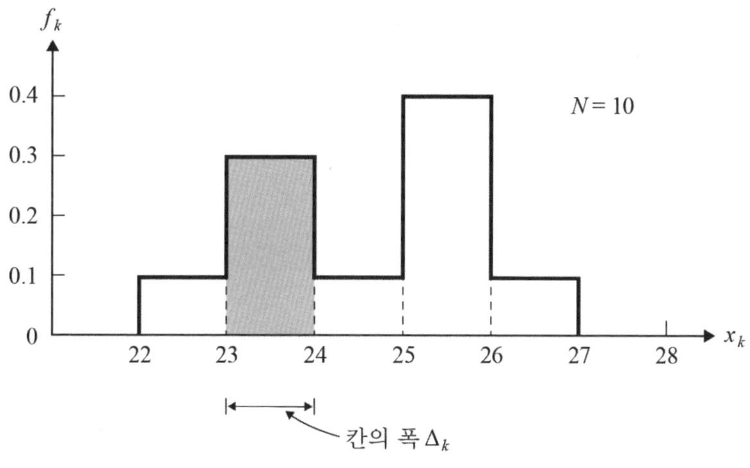

그림 5.2 (5.9)의 x에 대한 열 개의 측정값이 22에서 23까지, 23에서 24까지 등의 "칸"에 안착하는 비율을 보여주는 칸 히스토그램. 각 구간 위의 직사각형의 면적은 이 구간에 안착하는 측정값들의 비율을 나타낸다. 따라서 그늘진 직사각형의 면적은 0.3인데 전체 측정값의 3/10이 23과 24 사이에 놓인다는 것을 가리킨다.

히스토그램의 칸의 폭 Δ_k를 선정하는 데 있어서 약간의 주의가 필요하다. 만약 칸이 너무 넓게 만들어진다면 모든 (또는 거의 모든) 관측값은 하나의 칸에 안착하게 될 것이고 히스토그램은 별로 쓸모없는 하나의 직사각형이 될 것이다. 그런데 칸이 너무 작게 만들어지면 하나 이상의 관측값을 보유한 칸은 거의 없을 것이고, 그래서 히스토그램은 거의 전부 높이가 똑같은 수없이 많은 좁은 직사각형으로 구성될 것이다. 반드시 몇 개의 칸의 각각에 관측값이 여러 개 안착할 수 있도록 칸의 폭은 선정되어야 한다. 따라서 측정값들의 전체 개수 N이 적다면 칸을 넓게 선정해야만 하고, 반면에 N을 크게 한다면 일반적으로 칸을 좁게 선정할 수 있다.

즉시 점검 5.2

20명의 학생으로 이루어진 어떤 학급이 50점이 만점인 시험을 치르고, 다음과 같은 결과를 얻었다.

$$26, 33, 38, 41, 49, 28, 36, 38, 47, 41,$$
$$32, 37, 48, 44, 27, 32, 34, 44, 37, 30$$

(이 점수들은 학생들의 이름이 알파벳 순서로 나열된 명부에서 취했다.) 모눈종이에 경계를 25, 30, 35, 40, 45, 50에 설정하고 이 점수들에 대한 칸 히스토그램을 그려라. 각 직사각형의 면적이 그에 대응하는 칸에 속하는 학생들의 비율이 되도록 수직 축의 눈금을 매겨라.

5.2 극한 분포

대부분의 실험에서 측정값들의 수가 증가함에 따라서 히스토그램은 명확한 단순한 형상을 갖기 시작한다. 점차로 발전하는 이 형상은 그림 5.2와 같은 물리량을 100번 측정한 경우를 보여주는 그림 5.3과 1,000번 측정한 경우를 보여주는 그림 5.4에서 명료하게 관찰할 수 있다. 100번 측정한 후에는 히스토그램이 근사적으로 대칭적인 하나의 봉우리 형태가 되었다. 1,000번 측정한 후에 우리는 칸의 폭을 절반으로 만들 수 있고, 그래서 히스토그램은 상당히 매끄럽고 고르게 된다. 이 세 개의 그래프는 모든 측정이 갖는 중요한 성질을 드러내준다. 측정의 수가 무한으로 접근함에 따라서 분포는 어떤 명확한 연속적인 곡선에 가까워진다. 이러한 현상이 일어나면 그 연속적인 곡선은 **극한 분포**[1]라고 불린다. 따라서 그림 5.2에서 5.4에 걸친 측정들의 경우에 극한 분포는 그림 5.4에 중첩해서 그려진 대칭인 종 모양 곡선에 근접하는 것처럼 보인다.

극한 분포 그 자체는 결코 적확하게 측정될 수 없는 이론적 구축이라는 점에 주목하라. 측정을 더 많이 실시한다면 우리의 히스토그램은 이 극한 본포에 한층 더 가까워진다. 그러나 무한히 많이 측정하고 무한히 좁은 칸들을 사용해야만 우리는 그 극한 분포 자체를 얻을 수 있다. 그렇지만 측정 횟수를 증가시켜가면 히스토그램은 어떤 극한 분포로 수렴하고, 모든 측정값은 이러한 극한 분포를 **분명히** 갖는다고 믿을 수 있는 타당한 이유가 있다.

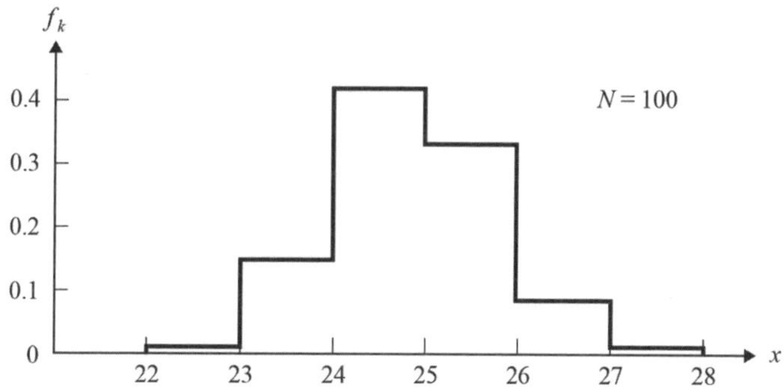

그림 5.3 같은 물리량을 100번 측정한 경우에 대한 그림 5.2와 같은 히스토그램

그림 5.4의 매끄러운 곡선과 같은 극한 분포는 우리가 $f(x)$라고 부르는 함수를 정의한다. 이 함수의 중요한 의의는 그림 5.5가 보여주고 있다. 우리가 어떠한 물리량 x를 점점 더 많이 측정해가면 그 히스토그램은 궁극

1 극한 분포에 대한 동의어 (또는 유의어) 몇 개를 열거하면 부모 분포(parent distribution), 무한 부모 분포(infinite parent distribution), 전체집단 분포(universe distribution), 부모 집단(parent population) 등을 들 수 있다.

에는 극한 곡선 $f(x)$와 구별할 수 없을 것이다. 그러므로 작은 구간 x와 $x+dx$ 사이에 안착하는 측정값들의 비율은 그림 5.5(a)의 그늘진 띠의 면적 $f(x)dx$와 같다.

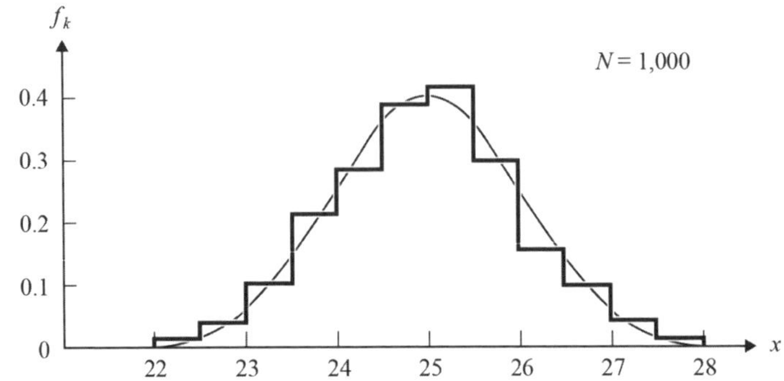

그림 5.4 같은 물리량을 1,000번 측정한 경우에 대한 그림 5.3과 같은 히스토그램. 파선은 극한 분포를 나타낸다.

$$f(x)dx = x\text{와 } x+dx \text{ 사이에 안착하는 측정값들의 비율.} \tag{5.10}$$

좀 더 일반적으로는 임의의 두 개 값 a와 b 사이에 안착하는 측정값들의 비율은 (그림 5.5b와 같이) 그래프 아래 있는 $x=a$와 $x=b$ 사이의 전체 면적이다.

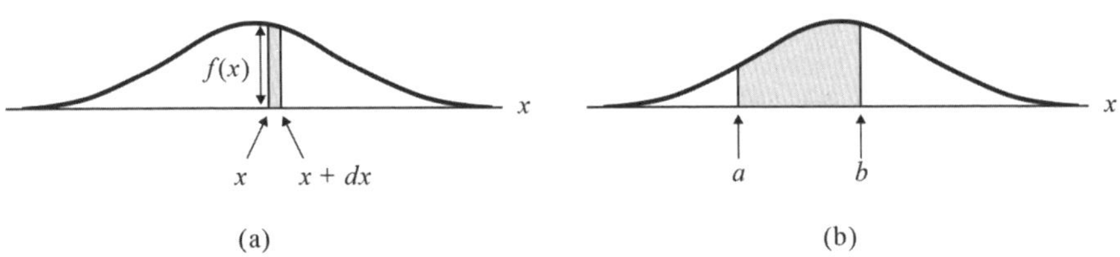

그림 5.5 극한 분포 $f(x)$. (a) 아주 많이 측정한 후에 구간 x와 $x+dx$ 사이에 안착하는 비율은 좁은 띠의 면적 $f(x)dx$이다. (b) $x=a$, $x=b$ 사이에 안착하는 비율은 그래프에서 그늘진 면적이다.

이 면적이 바로 $f(x)$의 **정적분**이다. 그래서 우리는 중요한 다음 결과를 얻게 된다.

$$\int_a^b f(x)dx = \text{ 구간 } x=a \text{에서 } x=b \text{ 사이에}$$
$$\text{안착하는 측정값들의 비율.} \tag{5.11}$$

(5.10)과 (5.11)의 두 진술의 의미를 이해하는 것은 중요하다. 두 개의 진술은 모두 우리가 아주 많은 수의 측정한 후에 어떤 구간에 측정값들이 놓일 것이라고 기대하는 비율을 우리에게 알려준다. 이것을 표현하는 다른 하나의 지극히 유용한 방식은 $f(x)dx$는 x에 대한 어떤 하나의 측정이 x와 $x+dx$ 사이에 있는 답을 줄 **확률**이라는 것이다.

$$f(x)dx = \text{ 어떤 하나의 측정이 } x \text{에서 } x+dx \text{ 사이에 있는 답을 줄 확률.} \tag{5.12}$$

마찬가지로 $\int_a^b f(x)dx$는 어떤 하나의 측정이 $x=a$에서 $x=b$ 사이에 안착할 확률을 우리에게 알려준다. 우리는 다음과 같은 중요한 결론에 도달하였다. 만약 주어진 기기를 사용하여 실시한 주어진 물리량 x에 대한 측정의 극한 분포 $f(x)$를 우리가 안다면, 우리는 어떤 구간 $a \le x \le b$ 안에서 답을 얻을 확률을 알 수 있다.

어떤 답을 $-\infty$에서 $+\infty$ 사이에서 얻을 총 확률은 반드시 1이 되어야 하기 때문에 극한 분포 $f(x)$는 다음 조건을 반드시 만족해야 한다.

$$\int_{-\infty}^{\infty} f(x)dx = 1. \tag{5.13}$$

이 항등식은 정규화된 합 (5.8) $\sum_k F_k = 1$의 당연한 상사형이고, 그래서 (5.13)을 만족하는 함수 $f(x)$는 **정규화되었다**고 말해진다.

적분 (5.13)의 한계 $\pm\infty$는 당혹스럽게 여겨질 것이다. 이 한계들은 우리가 정말로 $-\infty$부터 $+\infty$까지 전체에 걸쳐서 답을 얻을 것으로 기대한다는 것을 의미하지는 않는다. 오히려 그 반대이다. 실제 실험에서는 측정값들은 상당히 작은 유한한 구간에 안착한다. 예를 들어 그림 5.4의 측정값들은 모두 $x = 21$에서 $x = 29$ 사이에 놓인다. 무한하게 많이 측정한 다음에도 $x = 21$에서 $x = 29$ 사이 구간의 밖에 놓이는 비율은 전적으로 무시할 수 있을 만큼 작을 것이다. 다르게 표현하자면 $f(x)$는 이 범위 밖에서는 실질적으로 0이고 적분 (5.13)이 $-\infty$부터 $+\infty$까지 실시되거나 21부터 29까지 실시되거나 차이가 없다는 것이다. 대체로 우리는 이 유한한 구간들이 얼마가 되는지를 모르기 때문에 편의상 $\pm\infty$로 내버려두는 것이다.

만약 고려되고 있는 측정이 매우 정밀한 것이라면 얻어진 모든 값은 x의 실제 값에 가까울 것이고 그로부터 비롯되는 히스토그램도 따라서 극한 분포도 그림 5.6의 실선처럼 좁게 봉우리를 만들 것이다. 만약 측정의 정밀도가 낮다면 얻어진 값들은 넓게 퍼질 것이고, 그 분포는 그림 5.6의 띠선과 같이 넓고 낮을 것이다.

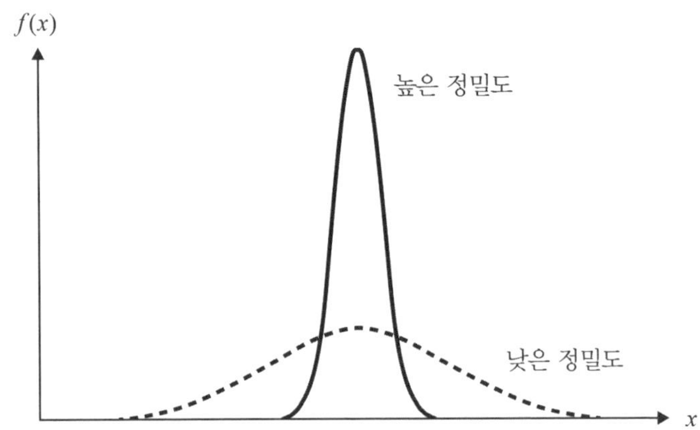

그림 5.6 두 가지 극한 분포. 하나는 높은 정밀도, 다른 하나는 낮은 정밀도를 갖는 측정에 대한 것이다.

정해진 기기를 사용해서 실시한 주어진 물리량 x의 측정에 관한 극한 분포 $f(x)$는 수없이 많이 측정한 후에 결과들이 어떻게 분포할 것인지를 묘사한다. 임의 개수 측정값의 평균은 서로 다른 값들 x_k를 각각 얻어지는 비율로 가중한 합이라는 것을 우리는 (5.7)에서 보았다.

$$\bar{x} = \sum_k x_k F_k. \tag{5.14}$$

현재 사례에서는 분포가 $f(x)$로 주어지는 엄청나게 많은 개수의 측정값을 가지고 있다. 만약 값들의 전체 범위를 x_k에서 $x_k + dx_k$까지라는 작은 구간들로 나눈다면 각 구간에 있는 값들의 비율은 $F_k = f(x_k)dx_k$일 것이고 모든 구간의 폭이 0으로 가는 극한에서 (5.14)는

$$\bar{x} = \int_{-\infty}^{\infty} x f(x) dx \tag{5.15}$$

가 된다. 이 공식은 무한하게 많이 시행한 후에 기대되는 평균을 산출해준다는 것을 기억하라.

마찬가지로 우리는 많이 측정한 실시한 후에 얻어지는 표준 편차 σ_x를 계산할 수 있다. 우리는 $N \to \infty$ 인 극한에 관심이 있기 때문에 σ_x의 정의로서 본래의 (4.6)을 사용하든지 아니면 N을 $N-1$로 대체하고 "개선된" (4.9)를 사용하든지 간에 아무런 차이가 없다. 둘 중 어떤 경우에도 $N \to \infty$ 이면 σ_x^2은 제곱한 편차 $(x-\bar{x})^2$의 평균이다. 따라서 (5.15)로 이끌어주었던 바로 그 논증에 의해서 많은 시행 후에는

$$\sigma_x^2 = \int_{-\infty}^{\infty} (x-\bar{x})^2 f(x) dx \tag{5.16}$$

가 성립한다. (연습문제 5.10을 참조하라.)

5.3 정규 분포

종류가 다른 측정들은 극한 분포들도 다르다. 모든 극한 분포가 5.2절에 그림으로 보여준 대칭의 종 모양을 갖는 것은 아니다. (예를 들면 10장과 11장의 이항 분포와 푸아송 분포는 일반적으로 대칭이 아니다.) 그럼에도 많은 측정은 그들의 극한 분포로서 대칭의 종 모양 곡선을 갖는 것으로 밝혀졌다. 사실 나는 10장에서 어떤 측정이 원천의 크기가 작은 많은 랜덤 오차의 지배를 받고 계통 오차들은 무시할 수 있을 만큼 작다면 측정된 값들은 종 모양의 곡선에 따라서 분포될 것이라는 것을 증명할 것이고 또 그 곡선은 그림 5.7에서처럼 x의 참값을 중심으로 모여 있을 것이라는 것을 증명할 것이다. 이 장의 나머지 부분에서 나는 이러한 속성을 가진 측정에 나의 관심을 한정할 것이다.

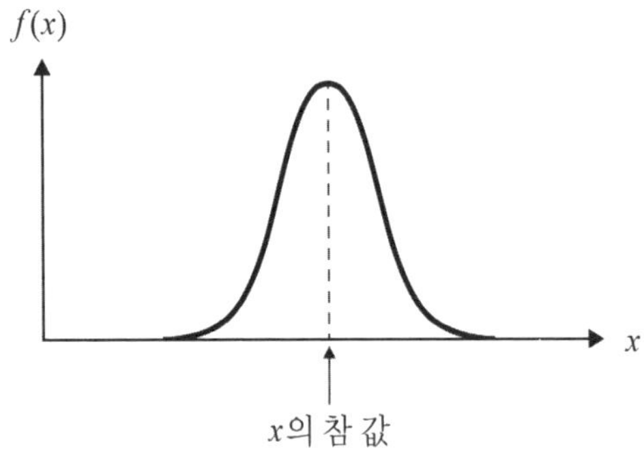

그림 5.7 많은 작은 랜덤 오차의 지배를 받는 측정의 극한 분포. 그 분포는 종 모양을 하고 있고 또 측정된 물리량 x의 참값을 중심으로 모여 있다.

만약 우리의 측정값들이 감지할 만한 정도로 큰 계통 오차들을 갖고 있다면 우리는 극한 분포가 참값을 중심으로 모여 있을 것으로 기대하지 **않을** 것이다. 랜덤 오차는 관측된 값을 참값의 위나 아래로 동등한 가능성으로 이동시킬 것이다. 만약 모든 오차가 랜덤하다면 많이 측정한 다음에는 참값보다 큰 관측값들의 개수가 참값보다 작은 관측값들의 개수와 같을 것이고 결과들의 분포는 참값을 중심으로 모여 있을 것이다. 그러나 (늘어난 줄자나 혹은 느리게 가는 시계에 의해서 야기되는 오차와 같은) 계통 오차는 모든 값을 한 방향으로만 밀어주고, 그래서 관측된 값들도 참값의 중심으로부터 멀어지도록 밀어서 이동시킨다. 이 장에서 나는 분포가 참값을 중심으로 모여 있다고 가정하겠다. 이것은 모든 계통 오차가 무시할 수 있는 수준으로 축소되었다고 가정하는 것과 동등하다.

이 시점에서 나는 여태까지는 회피하여 오던 질문으로 잠시 되돌아가고자 한다. 어떤 물리량의 "참값"이란 무엇인가? 이 질문은 만족스러운, 간단한 답이 없는 참으로 어려운 질문이다. 어떠한 측정도 (길이나 시간 등과 같은) 연속적인 변수의 참값을 적확하게 결정할 수 없기 때문에 이러한 물리량의 참값이 과연 존재하는지 아닌지 조차도 분명하지가 않다. 그렇지만 나는 편의상 모든 물리량이 참값을 가지고 있다고 가정할 것이다.

측정 횟수를 증가시키면서 동시에 더욱 주의하여 측정한다면 점점 더 가까워지는 어떤 값을 참값이라고 우리는 간주할 수 있을 것이다. 그러한 측면에서 참값은 수학에서 정의하는 크기가 없는 점이나 폭이 없는 선과 유사한 이상화인데 점이나 직선과 같이 참값도 유용한 이상화이다. 나는 때로는 측정된 물리량들 $x, y, \cdots$ 의 참값을 대응하는 대문자 $X, Y, \cdots$ 로 표기하겠다. 만약 x의 측정값들이 많은 작은 랜덤 오차들의 지배를 받지만 그러나 계통 오차들은 무시할 수 있을 만큼 작다면 이들의 분포는 참값 X에 중심을 갖는 대칭의 종 모양 곡선이 될 것이다.

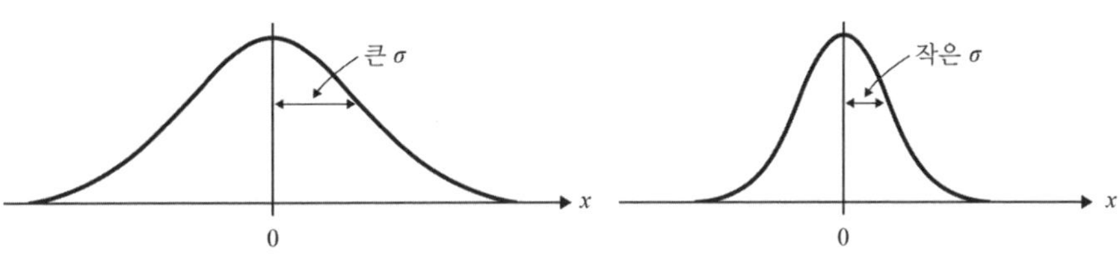

그림 5.8 가우스 함수 (5.17)은 종 모양을 하고 있고 또 $x=0$에 중심을 두고 있다. 만약 σ가 크면 종 모양 곡선은 넓어지고 σ가 작으면 좁아진다. 당장에는 우리는 σ를 단지 종 모양 곡선의 폭을 특징 지우는 파라미터로 간주하겠지만 σ는 곡선의 중심으로부터 곡률의 부호가 변하는 점까지의 거리라는 것을 (연습문제 5.13에서처럼) 증명할 수 있다. 이 거리를 두 개의 그래프에서 보여주고 있다.

종 모양 곡선을 묘사하는 수학적 함수는 **정규 분포** 또는 **가우스 함수**[2]로 불린다. 이 함수의 원형은

$$e^{-x^2/2\sigma^2} \tag{5.17}$$

로 주어지는데, 여기서 σ는 내가 앞으로 **폭 파라미터**라고 부를 고정된 파라미터이다. 독자들이 이 함수의 특성들과 친숙해지는 것이 중요하다.

$x=0$일 때 가우스 함수 (5.17)의 값은 1이다. 이 함수는 $x=0$에 대해서 대칭인데 그 이유는 x와 $-x$에 대해서 같은 값을 갖기 때문이다. x가 0으로부터 어떤 방향으로든지 멀어지면 $x^2/2\sigma^2$은 증가하는데 σ가 작으면 빠르게, 그리고 σ가 크면 느리게 증가한다. 그러므로 x가 원점으로부터 멀어지면 함수 (5.17)은 0으로 감소한다. 그리하여 가우스 함수 (5.17)의 보편적 형상은 그림 5.8에 보인 것과 같다. σ가 크면 종 모양의 형상은 넓어지고 σ가 작으면 종 모양의 형상이 좁아지기 때문에 이 그래프들은 σ에 대한 "폭 파라미터"라는 명칭을 실례를 들어서 설명해주고 있다고 하겠다.

가우스 함수 (5.17)은 $x=0$에 중심을 갖는 종 모양의 곡선이다. 어떤 다른 점인 $x=X$에 중심을 가진 종 모양 곡선을 얻으려면 우리는 (5.17)에서 x를 $x-X$로 대체하면 된다. 따라서 함수

$$e^{-(x-X)^2/2\sigma^2} \tag{5.18}$$

은 그림 5.9에서처럼 $x=X$에서 최댓값을 가지고 $x=X$의 양쪽에서 대칭적으로 떨어진다.

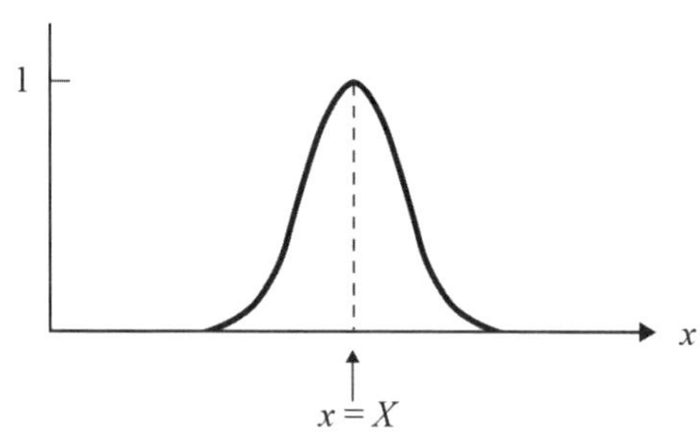

그림 5.9 가우스 함수 (5.18)은 종 모양이고 $x=X$에 중심을 가지고 있다.

2 가우스 함수에 대한 다른 통상적 이름들은 가우시안 함수 (또는 단지 가우시안이라고도 부른다), 정규 밀도 함수, 정규 오차 함수이다. 마지막 이름은 조금 부적당하다. 왜냐하면 "오차 함수"란 이름은 (5.4절에서 논의한 바와 같이) 가우시안 함수의 적분에 대해서 종종 쓰이고 있기 때문이다.

어떠한 분포라도 그것은 **정규화되어야** 하기 때문에 함수 (5.18)은 아직도 극한 분포를 서술하는 최종 형식은 아니다. 말하자면 함수는 다음 조건을 반드시 만족해야 한다.

$$\int_{-\infty}^{\infty} f(x)dx = 1. \tag{5.19}$$

이 정규화 작업을 준비하기 위해 우리는 함수를 다음과 같이 놓는다.

$$f(x) = Ne^{-(x-X)^2/2\sigma^2}. \tag{5.20}$$

(인자 N으로 곱하더라도 형상은 변동하지 않고, $x = X$에서의 최댓값도 이동하지 않는다.) 우리는 $f(x)$가 (5.19)에서처럼 정규화될 수 있도록 "정규화 인자" N을 반드시 결정해야 한다. 이렇게 하려면 적분에 대한 초급 수준의 처리가 필요한데 이에 대해 더 상세하게 설명하겠다.

$$\int_{-\infty}^{\infty} f(x)dx = N\int_{-\infty}^{\infty} e^{-(x-X)^2/2\sigma^2}dx. \tag{5.21}$$

이러한 종류의 적분을 구적하기 위해서는 적분을 단순화할 수 있도록 변수를 변환하는 것이 언제나 좋은 생각이다. 그래서 $x - X = y$라고 놓으면 (이 경우에 $dx = dy$인데)

$$= N\int_{-\infty}^{\infty} e^{-y^2/2\sigma^2}dy \tag{5.22}$$

를 얻게 된다. 다음으로 $y/\sigma = z$라고 놓으면 (이 경우에 $dy = \sigma dz$인데)

$$= N\sigma\int_{-\infty}^{\infty} e^{-z^2/2}dz \tag{5.23}$$

를 얻는다. 남아 있는 적분은 수리 물리학의 표준 적분들 중의 하나이다. 이것은 초등 방법에 의해서 평가될 수 있는데 그 자세한 사항에 그렇게 배울 점이 있는 것은 아니므로 나는 단지 결과[3]만을 인용하겠다.

$$\int_{-\infty}^{\infty} e^{-z^2/2} dz = \sqrt{2\pi}. \tag{5.24}$$

(5.21)과 (5.23)에 되돌아가면 우리는

$$\int_{-\infty}^{\infty} f(x)dx = N\sigma\sqrt{2\pi}$$

라는 것을 알게 된다. 이 적분은 반드시 1이어야 하므로 우리는 정규화 인자 N을 반드시 다음과 같이 선정해야 한다.

$$N = \frac{1}{\sigma\sqrt{2\pi}}.$$

정규화 인자를 이렇게 선정하고 나면 우리는 가우스 또는 정규 분포 함수의 최종 형식에 도달하는데 이를 우리는 $G_{X,\sigma}(x)$라고 표기하기로 한다.

가우스 분포 혹은 정규 분포

$$G_{X,\sigma}(x) = \frac{1}{\sigma\sqrt{2\pi}} e^{-(x-X)^2/2\sigma^2}. \tag{5.25}$$

분포의 중심과 폭을 표기하기 위해 나는 X와 σ를 추가했다는 것을 알아두어라. 만약 측정값이 오직 랜덤 오차들만의 지배를 받는다면 함수 $G_{X,\sigma}(x)$

3 유도에 대해서는, 한 예로 H. D. Young, *Statistical Treatment of Experimental Data* (McGraw-Hill, 1962), Appendix D를 참조하라.

는 참값이 X인 어떤 물리량 x에 대한 측정에서 결과들의 극한 분포를 묘사한다. 측정값들의 극한 분포가 (5.25)의 가우스 함수로 주어진다면 그 측정값들은 **정규적으로 분포되었다**라고 말한다.

폭 파라미터 σ의 중요한 의미에 대해서 바로 알아보기로 하자. σ의 값이 작으면 봉우리가 뾰족한 분포를 갖게 되는데 이는 정밀한 측정에 대응하고, 반면에 σ의 값이 크면 넓은 분포를 갖게 되는데 이는 정밀도가 낮은 측정에 대응한다는 것을 우리는 이미 보았다. 그림 5.10은 중심 X와 폭 σ가 다른 가우스 분포의 두 가지 예를 보여주고 있다. 곡선 아래의 전체 면적이 항상 1이 되어야 하므로 반드시 그렇게 되어야만 하겠지만, (σ의 값이 작은) 좁은 분포에서 중심의 높이가 자동적으로 높아지는 것을 (5.25)의 분모에 있는 인자 σ가 어떻게 해서 보장하는지를 주목해서 보라.

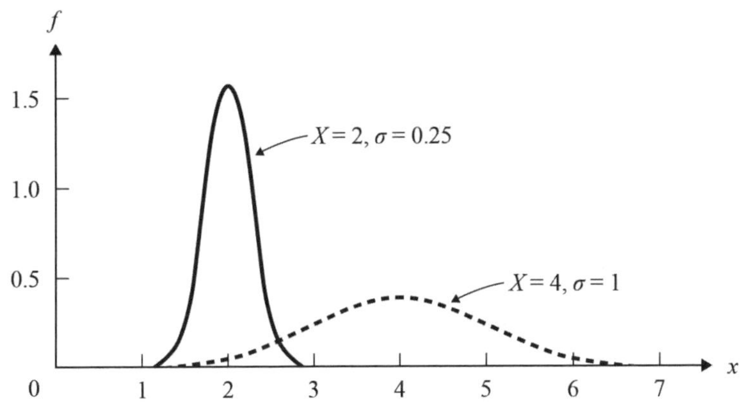

그림 5.10 두 가지의 정규 또는 가우스 분포

즉시 점검 5.3

모눈종이에 $X=10$이고 $\sigma=1$인 가우스 함수 $G_{X,\sigma}(x)$를 스케치하라. $x=10, 10.5, 11, 11.5, 12, 12.5$에서의 값을 계산기를 사용해서 구하라. 이 함수가 $x=10$에 대해서 대칭이라는 것을 알고 있기 때문에 $x<10$에 대한 값을 계산할 필요는 없다.

5.2절에서 어떤 측정에 대한 극한 분포를 알고 있으면 무수히 많이 시행한 후에 기대되는 평균 값 $\bar{x}$를 계산할 수 있다는 것을 보았다. (5.15)에 의하면 가우스 분포 $f(x) = G_{X,\sigma}(x)$에 대한 기대 평균은

$$\bar{x} = \int_{-\infty}^{\infty} x\, G_{X,\sigma}(x)dx \tag{5.26}$$

이다. 우리가 이 적분을 계산하기 전에 답이 거의 자명하게 X일 것이라는 것을 알아야 하는데 그 이유는 가우스 함수가 $x = X$에 대해서 대칭이라는 것은 X보다 위로 어떤 거리에 안착하는 결과들의 수가 X보다 아래로 같은 거리에 안착하는 결과들의 수와 같다는 것을 함축하기 때문이다. 따라서 평균은 X이어야만 한다.

우리는 가우스 분포에 대한 적분 (5.26)을 다음과 같이 계산할 수 있다.

$$\begin{aligned}\bar{x} &= \int_{-\infty}^{\infty} x\, G_{X,\sigma}(x)dx \\ &= \frac{1}{\sigma\sqrt{2\pi}}\int_{-\infty}^{\infty} xe^{-(x-X)^2/2\sigma^2}dx.\end{aligned} \tag{5.27}$$

만약 우리가 $y = x - X$로 변수를 변환한다면 $dx = dy$가 되고 $x = y + X$가 된다. 그리하여 적분 (5.27)은 두 개의 항으로 나누어진다.

$$\bar{x} = \frac{1}{\sigma\sqrt{2\pi}}\left(\int_{-\infty}^{\infty} ye^{-y^2/2\sigma^2}dy + X\int_{-\infty}^{\infty} e^{-y^2/2\sigma^2}dy\right). \tag{5.28}$$

첫 번째 적분은 정확하게 0인데 그 이유는 어떤 점 y로부터의 기여가 점 $-y$로부터의 기여에 의해서 정확하게 상쇄되기 때문이다. 두 번째 적분은 (5.22)에서 마주쳤던 정규화 적분인데 그 값은 $\sigma\sqrt{2\pi}$이다. 이 적분은 분모의 $\sigma\sqrt{2\pi}$와 상쇄되고, 그래서 많은 시행 후에 기대되는 답으로는

$$\bar{x} = X \tag{5.29}$$

가 남게 된다. 바꾸어 말하면 만약 측정이 가우스 분포 $G_{X,\sigma}(x)$에 따라서 분포된다면 측정을 많이 시행한 후의 평균 값 $\bar{x}$는 참값 X인데 바로 그 점에 가우스 함수의 중심이 있다는 것이다.

결과 (5.29)는 우리가 무한히 많이 측정해야지만 적확하게 참일 것이다. (5.29)의 실제적인 유용성은 많이 (그러나 유한히 많이) 측정한다면 평균은 X에 **가깝다는** 것이다.

계산해볼 만한 또 하나의 흥미로운 양은 많이 측정한 다음에 얻어지는 **표준 편차** σ_x이다. (5.16)에 따르면 이 양은 다음과 같이 주어진다.

$$\sigma_x^2 = \int_{-\infty}^{\infty} (x-\bar{x})^2 G_{X,\sigma}(x)dx. \tag{5.30}$$

이 적분의 값은 쉽게 구할 수 있다. $\bar{x}$를 X로 대체하고 $x-X=y$로 또 $y/\sigma=z$로 대입한 다음 마지막으로 부분 적분을 실행하면 (연습문제 5.16을 참조), 수없이 많이 측정했을 때 **표준 편차**가 다음과 같이 얻어진다.

$$\sigma_x^2 = \sigma^2. \tag{5.31}$$

바꾸어 말하자면 가우스 함수 $G_{X,\sigma}(x)$의 폭 파라미터 σ는 많이 측정한 후에 얻어지는 바로 그 표준 편차이다. 말할 것도 없이 바로 이것이 문자 σ가 폭 파라미터로 사용된 이유이다. 그리고 또 이 사실은 σ가 때로는 왜 가우스 분포 $G_{X,\sigma}(x)$의 표준 편차라고 불리는지를 설명해준다. 그렇지만 엄밀하게 말하자면 σ는 **무한히 많이** 시행한 후에야 기대할 수 있는 표준 편차이다. 만약 우리가 x에 대해서 어떤 유한한 개수의 (이를테면 10개나 20개의) 측정만을 실시한다면 관측된 표준 편차는 σ에 대한 하나의 근사일 수 있겠지만 그것이 **적확하게** σ일 것이라고 생각할 이유는 하나도 없다. 5.5절에서 시행 횟수가 유한한 경우에는 평균과 표준 편차에 대해서 무엇을 더 말할 수 있는지에 대해서 다루고자 한다.

5.4 68% 믿음 한계로서 표준 편차

물리량 x의 측정에 대한 극한 분포는 어떤 주어진 x의 값을 얻을 수 있는 확률을 알려준다. 구체적으로 다음 적분

$$\int_a^b f(x)dx$$

는 어떤 하나의 측정이 $a \le x \le b$ 구간에 있는 답을 줄 확률이다. 만약 극한 분포가 가우스 함수 $G_{X,\sigma}(x)$로 주어진다면 이 적분의 값은 구해질 수 있다. 특히 이제 우리는 (4장에서 논의한) 하나의 측정값이 참값 X로부터 표준 편차의 1배 범위 안에 안착할 확률을 계산할 수 있다. 그 확률은

$$Prob(\sigma\ \text{범위 안}) = \int_{X-\sigma}^{X+\sigma} G_{X,\sigma}(x)dx \qquad (5.32)$$

$$= \frac{1}{\sigma\sqrt{2\pi}} \int_{X-\sigma}^{X+\sigma} e^{-(x-X)^2/2\sigma^2} dx \qquad (5.33)$$

이다. 이 적분을 그림 5.11에 그림으로 설명하였다. $(x-X)/\sigma = z$를 대입하면 이 적분은 이제 친숙해진 방식으로 단순화될 수 있다. 이렇게 대입하면 $dx = \sigma dz$이고, 적분의 한계들은 $z = \pm 1$이 된다. 그러므로

$$Prob(\sigma\ \text{범위 안}) = \frac{1}{\sqrt{2\pi}} \int_{-1}^{1} e^{-z^2/2} dz \qquad (5.34)$$

이다.

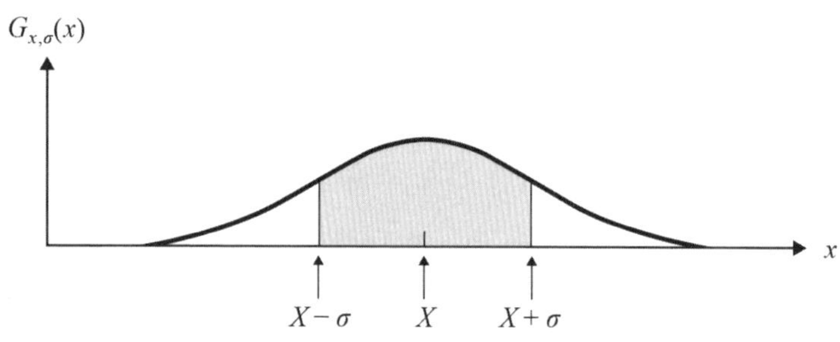

그림 5.11 $X = \pm\sigma$ 사이의 그늘진 면적은 하나의 측정값이 X로부터 표준 편차의 1배 범위 안에 안착할 확률이다.

적분 (5.34)를 논의하기에 앞서, 우리는 답이 X로부터 2σ 범위 안에 안착할 확률 혹은 X로부터 1.5σ 범위 안에 안착할 확률도 마찬가지로 구할 수 있다는 사실을 지적하고자 한다. 더욱 일반적으로 우리는 $Prob(t\sigma$ 범위 안)을 계산할 수 있는데 이것은 "답이 X로부터 $t\sigma$ 범위 안에 안착할 확률"을 의미하며 여기서 t는 임의의 양수이다. 이 확률은 그림 5.12에서 그늘진 면적으로 주어지고 (5.34)로 이끌어준 계산과 같은 계산에 의해서 (연습문제 5.22에서처럼) 그 확률을 얻을 수 있다.

$$Prob(t\sigma \text{ 범위 안}) = \frac{1}{\sqrt{2\pi}} \int_{-t}^{t} e^{-z^2/2} dz. \tag{5.35}$$

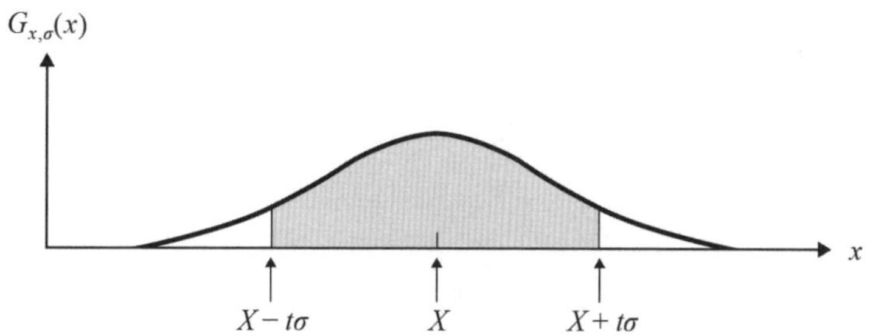

그림 5.12 $X \pm t\sigma$ 사이의 그늘진 면적은 하나의 측정값이 X로부터 표준 편차의 t배 범위 안에 있을 확률이다.

적분 (5.35)는 수리 물리학에서 사용하는 표준 적분들 중의 하나인데, 종종, $erf(t)$로 표기되는 **오차 함수**라고 불리거나 또는 **정규 오차 적분**이라고 불린다. 이 적분의 값은 해석적으로는 구할 수 없지만 컴퓨터에서는 (또는 많은 종류의 계산기에서조차도) 쉽게 계산될 수 있다. 그림 5.13은 이 적분을 t의 함수로서 좌표 평면에서 표시한 것을 보여주고 있다. 그리고 적분 값 몇 개를 표에 나열하였다. 더 완전한 표는 부록 A에 주어져 있다. (이 적분과는 다르지만 밀접하게 관련된 적분의 값들이 부록 B에 표로 주어져 있다.)

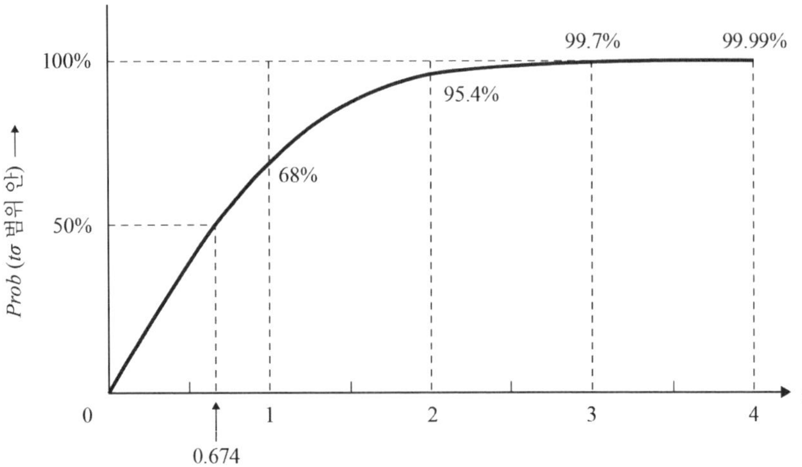

t	0	0.25	0.5	0.75	1.0	1.25	1.5	1.75	2.0	2.5	3.0	3.5	4.0
확률 (%)	0	20	38	55	68	79	87	92	95.4	98.8	99.7	99.95	99.99

그림 5.13 x에 대한 어떤 하나의 측정된 값이 X로부터 $t\sigma$범위 안에 안착할 확률 $Prob(t\sigma$ 범위 안). 이 함수에 대한 통상적인 명칭은 **정규 오차 적분** 또는 **오차 함수** $erf(t)$이다.

그림 5.13에서 우리는 먼저 하나의 측정값이 참된 답으로부터 표준 편차의 1배 범위 안에 안착할 확률은 4장에서 예상한 바와 같이 68%라는 사실에 주목하고자 한다. 만약 우리가 그러한 측정에서의 불확실성으로 표준편차를 인용해서 쓴다면 (말하자면 $x = x_{\text{best}} \pm \delta x$ 라고 쓰고, $\delta x = \sigma$로 취한다면) 올바른 답으로부터 σ의 범위 안에 있다고 우리는 68% 확신할 수 있다.

그림 (5.13)에서 우리는 t가 증가하면 $Prob(t\sigma$ 범위 안)는 급속하게 100%에 접근하는 것을 볼 수 있다. 하나의 측정값이 2σ 범위 안에 안착할 확률은 95.4%이고 3σ의 경우에는 99.7%이다. 다른 방식으로 이 결과들을 나타낸다면 어떤 하나의 측정값이 표준 편차의 1배 범위 **밖에** 안착할 확률은 상당한 크기인 32%나 되는데 2σ 밖에 놓일 확률은 (4.6%로) 훨씬 작고, 3σ 밖에 놓일 확률은 (0.3%로) 극히 작다.

물론 68%라는 수에 대해서 신성한 것은 아무것도 없고 그것은 단지 우연히 표준 편차 σ와 관련되는 확신이라는 것뿐이다. 표준 편차에 대한 다른 하나의 대안은 **개연**(蓋然) **오차** 또는 PE(*Probable Error*)인데 이것은 어떤 하나의 측정값이 $X \pm PE$ 안에 있을 확률이 50%가 되는 거리로 정의된다. 그림 5.13은 (정규적으로 분포된 어떤 측정에 대해) 개연 오차는

$$PE \approx 0.67\sigma$$

라는 것을 보여주고 있다. 어떤 실험자들은 PE를 그들의 측정에서 불확실성으로 인용하기를 좋아한다. 그럼에도 표준 편차 σ는 그 성질들이 너무도 간단하기 때문에 가장 널리 선호되고 있다.

즉시 점검 5.4

어떤 거리 x에 대한 측정값들이 $X=10$ 그리고 $\sigma=2$로 정규적으로 분포된다. 하나의 측정값이 $x=7$과 $x=13$ 사이에 놓일 확률은 얼마인가? 한 측정값이 $x=7$에서 $x=13$까지 범위 **밖**에 놓일 확률은 얼마인가?

5.5 최량의 추정값으로서 평균의 정당화

지난 세 개의 절에서 우리는 한 물리량 x에 대한 무한한 개수의 측정으로부터 얻어지는 **극한 분포** $f(x)$를 논의했었다. 만약 $f(x)$를 안다면 우리는 무한한 개수의 측정으로부터 얻어지는 평균 $\bar{x}$와 표준 편차 σ를 계산할 수 있고 (적어도 정규 분포에 대해서는) 우리는 또한 참값 X를 알 수 있다. 그렇지만 안타깝게도 우리는 극한 분포를 결코 알 수는 없다. 실제로는 유한한 개수의 (5, 10 혹은 잘하면 50개의) 측정된 값들인

$$x_1, x_2, \ldots, x_N$$

을 갖게 되고 그래서 우리의 문제는 이 측정된 N개 값에 근거해서 X와 σ에 대한 **최량의 추정값**에 도달해야만 한다는 것이다.

만약 측정값들이 정규 분포 $G_{X,\sigma}(x)$를 따르고 또 우리가 파라미터 X와 σ를 안다면, 우리는 실제로 얻어진 $x_1, x_2, \ldots, x_N$을 얻을 확률을 계산할 수 있다. 그리하여 x_1 근방의 작은 구간 dx_1에서 값을 얻을 확률은

$$Prob(x_1 \le x \le x_1 + dx_1) = \frac{1}{\sigma\sqrt{2\pi}} e^{-(x_1 - X)^2/2\sigma^2} dx_1$$

이다. 실제로는 구간 dx_1의 크기에는 (또는 인자 $\sqrt{2\pi}$에도) 관심이 없으므로 우리는 이 방정식을 다음과 같이 축약하기로 한다.

$$Prob(x_1) \propto \frac{1}{\sigma} e^{-(x_1 - X)^2/2\sigma^2}. \tag{5.36}$$

엄격하게 말하자면, 이 식은 바로 직전의 방정식에서처럼 x_1 근방의 구간에서 하나의 값을 얻는 확률에 불과하지만 나는 (5.36)을 값 x_1을 얻는 확률이라고 부를 것이다. 두 번째 값 x_2를 얻을 확률은

$$Prob(x_2) \propto \frac{1}{\sigma} e^{-(x_2 - X)^2/2\sigma^2}. \tag{5.37}$$

이다. 이렇게 해서 우리는 마지막 확률이 다음 식으로 끝나는 모든 확률을 적을 수 있다.

$$Prob(x_N) \propto \frac{1}{\sigma} e^{-(x_N - X)^2/2\sigma^2}. \tag{5.38}$$

방정식 (5.36)에서 (5.38)은 값 $x_1, x_2, \ldots, x_N$의 각각을 얻을 수 있는 확률들을 가정된 극한 분포 $G_{X,\sigma}(x)$의 항(項)으로 제공한다. 우리가 N개의 값의 전체 집합을 관측할 수 있는 확률은 바로 이 개별 확률들의 곱4

$$Prob_{X,\sigma}(x_1,\cdots,x_N) = Prob(x_1) \times Prob(x_2) \times \cdots \times Prob(x_N)$$

또는

$$Prob_{X,\sigma}(x_1,\cdots,x_N) \propto \frac{1}{\sigma^N} e^{-\Sigma(x_i - X)^2/2\sigma^2} \tag{5.39}$$

이다. (5.39)에 등장하는 여러 가지 양의 의의에 대해서 이해하는 것이 무엇보다도 중요하다. 수들 $x_1, x_2, \ldots, x_N$ 은 N번 측정한 실제 결과들이다. 따라서 $x_1, x_2, \ldots, x_N$은 기지의 고정된 수들이다. $Prob_{X,\sigma}(x_1, \ldots, x_N)$은 N개의 결과 $x_1, x_2, \ldots, x_N$ 을 얻을 확률인데, x의 참값 X와 그 분포의 폭 파라미터인 σ의 항으로 계산된다. X와 σ는 **미지의** 수들인데 우리는 주어진 관측값 $x_1, x_2, \ldots, x_N$ 에 근거해서 X와 σ에 대한 최량의 추정값을 구하고자 한다. 나는 (5.39)의 확률이 (미지의) 값 X와 σ에 종속한다는 것을 강조하기 위해서 하첨자 X와 σ를 첨가하였다.

X와 σ의 실제 값을 모르기 때문에, 우리는 X'과 σ'의 값을 추측하고 $Prob_{X',\sigma'}(x_1, \ldots, x_N)$을 계산하기 위해 이 추측된 값들을 사용해볼 수 있다. 그다음에 우리가 두 개의 새로운 값 X''과 σ''을 추측하고 이에 대응하는 확률 $Prob_{X'',\sigma''}(x_1, \ldots, x_N)$이 더 크다는 것을 알았다면, 우리는 당연히 새로운 값 X''과 σ''을 X와 σ에 관한 더 나은 추정값이라고 여길 것이다. 이러한 방식으로 계속해나가면, 우리는 $Prob_{X,\sigma}(x_1, \ldots, x_N)$을 가능한 한 최대로 만들어주는 X와 σ를 찾아가는 것을 마음속에 그릴 수 있고, 그래서 이 값들은 X와 σ에 관한 최량의 추정값이라고 간주할 수 있을 것이다.

X와 σ에 관한 최량의 추정값을 구해내는 이 그럴듯해 보이는 절차를 통계학자들은 **최대 가능도의 원리**라고 부른다. 이것은 다음과 같이 간략하게

4 우리는 여러 개의 독립적인 사건들에 대한 확률은 개별 확률들의 곱이라는 잘 알려진 결과를 이용하고 있다. 예를 들어 동전을 던져서 "앞면"이 나오는 확률은 1/2이고, 주사위를 던져서 "여섯"이 나오는 확률은 1/6이다. 그러므로 동전을 던져서 "앞면"이 나오고 **동시에** 주사위를 던져서 "여섯"이 나올 확률은 $(1/2)\times(1/6) = 1/12$이다.

진술될 수 있다.

관측된 N개의 측정값 $x_1, x_2, \ldots, x_N$이 주어져 있다면 X와 σ에 대한 최량의 추정값은 이 값들을 사용할 때 $x_1, x_2, \ldots, x_N$이 관측될 가능성이 가장 크게 되는 바로 그 값들이다. 말하자면 X와 σ에 관한 최량의 추정값은 이 값들을 사용하면

$$Prob_{X,\sigma}(x_1, \ldots, x_N) \propto \frac{1}{\sigma^N} e^{-\sum(x_i - X)^2/2\sigma^2} \tag{5.40}$$

로 주어지는 $Prob_{X,\sigma}(x_1, \ldots, x_N)$가 최대가 되는 X와 σ의 값들이다.

이 원리를 이용해서 우리는 참값 X에 대한 최량의 추정값을 쉽게 알아낼 수 있다. 당연히 지수에서의 합이 **최소**이면 (5.40)은 **최대**가 된다. 따라서 X에 대한 최량의 추정값은

$$\sum_{i=1}^{N} (x_i - X)^2/\sigma^2 \tag{5.41}$$

을 최소가 되게 하는 X의 값이다. 그 최소 점을 알아내기 위해 우리는 X에 대해 미분하고, 도함수를 0으로 놓으면

$$\sum_{i=1}^{N} (x_i - X) = 0$$

이 되거나

$$(X\text{의 최량의 추정값}) = \frac{\sum x_i}{N} \tag{5.42}$$

가 얻어진다. 말하자면 참값 X에 대한 **최량의 추정값**은 N개의 측정값의 평균 $\bar{x} = \sum x_i / N$이다. 이것은 우리가 1장에서부터 증명하지 않고 그럴 것이라고 가정해오던 결과이다.

극한 분포의 폭 σ에 대한 최량의 추정값을 구하는 것은 확률 (5.40)이 σ에 대한 좀 더 복잡한 함수이기 때문에 약간 더 어렵다. 우리는 반드시 (5.40)을 σ에 대해서 미분하고 그 도함수를 0으로 놓아야 한다. (나는 자세한 도출 과정을 독자들에게 남겨두겠다. 연습문제 5.26을 참조하라.) 이 절차는 (5.40)을 최대로 만들어주는 σ의 값을, 따라서 σ에 대한 최량의 추정값인 σ의 값을 산출해준다.

$$(\sigma\text{에 대한 최량의 추정값}) = \sqrt{\frac{1}{N}\sum_{i=1}^{N}(x_i - X)^2}. \tag{5.43}$$

그런데 X의 참값은 모른다. 그러므로 실제에서는 (5.43)에서 X를 X에 대한 최량의 추정값으로, 즉 평균 $\bar{x}$로 대체해야 한다. 이렇게 대체하면 다음 추정값이 얻어진다.

$$\sigma = \sqrt{\frac{1}{N}\sum_{i=1}^{N}(x_i - \bar{x})^2}. \tag{5.44}$$

바꾸어 말하자면 극한 분포의 폭에 대한 우리의 추정값은 우리가 당초 (4.6)에서 정의한 것처럼 관측된 N개의 값 $x_1, x_2, \ldots, x_N$의 표준 편차이다.

독자들은 추정값 (5.44)가 $N-1$을 사용하는 "개선된" 표준 편차에 대한 정의 대신에 N을 사용하는 우리의 당초 정의 (4.6)과 같다는 사실에 놀랐을 것이다. 사실상 최량의 추정값 (5.43)에서 식 (5.44)로 넘어갈 때 우리는 상당히 멋있는 미묘한 사항을 적당히 얼버무렸었다. (5.43)의 최량의 추정값 (5.43)에는 참값 X가 관련되는 것에 비해 (5.44)에서는 우리는 X를 (X에 대한 최량의 추정값인) $\bar{x}$로 대체하였다. 그런데 실은 이 수들은 일반적으로 같지 않고, 독자들은 수 (5.44)가 **항상** 수 (5.43)**보다 작거나** 기껏해야 같다는 것을 쉽게 알 수 있다.[5] 따라서 (5.43)에서 (5.44)로 넘어갈 때 우리는

5 우리가 (5.43)을 X에 대한 함수라고 간주한다면 우리는 조금 전에 이 함수가 $X=\bar{x}$에서 최소가 된다는 것을 보았다. 따라서 (5.44)는 (5.43)보다도 항상 작거나 같다.

폭 σ를 시종일관 **과소평가하였다**. 부록 E는 이 과소평가를 바로잡기 위해서는 (5.44)의 N을 $N-1$로 대체하면 된다는 것을 보여준다. 즉, 폭 σ에 대한 최량의 추정값은 측정된 값들 $x_1, x_2, \ldots, x_N$의 표준 편차인데 분모에 $N-1$을 가진 바로 그 "개선된" 또는 "표본" 표준 편차이다.

$$(\sigma\text{에 대한 최량의 추정값}) = \sqrt{\frac{1}{N-1}\sum_{i=1}^{N}(x_i - \bar{x})^2}. \tag{5.45}$$

이제 여태까지 전개되어온 상당히 복잡한 설명을 재검토할 좋은 시점이 되었다. 먼저 x의 측정값들이 오직 랜덤 오차만의 지배를 받는다면 이들의 극한 분포는 참값 X에 중심이 있고 폭이 σ인 가우스 함수 $G_{X,\sigma}(x)$이다. 폭 σ는 68% 믿음 한계인데, 이는 한 측정값이 참값 X로부터 σ의 범위 안에 안착할 확률이 68%라는 것을 의미한다. 그러나 실제에서는 X도 σ도 알려지지 않는다. 대신에 우리는 N개의 측정된 값 $x_1, x_2, \ldots, x_N$을 알고 있는데 N은 우리의 시간과 인내심이 허용할 수 있는 가장 큰 수이다. 이 N개의 측정값에 근거했을 때 참값 X에 관한 우리의 최량의 추정값은 평균인 $\bar{x} = \sum x_i / N$라는 것이 입증되었으며 그리고 폭 σ에 대한 최량의 추정값은 (5.45)에서 정의된 $x_1, x_2, \ldots, x_N$의 표준 편차 σ_x이다.

이제 두 가지 추가적 의문이 생겨난다. 첫 번째, 참값 X의 최량의 추정값으로서 $\bar{x}$의 불확실성은 어떻게 되는가? 이 의문은 5.7절에서 논의되었는데 거기에서 $\bar{x}$의 불확실성은 4장에서 정의된 **평균의 표준 편차** 또는 SDOM이라는 것을 보여주었다. 두 번째, 폭 σ에 대한 하나의 추정값으로서 σ_x의 불확실성은 어떻게 되는가? 이 "불확실성의 불확실성" 혹은 "표준 편차의 표준 편차"에 관한 공식은 부록 E에 유도되어 있는데 거기서 증명된 결과는 σ_x의 비율 불확실성은

$$(\sigma_x\text{의 비율 불확실성}) = \frac{1}{\sqrt{2(N-1)}} \tag{5.46}$$

이라는 것이다. 불확실성이 신뢰할 정도가 되려면 상당히 많이 측정할 필요

가 있다는 것을 이 결과는 명료하게 보여준다. 예를 들어 어떤 물리량을 단 세 번 측정한 값만 가지고 있다면, 측정값에 대한 표준 편차의 불확실성이 50%나 된다는 것을 (5.46)의 결과는 함축한다.

즉시 점검 5.5

탄동 검류계의 신뢰도를 검정하기 위해 어떤 학생이 (고정된 전압으로 충전된) 축전기를 검류계를 통해서 세 번 방전시키고, 결과로 얻어지는 전하 q를 마이크로쿨롱 단위로 측정한다. 세 개의 측정값으로부터 학생은 표준편차가 $\sigma_q = 6\mu C$라고 계산하였다. (5.46)을 사용해서 이 파라미터에서의 불확실성 $\delta\sigma_q$를 알아내어라. 표준 편차의 참값은 $\sigma_q - \delta\sigma_q$만큼 작을 수도 있고 혹은 $\sigma_q + \delta\sigma_q$만큼 클 수도 있다. 이 실험에서는 이 두 개의 값은 어떻게 되는가? 단 세 번만 측정했을 때는 σ_q가 얼마나 신뢰하기 어려운지에 주목하라.

지난 두 개의 절에 있는 결과들은 우리의 측정값이 정규적으로 분포된다는 가정에 의존하고 있다.[6] 이 가정은 비록 합리적이지만 실제에서 그렇다는 것을 입증하기 어렵고, 어떤 때는 적확하게 참인 것은 아니다. 사정이 이러하지만, 측정값의 분포가 정규적이 **아닐** 때에도 그 분포는 거의 항상 **근사적으로는** 정규적이기 때문에 독자들은 이 장의 아이디어들을 적어도 좋은 근사로는 안심하고 사용할 수 있다는 점을 나는 강조하고자 한다.

6 그리고 계통 오차는 무시할 수 있는 수준으로 축소되었다.

5.6 제곱하여 더하기의 정당화

이제 3장의 주제로 다시 돌아가보자. 나는 거기서 공식적인 증명 없이, 오차들이 랜덤하고 독립적이면 표준 규칙들인 (3.16)에서 (3.18)에 있는 "단순한 규칙들"이나 혹은 "단순한 규칙들"을 특수한 경우로 포함하는 (4.47)에 있는 일반 규칙에 의해 이 오차들은 제곱하여 결합될 수 있다고 진술하였다. 제곱하여 더하기의 사용을 이제 정당화할 것이다.

오차 전파의 문제는 모두가 불확실성을 가진 하나 또는 그 이상의 물리량 $x, \ldots, z$를 측정하고 이 측정된 값들을 이용해서 어떤 물리량 $q(x, \ldots, z)$를 계산하고자 할 때 생겨난다. 주된 문제는 당연히, q에 대한 답에서의 불확실성을 결정하는 것이다. 만약 물리량들 $x, \ldots, z$가 오직 랜덤 오차만의 지배를 받는다면 이들은 폭 파라미터들[7] $\sigma_x, \ldots, \sigma_z$를 가지고 정규적으로 분포할 것인데 이 파라미터들은 대응하는 물리량들에 대한 임의의 1회 측정과 관련되는 불확실성들이라고 간주한다. 지금 결정되어야 하는 문제는 이것이다. $x, \ldots, z$에 대한 측정값들의 분포를 안다면 우리는 q에 관한 값의 분포에 대해서 무엇을 말할 수 있을 것인가? 특히 q의 값에 대한 분포의 폭 파라미터는 어떻게 되어야 하나? 이 질문은 I에서 IV까지 번호를 붙인 네 단계로 답변된다.

I. 측정된 물리량 더하기 고정된 수

먼저 두 가지의 단순하고 특별한 경우를 고려해보자. 우리가 물리량 x를 측정하고, 그러고 나서 물리량

$$q = x + A \tag{5.47}$$

7 여러 개의 상이한 측정된 물리량 $x, \ldots, z$를 논할 때 이들의 극한 분포들의 폭 파라미터를 구별하기 위해 나는 하첨자 $x, \ldots, z$를 사용한다. 그리하여 σ_x는 x의 측정값들에 대한 가우스 분포 $G_{X,\sigma_x}(x)$의 폭 파라미터를 나타내고 다른 파라미터들도 그러하게 된다.

의 계산으로 나아간다고 가정하자. 여기서 A는 (1이나 π 등과 같이) 불확실성이 없는 고정된 수이다. 그리고 x의 측정값은 그림 5.14(a)에서처럼 참값 X를 중심으로 폭 파라미터 σ_x를 가지고서 정규적으로 분포되어 있다고 가정한다.

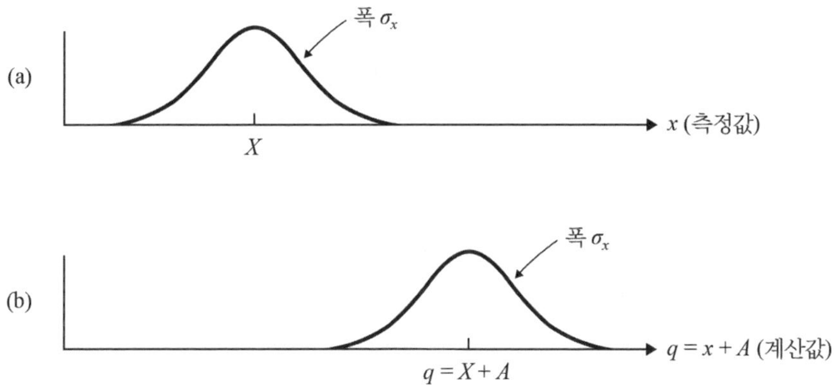

그림 5.14 만약 x의 측정된 값들이 $x = X$를 중심으로 σ_x를 가지고 정규적으로 분포된다면 $q = x + A$의 계산된 값들은 (A는 고정된 미지의 수인데) $q = X + A$를 중심으로 같은 폭 σ_x를 가지고 정규적으로 분포된다.

그러면 (작은 구간 dx에서) 어떤 값 x를 얻을 확률은 $G_{X,\sigma_x}(x)\,dx$이거나 또는

$$(x\text{값을 얻을 확률}) \propto e^{-(x-X)^2/2\sigma_x^2} \tag{5.48}$$

이다. 우리의 문제는 (5.47)에 의해 정의된 물리량의 어떤 값 q를 얻을 확률을 추론해내는 것이다. 그런데 (5.47)에서 $x = q - A$이고, 그래서

$$(\text{값 } q\text{를 얻을 확률}) = (\text{값 } x = q - A\text{를 얻을 확률})$$

이라는 것을 알 수 있다. 두 번째 확률은 (5.48)에 의해서 주어지고 따라서

$$\begin{aligned}(\text{값 } q\text{를 얻을 확률}) &\propto e^{-[(q-A)-X]^2/2\sigma_x^2} \\ &= e^{-[q-(X+A)]^2/2\sigma_x^2}\end{aligned} \tag{5.49}$$

이다.

결과 (5.49)는 계산된 q의 값이 그림 5.14(b)에 보인 것처럼 값 $X+A$를 중심으로 폭 σ_x를 가지고 정규적으로 분포한다는 것을 나타낸다. 특히 q의 불확실성은 바로 규칙 (3.16)이 예측할 것과 (말하자면 σ_x로) 같다.

II. 측정된 물리량 곱하기 고정된 수

두 번째 예로서, 우리가 x를 측정하고 그리고 물리량

$$q = Bx$$

를 계산한다고 가정해보자. 여기서 B는 ($B=2$나 $B=\pi$와 같이) 고정된 수이다. 만약 x의 측정값들이 정규적으로 분포된다면, 앞에서처럼 논증해서 우리는

$$
\begin{aligned}
(\text{값 } q\text{를 얻을 확률}) &\propto (x = q/B\text{를 얻을 확률}) \\
&\propto \exp[-(\frac{q}{B} - X)^2/2\sigma_x^2] \\
&= \exp[-(q - BX)^2/(2B^2\sigma_x^2)] \qquad (5.50)
\end{aligned}
$$

이라고[8] 결론을 내릴 수 있다. 바꾸어 말하자면 값 $q=Bx$는 그림 5.15에 보인 것처럼 $q=BX$를 중심으로 폭 $B\sigma_x$를 갖고 정규적으로 분포한다. 특히 $q=Bx$의 불확실성은 규칙 (3.18)이 예측했을 것처럼 x의 불확실성의 B배이다.

---

8 여기서 나는 지수 함수에 대해서 표기 $\exp(z)$를 $\exp(z) \equiv e^z$에 대한 대안으로 도입한다. 지수 z가 복잡해지면 "exp" 표기가 타이핑하거나 인쇄하기에 훨씬 편리하다.

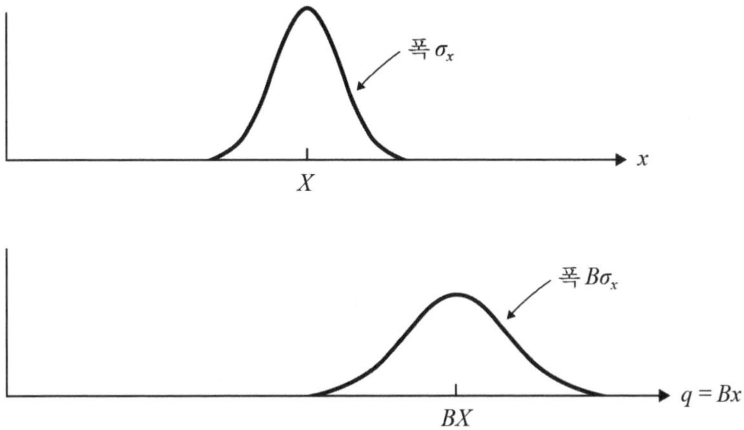

그림 5.15 만약 x의 측정된 값이 $x = X$를 중심으로 폭 σ_x를 가지고 정규적으로 분포된다면 $q = Bx$의 계산된 값들은 $q = BX$를 중심으로 폭 $B\sigma_x$를 가지고 정규적으로 분포할 것이다.

III. 두 가지 측정된 물리량의 합

오차 전파에서 자명하지 않은 첫 번째 예로서 두 개의 독립적인 물리량 x와 y를 측정하고 그리고 이들의 합 $x+y$를 계산한다고 가정해보자. 우리는 또한 x와 y가 그림 5.16(a)와 (b)에서처럼 그들의 참값 X와 Y를 중심으로 폭 σ_x와 σ_y를 가지고 정규적으로 분포된다고 가정하고, $x+y$의 계산된 값의 분포를 알아내고자 한다. 우리는 $x+y$의 값들이 그림 5.16(c)에서처럼 정규적으로 분포되고 그 중심은 참값 $X+Y$에 있고 분포의 폭은

$$\sqrt{\sigma_x^2 + \sigma_y^2}$$

이라는 것을 알게 될 것이다. 특히 이 결과는 x와 y가 오직 랜덤 불확실성만의 지배를 받는다면 $x+y$의 불확실성은 x와 y의 개별적인 불확실성들의 이차 합이라는 3장의 규칙을 정당화한다.

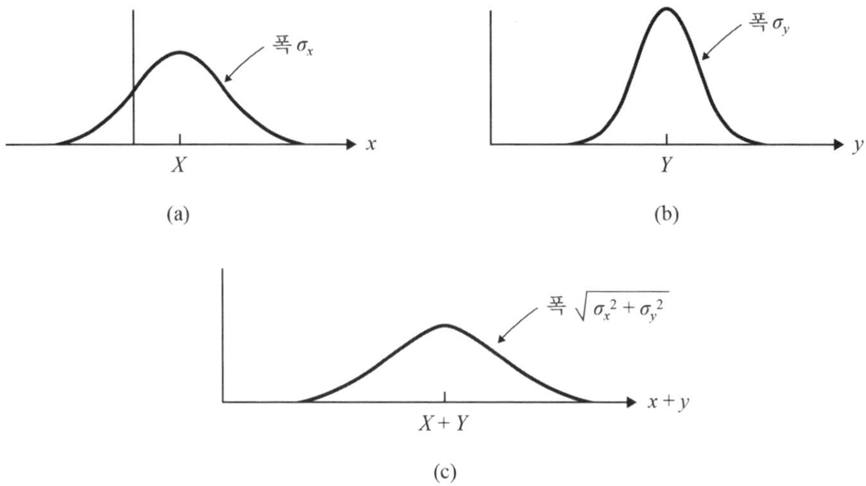

그림 5.16 측정값 x와 y가 독립적이고 참값 X와 Y를 중심으로 폭 σ_x와 σ_y를 가지고 정규적으로 분포된다면 $x+y$의 계산된 값들은 $X+Y$를 중심으로 폭 $\sqrt{\sigma_x^2+\sigma_y^2}$를 가지고 정규적으로 분포된다.

대수적 연산을 단순화하기 위해 처음에는 참값 X와 Y가 둘 다 0이라고 가정한다. 이 경우에 x의 어떤 특정한 값을 얻을 확률은

$$Prob(x) \propto \exp\left(\frac{-x^2}{2\sigma_x^2}\right) \tag{5.51}$$

이고, y에 대한 확률은

$$Prob(y) \propto \exp\left(\frac{-y^2}{2\sigma_y^2}\right) \tag{5.52}$$

이다. 우리의 문제는 이제 $x+y$의 어떤 특정한 값을 얻을 확률을 계산하는 것이다. 우리가 먼저 임의의 주어진 x**와** y를 얻을 확률은 바로 (5.51)과 (5.52)의 곱이다.

$$Prob(x,y) \propto \exp\left[-\frac{1}{2}\left(\frac{x^2}{\sigma_x^2}+\frac{y^2}{\sigma_y^2}\right)\right]. \tag{5.53}$$

임의의 x**와** 임의의 y를 얻을 확률을 알았기 때문에 우리는 이제 $x+y$의 어떤 주어진 값에 대한 확률을 계산할 수 있다. 그 첫 번째 단계는 (5.53)의 지수를 관심의 대상이 되는 변수인 $x+y$의 항으로 다시 쓰는 일이다. 이 단계는 (쉽게 입증될 수 있는) 다음 항등식을 이용하면 달성될 수 있다.

$$\frac{x^2}{A}+\frac{y^2}{B} = \frac{(x+y)^2}{A+B}+\frac{(Bx-Ay)^2}{AB(A+B)} \tag{5.54}$$

$$= \frac{(x+y)^2}{A+B}+z^2. \tag{5.55}$$

두 번째 줄에서 나는 (5.54)의 오른편의 두 번째 항에 대해서 생략형인 z^2을 도입했는데 그 이유는 그 값이 우리에게는 아무런 관심의 대상이 아니기 때문이다.

만약 A를 σ_x^2으로 B를 σ_y^2으로 대체하고 (5.55)를 (5.53)에 대입하면,

$$Prob(x,y) \propto \exp\left[-\frac{(x+y)^2}{2\left(\sigma_x^2+\sigma_y^2\right)}-\frac{z^2}{2}\right] \tag{5.56}$$

가 얻어진다. x와 y의 주어진 값들을 얻을 이 확률은 곧 $x+y$와 z의 주어진 값들을 얻을 확률로 간주될 수 있다. 따라서 우리는 (5.56)을 다음과 같이 다시 쓸 수 있다.

$$Prob(x,y) \propto \exp\left[-\frac{(x+y)^2}{2\left(\sigma_x^2+\sigma_y^2\right)}\right]\exp\left[\frac{-z^2}{2}\right]. \tag{5.57}$$

끝으로, 우리가 원하는 것은 z의 **값에는 무관하게** $x+y$의 주어진 값을 얻을 확률이다. 이 확률은 z의 모든 가능한 값에 걸쳐서 (5.57)의 합을 구하

거나 더 적합하게는 (5.57)을 다음과 같이 적분하여 얻어진다.

$$Prob(x+y) = \int_{-\infty}^{\infty} Prob(x+y, z)dz. \tag{5.58}$$

우리가 (5.57)을 z에 대해 적분한다면 인자 $\exp(-z^2/2)$는 $\sqrt{2\pi}$로 적분되고 우리는 다음 식을 얻게 된다.

$$Prob(x+y) \propto \exp\left[-\frac{(x+y)^2}{2(\sigma_x^2+\sigma_y^2)}\right]. \tag{5.59}$$

이 결과는 $x+y$의 값이 예상한 바와 같이 폭 $\sqrt{\sigma_x^2+\sigma_y^2}$을 가지고 정규적으로 분포된다는 것을 보여준다.

이 증명은 x와 y의 참값이 둘 다 0인 즉, $X=Y=0$인 경우에 대해서는 완전하다. 만약 X와 Y가 0이 아니라면 우리는 다음과 같이 진행할 수 있다. 먼저 다음과 같이 써보자.

$$x+y = (x-X)+(y-Y)+(X+Y). \tag{5.60}$$

여기서 처음 두 개 항은 단계 I의 결과에 의해 중심은 0에 있고 폭 σ_x와 σ_y를 가지고 있다. 그러므로 방금 증명한 결과에 [방정식 (5.59)에] 의해서 첫 두 개 항의 합은 폭 $\sqrt{\sigma_x^2+\sigma_y^2}$을 가지고 정규적으로 분포된다. (5.60)에서 세 번째 항은 고정된 수이다. 그러므로 다시 단계 I의 결과에 의해서 이 항은 단지 분포의 중심만 $(X+Y)$로 이동시키고 그런데 폭은 변동시키지 않는다. 바꾸어 말하자면 (5.60)에 의해서 주어지는 $(x+y)$의 값들은 $(X+Y)$를 중심으로 폭 $\sqrt{\sigma_x^2+\sigma_y^2}$를 가지고 정규적으로 분포한다. 이것이 요구되는 결과이다.

Ⅳ. 일반적 경우

합 $x+y$라는 특수한 경우에 대해 오차 전파의 공식을 정당화했기 때문에 오차 전파에 관한 일반 공식을 우리는 놀라울 정도로 간단하게 증명할 수 있다. 관측된 값들이 정규적으로 분포되는 두 개의 독립적인 물리량 x와 y를 측정하고, 어떤 물리량 $q(x,y)$를 x와 y의 항으로 계산한다고 가정해보자. $q(x,y)$의 값의 분포는 단계 I에서 III까지 결과를 이용해서 다음과 같이 알아낼 수 있다.

먼저 (x와 y의 불확실성인) 폭 σ_x와 σ_y는 늘 그렇듯이 작아야만 한다. 이 요구조건은 우리가 X에 가까운 x의 값과 Y에 가까운 y의 값에만 관심을 가지고 있고, 그래서 근사 (3.42)를 사용해서

$$q(x,y) \approx q(X,Y) + \left(\frac{\partial q}{\partial x}\right)(x-X) + \left(\frac{\partial q}{\partial y}\right)(y-Y) \tag{5.61}$$

로 쓸 수 있다는 것을 의미한다. 현저하게 자주 발생하는 x와 y의 값들만이 X와 Y에 가깝게 있기 때문에 이 근사는 유효하다. 두 개의 편도함수는 X와 Y에서 평가되기 때문에 고정된 수이다.

(5.61)의 근사는 원하는 물리량 $q(x,y)$를 세 개 항의 합으로 표현한다. 첫 번째 항 $q(X,Y)$는 고정된 수이고 따라서 이것은 답의 분포를 이동시키기만 할 뿐이다. 두 번째 항은 고정된 수 $\partial q/\partial x$에 분포의 폭이 σ_x인 $(x-X)$가 곱해진 것인데 그래서 두 번째 항은 중심이 0에 있고 그 폭은

$$\left(\frac{\partial q}{\partial x}\right)\sigma_x$$

이다. 마찬가지로 세 번째 항의 값들의 중심은 영에 있고 그 폭은

$$\left(\frac{\partial q}{\partial y}\right)\sigma_y$$

이다. (5.61)의 세 개의 항을 결합하고 이미 입증한 결과들을 실행하면 $q(x,y)$의 값들은 참값 $q(X, Y)$를 중심으로 폭

$$\sigma_q = \sqrt{\left(\frac{\partial q}{\partial x}\sigma_x\right)^2 + \left(\frac{\partial q}{\partial y}\sigma_y\right)^2} \tag{5.62}$$

를 가지고 정규적으로 분포된다.

만약 우리가 표준 편차 σ_x와 σ_y를 x와 y의 불확실성으로 인식한다면 결과 (5.62)는 q가 단지 두 개 변수의 함수 $q(x,y)$일 경우 랜덤 오차의 전파에 대한 규칙 (3.47) 바로 그것이다. 만약 q가 $q(x, y, \ldots, z)$로 여러 개의 변수에 종속적이라면, 전술한 논증은 다변수 함수들에 대한 일반 규칙 (3.47)로 바로 확장될 수 있다. 랜덤 오차의 전파와 관련한 3장의 규칙들은 (3.47)에 의해 유도될 수 있기 때문에 이제 그 규칙들도 모두 정당화되었다.

5.7 평균의 표준 편차

4장에서 인용된 또 하나의 중요한 결과는 아직 증명되지 않았다. 이 결과는 평균의 표준 편차 $\sigma_{\bar{x}}$와 관련된다. (5.5절에서) 만약 우리가 (정규적으로 분포된) 어떤 물리량 x를 N번 측정하고 $x_1, \ldots, x_N$을 얻었다면, 나는 참값 X에 대한 최량의 추정값은 $x_1, \ldots, x_N$의 평균 $\bar{x}$라는 것을 증명하였다. 4장에서 나는 이 추정값에서의 불확실성을 평균의 표준 편차

$$\sigma_{\bar{x}} = \sigma_x / \sqrt{N} \tag{5.63}$$

이라고 진술하였다. 이제 이 결과를 증명하자. 그 증명은 놀라울 정도로 짧기 때문에 독자들은 아주 주의해서 따라와야 할 필요가 있다.

x의 측정값들이 참값 X를 중심으로 폭 파라미터 σ_x를 가지고서 정규

적으로 분포한다고 가정하자. 이제 우리는 **N개 측정값의 평균**에 대한 신뢰성을 알고자 원한다. 여기에 답하기 위해서 우리는 당연히 N개 측정을 많이 반복하는 것을 상상하게 된다. 말하자면 우리는 일련의 실험을 실시하는 것을 상상해보는데, 실험마다 우리는 N번 측정하고 그 평균을 계산한다. 이제 우리는 N개 측정값의 평균이라는 많은 값의 분포를 알아내고자 한다.

각 실험에서 우리는 N개의 양 $x_1, \ldots, x_N$을 측정하고, 그다음에 다음 함수의 값을 계산한다.

$$\bar{x} = \frac{x_1 + \cdots + x_N}{N}. \tag{5.64}$$

계산된 물리량은 ($\bar{x}$는) 측정된 양들 $x_1, \ldots, x_N$의 간단한 함수이기 때문에 이번엔 오차 전파 공식을 이용해서 $\bar{x}$에 대한 답들의 분포를 알아낼 수 있다. 함수 (5.64)의 이례적인 특징은 모든 측정값 $x_1, \ldots, x_N$은 공교롭게도 같은 참값 X와 같은 폭 σ_x를 가진 같은 양에 대한 측정값들이라는 것이다.

첫 번째로 측정된 양들 $x_1, \ldots, x_N$의 각각이 정규적으로 분포되었기 때문에 (5.64)에 의해서 주어진 함수 $\bar{x}$도 그러하다는 것을 우리는 인지할 수 있다. 두 번째로 $x_1, \ldots, x_N$의 각각에 대한 참값이 X이고 따라서 (5.64)에 의해 주어지는 $\bar{x}$의 참값은

$$\frac{X + \cdots + X}{N} = X$$

이다. 그리하여 N개 측정값의 평균을 많이 결정한 후에 얻게 되는 $\bar{x}$에 대한 많은 결과는 참값 X를 중심으로 정규적으로 분포될 것이다. 유일하게 남은 (그리고 가장 중요한) 질문은 그 답들의 분포를 알아내는 것이다. 오차 전파 공식 (5.62)를 N개의 변수에 대해서 다시 쓰고 나서 계산하면 그 분폭의 폭은

$$\sigma_{\bar{x}} = \sqrt{\left(\frac{\partial \bar{x}}{\partial x_1}\sigma_{x_1}\right)^2 + \cdots + \left(\frac{\partial \bar{x}}{\partial x_N}\sigma_{x_N}\right)^2} \tag{5.65}$$

이다. $x_1, \ldots, x_N$는 모두 같은 물리량 x에 대한 측정값들이기 때문에 이들의 폭은 모두 σ_x로 같다.

$$\sigma_{x_1} = \cdots = \sigma_{x_N} = \sigma_x.$$

우리는 또한 (5.64)로부터 (5.65)의 편도함수는 모두 같다는 것을 안다.

$$\frac{\partial \bar{x}}{\partial x_1} = \cdots = \frac{\partial \bar{x}}{\partial x_N} = \frac{1}{N}.$$

그러므로 (5.65)는 요구받은 대로

$$\begin{aligned} \sigma_{\bar{x}} &= \sqrt{\left(\frac{1}{N}\sigma_x\right)^2 + \cdots + \left(\frac{1}{N}\sigma_x\right)^2} \\ &= \sqrt{N\frac{\sigma_x^2}{N^2}} = \frac{\sigma_x}{\sqrt{N}} \end{aligned} \tag{5.66}$$

로 줄여진다.

우리는 원했던 결과인 (5.66)에 너무 신속하게 도달했기 때문에 잠시 멈추고 그 결과의 깊은 의미를 재검토할 필요가 있다. 우리는 아주 많은 수의 실험을 가정했는데 각 실험에서 우리는 x를 N번 측정하고 그 N개의 측정값의 평균을 계산한다. 이 실험을 많이 되풀이한 후에는 $\bar{x}$에 대한 많은 수의 답들은 $N=10$에 대하여 그림 5.17에서 보인 바와 같이 정규적으로 분포된다는 것을, 이 답들이 참값 X에 중심을 갖는다는 것을 그리고 이 분포의 폭은 $\sigma_{\bar{x}} = \sigma_x/\sqrt{N}$이라는 것을 우리는 증명하였다. 이 폭 $\sigma_{\bar{x}}$는 우리의 실험에 관한 68% 믿음 한계이다. 만약 우리가 N개 측정값의 평균을 **한 번** 구했다면 그 답이 참값 X로부터 거리가 $\sigma_{\bar{x}}$ 안에 놓여있을 것이라고 우리는

68% 확신할 수 있다. 이것이 **평균의 불확실성**으로 우리가 의미하고자 하는 바로 그것이다. 이것은 또한 그 불확실성이 왜 평균의 표준 편차라고 불리는지를 명료하게 설명하고 있다.

이 단순하면서도 멋진 증명을 끝으로 랜덤 불확실성들과 관련해서 앞선 장들에서 인용되었던 모든 결과가 이제 정당화되었다.

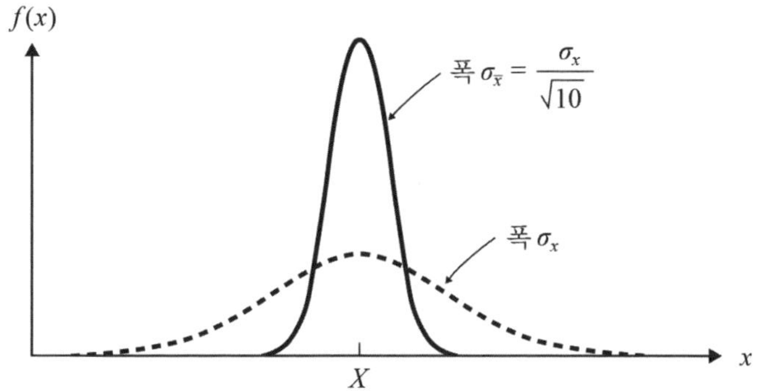

그림 5.17 x의 개별적인 (띠선으로 표시된) 측정값은 폭 σ_x를 가지고 X를 중심으로 정규적으로 분포된다. 만약 우리가 같은 장비를 사용해서 열 번 측정한 값의 평균들을 많이 결정한다면 그 결과들인 (실선으로 표시된) $\bar{x}$는 X를 중심으로 폭 $\sigma_{\bar{x}} = \sigma_x/\sqrt{10}$을 가지고 정규적으로 분포될 것이다.

5.8 측정된 답의 받아들여짐

우리는 이제 2장에서 제기는 했으나 완전하게 답변하지 않았던 두 개의 질문으로 되돌아갈 수 있다. 첫 번째, 측정된 물리량이 $x_{\text{best}} \pm \delta x$ 범위 안에 있다는 것을 "상당히 확신"한다고 하는 이제는 친숙해진 이 진술이 무엇을 의미하는가? 두 번째, 우리의 값 x_{best}를 기대되는 값 x_{exp}와 (후자는 어떤 이론에 의거하거나 혹은 다른 사람의 측정값이거나인데) 비교할 때 우리의 값과 기대되는 값 간의 일치가 받아들일 만한지 아닌지를 어떻게 우리가 결정하는가? 첫 번째 질문에 대한 답은 지금쯤이면 명백해져 있어야만 한다. 만약 어떤 물리량 x를 (우리가 대체로 그렇게 하듯이) 여러 번 측정한다면 측정값들의 평균 $\bar{x}$는 x에 대한 최량의 추정값이고, 그 평균의 표준 편차 $\sigma_{\bar{x}}$는 추정값의 불확실성에 대한 좋은 척도이다. 우리는 이 결론을

$$(x\text{의 값}) = \bar{x} \pm \sigma_{\bar{x}}$$

라고 보고할 것인데 이것은 우리의 관측값들에 근거한다면 같은 방법에 따라서 얻어진 x에 대한 측정값들의 68%는 $\bar{x} \pm \sigma_{\bar{x}}$ 범위 안에 안착할 것으로 우리가 기대한다는 것을 의미한다.

우리는 불확실성을 다르게 특징 지우기로 선택할 **수도 있다**. 예를 들어 우리는 결론을

$$(x\text{의 값}) = \bar{x} \pm 2\sigma_{\bar{x}}$$

라고 진술하기로 선택할 수 있는데 여기서 우리는 비교될 수 있는 모든 측정값의 95%가 안착할 것으로 기대하는 범위를 진술하고 있다고 할 수 있다. 명백히 어떤 측정된 값을 진술하는 데 있어서 가장 중요한 점은 범위와 (또는 불확실성과) **그 범위에 대응하는 확신의 수준**을 진술하는 것이다. 가장 선호되는 선택은 68% 믿음 한계로서 친숙한 유의성을 갖고 있는 답의 표준 편차를 범위로 제시하는 것이다.

2장에서 강조했듯이 대부분의 실험적 결론에는 두 개나 그 이상의 수들을 비교하는 것이 관련된다. 통계적 이론을 사용해서 우리는 많은 종류의 그러한 비교에 정량적인 의미를 부여할 수 있다. 그렇지만 여기서 나는 단지 한 가지 종류의 실험만을 고려해보기로 하겠다. 이 실험에서 우리는 어떤 수에 도달하고, 그 결과를 어떤 알려진 기대되는 답과 비교하게 된다. 이 일반적인 서술은 많은 흥미로운 실험들에도 적합하다는 것을 알고 있어야 한다. 예컨대 운동량 보존을 검사하는 실험에서 우리는 처음과 나중 운동량인 p와 p'을 측정하고는 (불확실성의 범위 안에서) $p = p'$이라는 것을 입증하려고 할 수 있다. 그런데 우리는 동등하게 이 실험을 $(p - p')$에 대한 값을 알아내고

그것을 기대되는 답인 영과 비교하는 것으로도 간주할 수도 있다. 더 일반적으로는 같을 것이라고 추정되는 어떤 두 개의 측정값을 비교하고자 할 때, 우리는 그 차를 형성하고 그 차를 기대되는 값인 0과 비교할 수 있다. (중력 가속도 g와 같이) 정확한 공인된 값이 알려진 물리량을 측정하는 실험도 역시 이러한 종류이고 이 경우에 기대되는 답은 이 알려진 공인된 값이다.

한 학생이 (같을 것으로 추정되는 두 개의 운동량 간의 차와 같은) 어떤 물리량 x를

$$(x\text{의 값}) = x_{\text{best}} \pm \sigma$$

라는 형식으로 측정한다고 가정해보자. 여기서 σ는 그 학생의 답의 표준 편차를 (만약 x_{best}가 여러 개 측정값의 평균이라면 이것은 SDOM을) 나타낸다. 이제 이 학생은 그 답을 기대되는 답 x_{exp}와 비교하기를 원한다고 하자.

2장에서 나는 불일치 $|x_{\text{best}} - x_{\text{exp}}|$가 σ보다도 작다면 (혹은 오직 약간만 더 크다면) 그러면 일치는 만족스러운데, 만약 $|x_{\text{best}} - x_{\text{exp}}|$가 σ보다도 훨씬 크다면 그 일치는 만족스럽지 않다고 주장하였다. 이 판정기준들은 그 자체에 관한 한 옳다. 그러나 이 기준들은 그 일치가 얼마나 좋고 나쁜지에 대한 정량적인 측도를 제공하지는 않는다. 이 판정기준들은 또한 받아들여짐의 경계를 어디에 설정해야 하는지에 대해 우리에게 아무것도 알려주지 않는다. 1.5σ의 불일치는 만족할 만한가? 혹은 2σ는 어떠한가?

만약 학생의 측정이 정규 분포에 의해서 지배된다면 (분명히 합리적인 가정인데) 우리는 이제 이 질문들에 대해서 답변을 할 수 있다. 우리는 이 분포에 대해서 두 가지의 작업 가설을 설정하는 것으로부터 시작하고자 한다.

(1) 분포는 기대되는 답 x_{exp}에 중심을 가지고 있다.

(2) 분포의 폭 파라미터는 학생의 추정값 σ와 같다.

가설 (1)은 말할 것도 없이 이 학생이 참이기를 바라는 것이다. 이 가설은 모든 계통 오차는 (분포가 참값에 중심을 갖도록) 무시할 수 있는 수준으로 축소되었고 그래서 그 참값이 진실로 x_{exp}라는 것을 (말하자면 x_{exp}를 기대하는 것에

대한 논거들이 올바르다는 것을) 가정한다. σ는 표준 편차의 추정값임이 틀림없기 때문에 가설 (2)는 어림셈이다. 그러나 σ의 근거가 되는 측정값들의 수가 많다면 이것은 합리적인 근사이다.[9] 일괄해서 생각한다면 두 개의 가설은 학생의 절차와 계산이 본질적으로는 올바르다는 것과 동등하다.

가설이 옳다고 한다면 학생의 값 x_{best}가 얻어지기에 합리적인 값인지 아닌지를 이제 판단해야 한다. 만약 그 답이 "그렇다"이면 가설들을 의심할 이유가 없고 만사가 다 좋다. 그런데 그 답이 "아니다"이면, 가설들을 의심해 보아야 하고, 이 학생은 측정과 계산에서 착오가 있었을 가능성이나 감지되지 않은 계통 오차가 존재했을 가능성과 기대되는 답인 x_{exp}가 틀렸을 가능성에 대해 조사해보아야 한다.

우리는 먼저 불일치 $|x_{\text{best}} - x_{\text{exp}}|$를 결정하고, 그다음에 x_{best}가 x_{exp}로부터 떨어진 거리를 나타내는 표준 편차의 배수

$$t = \frac{|x_{\text{best}} - x_{\text{exp}}|}{\sigma} \tag{5.67}$$

를 결정한다. (여기서 σ는 x_{best}에 적합한 표준 편차를 나타내는데 만약 x_{best}가 여러 개 측정값의 평균이라면 σ는 평균의 표준 편차이다.) 다음으로 부록 A에 있는 정규 오차 적분의 표에서 x_{exp}로부터 t배나 그 이상의 표준 편차만큼 차이가 나는 답을 얻을 확률을 (가설이 맞는다고 가정하면) 찾을 수 있다. 이 확률은

$$Prob(t\sigma\text{의 밖}) = 1 - Prob(t\sigma\text{의 안}) \tag{5.68}$$

이다. 만약 이 확률이 크다면 불일치 $|x_{\text{best}} - x_{\text{exp}}|$는 완벽하게 합리적이고

---

9 우리는 $|x_{\text{best}} - x_{\text{exp}}|$를 고려 중인 정규 분포의 폭에 대한 우리의 **추정값**인 σ과 비교해서 측정값 x_{best}가 합리적임을 판단하고자 한다. 만약 σ가 근거하고 있는 측정값들의 수가 **적다**면 이 추정값은 신뢰하기 상당히 어려울 것이고 여기에 대응해서 확신의 수준도 (비록 여전히 유용한 대강의 지침은 되겠지만) 부정확할 것이다. 적은 수의 측정값들을 가지고서 믿음 한계를 정확하게 계산하려면 폭에 대한 우리의 추정값인 σ에서 확률적인 변동을 허용하는 이른바 "스튜던트의 t 분포"를 사용하는 것이 필요하다. H. L. Alder & E. B. Roessler, *Introduction to Probability and Statistics*, 6th ed. (W. H. Freeman, 1977), Chapter 10을 참조하라.

결과 x_{best}는 받아들일 수 있다. 만약 (5.68)에서의 확률이 "비합리적일 정도로 작다면" 불일치는 **유의하다**고 (즉 받아들일 수 없다고) 판정되어야 하고, 이 불운한 학생은 무엇이 잘못되었는지를 알아내려고 노력해야만 할 것이다.

예를 들어 불일치 $|x_{best} - x_{exp}|$가 표준 편차의 1배라면 불일치가 이만큼 되거나 그 이상일 확률은 친숙한 32%이다. 명백히 표준 편차의 1배만큼의 불일치는 일어날 가능성이 다분히 있고 따라서 이러한 불일치는 유의하지 않다. 다른 극단적으로 반대되는 경우로 확률 $Prob$(3σ의 밖)이 단지 0.3%라고 가정하자. 만약 우리의 가설들이 옳다면 3σ라는 불일치는 거의 있을 수 없을 것이다. 이 진술을 거꾸로 하면, 만약 학생의 불일치가 3σ나 된다면 우리의 가설이 옳다는 것은 거의 있을 법하지 않다는 것이다.

받아들여짐과 받아들여지지 않음 사이의 경계는 어떤 수준에 따라서 결정되는데 그 수준 이하에서는 불일치가 터무니없을 정도로 있을 법하지 않다고 간주된다. 이 수준은 실험자에 의해 결정되어야 하는 견해상의 문제이다. 많은 과학자는 5%가 "터무니없을 정도로 있을 법하지 않음"에 대한 적절한 경계로 간주한다. 만약 우리가 이러한 선택을 인정한다면 2σ의 불일치는 아슬아슬하지만 받아들일 수 없게 된다. 왜냐하면 $Prob$(2σ의 밖)$=$ 4.6%이기 때문이다. 사실 부록 A에 있는 표에서 보면 1.96σ보다도 큰 불일치는 이 5% 수준에서는 받아들일 수 없고, 그래서 이만큼 큰 불일치는 때로는 "**유의하다**"고 불린다. 마찬가지로 1% 수준에서는 2.58σ보다 더 큰 불일치는 받아들여질 수 없고, 그래서 이 정도 큰 불일치는 때로는 "**아주 유의하다**"고 불린다.

즉시 점검 5.6

어떤 학생이 전자의 전하 e를 측정하고, 학생의 답이 공인된 값으로부터 표준 편차의 2.4배 떨어져 있다는 것을 알았다. 이 불일치는 5% 수준에서 유의한가? 2% 수준에서는 어떠한가? 혹은 1% 수준에서는?

우리는 어떤 측정된 값 x_{best}가 받아들여질 수 있는지 없는지에 대한 명쾌한 답을 여전히 가지고 있지 않다. 그럼에도 정규 분포의 이론은 어떤 특정한 답이 합리적인지 아닌지에 대해 명료하고 정량적인 측도를 제공하는 데 이것이 우리가 바랄 수 있는 최선이다.

대부분의 물리학자는 받아들여짐의 경계가 정확하게 어디에 놓여야 하는지를 토의하는 데에 많은 시간을 쓰지 않는다. 만약 불일치가 2σ보다도 훨씬 작다면 (이를테면 1.8σ라면) 거의 모든 기준에 의해 그 결과는 받아들일 수 있다고 판정될 것이다. 만약 불일치가 2.5σ보다도 현저하게 크다면 그 어떤 기준들에 의해서도 이것은 받아들여지지 않을 것이다. 만약 불일치가 1.9σ보다는 크고 2.6σ보다는 작은 회색 지대에 놓인다면 그 실험에 대해서는, 솔직히 결론을 내릴 수 없다. 만약 실험이 (예를 들어 새로운 이론의 검정처럼) 정말 중요하다면 그 실험은 확정적인 결과가 **얻어질** 때까지 (되도록이면 개선된 기술을 사용해서) 반복해야 할 필요가 있다.

말할 것도 없이 어떤 실험들은 한층 더 복잡하고, 그에 걸맞는 고도의 분석들을 요구한다. 그렇지만 기본적인 원리들의 대부분은 여기에서 논의한 간단하고 중요한 사례에 의해 설명되었다. 더 높은 수준의 예들은 Part 2에서 볼 수 있다.

✔ 5장의 주요 정의와 방정식

• 극한 분포

만약 $f(x)$가 연속 변수 x의 측정에 대한 극한 분포라면

$f(x)dx$ = 어떤 하나의 측정이 x에서 $x+dx$ 사이에 있는 답을 줄 확률

이고

$\int_a^b f(x)dx$ = 어떤 하나의 측정이 $x=a$에서 $x=b$ 사이에 있는 답을 줄 확률 [(5.12) 참조]

이다. 정규화 조건은

$$\int_{-\infty}^{\infty} f(x)dx = 1 \qquad \text{[(5.13) 참조]}$$

이다. 많이 측정한 후에 기대되는 평균 값은

$$\bar{x} = \int_{-\infty}^{\infty} xf(x)dx \qquad \text{[(5.15) 참조]}$$

이다.

• 가우스 혹은 정규 분포

만약 x의 측정값들이 많은 작은 랜덤 오차들의 지배를 받지만 계통 오차들은 무시할 수 있다면 이들의 극한 분포는 **정규 분포** 또는 **가우스 분포**

$$G_{X,\sigma}(x) = \frac{1}{\sigma\sqrt{2\pi}}e^{-(x-X)^2/2\sigma^2} \qquad \text{[(5.25) 참조]}$$

가 될 것이다. 여기서

X = x의 참값
= 분포의 중심
= 많이 측정한 후의 평균 값

이고,

$\sigma =$ 분포의 폭 파라미터

$=$ 많이 측정한 후의 표준 편차

이다. 어떤 하나의 측정값이 X로부터 표준 편차의 t배 거리 안에 안착할 확률은

$$Prob(t\sigma \text{ 범위 안}) = \frac{1}{\sqrt{2\pi}} \int_{-t}^{t} e^{-z^2/2} dz \qquad [(5.35) \text{ 참조}]$$

이다. 이 적분은 때로는 오차 함수 혹은 정규 오차 적분이라고 불린다. t의 함수로서 적분의 값들은 부록 A에 표로 나열되어 있다. 특별히,

$$Prob(\sigma \text{ 범위 안}) = 68.27\%$$

이다.

• N개의 측정된 값으로부터 X와 σ를 추정하기

정규적으로 분포된 물리량 x를 N번 측정한 다음에 값

$$x_1, x_2, \ldots, x_N$$

을 얻었다면, 참값 X에 대한 최량의 추정값은 그 측정값들의 평균

$$(X\text{의 최량의 추정값}) = \bar{x} = \frac{\sum x_i}{N} \qquad [(5.42) \text{ 참조}]$$

이고, 폭 σ에 대한 최량의 추정값은 측정값들의 표준 편차

$$(\sigma\text{의 최량의 추정값}) = \sigma_x = \sqrt{\frac{\sum (x_i - \bar{x})^2}{N-1}} \qquad [(5.45) \text{ 참조}]$$

이다. 이 추정값들의 불확실성들은 다음과 같다. X에 대한 추정값으로서 $\bar{x}$의 불확실성은

$$(\bar{x}\text{의 불확실성}) = \text{SDOM} = \frac{\sigma_x}{\sqrt{N}} \qquad [(5.66) \text{ 참조}]$$

이고, 참된 폭 σ에 대한 추정값으로서 σ_x의 불확실성은

$$(\sigma_x\text{의 비율 불확실성}) = \frac{1}{\sqrt{2(N-1)}} \qquad [(5.46) \text{ 참조}]$$

에 의해서 주어진다.

- **측정된 답의 받아들여짐**

우리가 물리량 x를 표준 형식

$$(x\text{의 값}) = x_{\text{best}} \pm \sigma$$

로 측정한다고 가정하자. 여기서 σ는 어떤 적절한 표준 편차이다. 어떤 이론이나 다른 사람의 측정에 의거해서 우리는 값 x_{exp}를 기대한다고 또한 가정하자. x_{best}가 x_{exp}로부터 표준 편차의 t배만큼 벗어나 있다고 말한다는 것은

$$t = \frac{|x_{\text{best}} - x_{\text{exp}}|}{\sigma}$$

라는 것이다. x가 x_{exp}를 중심으로 폭 σ를 가지고 정규적으로 분포된다고 가정하면, 불일치가 우리의 것과 같거나 더 클 확률 $Prob(t\sigma$의 밖)을 부록 A로부터 알아낼 수 있다. 만약 이 확률이 선택된 수준보다 (예를 들어 1%보다) 작으면, 우리는 일치가 그 수준에서 받아들일 수 없다고 판정한다. [예를 들어, $Prob(t\sigma$의 밖)이 1%보다 작으면, 일치는 1% 수준에서 받아들일 수 없다.]

✔ 5장의 연습문제

5.1절에 관한 문제: 히스토그램과 분포

5.1.★ 즉시 점검 5.1에 주어진 조(Joe)의 성적에 대한 막대 히스토그램을 그려라. 수평 축은 다섯 개의 가능한 성적을 (혹은 더 좋게는 대응하는 점수 $s_k = 0, 1, \cdots, 4$로) 보여주어야 하고, 수직 축은 비율들 F_k를 보여주어야 한다. $\sum s_k F_k$로 주어지는 평균 성적을 계산하라.

5.2.★ 한 보건 물리학자가 어떤 약(弱) 방사성 표본을 액체 섬광 계수기에 넣고 $t = 0$에서 시작해서 10분 간격으로 붕괴 개수를 기록한다. 이 학자의 결과는 (t는 분 단위로) 다음과 같다.

t의 간격	0에서 10	10에서 20	20에서 30	30에서 40	40에서 50
개수	9	6	3	1	1

그런데 $t = 50$분 이후에는 하나도 없었다. 이 사건들의 히스토그램을 만들어라. t를 수평 축에 표시하고, 각 직사각형의 면적이 대응하는 칸에서 발생한 붕괴의 비율이 되도록 수직 축의 눈금을 선택하라.

5.3.★★ 어떤 학생이 별도의 질량을 추가하기 전과 후에 어떤 회전계의 각(角) 운동량 L_i와 L_f를 측정한다. 각 운동량 보존을 검사하기 위해 이 학생은 $L_i - L_f$를 (답이 0일 것으로 기대하면서) 계산하였다. 이 학생은 측정을 50회 반복하고 그리고 그 답들을 표 5.3에서처럼 칸들로 분류하였는데, 이 표는 5, 10, 그리고 50회 측정한 후의 결과들을 (단위는 명시하지 않고) 보여주고 있다.

표 5.3 $L_i - L_f$ 값의 발생 횟수; 연습문제 5.3과 관련

후	칸								
	(−9, −7)	(−7, −5)	(−5, −3)	(−3, −1)	(−1, 1)	(1, 3)	(3, 5)	(5, 7)	(7, 9)
5번 시행	0	1	2	0	1	0	1	0	0
10번 시행	0	1	2	2	3	1	1	0	0
50번 시행	1	3	7	8	10	9	6	4	2

이 세 가지 경우 각각에 대해 칸 히스토그램을 그려라. (각 직사각형의 면적이 대응하는 칸에 있는 사건들의 비율이 되도록 눈금을 주의해서 선택하라.)

5.4.★★ 어떤 학생이 기름으로 가득 찬 수직 원기둥의 꼭대기에서 바닥으로 볼 베어링이 낙하하는 시간을 20회 측정하였다. 그 학생은 결과들을 오름차순으로 정리하고, 각각 다른 값에 대해 몇 회를 얻었는지를 세고서 다음 결과들을 얻었다. (시간은 10분의 1초 단위이다.)

시간, t	71	72	73	74	75	76	77	78	79	80
발생 횟수	2	0	3	5	4	1	3	1	0	1

(a) 폭이 1이고 70.5에서 시작하는 칸들을 이용해서 이 결과들의 히스토그램을 그려라. (폭이 1인 칸으로는 이 칸 히스토그램은 본질적으로 막대 히스토그램과 같은 결과를 준다는 점을 알고 있어라.) (b) 역시 70.5에서 시작하되 칸의 폭이 2인 히스토그램을 다시 그려라. (c) 문항 (b)에서 칸의 폭이 더 넓어지면 히스토그램이 얼마나 매끄럽게 되는지 주의해서 보라. 그렇지만 만약 칸을 너무 넓게 선택하면 정보가 손실되기 시작한다. 이 손실을 보여주기 위해 역시 70.5에서 시작하되 칸의 폭이 10인 히스토그램을 다시 그려라.

5.2절에 관한 문제: 극한 분포

5.5.★ 어떤 가상적 측정에서의 결과들에 대한 극한 분포가 그림 5.18에 보인 삼각형 함수로 주어졌는데 여기서 $f(0)$의 값은 C라고 명명한다.

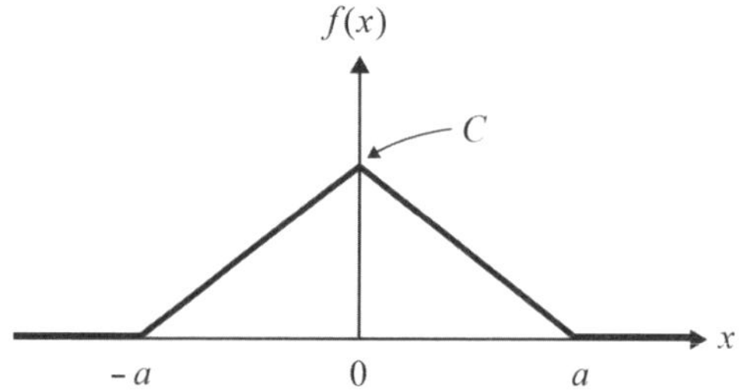

그림 5.18 삼각형 분포; 연습문제 5.5와 관련

(a) 하나의 측정값이 $x=-a$와 $x=a$ 사이 구간의 밖에 놓일 확률은 어떻게 되는가? (b) 한 측정값이 $x>0$일 확률은? (c) 정규화 조건 (5.13)을 사용해서 C를 a의 항으로 구하라. (d) $a=1$ 그리고 $a=2$인 경우들에 대해 이 함수를 스케치하라.

5.6.★ 연습문제 5.2에 서술된 것과 유사한 실험을 고려해보자. 이 실험에서 한 실험자가 시간 $t=0$에서 시작해서 짧은 간격 Δt 동안 방사성 표본으로부터의 붕괴 개수를 센다. 이러한 종류 실험의 극한 분포를 **지수 분포**

$$f(t)=\frac{1}{\tau}e^{-t/\tau} \tag{5.69}$$

라고 하는데 여기서 τ는 양의 상수이다. (a) 이 함수를 스케치하라. (실험이 $t=0$에서 비로소 개시되기 때문에 $t<0$일 때는 이 분포는 0이다.) (b) 이 함수는 정규화 조건 (5.13)을 만족한다는 것을 증명하라. (c) 붕괴가 일어나는 평균 시간 $\bar{t}$를 방정식 (5.15)에 의해서 주어진 바와 같이 구하라. (이 문제에 대한 답은 파라미터 τ의 의의를 보여준다. τ는 큰 표본에서 원자가 붕괴하는 데 걸리는 평균 시간이다.)

5.7.★ 연습문제 5.6의 지수 분포의 경우 $t > \tau$인 결과가 얻어질 확률은 어떻게 되는가? $t > 2\tau$에 대한 확률은? (이 확률들은 τ와 2τ 이상 존속하는 원래 원자들의 비율을 나타낸다.)

5.8.★★ 연습문제 5.2에서의 물리학자가 그의 실험에 대한 극한 분포가 (연습문제 5.6으로부터의) 파라미터 $\tau = 14.4$ 분인 지수 분포 (5.69)라고 판단하였다. 독자들이 아직도 하지 않았다면 연습문제 5.2의 히스토그램을 그리고, 그다음에 같은 도표에 가정한 극한 분포를 그려라. 분포가 얼마나 잘 맞는가? (독자들은 일치 정도를 측정하는 정량적인 방도를 아직 가지고 있지 않다. 그러므로 독자들은 이것이 만족스럽게 **보이는지만** 판단하라.)

5.9.★★ 어떤 가상적 측정에서의 결과들에 대한 극한 분포의 형식이 다음과 같다.

$$f(x) = \begin{cases} C & |x| < a \text{ 일 때} \\ 0 & |x| < a \text{ 가 아닐 때} \end{cases}$$

(a) 정규화 조건 (5.13)을 사용해서 C를 a의 항으로 구하라. (b) 이 함수를 스케치하라. 이 분포에 의해서 지배되는 결과들의 분포를 말로 서술하라. (c) 방정식 (5.15)와 (5.16)을 사용해서 많이 측정한 후에 구할 수 있는 평균과 표준 편차를 계산하라.

5.10.★★ 극한 분포 $f(x)$에 대한 표준 편차가 (5.16)으로 주어지는 이유를 명료하게 설명하라. 독자들의 논증은 (5.14)로부터 (5.15)에 이르는 논증과 아주 유사해야 한다.

5.3절에 관한 문제: 정규 분포

5.11.★ 좌표 축들을 명료하게 표시한 적절한 모눈종이에 $X = 2, \sigma = 1$과 $X = 3, \sigma = 0.3$의 경우들에 대한 가우스 분포

$$G_{X,\sigma}(x) = \frac{1}{\sigma\sqrt{2\pi}} e^{-(x-X)^2/2\sigma^2}$$

을 그려 넣어라. 휴대용 계산기를 이용해서 $G_{X,\sigma}(x)$ 의 값을 계산하라. (만약 $\sigma\sqrt{2\pi}$ 와 $-2\sigma^2$ 을 저장할 수 있는 두 개의 기억장치가 있다면 이 기능은 독자들의 계산을 가속시켜줄 것이다. 만약 가우스 함수가 $x = X$ 에 대해서 대칭이라는 것을 기억한다면 소요되는 계산량은 절반으로 줄어들 것이다.) 두 그래프를 같은 도표에 그려서 비교해보라.

5.12.★ 가우스 분포의 폭은 파라미터 σ 에 의해서 일반적으로 그 특징이 서술된다. 간단한 기하학적 의미를 가진 대체 파라미터로는 **반값온폭** 혹은 FWHM이 있다. 이 파라미터는 그림 5.19에 보인 것처럼 $G_{X,\sigma}(x)$ 가 최댓값의 절반이 되는 두 개의 점 x 들 간의 거리다. 다음을 증명하라.

$$\text{FWHM} = 2\sigma\sqrt{2\ln 2} = 2.35\,\sigma.$$

어떤 물리학자들은 그림 5.19에 보인 것처럼 **반값반폭**(HWHM)을 사용하기도 하는데 이는 FWHM의 절반으로 정의된다. 당연히 HWHM $= 1.17\sigma$ 인데 아주 근사적으로는 HWHM $\approx \sigma$ 이다.

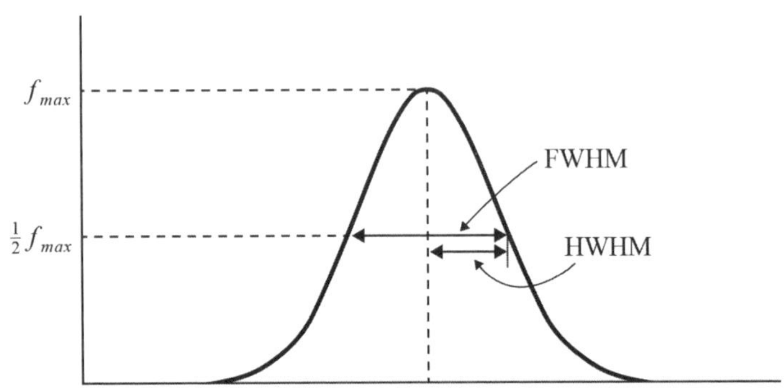

그림 5.19 반값온폭(FWHM)과 반값반폭(HWHM); 연습문제 5.12와 관련

5.13.★ 가우스 분포의 폭 σ 를 정의하는 한 방법은 점 $X \pm \sigma$ 가 두 변곡점이라는 (그림 5.20) 것인데 그 점들에서 곡률의 부호가 바뀐다. 말하자면

2계 도함수가 0이라는 것이다. 이 주장을 증명하라.

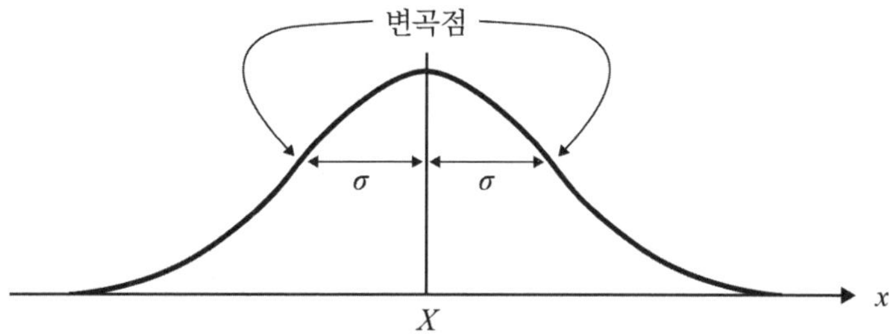

그림 5.20 두 점 $X\pm\sigma$는 가우스 곡선의 두 변곡점이다; 연습문제 5.13과 관련

5.14.★★ 다음 세 가지 경우에 대해서 정규 분포 $G_{X,\sigma}(x)$를 주의해서 스케치하라.

(a) $X = 0, \sigma = 1$

(b) $X = 0, \sigma = 2$

(c) $X = 5, \sigma = 1$

세 개 곡선 간의 차이를 말로써 서술하라.

5.15.★★ 독자들이 아직 하지 않았다면 연습문제 5.3의 세 번째 히스토그램을 좌표 평면에 그려라. 연습문제 5.3에서의 학생은 자신의 결과들은 $X = 0$에 중심이 있고 그 폭은 $\sigma = 3.4$인 가우스 분포 $G_{X,\sigma}(x)$와 일관적이라고 판단하였다. 같은 그래프에 이 분포를 그려넣고, 독자들의 히스토그램과 비교하라. (연습문제 5.11에 대한 힌트를 읽어보라. 독자들은 아직 적합도를 평가할 수 있는 정량적 수단을 가지고 있지 않다. 독자들이 할 수 있는 최선은 가우스 함수가 히스토그램과 잘 맞는 것처럼 **보이는지** 검사하는 것이다.)

5.16.★★ 폭 파라미터 σ를 가지고 정규적으로 분포된 많은 측정값의 표준 편차 σ_x는 $\sigma_x = \sigma$라는 사실을 증명하기 위해 (5.30)으로부터 (5.31)이 유도되는 과정을 자세하게 기술하라.

5.4절에 관한 문제: 68% 믿음 한계로서 표준 편차

5.17.★ 어떤 통계학자들은 “68 − 95 규칙”에 대해서 말한다. 독자들은 이 규칙이 어떠한 것이라고 생각하는가? “68 − 95 − 99.7 규칙”은 어떤 것일까?

5.18.★ 우리는 종종 측정값이 $X \pm 2\sigma$의 범위 안에 있을 확률이 약 95%라고 말한다. 유효 숫자를 네 개까지 사용한다면 이 확률은 어떻게 되는가? 확률이 95.00%인 범위 $X \pm t\sigma$는 어떻게 되는가? (t를 유효 숫자 세 개까지 제시하라. 계산에 필요한 확률들은 부록 A에 주어져 있다.)

5.19.★★ 어떤 학생이 물리량 y를 여러 번 측정하고, 그 평균을 $\bar{y} = 23$으로 표준 편차는 $\sigma_y = 1$로 계산하였다. 이 학생이 관측한 값들의 얼마만큼의 비율이 다음 구간들에서 발견될 수 있다고 독자들은 기대하는가?

(a) 22에서 24
(b) 22.5에서 23.5
(c) 21에서 25
(d) 21에서 23
(e) 24에서 25

끝으로 (f) 어떤 (평균의 양편으로 같은 거리인) 한계 안에서 이 학생의 관측값들의 50%가 발견될 것으로 기대하는가? (이 연습문제의 모든 문항에 대한 필요한 정보는 그림 5.13에 제공되어 있다. 이러한 종류의 확률들에 대한 더 상세한 정보는 부록 A와 B에 주어져 있다.)

5.20.★★ 어떤 나라의 남자들의 키에 대하여 광범위하게 조사한 결과 평균은 $\bar{h} = 69''$ 그리고 표준 편차는 $\sigma = 2''$을 가지고 정규적으로 분포되어 있다는 것이 밝혀졌다. 1,000명의 남자들로 구성되는 랜덤 표본에서 키가 다음 범위에 속하는 사람들은 몇 명이나 될 것으로 기대하는가?

(a) $67''$과 $71''$ 사이
(b) $71''$ 이상
(c) $75''$ 이상
(d) $65''$과 $67''$ 사이

5.21.★★ 캐스터브리지(Casterbridge)의 기린 클럽은 키가 유별나게 큰 (18-24세의) 젊은 성인을 위한 클럽이다. 캐스터브리지에는 나이가 18세에서 24세 사이인 젊은 여성이 2,000명 있다. 이 연령대 여성의 키는 평균이 $5'\,5\frac{1}{2}''$, 표준 편차는 $2\frac{1}{2}''$을 가지고 정규적으로 분포되어 있다. (a) 만약 기린 클럽이 처음에 여성에 대한 키의 최소 높이를 $5'10''$으로 설정한다면 대략 몇 명의 여성이 가입할 자격을 얻게 되는가? (b) 1년이 조금 지나서 이 클럽은 키의 최소 높이 조건을 완화해서 회원을 2배로 증원하기로 결정한다. 클럽이 여성들에 대한 새로운 최소 높이를 얼마로 (가장 가까운 반 인치로) 설정하도록 독자들은 권고하겠는가?

5.22.★★ 어떤 물리량 x의 측정값이 가우스 분포 $G_{X,\sigma}(x)$에 의해서 지배된다면 한 값이 $X-t\sigma$와 $X+t\sigma$ 사이에서 얻어질 확률은

$$Prob(t\sigma \text{ 범위 안}) = \int_{X-t\sigma}^{X+t\sigma} G_{X,\sigma}(x)dx$$

이다. 필요한 변수 변환을 보여주면서 신중하게 다음을 증명하라.

$$Prob(t\sigma \text{ 범위 안}) = \frac{1}{\sqrt{2\pi}}\int_{-t}^{t} e^{-z^2/2}dz. \tag{5.70}$$

변수를 변환할 때마다 적분의 한계에 어떠한 일이 발생하는지를 조심스럽게 살펴보라. 적분 (5.70)은 때로는 $erf(t)$로 표기되는 **오차 함수**라고 불리거나 또는 **정규 오차 적분**이라고 불린다.

5.23.★★★ 정규 분포에서 표준 편차는 68% 믿음 한계를 나타낸다는 것을 우리는 보았다. 다른 분포의 경우 이 결과는 다음 문제가 보여주듯이 반드시 참인 것은 아니다. 연습문제 5.6의 ($t \geq 0$에 대해서는) $f(t)=(1/\tau)e^{-t/\tau}$이고 (그러나 $t<0$이면 $f(t)=0$인) 지수 분포를 생각해보자. 파라미터 τ는 t의 평균 값이다. (즉, 많이 측정한 후에 $\bar{t}=\tau$이다.) (a) 적분 (5.16)을 사용해서 τ는

또한 표준 편차라는 것을 즉 $\sigma_t = \tau$라는 것을 증명하라. (이 결과는 이 분포의 주목할 만한 성질인데, 평균 값이 표준 편차와 같다는 것이다.) (b) 필요한 적분을 계산해서 어떤 하나의 값이 $\bar{t} \pm \sigma_t$의 범위 안에 안착할 확률을 구하라.

5.5절에 관한 문제: 최량의 추정값으로서 평균의 정당화

5.24.★ 독자들이 어떤 물리량 x를 다음과 같이 여섯 번 측정했다고 가정하자.

$$51, 53, 54, 55, 52, 53.$$

(a) 이 측정된 값들이 정규적으로 분포되었다고 가정한다면 참값 X와 표준 편차 σ에 대한 최량의 추정값은 어떻게 되겠는가? (b) 이 추정값들에 근거한다면 일곱 번째 측정값이 첫 여섯 개 측정값의 밖에 안착할 확률은 얼마인가? (독자들의 측정값이 가장 가까운 정수로 반올림되었다면 이 확률은 결과가 $x \le 50.5$이거나 또는 $x \ge 55.5$일 확률이다.)

5.25.★ 한 학생이 시간 t를 여덟 번 측정하고서 다음 결과들을 얻었다. (시간은 10분의 1초 단위이다.)

값, t_k	75	76	77	78	79	80
발생 횟수, n_k	2	3	0	0	2	1

(a) 이 측정값들이 정규적으로 분포되었다고 가정한다면 참값과 표준 편차에 대한 최량의 추정값은 어떻게 되겠는가? (b) 이 추정값들에 근거한다면 아홉 번째 측정값이 81이거나 그 이상이 될 확률은 어떻게 되는가? (이 측정값들이 가장 가까운 정수로 반올림되었기 때문에 이 확률은 값이 $t \ge 80.5$일 확률이다.)

5.26.★★ 우리가 같은 물리량 x를 N번 측정한 측정값 $x_1, \cdots, x_N$을 가

지고 있고, 이들의 극한 분포는 X와 σ가 미지수인 가우스 함수 $G_{X,\sigma}(x)$가 되어야 한다고 믿고 있다고 가정하자. 최대 가능도 원리는 폭에 대한 최량의 추정값은 관측된 값 $x_1, \ldots, x_N$을 얻을 확률 $Prob_{X,\sigma}(x_1, \ldots, x_N)$을 가장 크게 해주는 σ의 값이라고 주장한다. (5.40)의 $Prob_{X,\sigma}(x_1, \ldots, x_N)$을 σ에 대해 미분하고, 그러고 나서 σ가 (5.43)에 의해서 주어질 때 최댓값이 발생한다는 것을 보여라. [(5.43) 다음에 논의한 것처럼 이 결과는 참 폭 σ에 대한 최량의 추정값은 N개의 관측된 값 $x_1, \ldots, x_N$의 표준 편차라는 것을 의미한다. 실제로는 참값 X가 반드시 최량의 추정값 $\bar{x}$로 대체되어야 하는데, 이렇게 하려면 부록 E에서 증명한 바와 같이 N을 $N-1$로 대체해야 한다.]

5.27.★★ (a) 연습문제 5.24의 데이터에 근거해서 평균, 표준 편차, SD에 대한 추정값에서의 불확실성을 [마지막의 것은 방정식 (5.46)을 이용해서] 구하라. (b) σ의 참값이 $\sigma_x - \delta\sigma_x$라고 가정하고서, 연습문제 5.24의 문항 (b)에서 요구한 확률을 다시 계산하라. 그다음에 σ가 실제로는 $\sigma_x + \delta\sigma_x$라고 가정하고서 다시 한 번 더 계산하라. 이 두 가지 답의 차이에 대해 논평하라.

5.28.★★ X를 중심으로 폭 σ를 가지고 정규적으로 분포된 같은 물리량 x에 대한 여러 개의 측정값에 근거해서 우리는 X와 σ를 추정할 수 있다. (a) σ를 30% 안으로 알아내기 위해서 우리는 몇 개의 측정을 실시해야만 하는가? (b) 10% 안으로는? (c) 3% 안으로는?

5.6절에 관한 문제: 제곱하여 더하기의 정당화

5.29.★ 어떤 물리량 x에 대한 측정값들이 $X=10$이고 $\sigma=2$인 가우스 함수 $G_{X,\sigma}(x)$에 따라 분포되어 있다. 이 분포와 그리고 $q=x+5$와 $q'=x/2$에 대한 분포들을 모두 같은 그래프에 스케치하라.

5.30.★ 랜덤 오차들을 전파시킬 때 제곱하여 더하기를 정당화하는 데

사용된 항등식 (5.54)를 증명하라.

5.7절에 관한 문제: 평균의 표준 편차

5.31.★★ 여기에 나열된 것은 한 돌멩이가 창문에서 땅으로 낙하하는데 걸리는 시간을 측정한 40개의 측정값 $t_1, \ldots, t_{40}$이다. (모두 100분의 1초 단위이다.)

63	58	74	78	70	74	75	82	68	69
76	62	72	88	65	81	79	77	66	76
86	72	79	77	60	70	65	69	73	77
72	79	65	66	70	74	84	76	80	69

(a) 40개 측정값에 대한 표준 편차 σ_t를 계산하라. (b) 열 개의 각 열에 있는 네 개의 측정값에 대한 평균인 $\bar{t}_1, \ldots, \bar{t}_{10}$을 계산하라. 독자들은 이 데이터를 10회 실험의 결과들이라고 생각할 수 있는데 각 실험에서 독자들은 **네 번 측정한 시간들의 평균**을 구한다. 문항 (a)의 결과가 주어진다면 열 개의 평균 $\bar{t}_1, \ldots, \bar{t}_{10}$의 표준 편차로서 무엇을 기대하는가? 그것은 무엇을 말하는가? (c) 40개의 개별 측정값 $t_1, \ldots, t_{40}$에 대한 또 열 개의 평균 $\bar{t}_1, \ldots, \bar{t}_{10}$에 대한 히스토그램들을 좌표 평면에 그려라. [두 히스토그램에 대해 서로 쉽게 비교할 수 있도록 같은 눈금과 칸의 폭을 사용하라. 칸의 경계들은 다양한 방식으로 선정될 수 있는데 어쩌면 가장 간단한 것은 경계들 중 하나를 모든 40개 측정값의 평균에 (72.90에) 놓고, 열 개 평균 $\bar{t}_1, \ldots, \bar{t}_{10}$의 표준 편차를 칸들의 폭으로 사용하는 것이다.]

5.32.★★ 문제 4.13에는 어떤 시간 t를 30번 측정한 값들이 나열되어 있다. (a) 만약 아직 그렇게 하지 않았다면 이 30개 값의 표준 편차를 구하라. (b) 이제 30개 데이터를 열 개의 열로 간주하자. 그러면 각 열은 세 개의

측정값으로 이루어진 하나의 실험을 의미하는데 이 열 개 실험에 대해서 열 개의 평균 $\bar{t}_1, \ldots, \bar{t}_{10}$을 계산하라. (c) 문항 (a)의 결과가 주어지면 문항 (b)의 열 개의 평균의 표준 편차로서 무엇을 기대하는가? 그것은 무엇을 말하는가? (d) 30개의 개별 측정값에 대한 히스토그램을 그리고 또 열 개의 평균 $\bar{t}_1, \ldots, \bar{t}_{10}$에 대한 히스토그램도 그려라. (두 히스토그램에 대해서 같은 눈금을 사용하라. 칸의 경계를 선정하는 좋은 방법들 중 하나는 경계들 중 하나를 모든 30개 측정값의 평균에 놓고 그리고 열 개 평균의 표준 편차를 칸들의 폭으로 사용하는 것이다.)

5.33.★★ 연습문제 5.25의 데이터에 근거한다면 시간 t에 대한 최량의 추정값으로, 그리고 그 추정값의 불확실성에 대한 최량의 추정값으로 무엇을 제시하겠는가? t의 불확실성의 불확실성은 어떻게 되는가? [t의 불확실성은 SDOM, 즉, $\sigma_{\bar{t}} = \sigma_t / \sqrt{N}$이다. 독자들은 (5.46)으로부터 SD, 즉 σ_t의 불확실성을 구할 수 있고, 이 결과로부터 독자들은 오차 전파에 의해서 SDOM의 불확실성을 알아낼 수 있다.]

5.8절에 관한 문제: 측정된 답의 받아들여짐

5.34.★ 어떤 제안된 이론에 따르면 물리량 x는 값 x_{th}를 가져야만 한다. x를 통상적인 형식 $x_{\text{best}} \pm \sigma$로 (여기서 σ는 적합한 SD인데) 측정했다면 우리는 x_{best}와 x_{th} 간의 불일치가 표준 편차의 t배라고 할 수 있을 것이다. 여기서 $t = |x_{\text{best}} - x_{\text{th}}|/\sigma$이다. 불일치가 5% 수준에서 유의하다고 말할 수 있으려면 t가 얼마나 큰 값이어야 하는가? 2% 수준에서는? 1% 수준에서는?

5.35.★ 어떤 학생이 중력 가속도 g를 반복해서 신중하게 측정하고, 최종 답으로 9.5 m/s^{2}이라는 값을 표준 편차 0.1과 함께 얻었다. 만약 이 학생의 측정값들이 공인된 값 9.8을 중심으로 폭 0.1을 가지고 정규적으로 분포하게 되어 있다면 9.8로부터 이 학생의 답만큼이나 혹은 그 이상으로 벗어나

는 답을 이 학생이 얻을 확률은 어떻게 될까? 만약 이 학생이 실제로 착오를 범하지 않았다면 이 학생의 실험은 어떤 감지되지 않은 계통 오차들의 지배를 받았을 수 있다고 생각하는가?

5.36.★★ 두 명의 학생이 같은 물리량 x를 측정하고 최종적으로 $x_A = 13 \pm 1$과 $x_B = 15 \pm 1$이라는 답들을 얻었다. 여기서 인용된 불확실성들은 적절한 표준 편차들이다. (a) 모든 오차가 독립적이고 랜덤하다고 가정한다면 불일치 $x_A - x_B$는 얼마이고 또 그것의 불확실성은 얼마인가? (b) 모든 물리량이 기대한 바와 같이 정규적으로 분포되어야 한다면 두 학생의 답이 실제로 일치하지 않은 만큼의 불일치가 얻어질 확률은 어떻게 되는가? 독자들은 이 불일치가 (5% 수준에서) 유의하다고 생각하는가?

5.37.★★ 한 핵 물리학자가 어떤 핵 반응에서 에너지 보존을 검사하기로 하고 처음과 나중 에너지들을 $E_\mathrm{i} = 75 \pm 3\,\mathrm{MeV}$와 $E_\mathrm{f} = 60 \pm 9\,\mathrm{MeV}$로 측정하였다. 여기서 인용된 두 개의 불확실성은 측정한 답의 표준 편차이다. 이 불일치가 (5% 수준에서) 유의한가? 독자들의 추론을 명료하게 설명하라.

Part 2

6. 데이터의 기각
7. 가중 평균
8. 최소제곱 맞추기
9. 공분산과 상관관계
10. 이항 분포
11. 푸아송 분포
12. 분포에 대한 카이제곱 검정

만약 독자들이 5장을 학습하고 이해했다면 이제 좀 더 수준 높은 고급 주제들을 어려움 없이 학습할 준비가 되었을 것이다. Part 2에서는 일곱 개의 고급 주제를 제공하는데 이 중 몇 개는 이미 학습한 통계 이론의 응용이고 다른 주제는 이 이론을 더 폭넓게 확장한 것이다. 이 주제들은 모두 중요해서 아마도 독자들은 조만간에 학습하게 될 것이다. 독자들은 이 주제들을 한꺼번에 공부할 필요는 없기 때문에 필요와 흥미가 이끄는 대로 순서에 관계없이 학습할 수 있도록 짧은 내용의 장들을 독립적으로 구성해놓았다.

제6장

데이터의 기각

이 장에서는 너무 터무니없어서 착오인 것처럼 보이는 어떤 측정값을 폐기할 것인지 아닌지에 대한 거북한 주제를 논의한다. 이 주제는 논란의 여지가 있는데 어떤 과학자들은 터무니없어 보인다고 해서 어떤 측정값을 폐기한다는 것은 **결코** 정당화될 수 **없다**고 주장할 수도 있을 것이다. 그렇지만 독자들이 이러한 상황에 직면한다면 적용하는 것을 적어도 고려해볼 수는 있는 간단한 검정법이 있다. 이 검정은 **쇼브네트**(Chauvenet)**의 판정기준**이라고 불리는데 이것은 4장과 5장에서 전개한 통계학적 아이디어의 미묘한 응용이다.

6.1 데이터를 기각하는 문제

가끔 일련의 측정값 중에서 유독 하나의 측정값이 모든 다른 것과는 현저하게 차이가 있는 것처럼 보일 수 있다. 이러한 상황이 발생하면, 실험자는 그 이례적인 측정값이 착오로부터 기인하였고 그래서 기각되어야 하는지, 아니면 다른 모든 측정값과 함께 사용되어야 하는 **진실한** 측정값인지를 판단해야 한다. 예를 들어 우리가 어떤 흔들이의 주기를 여섯 번 측정하고 다음과 같은 결과들을 (모두 초 단위로) 얻었다고 상상해보자.

$$3.8,\ 3.5,\ 3.9,\ 3.9,\ 3.4,\ 1.8. \tag{6.1}$$

이 예에서 값 1.8은 다른 것들과는 현저히 크게 차이가 나고, 그래서 우리는 이 값을 어떻게 처리해야 할 것인지 결정해야 한다.

우리는 5장에서 합법적인 측정값일지라도 같은 물리량에 대한 그 밖의 측정값들로부터 상당히 벗어날 **수 있다**는 것을 알게 되었다. 그럼에도 (6.1)에서의 마지막 측정값의 불일치만큼 큰 합법적인 불일치는 **정말로 있을 법하지 않다**. 그래서 우리는 시간 1.8 초가 어떤 감지되지 않은 착오나 외적인 원인으로부터 기인했다고 의심하고 싶어지게 된다. 예를 들어 어쩌면 마지막 시간을 그냥 잘못 읽었을 수도 있고, 일시적인 정전으로 마지막 측정 때 전기 타이머가 정지했을 수도 있다.

만약 아주 조심스럽게 기록을 유지했더라면 우리는 때로 이례적인 측정값에 대해서 명확한 원인을 찾아낼 수도 있을 것이다. 예를 들어 (6.1)에서 마지막 시간을 측정할 때, 다른 스톱워치가 사용된 것을 기록에서 발견할 수 있고, 후속 점검에서 이 시계가 느리게 간다는 것을 확인할 수 있을지 모른다. 이 경우에는 이례적인 측정값은 명백하게 기각되어야만 한다.

안타깝게도 이례적인 결과에 대한 어떤 외적 원인을 입증하는 것은 일반적으로 가능하지 않다. 그렇다면 우리는 단지 결과 그 자체에 대한 조사에 의해서 이례적인 것을 기각할지 안 할지 반드시 결정해야 하는데 바로 여기서 가우스 분포에 대한 우리의 지식이 유용하다는 것이 증명된다.

데이터의 기각은 많은 학자가 동의하지 않는 논란의 여지가 있는 논제이다. 이것은 또한 **중요한** 논제이다. 앞의 예에서 의심스러운 1.8 초를 기각한다면 흔들이의 주기에 대한 최량의 추정값은 상당한 영향을 받게 된다. 여섯 개 측정값 전체의 평균은 3.4 초인데 첫 다섯 개만의 평균이 3.7 초인 것에 비한다면 그 차이는 상당하다.

더욱이 데이터를 기각하기로 결정하는 것은 궁극적으로 주관적인 사항이기 때문에 이러한 판단을 내리는 과학자는 다른 과학자들로부터 데이터를 "조작하였다"고 어쩌면 합당하게 비난받을 수 있다. 이례적인 결과가 어떤 중요한 효과를 반영할 수도 있다는 가능성이 있기 때문에 상황은 더욱 악화될 수 있다. 사실 많은 중요한 과학적 발견들은 처음에는 착오처럼 보이는 이례적인 측정값들 같았다. (6.1)의 예에서 1.8 초를 기각한다면 우리는 데이터 중 가장 흥미로운 부분을 버릴 **수도** 있다.

사실상 (6.1)에서와 같은 데이터에 직면했을 때 우리가 택할 수 있는 가장 정직한 대책은 측정을 아주 많이 반복하는 것이다. 만약 반복했을 때 이례적인 측정값이 다시 등장한다면 원인이 착오였는지 아니면 실제 물리적 효과인지를 어쩌면 추적할 수도 있을 것이다. 만약 이례적인 측정값이 다시 나타나지 않는다면, 이를테면 100번 측정했을 시점에는 이례적인 측정값을 포함시키든지 않든지 간에 우리의 최종 답에는 유의한 차이가 없을 것이다.

그렇지만 어떤 결과가 의심스럽게 보일 때마다 매번 측정을 100회 반복한다는 것은 많은 경우에 (특히 교과 실험에서는) 실행하기 어렵다. 그러므로 우리는 의심스러운 결과를 기각하는 데 판정기준이 필요하다. 그런 기준에는 여러 가지가 있는데 이 중 몇 가지는 아주 복잡하다. 쇼브네트의 판정기준은 가우스 분포를 간단하면서도 유익하게 응용한 것이다.

6.2 쇼브네트의 판정기준

사례 (6.1)에 있는 여섯 개 측정값으로 되돌아가보기로 하자.

$$3.8,\ 3.5,\ 3.9,\ 3.9,\ 3.4,\ 1.8.$$

만약 당분간 이들이 같은 물리량 x에 관한 여섯 개의 합법적인 측정값이라고 가정한다면 우리는 평균 $\bar{x}$와 표준 편차 σ_x를

$$\bar{x} = 3.4\ \text{초} \tag{6.2}$$

그리고

$$\sigma_x = 0.8\ \text{초} \tag{6.3}$$

로 계산할 수 있을 것이다. 우리는 이제 의심스러운 측정값 1.8이 얼마나 이례적인지 그 정도를 수량화할 수 있다. 1.8은 평균인 3.4로부터 1.6만큼 혹

은 표준 편차의 2배만큼 차이가 있다. 만약 이 측정값들이 중심과 폭이 (6.2)와 (6.3)에 의해서 주어지는 가우스 분포를 따른다고 가정한다면 중심으로부터 적어도 이만큼 벗어나는 측정값을 얻을 확률을 우리는 계산할 수 있다. 부록 A에 제시한 확률 표에 따르면 이 확률은

$$\begin{aligned} Prob(2\sigma\text{의 밖}) &= 1 - Prob(2\sigma\text{의 안}) \\ &= 1 - 0.95 \\ &= 0.05 \end{aligned}$$

이다. 바꾸어 말하면 $\bar{x}$와 σ_x에 관해서 (6.2)와 (6.3)의 값들이 합법적이라면 우리는 20번 측정할 때마다 측정값 중 하나는 평균으로부터 적어도 의심스러운 값인 1.8초가 떨어진 정도만큼 차이가 있을 수 있을 것으로 기대할 수 있을 것이다. 만약 우리가 20번이나 혹은 그 이상 측정한다면 우리는 실제로 1.8초만큼이나 차이가 나는 측정값을 하나 또는 둘 이상 얻게 될 것으로 **기대해야** 하고, 그래서 우리는 1.8초를 기각할 아무런 이유를 갖고 있지 않다. 그러나 우리는 단지 여섯 번 측정했을 뿐이고 따라서 1.8초만큼이나 벗어날 측정의 기대 횟수는 실제로

$$\begin{aligned} &(\text{1.8 초만큼이나 벗어날 측정의 기대 횟수}) \\ &= (\text{측정 횟수}) \times Prob(2\sigma\text{의 밖}) \\ &= 6 \times 0.05 = 0.3 \end{aligned}$$

개이다. 말하자면 여섯 개의 측정값 중에서 우리는 (평균) 3분의 1개 정도만이 의심스러운 1.8초만큼 벗어날 것으로 기대할 수 있다.

이 결과는 의심스러운 측정값이 "있을 수 있음"에 대한 (필요했던) 정량적인 측도를 우리에게 제공한다. 만약 우리가 3분의 1개가 "터무니없을 정도로 있을 법하지 않다"고 간주하기로 결정한다면 값 1.8초는 합법적 측정이 아니었고 따라서 반드시 기각되어야 한다고 결론 내릴 것이다.

"터무니없을 정도로 있을 법하지 않음"의 경계를 어디에 설정하는가에 대한 판단은 실험자에게 달려 있다. 일반적으로 사용되는 쇼브네트의 판정기

준에 의하면 적어도 의심스러운 측정값이 벗어난 만큼 벗어날 것으로 기대되는 측정값의 개수가 2분의 1개 이하이면 그 의심스러운 측정값은 반드시 기각되어야만 한다. 당연히 2분의 1이라는 선택은 임의적인데 그럼에도 이것은 또한 합리적이고 옹호될 수 있다.

이제부터는 쇼브네트의 판정기준을 일반적인 문제에 적용하는 것을 쉽게 서술할 수 있다. 우리가 어떤 하나의 물리량에 대해서 N개의 측정값을 얻었다고 가정하자.

$$x_1, \ldots, x_N.$$

이 N개의 측정값 모두를 사용해서 독자들은 $\bar{x}$와 σ_x를 계산할 수 있다. 만약 측정값들 중 하나가 (그것을 x_{sus}라고 부르자) $\bar{x}$로부터 의심스러울 정도로 멀리 떨어져 있다면 그때에는 x_{sus}가 $\bar{x}$로부터 떨어진 정도를 나타내는 표준편차의 배수

$$t_{\text{sus}} = \frac{\left| x_{\text{sus}} - \bar{x} \right|}{\sigma_x} \tag{6.4}$$

를 계산한다. 그다음에 부록 A를 참조하면 합법적인 측정값이 $\bar{x}$로부터 표준 편차의 t_{sus}배나 그 이상 차이가 날 확률

$$Prob(t_{\text{sus}}\sigma \text{의 밖})$$

을 구할 수 있다. 끝으로 측정값들의 전체 개수인 N을 곱해주면

$$\begin{aligned} n &= (1.8 \text{ 초만큼이나 벗어날 측정값들의 기대 개수}) \\ &= N \times Prob(t_{\text{sus}}\sigma \text{의 밖}) \end{aligned}$$

으로 얻어진다. 만약 이 기대 개수 n이 2분의 1개보다 작다면 그때는 쇼브네

트의 판정기준에 의거해서 독자는 x_{sus}를 기각할 수 있다.

만약 독자들이 x_{sus}를 기각하기로 결정한다면 독자들은 당연히 남아 있는 데이터만을 이용해서 $\bar{x}$와 σ_x를 다시 계산할 것이다. 특히 독자들의 x에 대한 최종 답은 새로운 SDOM과 같은 크기의 불확실성을 가진 새로운 평균이 될 것이다.

예: 하나의 길이에 대한 열 번의 측정

한 학생이 길이 x를 열 번 측정하고 다음 결과들을 (모두 mm 단위로) 얻었다.

$$46, 48, 44, 38, 45, 47, 58, 44, 45, 43.$$

값 58이 이례적으로 크다고 보이기 때문에 학생은 그의 기록들을 검사했지만 이례적인 결과가 착오에 기인한다는 아무런 증거를 발견할 수 없다. 따라서 이 학생은 쇼브네트의 판정기준을 적용하기로 하였다. 그의 결론은 어떻게 될 것인가?

잠정적으로 열 개 측정값을 모두 받아들이고 학생은

$$\bar{x} = 45.8 \qquad \text{그리고} \qquad \sigma_x = 5.1$$

이라고 계산한다. 의심스러운 값 $x_{\text{sus}} = 58$과 평균 $\bar{x} = 45.8$과의 차는 12.2 혹은 표준 편차의 2.4배인데, 말하자면

$$t_{\text{sus}} = \frac{x_{\text{sus}} - \bar{x}}{\sigma_x} = \frac{58 - 45.8}{5.1} = 2.4$$

이다. 부록 A를 참고해서 학생은 어떤 측정값이 $\bar{x}$로부터 $2.4\sigma_x$ 또는 그 이상 차이가 날 수 있는 확률은

$$Prob(2.4\sigma\text{의 밖}) = 1 - Prob(2.4\sigma\text{의 안})$$

$$= 1 - 0.984$$
$$= 0.016$$

이라는 것을 안다. 그러므로 이 학생은 측정값 열 개 중에서 0.16개만이 의심스러운 결과만큼 벗어날 것으로 기대할 것이다. 0.16은 쇼브네트의 판정기준에 의해서 설정된 0.5 보다도 작으므로 이 학생은 적어도 결과를 기각하는 것을 고려해보아야 한다.

만약 이 학생이 의심스러운 58을 기각하기로 결정한다면 학생은 $\overline{x}$와 σ를

$$\overline{x} = 44.4 \qquad \text{그리고} \qquad \sigma_x = 2.9$$

라고 다시 계산해야만 한다. 독자가 기대한 바와 같이 이 학생의 평균은 약간 변동하고, 학생의 표준 편차는 상당히 낮아진다.

즉시 점검 6.1

어떤 학생이 어떤 전압 V를 20번 측정하고, 평균과 표준 편차를 $\overline{V} = 51$ 및 $\sigma_V = 2$로 (둘 다 마이크로볼트 단위로) 계산하였다. 제출일 전날 저녁 학생은 보고서를 쓰기 시작하다가 측정된 값 중 하나가 $V_{sus} = 56$이라는 것을 발견하였다. 이 학생이 $\overline{V}$로부터 이만큼 벗어나는 측정값을 얻을 확률은 어떻게 되는가? 만약 이 학생이 쇼브네트의 판정기준을 사용하기로 결심한다면 이 학생은 의심스러운 값을 기각해야만 하는가?

6.3 토론

문제가 되고 있는 측정값이 옳지 않다는 것에 대한 명백한 **외적** 증거 없이 데이터는 **결코** 기각되면 **안 된다**고 일부 과학자들은 믿고 있다는 것을 독자들은 알고 있어야 한다. 합리적인 타협책은 기각하는 것이 **고려될 수 있는** 데이터를 식별하기 위해 쇼브네트의 판정기준을 사용하는 것인데, 일단 식별하고 나면 독자는 의문시되는 결과가 독자의 최종 결론에 얼마나 영향을 주는지를 알기 위해 모든 후속 계산을 두 번에 걸쳐서 실시한다. 한 번은 의심스러운 데이터를 포함해서, 다른 한 번은 이들을 배제하고 계산한다.

많은 과학자가 쇼브네트의 판정기준에 대해서 불편해하는 이유는 기각의 경계로서 2분의 1을 택한 것이 ($n<1/2$인 조건이) 자의적이라는 것이다. 어쩌면 더욱 중요할 수도 있는데 독자들이 아주 많은 수의 (말하자면 $N\approx 50$) 측정을 실시하지 않는다면 σ_x는 측정값들의 참 표준 편차로서 아주 불확실하다. (예로서 연습문제 6.7을 보라.) 이 사실은 그다음 차례로 (6.4)의 t_{sus}라는 수가 매우 불확실하다는 것을 의미한다. 어떤 측정값이 표준 편차의 t배 밖에 있을 확률은 t에 매우 민감하기 때문에 t_{sus}에서의 큰 오차는 이 확률에 매우 큰 오차를 야기하고, 전체 절차에 대해 강한 의심을 드리우게 된다. 이 두 가지 이유 때문에 쇼브네트의 판정기준은 독자들이 측정을 반복해서 측정값들을 검사할 수 없을 때에 마지막 방도로만 사용해야 한다.

지금까지 우리는 오직 하나의 측정값만이 의심스럽다고 가정했었다. 그런데 만약 여러 개가 의심스러우면 어떻게 해야 하겠는가? 측정값 하나를 기각하는 데에 쇼브네트의 판정기준을 사용하는 것이 불신을 받고 있다면 이 기준을 측정값 **여러 개**를 기각하는 데 사용한다는 것은 명백히 문제의 소지가 훨씬 더 크다. 그럼에도 (예를 들면 독자들은 보고서를 작성하기 전에 성급하게 실험 장비를 해체했기 때문에) 독자들이 측정을 반복할 수 있는 방도가 절대로 없다면 독자들은 이 질문에 정면으로 맞서야만 할 것이다.

먼저 독자들이 같은 분량으로 평균으로부터 크게 벗어난 두 개의 측정값을 가지고 있다고 가정하자. 이 경우에 독자들은 이만큼 벗어난 측정값들의 기대 개수를 계산할 수 있을 것이고, 만약 이 개수들이 1보다 (말하자면

2분의 1의 **2배**보다) 작다면 그렇다면 두 측정값은 모두 기각의 후보자들로 고려할 수 있다. 만약 독자들이 두 개의 의심스러운 x_1과 x_2를 가지고 있는데 측정값 x_2가 x_1보다 더 많이 벗어나 있다면, 독자들은 먼저 값 x_1을 사용해서 쇼브네트의 판정기준을 적용해보아야 한다. 만약 이만큼 벗어날 기대 개수가 한 개보다 작다면 독자들은 **두** 값 모두를 기각할 수 있을 것이다. 만약 기대 개수가 한 개보다 크게 나오면 독자들은 마땅히 둘 다 기각하면 안 되고 대신에 x_2를 사용해서 쇼브네트의 판정기준을 다시 적용하는데 만약 그만큼 벗어날 기대 개수가 2분의 1개보다 작다면 독자들은 x_2만을 기각할 수 있다.

쇼브네트의 판정기준에 불합격하는 어떤 측정값을 기각하고 나면 독자들은 당연히 남아 있는 데이터만을 이용해서 $\overline{x}$와 σ_x를 다시 계산할 것이다. 결과로서 얻어지는 σ_x의 값은 본래의 것보다도 작을 것이고, 따라서 이 새로운 σ_x를 사용한다면 더 많은 측정값이 쇼브네트의 판정기준에 불합격할 것이다. 그렇지만 쇼브네트의 판정기준은 새로 계산된 $\overline{x}$와 σ_x를 사용해서 두 번 적용하지 **않아야** 한다는 합의가 널리 확산되어 있다.

✔ 6장의 주요 정의와 방정식

• 쇼브네트의 판정기준

만약 독자들이 단일 물리량 x에 대해서 N개의 측정값 $x_1, \ldots, x_N$을 얻었는데 이 측정값들 중 하나가 (말하자면 x_{sus}가) 다른 모든 것과는 의심스러울 정도로 차이가 있다면 쇼브네트의 판정기준은 이 의심스러운 값을 기각할지 아니할지를 판단할 수 있는 간단한 검정 방법이다. 먼저 N개의 측정값 모두에 대한 평균과 표준 편차를 계산하고, x_{sus}가 $\bar{x}$로부터 차이가 있을 정도를 나타내는 표준 편차의 배수

$$t_{\text{sus}} = \frac{|x_{\text{sus}} - \bar{x}|}{\sigma_x}$$

를 계산한다. 그다음으로 x_{sus}만큼 벗어난 어떤 결과를 얻을 확률을 (모든 측정값이 $\bar{x}$를 중심으로 폭 σ_x를 가지고 정규적으로 분포한다고 가정하고) 계산한다. 그러면 이만큼 벗어날 것으로 기대되는 측정값들의 개수는

$$n = N \times Prob(t_{\text{sus}}\sigma \text{의 밖})$$

이다. 만약 $n < \frac{1}{2}$이면 쇼브네트의 판정기준에 따라서 독자들은 값 x_{sus}를 기각할 수 있다.

쇼브네트의 판정기준에는 여러 반론이 있기 때문에 (특히 N이 그다지 크지 않다면) 이 기준은 x의 측정값들이 검사될 수 없을 때 마지막 방도로만 사용해야 한다. 만약 두 개나 그 이상의 측정값들이 의심스러우면 쇼브네트의 판정기준에 대한 반대는 한층 더 격심해지겠지만 그래도 이 검증은 6.3절에 서술된 바와 같이 이러한 상황까지도 확대될 수 있다.

✔ 6장의 연습문제

6.2절에 관한 문제: 쇼브네트의 판정기준

6.1.★ 한 열성적인 학생이 어떤 반응에서 방출되는 열 Q를 50번 측정하였다. 측정값들의 평균과 표준 편차는 둘 다 킬로칼로리(kcal) 단위로

$$\overline{Q} = 4.8 \quad \text{그리고} \quad \sigma_Q = 0.4$$

이다. (a) 이 학생의 측정값들이 정규 분포에 의해서 지배된다고 가정하고 어떤 하나의 측정값이 $\overline{Q}$로부터 0.8 kcal 만큼 또는 그 이상 차이가 날 확률을 구하라. 이 학생의 50개 측정값 중에서 몇 개가 $\overline{Q}$로부터 0.8 kcal만큼이나 또는 그 이상 차이가 날 것으로 기대할 수 있는가? 학생의 측정값들 중 하나가 4.0 kcal이고, 학생이 이 값에 쇼브네트의 판정기준을 적용하기로 결정한다면, 이 학생은 이 측정값을 기각하게 될 것인가? (b) 이 학생은 6.0 kcal라는 측정값을 기각할 것인가?

6.2.★ 프랑크-헤르츠(Franck–Hertz) 실험에는 수은 증기관을 통해서 최대 전류를 흐르게 하는 일정한 간격으로 배열된 일련의 전압들 간의 차를 측정하는 것이 관련된다. 어떤 학생이 전압 차 열 개를 측정하고 다음 결과들을 (모두 볼트 단위로) 얻었다.

0.48, 0.45, 0.49, 0.46, 0.44, 0.57, 0.45, 0.47, 0.51, 0.50.

(a) 이 결과들의 평균과 표준 편차를 계산하라. (반드시 독자들이 가진 계산기의 내장된 기능을 사용하라.) (b) 만약 이 학생이 쇼브네트의 판정기준을 사용하기로 결정한다면 이 학생은 0.57 볼트라는 값을 기각해야만 하는가? 독자들의

추론을 명료하게 설명하라.

6.3.★ 어떤 학생이 감쇠 진동자의 주기를 14번 측정하고 다음 결과들을 (10분의 1초) 얻었다.

$$7,\ 3,\ 9,\ 3,\ 6,\ 9,\ 8,\ 7,\ 8,\ 12,\ 5,\ 9,\ 9,\ 3.$$

12라는 결괴가 의심스러울 정도로 크다고 믿고서 학생은 쇼브네트의 판정기준을 적용하기로 결정하였다. 몇 개의 결과가 평균으로부터 12가 떨어진 만큼 벗어날 것으로 기대할 수 있는가? 이 학생은 그 의심스러운 결과를 기각해야 하는가?

6.4.★★ 한 물리학자가 우주선에 노출된 어떤 에멀션(emulsion)에 난 자국들의 밀도를 14번 측정하고 나서 다음 결과들을 (자국/cm^2 단위로) 얻었다.

$$11,\ 9,\ 13,\ 15,\ 8,\ 10,\ 5,\ 11,\ 9,\ 12,\ 12,\ 13,\ 9,\ 14.$$

(a) 평균과 표준 편차는 어떻게 되는가? (휴대용 계산기의 내장 기능을 사용하라.) (b) 쇼브네트의 판정기준을 따른다면 이 학자는 5라는 측정값을 기각하는 것을 정당화할 수 있는가? 독자들의 추론을 명료하게 설명하라. (c) 만약 이 학자가 실제로 그 측정값을 기각한다면 새로운 평균과 표준 편차로 무엇을 갖게 되는가? (힌트: 독자들은 분명히 모든 데이터를 다시 입력하는 대신에 휴대용 계산기의 통계 레지스터의 내용을 수정해서 평균과 표준 편차를 다시 계산할 수 있을 것이다. 만약 그렇게 편집할 줄 모른다면 잠시 시간을 내서 학습하라.)

6.5.★★ 두세 시간에 걸쳐서 어떤 핵 물리학자가 장수명 방사성 원천의 강도를 12번 측정하고 나서 밀리퀴리(millicurie) 단위로 다음과 같은 결과들을 얻었다.

$$12,\ 34,\ 22,\ 14,\ 22,\ 17,\ 24,\ 22,\ 18,\ 14,\ 18,\ 12.$$

(방사성 원천의 수명이 길므로 모든 측정이 완료될 시간 동안에는 그 활동도는 감지할 수 있을 정도로 크게 변하지는 않을 것이다.)

(a) 이 학자가 측정한 값들의 평균과 표준 편차는 얼마인가? (휴대용 계산기의 내장 기능을 사용하라.) (b) 쇼브네트의 판정기준을 따른다면 34라는 값을 착오라고 기각하는 것을 이 학자는 정당화할 수 있는가? 독자들의 추론을 명료하게 설명하라. (c) 만약 이 학자가 실제로 그 측정값을 기각한다면 이 학자는 새로운 평균과 표준 편차로 무엇을 갖게 되는가? (연습문제 6.4의 힌트를 읽어라.)

6.6.★★ 쇼브네트의 판정기준은 어떤 경계 밖으로는 측정값이 기각될 수 있는 그 경계를 정의한다. 만약 우리가 열 번 측정했는데 그중 하나가 평균으로부터 표준 편차의 약 **2배** 이상 (양측 어느 쪽으로도) 차이가 난다면 그 측정값은 기각할 수 있는 것으로 간주된다. 20개의 측정값에 대해서는 대응하는 경계는 어림잡아서 표준 편차의 2.2배이다. 5, 10, 15, 20, 50, 100, 200, 그리고 1,000개의 정규적으로 분포된 어떤 물리량의 측정값들에 대해서 “기각의 경계”를 보여주는 표를 만들어라.

6.7.★★ 정규적으로 분포된 물리량 x에 대한 N개의 측정값에 근거한다면 폭 σ에 대한 최량의 추정값은 측정된 N개 값의 표준 편차 σ_x이다. 안타깝게도 만약 N이 작다면 이 추정값은 매우 불확실하다. 구체적으로 σ의 추정값인 σ_x의 비율 불확실성은 (5.46)에 따르면 $1/\sqrt{2(N-1)}$로 주어진다. 예를 들어, 만약 $N=6$이면 σ에 대한 추정값은 약 30% 정도 불확실하다. σ에서의 이 정도로 큰 불확실성은 쇼브네트의 판정기준을 무시할 수 없을 만큼의 큰 회의적 시각에서 바라보아야 한다는 것을 의미한다.

어떤 실험자가 전류를 여섯 번 측정하고 나서 다음 결과들을 (밀리암페어 단위로) 얻었다.

$$28,\ 25,\ 29,\ 18,\ 29,\ 24.$$

(a) 평균 $\bar{x}$와 표준 편차 σ_x를 구하라. (b) 만약 실험자가 쇼브네트의 판정기

준을 적용하기로 결정한다면 이 실험자는 18이라는 값을 기각하겠는가? (c) σ_x의 불확실성을 (이것을 $\delta\sigma_x$라고 하자) 구하라. (d) σ의 참값은 작게는 $\sigma_x - \delta\sigma_x$이고 크게는 $\sigma_x + \delta\sigma_x$이다. σ에 대한 이 두 값을 사용해서 쇼브네트의 판정기준을 다시 적용하라. 결과에 대해서 논평하라.

제 7 장

가중 평균

이 장은 어떤 하나의 물리량에 대해 별도로 그리고 독립적으로 실시된 두 개 또는 그 이상의 측정값들을 결합하는 문제를 본격적으로 다룬다. 여러 개의 측정값에 근거한다면 해당 물리량에 대한 최량의 추정값은 이 측정값들의 적절한 **가중 평균**이라는 것을 알게 될 것이다.

7.1 별도로 측정된 값들을 결합하는 문제

때로는 어떤 물리량은 여러 번 그것도 어쩌면 여러 곳의 별도 실험실에서 측정될 수 있다. 따라서 하나의 최량의 추정값이 도출되도록 하려면 이 측정값들을 어떻게 결합해야 하는가라는 문제가 생겨나게 된다. 예를 들어 두 학생 A와 B가 어떤 물리량 x를 신중하게 측정하고 나서 다음과 같은 결과들을 얻었다고 가정해보자.

$$\text{학생 } A\text{:}\ x = x_A \pm \sigma_A \tag{7.1}$$

그리고

$$\text{학생 } B\text{:}\ x = x_B \pm \sigma_B. \tag{7.2}$$

각 결과는 그 자체가 여러 번 시행한 측정의 결과일 것인데 여기서 x_A는 A의 모든 측정값의 평균이고 σ_A는 그 평균의 표준 편차이다. (그리고 x_B와 σ_B에 대해서도 마찬가지다.) 이제 문제는 x_A와 x_B를 어떻게 가장 잘 결합해야 x에 대한 단 하나의 최량의 추정값을 얻을 수 있겠느냐이다.

이 문제를 조사하기에 앞서서 만약 두 측정값 간의 불일치 $|x_A - x_B|$가 두 불확실성 σ_A와 σ_B보다도 훨씬 크다면 우리는 별도의 두 개 측정값 중 적어도 하나는 잘못되었다고 의심해야 한다는 점에 주의해야 한다. 이러한 상황에서는 우리는 두 개 측정값이 **일관적이 아니라고** 말해야 할 것이다. 둘 중 하나가 (또는 둘 다가) 어떤 알아채지 못한 계통 오차들의 지배를 받고 있지는 않은지 밝혀내기 위해 우리는 두 측정을 면밀하게 조사해야만 할 것이다.

그러나 우리는 (7.1)과 (7.2)의 두 측정값이 **일관적이라고** 가정하기로 하자. 말하자면 불일치 $|x_A - x_B|$는 σ_A나 σ_B 모두에 비교해서 유의할 정도로 크지 **않다는** 것이다. 이제 우리는 두 측정값에 근거해서 참값 X에 대한 최량의 추정값 x_{best}는 무엇인지 분별력을 가지고 질문할 수 있다. 독자들의 첫 충동적 반응은 두 측정값의 평균 $(x_A + x_B)/2$를 사용하는 것일 수 있다. 그렇지만 잠시 숙고해보면 만약 두 불확실성 σ_A와 σ_B가 같지 않는 경우에는 평균을 취하는 것은 적합하지 않다는 것을 이해할 수 있다. 더 정밀한 측정값이 어떻게 해서라도 더 큰 가중치를 받아야 하는데 이에 반하여 단순한 평균 $(x_A + x_B)/2$는 두 측정값에 같은 중요도를 부여한다.

이 장 전체를 통해 나는 모든 계통 오차는 식별되었고, 또 무시할 수 있는 수준까지 축소되었다고 가정하겠다. 따라서 남아 있는 모든 오차는 랜덤하고, x의 측정값들은 참값 X를 중심으로 정규적으로 분포하게 된다.

7.2 가중 평균

5.5절에서 했던 것과 거의 똑같이 최대 가능도의 원리를 이용해서 우리는 이 문제를 쉽게 해결할 수 있다. 두 측정값이 모두 가우스 분포에 의해서 지배된다고 가정하고, 나아가 x의 미지의 참값을 X라고 표기하기로 한다. 따라서 학생 A가 그의 특정한 값 x_A를 얻을 확률은

$$Prob_X(x_A) \propto \frac{1}{\sigma_A} e^{-(x_A - X)^2/2\sigma_A^2} \tag{7.3}$$

이고, 학생 B가 자신이 관측한 값 x_B를 얻을 확률은

$$Prob_X(x_B) \propto \frac{1}{\sigma_B} e^{-(x_B - X)^2/2\sigma_B^2} \tag{7.4}$$

이다. 하첨자 X는 이 확률들이 미지의 실제 값에 종속적이라는 것을 명시적으로 가리킨다.

학생 A가 값 x_A를 얻고 **동시에** 학생 B가 x_B를 얻을 확률은 바로 두 개의 확률 (7.3)과 (7.4)의 곱이다. 지금쯤은 독자가 친숙해졌을 그러한 방식으로 이 곱에는 (7.3)과 (7.4)에 있는 두 개의 지수의 합을 지수로 갖는 지수함수가 관련된다. 우리는 이것을

$$\begin{aligned} Prob_X(x_A, x_B) &= Prob_X(x_A) Prob_X(x_B) \\ &\propto \frac{1}{\sigma_A \sigma_B} e^{-\chi^2/2} \end{aligned} \tag{7.5}$$

이라고 쓰기로 하는데, 여기서 나는 지수에 대해서 편리한 속기 표기인 χ^2 (카이제곱)

$$\chi^2 = \left(\frac{x_A - X}{\sigma_A}\right)^2 + \left(\frac{x_B - X}{\sigma_B}\right)^2 \tag{7.6}$$

을 도입하였다. 이 중요한 양은 두 가지 측정값의 X에 대한 편차들을 이들에 대응하는 불확실성들로 나누고 그 각각을 제곱한 다음에 더한 것이다.

최대 가능도의 원리는 앞에서와 마찬가지로 미지의 X에 대한 최량의 추정값은 실제 관측값들인 x_A, x_B가 관측될 가능성이 가장 높게 되는 바로 그 X의 값이라고 단언한다. 즉, X에 대한 최량의 추정값은 확률 (7.5)가 최대가 되게 하는 값이거나 동등하게 지수 χ^2이 최소가 되게 하는 값이다. (확률을 최대화하는 것은 "제곱들의 합" χ^2이 최소가 되는 것을 필요로 하기 때문에 X를 추정하는 이 방법은 때로는 "최소제곱법"이라고 불린다.) 그러므로 최량의 추정값을 알아내고자 한다면 단순히 (7.6)을 X에 대해 미분하고 그 도함수를 0으로 놓으면 된다.

$$2\frac{x_A - X}{\sigma_A^2} + 2\frac{x_B - X}{\sigma_B^2} = 0.$$

이 방정식의 풀이가 곧 최량의 추정값인데 이것은

$$(X\text{에 대한 최량의 추정값}) = \left(\frac{x_A}{\sigma_A^2} + \frac{x_B}{\sigma_B^2}\right) \Big/ \left(\frac{1}{\sigma_A^2} + \frac{1}{\sigma_B^2}\right) \tag{7.7}$$

이라는 것을 쉽게 알 수 있다. 모양이 상당히 보기 흉한 이 결과는 **가중치들**

$$w_A = \frac{1}{\sigma_A^2}, \quad \text{그리고} \quad w_B = \frac{1}{\sigma_B^2} \tag{7.8}$$

을 정의하면 더 깔끔하게 만들어질 수 있다. 이 표기들을 사용해서 우리는 (7.7)을 (x_{wav}로 표기한) **가중 평균**으로 다시 쓸 수 있다.

$$(X\text{에 대한 최량의 추정값}) = x_{\text{wav}} = \frac{w_A x_A + w_B x_B}{w_A + w_B}. \tag{7.9}$$

만약 본래의 두 가지 측정값이 동등하게 불확실하다면 ($\sigma_A = \sigma_B$이고 따라서 $w_A = w_B$이면) 이 답은 단순 평균인 $(x_A + x_B)/2$로 환원된다. 일반적으로 $w_A \neq w_B$이면 가중 평균 (7.9)는 보통 평균과 같지는 **않다**. 이것은 두 개 물체의 무게 중심에 대한 공식과 유사한데 이 공식에서 w_A와 w_B는 두 물체의 실제 무게들이고 x_A와 x_B는 이들의 위치이다. (7.9)에서 "가중치"는 (7.8)에서와 같이 본래 측정값의 불확실성의 제곱의 역수이다. 만약 학생 A의 측정이 학생 B의 측정보다도 더 정밀하다면, $\sigma_A < \sigma_B$이고 따라서 $w_A > w_B$이다. 그러므로 최량의 추정값 x_{best}는 당연히 그렇게 되어야 했듯이 x_B보다는 x_A에 더 가깝게 있다.

즉시 점검 7.1

두 실험실로부터 온 연구자들이 어떤 입자의 수명을 10.0 ± 0.5와 12 ± 1이라고 두 값 모두 나노 초 단위로 보고하였다. 이들이 두 결과를 결합하기로 결정한다면 (7.8)에 의해서 주어지는 각각의 가중치는 얼마인가? 또 (7.9)에 의해 주어지는 가중 평균은 어떻게 되는가?

두 가지 측정값에 대한 우리의 분석은 어떤 개수의 측정값도 망라할 수 있도록 일반화될 수 있다. 어떤 물리량 x에 대한 N개의 별도의 측정값과 이들에 대응하는 불확실성들 $\sigma_1, \sigma_2, \ldots, \sigma_N$을 함께 가지고 있다고 가정하자.

$$x_1 \pm \sigma_1,\ x_2 \pm \sigma_2,\ \ldots,\ x_N \pm \sigma_N.$$

앞에서와 거의 같은 논증에 의해 우리는 이 측정값들에 근거한 최량의 추정값은 가중 평균

$$x_{\text{wav}} = \frac{\sum w_i x_i}{\sum w_i} \tag{7.10}$$

라는 것을 알 수 있는데 여기서 합은 $i = 1, 2, \ldots, N$인 N번의 측정값 모두에 걸치게 된다. 그리고 각 측정값의 **가중치** w_i는 $i = 1, 2, \ldots, N$에 대해서 대응하는 불확실성의 제곱의 역수

$$w_i = \frac{1}{\sigma_i^2} \tag{7.11}$$

이다.

각각의 측정값과 관련된 가중치 $w_i = 1/\sigma_i^2$에는 거기에 대응하는 σ_i의 **제곱**이 관련되는 까닭에 다른 측정값들보다도 정밀도가 상당히 낮은 측정값은 답 (7.10)에 훨씬 더 적게 기여하게 된다. 예를 들어 어떤 측정값이 나머지 측정값들보다도 4배 부정확하다면 그것의 가중치는 다른 가중치들의 16분의 1로 작아진다. 그러므로 여러 가지 목적에서 이 측정값은 간단하게 무시될 수 있다.

가중 평균 x_{wav}는 본래의 측정값들인 $x_1, x_2, \ldots, x_N$의 함수이므로 x_{wav}의 불확실성은 오차 전파에 의해서 계산될 수 있다. 독자들이 쉽게 검사할 수 있듯이 (연습문제 7.8 참조) x_{wav}의 불확실성은

$$\sigma_{\text{wav}} = \frac{1}{\sqrt{\Sigma w_i}} \tag{7.12}$$

이다. 좀 흉하게 보이는 이 결과는 만약 (7.11)을 다음과 같이 다시 쓴다면 좀 더 쉽게 기억될 수 있을 것이다.

$$\sigma_i = \frac{1}{\sqrt{w_i}}. \tag{7.13}$$

방정식 (7.13)을 알기 쉽게 부연해서 설명한다면 우리는 각 측정값의 불확실성은 그 가중치의 제곱근의 역수라고 말할 수 있다. 다시 방정식 (7.12)로 돌아가서 우리는 마찬가지로 전체 답 x_{wav}의 불확실성은 **모든 개별적인 가중치의 합**에 대한 제곱근의 역수라고 알기 쉽게 표현할 수 있는데 말하자면 최종 답에서의 총 가중치는 개별적 가중치들 w_i의 합이라는 것이다.

즉시 점검 7.2

즉시 점검 7.1에 대한 독자들의 답에서의 불확실성은 어떻게 되는가?

7.3 예

여기에 같은 저항에 대해 별도로 측정된 세 개의 측정값이 관련되는 사례가 있다.

예: 하나의 저항에 대한 세 개의 측정

세 명의 학생이 하나의 같은 저항을 각자 여러 번 측정하였는데 그 결과는 (모두 옴 단위로) 다음과 같다.

$$\text{학생 1}: R = 11 \pm 1$$
$$\text{학생 2}: R = 12 \pm 1$$
$$\text{학생 3}: R = 10 \pm 3$$

이 세 개의 결과가 주어졌다면 저항 R에 대한 최량의 추정값은 어떻게 되는가?

세 개의 불확실성 $\sigma_1, \sigma_2, \sigma_3$ 은 각각 1, 1, 3이다. 그러므로 대응하는 가중치들 $w_i = 1/\sigma_i^2$ 은

$$w_1 = 1, \quad w_2 = 1, \quad w_3 = \frac{1}{9}$$

이다. R에 대한 최량의 추정값은 가중 평균인데 (7.10)에 의하면 이것은

$$\begin{aligned} R_{wav} &= \frac{\sum w_i R_i}{\sum w_i} \\ &= \frac{(1\times 11) + (1\times 12) + [(1/9)\times 10]}{1+1+1/9} = 11.42\text{옴} \end{aligned}$$

이다. 이 답에서의 불확실성은 (7.12)에 의해서 다음과 같이 주어진다.

$$\sigma_{wav} = \frac{1}{\sqrt{\Sigma w_i}} = \frac{1}{\sqrt{1+1+1/9}} = 0.69\,.$$

그리하여 우리의 최종 결론은 (적절하게 반올림해서)

$$R = 11.4 \pm 0.7\text{옴}$$

이다.

재미로, 다른 측정값들보다도 3배나 부정확하고 따라서 9배나 덜 중요한 세 번째 학생의 측정값을 우리가 송두리째 무시한다면 어떤 답을 갖게 될는지 알아보자. 간단하게 계산해보면 $R_{\text{best}} = 11.50$이라는 (11.42에 비해서) 결과를 0.71이라는 (0.69에 비해서) 불확실성과 함께 얻게 된다. 명백히 세 번째 측정값은 큰 영향을 주지 않는다.

✔ 7장의 주요 정의와 방정식

만약 $x_1, x_2, \ldots, x_N$이 단일 물리량 x에 대한 측정값들이고 대응하는 불확실성들이 $\sigma_1, \sigma_2, \ldots, \sigma_N$이라면 참값 x에 대한 최량의 추정값은 **가중 평균**

$$x_{\text{wav}} = \frac{\sum w_i x_i}{\sum w_i} \qquad \text{[(7.10) 참조]}$$

이다. 여기서 합은 $i = 1, 2, \ldots, N$인 N개의 측정값 모두에 걸친 것이고 가중치 w_i는 대응하는 불확실성의 제곱의 역수

$$w_i = \frac{1}{\sigma_i^2} \qquad \text{[(7.11) 참조]}$$

이다. x_{wav}의 불확실성은

$$\sigma_{\text{wav}} = \frac{1}{\sqrt{\Sigma w_i}} \qquad \text{[(7.12) 참조]}$$

인데 여기에서도 또다시 합은 $i = 1, 2, \ldots, N$인 N개 측정값 모두에 걸친 것이다.

✔ 7장의 연습문제

7.2절에 관한 문제: 가중 평균

7.1.★ 어떤 전압에 대한 다음 네 개의 측정값에 근거해서 최량의 추정값과 그것의 불확실성을 구하라.

$$1.4 \pm 0.5, \quad 1.2 \pm 0.2, \quad 1.0 \pm 0.25, \quad 1.3 \pm 0.2.$$

7.2.★ 입자 물리학자들 세 그룹이 한 기본 입자의 질량을 측정하고 다음 결과들을 (MeV/c^2 단위로) 얻었다.

$$1,967.0 \pm 1.0, \quad 1,969 \pm 1.4, \quad 1,972.1 \pm 2.5.$$

가중 평균과 그 가중 평균의 불확실성을 구하라.

7.3.★ (a) 소리의 속력 u에 대한 두 가지 측정의 답이 (모두 m/s 단위로) 334 ± 1과 336 ± 2라고 제시되었다. 독자들은 이 답들이 일관적이라고 생각하는가? 만약 그렇다면 u에 대한 최량의 추정값과 그것의 불확실성을 계산하라. (b) 결과들 334 ± 1과 336 ± 5에 대해서 문항 (a)를 반복하라. 이 경우에 두 번째 측정값이 포함될 가치가 있는가?

7.4.★★ 어떤 원자가 방출하는 빛의 파장을 네 번 측정했다. 그 결과들은 나노미터(nm) 단위로 다음과 같다.

$$503 \pm 10, \quad 491 \pm 8, \quad 525 \pm 20, \quad 570 \pm 40.$$

가중 평균과 그것의 불확실성을 구하라. 마지막 측정값이 포함될 가치가 있는가?

7.5.★★ 두 명의 학생이 한 저항을 서로 다른 방법을 사용해서 측정하였다. 각 학생은 열 번 측정하고 나서 평균과 평균의 표준 편차를 계산했는데 최종 결과들은 다음과 같았다.

$$\text{학생 A}: \quad R = 72 \pm 8\text{옴},$$
$$\text{학생 B}: \quad R = 78 \pm 5\text{옴}.$$

(a) 두 학생의 측정값들을 다 포함한다면 R에 대한 최량의 추정값과 그것의 불확실성은 어떻게 되는가? (b) 학생 A의 결과가 학생 B의 결과와 같은 가중치를 갖게 하려면 (같은 방법을 사용해서) 학생 A는 근사적으로 몇 번 측정해야 하는가? (각 학생의 최종 불확실성은 SDOM이고 이것은 SD / $\sqrt{N}$과 같다는 것을 기억하라.)

7.6.★★ 두 명의 물리학자가 장수명 방사성 원천의 붕괴율을 측정했다. 물리학자 A는 표본을 4시간 동안 추적하고 나서 412개의 붕괴를 관측하였다. 물리학자 B는 표본을 6시간 동안 추적하고 나서 576개의 붕괴를 관측하였다. (a) 이 두 가지 수셈의 불확실성을 제곱근 규칙 (3.2)를 이용해서 구하라. (제곱근 규칙은 실제 세어진 수에서의 불확실성을 도출해준다는 것을 기억하라.) (b) 각 물리학자는 시간당 붕괴율을 불확실성과 함께 어떻게 보고해야 할 것인가? (c) 이 두 붕괴율의 적절한 가중 평균은 불확실성과 함께 어떻게 되는가?

7.7.★★ 어떤 물리량 x에 대한 N개의 별도의 측정값이 모두 같은 불확실성들을 가지고 있다고 가정하자. 이 상황에서는 가중 평균 (7.10)이 보통 평균 혹은 평균 $\overline{x} = \sum x_i / N$으로 환원되고 불확실성 (7.12)는 친숙한 평균의 표준 편차로 환원된다는 것을 명료하게 증명하라.

7.8.★★ 별도로 측정된 N개 측정값의 가중 평균 (7.10)은 $x_1, x_2, \ldots, x_N$에 대한 단순한 함수이다. 그러므로 x_{wav}의 불확실성은 오차 전파에 의해 알아낼 수 있다. 이러한 방식으로 x_{wav}의 불확실성은 (7.12)에서 주장하는 바와 같다는 것을 증명하라.

7.9.★★★ (a) 만약 독자들이 Lotus 123이나 Excel과 같은 스프레드시트 프로그램들을 사용할 수 있다면 불확실성 σ_i를 가진 세 가지 측정값 x_i의 가중 평균을 계산할 수 있는 스프레드시트를 만들어라. 첫 번째 열에는 시행 번호 i를 제공하고, 두 번째 열과 세 번째 열은 데이터 x_i와 불확실성 σ_i를 기입하는 데에 사용하라. 네 번째 열과 다섯 번째 열은 가중치 w_i와 곱 $w_i x_i$를 계산할 수 있는 함수를 넣어라. 이 열들의 맨 아래에서는 합 Σw_i와 $\Sigma w_i x_i$를 계산할 수 있다. 마지막으로 어떤 편리한 곳에 x_{wav}와 그것의 불확실성 (7.12)를 계산할 수 있는 함수를 넣어라. 7.3절의 데이터를 사용해서 독자들의 스프레드시트를 검정하라. (b) 특정 최대 개수까지는 (말하자면 20개까지) **어떤** 개수의 측정값도 다룰 수 있도록 독자들의 스프레드시트를 수정하라. (주된 어려움은 세 번째 열에서 빈칸이 0으로 취급되지 않게 해서 $w_i = 1/\sigma_i^2$을 계산하는 함수에 문제가 생기지 않도록 보장해주는 논리 기능들을 어쩌면 독자들이 사용할 필요가 있다는 것이다.) 새로운 스프레드시트를 7.3절과 연습문제 7.1에 있는 데이터를 사용해서 검정하라.

제8장

최소제곱 맞추기

데이터의 통계 분석에 관한 논의에서 우리는 지금까지는 어떤 하나의 물리량의 반복 측정에만 전적으로 초점을 맞추고 있었다. 그 이유는 한 물리량의 반복 측정에 대한 분석이 통계학에서 가장 흥미로운 문제이기 때문이 아니라 이 단순한 문제가 더 일반적인 문제를 논의하기 전에 반드시 잘 이해되어야 했기 때문이었다. 이제 우리는 첫 번째이자 매우 중요하고, 더욱 일반적인 문제를 논의할 준비가 되었다.

8.1 한 직선에 맞아야 하는 데이터

가장 흔하고 흥미로운 실험 유형 중 하나는 두 가지 변수 간의 수학적 관계를 조사하기 위해 두 가지 다른 물리적 변수의 값들을 여러 번 측정하는 것을 필요로 한다. 예를 들면 어떤 실험자가 하나의 돌멩이를 다양한 높이 $h_1, \ldots, h_N$에서 떨어뜨려 각 높이에 대응하는 낙하 시간 $t_1, \ldots, t_N$을 측정하고 나서, 높이와 시간이 기대되는 관계식인 $h = (1/2)gt^2$ 에 의해서 연결되는 지를 알아볼 수 있다.

아마도 이러한 종류의 실험들 중에서 가장 중요한 실험은 기대되는 관계가 **선형적인** 실험일 것이다. 예를 들어 어떤 물체가 일정한 가속도 g로 낙

하한다고 우리가 믿는다면 물체의 속도 v는 시간 t에 대하여 선형 함수인

$$v = v_o + gt$$

이어야만 한다. 좀 더 일반적으로,

$$y = A + Bx \tag{8.1}$$

라는 형식의 선형 관계에 의해서 연결된다고 우리가 추정하고 있는 임의의 두 개의 물리적 변수 x와 y를 고려해보기로 하자. 여기서 A와 B는 상수들이다. 안타깝게도 많은 다른 표기법들이 이 선형 관계를 나타내는 데 사용된다. 그래서 형식 (8.1)을 동등하게 널리 사용되는 형식인 $y = ax + b$와 혼동할 수 있다는 것을 깨닫고 있어야 한다.

만약 두 개의 변수 x와 y가 (8.1)에서와 같이 선형적 관계에 놓여 있다면 x에 대한 y의 그래프는 기울기가 B이고 $y = A$에서 y축과 만나는 직선이 되어야만 한다. 우리가 N개의 다른 값 $x_1, \ldots, x_N$과 이들에 대응하는 $y_1, \ldots, y_N$을 측정하는데 만약 측정값들이 어떤 불확실성의 지배도 전혀 받지 않는다면 각 점 (x_i, y_i)는 그림 8.1(a)에서와 같이 직선 $y = A + Bx$에

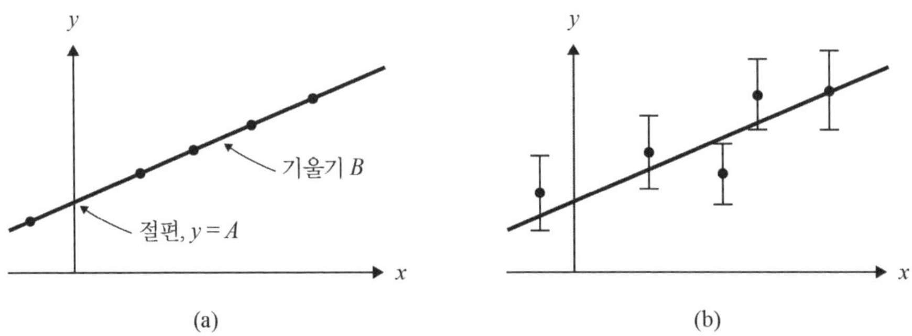

그림 8.1 (a) 두 개의 변수 x와 y가 방정식 (8.1)에서처럼 선형적인 관계에 놓여 있고 실험적 불확실성들이 전무하다면 측정된 점들인 (x_i, y_i)는 모두 직선 $y = A + Bx$에 적확하게 놓일 것이다. (b) 실제로는, 오차 막대들로 나타내 보인 것처럼 불확실성들이 늘 존재한다. 그래서 점 (x_i, y_i)들은 단지 직선에 상당히 가깝게 놓일 것으로 기대할 수 있다. 여기서는 y만이 감지할 수 있을 정도로 큰 오차의 지배를 받는 것으로 묘사되었다.

적확하게 놓여야만 한다. 그런데 실제로는 불확실성들이 **존재하고**, 그래서 우리가 기대할 수 있는 최대한도는 그림 8.1(b)에서처럼 직선으로부터 각 점 (x_i, y_i)까지 거리가 불확실성들에 비교해서 크기가 온당해야 한다는 것이다.

방금 서술한 유형의 일련의 측정들을 실시할 때 우리는 두 가지 질문을 던질 수 있다. 만약 y와 x가 **진정** 선형적으로 관련된다는 것을 우리가 당연한 것으로 받아들인다면, 흥미로운 문제는 이 측정값들에 가장 잘 맞는 직선 $y = A + Bx$를 구하는 것이다. 말하자면 문제는 데이터 $(x_1, y_1), \ldots,$ (x_N, y_N)에 근거하여 상수들 A와 B에 대한 최량의 추정값을 구하는 것이다. 이 문제는 2.6절에서 간략하게 논의한 바와 같이 그래프를 이용해서 접근해볼 수 있다. 이 문제는 또한 최대 가능도 원리를 이용해서 해석적으로도 다루어질 수 있다. 일련의 실험 점들에 가장 잘 맞는 직선을 구하는 해석적 방법은 **선형 회귀** 혹은 **직선에 최소제곱 맞추기**라고 불리며 이것이 이 장의 중심 주제이다.

제기될 수 있는 두 번째 질문은 y가 x에 대해서 선형이라는 우리의 기대를 측정된 값들인 $(x_1, y_1), \ldots, (x_N, y_N)$이 뒷받침하는지 하지 않는지의 여부이다. 이 질문에 답하기 위해서는 데이터에 가장 잘 맞는 직선을 먼저 찾아내야 하는데 그렇게 하려면 우리는 이 직선이 데이터에 **얼마나 잘** 맞는지에 대한 어떤 측도를 고안해내야 한다. 만약 측정값의 불확실성을 이미 알고 있다면, 우리는 그림 8.1(b)의 그래프와 같이 가장 잘 맞는 직선과 그리고 오차 막대들을 가진 실험 데이터를 보여주는 그래프를 그릴 수 있다. 그러면 가장 잘 맞는 직선이 모든 오차 막대에 충분히 가깝게 통과하는지 아닌지를 우리는 시각적으로 판단할 수 있다. 만약 우리가 불확실성들을 신뢰할 수 있을 만큼 잘 알고 있지 않다면 우리는 반드시 점들 자체의 분포를 조사함에 의해서 점들이 직선에 잘 맞는지를 판단해야만 한다. 우리는 이 문제를 9장에서 다시 논제로 채택할 것이다.

8.2 상수 A와 B의 계산

이제 측정된 점들인 $(x_1, y_1), \ldots, (x_N, y_N)$의 집합에 잘 맞는 최량의 직선 $y = A + Bx$를 구하는 문제로 되돌아가 보자. 논의를 단순화시키기 위해 y를 측정한 값들은 감지할 정도의 불확실성의 지배를 받지만 x를 측정한 값들의 불확실성은 무시할 수 있다고 가정할 것이다. 이 가정은 대체로 합리적인데 그 이유는 한 변수의 불확실성이 흔히 다른 변수의 불확실성보다도 훨씬 더 커서 다른 변수의 불확실성을 안심하고 무시할 수 있기 때문이다. 더 나아가 우리는 y의 불확실성들은 크기가 모두 같다고 가정하기로 한다. (이 가정 역시 많은 실험에서 합리적이다. 그렇지만 불확실성이 서로 다르다면 우리의 해석은 측정값에 적절히 가중치들을 부여할 수 있도록 일반화될 수 있다. 연습문제 8.9를 참조하라.) 더 구체적으로 각각의 y_i의 측정은 가우스 분포에 의해 지배되고 폭 파라미터는 모든 측정에서 σ_y로 같다고 가정한다. 만약 우리가 상수들 A와 B를 알고 있다면 (불확실성이 없다고 우리가 가정하고 있는) x_i의 어떤 값에 대해서 우리는 그 값에 대응하는 y_i의 참값을

$$(y_i \text{ 의 참값}) = A + Bx_i \tag{8.2}$$

로 계산할 수 있다. y_i에 대한 측정은 중심이 참값에 있고 폭 파라미터는 σ_y인 가우스 분포에 의해 지배된다. 그러므로 관측된 값 y_i를 얻을 확률은

$$Prob_{A,B}(y_i) \propto \frac{1}{\sigma_y} e^{-(y_i - A - Bx_i)^2/2\sigma_y^2} \tag{8.3}$$

이 된다. 여기서 하첨자 A와 B는 이 확률이 A와 B의 (미지의) 값에 의존한다는 것을 가리킨다. 측정값 $y_1, \cdots, y_N$의 완전한 집합을 얻을 확률은 곱인

$$Prob_{A,B}(y_1, \ldots, y_N) = Prob_{A,B}(y_1) \cdots Prob_{A,B}(y_N)$$

$$\propto \frac{1}{\sigma_y^N} e^{-\chi^2/2} \tag{8.4}$$

인데, 여기서 지수는 다음과 같이 주어진다.

$$\chi^2 = \sum_{i=1}^{N} \frac{(y_i - A - Bx_i)^2}{\sigma_y^2}. \tag{8.5}$$

주어진 측정값들에 근거하여 결정되는 미지의 상수 A와 B에 대한 최량의 추정값은 이제는 친숙해진 방법에 의해서 $Prob_{A,B}(y_1, \cdots, y_N)$를 최대화시키는 A와 B의 값이거나 (8.5)에서 제곱들의 합 χ^2을 최소화하는 A와 B의 값이라고 가정하겠다. (이것이 바로 이 방법이 최소제곱 맞추기로 불리는 이유이다.) 이 값들을 구하기 위해, 우리는 χ^2을 A와 B에 대해 미분하고 도함수들을 0으로 놓는다.

$$\frac{\partial \chi^2}{\partial A} = \frac{-2}{\sigma_y^2} \sum_{i=1}^{N} (y_i - A - Bx_i) = 0 \tag{8.6}$$

그리고

$$\frac{\partial \chi^2}{\partial B} = \frac{-2}{\sigma_y^2} \sum_{i=1}^{N} x_i (y_i - A - Bx_i) = 0. \tag{8.7}$$

이 두 개의 방정식은 A와 B에 대한 연립 방정식으로 다시 쓸 수 있다.

$$AN + B\Sigma x_i = \Sigma y_i \tag{8.8}$$

그리고

$$A\Sigma x_i + B\Sigma x_i^2 = \Sigma x_i y_i. \tag{8.9}$$

여기서, 나는 합 기호인 Σ에서 $i=1$에서 N까지라고 한계를 표시하는 것을 생략하였다. 다음 논의에서도 역시 혼동할 위험이 크게 없다면 나는 하첨자

i를 생략하겠다. 따라서 $\sum x_i y_i$는 $\sum xy$로 축약될 것이며 다른 것들도 그렇게 될 것이다.

때로는 **정규 방정식**이라고 불리는 두 방정식 (8.8)과 (8.9)는 상수 A와 B에 관한 최소제곱 추정값에 대해 쉽게 풀릴 수 있는데 그 풀이들은

$$A = \frac{\sum x^2 \sum y - \sum x \sum xy}{\Delta} \tag{8.10}$$

그리고

$$B = \frac{N \sum xy - \sum x \sum y}{\Delta} \tag{8.11}$$

이다. 여기서 나는 분모에 대해서 편리한 생략형인

$$\Delta = N \sum x^2 - \left(\sum x\right)^2 \tag{8.12}$$

을 도입하였다.

결과 (8.10)과 (8.11)은 N개 측정된 점 $(x_1, y_1), \ldots, (x_N, y_N)$에 근거하여 직선 $y = A + Bx$의 상수들인 A와 B에 대한 최량의 추정값을 산출해 준다. 결과로 얻어진 직선은 데이터에 대한 **최소제곱 맞추기**라고 불리거나 x에 대한 y의 **회귀 직선**이라고 불린다.

예: 스프링 천칭을 위한 길이 대 질량

어떤 학생이 질량을 측정할 수 있는 저울을 스프링으로 만들었다. 이 학생은 스프링의 상단을 단단한 지지체에 고정시키고는 스프링의 하단에 접시를 매달고, 스프링의 길이를 관측하기 위해 이 장치 뒤에 막대자를 놓아두었다. 이 저울을 사용하기 전에 학생은 이 저울의 눈금을 맞추어야 한다. 말하자면 학생은 접시 안의 질량과 스프링의 길이 간의 상관관계를 반드시 알아내야 한다는 것이다. 이 눈금 맞추기를 위해 학생은 정확히 2kg인 질량 덩어리 다섯 개를 준비하고 이 질량 덩어리들을 접시에 하나씩 차례로 추가하면서 대응하는 길이 l_i를 기록하고, 그 값들을 표 8.1의 처음 세 개의 열에 제시하였다. 스프링이 훅의 법칙을 따른다고 가정하고 이 학생은 l은 m에 대해서 선형 함수인

$$l = A + Bm \tag{8.13}$$

이 되어야 한다고 예상하였다. (여기서 상수 A는 짐이 없을 때의 스프링의 길이이고 B는 g/k인데, k는 통상적인 스프링 상수이다.) 눈금 맞추기 방정식 (8.13)은 학생이 미지의 질량 m의 값을 대응하는 스프링의 길이로부터 알아낼 수 있게 해준다. 이 상수들을 구하기 위해 학생은 최소제곱법을 사용한다. A와 B에 대한 이 학생의 답은 어떻게 되는가? 만약 이 학생이 값을 모르는 질량 m을 접시에 놓고 스프링의 길이가 $l = 53.2\text{cm}$라는 것을 관측했다면, m은 얼마가 될 것인가?

표 8.1 스프링 천칭을 위한 질량(단위: kg) m_i와 길이(단위: cm) l_i. 이 예에서 따옴표 안의 "x"와 "y"는 어느 변수가 x와 y의 역할을 하는지를 나타낸다.

시행 번호 i	"x" 짐, m_i	"y" 길이, l_i	${m_i}^2$	$m_i l_i$
1	2	42.0	4	84
2	4	48.4	16	194
3	6	51.3	36	308
4	8	56.3	64	450
5	10	58.6	100	586
$N=5$	$\Sigma m_i = 30$	$\Sigma l_i = 256.6$	$\Sigma m_i^2 = 220$	$\Sigma m_i l_i = 1{,}622$

이러한 문제에서 종종 있을 수 있듯이 두 변수는 x와 y로 명명되지 않았다. 그래서 무엇이 무엇인지 주의해서 식별해야 한다. (8.13)을 표준 형식 $y=A+Bx$와 비교해보면 길이 l은 종속 변수 y의 역할을 담당하고 질량 m은 독립 변수 x의 역할을 담당한다는 것을 알 수 있다.

$$x_i \leftrightarrow m_i \quad \text{그리고} \quad y_i \leftrightarrow l_i$$

로 대체하면 상수 A와 B는 (8.10)부터 (8.12)까지에 의해서 주어진다. (이 대응 관계는 표 8.1에서 표제 "x"와 "y"에 의해 표시되었다.) A와 B를 구하기 위해서는 합들인 $\sum m_i$, $\sum l_i$, $\sum m_i^2$, 그리고 $\sum m_i l_i$를 구해야 하는데 그래서 표 8.1의 마지막 두 개 열에는 양 m_i^2와 $m_i l_i$를 나열했고 각 열의 맨 밑에는 대응하는 합을 제시하였다.

상수 A와 B를 계산하는 것은 이제 간단명료해졌다. (8.12)에 따르면 분모 Δ는

$$\begin{aligned}\Delta &= N\sum m^2 - \left(\sum m\right)^2 \\ &= 5\times 220 - 30^2 = 200\end{aligned}$$

이다. 다음으로 (8.10)으로부터 (당겨지지 않은 길이인) 절편은

$$\begin{aligned}A &= \frac{\sum m^2 \sum l - \sum m \sum ml}{\Delta} \\ &= \frac{220\times 256.6 - 30\times 1622}{200} = 39.0\,\text{cm}\end{aligned}$$

라는 것을 알아낼 수 있다. 끝으로 (8.11)로부터 우리는 기울기가

$$\begin{aligned}B &= \frac{N\sum ml - \sum m \sum l}{\Delta} \\ &= \frac{5\times 1622 - 30\times 256.6}{200} = 2.06\,\text{cm/kg}\end{aligned}$$

이라는 것을 알아낼 수 있다.

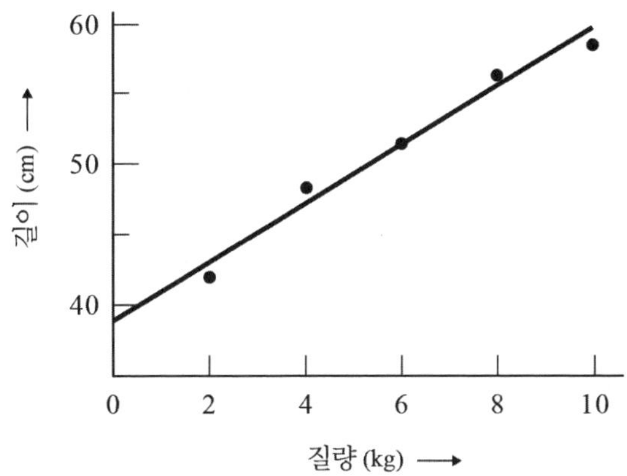

그림 8.2 표 8.1의 데이터에 가장 잘 맞는 직선 (8.13)의 자취

그림 8.2에 데이터의 위치를 좌표로 표시하고, A와 B에 대한 값들을 사용하여 얻은 직선 (8.13)을 그려 넣었다. 만약 질량 m이 스프링을 53.2 cm가 되도록 당긴다면 (8.13)에 의해서 질량은

$$m = \frac{l - A}{B} = \frac{(53.2 - 39.0)\,\mathrm{cm}}{2.06\,\mathrm{cm/kg}} = 6.9\,\mathrm{kg}$$

이다.

즉시 점검 8.1

세 점 $(x, y) = (-1, 0), (0, 6)$, 그리고 $(1, 6)$을 지나가는 직선 $y = A + Bx$를 최소제곱 맞추기로 구하라. 모눈종이를 사용해서 좌표 평면에 점들을 표시하고 독자들이 구한 직선을 그려 넣어라. [x의 세 값인 $(-1, 0, 1)$이 0에 대해 대칭인 까닭에 $\Sigma x = 0$인데 이 조건은 A와 B의 계산을 단순화시켜준다. 어떤 실험에서는 이렇게 대칭으로 배치되도록 x의 값을 조정할 수 있는데 이렇게 하면 계산의 수고를 조금 덜 수 있다.

상수 A와 B에 대한 최량의 추정값을 구하는 방법을 알았으므로, 당연히 이 추정값들에서의 불확실성을 요구하게 된다. 그렇지만 이 불확실성들을 구하기 전에 본래의 측정값 $y_1, \ldots, y_N$의 불확실성들을 반드시 먼저 논의해야 한다.

8.3 y에 대한 측정값에서의 불확실성

$y_1, \ldots, y_N$을 측정하는 도중에 이들의 불확실성을 어느 정도 마음속에 그릴 수 있을 것이다. 그럼에도 데이터 그 자체를 분석하여 불확실성을 계산해내는 방법을 아는 것은 중요하다. 수(數) $y_1, \ldots, y_N$은 같은 물리량에 대한 N개의 측정값이 **아니라는** 것을 기억하라. (예를 들면 이들은 한 돌멩이가 N개의 서로 다른 높이에서 낙하하는 시간들일 수 있다.) 따라서 이 값들의 퍼짐을 조사할지라도 이 값들의 신뢰도를 알 수가 없다는 것은 확실하다.

그렇지만 우리는 수(數) $y_1, \ldots, y_N$의 불확실성 σ_y를 쉽게 추정할 수 있다. 각 y_i의 측정값은 폭 파라미터 σ_y를 가지고 참값 $A + Bx_i$를 중심으로 정규적으로 분포한다. (분포한다고 우리는 가정한다.) 따라서 **편차** $y_i - A - Bx_i$는 0을 중심으로 같은 폭 파라미터 σ_y를 가지고 정규적으로 분포된다. 이러한 상황은 σ_y에 대한 좋은 추정값은

$$\sigma_y = \sqrt{\frac{1}{N} \Sigma (y_i - A - Bx_i)^2} \tag{8.14}$$

이라는 친숙한 형식으로 표현되는 제곱들의 합에 의해 주어질 수 있다는 것을 곧바로 암시한다. 사실 이 답은 최대 가능도 원리를 써서 옳다는 것을 증명할 수 있다. 여느 때처럼 문제의 파라미터는 (여기서는 σ_y인데) 관측된 값들 $y_1, \ldots, y_N$을 얻을 확률인 (8.4)를 최대가 되게 하는 바로 그 값이다. (8.4)를 σ_y에 대해 미분하고 그 도함수를 0으로 놓으면, 독자들이 쉽게 확인할 수 있듯이, 이 최량의 추정값은 답인 (8.14) 바로 그것이 된다. (연습문제 8.12를 참조하라.)

독자들이 짐작했을 수 있듯이, 안타깝게도 σ_y에 대한 추정값인 (8.14)에 대해서는 아직 최종 결론에 도달한 것은 아니다. (8.14)에 있는 수 A와 B는 상수 A와 B의 알려지지 않은 참값들이다. 실제로는 이 수들이 A와 B에 대한 **최량의 추정값**으로 이를테면 (8.10)과 (8.11)로 대체되어야만 하는데 이렇게 대체하면 (8.14)의 값이 약간 줄어든다. 만약 분모의 인자 N을 $(N-2)$로 대체한다면 이 축소는 상쇄될 수 있다는 것이 증명될 수 있다. 그리하여 측정값 $y_1, \ldots, y_N$의 불확실성에 관한 우리의 최종 답은 (8.10)과 (8.11)에 의해 주어지는 A와 B를 가지고서

$$\sigma_y = \sqrt{\frac{1}{N-2}\sum_{i=1}^{N}(y_i - A - Bx_i)^2} \tag{8.15}$$

으로 주어진다. 만약 우리가 $y_1, \ldots, y_N$의 불확실성에 관해 독립적으로 추정한 값을 이미 가지고 있다면 우리는 그 추정값이 (8.15)로부터 계산된 σ_y와 비등할 것으로 기대할 수 있을 것이다.

나는 (8.15)에서 $(N-2)$라는 인자를 사용하는 것이 정당하다는 것을 증명하려고는 않겠지만 몇 가지 논평은 제시할 수 있다. 첫 번째, N이 어느 정도 크다면 N과 $(N-2)$ 간의 차이는 어차피 중요하지 않다. 두 번째, 만약 우리가 단지 두 개 짝의 데이터 (x_1, y_1)과 (x_2, y_2)만을 측정하는 경우를 생각해보면 $(N-2)$라는 인자가 **합리적이라는** 사실은 명백해진다. 두 점만 가지고는 우리는 적확하게 두 점을 통과하는 직선을 항상 구할 수 있고, 최소제곱 맞추기 방법 역시 이 직선을 도출할 수 있다. 말하자면 단 두 개 짝의 데이터만 가지고는 우리는 측정의 신뢰도에 대해서는 아무것도 말할 수 없다. 그런데 두 점이 적확하게 최량의 직선에 놓여 있으므로 (8.14)와 (8.15)에 있는 두 개의 항은 모두 0이다. 따라서 공식 (8.14)는 (분모에 $N=2$를 가지고서) 얼토당토않은 답인 $\sigma_y = 0$를 산출할 것이다. 그에 비해 (8.15)는 분모에 $N-2=0$이 있기 때문에 단 두 번만의 측정으로는 σ_y가 결정될 수 없다는 것을 올바르게 지적하는 $\sigma_y = 0/0$이라는 답을 산출해줄 것이다.

(8.15)에 나타나는 인자 $(N-2)$는 방정식 (5.45)에서 하나의 물리량 x를 N번 측정한 값들의 표준 편차에 대한 추정값에 등장하는 인자 $(N-1)$을 생각나게 한다. 거기서 우리는 하나의 물리량 x를 N번 측정하고 $x_1, \cdots, x_N$을 얻었다. σ_x를 계산하기 전에 $\bar{x}$를 구하려고 우리는 데이터를 사용해야만 했었다. 어떤 의미에서는 이 계산은 오직 $(N-1)$개의 독립적인 측정된 값을 남겨주었다. 그래서 $\bar{x}$를 계산했기 때문에 **자유도가** 단지 $(N-1)$개만 남아 있게 되었다고 말한다. 여기에서 우리는 N번을 측정하는데, σ_y를 계산하기 전에 **두 개의** 양 A와 B를 계산해야만 한다. 이렇게 하고 나면 단지 $(N-2)$개의 자유도만 남아 있게 된다. 일반적으로 우리는 통계적 계산에서의 어떤 단계에서라도 **자유도의 수**를 독립적인 측정값들의 개수에서 측정값들로부터 계산된 파라미터의 개수를 **뺀** 개수로 정의한다. 우리는 측정값들의 수가 **아니라** 자유도의 수가 (8.15)와 (5.45)와 같은 공식들의 분모에 나타나야만 한다는 것을 (여기서 그렇게 하지는 않을 것이지만) 증명할 수 있다. 이 사실은 (8.15)가 왜 인자 $(N-2)$를 그리고 (5.45)는 왜 $(N-1)$을 포함하는지에 대한 이유를 설명해준다.

8.4 상수 A와 B의 불확실성

측정된 수 $y_1, \cdots, y_N$의 불확실성 σ_y를 구했으면 우리는 상수 A와 B에 대한 추정값들로 되돌아가서 그 값들의 불확실성을 쉽게 계산할 수 있다. 여기서 요점은 A와 B에 대한 추정값들인 (8.10)과 (8.11)은 측정된 수 $y_1, \cdots, y_N$에 대한 잘 정의된 함수들이라는 것이다. 그러므로 A와 B의 불확실성은 단순한 오차 전파에 의해 $y_1, \cdots, y_N$의 불확실성의 항으로 주어지게 된다. 나는

$$\sigma_A = \sigma_y \sqrt{\frac{\Sigma x_i^2}{\Delta}} \tag{8.16}$$

그리고

$$\sigma_B = \sigma_y \sqrt{\frac{N}{\Delta}} \tag{8.17}$$

이라는 것을 독자들이 확인해보도록 (연습문제 8.16에) 남겨두겠는데 여기서 Δ는 여느 때처럼 (8.12)로 주어진다.

이번 절과 이전의 두 개 절의 결과는 y의 측정값들이 모두 같은 정도로 불확실하고 x의 불확실성은 무시할 수 있을 만큼 작다는 가정에 근거하였다. 이 가정들은 대개 정당화될 수 있지만 그렇게 되지 않을 경우에는 어떻게 되는지를 간략하게 설명할 필요가 있다. 먼저 y의 불확실성들이 모두 같지 않다면 우리는 연습문제 8.9에 서술된 바와 같이 **가중 최소제곱법**을 사용할 수 있다. 아직 다루지 않은 경우는 x와 y가 둘 다 불확실성을 가질 때인데 이러한 경우는 반드시 **있을 수** 있다. x와 y가 둘 다 불확실성을 가지고 있을 때에는 곡선에 대한 최소제곱 맞추기가 상당히 복잡하고 심지어는 논쟁의 여지까지 가지고 있다. **직선**이라는 (지금까지 우리가 논의한 전부인) 특수한 경우에는 x와 y 둘 다에서의 불확실성들이, 지금 논의하겠지만 놀랍게도 큰 차이를 만들지 않는다.

먼저 x에 대한 측정값들은 불확실성의 지배를 받지만 y에 대한 측정값들은 그렇지 않다고 가정하고, 특정한 측정된 점 (x, y)를 고려해보도록 하자. 이 점과 참 직선 $y = A + Bx$가 그림 8.3에 제시되어 있다. 점 (x, y)는 x에 대한 측정에서의 (Δx라 부르는) 오차 때문에 이 직선 위에 놓여 있지 않다. 그런데 이 그림에서 y에는 오차가 없는 상태에서 x에서의 오차 Δx는 마치 x에는 오차가 없고 y에는 그 오차가

$$\Delta y(\text{동등}) = \frac{dy}{dx}\Delta x \tag{8.18}$$

로 주어지는 것과 (여기서 "동등"은 "동등함"을 뜻하는데) 똑같은 효과를 만든다는 것을 우리는 쉽게 알 수 있다. 표준 편차 σ_x는 바로 이 측정을 많이 반복함에 의해서 얻어지는 Δx의 제곱근평균제곱(root-mean-squares) 값이다.

따라서 (8.18)에 의하면 x 에서의 불확실성이 σ_x 인 문제는 y 의 불확실성이

$$\sigma_y(\text{동등}) = \frac{dy}{dx}\sigma_x \tag{8.19}$$

로 주어지는 동등한 문제로 대체될 수 있다.

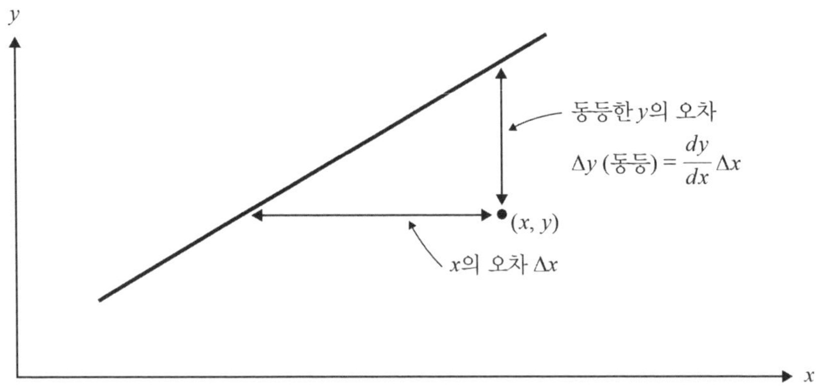

그림 8.3 측정된 점 (x, y)와 그 점이 놓일 것으로 생각되는 직선 $y = A + Bx$. y가 적확한 값일 때 x의 오차 Δx는 x가 적확한 값일 때 y의 오차 $\Delta y(\text{동등}) = (dy/dx)\Delta x$와 같은 효과를 만들어준다. (여기서 dy/dx는 기대되는 직선의 기울기를 나타낸다.)

x에 대한 y의 곡선이 어떤 것이라도 결과 (8.19)는 성립하는데 만약 그 곡선이 직선이면 기울기 dy/dx가 바로 상수 B이기 때문에 (8.19)는 특히 간단해진다. 그러므로 직선에 대해서는

$$\sigma_y(\text{동등}) = B\sigma_x \tag{8.20}$$

이다. 특히 불확실성들 σ_x가 모두 같다면 동등한 불확실성들 σ_y(동등)도 마찬가지다. 그러므로 x의 불확실성들은 모두 같고 y에는 불확실성들이 없는 점들 (x_i, y_i)에 직선을 맞추는 문제는 y의 불확실성들은 모두 같고 x에는 불확실성이 없는 문제와 동등하다. 이 등치관계는 이미 서술한 방법을 두 가지 문제 중 그 어느 것에도 안심하고 사용할 수 있다는 것을 뜻한다. [실제로는 점들이 **적확하게** 한 직선에는 놓이지 않고, 그래서 두 개의 "동등한" 문제는

적확하게 같은 직선을 산출해주지는 않는다. 그럼에도 두 직선은 (8.16)과 (8.17)에 의해서 주어지는 불확실성의 범위 안에서는 대체로 일치해야 한다. 연습문제 8.17을 참조하라.]

우리는 이제 이 논증을 x와 y가 **둘 다** 불확실성을 가지고 있는 경우로 확장할 수 있다. x에서의 불확실성은 (8.20)에 의해 주어진 바와 같이 y에서의 불확실성과 동등하다. 게다가 y는 이미 그 자신의 불확실성인 σ_y의 지배를 받는다. 이 두 불확실성은 독립적이므로 반드시 제곱하여 결합되어야 한다. 따라서 x와 y 둘 다에 불확실성이 있는 본래의 문제는 오직 y만이

$$\sigma_y(\text{동등}) = \sqrt{\sigma_y^2 + (B\sigma_x)^2} \tag{8.21}$$

로 주어지는 불확실성을 갖는 문제로 대체될 수 있다. 불확실성들 σ_x가 모두 같고 마찬가지로 불확실성들 σ_y도 모두 같다면 (8.21)의 동등 불확실성들도 모두 같다. 그래서 우리는 (8.10)에서 (8.17)까지의 공식들을 안심하고 사용할 수 있다.

만약 x의 (혹은 y의) 불확실성들이 모두 같지는 않다고 할지라도 우리는 여전히 (8.21)을 사용할 수 있다. 그렇지만 결과로 생기는 불확실성들은 반드시 모두 같지는 않을 것이기 때문에 우리는 가중 최소제곱법을 사용할 필요가 있을 것이다. 만약 우리가 점들에 맞추려고 하는 곡선이 직선이 아니라면 기울기 dy/dx는 상수가 아니게 된다. 그렇게 되면 (8.19)를 (8.20)으로 대체할 수 없기 때문에 더욱 복잡한 문제가 생겨난다. 그럼에도 우리는 (B 대신에 dy/dx를 갖는) (8.21)을 사용해서 (x와 y 둘 다에 불확실성이 있는) 원래의 문제를 오직 y만이 (8.21)에 의해서 주어지는 불확실성을 갖는 동등한 문제로 대체할 수 있다.[1]

---

1 이 절차는 실제로는 상당히 복잡하다. 우리가 불확실성 σ_y(동등)을 구하려고 (8.21)을 사용하기 전에 기울기 B를 (혹은 더 일반적으로는 dy/dx를) 알아야 하는데 이것은 우리가 문제를 풀어내기 전에는 알 수가 없다. 그럼에도 우리는 여기서 논의하는 모든 복잡한 사항을 무시하고 비(非)가중 최소제곱법을 이용해서 기울기에 대한 합리적인 1차 근사를 얻을 수 있다. 이 방법은 기울기 B에 대해서 근사적인 값을 주는데 이를 (8.21)에 사용하면 σ_y(동등)에 대한 합리적인 근사를 얻을 수 있다.

8.5 예

직선에 대한 최소제곱 맞추기의 간단한 예 하나가 여기 있는데 이것은 일정 부피 기체 온도계에 관한 것이다.

예: 일정 부피 기체 온도계를 이용한 절대 영도(零度)의 측정

이상 기체의 한 표본의 부피를 일정하게 유지한다면 표본의 온도 T는 압력 P에 대한 선형 함수

$$T = A + BP \tag{8.22}$$

로 주어진다. 여기서 상수 A는 (만약 기체가 액체로 먼저 응축되지 않는다면) 압력 P가 영(零)으로 낮아질 때의 온도인데, 이것은 **온도의 절대 영도**라고 불리고

$$A = -273.15℃$$

를 공인된 값으로 갖고 있다. 상수 B는 기체의 성질, 질량 그리고 부피에 종속한다.[2] T와 P에 대한 일련의 값들을 측정하면 우리는 상수 A와 B에 대한 최량의 추정값들을 알아낼 수 있다. 특히 A의 값은 온도의 절대 영도를 제공한다.

어떤 학생에 의해서 얻어진 T와 P에 대한 다섯 개 측정값의 한 집합을 표 8.2의 첫 세 개 열에 제시하였다. 이 학생은 P의 측정값들에서의 불확실성은 무시할 수 있을 만큼 작지만 T의 측정값들은 "몇 ℃" 정도의 불확실성을 가지고 모두 같은 정도로 불확실하다고 판단하였다. 이 점들이 (8.22) 형식의 직선에 맞아야 한다고 가정하고 이 학생은 상수 A와 (절대 영도와) 그것의 불확실성에 대해 최량의 추정값들을 계산하였다. 이 학생의 결론은 어떠한 것이었을까?

---

2 차(差) $T-A$는 **절대 온도**라고 불린다. 따라서 (8.22)는 절대 온도는 (일정 부피에서) 압력에 비례한다고 말하는 것으로 다시 쓸 수 있다.

표 8.2 일정 부피 기체의 압력(단위: 수은주 높이 mm)과 온도(단위: ℃)

시행 번호 i	"x" 압력 P_i	"y" 온도 T_i	$A + BP_i$
1	65	−20	−22.2
2	75	17	14.9
3	85	42	52.0
4	95	94	89.1
5	105	127	126.2

관계있는 모든 물리량을 계산하기 위해 여기서 우리가 해야 할 일의 전부는 x_i를 P_i로 y_i를 T_i로 대체하고 공식 (8.10)과 (8.16)을 사용하는 것뿐이다. 이것은 우리가 합들인 ΣP, ΣP^2, ΣT, ΣPT를 계산할 것을 요구한다. 많은 휴대용 계산기가 이 모든 합을 자동으로 계산해줄 수 있는데 그러한 기기들이 없더라도 만약 데이터가 적절하게 조직되어 있다면 이 계산들은 쉽게 처리될 수 있다. 표 8.2로부터 우리는

$$\begin{aligned} \Sigma P &= 425, \\ \Sigma P^2 &= 37{,}125, \\ \Sigma T &= 260, \\ \Sigma PT &= 25{,}810, \\ \Delta &= N\Sigma P^2 - (\Sigma P)^2 = 5{,}000 \end{aligned}$$

이라고 계산할 수 있다. 이러한 유형의 계산에서는 큰 수들 간의 차를 취해야 하기 때문에 충분한 개수의 유효 숫자를 유지하는 것이 중요하다. 이 합들이 준비되었기 때문에 우리는 곧바로 상수들 A와 B에 대한 최량의 추정값을 계산할 수 있다.

$$A = \frac{\Sigma P^2 \Sigma T - \Sigma P \Sigma PT}{\Delta} = -263.35$$

그리고

$$B = \frac{N\sum PT - \Sigma P \Sigma T}{\Delta} = 3.71.$$

이 계산은 벌써 절대 영도에 관한 학생의 최량의 추정값을 $A = -263$℃로 산출해준다.

상수 A와 B를 알고 나면 다음으로 우리는 $A + BP_i$를 계산할 수 있는데 이 수들은 관계 $T = A + BP$에 대한 최량 맞춤에 기초하여 "기대되는" 온도들이다. 이 수들은 표의 가장 오른쪽 열에 나열되어 있는데 우리가 바랐던 대로 관측된 온도들에 모두 합리적으로 잘 일치하고 있다. 우리는 이제 마지막 두 개 열에 있는 수들 간의 차를 취하고 나서

$$\sigma_T = \sqrt{\frac{1}{N-2}\sum(T_i - A - BP_i)^2} = 6.7$$

이라고 계산한다. 이 결과는 온도의 측정이 "몇 ℃" 정도로 불확실했다는 학생의 추정과 합리적으로 일치한다.

끝으로 우리는 (8.16)을 사용해서 A의 불확실성을 계산할 수 있다.

$$\sigma_A = \sigma_T \sqrt{\sum P^2 / \Delta} = 18.$$

따라서 적절하게 반올림한 다음에 학생의 최종 결론은

절대 영도 $A = -260 \pm 20$℃

가 되어야 하고 이 결과는 공인된 값인 -273℃와 만족스럽게 일치한다.

대체로 그러하듯이 이 결과들을 우리가 그림 8.4에서처럼 그래프로 그리면 이 결과들은 한층 더 명료해진다. T에서 $\pm 7^\circ$의 불확실성을 가진 다섯 개의 데이터 점은 오른쪽 위에 표시되어 있다. 최량의 직선은 네 개의 오차

막대를 관통하고 다섯 번째는 근접해서 지나간다.

절대 영도에 대한 값을 알아내기 위해 그 직선은 모든 데이터 점을 넘어서 T축과 만나는 점까지 연장되었다. (어떤 곡선을 이 곡선을 결정하는 데이터 점들을 넘어서까지 확장하는) **바깥 채우기**의 이 과정은 그림으로부터 명백하게 알 수 있듯이 큰 불확실성을 도입할 수 있다. 직선의 기울기의 작은 변화는 거리가 떨어진 T축의 절편에 큰 변화를 가져올 수 있다. 따라서 우리가 어떤 거리만큼이라도 바깥 채운다면 데이터에서의 작은 크기의 불확실성도 아주 크게 확대된다. 이러한 확대가 절대 영도의 값에서의 불확실성이 (± 18° 가) 원래 측정한 온도에서의 불확실성보다도 (± 7° 보다도) 왜 그렇게 큰지 설명해준다.

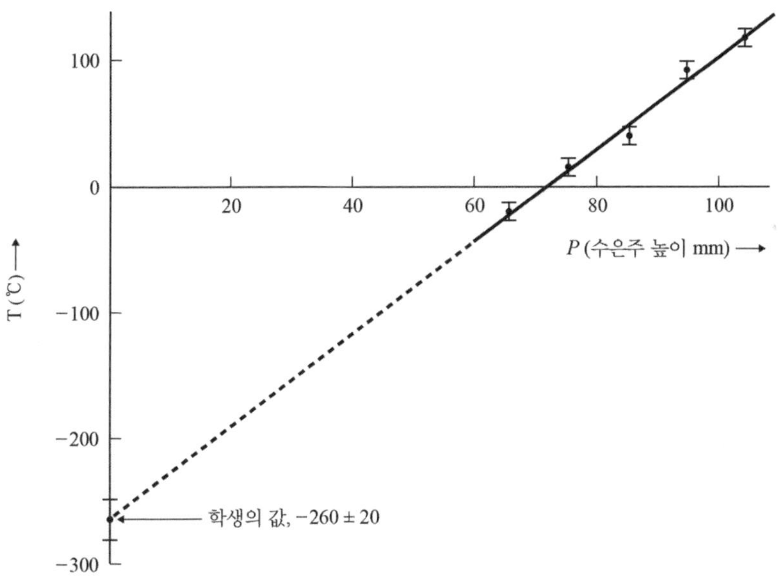

그림 8.4 일정 부피 기체에 대한 온도 T 대 압력 P의 그래프. 오차 막대는 다섯 개 데이터 점의 양편으로 각각 표준 편차의 1배인 σ_T 만큼 확장되고 직선은 최량의 최소제곱 맞추기로 얻은 것이다. 온도의 절대 영도는 직선을 T축과 만나는 점까지 반대 방향으로 바깥 채워서 구하였다.

8.6 다른 곡선들에 최소제곱 맞추기

이 장에서 지금까지 우리는 선형 관계 $y = A + Bx$를 만족하는 두 개 변수에 대한 관측을 검토했고, 상수 A와 B의 결정에 대해 논의하였다. 이 중요한 문제는 유사한 방법으로 풀릴 수 있는 광범위한 종류의 곡선 맞추기 문제들 중 한 특수한 경우이다. 이 절에서 나는 이 문제들에 대해서 간략하게 언급하도록 하겠다.

다항식 맞추기

때로는 어떤 한 변수 y는 두 번째 변수인 x에 대한 다항식

$$y = A + Bx + Cx^2 + \cdots + Hx^n \tag{8.23}$$

으로 표현될 수 있을 것으로 기대할 수 있다. 예를 들면 낙하하는 물체의 높이 y는 시간 t에 대해서 이차 다항식인

$$y = y_o + v_o t - \frac{1}{2} \mathrm{g} t^2$$

으로 기대되는데, 여기서 y_o와 v_o는 초기 높이와 속도이며 g는 중력 가속도이다. 두 개 변수에 대한 관측값들의 한 집합이 주어지면 우리는 8.2절의 논증에 정확하게 필적하는 논증에 의해 (8.23)에 있는 상수 A, B,⋯, H에 대한 최량의 추정값들을 구할 수 있는데 그 윤곽을 지금부터 기술하고자 한다.

문제를 단순화시키기 위해 (8.23)의 다항식이 실제로 이차 다항식인

$$y = A + Bx + Cx^2 \tag{8.24}$$

이라고 가정한다. (원한다면 독자들은 어렵지 않게 이 해석을 일반적인 경우로 확장할 수 있다.) 앞에서처럼, 우리가 일련의 측정값들 (x_i, y_i), $i=1, \ldots, N$을 가지고 있는데 y_i의 불확실성은 모두 같고, x_i는 모두 적확한 값들이라고 가정한다. 각 x_i에 대해서 대응하는 y_i의 참값은 A, B, C가 아직 미지수들인 (8.24)에 의해서 주어진다. 우리는 y_i의 측정값들이 정규 분포에 의해서 지배된다고 가정하는데 각 y_i는 고유한 참값에 중심을 가지고 있고, y_i의 폭은 σ_y로 모두 같다. 이 가정은 우리로 하여금 우리가 관측한 값들인 $y_1, \ldots, y_N$을 얻을 확률을 친밀한 형식인

$$Prob(y_1, \ldots, y_N) \propto e^{-\chi^2/2} \tag{8.25}$$

으로 계산할 수 있게 해주는데, 여기서 이번에는

$$\chi^2 = \sum_{i=1}^{N} \frac{(y_i - A - Bx_i - Cx_i^2)^2}{\sigma_y^2} \tag{8.26}$$

이다. [이 방정식은 선형인 경우에 대한 방정식 (8.5)에 대응한다.] A, B, 그리고 C에 대한 최량의 추정값들은 $Prob(y_1, \ldots, y_N)$이 최대가 되거나 χ^2이 최소가 되게 하는 A, B, C의 값들이다. χ^2을 A, B, C에 대해 미분하고 도함수들을 0으로 놓으면, 우리는 세 개의 방정식을 (독자는 반드시 확인해 보아야 하는데 연습문제 8.21을 참조하라.) 얻게 된다.

$$\begin{aligned} AN + B\Sigma x + C\Sigma x^2 &= \Sigma y, \\ A\Sigma x + B\Sigma x^2 + C\Sigma x^3 &= \Sigma xy, \\ A\Sigma x^2 + B\Sigma x^3 + C\Sigma x^4 &= \Sigma x^2 y. \end{aligned} \tag{8.27}$$

측정값들 (x_i, y_i)의 어떠한 주어진 집합에 대해서도 A, B, C에 관한 (**정규 방정식**으로 알려진) 이 연립 방정식은 A, B, C에 대한 최량의 추정값들을 구할 수 있도록 풀 수 있다. 이러한 방식으로 계산된 A, B, C를 가진 방정식

$y = A + Bx + Cx^2$은 주어진 측정값들에 대한 최소제곱 다항식 맞추기 혹은 다항식 회귀라고 불린다. (예를 보려면 연습문제 8.22를 참조하라.)

비록 다항식 회귀의 결과로 얻어지는 정규 방정식들이 고차 다항식의 경우에는 다루기가 어렵지만 그럼에도 다항식 회귀는 어떠한 차수의 다항식에도 쉽게 일반화될 수 있다. 원칙적으로는 비슷한 방법이 여러 개의 미지의 파라미터 $A, B, \ldots$ 등에 의존하는 **어떤** 함수 $y = f(x)$에도 적용될 수 있다. 그러나 안타깝게도 결과로 얻어지는 미지의 파라미터들 $A, B, \ldots$ 등에 대한 최량의 추정값들을 결정하는 정규 방정식은 풀기가 매우 어렵거나 불가능할 수도 있다. 그렇지만 어떤 큰 부류에 속하는 문제들은 언제나 **풀릴 수** 있는데 이를테면 함수 $y = f(x)$가 파라미터들인 $A, B, \ldots$ 등에 선형적으로 종속하는 문제들이 이에 속한다. 이 종류의 문제들은 모든 다항식을 포함할 뿐만 아니라 (말할 것도 없이 다항식 (8.23)은 계수들 $A, B, \ldots$에 대해서 선형인데) 많은 다른 함수들도 포함한다. 예를 들면 어떤 문제들에서는 y가 다음과 같은 삼각 함수들의 합으로 기대되기도 한다.

$$y = A\sin x + B\cos x. \tag{8.28}$$

이 함수에 대해서나, 실제로는 파라미터 $A, B, \ldots$ 등에 대해서 선형인 어떤 함수에 대해서도 $A, B, \ldots$ 등에 대한 최량의 추정값들을 결정하는 정규 방정식들은 연립 선형 방정식이고 이들은 항상 풀릴 수 있다. (연습문제 8.23과 8.24를 참조하라.)

지수 함수

물리학에서 가장 중요한 함수들 중의 하나가 바로 지수 함수

$$y = Ae^{Bx} \tag{8.29}$$

인데 여기서 A와 B는 상수들이다. 차폐를 통해서 거리 x만큼을 지나간 후에 방사의 세기 I는 다음과 같이 지수적으로 줄어든다.

$$I = I_0 e^{-\mu x}.$$

여기서 I_0는 본래의 세기이고, μ는 차폐에 의한 흡수를 특징짓는 상수다. 합선된 축전기의 전하는 다음과 같이 지수적으로 고갈되어 간다.

$$Q = Q_0 e^{-\lambda t}.$$

여기서 Q_0는 본래의 전하이고 $\lambda = 1/(RC)$인데, R과 C는 저항과 전기 용량이다.

만약 (8.29)에서 상수 A와 B가 알려지지 않았다면 우리는 당연히 x와 y의 측정값들에 근거해서 이 상수들의 추정값들을 구하려고 할 것이다. 안타깝게도, 이전의 논증을 그대로 적용한다면 결과적으로 쉽게 풀 수 없는 A와 B에 대한 방정식들로 귀결될 것이다. 그렇지만 우리는 y와 x에 관한 비선형 관계 (8.29)를 선형 관계로 변환할 수 있고 이 관계에 우리는 최소제곱 맞추기를 적용할 수 있다.

목적하는 “선형화”를 달성하기 위해 우리는 단순히 (8.29)의 자연 로그를 취하고는

$$\ln y = \ln A + Bx \tag{8.30}$$

를 얻을 수 있다. 비록 y는 x에 대해서 선형적이지는 않지만 $\ln y$는 그러하다는 것을 알 수 있다. 비선형적인 (8.29)를 선형적인 (8.30)으로 변환하는 것은 최소제곱 맞추기뿐만 아니라 다른 많은 맥락에서도 유용하다. 만약 우리가 (8.29)의 관계를 그래프를 이용해서 검사하려고 x에 대한 y의 값을 직접 좌표로 표시하면 시각적으로 식별하기 어려운 곡선이 만들어질 것이다. 그 반면에 x에 대한 $\ln y$의 값을 좌표로 표시한다면 (또는 x에 대한 $\log y$의 값을 좌표로 표시하면) 직선이 만들어지는데, 이 직선은 쉽게 식별될 수 있다. (이러한 좌표 평면에서의 그래프는 만약 독자들이 한 축에서의 눈금이 로그 축척으로 매겨져 있는 “반로그” 눈금용지를 사용한다면 특히 쉽게 만들 수 있다. 이러한 용지는 독자들로 하여금 계산할 필요 없이 $\log y$를 바로 좌표로 표시할 수 있게 해준다.)

최소제곱 맞추기에 선형 방정식 (8.30)이 유용하다는 것은 바로 명백해진다. 만약 독자들이 x와 y는 $y = Ae^{Bx}$를 만족해야 한다고 믿는다면 변수 $z = \ln y$와 x는 (8.30)을 반드시 만족해야 하거나 또는

$$z = \ln A + Bx \tag{8.31}$$

를 만족해야 한다. 만약 우리가 일련의 측정값들 (x_i, y_i)를 가지고 있다면 각 y_i에 대해서 우리는 $z = \ln y_i$를 계산할 수 있다. 그러면 짝 (x_i, y_i)는 직선 (8.31) 위에 놓여야만 한다. 이 직선은 상수들 $\ln A$와 (이것으로부터 A를 구할 수 있는데) B에 대한 최량의 추정값을 도출하도록 최소제곱법에 의해서 맞추어질 수 있다.

예: 박테리아 모집단

(사람, 박테리아, 방사능 원자핵 등의) 많은 모집단은 시간이 흐르면 지수적으로 변동하는 경향을 보인다. 모집단 N이 지수적으로 감소한다면 우리는

$$N = N_0 e^{-t/\tau} \tag{8.32}$$

라고 쓴다. 여기서 τ는 모집단의 **평균 수명**이라고 불리는데 **반감기** $t_{1/2}$과 밀접하게 관련되고 실제로 $t_{1/2} = (\ln 2)\tau$이다. 한 생물학자가 박테리아의 모집단이 (8.32)에서처럼 지수적으로 감소한다고 추측하고서 연속 3일 동안 모집단을 측정하였다. 그리고 이 학자는 표 (8.3)의 첫 두 개 열에 제시한 결과들을 얻었다. 이 데이터가 주어지면 평균 수명에 대한 최량의 추정값은 어떻게 되는가?

표 8.3 박테리아의 모집단

시간 t_i (일)	모집단 N_i	$z_i = \ln N_i$
0	153,000	11.94
1	137,000	11.83
2	128,000	11.76

만약 N이 (8.32)에서처럼 변동한다면 변수 $z=\ln N$은 t에 대해서 선형이어야만 한다.

$$z=\ln N=\ln N_0-\frac{t}{\tau}. \tag{8.33}$$

그리하여 이 생물학자는 표 8.3의 세 번째 열에 보인 세 개의 수 $z_i=\ln N_i$ $(i=0,\ 1,\ 2)$를 계산하였다. 이 세 개의 수를 이용해서 이 학자는 (8.33)의 직선에 최소제곱 맞추기를 실시하고, 계수 $\ln N_0$와 $(-1/\tau)$에 대한 최량의 추정값으로

$$\ln N_0=11.93 \qquad \text{그리고} \qquad (-1/\tau)=-0.089\,\text{일}^{-1}$$

을 구하였다. 두 번째 계수는 평균 수명에 대한 이 학자의 최량의 추정값이

$$\tau=11.2\,\text{일}$$

라는 것을 뜻한다.

방금 서술한 이 방법은 (특히 선형 회귀를 자동으로 실행할 수 있는 계산기를 가지고서) 사용하고 싶을 정도로 간단하기 때문에 실제로 자주 사용된다. 그럼에도 이 방법은 아직 논리적으로 그렇게 확고하지는 않다. 직선 $y=A+Bx$에 대한 최소제곱 맞추기는 측정된 값들 $y_1,\cdots,y_N$이 모두 동등하게 불확실하다는 가정에 근거하여 유도되었다. 그런데 여기서는 변수 $z=\ln y$를 이용해서 최소제곱 맞추기를 실시하고 있다. 그래서 비록 측정된 값 y_i가 모두 같은 정도로 불확실하다고 할지라도 값 $z_i=\ln y_i$는 **그렇지 않다**. 사실 간단한 오차 전파로부터 우리는

$$\sigma_z=\left|\frac{dz}{dy}\right|\sigma_y=\frac{\sigma_y}{y} \tag{8.34}$$

라는 것을 안다. 따라서 만약 σ_y가 모든 측정값에 대해 같다면 σ_z는 (y가 작으면 σ_z는 더 커지게) 변동한다. 만약 y 자체의 불확실성이 같지 않다면, 명백히 변수 $z = \ln y$는 모든 측정값에서 불확실성이 같아야 한다는 요구조건을 만족시키지 못한다.

이 난처함에 대한 구제책은 간단명료하다. 만약 다른 여러 불확실성의 크기가 알려져 있다면 최소제곱 절차는 측정값들의 불확실성이 서로 다른 것을 고려할 수 있다. (**가중 최소제곱법**이라는 이 방법은 연습문제 8.9에 그 대강이 기술되어 있다.) 만약 우리가 $y_1, \ldots, y_N$에 대한 측정값들이 참으로 동등하게 불확실한 것으로 알고 있다면 방정식 (8.34)는 $z_1, \ldots, z_N$의 불확실성들이 어떻게 변동하는지 우리에게 알려주고 따라서 우리는 가중 최소제곱법을 방정식 $z = \ln A + Bx$에 적용할 수 있다.

실제로는 대개의 경우 우리는 $y_1, \ldots, y_N$의 불확실성들이 실제로 일정한지 아닌지 확신할 수 없다. 그렇기 때문에 우리는 $z_1, \ldots, z_N$의 불확실성들이 일정하다고 가정해도 괜찮을 것이고, 단순한 비(非)가중 최소제곱 맞추기를 사용할 수 있다고 아마도 주장할 수 있을 것이다. 대체로 불확실성의 변동이 크지 않고, 그래서 어떠한 방법이 사용되더라도 앞의 예에서처럼 거의 차이가 없다. 어떻든 간에 불확실성들을 아직 모르는 상태라면, 통상적인 (비(非)가중) 최소제곱 맞추기를 간단명료하게 적용하는 것이 방정식 $y = Ae^{Bx}$의 상수 A와 B에 대한 (비록 **최량**은 아닐 수 있지만) **합리적인** 추정값을 얻을 수 있는 모호하지 않은 간단한 방법이다. 그래서 이 방법은 이러한 방식으로 자주 사용된다.

다중 회귀

마지막으로, 우리는 지금까지 **두** 변수 x와 y의 관측값들과 그들 간의 관계에 대해서만 논의하였다. 그렇지만 많은 실제 문제에서는 고려되어야 할 변수가 두 개 이상이다. 예를 들면 기체의 압력 P를 연구할 때 우리는 압력이 부피 V와 온도 T에 의존한다는 것을 알고 있고, 그래서 P를 반드시 V와 T의 함수로서 해석해야 한다는 것도 알고 있다. 이러한 문제에 대한 가장 간단한 예는 하나의 변수 z가 두 개의 다른 변수 x와 y에 선형적으로 종속할 때이다.

$$z = A + Bx + Cy. \tag{8.35}$$

이 문제는 두 개 변수에 대한 방법의 아주 간단명료한 일반화에 의해서 해석될 수 있다. 만약 우리가 일련의 측정값 $(x_i, y_i, z_i), i = 1, \ldots, N$을 ($z_i$는 모두 동등하게 불확실하고 x_i와 y_i는 적확한 값들인데) 가지고 있다면 우리는 8.2절에서와 똑같이 최대 가능도의 원리를 사용해서 상수 A, B, C에 대한 최량의 추정값들이 다음과 같은 형식의 정규 방정식들에 의해서 결정된다는 것을 증명할 수 있다.

$$\begin{aligned} AN + B\Sigma x + C\Sigma y &= \Sigma z, \\ A\Sigma x + B\Sigma x^2 + C\Sigma xy &= \Sigma xz, \\ A\Sigma y + B\Sigma xy + C\Sigma y^2 &= \Sigma yz. \end{aligned} \tag{8.36}$$

이 방정식들은 관계 (8.35)에 대한 최량 맞춤을 산출해주도록 A, B, C에 대해서 풀 수 있다. 이 방법은 **다중 회귀**라고 (두 개 이상의 변수가 있기 때문에 "다중"이라고) 불리는데 여기서는 더 이상 논의하지 않겠다.

✔ 8장의 주요 정의와 방정식

8장 전체를 통해서 우리는 두 개의 변수 x와 y의 측정값의 N개 짝 (x_1, y_1), $\ldots$, (x_N, y_N)을 고려했었다. 본격적으로 취급한 문제는 y 대 x의 그래프가 맞을 것으로 기대되는 곡선에 대한 파라미터들의 최량의 값들을 알아내는 것이었다. 우리는 단지 y의 측정값들만이 감지할 수 있을 정도의 불확실성을 경험하고 있고 그에 비해서 x에 대한 불확실성들은 무시할 수 있다고 가정하였다. [x와 y가 둘 다 상당한 크기의 불확실성을 갖는 경우에 대해서는 방정식 (8.17) 다음에 나오는 논의를 읽어보라.] 여러 가지 가능한 곡선들이 해석될 수 있고, 또 y의 불확실성에 대해서는 두 가지 다른 가정이 존재한다. 더 중요한 경우들 중의 몇몇은 다음과 같다.

• 직선 $y = A + Bx$; 동등한 가중치

만약 y가 직선 $y = A + Bx$ 위에 놓일 것으로 기대되고, 또 y의 측정값들이 모두 같은 크기의 불확실성을 가지고 있다면, 상수 A와 B에 대한 최량의 추정값들은 다음과 같다.

$$A = \frac{\Sigma x^2 \Sigma y - \Sigma x \Sigma xy}{\Delta}$$

이고

$$B = \frac{N\Sigma xy - \Sigma x \Sigma y}{\Delta}$$

인데, 여기서 분모 Δ는

$$\Delta = N\Sigma x^2 - (\Sigma x)^2 \qquad \text{[(8.10)과 (8.12)를 참조]}$$

이다.

관측된 점들에 근거한다면, y를 측정한 값들의 불확실성에 대한 최량의 추정값은

$$\sigma_y = \sqrt{\frac{1}{N-2}\sum_{i=1}^{N}(y_i - A - Bx_i)^2} \qquad \text{[(8.15) 참조]}$$

이다. A와 B의 불확실성은 다음과 같다.

$$\sigma_A = \sigma_y \sqrt{\frac{\sum x^2}{\Delta}},$$

$$\sigma_B = \sigma_y \sqrt{\frac{N}{\Delta}}. \qquad \text{[(8.16)과 (8.17) 참조]}$$

• 원점을 지나가는 직선 ($y = Bx$); 동등한 가중치

만약 y가 원점을 지나가는 직선 $y = Bx$에 놓일 것으로 기대되고, 또 y의 측정값들이 모두 같은 불확실성을 가지고 있다면, 상수 B에 대한 최량의 추정값은

$$B = \frac{\sum xy}{\sum x^2} \qquad \text{[연습문제 8.5 참조]}$$

이다.

측정된 점들에 근거한다면 y를 측정한 값들의 불확실성에 대한 최량의 추정값은

$$\sigma_y = \sqrt{\frac{1}{N-1}\sum_{i=1}^{N}(y_i - Bx_i)^2}$$

이고, B의 불확실성은

$$\sigma_B = \frac{\sigma_y}{\sqrt{\sum x^2}} \qquad \text{[연습문제 8.18 참조]}$$

이다.

• 직선 $y = A + Bx$에 대한 가중 맞추기

만약 y가 직선 $y = A + Bx$ 위에 놓일 것으로 기대되고, 또 y의 측정값들이 알려진 크기가 서로 다른 불확실성 σ_i를 갖는다면, 그때는 우리는 **가중치** $w_i = 1/\sigma_i^2$을 도입한다. 그러면 상수 A와 B에 대한 최량의 추정값들은

$$A = \frac{\sum wx^2 \sum wy - \sum wx \sum wxy}{\Delta},$$

$$B = \frac{\sum w \sum wxy - \sum wx \sum wy}{\Delta}$$

로 주어진다. 여기서

$$\Delta = \sum w \sum wx^2 - (\sum wx)^2 \qquad \text{[연습문제 8.9 참조]}$$

이다. A와 B의 불확실성들은 다음과 같다.

$$\sigma_A = \sqrt{\frac{\sum wx^2}{\Delta}},$$

$$\sigma_B = \sqrt{\frac{\sum w}{\Delta}}. \qquad \text{[연습문제 8.19 참조]}$$

• 다른 곡선들

만약 y가 x에 대한 다항식이 될 것으로 기대된다면, 즉

$$y = A + Bx + \cdots + Hx^n$$

이라면, 비록 n이 클 때는 방정식이 상당히 다루기가 어렵게 될 수 있지만 여전히 최소제곱 맞추기와 똑같은 유사한 방법이 사용될 수 있다. (예로서 연습문제 8.21과 8.22를 참조하라.) 형식이

$$y = Af(x) + Bg(x) + \cdots + Hk(x)$$

로 주어지는 곡선들은 같은 방식으로 다루어질 수 있는데, 여기서 $f(x), \ldots, k(x)$는 알려진 함수들이다. (예를 보려면 연습문제 8.23과 8.24를 참조하라.)

만약 y가 지수 함수

$$y = Ae^{Bx}$$

에 의해서 주어질 것으로 기대된다면, 우리는 변수 $z = \ln(y)$를 이용해서 이 문제를 "선형화할" 수 있다. 그렇게 되면 변수 z는 선형 관계

$$z = \ln(y) = \ln(A) + Bx \qquad \text{[(8.31) 참조]}$$

를 만족해야만 한다. 그다음에 우리는 x에 대한 함수로서의 z에 최소제곱 맞추기를 적용할 수 있다. 그렇지만 비록 측정된 값 y에서의 불확실성들이 모두 같다고 할지라도 z의 값에서의 불확실성들이 같다는 것은 분명히 참이 **아니라는** 점에 주의하라. 이때는 엄밀하게 말해서 가중 최소제곱법이 사용되어야만 한다. (한 예로 연습문제 8.26을 참조하라.)

✔ 8장의 연습문제

8.2절에 관한 문제: 상수 *A*와 *B*의 계산

8.1.★ 최소제곱법을 사용해서 세 점 $(1, 6)$, $(3, 5)$, 그리고 $(5, 1)$에 가장 잘 맞는 직선 $y = A + Bx$를 구하라. 모눈종이를 사용해서 세 점의 위치를 좌표로 표시하고, 독자들이 구한 직선을 그려 넣어라. 휴대용 계산기는 아마도 A와 B를 계산하는 내장된 기능을 가지고 있을 것이다. 만약 독자들이 그것을 사용할 줄 모른다면, 잠시 시간을 내서 배우도록 하고 그다음에 이 문제에 대한 독자들의 답을 검사하라.

8.2.★ 최소제곱법을 사용해서 네 점 $(-3, 3)$, $(-1, 4)$, $(1, 8)$, 그리고 $(3, 9)$에 가장 잘 맞는 직선 $y = A + Bx$를 구하라. 모눈종이를 사용해서 네 개 점의 위치를 좌표로 표시하고 독자들이 구한 직선을 그려 넣어라. 휴대용 계산기는 아마도 A와 B를 계산하는 내장된 기능을 가지고 있을 것이다. 만약 독자들이 그것을 사용할 줄 모른다면, 잠시 시간을 내서 배우도록 하고 그다음에 이 문제에 대한 독자들의 답을 검사하라.

8.3.★ 상수들 A와 B에 대한 최량의 추정값은 방정식 (8.8)과 (8.9)에 의해서 결정된다. 이 방정식들에 대한 풀이는 방정식 (8.10)에서 (8.12)까지 걸쳐서 주어져 있다. 이들이 진정으로 (8.8)과 (8.9)의 풀이라는 것을 확인하라.

8.4.★ 다음의 유용한 사실을 증명하라. 점 $(x_1, y_1), \ldots, (x_N, y_N)$의 한 집합을 지나가는 직선에 대한 최소제곱 맞춤은 항상 이 점들의 "무게 중심" $(\bar{x}, \bar{y})$를 관통해서 지나간다. $(\bar{x}, \bar{y})$에서 위 가로줄은 관련되는 N개 값의 평균을 나타낸다. [힌트: 독자들은 A와 B가 방정식 (8.8)을 만족한다는 것을 알고 있다.]

8.5.★★ 원점을 지나가는 직선. 두 개의 변수 x와 y가 $y = Bx$라는 관계를 만족하는 것으로 알려져 있다고 하자. 말하자면 $y \propto x$이고 y 대 x의 그래프는 **원점을 지나가는** 직선이다. (예를 들어 옴의 법칙 $V = RI$는 전압 V 대 전류 I의 그래프는 반드시 원점을 관통하는 직선이 되어야만 한다는 것을 말한다.) 더 나아가 독자가 N개의 측정값 (x_i, y_i)를 가지고 있는데 x에서의 불확실성들은 무시할 수 있을 만큼 작으나 y에서의 불확실성은 감지할 정도이나 크기가 모두 같다고 가정하자. 8.2절에서의 논증과 유사한 논증을 사용해서 B에 대한 최량의 추정값은

$$B = \frac{\Sigma xy}{\Sigma x^2}$$

라는 것을 증명하라.

8.6.★★ 단 두 개의 측정값 (x_1, y_1)와 (x_2, y_2)에 대해서는 그 점들에 가장 잘 맞는 직선은 당연히 두 점을 **관통하는** 직선이다. 두 점에 최소제곱으로 맞춘 직선은 진정으로 두 점을 관통해서 지나간다는 것을 증명하라. [이렇게 하는 한 방도는 방정식 (8.8)과 (8.9)를 사용해서 둘 중 어떤 것도 진실로 방정식 $y = A + Bx$를 만족한다는 것을 보이는 것이다.]

8.7.★★ 어떤 스프링의 스프링 상수를 알아내기 위해 한 학생이 여러 가지 질량 M으로 힘을 가하고 대응하는 길이 l을 측정하였다. 이 학생의 결과는 표 8.4에 제시되어 있다. 힘 $mg = k(l - l_o)$이기 때문에 이 데이터는 직선 $l = l_o + (g/k)m$에 맞아야 한다. 여기서 l_o는 스프링의 늘어나지 않은 길이다. 주어진 데이터를 가지고 이 직선에 최소제곱 맞추기를 실시하고, 늘어나지 않은 길이 l_o와 스프링 상수 k에 관한 최량의 추정값들을 구하라. 독자들이 직접 계산하고, 그다음에 답을 휴대용 계산기의 내장된 기능을 이용해서 검사하라.

표 8.4 어떤 스프링의 길이 대 하중; 문제 8.7과 관련

"x": 짐 m (그램)	200	300	400	500	600	700	800	900
"y": 길이 l (cm)	5.1	5.5	5.9	6.8	7.4	7.5	8.6	9.4

8.8.★★ 어떤 학생이 수평 공기 궤도 위에서 활주체의 속도를 측정한다. 이 학생은 다섬광 사진을 이용해서 표 8.5에서와 같이 동일 간격으로 배열된 다섯 개 시간에서 활주체의 위치 s를 알아내고자 한다. (a) v를 구하는 하나의 방도는 네 개의 연속되는 2초 간격 하나하나에 대해서 $v = \Delta s/\Delta t$를 계산하고 그 값들의 평균을 내는 것이다. 이 절차는 $v = (s_5 - s_1)/(t_5 - t_1)$을 산출해준다는 것을, 말하자면 중간의 세 개의 측정값은 이 방법에 의해서는 완전히 무시된다는 것을 증명하라. 먼저 수치로 표시하지 않고서 증명하고, 그다음에 수치적 답을 구하라. (b) 더 나은 방법은 다섯 개 데이터 모두를 사용해서 방정식 $s = s_o - vt$에 최소제곱 맞추기를 실시하는 것이다. 이 절차를 따라가서 v에 대한 최량의 추정값을 구하고, 독자들의 결과를 문항 (a)의 결과와 비교하라. 독자들이 직접 계산하고, 그 답을 휴대용 계산기의 내장된 기능을 이용해서 검사하라. (다섯 개의 시간은 무시할 수 있을 만큼 작은 불확실성을 가지고 있고, 위치들은 모두 같은 크기의 불확실성들을 가지고 있다.)

표 8.5 위치 대 시간 데이터; 연습문제 8.8과 관련

"x": 시간, t (초)	−4	−2	0	2	4
"y": 위치, s (cm)	13	25	34	42	56

8.9.★★ 가중 최소제곱. 선형 관계 $y = A + Bx$를 만족할 것으로 기대되는 두 개 변수 x와 y 값의 짝 (x_i, y_i)를 N번 측정했다고 가정하자. 또한 x_i의 불확실성은 무시할 수 있지만 y_i의 불확실성 σ_i는 무시할 수 없고 **크기가 서로 다르다고** 가정하자. (말하자면 y_1은 불확실성 σ_1을 가지고 있고 반면에 y_2는 불확실성으로 σ_2를 가지고 있는 등.) 7장에서와 같이 우리는 i번째 측정값의 **가중치**를 $w_i = 1/\sigma_i^2$이라고 정의할 수 있다. 8.2절에 있는 최소제곱 맞추기

의 유도 과정을 복습하고, y_i의 측정값들이 서로 다른 가중치를 갖는 이번 경우를 포괄할 수 있도록 그 방법을 일반화시켜라. A와 B에 대한 최량의 추정값은

$$A = \frac{\sum wx^2 \sum wy - \sum wx \sum wxy}{\Delta}, \tag{8.37}$$

$$B = \frac{\sum w \sum wxy - \sum wx \sum wy}{\Delta} \tag{8.38}$$

라는 것을 보이는데, 여기서

$$\Delta = \sum w \sum wx^2 - \left(\sum wx\right)^2 \tag{8.39}$$

이다. 말할 것도 없이 이 **가중 최소제곱법**은 불확실성들 σ_i가 (혹은 적어도 그들 간의 상대적 크기가) 알려져 있을 때 적용할 수 있다.

8.10.★★ y가 x에 대해서 선형이어서 $y = A + Bx$라고 알려져 있고, (x, y)에 관한 세 개의 측정값을 우리가 가지고 있다고 가정하자.

$$(1, 2 \pm 0.5),\ (2, 3 \pm 0.5),\ \text{그리고}\ (3, 2 \pm 1).$$

(x에서의 불확실성들은 무시할 수 있을 만큼 작다.) A와 B에 대한 최량의 추정값들을 계산하기 위해 방정식 (8.37)에서 (8.39)까지 걸친 가중 최소제곱법을 사용하라. 이 결과를 방정식 (8.10)에서 (8.12)에 걸친 불확실성의 변동성을 고려하지 않는 비(非)가중 최소제곱법에 의해서 얻어지는 값과 비교하라. 좌표 평면에 데이터와 두 개의 직선을 표시하고, 이들 간의 차이를 이해하려고 노력하라.

8.11.★★ (a) 만약 독자들이 Lotus 123나 Excel과 같은 스프레드시트를 사용할 수 있다면, 최대 열 개의 점, $(x_1, y_1), \ldots$ 등에 대한 최소제곱 맞추기의 계수 A와 B를 계산할 수 있는 스프레드시트를 만들어라. 표 8.1의 배열을 사용하라. (b) 연습문제 8.1과 8.7에 주어진 데이터로 독자들이 만든 스프레드시트를 검정하라.

8.3절에 관한 문제: y에 대한 측정값에서의 불확실성

8.12.★★ 방정식 (8.14)를 논의할 때 그 대강을 기술한 최대 가능도의 원리를 사용하여, 일직선 위에 놓여 있을 것으로 추측되는 일련의 측정값 $(x_1, y_1), \ldots, (x_N, y_N)$에서 y의 불확실성인 σ_y에 대한 최량의 추정값을 방정식 (8.14)가 산출해준다는 것을 증명하라. [(8.14)에서는 A와 B가 이 두 상수의 참값들이라는 것을 유념하라. 우리가 이 참값들을 (8.10)과 (8.11)에서 주어지는 최량의 추정값들로 대체한다면 이 식은 감소한다. 그래서 최량의 추정값을 얻기 위해서는 (8.15)에서처럼 분모의 N은 반드시 $N-2$로 대체되어야 한다.]

8.13.★★★ 독자들이 y에 대한 측정값들의 불확실성 δy에 대한 신뢰할 수 있는 추정값을 가지고 있다고 하자. 그러면 이 추정값을 (8.15)에 의해서 주어지는 σ_y와 비교해보면, 기대되는 선형 관계 $y = A + Bx$가 옳다는 것을 데이터가 확증해주는지 아닌지를 평가할 수 있다. 이 σ_y라는 양은 어림잡아서 가장 잘 맞는 직선으로부터 점 (x_i, y_i)가 벗어나는 평균거리다. 만약 σ_y가 기대되는 불확실성 δy와 대략 같다면 데이터는 기대되는 선형 관계와 일관적이다. 그런데 만약 σ_y가 δy보다도 훨씬 더 크다면 선형 관계를 의심할 만한 충분한 이유가 있다. 다음 문제는 이 아이디어들을 예를 들면서 설명해준다.

어떤 학생이 수평 공기 궤도를 활주하는 활주체의 속도를 측정하려고 다섬광 사진을 이용해서 활주체의 위치 s를 표 8.6에 보인 것처럼 같은 간격의 네 개의 시간에서 구하였다. 활주체가 일정한 속도로 운동한다고 가정하고서 이 학생은 이 데이터를 직선 $s = s_o + vt$에 맞추었다. (a) 최소제곱법을 사용해서 s_o와 v에 대한 최량의 추정값들 s의 측정값들에서의 표준 편차 σ_s에 대한 최량의 추정값을 구하여라. (b) 사진의 품질이 좋지 않았고, 그래서 학생은 측정한 s가 $\delta s \approx 1\,\text{cm}$ 정도로 불확실하다고 믿고 있다고 가정하자. δs의 값을 σ_s와 비교해서 이 학생의 데이터는 속도가 일정하다는 가정과 일관적인지를 판단하라. 독자들의 결론을 뒷받침하기 위해 불확실성인 $\delta s \approx 1\text{cm}$를 보여주는 오차 막대와 함께 s 대 t의 그래프를 그려라.

표 8.6 활주하는 활주체의 위치와 시각; 연습문제 8.13과 관련

"x": 시간, t(초)	−3	−1	1	3
"y": 위치, s(cm)	4.0	7.5	10.3	12.0

(c) 그 대신에 이 학생은 자신의 측정값들이 0.1 cm 범위 내에서 정확하다고 확신한다고 가정하자. 이 경우에 학생의 측정값들은 속도가 일정하다는 가정과 일관적인가? 데이터와 가장 잘 맞는 직선의 그래프를 조사한 다음에 독자들은 이에 대한 설명을 제시할 수 있는가?

8.4절에 관한 문제: 상수 A와 B의 불확실성

8.14.★ 최소제곱법을 사용하여 연습문제 8.8에서의 활주체의 속도 v에 대한 최량의 추정값과 이 v의 불확실성에 대한 최량의 추정값을 구하라. (가장 잘 맞는 직선을 구할 적에 반드시 휴대용 계산기의 내장된 기능을 사용하라. 그렇지만 안타깝게도 대부분의 계산기는 A와 B의 불확실성을 구하는 내장된 기능은 가지고 있지 않다. 그래서 이 부분의 계산은 독자들이 직접 실행해야 할 것이다.)

8.15.★★ 쿤트(A. Kundt)의 관은 소리의 파장 λ를 측정하는 장치이다. 실험자는 가벼운 가루를 뿌려놓은 유리관 안에 정지 파동을 형성시킨다. 공기의 진동은 가루를 움직이고 결국에는 그림 8.5에 보인 것처럼 정지 파동의 변위 마디에 조그만 더미들로 모이게 한다. 마디 간의 거리는 $\lambda/2$이므로 이로부터 실험자는 λ를 알아낼 수 있다.

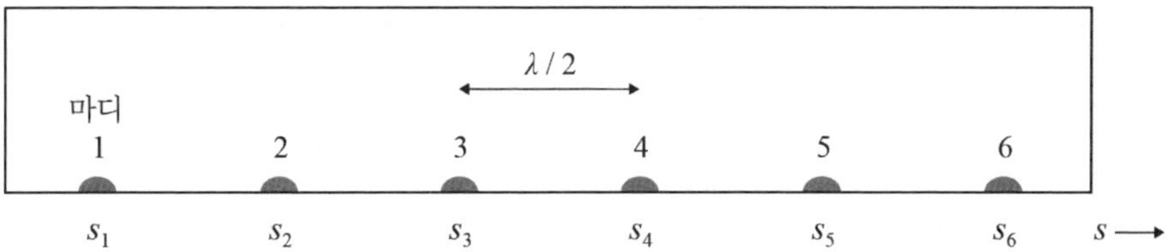

그림 8.5 정지 파동의 마디에 조그만 가루 더미들을 가진 쿤트의 관; 연습문제 8.15와 관련

어떤 학생이 ($n=1, \ldots, 6$이라고 번호 붙여진) 여섯 개 마디를 그림 8.5에서처럼 발견하였다. 마디들은 $\lambda/2$라는 간격으로 일정하게 서로 떨어져 있어야만 하므로 이들의 위치는 $s_n = A + Bn$을 만족해야 하는데 여기서 $B = \lambda/2$이다. 최소제곱법을 사용해서 데이터를 이 직선에 맞추고, 그러고 나서 파장과 파장의 불확실성을 구하라.

표 8.7 쿤트의 관에서의 마디의 위치; 연습문제 8.15와 관련

"x": 마디 번호 n	1	2	3	4	5	6
"y": 위치 s_n(cm)	5.0	14.4	23.1	32.3	41.0	50.4

8.16.★★ 오차 전파를 사용해서 직선 $y = A + Bx$의 파라미터들의 불확실성이 (8.16)과 (8.17)로 주어진다는 것을 보여라. [힌트: 일반적 오차 전파 공식 (3.47)을 사용하고, 가정에 따라서 단지 y_i만 불확실성의 지배를 받는다는 것을 기억하라.] 독자들이 Σy와 같은 합을 y_i에 대해서 미분할 경우에는 그 합을 $y_1 + \cdots + y_N$과 같이 풀어쓰는 것이 도움될 수 있을 것이다. 분모 Δ와 같이 단지 x_i만 관련되는 것은 어떤 양도 불확실성을 전혀 가지고 있지 않다.]

8.17.★★ 측정된 점 $(x_1, y_1), \ldots, (x_N, y_N)$의 한 집합에 대한 최소제곱 맞추기는 x와 y를 비대칭적으로 취급한다. 구체적으로 직선 $y = A + Bx$에 대한 최량 맞추기는 수들 $y_1, \ldots, y_N$은 모두 동등한 정도로 불확실하고 이에 비해서 $x_1, \ldots, x_N$은 무시할 수 있을 만큼 작은 불확실성을 가지고 있다는

가정에서 기초해서 구해진다. 만약 상황이 역전된다면 x와 y의 역할은 맞바꾸어야 하고 x와 y는 직선 $x = A' + B'y$에 맞추어져야 한다. 결과적으로 얻어지는 두 직선 $y = A + Bx$와 $x = A' + B'y$는 만약 N개의 점이 **적확하게** 이 직선 위에 놓인다면 같겠지만 일반적으로 두 직선은 약간 다르다. 다음 문제는 그 작은 차이를 보여줄 것이다.

(a) 연습문제 (8.1)의 데이터에 가장 잘 맞는 직선 $y = A + Bx$를 구하고, A와 B의 불확실성을 구하라. (b) 이제 x와 y의 역할을 역전시키고 같은 데이터를 직선 $x = A' + B'y$에 맞추어라. 만약 독자들이 x의 항으로 y에 대해서 이 방정식을 푼다면 독자들은 A와 B에 대한 값을 A'과 B'의 값에 근거해서 구할 수 있을 것이다. 두 가지 접근법의 차이에 대해 논평하라.

8.18.★★ **원점을 지나가는 직선에 대한 불확실성** 연습문제 8.5에 서술된 $y = Bx$라고 알려진 [말하자면 점들이 원점을 지나가는 직선 위에 놓여 있다는] 상황에 대해서 생각해보자. 기울기 B에 대한 최량의 추정값은 연습문제 8.5에 주어져 있다. 8.3절에서와 같이 논증하면 우리는 y의 측정값들에서 σ_y에 대한 불확실성은

$$\sigma_y = \sqrt{\frac{1}{N-1}\sum (y_i - Bx_i)^2}$$

으로 주어진다는 것을 증명할 수 있다. 연습문제 8.16에 그 대강을 기술한 논증을 따라가면서 상수 B의 불확실성은

$$\sigma_B = \frac{\sigma_y}{\sqrt{\sum x^2}}$$

로 주어진다는 것을 증명하라.

8.19.★★★ **가중 최소제곱 맞추기에서의 불확실성** 연습문제 8.9와 그 대강이 기술된 가중 최소제곱법에 대해서 생각해보자. 오차 전파를 이용해서 상수 A와 B의 불확실성은

$$\sigma_A = \sqrt{\frac{\sum wx^2}{\Delta}}$$

그리고

$$\sigma_B = \sqrt{\frac{\sum w}{\Delta}}$$

로 주어진다는 것을 증명하라.

8.5절에 관한 문제: 예

8.20.★ 어떤 학생이 부피를 일정하게 유지하면서 다섯 개의 서로 다른 온도 T에서 기체의 압력 P를 측정하였다. 이 학생의 결과들을 표 8.8에 제시하였다.

표 8.8 온도(단위: ℃) 대 압력(단위: 수은주 높이 mm); 연습문제 8.20과 관련

"x": 압력 P	79	82	85	88	90
"y": 온도 T	8	17	30	37	52

이 학생의 데이터는 형식이 $T = A + BP$인 직선에 맞추어져야 하는데 여기서 A는 (공인된 값인 −273℃ 인) 온도의 절대 영도이다. 학생의 데이터에 가장 잘 맞는 직선을 구하고, 그 결과로부터 절대 영도와 그것의 불확실성에 대한 최량의 추정값들을 구하라.

8.6절에 관한 문제: 다른 곡선들에 최소제곱 맞추기

8.21.★★ 측정값들 $(x_i,\ y_i)$, $i=1, \ldots, N$의 한 집합을 다항식 $y=A+Bx+Cx^2$에 맞추는 문제를 생각해보자. 최대 가능도의 원리를 이용해서 데이터로부터 얻어지는 A, B, C에 대한 최량의 추정값들은 방정식 (8.27)에 의하여 주어진다는 것을 증명하라. 방정식 (8.24)에서 (8.27)에 걸쳐 그 대강을 기술한 논증을 따라가라.

8.22.★★ 자유롭게 낙하하는 물체의 가속도를 측정하는 한 가지 방도는 같은 시간 간격으로 배열되는 일련의 시간들 t_i에서 (예를 들면 다섬광 사진으로) 높이 y_i를 측정하고, 기대되는 다항식

$$y=y_o+v_o t-\frac{1}{2}\mathrm{g}t^2 \tag{8.40}$$

에 가장 잘 맞추는 것이다. 표 8.9에 주어진 다섯 측정값에 기초해서, (8.40)의 세 개의 계수에 대한 최량의 추정값들을 구하고, 그 결과로부터 g에 대한 최량의 추정값을 방정식 (8.27)을 사용해서 구하라.

표 8.9 낙하하는 물체의 높이(단위: cm) 대 시간(단위: 10분의 1초); 연습문제 8.22와 관련

“x”: 시간 t	−2	−1	0	1	2
“y”: 높이 y	131	113	89	51	7

우리가 원하는 대로 시간들을 명명할 수 있다는 것에 주목하라. 더 자연스러운 선택은 $t=0, 1, \ldots, 4$인 것처럼 보인다. 독자가 이 문제를 풀 때는 그러나 $t=0$에 대해서 대칭으로 배열되도록 시간들을 정의한다면 관련되는 합들의 약 절반이 0이 될 것이고, 그래서 계산도 크게 단순화될 것이다. 이 묘책은 독립 변수들이 같은 간격으로 배열될 때는 언제나 사용될 수 있다.

8.23.★★ y가 $y = Af(x) + Bg(x)$와 같은 형식을 가질 것으로 기대된다고 가정하자. 여기서 A와 B는 미지의 계수들이고 f와 g는 ($f = x$나 $g = x^2$ 혹은 $f = \cos x$나 $g = \sin x$와 같은) 고정된 기지의 함수들이다. 최대 가능도 원리를 이용해서, 데이터 (x_i, y_i), $i = 1, \ldots, N$에 기초한 A와 B에 대한 최량의 추정값은

$$A\sum [f(x_i)]^2 + B\sum f(x_i)g(x_i) = \sum y_i f(x_i)$$

그리고

$$A\sum f(x_i)g(x_i) + B\sum [g(x_i)]^2 = \sum y_i g(x_i) \tag{8.41}$$

를 반드시 만족해야 한다는 것을 증명하라.

8.24.★★ 연직 스프링에 매달려 진동하는 추는

$$y = A\cos\omega t + B\sin\omega t$$

에 의해서 주어지는 높이를 가져야 한다. 한 학생이 ω는 10 rad/s라고 측정했는데 불확실성은 무시할 수 있을 만큼 작았다. 다섬광 사진을 이용해서 이 학생은 표 8.10에 제시한 바와 같이 다섯 개의 같은 시간 간격으로 배열된 시간에 대해 높이 y를 구하였다.

표 8.10 진동하는 질량의 위치(단위: cm)와 시간(단위: 10분의 1초); 연습문제 8.24와 관련

“x”: 시간 t	-4	-2	0	2	4
“y”: 위치 y	3	-16	6	9	-8

방정식 (8.41)을 사용해서 A와 B에 대한 최량의 추정값을 구하라. 좌표 평면에 데이터를 표시하고, 가장 잘 맞는 직선을 그려 넣어라. (만약 독자들이 데이터의 좌표를 먼저 표시한다면, 독자들은 최소제곱법 없이는 가장 잘 맞는 직선을

선택한다는 것이 얼마나 어려웠을 것인가를 생각해볼 수 있는 기회를 갖게 될 것이다.) 만약 학생이 y의 측정된 값들이 "몇 센티미터"만큼 불확실하다고 판단한다면 데이터가 기대 곡선에 만족할 만한 정도로 잘 맞는다고 말할 수 있겠는가?

8.25.★★ 방사성 물질의 한 표본이 방사선을 방출하는 비율은 물질이 고갈되어 가면서 지수적으로 감소한다. 이 지수적 붕괴를 연구하기 위해 어떤 학생이 표본 근처에 계수기를 놓고, 15초 동안에 붕괴 개수를 기록한다. 이 학생은 10분 간격으로 다섯 번 반복해서 이렇게 측정하고, 표 8.11에 제시한 결과를 얻었다. (장비를 준비하는 데 거의 10분이 걸리기 때문에 학생의 첫 번째 측정은 $t = 10$ 분에 시행되었다는 것을 알아야 한다.)

표 8.11 15초 동안에 방출된 수 $\nu(t)$ 대 경과한 총 시간(단위: 분); 연습문제 8.25와 관련

"x": 경과시간 t	10	20	30	40	50
"y": 개수 $\nu(t)$	409	304	260	192	170

만약 표본이 진실로 지수적으로 감소한다면 수 $\nu(t)$는

$$\nu(t) = \nu_o e^{-t/\tau} \tag{8.42}$$

를 만족해야만 하는데 여기서 τ는 연구 대상 물질의 알려지지 않은 평균 수명이고 ν_o는 다른 하나의 모르는 상수이다. 평균 수명 τ를 구하려고 이 학생은 방정식 (8.42)의 자연 로그를 취하고서 직선 관계

$$z = \ln(\nu) = \ln(\nu_o) - t/\tau \tag{8.43}$$

를 얻은 후 이 직선에 최소제곱 맞추기를 실시하였다. 평균 수명 τ에 대한 이 학생의 답은 어떻게 되는가? $t = 0$에서 15초 동안 이 학생은 몇 개의 붕괴를 세었겠는가?

8.26.★★★ 연습문제 8.25의 학생이 방사능 붕괴의 지수적 특성에 대해서 더 깊이 조사하기로 결심하고, 더 긴 전체 시간 동안 붕괴를 추적하면서 실험을 반복하였다. 이 학생은 앞서와 같이 15초 동안 붕괴를 세기로 결정하였고 그러나 이번에는 표 8.12에 제시한 바와 같이 30분 간격으로 여섯 번 측정하였다.

표 8.12 15초 동안에 방출된 수 $\nu(t)$ 대 경과한 총 시간(단위: 분); 연습문제 8.26과 관련

"x": 시간 t	10	40	70	100	130	160
"y": 개수 $\nu(t)$	188	102	60	18	16	5

3.2절의 제곱근 규칙에 의하면 수셈 ν의 개별적인 불확실성은 $\sqrt{\nu}$로 주어지고, 이것은 명백히 실험을 할 동안 폭넓게 변동한다. 그리하여 이 학생은 직선 (8.43)에 **가중** 최소제곱 맞추기를 실시하기로 결정하였다. (a) 그 목적으로 이 학생은 로그 $z_i = \ln(\nu_i)$와 이들의 불확실성을 먼저 계산해야 한다. 오차 전파를 이용해서 z_i에서의 불확실성은 $1/\sqrt{\nu_i}$라는 것을 증명하라. 이 사실은 z_i의 가중치는 바로 ν_i라는 것을 의미한다. (b) 이제는 직선 (8.43)에 가중 최소제곱 맞추기를 실시하라. 이 물질의 평균 수명 τ와 그것의 불확실성에 대한 이 학생의 답은 어떻게 되는가? [계수 A와 B에 대한 최량의 값은 연습문제 8.9에 있는 방정식들 (8.37)과 (8.38)에 주어져 있다. t, ν, $z = \ln(\nu)$, 그리고 (8.37)에서 (8.39)까지에 등장하는 여러 가지 합을 보여주는 표를 만들어라.] (c) $z = \ln(\nu)$의 그래프를 t에 대하여 그리는 데 가장 잘 맞는 직선과 그리고 오차 막대를 갖는 데이터를 함께 보여라. 독자들의 그래프는 붕괴율이 지수적으로 감소해야만 한다는 기대와 일관적인가?

제9장

공분산과 상관관계

이 장에서는 공분산이라는 중요한 개념을 소개하기로 한다. 이 개념은 오차 전파에서 저절로 생겨나기 때문에 9.1절은 오차 전파에 대해 빠르게 복습하는 것으로부터 시작한다. 오차 전파에 대한 복습은 9.2절에 대하여 준비를 시켜준다. 9.2절에서는 공분산을 정의하고 오차 전파에서의 역할을 논의할 것이다. 그다음으로 9.3절에서는 공분산을 이용해서 측정된 점들 (x_1, y_1), $\ldots, (x_N, y_N)$의 집합에 대한 선형 상관 계수를 정의하게 된다. r이라고 표기되는 이 상관 계수는 점들이 $y = A + Bx$라는 형식의 직선에 얼마나 잘 맞는지에 대한 측도를 제공한다. 9.4절과 9.5절에는 상관 계수의 사용에 대해 서술되어 있다.

9.1 오차 전파의 복습

이 절과 그다음 절에서는 오차 전파라는 중요한 문제를 최종적으로 고찰할 것이다. 오차 전파에 대해서는 3장에서 처음으로 논의했었고, 우리는 몇 가지 결론들에 도달했었다. 우리는 두 개의 물리량 x와 y를 측정해서 $q = x + y$나 또는 $q = x^2 \sin y$와 같은 어떤 함수 $q(x, y)$를 계산하는 것을 가정했었다. [실제로 우리는 임의 개수의 변수들 $x, \ldots, z$의 함수인 $q(x, \ldots, z)$

에 대해 논의했었다. 그러나 문제를 단순화할 목적으로 여기서는 단 두 개 변수만 고려하겠다.] 간단한 논증으로 q에 대한 답의 불확실성은 바로

$$\delta q \approx \left|\frac{\partial q}{\partial x}\right|\delta x + \left|\frac{\partial q}{\partial y}\right|\delta y \tag{9.1}$$

라는 것을 보여줄 수 있다. 우리는 합, 차, 곱, 그리고 몫이라는 간단한 특별한 경우들에 대해서 이 근사를 처음으로 유도했다. 예를 들어 q가 합 $q = x + y$라면 (9.1)은 친밀한 $\delta q \approx \delta x + \delta y$로 환원된다. 일반적 결과인 (9.1)은 방정식 (3.43)에서 유도되었다.

우리는 다음으로 x와 y의 오차가 부분적으로 상쇄될 수 있기 때문에 (9.1)은 때로는 δq를 아마도 과대평가할 것이라는 점을 알게 되었다. 우리는 증명하지 않고서 x와 y의 오차가 독립적이고 랜덤할 때에는 계산된 $q(x, y)$에서의 불확실성의 값은 이차 합

$$\delta q = \sqrt{\left(\frac{\partial q}{\partial x}\delta x\right)^2 + \left(\frac{\partial q}{\partial y}\delta y\right)^2} \tag{9.2}$$

에 의해서 더 낫게 추정될 수 있다고 진술하였다. 우리는 또한 오차가 독립적이고 랜덤하든지 아니든지 관계없이 (9.1)의 단순한 공식은 항상 δq의 상계를 산출해준다는 것을, 말하자면 불확실성 δq는 (9.1)에 의해서 주어지는 것보다는 결코 더 나빠지지 않는다는 것을 증명하지 않고서 진술하였다.

5장은 (9.2)에 대한 올바른 정의와 또 증명도 제공하였다. 첫 번째로 우리는 한 측정값에서의 불확실성인 δx에 대한 좋은 척도는 표준 편차 σ_x에 의해서 제공된다는 것을 알았고, 특히 x의 측정값들이 정규적으로 분포된다면 측정된 값이 참값으로부터 σ_x의 범위 안에 있다는 것을 68% 확신할 수 있다는 것을 알았다. 두 번째로 만약 측정값들 x와 y가 σ_x와 σ_y를 표준 편차로 갖는 정규 분포에 의해서 지배된다면, $q(x, y)$의 값도 역시 표준 편차

$$\sigma_q = \sqrt{\left(\frac{\partial q}{\partial x}\sigma_x\right)^2 + \left(\frac{\partial q}{\partial y}\sigma_y\right)^2} \tag{9.3}$$

을 갖고서 정규적으로 분포된다. 이 결과는 (9.2)의 주장에 대한 정당성을 제공한다.

9.2절에서는 x와 y의 오차가 독립적인지 아닌지 랜덤한지 아닌지에 무관하게 적용될 수 있는 q의 불확실성에 관한 정밀한 공식을 유도하겠다. 특별히 (9.1)이 항상 q의 불확실성의 상계를 제공한다는 것을 증명하겠다.

이러한 결과들을 유도하기 전에 표준 편차의 정의에 대해서 재검토해 보기로 하자. N개의 측정값 $x_1, \ldots, x_N$ 의 표준 편차 σ_x는 본래의 방정식인

$$\sigma_x^2 = \frac{1}{N}\sum_{i=1}^{N}(x_i - \bar{x})^2 \tag{9.4}$$

에 의해 정의되었다. 만약 x의 측정값들이 정규적으로 분포된다면, N이 큰 값을 갖게 되는 극한에서는 (9.4)로 σ_x를 정의하는 것은 x의 측정값들을 지배하는 가우스 분포

$$\frac{1}{\sigma_x\sqrt{2\pi}}e^{-(x-X)^2/2\sigma_x^2}$$

에 등장하는 폭 파라미터로 σ_x를 정의하는 것과 동등하다. 우리는 이제 x의 오차들이 정규적으로 분포되지 않을 가능성을 고려할 것이기 때문에 두 번째 정의는 우리에게 더 이상 유효하지 않다. 그렇지만 여전히 우리는 (9.4)에 의해서 σ_x를 정의할 수 있고 또 그렇게 할 것인데 σ_x에 관한 이 정의는 x의 측정에서의 랜덤한 불확실성들에 대한 합리적인 측도를 제공한다. (5장에서와 같이 나는 모든 계통 오차는 식별되었고, 또 무시할 수 있을 수준으로 축소되었으며, 그래서 남아 있는 모든 오차는 **진정으로** 랜덤한 것이라고 가정하겠다.)

σ_x에 대한 (9.4)의 정의를 사용하는가 아니면 분모의 인자 N을 $N-1$로 대체한 "개선된" 정의를 사용하는가에 대해 늘 있던 애매함은 여전히 남

아 있다. 다행스럽게도 다음에 이어지는 논의들은 우리가 두 가지 정의 중 하나를 일관되게 사용하는 한에서는 두 가지 정의에 모두 적용될 수 있다. 편의상 이 장 전체를 통틀어서 나는 분모에 N을 가진 정의 (9.4)를 사용하겠다.

9.2 오차 전파에서 공분산

함수 $q = q(x, y)$에 대한 값을 구할 목적으로, 우리는 두 가지 물리량 x와 y를 여러 차례 측정하고서 N개의 데이터 짝 $(x_1, y_1), \ldots, (x_N, y_N)$을 얻었다고 가정하자. N개의 측정값 $x_1, \ldots, x_N$으로부터 우리는 평균 $\overline{x}$와 표준 편차 σ_x를 통상적인 방법으로 계산할 수 있으며, 마찬가지로 $y_1, \ldots, y_N$으로부터 $\overline{y}$와 σ_y를 계산할 수 있다. 그다음에 측정값들의 N개의 짝을 이용해서 우리는 관심의 대상이 되는 물리량의 N개의 값

$$q_i = q(x_i, y_i), \qquad (i = 1, \ldots, N)$$

을 계산할 수 있다. 만약 $q_1, \ldots, q_N$이 주어진다면, q에 대한 최량의 추정값을 제공한다고 우리가 가정하는 평균 $\overline{q}$와, 그리고 값 q_i의 랜덤 불확실성에 관한 측도인 표준 편차 σ_q를 바로 계산할 수 있다.

늘 그랬듯이 나는 모든 불확실성의 크기가 작다고 가정할 것이다. 그래서 모든 수 $x_1, \ldots, x_N$이 $\overline{x}$에 가까이 있고 또 모든 수 $y_1, \ldots, y_N$은 $\overline{y}$에 가깝게 있다고 가정하겠다. 그러면 우리는 다음과 같은 근사를 취할 수 있다.

$$\begin{aligned} q_i &= q(x_i, y_i) \\ &\approx q(\overline{x}, \overline{y}) + \frac{\partial q}{\partial x}(x_i - \overline{x}) + \frac{\partial q}{\partial y}(y_i - \overline{y}). \end{aligned} \tag{9.5}$$

이 식(式)에서 편도함수들인 $\partial q/\partial x$와 $\partial q/\partial y$는 점 $x = \overline{x}$, $y = \overline{y}$에서 취했고

그러므로 모든 $i=1, \ldots, N$에 대해서 같다. 이렇게 근사하면 평균은

$$\begin{aligned}\bar{q} &= \frac{1}{N}\sum_{i=1}^{N} q_i \\ &= \frac{1}{N}\sum_{i=1}^{N}\left[q(\bar{x},\bar{y}) + \frac{\partial q}{\partial x}(x_i - \bar{x}) + \frac{\partial q}{\partial y}(y_i - \bar{y})\right]\end{aligned}$$

가 된다. 이 방정식은 $\bar{q}$를 세 개 항의 합으로서 산출한다. 첫 번째 항은 바로 $q(\bar{x}, \bar{y})$이고 다른 두 개의 항은 적확하게 0이다. [예를 들어 $\Sigma(x_i - \bar{x}) = 0$은 평균 $\bar{x}$의 정의로부터 당연히 그렇게 된다.] 그리하여 우리는 놀라울 정도로 단순한 결과인

$$\bar{q} = q(\bar{x}, \bar{y}) \tag{9.6}$$

를 갖게 되는데 말하자면 평균 $\bar{q}$를 구하려면 우리는 단지 함수 $q(x, y)$를 점 $x = \bar{x}$, $y = \bar{y}$에서 계산하기만 하면 된다는 것이다.

N개의 값 $q_1, \ldots, q_N$에 대한 표준 편차는

$$\sigma_q^2 = \frac{1}{N}\Sigma(q_i - \bar{q})^2$$

으로 주어진다. (9.5)와 (9.6)을 대입하면 우리는

$$\begin{aligned}\sigma_q^2 &= \frac{1}{N}\Sigma\left[\frac{\partial q}{\partial x}(x_i - \bar{x}) + \frac{\partial q}{\partial y}(y_i - \bar{y})\right]^2 \\ &= \left(\frac{\partial q}{\partial x}\right)^2 \frac{1}{N}\Sigma(x_i - \bar{x})^2 + \left(\frac{\partial q}{\partial y}\right)^2 \frac{1}{N}\Sigma(y_i - \bar{y})^2 \\ &\quad + 2\frac{\partial q}{\partial x}\frac{\partial q}{\partial y}\frac{1}{N}\Sigma(x_i - \bar{x})(y_i - \bar{y})\end{aligned} \tag{9.7}$$

라는 것을 알게 된다. 첫 두 개 항에서의 합은 표준 편차 σ_x와 σ_y의 정의에

서 등장하는 것들이다. 마지막 항의 합은 우리가 지금까지 마주치지 않은 것이다. 이것은 x와 y의 **공분산**[1]이라고 불리며

$$\sigma_{xy} = \frac{1}{N}\sum_{i=1}^{N}(x_i - \overline{x})(y_i - \overline{y}) \tag{9.8}$$

로 표기된다. 이 정의를 사용하면 표준 편차 σ_q에 관한 방정식 (9.7)은

$$\sigma_q^2 = \left(\frac{\partial q}{\partial x}\right)^2 \sigma_x^2 + \left(\frac{\partial q}{\partial y}\right)^2 \sigma_y^2 + 2\frac{\partial q}{\partial x}\frac{\partial q}{\partial y}\sigma_{xy} \tag{9.9}$$

로 된다. 이 방정식은 x와 y의 측정값들이 독립적이든 아니든 관계없이, 또 정규적으로 분포하건 아니하건 관계없이 표준 편차 σ_q를 산출해준다.

만약 x와 y의 측정이 **진정** 독립적이라면 많이 측정한 후에는 공분산 σ_{xy}는 0으로 수렴해야 한다는 것을 우리는 쉽게 알 수 있다. y_i의 값이 무엇이든지 $(x_i - \overline{x})$는 양수가 될 수 있을 만큼 음수도 될 수 있다. 따라서 많이 측정한 후에는 (9.8)에서 양수 항들과 음수 항들은 거의 균형이 맞아야만 하고, 극한적으로 무한히 많이 측정한 후에는 (9.8)의 인자 $1/N$은 σ_{xy}가 0이 된다는 것을 보장한다. (유한한 횟수의 측정 후에는 σ_{xy}는 적확하게 0은 아닐 것이나 만약 x와 y의 오차들이 독립적이고 랜덤하다면 σ_{xy}는 **작은** 값이 되어야만 한다.) σ_{xy}가 0이면 σ_q에 대한 방정식 (9.9)는 독립적이고 랜덤한 불확실성에 대한 친숙한 결과인

$$\sigma_q^2 = \left(\frac{\partial q}{\partial x}\right)^2 \sigma_x^2 + \left(\frac{\partial q}{\partial y}\right)^2 \sigma_y^2 \tag{9.10}$$

으로 단순화된다.

---

1 (두 개의 변수 x와 y에 관한) σ_{xy}에 대한 **공분산**이란 이름은 (하나의 변수 x에 대한) σ_x^2에 대한 이름인 **분산**과 필적한다. 이러한 유사성을 강조하기 위해서 공분산 (9.8)은 때로는 σ_{xy}^2이라고 표기하는데 공분산은 음수가 될 수 있기 때문에 특별히 적절한 표기는 아니다. 정의 (9.8)의 편리한 특징은 σ_x가 x의 차원을 가지고 있는 것과 꼭 마찬가지로 σ_{xy}가 xy의 차원을 가지고 있다는 것이다.

만약 x와 y의 측정값들이 독립적이 **아니라면** 공분산 σ_{xy}는 반드시 0일 필요는 없다. 예컨대 x에 대한 과대평가에는 항상 y에 대한 과대평가가 동반하거나 또는 그 반대일 수도 있는 상황을 상상해보는 것은 어렵지 않다. 그럴 때에는 $(x_i - \bar{x})$와 $(y_i - \bar{y})$가 늘 같은 (둘 다 양이거나 둘 다 음인) 부호를 가질 수 있고, 그래서 그들의 곱은 항상 양일 것이다. 합 (9.9)의 모든 항이 양이기 때문에 σ_{xy}도 양이 될 것이고 (그리고 영이 아닐 것이고) 우리가 무한히 많이 측정한 후의 극한에서조차도 그러할 것이다. 역으로 x에 대한 과대평가에는 항상 y에 대한 과소평가가 동반하거나 또는 그 반대일 수도 있는 상황을 상상해볼 수 있는데 그럴 때에는 $(x_i - \bar{x})$와 $(y_i - \bar{y})$가 늘 반대의 부호를 가질 수 있고, 그래서 σ_{xy}는 음이 될 것이다. 이 경우는 다음 예에서 설명될 것이다.

공분산 σ_{xy}가 (무한히 많이 측정한다는 극한에서도) 0이 아니라면 우리는 x와 y의 오차들이 **서로 관련되어 있다**고 말한다. 이 경우에는 (9.9)에 의해서 주어지는 $q(x, y)$의 불확실성 σ_q는 독립적이고 랜덤한 오차들에 관한 공식 (9.10)으로부터 우리가 얻게 되는 불확실성과 같지 **않다**.

예: 음의 공분산을 가진 두 개의 각

다섯 명의 학생 각자가 같은 두 개의 각 α와 β를 측정하고, 표 9.1의 첫 세 개 열에 제시한 결과들을 얻었다.[2]

표 9.1 두 개의 각 α와 β에 대한 다섯 개 측정값(단위: 도)

학생	α	β	$(\alpha - \bar{\alpha})$	$(\beta - \bar{\beta})$	$(\alpha - \bar{\alpha})(\beta - \bar{\beta})$
A	35	50	2	−2	−4
B	31	55	−2	3	−6
C	33	51	0	−1	0
D	32	53	−1	1	−1
E	34	51	1	−1	−1

2 α와 β는 다른 각이다. (옮긴이 주)

두 각(角)의 각각에 대한 평균과 표준 편차를 구하고, 그다음에 (9.8)로 정의된 공분산 $\sigma_{\alpha\beta}$를 구하라. 이 학생들은 이제 합 $q=\alpha+\beta$를 계산하려고 한다. (9.6)으로 주어지는 q에 대한 최량의 추정값과 그리고 (9.9)로 주어지는 표준 편차 σ_q를 구하라. 이 표준 편차를 α와 β에 대한 오차들이 독립적이고 σ_q가 (9.10)으로 주어진다고 (틀리게) 가정한다면 얻게 되는 값과 비교하라.

평균들은 $\bar{\alpha}=33$ 그리고 $\bar{\beta}=52$라는 것을 바로 알 수 있다. 이 값들을 가지고 우리는 표 9.1에 제시한 것처럼 편차 $(\alpha-\bar{\alpha})$와 $(\beta-\bar{\beta})$를 구할 수 있고, 이 편차들로부터 우리는

$$\sigma_\alpha^2 = 2.0 \quad \text{그리고} \quad \sigma_\beta^2 = 3.2$$

라는 것을 어렵지 않게 알아낼 수 있다. [여기서 나는 분모에 N을 가진 정의 (9.4)를 사용하였다.]

표 9.1로부터 $(\alpha-\bar{\alpha})$와 $(\beta-\bar{\beta})$는 항상 반대의 부호를 가지고 있기 때문에 α의 높은 값은 β의 낮은 값과 서로 관련되어 있고 그 역도 그러하다는 것을 알 수 있다. (이러한 상관관계가 생겨나는 실험에 대해서는 연습문제 9.6을 참조하라.) 이러한 상관관계는 표의 마지막 열에 제시한 곱 $(\alpha-\bar{\alpha})(\beta-\bar{\beta})$가 모두 음(혹은 0)이라는 것을 뜻한다. 따라서 (9.8)에 의해서 정의된 공분산 $\sigma_{\alpha\beta}$는 음이다.

$$\sigma_{\alpha\beta} = \frac{1}{N}\Sigma(\alpha-\bar{\alpha})(\beta-\bar{\beta}) = \frac{1}{5}\times(-12) = -2.4.$$

합 $q=\alpha+\beta$에 대한 최량의 추정값은 (9.6)에 의해서

$$q_{\text{best}} = \bar{q} = \bar{\alpha}+\bar{\beta} = 33+52 = 85$$

로 주어진다. (9.9)를 사용하여 표준 편차를 알아내려면 편도함수가 두 개 필요한데 이들이 $\partial q/\partial\alpha = \partial q/\partial\beta = 1$이라는 것은 쉽게 보여줄 수 있다. 그리하

여 (9.9)에 의하면

$$\begin{aligned}\sigma_q &= \sqrt{\sigma_\alpha^2 + \sigma_\beta^2 + 2\sigma_{\alpha\beta}} \\ &= \sqrt{2.0 + 3.2 - 2 \times 2.4} = 0.6\end{aligned}$$

이다. 만약 우리가 α와 β의 측정값들 사이의 상관관계를 간과하고 이들을 독립적인 것으로 처리했더라면, (9.10)에 의해서 우리는 바르지 않은 답

$$\begin{aligned}\sigma_q &= \sqrt{\sigma_\alpha^2 + \sigma_\beta^2} \\ &= \sqrt{2.0 + 3.2} = 2.3\end{aligned}$$

을 얻었을 것이다. 우리는 이 예로부터 올바른 부호를 가진 상관관계가 전파된 오차에 극적인 차이를 일으킬 수 있다는 것을 알았다. 현재 사례에서 우리는 왜 이 차이가 발생하는지를 이해할 수 있다. 각(角) α와 β 각각의 오차는 1도(degree) 정도인데 이는 $q = \alpha + \beta$가 2, 3도 정도 불확실할 것이라고 암시한다. 그런데 우리가 인지한 바와 같이 α에서 양의 오차는 β에서 음의 오차를 동반하고, α에서 음의 오차는 β에서 음의 오차를 동반한다. 그리하여 α와 β를 더하면 오차들은 서로 상쇄하게 되어서 몇 분의 1도 정도의 오차만을 남기게 된다.

즉시 점검 9.1

세 학생이 각자 어떤 삼각형의 두 변 x와 y의 길이를 측정하고, 표 9.2에 제시한 결과를 얻었다. 평균 $\bar{x}$와 $\bar{y}$를 구하고, 그다음에 표 9.1과 같은 표를 작성해서 공분산 σ_{xy}를 구하라.

표 9.2 x와 y에 관한 세 개의 측정값(단위: mm); 즉시 점검 9.1과 관련

학생	x	y
A	25	33
B	27	34
C	29	38

만약 학생들이 합 $q=x+y$를 계산한다면, 올바른 공식 (9.9)를 사용하여 표준 편차 σ_q를 구하고, 그러고 나서 그 값을 공분산을 무시하고 (9.10)을 사용했더라면 얻었을 값과 비교하라. (이 예에서 x의 높은 값은 y의 높은 값과 서로 관련이 있는 것으로 보이고, x의 낮은 값은 y의 낮은 값과 서로 관련이 있는 것처럼 보인다는 것을 알아야 한다. 구체적으로 말하자면 학생 C는 시종일관 과대평가하고 학생 A는 시종일관 과소평가하는 것처럼 보인다. 그렇지만 단지 세 개의 측정값만 가지고는 어떠한 통계적 계산의 결과도 단지 관련되는 불확실성들에 대한 대강의 지침에 불과하다는 사실을 기억하라.)

공식 (9.9)를 사용해서 우리는 항상 타당한 σ_q에 대한 상계를 이끌어낼 수 있다. 공분산 σ_{xy}가 이른바 **슈바르츠**(Schwarz) **부등식**

$$|\sigma_{xy}| \le \sigma_x \sigma_y \tag{9.11}$$

을 만족한다는 것을 증명하는 일은 (연습문제 9.7과 같은) 간단한 대수적 연습이다. 만약 (9.11)을 불확실성 σ_q에 대한 식 (9.9)에 대입한다면 우리는

$$\sigma_q^2 \le \left(\frac{\partial q}{\partial x}\right)^2 \sigma_x^2 + \left(\frac{\partial q}{\partial y}\right)^2 \sigma_y^2 + 2\left|\frac{\partial q}{\partial x}\frac{\partial q}{\partial y}\right|\sigma_x \sigma_y$$

$$= \left[\left|\frac{\partial q}{\partial x}\right|\sigma_x + \left|\frac{\partial q}{\partial y}\right|\sigma_y\right]^2$$

이라는 것을 알 수 있는데 말하자면

$$\sigma_q \le \left|\frac{\partial q}{\partial x}\right|\sigma_x + \left|\frac{\partial q}{\partial y}\right|\sigma_y \tag{9.12}$$

라는 것이다.

이 결과를 가지고서, 우리는 불확실성 δq에 대한 본래의 단순한 표현인

$$\delta q \approx \left|\frac{\partial q}{\partial x}\right|\delta x + \left|\frac{\partial q}{\partial y}\right|\delta y \tag{9.13}$$

의 정확한 의의를 드디어 확립할 수 있다. 만약 우리가 표준 편차 σ_q를 q에 대한 불확실성의 측도로서 채택한다면 (9.12)는 이전의 식 (9.13)이 진정으로 불확실성의 **상극한**이라는 것을 입증한다. x와 y의 오차들이 독립적이든지 아니든지 또 정규적으로 분포되든지 아니든지 관계없이 q에 대한 불확실성은 (9.13)의 오른쪽을 결코 초과할 수 없다. 만약 x와 y의 오차들이 (9.11)에서 가능한 가장 큰 값인 $|\sigma_{xy}| = \sigma_x \sigma_y$가 되는 그러한 방식으로 서로 관련되어 있다면 q에 대한 불확실성은 (9.13)에 의해서 주어지는 만큼 클 수 있으나 결코 그보다 더 클 수는 없다.

물리학 초급 실험에서 학생들은 대체로 공분산 σ_{xy}가 신뢰도 높게 추정될 수 있도록 측정하지는 않는다. 따라서 독자들이 결과 (9.9)를 사용할 기회는 거의 없을 것이다. 그렇지만 두 개의 변수 x와 y가 서로 관련되어 있을 것으로 의심된다면 독자들은 (9.10)의 이차 합 대신에 아마도 유계 (9.12)를 사용하는 것을 생각해보아야 할 것 같다. 우리의 다음 주제는 독자들이 거의 확실하게 사용할 수 있을 것으로 예상되는 공분산의 한 응용이다.

9.3 선형 상관 계수

9.2절에서 소개한 공분산 σ_{xy}의 개념은 우리로 하여금 측정값 (x_1, y_1), $\ldots, (x_N, y_N)$의 집합이 x와 y가 선형적으로 관련되어 있다는 가설을 얼마나 잘 뒷받침하는가라는 8장에서 제기된 문제에 답할 수 있게 해준다.

우리가 두 개 변수의 N 개의 짝 $(x_1, y_1), \ldots, (x_N, y_N)$을 측정했는데 이들이

$$y = A + Bx$$

라는 형식의 선형 관계를 만족해야 한다고 가정하자. $x_1, \ldots, x_N$은 지난 두 개 절에서는 단 하나의 수에 대한 측정값들이었지만, 여기서는 더 이상 단 하나의 수에 대한 측정값들이 아니고 그보다는 어떤 변수의 N개 다른 값에 대한 (예를 들어 우리가 돌멩이를 떨어뜨린 N개의 서로 다른 높이와 같은) 측정값들이라는 것에 주의하라. $y_1, \ldots, y_N$도 마찬가지다.

최소제곱법을 이용해서 점들 $(x_1, y_1), \ldots, (x_N, y_N)$에 가장 잘 맞는 직선에 대한 A와 B의 값들을 알아낼 수 있다. 만약 우리가 측정값들에서의 불확실성에 관하여 합리적인 추정값을 이미 가지고 있다면 우리는 측정된 점들이 진정 어떤 직선에 (이미 알고 있는 불확실성들에 비교해서) 합리적일 정도로 가깝게 놓이는지 알 수 있다. 만약 점들이 그렇게 놓인다면 우리의 측정값들은 x와 y가 선형적으로 관련되어 있을 것이라는 추측을 뒷받침한다.

안타깝게도 많은 실험에서 불확실성에 관한 신뢰할 만한 추정값을 미리 얻는 것은 어렵고, 그래서 두 개의 변수가 선형적으로 관련되는 것처럼 보이는지 아닌지를 판단하기 위해서는 반드시 데이터 자체를 사용해야만 한다. 특히 불확실성의 크기를 미리 알기가 **불가능한** 종류의 실험이 있다. 자연과학보다는 사회과학에서 더 흔한 이러한 실험의 종류는 예를 보여주면 가장 잘 설명될 것이다.

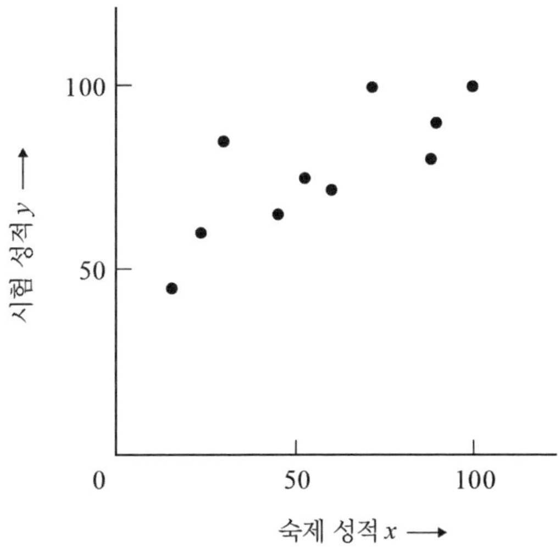

그림 9.1 학생들의 시험 성적들과 숙제 성적들을 보여주는 "산점도". 열 개 점 (x_i, y_i)의 하나하나는 한 학생의 숙제 성적 x_i와 시험 성적 y_i를 나타낸다.

숙제를 하는 것이 시험을 잘 보는 데 도움된다고 학생들을 납득시키고 싶어하는 어떤 교수가 학생들의 숙제와 시험 성적을 기록하여 보관하고, 그림 9.1에서와 같이 "산점도"에 점수들의 위치를 좌표로 표시하였다. 이 그림에서 숙제 점수는 수평 축에 그리고 시험 성적은 수직 축에 좌표로 위치를 결정하였다. 각 점 (x_i, y_i)는 한 학생의 숙제 성적 x_i와 시험 성적 y_i를 나타낸다. 이 교수는 높은 시험 성적이 높은 숙제 성적과 **서로 관련이 있다**는 것을 또는 그 역이 성립한다는 것을 입증하고 싶어 한다. (이 교수의 산점도는 경향이 근사적으로 그러하다는 것을 확실히 보여주고 있다.) 이러한 종류의 실험에서는 점들에는 불확실성이 전혀 없고, 각 학생의 두 가지 성적은 적확하게 알고 있다. 불확실성은 오히려 점수들이 **서로 관련되는** 정도에 놓여 있는데 이것은 데이터로부터 결정되어야만 한다.

물론 (전형적인 물리학 실험이나 방금 서술한 실험과 같은 실험에서) 두 개의 변수 x와 y는 간단한 선형 관계 $y = A + Bx$보다는 한층 더 복잡한 관계에 의해서 서로 관련되어 있을 수 있다. 예를 들면 상당히 많은 자연 법칙은 $y = A + Bx + Cx^2$과 같은 형식의 이차 관계로 귀결된다. 그럼에도 나는 여기서의 논의를 주어진 점들의 집합이 **선형** 관계 $y = A + Bx$라는 가설을 뒷받침하는지 여부를 판단하는 한층 단순한 문제로만 국한시키겠다.

점들 $(x_1, y_1), \ldots, (x_N, y_N)$의 집합이 x와 y의 사이에 선형 관계를 뒷받침하는 정도는 **선형 상관 계수** 또는 그냥 **상관 계수**라고 불리는

$$r = \frac{\sigma_{xy}}{\sigma_x \sigma_y} \tag{9.14}$$

에 의해서 측정되는데, 여기서 공분산 σ_{xy} 그리고 표준 편차 σ_x와 σ_y는 방정식 (9.8)과 (9.4)에서 정의된 바로 그대로이다.[3] 이 정의들을 (9.14)에 대입하면, 우리는 상관 계수를 다음과 같이 다시 쓸 수 있다.

$$r = \frac{\sum (x_i - \bar{x})(y_i - \bar{y})}{\sqrt{\sum (x_i - \bar{x})^2 \sum (y_i - \bar{y})^2}}. \tag{9.15}$$

내가 직접 증명할 것이지만, 수 r은 점 (x_i, y_i)들이 직선에 얼마나 잘 맞는가에 대한 지표이다. 이것은 -1과 1 사이의 수이다. 만약 r이 ± 1에 근접하면 점들은 어떤 직선에 가깝다. 그런데 r이 0에 가까우면 점들은 서로 관련이 없으며 그래서 하나의 직선에 놓일 경향이 거의 없거나 전혀 없다.

이 주장을 증명하기 위해, 우리는 먼저 슈바르츠 부등식 (9.11), $|\sigma_{xy}| \leq \sigma_x \sigma_y$은 주장된 바와 같이 $|r| \leq 1$이거나 혹은

$$-1 \leq r \leq 1$$

이라는 것을 곧바로 함축한다는 사실을 말하고자 한다. 다음으로 모든 점 (x_i, y_i)가 **적확하게** 직선 $y = A + Bx$ 위에 놓인다고 가정하자. 이 경우에는

---

3 그렇지만 이들의 의의는 약간 다르다는 것을 알아야 한다. 예를 들어 9.2절에서는 $x_1, \ldots, x_N$은 **하나의 수**에 대한 측정이었고 이 측정값들이 정밀하다면 σ는 반드시 작아야만 한다. 현재의 경우에는 $x_1, \ldots, x_N$은 한 변수의 **서로 다른** 값들에 대한 측정값들이며 측정값들이 정밀하다고 하여도 σ_x가 작을 것이라고 생각할 이유는 전혀 없다. 어떤 저자들은 **결정 계수**라고 불리는 수 r^2을 사용한다는 사실을 유념하라.

모든 i에 대해서 $y_i = A + Bx_i$이고, 따라서 $\bar{y} = A + B\bar{x}$이다. 이 두 방정식을 빼면 우리는 각각의 i에 대해서

$$y_i - \bar{y} = B(x_i - \bar{x})$$

라는 것을 알 수 있다. 이 결과를 (9.15)에 대입하면 우리는 다음 결과를 얻게 된다.

$$r = \frac{B\sum(x_i - \bar{x})^2}{\sqrt{\sum(x_i - \bar{x})^2 B^2 \sum(x_i - \bar{x})^2}} = \frac{B}{|B|} = \pm 1. \tag{9.16}$$

즉 점들 $(x_1, y_1), \ldots, (x_N, y_N)$이 완벽하게 한 직선 위에 놓여 있으면 그때에는 $r = \pm 1$이고 (B가 양이면 $r = 1$이고 B가 음이면 $r = -1$인) 그 부호는 직선의 기울기에 의해서 결정된다.[4] 비록 x와 y가 실제로 선형적으로 서로 관련된다고 하더라도 우리는 실험 점들이 **적확하게** 직선 위에 놓일 것으로 기대하지는 않는다. 따라서 우리는 r이 **적확하게** ± 1일 것으로 기대하지는 않는다. 반면에 만약 x와 y가 선형적으로 관련되어 있다고 믿는다면 우리는 r의 값이 ± 1에 **가까울** 것으로는 기대한다.

다른 한편으로 변수 x와 y 간에 서로 아무런 관련이 없다고 가정하자. y_i의 값이 무엇이든 간에 각각의 x_i는 $\bar{x}$ 아래에 있을 만큼 위에도 있을 것이다. 따라서 (9.15)의 분자에 있는 합

$$\sum(x_i - \bar{x})(y_i - \bar{y})$$

에서의 항들은 음이 될 수 있을 만큼 양도 될 수 있다. 그러는 동안에도 r의 분모에 있는 항들은 모두 양이다. 따라서 측정값들의 수 N이 무한대에 가까워지는 극한에서 상관 계수 r은 영이 될 것이다. 유한한 개수의 데이터 점에

4 만약 직선이 적확하게 수평이라면 $B = 0$이고, (9.6)은 $r = 0/0$을 산출한다. 즉 r이 정의되지 않는다는 것이다. 다행스럽게도 이 특수한 경우는 y가 x로부터 독립인 상수라는 사실에 대응하기 때문에 실제에서는 중요하지 않다.

대해서는 (만약 두 변수가 참으로 아무런 서로 관련이 없다면) 우리는 r이 정확하게 0이 될 것으로 기대하지는 않지만 **작을** 것이라고는 기대한다.

만약 두 개의 변수 x와 y가 무한히 많은 측정이라는 극한에서 공분산 σ_{xy}가 0이 되는 (따라서 $r=0$이 되는) 그러한 두 개의 변수라면 우리는 그 변수들은 **서로 관련이 없다**고 말한다. 만약 유한한 개수의 측정 후에 상관 계수 $r=\sigma_{xy}/\sigma_x\sigma_y$가 작다면 x와 y는 서로 관련이 없다는 가설은 뒷받침된다.

한 예로 그림 9.1에 제시한 시험과 숙제 성적들을 검토해보자. 이 성적들은 표 9.3에 주어져 있다. (연습문제 9.12에서와 같이) 간단히 계산해보면 성적들의 열 개 짝에 대한 상관 계수가 $r=0.8$이라는 것을 알 수 있다. 교수는 이 값이 1에 "합리적일 정도로 가깝다"고 결론 내리고, 그래서 다음 해의 수업에서 숙제와 시험 성적들이 좋은 상관관계를 보여주고 있으므로 숙제를 하는 것이 중요하다고 발표할 수 있다.

표 9.3 학생들의 성적

학생 i	1	2	3	4	5	6	7	8	9	10
숙제 x_i	90	60	45	100	15	23	52	30	71	88
시험 y_i	90	71	65	100	45	60	75	85	100	80

만약 상관 계수 r이 0에 가까운 결과를 얻었었더라면 교수는 숙제 성적이 시험 성적과 아무런 관련이 없다는 것을 보여주게 되는 매우 난처한 입장에 놓였을 것이다. 만약 r이 -1에 가까운 것으로 드러났다면 그 교수는 숙제 성적과 시험 성적이 **음**의 상관관계를 보인다는, 말하자면 숙제에서 좋은 성과를 보인 학생이 시험에서는 더 못하는 경향이 있다는 한층 더 곤혹스러운 발견을 했을 것이었다.

즉시 점검 9.2

즉시 점검 9.1의 데이터에 대한 상관 계수를 구하라. 이 측정값들이 양의 상관관계를 보인다는 점에 주목하라. 말하자면 x의 높은 값은 y의 높은 값과 서로 관련이 있고, x의 낮은 값은 y의 낮은 값과 서로 관련이 있다.

9.4 상관 계수 r의 정량적 유의성

숙제의 성적과 시험 성적의 예는 데이터 점들이 x와 y 간의 선형 관계를 얼마나 잘 뒷받침하는가에 대해서 우리는 아직 완전한 답을 갖지 못하고 있다는 것을 명료하게 보여준다. 교수는 상관 계수가 $r = 0.8$이라는 사실은 알아냈고 이 값이 1에 "합리적일 정도로 가깝다"고 판단하였다. 그런데 1에 "합리적일 정도로 가깝다"는 것이 무엇인지를 우리는 어떻게 객관적으로 판단할 수 있는가? $r = 0.6$은 합리적일 정도로 가깝지 않을까? 혹은 $r = 0.4$는? 이 의문들에 대해서 다음 논증이 답변할 것이다.

두 개의 변수 x와 y가 실제로 **전혀 서로 관련이 없다**고 가정해보자. 즉 측정 횟수가 무한히 많은 극한에서는 상관 계수 r은 0이 될 것이다. 측정 횟수가 유한하다면 r이 적확하게 0이 되는 것은 거의 있을 수 없다. 실제로 우리는 r이 어떤 특정한 값을 초과할 확률을 계산할 수 있다. 서로 상관이 없는 두 개의 변수에 대한 N개의 측정값으로부터 계산된 상관 계수 r이[5] 어떤 특정한 r_o보다도 클 확률을

$$Prob_N(|r| \geq r_o)$$

이라고 표기하기로 한다. 예를 들어 우리는 확률

$$Prob_N(|r| \geq 0.8)$$

을 계산할 수 있는데 이것은 서로 관련이 없는 변수들인 x와 y를 N번 측정한 후에 상관 계수가 적어도 우리 교수의 값인 0.8만큼 클 확률이다. 이 확률을 계산하는 과정은 상당히 복잡하기 때문에 여기서는 제공하지 않겠다. 파라미터들의 대표적인 몇몇 값에 대한 결과는 표 9.4에 제시되어 있는데 좀 더 완전한 일람표는 부록 C에 주어져 있다.

---

5 r이 +1에 가깝거나 **혹은** −1에 가까우면 상관관계의 징후가 있으므로 우리는 **절댓값** $|r| \geq r_o$를 얻는 확률을 고려하기로 한다.

표 9.4 서로 관련이 없는 두 개의 변수 x와 y에 대한 N개의 측정값으로부터 $|r| \geq r_o$인 상관 계수가 산출될 확률 $Prob_N(|r| \geq r_o)$. 이 값들은 백분율 확률로 주어졌고 공백들은 0.05%보다 작은 값들을 가리킨다.

N	r_o										
	0	0.1	0.2	0.3	0.4	0.5	0.6	0.7	0.8	0.9	1
3	100	94	87	81	74	67	59	51	41	29	0
6	100	85	70	56	43	31	21	12	6	1	0
10	100	78	58	40	25	14	7	2	0.5		0
20	100	67	40	20	8	2	0.5	0.1			0
50	100	49	16	3	0.4						0

비록 표 9.4에 주어진 확률들이 어떻게 계산되는지를 보여주지는 않았지만, 우리는 이 확률들의 일반적인 성질을 이해할 수 있고, 또 이 확률들을 이용할 수 있다. 첫 번째 열은 데이터 점들의 수 N을 보여준다. (우리의 예에서는 교수가 학생들의 성적 열 개를 기록했으므로 $N = 10$이다.) 계속되는 각 열에 있는 수들은 두 개의 **서로 관련이 없는** 변수로부터 적어도 그 열의 맨 위에 있는 수만큼 큰 상관 계수가 산출될 백분율 확률을 보여준다. 예를 들어 열 개의 서로 관련이 없는 데이터 점들로부터 $|r| \geq 0.8$이 산출될 확률은 단지 0.5%에 불과하다는 것을 알 수 있는데 이것은 큰 확률이 전혀 아니다. 그러므로 서로 관련이 없는 성적들로부터 $|r|$이 교수가 얻은 0.8과 같거나 그 이상되는 상관 계수가 산출된다는 것은 **정말로 있을 법하지 않다**고 교수는 말할 수 있다. 바꾸어 말하자면 숙제 성적과 시험 성적이 서로 상관이 있다는 것은 **정말로 있을 법하다**는 것이다.

표 9.4의 몇 가지 특징들은 논평할 가치가 있다. 첫 번째 열의 모든 성분은 모두 100%인데, 그 이유는 $|r|$이 항상 0보다 크거나 같기 때문이다. 따라서 $|r| \geq 0$일 확률은 항상 100%이다. 마찬가지로 마지막 열의 성분들은 모두 0인데 그 이유는 $|r| \geq 1$일 확률은 항상 0이기 때문이다.[6] 중간에

6 비록 $|r| > 1$인 것은 불가능하지만 $|r| = 1$은 원칙적으로는 가능하다. 그렇지만 r은 연속 변수이고 $|r|$이 정확하게 1이 될 확률은 0이다. 그러므로 $Prob_N(|r| \geq 1) = 0$이다.

있는 열들에서의 수는 데이터 점의 수 N에 따라서 변동한다. 이 변동 또한 쉽게 이해할 수 있다. 만약 우리가 단 세 번만 측정한다면 이들이 이를테면 $|r| \geq 0.5$가 되는 상관 계수를 가질 확률은 (실은 67%로) 당연히 상당히 높다. 그러나 두 변수가 실제로 아무런 관련이 없다면 20번을 측정했을 때 $|r| \geq 0.5$일 승산은 (2%로) 당연히 매우 작다.

표 9.4에 있는 (혹은 부록 C의 좀 더 완전한 표에 있는) 확률이 준비되어 있기 때문에 우리는 이제 값들 (x_i, y_i)의 N개 짝이 x와 y 간의 선형 관계를 얼마나 잘 뒷받침하는가라는 물음에 가장 완전한 답을 가지고 있다고 하겠다. 측정된 점들로부터 먼저 우리는 관측된 상관 계수 r_o를 (하첨자 o는 "observed"를 나타낸다) 계산할 수 있다. 그다음으로 이 표들 중의 하나를 이용해서 N개의 서로 관련이 없는 점이 적어도 관측된 계수 r_o만큼이나 큰 상관 계수를 산출해줄 확률 $Prob_N(|r| \geq r_o)$을 우리는 알아낼 수 있다. 만약 이 확률이 "충분히 작다"면 x와 y가 서로 관련이 없다는 것은 **있을 법하지 않고**, 따라서 이들이 실제로는 서로 관련이 있다는 것이 **아주 확실하다**고 우리는 결론을 내릴 수 있다.

우리는 여전히 우리가 "충분히 작다"고 간주하는 확률의 값을 선택해야만 한다. 비교적 흔한 선택은 만약 $|r| \geq r_o$가 되는 상관 계수 r을 서로 관련이 없는 변수들로부터 얻을 확률이 5%보다 작다면 관측된 상관 계수 r_o를 "유의하다"고 간주하는 것이다. 상관관계는 때로 대응하는 확률이 1%보다 작다면 "아주 유의하다"고 불린다. 우리가 어떠한 선택을 하든지 우리는 데이터가 서로 관련이 있는지 없는지에 대해서 단정적인 답을 얻을 수는 **없다**. 그러나 대신에 우리는 데이터가 서로 관련이 없다는 것이 얼마나 있을 법하지 않는지에 대한 정량적 측도는 가지고 있다.

즉시 점검 9.3

9.3절의 그 교수는 그다음 학기에 같은 과목을 가르치는데 이번에는 학생이 20명이다. 다시 한번 이 교수는 숙제 성적과 시험 성적을 기록하는데 이번에는 상관 계수로 $r = 0.6$을 얻었다. 독자는 이 상관관계를 유의하다고 하겠는가? 아주 유의하다고는 할 수 있는가?

9.5 예

값 (x_i, y_i)의 세 개 짝을 측정하고, 이들이 0.7의 (혹은 −0.7의) 상관 계수를 갖는다는 것을 알았다고 가정하자. 이 값은 x와 y가 선형적으로 서로 관련되어 있다는 가설을 뒷받침하는가?

표 9.4를 참조해보면 변수 x와 y가 완전히 서로 관련이 없더라도 $N=3$일 때는 $|r| \geq 0.7$이 얻어질 확률이 51%라는 것을 알 수 있다. 바꾸어 말하자면 x와 y가 완전히 서로 관련이 없다는 것이 전적으로 가능하고, 그래서 우리는 상관관계를 입증할 아무런 증거를 갖고 있지 않다고 할 수 있다. 사실 단 세 개의 측정값만 가지고는 상관관계에 대한 납득할 만한 증거를 갖는다는 것은 아주 어렵다. 서로 관련이 없는 세 개의 측정값으로부터는 $|r| \geq 0.9$을 얻을 확률이 29%나 되기 때문에 0.9만큼이나 큰 관측된 상관계수도 증거로서 아직 그렇게 충분하지는 못하다.

만약 우리가 여섯 개 측정값으로부터 0.7이라는 상관 계수를 얻는다면 상황은 조금 낫지만 아직 충분할 정도로 쓸모 있지는 않다. $N=6$이면 서로 관련이 없는 변수들로부터 $|r| \geq 0.7$을 얻을 확률이 12%이다. 이 확률도 x와 y가 서로 관련이 없을 가능성을 배제하기에는 아직 충분히 작지 않다.

그 반면에 우리가 20번 측정한 후에 $|r|=0.7$이라는 것을 알았다면 우리는 상관관계에 대한 강력한 증거를 갖게 되는데 그 이유는 $N=20$이면 서로 관련이 없는 변수들로부터 $|r| \geq 0.7$을 얻을 확률이 단 0.1%이기 때문이다. 어떤 판정기준에 의거하더라도 이것은 거의 있을 수 없고, 그래서 우리는 확신을 가지고 상관관계의 징후가 있다고 주장할 수 있다. 특히 이 상관관계는 관련되는 확률이 1%보다 작기 때문에 “아주 유의하다”고 부를 수 있다.

✔ 9장의 주요 정의와 방정식

• 공분산

만약 두 가지 물리량 x와 y에 대한 측정값들에 대한 N개의 짝 (x_1, y_1), $\ldots, (x_N, y_N)$이 주어져 있으면, 우리는 이들의 공분산을

$$\sigma_{xy} = \frac{1}{N}\Sigma\,(x_i - \overline{x})(y_i - \overline{y}) \qquad \text{[(9.8) 참조]}$$

라고 정의한다. 만약 이제 우리가 측정된 값들을 사용해서 함수 $q(x, y)$를 계산한다면, q의 표준 편차는

$$\sigma_q^2 = \left(\frac{\partial q}{\partial x}\right)^2 \sigma_x^2 + \left(\frac{\partial q}{\partial y}\right)^2 \sigma_y^2 + 2\frac{\partial q}{\partial x}\frac{\partial q}{\partial y}\sigma_{xy} \qquad \text{[(9.9) 참조]}$$

로 주어진다. 만약 x와 y의 오차들이 독립적이라면 그때는 $\sigma_{xy} = 0$이고 이 방정식은 오차 전파에 관한 통상적인 공식으로 단순화된다. 오차들이 독립적이든 아니든 관계없이 슈바르츠 부등식은 상계

$$\sigma_q \le \left|\frac{\partial q}{\partial x}\right|\sigma_x + \left|\frac{\partial q}{\partial y}\right|\sigma_y \qquad \text{[(9.12) 참조]}$$

를 함축한다.

• 상관 계수

만약 두 가지 물리량 x와 y에 대한 측정값들의 N개의 짝 (x_1, y_1), $\ldots, (x_N, y_N)$이 주어져 있으면 우리는 이들의 상관 계수를

$$r = \frac{\sigma_{xy}}{\sigma_x \sigma_y} = \frac{\Sigma\,(x_i - \overline{x})(y_i - \overline{y})}{\sqrt{\Sigma\,(x_i - \overline{x})^2\,\Sigma\,(y_i - \overline{y})^2}} \qquad \text{[(9.15) 참조]}$$

이라고 정의한다. 때로는 좀 더 편리한 동등한 형식은

$$r = \frac{\sum x_i y_i - N\overline{x}\overline{y}}{\sqrt{(\sum x_i^2 - N\overline{x}^2)(\sum y_i^2 - N\overline{y}^2)}} \qquad \text{[연습문제 9.10 참조]}$$

로 주어진다. 1이나 -1에 가까운 r의 값은 선형 상관관계가 유력하다는 것을 가리키고, 0 근방의 값은 상관관계가 거의 없거나 전무한 것을 나타낸다. **서로 관련이 없는** 두 개의 변수에 대한 N개의 측정값으로부터 어떤 관측된 r_o보다도 큰 r의 값이 산출될 확률인 $Prob_N(|r| \geq r_o)$는 부록 C에 표로 만들어져 있다. 이 확률이 작을수록 x와 y가 실제로 서로 관련이 있을 증거는 더 강력해진다. 만약 이 확률이 5%보다 작으면 우리는 상관관계가 **유의하다**고 하고 1%보다 작다면 **아주 유의하다**고 한다.

✔ 9장의 연습문제

9.2절에 관한 문제: 오차 전파에서 공분산

9.1.★ 두 가지 변수 x와 y에 대한 다음 네 개의 측정값의 공분산을 계산하라.

$$x: \quad 20 \quad 23 \quad 23 \quad 22$$
$$y: \quad 30 \quad 32 \quad 35 \quad 31$$

9.2.★ 학생 다섯 명이 각자 돌멩이 하나가 어떤 고층 건물의 3층과 6층에서 낙하하는 데 걸리는 두 가지 시간 (t와 T)를 측정하였다. 이들의 측정 결과는 표 9.5에 제시되어 있다. 두 개의 평균 $\bar{t}$와 $\overline{T}$를 계산하고 나서 표 9.1의 배열을 이용해서 공분산 σ_{tT}를 구하라.

표. 9.5 두 가지 시간 t와 T에 대한 다섯 개 측정값(단위: 10분의 1초); 문제 9.2와 관련

학생	t	T
A	14	20
B	12	18
C	13	18
D	15	22
E	16	22

[독자들이 데이터를 조사해보면, 학생 B와 C의 답은 두 가지 시간 모두에 대해서 평균 이하이고 반면에 학생 D와 E의 답들은 둘 다 평균 이상이라는 사실을 알 수 있다. 비록 이 차이는 우연에 의한 요동일 수도 있지만 그 차이는 B와 C는 낙하 시간을 과소평가하는 경향이 있고 D와 E는 과대평가하는

계통적 경향이 있음을 암시한다. (예컨대 B와 C는 착지하는 것을 예상하려는 경향을 갖고 있고 반면에 D와 E는 시작 시간을 예상하려는 경향을 가지고 있을 수 있다.) 이러한 조건들에서는 우리는 이 문제에서 관측된 종류의 상관관계를 얻을 것으로 **기대할** 수 있을 것이다.]

9.3.★★ (a) 연습문제 9.1의 데이터에 대해서 분산 σ_x^2와 σ_y^2 그리고 공분산 σ_{xy}를 계산하라. (b) 만약 독자들이 합 $q=x+y$를 계산하기로 결정했다면 (9.9)에 의한 표준 편차는 어떻게 되는가? (c) 만약 독자들이 공분산을 무시하고서 방정식 (9.10)을 사용했다면 표준 편차로서 무엇을 얻었겠는가? (d) 이와 같은 간단한 상황에서 q의 표준 편차를 구하는 더 쉬운 방법은 q의 네 가지 값을 [각각의 짝 (x, y)에 대해서 하나씩] 계산하고 이 네 개의 값으로부터 σ_q를 구하는 것이다. 이 절차가 문항 (b)에서 독자들이 얻었던 것과 같은 답을 준다는 것을 보여라.

9.4.★★ (a) 연습문제 9.2의 데이터에 대해서 분산 σ_t^2와 σ_T^2, 그리고 공분산 σ_{tT}를 계산하라. (b) 만약 학생들이 차 $T-t$를 계산하려고 결정하였다면 (9.9)에 의한 표준 편차는 어떻게 되는가? (c) 만약 학생들이 공분산을 무시하고서 방정식 (9.10)을 사용했다면 표준 편차로서 무엇을 얻었겠는가? (d) 이와 같은 간단한 상황에서 $T-t$의 표준 편차를 구하는 더 쉬운 방법은 $T-t$의 다섯 가지 값을 [각각의 짝 (t, T)에 대해서 하나씩] 계산하고 이 다섯 개의 값으로부터 표준 편차를 구하는 것이다. 이 절차가 문항 (b)에서 독자들이 얻었던 것과 같은 답을 준다는 것을 보여라.

9.5.★★ 어떤 함수 $q(x,y)$의 값을 구하려고 두 개의 고정된 길이 x와 y에 대한 일련의 측정을 N번 실시하는 것을 상상해보기로 한다. 각 짝이 서로 다른 줄자로 측정되었다고 가정하자. 말하자면 짝 (x_1, y_1)은 어떤 하나의 줄자로, 짝 (x_2, y_2)는 두 번째 줄자로 등 이런 식으로 측정하였다. (a) 오차의 주된 원천이 어떤 줄자는 줄어들었고 또 어떤 것은 늘어났기 (각 경우에 줄자 전체 길이가 일률적으로) 때문이라고 가정한다면 공분산 σ_{xy}는 틀림없이

양이 되어야 한다는 것을 입증해보라. (b) 더 나아가서 같은 조건에서는 $\sigma_{xy}=\sigma_x\sigma_y$라는 것을 말하자면 σ_{xy}는 슈바르츠 부등식 (9.11)에 의해서 허용될 수 있는 가장 큰 값이라는 것을 증명하라.

[힌트: i번째 줄자가 인자 λ_i의 비율로 줄어들었다고 가정하라. 말하자면 현재 길이=(설계 길이)/λ_i이어서 실제로는 X인 길이가 $x_i=\lambda_i X$로 측정된다. 이 문제의 교훈은 공분산이 분명히 무시될 수 없는 상황이 존재한다는 것이다.]

9.6.★★ 여기에 두 가지 측정된 물리량 사이에 음의 상관관계가 기대되는 (한 변수의 높은 값이 다른 변수의 낮은 값과 관련되는) 실험의 한 예가 있다. 그림 9.2는 거품 상자에서 촬영한 한 사진을 보여주고 있는데 상자 안에서 전하를 띤 아원자 입자가 명료하게 볼 수 있는 자국을 남기고 있다. K^+라고 불리는 양전하 입자가 사진의 바닥에서 상자로 진입하였다. 점 A에서 이 입자는 보이지 않는 뉴트론과 (n과) 충돌하고, 다음과 같은 반응을 일으켰다.

$$K^+ + n \rightarrow K^o + p.$$

양성자의 (p의) 자국은 오른쪽으로 가고 있는 것이 명료하게 보이는데 K^o의 (점선으로 표시한) 경로는 K^o이 전기를 띠기 않기 때문에 실제로 보이지 않는다. 점 B에서 K^o은 두 개의 전기를 띤 파이온으로 붕괴하는데

$$K^o \rightarrow \pi^+ + \pi^-$$

이 파이온들의 자국들은 명료하게 볼 수 있다. 두 번째 과정에서 운동량 보존을 조사하기 위해 실험자는 두 파이온과 K^o의 보이지 않는 경로 사이의 각도 α와 β를 측정해야 하고, 이 측정은 A와 B를 연결하는 점선을 긋는 것을 요구한다. α와 β를 알아낼 때 오차의 주된 원천은 이 직선의 방향을 판단하는 데 있다. 그 이유는 A와 B의 거리는 대체로 서로 (1cm 이하로) 가깝

지만 그 자국은 상당히 넓기 때문이다. 이 문제를 푸는 목적으로 우리는 이것이 오차의 **유일한** 원천이라고 가정하도록 하자.

몇몇 학생들이 그림 9.2의 사본을 받고 나서 각자가 최량이라고 추정하는 직선 AB를 그려 넣고 그다음에 두 개의 각도 α와 β를 측정하였다고 가정하자. 그 후에 이 학생들은 결과들을 결합해서 평균 $\overline{\alpha}$와 $\overline{\beta}$, 표준 편차 σ_α와 σ_β, 그리고 공분산 $\sigma_{\alpha\beta}$를 구하였다. 오차의 유일한 원천은 직선 AB를 결정하는 데 있다고 가정한 다음에, α의 과대평가는 왜 필연적으로 β의 과소평가를 동반하게 되는지를 설명하라. $\sigma_\alpha = \sigma_\beta$이라는 것을 증명하고, 공분산 $\sigma_{\alpha\beta}$는 음이며 슈바르츠 부등식에 의해서 허용되는 가장 큰 값과 같다는 것을, 즉, $\sigma_{\alpha\beta} = -\sigma_\alpha\sigma_\beta$ 라는 것을 증명하라.

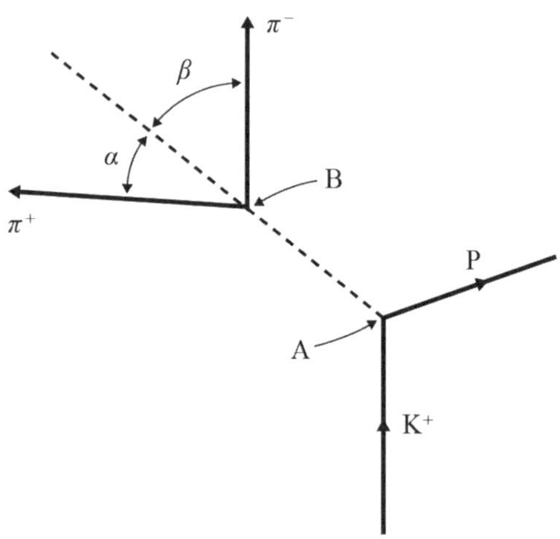

그림 9.2 거품 상자에서 전기를 띤 입자들의 자국. 점선은 보이지 않는 K^0의 방향을 나타내는데 이것은 A에서 형성되어 B에서 붕괴한다; 연습문제 9.6과 관련

(힌트: i번째 학생이 그의 직선 AB를 참 방향으로부터 Δ_i만큼 오른쪽으로 그었다고 가정하자. 그러면 이 학생의 α에 대한 값은 $\alpha_i = \alpha_{true} + \Delta_i$ 이다. 이 학생의 β_i에 대한 대응하는 식을 쓰고 그리고 관련되는 여러 가지 양을 Δ_i와 $\overline{\Delta}$의 항으로 계산하라.)

9.7.★★ (9.8)에서 정의된 공분산 σ_{xy}는 슈바르츠 부등식 (9.11)

$$\left|\sigma_{xy}\right| \le \sigma_x \sigma_y \tag{9.17}$$

를 만족시킨다는 것을 증명하라. [힌트: t가 임의의 수라고 가정하고, 다음 함수를 생각해보자.

$$A(t) = \frac{1}{N}\Sigma\left[(x_i - \overline{x}) + t(y_i - \overline{y})\right]^2 \ge 0 \tag{9.18}$$

t의 값이 무엇이든 무관하게 $A(t) \ge 0$이기 때문에 최솟값인 $A_{\min}$조차도 $A_{\min} \ge 0$이다. $A_{\min}$을 구하고 나서 $A_{\min} \ge 0$ 으로 놓아라.]

9.3절에 관한 문제: 선형 상관 계수

9.8★ 다음 다섯 개 짝의 데이터에 대해서 상관 계수 r을 계산하라.

$$\begin{array}{lccccc} x = & 1 & 2 & 3 & 4 & 5 \\ y = & 8 & 8 & 5 & 6 & 3 \end{array}$$

이 계산들을 독자들이 직접 수행하라. 그러나 휴대용 계산기가 r을 계산하는 내장된 기능을 가지고 있다면 그 기능이 어떻게 작동하는지를 확실하게 숙지하고, 그 기능을 사용해서 독자들의 값을 검사하라.

9.9★ 다음 여섯 개 짝의 데이터에 대해서 상관 계수 r을 계산하라.

$$\begin{array}{lcccccc} x = & 1 & 2 & 3 & 5 & 6 & 7 \\ y = & 5 & 6 & 6 & 8 & 8 & 9 \end{array}$$

이 계산들을 독자들이 직접 수행하라. 그러나 만약 휴대용 계산기가 r을 계산하는 내장된 기능을 가지고 있다면 그 기능이 어떻게 작동하는지를 확실하게 숙지하고, 그 기능을 사용해서 독자들의 값을 검사하라.

9.10★★ (a) 항등식

$$\sum(x_i - \bar{x})(y_i - \bar{y}) = \sum x_i y_i - N\bar{x}\bar{y}$$

을 증명하라. (b) 이 사실로부터 (9.15)에 정의된 상관 계수 r을

$$r = \frac{\sum x_i y_i - N\bar{x}\bar{y}}{\sqrt{(\sum x_i^2 - N\bar{x}^2)(\sum y_i^2 - N\bar{y}^2)}} \tag{9.19}$$

와 같이 쓸 수 있다는 것을 증명하라. 많은 계산기는 이 결과를 이용해서 r을 구하는데, 그 이유는 이렇게 하면 평균과 표준 편차를 구하기 전에 모든 데이터를 저장해야만 하는 수고를 피할 수 있기 때문이다.

9.4절에 관한 문제: 상관 계수 r의 정량적 유의성

9.11★ 광전 효과에서 빛에 의해 금속으로부터 방출된 전자의 운동 에너지 K는 빛의 진동수 f에 대한 선형 함수

$$K = hf - \phi \tag{9.20}$$

일 것으로 기대된다. 여기서 h와 ϕ는 상수들이다. 이 선형성을 검사하기 위해서 한 학생이 N개의 서로 다른 f에 대해서 K를 측정하고, 그 결과에 대해서 상관 계수를 계산하였다. (a) 만약 이 학생이 다섯 번 ($N=5$) 측정하고, $r=0.7$을 얻었다면 이 학생은 선형 관계 (9.20)에 대하여 유의한 뒷받침을 받고 있는가? (b) 만약 $N=20$이고 $r=0.5$이면 어떠한가?

9.12★ (a) 표 9.3에 있는 열 개 짝의 시험 성적에 대한 상관 계수가 근사적으로 0.8이라는 것을 확인하라. (만약 휴대용 계산기가 내장된 기능을 보유하고 있다면 그 기능을 반드시 사용하라.) (b) 부록 C에 있는 확률 표를 사용해서 열 개의 **서로 관련이 없는** 성적이 $|r| \geq 0.8$을 산출해줄 확률을 구하라. 시험성적에 대한 이 상관관계가 유의한가? 아니면 아주 유의한가?

9.13★ 어떤 심리학자가 아버지와 아들 사이에 지능의 상관관계를 조사하고자 열 명의 아버지와 아들의 지능지수를 측정하고 나서 다음 결과들을 얻었다.

아버지	74	83	85	96	98	100	106	107	120	124
아들	76	103	99	109	111	107	91	101	120	119

이 데이터는 아버지와 아들의 지능 간에 상관관계가 있다는 것을 뒷받침하는가?

9.14★ 뜻을 품은 축구 선수 여덟 명이 100미터 경주와 1,500미터 달리기에서 기록을 쟀다. 이들의 시간 기록은 (초 단위로) 다음과 같다.

경주	12	11	13	14	12	15	12	16
달리기	280	290	220	260	270	240	250	230

상관 계수 r을 계산하라. 결과는 어떠한 상관관계가 있다는 것을 암시하는가? 실제로 상관관계를 뒷받침할 유의한 증거가 있는가?

9.15★★ 연습문제 9.9의 여섯 개 데이터 짝에 대한 산점도와 이 점들에 가장 잘 맞는 최소제곱 직선을 그려라. 상관 계수 r을 구하라. 부록 C에 수록된 확률에 근거한다면 이 데이터가 유의한 상관관계를 보여준다고 말할

수 있는가? 아주 유의한 상관관계는?

9.16★★ (a) 연습문제 9.8의 다섯 데이터 짝에 대한 산점도와 이 점들에 가장 잘 맞는 최소제곱 직선을 그려라. 상관 계수 r을 계산하라. 부록 C에 수록된 확률에 근거한다면 이 데이터가 유의한 상관관계를 보여준다고 말할 수 있는가? 아주 유의한 상관관계는? (b) 다음 데이터에 대해서 같은 계산을 되풀이하라.

$$\begin{array}{llllll} x = & 1 & 2 & 3 & 4 & 5 \\ y = & 4 & 6 & 3 & 0 & 2 \end{array}$$

제 10 장

이항 분포

가우스 혹은 정규 분포는 우리가 지금까지 학습한 분포에 대한 유일한 예였다. 우리는 이제 두 가지 다른 중요한 예인 이항 분포와 (이 장에서) 푸아송 분포를 (다음 장에서) 논의할 것이다.

10.1 분포

5장에서 **분포**의 개념을 도입했는데 분포란 반복된 측정이 여러 가능한 답의 각각을 산출해주는 횟수의 비율을 서술하는 함수이다. 예를 들어 흔들이의 주기 T를 N번 측정하고 나서 T에 대한 측정된 여러 값의 분포를 알아낼 수 있고, 혹은 N명의 미국인의 키 h를 측정하고 나서 측정된 여러 가지 키의 높이 h의 분포를 구할 수 있다.

다음으로 나는 측정의 수 N이 아주 크게 되는 극한에서 얻어지는 분포인 **극한 분포**의 개념을 도입했다. 극한 분포란 한 번 측정할 때 가능한 값들 중에서 어떤 특정한 값이 얻어질 **확률**을 우리에게 가르쳐주는 것으로 간주할 수 있다. 예를 들어 한 번 측정으로 특정한 값 T가 얻어질 확률을 또는 (랜덤하게 선정된) 한 미국인의 키가 특정한 높이 h일 확률을 우리에게 알려주는 것으로 간주할 수 있다. 이러한 이유 때문에 극한 분포란 때로는

확률 분포라고 불린다.

있을 수 있는 많은 극한 분포 중에서 우리가 논의한 유일한 분포는 가우스 혹은 정규 분포인데, 이 분포는 오차의 원천들이 모두 랜덤하고 작은 어떤 측정에 대한 답들의 분포를 서술한다. 바로 그러한 분포이기 때문에, 가우스 분포는 자연과학자들에게는 모든 극한 분포 중에서 가장 중요한 분포이고 이 책에서 이 분포에 부여하는 특별한 취급을 받을 충분한 자격을 갖고 있다. 그럼에도 몇 개의 다른 분포들도 이론적으로나 실제적으로 매우 큰 중요성을 가지고 있다. 그래서 이 장과 다음 장에서 두 개의 예를 소개하겠다.

이 장에서는 이항 분포를 서술하는데 이 분포는 실험 과학자들에게는 실제적으로 그렇게 중요하지는 않다. 그렇지만 이항 분포의 단순함은 분포에 관한 많은 중요한 일반적 성질을 잘 이해할 수 있게 해준다. 그뿐만 아니라 가장 중요한 가우스 분포를 이항 분포로부터 유도할 수 있기 때문에 이항 분포는 이론적으로도 매우 중요하다.

10.2 주사위 던지기에서의 확률

이항 분포는 예를 통해서 가장 잘 서술될 수 있다. 우리가 "실험"으로서 주사위 세 개를 던지고, 1이 (에이스가) 나오는 수를 기록한다고 가정해보자. 실험으로부터 가능한 출현들은 답들인 0개, 1개, 2개, 또는 3개의 에이스다. 만약 이 실험을 엄청나게 많은 횟수만큼 반복한다면, 우리는 극한 분포를 갖게 될 것이고 이 분포는 한 번 던질 때 $\nu=0$, 1, 2, 3 중에서 ν개의 에이스를 얻게 될 확률을 우리에게 가르쳐줄 것이다.

이 실험은 아주 간단해서 우리는 네 개의 가능한 출현에 대한 확률을 어렵지 않게 계산할 수 있다. 먼저, 주사위들이 공정하다고 가정한다면 주사위 **한 개**를 던졌을 때 에이스가 나올 확률은 1/6이라는 것을 우리는 알고 있다. 이제 주사위 세 개를 모두 던지고, 첫 번째로 에이스를 세 개 ($\nu=3$을) 얻을 확률을 알아보도록 하자. 개별 주사위 하나하나가 에이스를 보일 확률

은 1/6이고, 또 주사위 세 개는 각각 독립적으로 구를 것이기 때문에 에이스가 세 개 얻어질 확률은

$$Prob(\text{3개 던지기에서 3개의 에이스}) = \left(\frac{1}{6}\right)^3 \approx 0.5\,\%$$

이다.

에이스가 두 개 ($\nu=2$가) 얻어질 확률의 계산은 조금 어려운데 그 이유는 에이스가 두 개 얻어지도록 주사위를 던지는 데는 여러 가지 방식이 있기 때문이다. 첫 번째와 두 번째 주사위가 에이스이고 세 번째 주사위가 에이스가 아니거나 (A, A, A 아님) 첫 번째와 세 번째 주사위가 에이스이고 두 번째 주사위가 에이스가 아니거나 (A, A 아님, A) 등등일 수 있다. 첫 번째 주사위가 에이스일 확률은 1/6이고 두 번째 주사위도 그러하다. 그 반면에 마지막 주사위가 에이스가 **아닐** 확률은 5/6이다. 따라서 이 특정한 순서로 에이스가 두 개 얻어질 확률은

$$Prob(A,\ A,\ A\ \text{아님}) = \left(\frac{1}{6}\right)^2 \times \frac{5}{6}$$

이다. 어떤 다른 정해진 순서에 따라서 에이스가 두 개 얻어질 확률도 같다. 결국 에이스가 두 개 얻어지는 데는 세 가지의 순서가 있는데 이들은 (A, A, A 아님), 혹은 (A, A 아님, A), 혹은 (A 아님, A, A)이다. 따라서 (순서에 무관하게) 두 개의 에이스를 얻을 전체 확률은

$$Prob(\text{3개 던지기에서 2개의 에이스}) = 3 \times \left(\frac{1}{6}\right)^2 \times \left(\frac{5}{6}\right) \approx 6.9\,\% \qquad (10.1)$$

이다.

비슷한 계산에 의해서 세 개 던지기에서 에이스가 하나 얻어질 확률과 (34.7%) 세 개 던지기에서 에이스가 하나도 나오지 않을 확률이 (57.9%) 산출된다. 주사위를 세 개 던져서 얻어지는 에이스의 수에 대한 확률을 그림

으로 나타내면 이 수치적 계산의 결론은 그림 10.1에서와 같이 요약될 수 있다. 이 분포는 이항 분포의 한 예인데 우리는 지금부터 이 분포의 일반 형상을 서술하고자 한다.

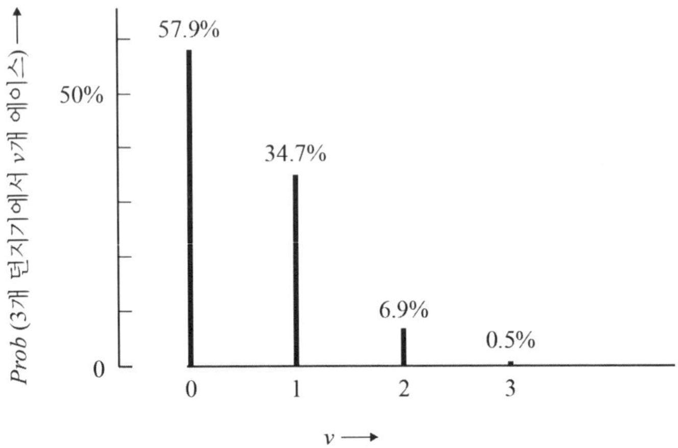

그림 10.1 주사위 세 개를 던졌을 때 ν개의 에이스가 얻어질 확률. 이 함수는 $n=3$ 그리고 $p=1/6$인 이항 분포 $B_{n,p}(\nu)$이다.

10.3 이항 분포의 정의

일반적인 이항 분포를 서술하기 위해서는 용어 몇 가지를 정의할 필요가 있다. 먼저 주사위를 n개 던지기, 동전을 n개 던지기, 그리고 폭죽을 n개 터뜨리기와 같이 독립적인 **시행**을 n번 실시하는 것을 상상해보자. 각 시행은 여러 가지 출현을 가질 수 있다. 하나의 주사위에서는 1에서 6까지 중 어떤 면이라도 나올 수 있고 동전에서는 앞면과 뒷면 중 하나가, 그리고 폭죽의 경우에는 터지거나 쉭 꺼지거나 둘 중의 하나가 발생할 수 있다. 우리가 바라는 출현이 발생하는 것을 우리는 **성공**이라고 지칭한다. 따라서 "성공"은 주사위에서 에이스가 발생하는 것, 혹은 동전의 앞면이 나오는 것, 혹은 폭죽이 터지는 것일 수 있다. 우리는 p로 어떤 단위 시행에서 성공하는 확률을 나타내기로 하고 $q=1-p$로는 "실패"하는 (말하자면 우리가 바라지 않는 출현이 얻어지는) 확률을 나타내기로 한다. 따라서 주사위 던지기에서 에이스가 얻어지는 경우에 대해서는 $p=1/6$이고, 동전에서 앞면이 나오는 경우에 대해서는 $p=1/2$, 그리고 어떤 특정 상표의 폭죽이 올바르게 터지는 경우에 대해서는 p는 95%일 수 있다.

이 정의들을 갖추고서 이제 우리는 n번 시행에서 ν번 성공하는 확률을 알아보도록 하자. 내가 곧 간략하게 기술하려는 계산에서는 이 확률이 이른바 **이항 분포**에 의해서 주어진다는 것을 보여주고자 한다.

$$\begin{aligned} & Prob(n\text{번 시행에서 } \nu\text{번 성공}) \\ & = B_{n,p}(\nu) = \frac{n(n-1)\cdots(n-\nu+1)}{1\times 2\times \cdots \times \nu} p^{\nu} q^{n-\nu}. \end{aligned} \tag{10.2}$$

여기서 문자 B는 "binomial, 이항"의 약칭이고, $B_{n,p}(\nu)$에 있는 하첨자 n과 p는 실시된 시행의 수 n에, 그리고 단위 시행에서 성공할 확률 p에 이 분포가 종속한다는 것을 가리킨다.

분포 (10.2)는 유명한 이항 전개와 밀접하게 관련되기 때문에 이항 분포라고 불린다. 구체적으로 (10.2)에서의 비율은 때로는

$$\binom{n}{\nu} = \frac{n(n-1)\cdots(n-\nu+1)}{1\times 2\times\cdots\times \nu} \tag{10.3}$$

$$= \frac{n!}{\nu!(n-\nu)!} \tag{10.4}$$

과 같이 표기되는 **이항 계수**이다. 여기서 우리는 유용한 **차례곱** 표기법

$$n! = 1\times 2\times\cdots\times n$$

을 도입한다. [규약에 의해서 $0!=1$이고, 그래서 $\binom{n}{0}=1$이다.] 이항 계수는 이항 전개

$$
\begin{aligned}
(p+q)^n &= p^n + np^{n-1}q + \cdots + q^n \\
&= \sum_{\nu=0}^{n} \binom{n}{\nu} p^\nu q^{n-\nu}
\end{aligned} \tag{10.5}
$$

에서 등장하는데 이 전개는 어떠한 두 개의 수 p와 q 그리고 어떠한 양의 정수 n에 대해서도 성립한다. (연습문제 10.5와 10.6을 참조하라.)

표기 (10.3)을 사용해서 우리는 이항 분포를 더욱 압축된 형식인

이항 분포

$$
\begin{aligned}
Prob(n\text{번 시행에서 }\nu\text{번 성공}) &= B_{n,p}(\nu) \\
&= \binom{n}{\nu} p^\nu q^{n-\nu}
\end{aligned} \tag{10.6}
$$

로 다시 쓸 수 있는데, 여기서 p는 여느 때처럼 단위 시행에서 성공할 확률을 나타내고, $q = 1 - p$이다.

결과 (10.6)을 유도하는 것은 (10.1)에 있는 주사위의 예에 대한 유도와 마찬가지다.

$$
Prob(3\text{번 던지기에서 2번의 에이스}) = 3 \times \left(\frac{1}{6}\right)^2 \times \left(\frac{5}{6}\right). \tag{10.7}
$$

독자들이 확인해보아야 할 필요가 있지만, 사실 우리가 (10.6)에서 $\nu = 2$, $n = 3$, $p = 1/6$, 그리고 $q = 5/6$라고 놓으면 우리는 딱 들어맞게 (10.7)을 얻는다. 더욱이 (10.6)에 있는 각 인자의 의의는 (10.7)에서 대응하는 인자들의 의의와 같다. 인자 p^ν는 어떤 정해진 ν개의 시행에서 모두 성공할 확률이고 $q^{n-\nu}$는 잔여 $n-\nu$개의 시행에서 모두 실패할 확률이다. 이항 계수 $\binom{n}{\nu}$는 ν개의 성공과 $n-\nu$개의 실패가 존재할 수 있는 서로 다른 순서들의 개수라는 것은 쉽게 증명될 수 있다. 이것으로 이항 분포 (10.6)은 요구되는 바로 그 확률이라는 사실이 확립된다.

예: 네 개의 동전 던지기

우리가 동전 네 개를 $(n=4)$ 던져서 나오는 앞면의 개수 ν를 센다고 가정해 보자. 여러 가지 가능한 값 $\nu=0,1,2,3,4$를 얻을 확률은 어떻게 되는가?

동전 하나를 한 번 던져서 앞면이 나올 확률이 $p=1/2$이므로 요구되는 확률은 바로 $n=4$ 그리고 $p=q=1/2$인 이항 분포 $B_{n,p}(\nu)$이다.

$$Prob(4\text{개 던지기에서 }\nu\text{개 앞면})=\binom{4}{\nu}\left(\frac{1}{2}\right)^4.$$

이 확률들의 값은 어렵지 않게 계산할 수 있다. 예를 들면

$$Prob(4\text{개 던지기에서 }0\text{개 앞면})=1\times\left(\frac{1}{2}\right)^4=0.0625$$

이다. 모든 다섯 가지 확률은 그림 10.2에 제시되어 있다.

우리가 기대했듯이 가장 확실한 앞면의 개수는 $\nu=2$라는 것을 알 수 있다. 여기서는 확률들이 가장 확실한 값을 중심으로 대칭이다. 말하자면 세 개의 앞면에 대한 확률은 한 개의 앞면을 얻을 확률과 같고, 네 개의 앞면에 대한 확률은 앞면이 하나도 없을 확률과 같다. 우리가 곧 알게 되겠지만 이 대칭은 오직 $p=1/2$일 때만 생길 수 있다.

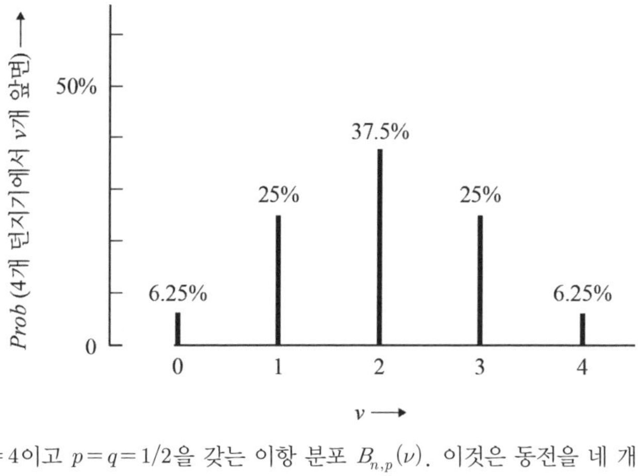

그림 10.2 $n=4$이고 $p=q=1/2$을 갖는 이항 분포 $B_{n,p}(\nu)$. 이것은 동전을 네 개 던졌을 때 앞면이 ν개 나올 확률을 산출해준다.

즉시 점검 10.1

만약 독자들이 놀이 카드의 완전한 한 벌 52장에서 한 장을 뽑는다면 어떤 특정 짝패를 뽑을 확률은 1/4이다. 만약 독자들이 카드를 뽑고 나서 매번 원래 한 벌에 다시 섞어 넣으면서 카드를 세 번 뽑는다면 세 번 모두 하트를 뽑을 확률은 얼마인가? 두 번 혹은 그 이상으로 하트를 뽑을 확률은?

10.4 이항 분포의 성질

이항 분포 $B_{n,p}(\nu)$는 p가 단위 시행에서 성공할 확률일 때 n번 시행에서 ν 번 "성공"할 확률을 산출해준다. 만약 n번 시행으로 구성되는 전체 실험을 많이 되풀이한다면 우리는 당연히 성공의 평균 횟수 $\bar{\nu}$는 어떻게 되느냐고 질문할 수 있다. 이 평균을 구하려면 ν의 가능한 값 전 범위에 걸쳐서 합을 취하기만 하면 된다. 말하자면

$$\bar{\nu} = \sum_{\nu=0}^{n} \nu B_{n,p}(\nu) \tag{10.8}$$

이고, 그 값은 쉽게 (연습문제 10.14를 참조)

$$\bar{\nu} = np \tag{10.9}$$

라고 구할 수 있다. 말하자면 우리가 n번의 시행으로 이루어지는 어떤 계열을 많이 반복하면 성공의 평균 개수는 독자들이 기대했듯이 바로 단위 시행에서 성공할 확률의 (p의) n배이다. 우리는 성공하는 횟수들의 표준 편차를 유사한 방법으로 계산할 수 있다. (연습문제 10.15를 참조하라.) 그 결과는

$$\sigma_\nu = \sqrt{np(1-p)} \tag{10.10}$$

이다.

(동전 던지기 실험에서처럼) $p=1/2$일 때 성공의 평균 개수는 바로 $n/2$이다. 더구나 $p=1/2$에 대해서는

$$B_{n,1/2}(\nu) = B_{n,1/2}(n-\nu) \tag{10.11}$$

라는 것을 쉽게 증명할 수 있다. (연습문제 10.13을 참조하라.) 말하자면 $p=1/2$에 대해서는 우리가 그림 10.2에서 알게 된 바와 같이 이항 분포가 평균 값인 $n/2$를 중심으로 대칭이라는 것이다.

일반적으로 $p \neq 1/2$이면 이항 분포 $B_{n,p}(\nu)$는 대칭이 아니다. 예를 들면 그림 10.1은 명백히 대칭이 아니다. 가장 확실한 성공의 횟수는 $\nu=0$일 때이고, $\nu=1, 2, 3$에 대해서 확률은 지속적으로 줄어든다. 또한 여기에서 성공의 평균 횟수는 ($\bar{\nu}=0.5$는) 가장 확실한 성공의 횟수와 ($\nu=0$과) 같지 않다.

이항 분포 $B_{n,p}(\nu)$를 좀 더 친숙한 가우스 분포 $G_{X,\sigma}(x)$와 비교해보는 것은 흥미롭다. 아마도 가장 큰 차이는 이항 분포에 의해서 서술되는 실험은 **이산적**인[1] 값 $\nu=1, 2, \cdots, n$에 의해서 주어지는 출현들은 갖고 있는데 그에 반해서 가우스 분포에 의한 출현들은 측정된 물리량 x에 대한 **연속적**인 값으로 주어진다는 사실이다. 가우스 분포는 평균 값인 $x=X$에 중심을 가진 대칭 형상의 봉우리인데 이것은 평균 값 X가 평균인 동시에 가장 확률이 높은 값이라는 것을 [$G_{X,\sigma}(x)$가 최대가 되는 x의 값이라는 것을] 의미한다. 우리가 이미 본 것처럼 이항 분포는 오직 $p=1/2$일 때만 대칭이고, 그래서 일반적으로 평균 값과 가장 확실한 값은 일치하지 않는다.

---

1 **이산적**이라는 (discreet라는 단어와 혼동하지 않아야 함) 용어는 "다른 것들로부터 떨어진"이라는 의미이고 "연속적"에 대립된다.

이항 분포의 가우스 근사

그 모든 차이점에도 불구하고 이항 분포와 가우스 분포는 중요한 연결 고리를 가지고 있다. 어떤 고정된 p의 값에 대한 이항 분포 $B_{n,p}(\nu)$를 고려하는 경우에서 n이 클 때에는 $B_{n,p}(\nu)$를 이항 분포의 평균과 표준 편차와 같은 평균과 표준 편차를 갖는 가우스 분포 $G_{X,\sigma}(x)$로 아주 비슷하게 근사할 수 있다. 말하자면

$$B_{n,p}(\nu) \approx G_{X,\sigma}(\nu) \quad (n\text{은 큰 수}) \tag{10.12}$$

가 되고, 여기서

$$X = np \quad \text{그리고} \quad \sigma = \sqrt{np(1-p)} \tag{10.13}$$

로 주어진다.

우리는 (10.12)를 이항 분포에 대한 가우스 근사라고 지칭한다. 나는 이 결과를 여기에서 증명하지는 않겠다.[2] 그러나 그 진실성은 그림 10.3이 명료하게 보여주고 있는데 이 그림은 $p = 1/4$에 대해서 n의 값이 계속 증가되는 경우들에 ($n = 3, 12, 48$) 대한 이항 분포를 보여주고 있다. 각 이항 분포에 중첩하여 그린 곡선은 이항 분포의 평균과 표준 편차와 같은 평균과 표준 편차를 가진 가우스 분포이다. 단 세 개의 시행만을 ($n = 3$) 가지고 있다면 이항 분포는 대응하는 가우스 분포와 상당히 다르다. 특히 이항 분포는 명백하게 비대칭인 데 반해서 가우스 분포는 당연히 평균을 중심으로 완벽하게 대칭이다. $n = 12$가 되면 이항 분포의 비대칭은 훨씬 덜 분명하고 두 가지 분포는 서로 상당히 비슷해진다. $n = 48$일 때는 이항 분포와 가우스 분포 사이의 차이는 너무도 적어서 두 분포는 그림 10.3(c)의 축척에서는 거의 구분이 가지 않는다.

---

2 증명을 보려면 S. L. Meyer, *Data Analysis for Scientists and Engineers* (John Wiley, 1975), p. 226을 참조하거나 H. D. Young, *Statistical Treatment for Experimental Data* (McGraw-Hill, 1962), Appendix C를 참조하라.

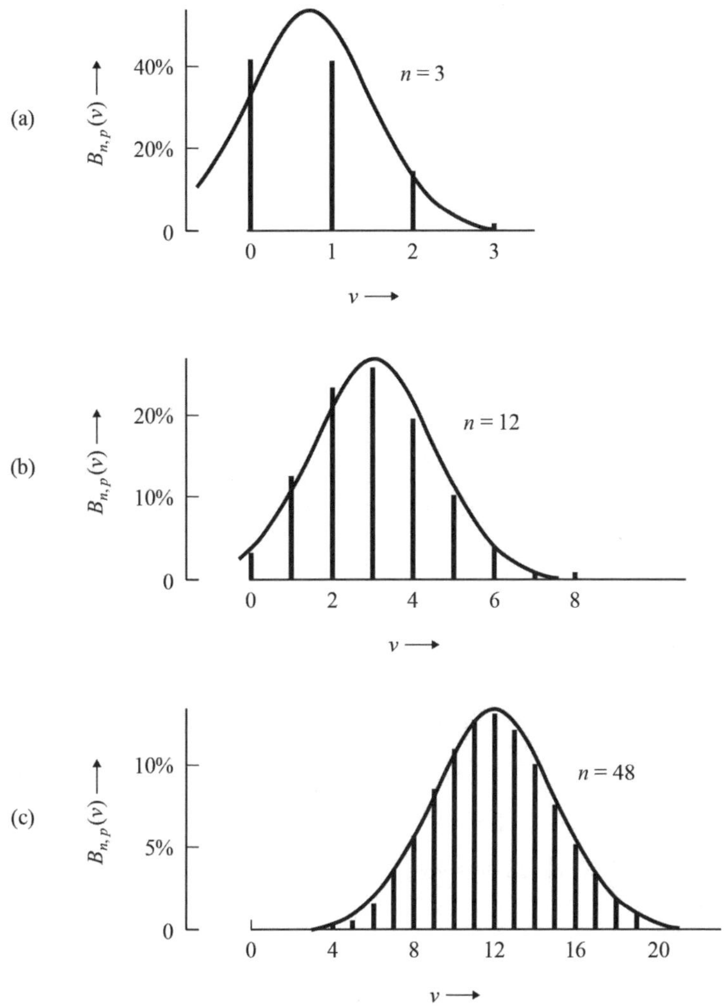

그림 10.3 $p = 1/4$일 경우 $n = 3, 12$, 그리고 48에 대한 이항 분포. 각 그림에 중첩한 연속된 곡선은 이항 분포에서와 같은 평균과 같은 표준 편차를 가진 가우스 함수이다.

n이 클 때 이항 분포를 가우스 분포로 근사할 수 있다는 것은 실무에서는 무척 쓸모가 있다. n이 20이거나 더 크면 이항 함수를 계산하는 것은 극히 번거로운 일인데 그에 반해서 가우스 함수는 X와 σ의 값들이 무엇이든 간에 항상 간단하게 계산된다. 이렇다는 것을 보여주기 위해 동전을 36번 던져서 앞면이 23번 나오는 확률을 구해보기로 하자. 동전 하나를 한 번 던지면 앞면이 나올 확률이 $p = 1/2$이므로, 앞면이 23번 나올 확률은 이항 분포 $B_{36,\,1/2}(23)$으로 주어진다. 따라서

$$
\begin{aligned}
Prob(36\text{번 던지기에서 } 23\text{번 앞면}) &= B_{36,\,1/2}(23) &\quad (10.14)\\
&= \frac{36!}{23!13!}\left(\frac{1}{2}\right)^{36} &\quad (10.15)
\end{aligned}
$$

인데 대단히 지루한 계산 끝에[3]

$$Prob(23\text{번 앞면}) = 3.36\,\%$$

라는 것을 보여줄 수 있다. 다른 한편으로는 분포의 평균은 $np = 18$이고 표준 편차는 $\sigma = \sqrt{np(1-p)} = 3$이기 때문에 우리는 (10.14)를 가우스 함수 $G_{18,\,3}(23)$에 의해서 근사할 수 있고 간단한 계산 과정을 통해서

$$Prob(23\text{번 앞면}) \approx G_{18,\,3}(23) = 3.32\ \%$$

로 산출된다. 거의 모든 목적에 이 근사는 아주 탁월하다.

가우스 근사가 쓸모 있다는 것은 만약 우리가 여러 개의 출현에 대한 확률을 계산해야 한다면 한층 더 명백하게 된다. 예를 들면 동전을 36번 던지는 실험에서 앞면이 23번 **이상** 얻어질 확률은 다음과 같다.

$$
\begin{aligned}
Prob(23\text{번 이상의 앞면}) = Prob(23\text{번 앞면}) + Prob(24\text{번 앞면}) +\\
\cdots + Prob(36\text{번 앞면}),
\end{aligned}
$$

이것은 직접 계산하기에는 대단히 번거로운 합이다. 그런데 우리가 가우스 분포에 의해서 이항 분포를 근사한다면 그 확률은 아주 쉽게 구할 수 있다. 가우스 확률의 계산은 ν를 연속 변수처럼 취급하기 때문에 $\nu = 23, 24, \ldots$에 대한 확률은 $\nu \geq 22.5$인 모든 ν에 대한 확률인 $Prob_{\text{Gauss}}(\nu \geq 22.5)$로

3 어떤 휴대용 계산기들은 $n!$를 자동적으로 계산할 수 있도록 프로그램되어 있는데 이러한 계산기로는 (10.15)를 쉽게 계산할 수 있다. 그렇지만 그러한 계산기의 대부분에서 $n \geq 70$이면 $n!$는 넘치게 된다. 따라서 $n \geq 70$이면 이러한 미리 프로그램된 기능도 아무 소용이 없다.

가장 좋게 계산될 수 있다. 그런데 $\nu = 22.5$는 평균 값 18보다도 표준 편차의 1.5배 위에 있다. ($\sigma = 3$이고, 그래서 $4.5 = 1.5\sigma$임을 기억하라.) 어떤 결과가 평균보다도 1.5σ만큼 위에 있을 확률은 그림 10.4에 보인 가우스 함수 아래의 그늘진 면적과 동등하다. 이것은 부록 B의 표를 이용하면 쉽게 계산될 수 있고, 그래서 우리는

$$Prob(23\text{번이나 그 이상의 앞면}) = Prob_{\text{Gauss}}(\nu \geq X + 1.5\sigma = 6.7\%)$$

이라는 것을 알게 된다. 이 값은 (유효 숫자 두 자리까지) 적확한 결과인 6.6%보다 못하지 않다.

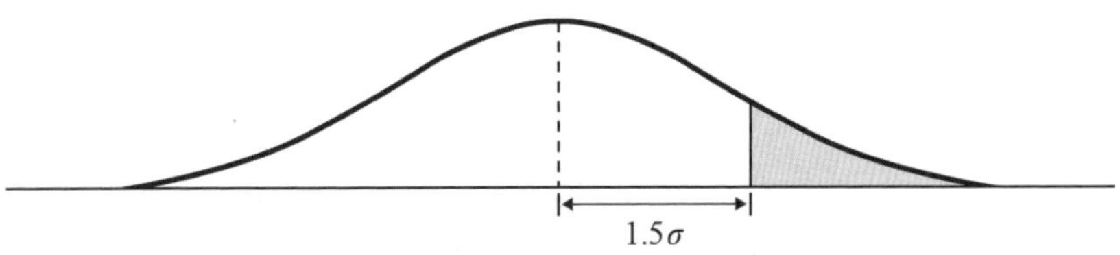

그림 10.4 평균보다도 1.5σ만큼 위에 있을 확률은 가우스 함수 아래의 그늘진 면적과 동등하다.

10.5 랜덤 오차에 대한 가우스 분포

5장에서 나는 많은 작은 크기의 랜덤 오차들의 지배를 받는 측정은 정규적으로 분포한다고 주장하였다. 우리는 이제 이러한 종류의 측정에 대한 간단한 모델을 사용해서 이 주장을 증명할 수 있는 적절한 상황에 도달했다.

참값이 X인 물리량 x를 측정한다고 가정하자. 우리의 측정값들은 무시할 수 있을 만큼 크기가 작은 계통 오차들의 지배를 받지만 랜덤 오차들에는 n개의 (시차 효과, 반응 시간, 등과 같은) 독립적인 원천이 존재한다고 가정한다. 우리의 논의를 단순화시키기 위해 이 모든 원천은 같은 고정된 크기 ϵ의 오차를 만들어낸다고 추가로 가정한다. 말하자면 오차의 각 원천은 우리

의 결과를 ϵ만큼 위쪽으로 혹은 아래쪽으로 밀어주는데 이 두 가지 가능성은 동등한 확률 $p=1/2$를 가지고 발생한다. 예를 들어 참값이 X이고, 오차의 원천이 단 하나만 있다면 가능한 답은 동등하게 있을 법한 $x=X-\epsilon$ 혹은 $x=X+\epsilon$일 것이다. 만약 오차의 원천이 두 개가 있다면 한 번의 측정은 (만약 두 개의 오차들이 우연히 둘 다 음이었다면) $x=X-2\epsilon$을, 혹은 (만약 하나는 양 다른 하나는 음이었다면) $x=X$를, 혹은 (둘 다 양이었다면) $x=X+2\epsilon$를 산출할 수 있다. 이 가능성들을 그림 10.5(a)와 (b)에 보여주었다.

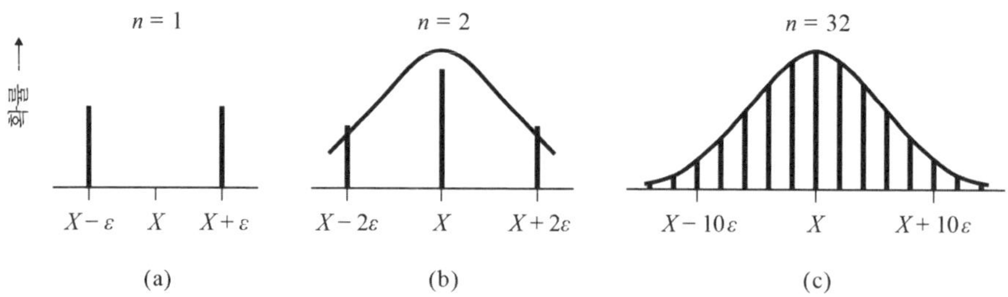

그림 10.5 $n=1, 2,$ 그리고 32에 대한 크기가 ϵ인 n개의 랜덤 오차의 지배를 받는 측정값들의 분포. (b)와 (c)에 중첩한 연속적인 곡선들은 이항 분포와 같은 중심과 폭을 가진 가우스 함수이다. (수직 방향 축척은 세 개의 그래프에서 서로 다르다.)

일반적으로 만약 오차의 원천이 n개 존재한다면 우리의 답은 $x=X-n\epsilon$에서 $x=X+n\epsilon$까지 펼쳐져 있을 수 있다. 어떤 주어진 측정에서 ν개의 원천이 양의 오차들을 산출하고 $(n-\nu)$개의 원천이 음의 오차들을 산출한다면 우리의 답은

$$
\begin{aligned}
x &= X+\nu\epsilon-(n-\nu)\epsilon \\
&= X+(2\nu-n)\epsilon
\end{aligned}
\tag{10.16}
$$

이 된다. 이러한 결과가 생겨날 수 있는 확률이 바로 이항 확률인

$$
Prob(\nu\text{개의 양의 오차}) = B_{n,\,1/2}(\nu) \tag{10.17}
$$

이다. 따라서 우리의 측정에서 가능한 결과들은 참값 X를 중심으로 대칭으

로 분포되며 그 확률은 이항 함수 (10.17)에 의해서 주어진다. 그림 10.5는 $n=1,\ 2,$ 그리고 32에 대한 이 분포를 보여주고 있다.

이제 나는 오차의 원천들의 개수 n은 크고 개별 오차의 크기 ϵ은 작다면 측정값들은 정규적으로 분포된다고 주장하고자 한다. 정확히 말하자면 이항 분포의 표준 편차는 $\sigma=\sqrt{np(1-p)}=\sqrt{n/4}$ 이다. 그러므로 (10.16)에 의하면 x에 대한 측정값들의 표준 편차는 $\sigma_x=2\epsilon\sigma_\nu=\epsilon\sqrt{n}$ 이다. 그래서 $\sigma_x=\epsilon\sqrt{n}$ 은 고정된 채로 남겨두는 방식으로 $n\to\infty$, 그리고 $\epsilon\to 0$이 된다고 해보자. 그 결과로 두 가지 현상이 발생한다. 첫 번째, 이전 절에서 논의한 바와 같이 이항 분포는 중심은 X에 있고 폭은 σ_x인 가우스 분포로 접근한다. 이렇게 접근하는 것은 대응하는 가우스 함수가 중첩된 그림 10.5(b)와 (c)에서 명료하게 볼 수 있다. 두 번째, $\epsilon\to 0$이 됨에 따라서 측정의 결과들도 (역시 그림 10.5에서 명백하듯이) 서로 촘촘하게 되도록 이동하고, 그래서 이산적 분포가 연속적 분포에 가까워지는데 그 연속적 분포가 바로 기대되는 가우스 분포이다.

10.6 응용; 가설 검정

실험의 결과들이 어떻게 분포되어야 하는지를 일단 알고 나면 우리는 실험의 실제 결과들이 기대하는 대로 분포**되는지 아닌지**를 물어볼 수 있다. 분포에 대한 이러한 종류의 검정은 자연과학에서 중요한 기술이고 어쩌면 생물학과 사회과학에서 한층 더 중요할 수 있는 기술이다. 일반적인 검정들 중 하나인 중요한 카이제곱 검정은 12장의 주제이다. 여기서는 이항 분포가 관련되는 특정 문제들에 응용될 수 있는 간단한 검정에 대한 두 가지 예를 제시하겠다.

새로운 스키용 왁스의 검정

스키용 왁스 제작자가 스키와 눈 사이의 마찰을 아주 크게 줄여주는 새로운 왁스를 개발했다고 주장한다고 가정해보자. 이 주장을 검정하려고 우리는 열 개 짝의 스키를 선정하고 각 짝에서 한쪽의 스키만 왁스로 처리한다. 그다음에 우리는 적절하게 눈으로 덮인 경사면을 각 스키의 짝들이 미끄러져 내리도록 하는 방식으로 각 스키 짝의 처리된 쪽과 처리되지 않는 쪽 간의 경주를 실시할 수 있다.

만약 스키의 처리된 쪽들이 열 개 경주를 모두 이긴다면 우리는 당연히 새로운 스키의 효과가 있다는 강력한 증거를 갖게 될 것이다. 안타깝게도 우리는 이러한 명쾌한 결과를 거의 잘 얻지 못할 뿐만 아니라 그러한 결과를 얻었을 때에도 우리는 증거의 힘에 대한 정량적 측도를 갖고 싶어 한다. 그리하여 우리는 두 가지 질문에 대해서 검토해야 한다. 첫 번째, 왁스가 효과가 있다는 (혹은 효과가 없다는) 증거를 어떻게 수량화할 수 있는가? 두 번째, 어디에서 우리는 선을 그어야 하는가? 만약 처리된 스키 쪽들이 경주에서 아홉 번 이긴다면 이 결과는 확정적인가? 만약 여덟 번 이기면 어떻게 되는가? 혹은 일곱 번은?

이와 똑같은 문제들이 한 무리의 통계적 검정에서 생겨난다. 만약 비료의 효능을 검정하고자 한다면 우리는 처리된 작물과 그렇지 않은 작물들 간에 "경주"를 조직할 수 있을 것이다. 어느 후보자가 선거를 이길 것인지를 예측하고자 한다면, 우리는 투표자들에 대한 한 랜덤 표본을 선정하고 표본의 구성원들 사이에서 후보자들 간의 경주를 실시해볼 수 있다.

이 문제에 답하려면 검정으로부터 우리가 무엇을 기대해야 하는가를 더 정밀하게 결정해야 한다. 일반적으로 인정된 용어로 표현하자면 우리는 반드시 **통계적 가설**을 공식으로 나타내야 한다. 스키 왁스에 관한 이 예에서 가장 단순한 가설은 새로운 왁스가 아무런 효과가 없다는 **귀무 가설**이다. 이 가설을 전제 조건으로, 우리는 검정의 여러 가지 가능한 결과들에 대한 확률을 계산할 수 있고, 나아가 특정한 결과의 유의성을 판단할 수 있다.

새로운 스키 왁스가 아무런 차이를 만들어내지 못한다는 가설을 우리가 채택한다고 가정해보자. 어떤 경주에서도 처리되거나 처리되지 않은 스키들이 승리할 가능성은 동등하다. 말하자면 처리된 스키 쪽이 승리할 확률은 $p = 1/2$이다. 그러므로 스키의 처리된 쪽이 열 번 경주에서 ν번 승리할 확률은 다음과 같이 이항 확률로 주어진다.

$$Prob(10\text{번 경주에서 } \nu\text{번 승리}) = B_{10,\,1/2}(\nu) = \frac{10!}{\nu!(10-\nu)!}\left(\frac{1}{2}\right)^{10}. \qquad (10.18)$$

(10.18)에 의하면 스키의 처리된 쪽들이 열 개 경주에서 모두 승리할 확률은

$$Prob(10\text{번 경주에서 } 10\text{번 승리}) = \left(\frac{1}{2}\right)^{10} \approx 0.1\,\% \qquad (10.19)$$

이다. 말하자면 우리의 귀무 가설이 옳다면 처리된 스키 쪽들이 열 개 경주 모두 우승한다는 것은 **거의** 있을 수 없다는 것이다. 반대로 말하면 처리된 스키 쪽들이 열 개 경주 모두를 **정말로** 승리했다면 귀무 가설이 옳다는 것은 거의 있을 법하지 않다고 할 수 있다. 곧 논의하겠지만, 사실 확률 (10.19)는 너무 적어서, 우리는 새로운 왁스를 지지하는 증거가 "아주 유의하다"고 말할 수 있다.

대신에 스키의 처리된 쪽들이 열 개 경주에서 여덟 번 승리했다고 가정해보자. 그렇다면 우리는 여덟 번 **이상** 승리할 확률을 계산할 것이다.

$$\begin{aligned} &Prob(10\text{번 경주에서 } 8\text{번 이상 승리}) \\ &\quad = Prob(8\text{번 승리}) + Prob(9\text{번 승리}) + Prob(10\text{번 승리}) \\ &\quad \approx 5.5\,\%. \end{aligned} \qquad (10.20)$$

스키의 처리된 쪽들이 여덟 번 이상 승리하는 것도 여전히 거의 있을 법하지는 않지만 열 개 경주를 모두 승리하는 것이 있을 법하지 않을 정도보다는 덜하다.

여덟 번 승리에서 어떤 결론을 이끌어낼 것인지를 판단하고자 한다면 실제로는 단지 두 가지 대안만이 있다는 것을 우리는 알고 있어야만 한다.

그 두 대안은

(a) 우리의 귀무 가설이 옳은데 (새로운 왁스는 차이가 없는데) 우연에 의해서, 있을 법하지 않은 사건이 발생하였다. (스키의 처리된 쪽들이 여덟 경주를 승리하였다.)

이든가 혹은

(b) 우리의 귀무 가설은 틀리고 왁스는 효과가 있다.

이다. 통계적 검정에서는 전통적으로 우리는 경계를 설정하기 위해 명확한 확률을 (예를 들면 5%와 같은) 골라야 하는데, 이 경계 이하에서 사건이 발생하는 것은 받아들일 수 없을 정도로 있을 법하지 않다고 간주된다. 만약 실제로 발생한 출현의 (우리의 경우에는 여덟 번 이상 승리하는) 확률이 그 경계 이하이면, 우리는 대안 (b)를 채택한 후 가설을 기각하고 실험의 결과는 **유의하다**고 말한다.

관례에 따라서 우리는 확률이 5%보다 작으면 결과를 유의하다고 말하고 만약 그 확률이 1%보다도 작으면 아주 유의하다고 말한다. (10.20)의 확률은 5.5%이기 때문에 스키의 왁스를 바른 쪽들이 여덟 번 승리한다는 것은 왁스가 효과가 있다는 유의한 증거로 제출되기에는 아직 충분하지 **않다**는 것을 알 수 있다. 반면에 열 번 승리할 확률은 0.1%라는 것을 보았다. 이 값은 1%보다도 작기 때문에 열 번을 승리한다는 것은 왁스가 효과가 있다는 아주 유의한 증거를 구성한다고 우리는 말할 수 있다.[4]

4 방금 서술한 이 검증의 극도의 단순함에 주목하라. 우리는 각 스키 쪽이 걸린 시간이나 각 스키 쪽의 최대 속도 등과 같은 여러 가지 추가적인 파라미터들을 측정했을 수도 있다. 대신에 우리는 단순하게 어느 스키 쪽이 각 경주에서 승리했는지만 기록했다. 추가적인 파라미터들을 사용하지 않은 이러한 검정을 **비(非)파라미터적** 검정이라고 부른다. 이 검정은 단순함에서 크게 유리하고 광범위하게 응용된다.

일반 절차

방금 서술한 예에서의 방법들은 n개의 유사한 그러나 독립적인 시험들의 (혹은 "경주들"의) 어떠한 집합에도 적용될 수 있는데 각 시험은 "성공"과 "실패"라는 같은 두 가지 가능한 출현만을 가지고 있다. 첫 번째로 가설을 공식으로 나타내야 하는데 여기서는 단순히 임의의 단위 시험에서의 성공할 확률 p에 대한 가정된 값이 그 공식이다. 이 가정된 p의 값은 n번 시행에서의 성공할 기대 평균 횟수 $\overline{\nu}=np$를 결정한다.[5] 만약 n번 시행했을 때 성공한 실제 횟수 ν가 np에 가깝다면, 가설에 반하는 아무런 증거도 없다. (만약 왁스를 바른 스키 쪽이 열 번 경주에서 다섯 번 승리한다면, 왁스가 차이가 있다는 아무런 증거가 없다.) 만약 ν가 눈에 띌 정도로 np보다도 크다면, 우리는 (가설이 주어졌다고 전제하고서) ν나 그 이상을 얻을 확률을 계산한다. 만약 이 확률이 우리가 채택한 유의성 수준보다도 (예를 들어 5% 혹은 1%보다도) 작다면, (우리의 가설이 옳다면) 우리가 관측한 횟수는 받아들일 수 없을 정도로 있을 법하지 않고 그렇기 때문에 우리의 가설은 마땅히 기각되어야 한다고 우리는 주장할 수 있다. 같은 방식으로 만약 우리의 성공 횟수 ν가 눈에 띌 정도로 np보다도 작다면, 성공 횟수가 ν이거나 그보다 작을 확률을 계산해야 하는 것을 제외하고는 우리는 마찬가지로 주장할 수 있다.[6]

독자들은 예상했겠지만 이 절차는 우리의 가설이 의심할 여지없이 맞거나 의심할 여지없이 틀렸다는 것에 대한 간단한 답을 제공하지는 않는다. 그러나 이 절차는 가설에 비추어 우리의 결과가 합리적인지 아닌지에 대한 정량적 측도를 산출해준다. 그래서 비록 임의적이기는 하지만 가설을 기각하는 객관적인 판정기준을 우리는 채택할 수 있다. 실험자들이 이러한 종류의 추론에 근거해서 결론을 진술할 때는 보고서를 읽는 사람들이 그들 스스로 결론들이 합리적임을 판단할 수 있도록 실험자들은 반드시 사용된 판정기준과 계산된 확률들을 명확하게 진술해야 한다.

---

5 여느 때처럼 $\overline{\nu}=np$는 n개 시행의 전체 집합을 많이 반복한다면 기대되는 성공의 평균 횟수이다.

6 다음에 논의한 바와 같이 어떤 실험에서는 상관있는 확률은 np로부터 **어떤 방향으로든지** 간에 실제로 얻은 값 이상 벗어날 ν의 값을 얻을 확률인 "양쪽꼬리" 확률이다.

여론 조사

두 번째 예로서 두 후보자 A와 B 사이의 선거를 생각해보자. 후보자 A가 광범위한 조사 결과 자신이 유권자의 60%에 의해서 지지받고 있다는 것이 확고해졌다고 주장한다고 가정하자. 그리고 후보자 B는 이 주장을 검정해 달라고 (물론 후보자 A를 지지하는 유권자의 수가 60%보다도 훨씬 더 적다는 것을 입증하려는 희망을 가지고서) 우리에게 요청했다고 가정하자.

자, 이제 우리의 통계적 가설은 유권자들의 60%가 A를 지지한다는 것이고 그래서 랜덤하게 선정된 유권자가 A를 지지할 확률은 $p = 0.6$이 될 것이다. 유권자를 한 명 한 명 일일이 조사를 할 수 없다는 것을 깨닫고서 우리는 600명의 표본을 주의해서 선정하고, 그들의 지지를 물을 것이다. 만약 60%가 정말로 A를 지지한다면 우리의 표본에서 A를 지지할 것으로 기대되는 유권자 수는 $np = 600 \times 0.6 = 360$이 될 것이다. 그런데 실제로는 330명이 A에 대한 지지를 진술했다면 60%가 A를 지지한다는 가설에 상당한 의구심을 드리웠다고 우리는 주장할 수 있겠는가?

이 의문에 답하기 위해 우리는 (가설에 따르면) ν명의 유권자가 A를 지지하는 확률은 $n = 600$이고 $p = 0.6$인 이항 확률

$$Prob(\nu\text{명의 유권자가 A를 지지}) = B_{n,\,p}(\nu) \tag{10.21}$$

이라는 것을 지적하고자 한다. n이 아주 크기 때문에 $np = 360$에 중심을 갖고 있고 표준 편차 $\sigma_\nu = \sqrt{np(1-p)} = 12$인 적정한 가우스 함수는 이항 함수에 대한 탁월한 근사이다.

$$Prob(\nu\text{명의 유권자가 A를 지지}) \approx G_{360,\,12}(\nu). \tag{10.22}$$

A를 지지하리라고 기대되는 평균 유권자 수는 360이다. 그리하여 우리의 표본에서 실제로 A를 지지하는 수는 (즉 330은) 기대되는 수보다 30만큼이나 적다. 표준 편차가 12이므로 우리의 결과는 가정된 평균에서 표준 편차의 2.5배만큼 아래에 있다. 이만큼이나 낮거나 혹은 더 낮은 결과를 얻을

확률은 (부록 B에 있는 표에 따르면) 0.6%이다.[7] 따라서 우리의 결과는 아주 유의하고 1% 수준에서 우리는 A가 60%에 의해서 지지된다는 가설을 확신을 가지고 기각할 수 있다.

이 예는 이러한 종류의 검정에 있는 두 가지 일반적인 특징을 드러내 보여준다. 첫 번째로 330명의 유권자가 A를 지지한다는 것을 (즉 기대보다는 30만큼 작다는 것을) 알았으므로 우리는 A를 지지하는 유권자의 수가 330 **이하**일 확률을 계산하였다. 얼핏 생각하기에는 A를 지지하는 유권자 수가 딱 들어맞게 330일 확률을 고려했을 수도 있다. 이 확률은 극히 작고 (실은 0.15%인데) 심지어는 가장 확실한 결과도 ($\nu=360$도) 낮은 확률을 (3.3%를) 가지고 있다. $\nu=330$이라는 결과가 얼마나 의외의 것인지에 대한 적절한 측도를 얻으려면 우리는 $\nu=330$과 **그리고** 평균보다도 훨씬 더 아래에 있는 모든 결과를 포함시켜야 한다.

그림 10.6 (a) 평균보다도 30 이상의 낮은 결과를 얻을 "한쪽꼬리" 확률. (b) 어느 한 방향으로도 평균으로부터 30 이상 벗어나는 결과를 얻을 "양쪽꼬리" 확률.

결과 $\nu=330$은 기대되는 결과 360보다도 30만큼 적다. 평균보다도 30 이상 낮은 결과를 얻을 확률은 "한쪽꼬리" 확률이라고 불리는데 그 이유는 이 확률은 그림 10.6(a)에서처럼 분포 곡선의 한쪽꼬리 아래의 면적이기 때문이다. 어떤 검정에서는 관련되는 확률이 **어떤 방향으로든지** 기대 평균으로부터 30 이상 벗어나는 결과를 얻을 "양쪽꼬리" 확률, 즉, 그림 10.6(b)에서처럼 $\nu \le 330$ 혹은 $\nu \ge 390$을 얻을 확률이다. 통계적 검정에서 한쪽꼬리 혹은 양쪽꼬리 확률 중 어느 것을 사용해야 하는지는 본래의 가정에 대한 홍

7 엄격하게 말하자면 가우스 분포는 ν를 연속적 변수로 취급하기 때문에 우리는 $\nu \le 330.5$에 대한 확률을 계산해야만 했다. 이 수는 평균으로부터 2.46σ만큼 아래에 있고 그래서 올바른 확률은 실제로는 0.7%인데 이 작은 차이는 우리의 결론에 아무런 영향을 주지를 않는다.

미 있을 대안으로서 어떤 것을 고려하는가에 달려 있다. 여기서는 우리는 후보자 A가 그가 공언한 60%보다도 **낮게** 지지된다는 것을 보여주는 데 관심이 있었고 그래서 한쪽꼬리 확률이 적절하였다. 만약 우리가 A를 지지하는 수가 (둘 중 어느 방향으로도) 60%와는 **다르다는** 것을 보여주는 것에 관심이 있었다면 양쪽꼬리 확률이 적합했을 것이다. 실제에는 어떤 확률을 사용해야 하는지 대체로 상당히 명확하다. 어떠한 경우에도 실험자는 항상 선택한 확률과 유의 수준 그리고 확률의 계산된 값을 명료하게 진술할 필요가 있다. 이 정보가 있으면 보고서를 읽는 사람은 그들 스스로 결과의 의의를 판단할 수 있을 것이다.

즉시 점검 10.2

만약 내가 동전을 열두 번 던져서 앞면을 열한 번 얻는다면, 나는 이 동전이 앞면에 유리하도록 왜곡되었다는 유의한 증거를 갖게 되는가? (힌트: 동전이 공정하다고 가정한다면 한 번 던질 때 앞면이 나올 확률은 $p=1/2$이다. 이렇게 가정하고서 내가 열두 번을 던져서 앞면을 열한 번이나 그 이상을 얻을 확률을 구하라.)

✔ 10장의 주요 정의와 방정식

• 이항 분포

우리는 여러 가지 가능한 출현을 가진 실험을 고려해보는데 우리가 관심을 갖는 특정한 출현을 (혹은 출현들을) "성공"이라고 지정한다. 만약 어떤 단위 시행에서 성공할 확률이 p라면 n번 시행에서 ν번 성공할 확률은 이항 분포

$$Prob(n\text{번 시행에서 } \nu\text{번 성공}) = B_{n,p}(\nu)$$

$$= \binom{n}{\nu} p^{\nu}(1-p)^{n-\nu} \qquad [(10.6) \text{ 참조}]$$

에 의해서 산출되고, 여기서 $\binom{n}{\nu}$는 이항 계수

$$\binom{n}{\nu} = \frac{n!}{\nu!(n-\nu)!}$$

를 나타낸다. 만약 우리가 n번 시행으로 구성되는 일련의 실험 전체를 많이 되풀이한다면 기대되는 성공의 평균 횟수는

$$\bar{\nu} = np \qquad [(10.9) \text{ 참조}]$$

이고, ν의 표준 편차는

$$\sigma_{\nu} = \sqrt{np(1-p)} \qquad [(10.10) \text{ 참조}]$$

이다.

• 이항 분포에 대한 가우스 근사

n이 클 때에는 이항 분포 $B_{n,p}(\nu)$는 같은 평균과 같은 표준 편차를 가진 가우스 함수로 잘 근사할 수 있다. 말하자면

$$B_{n,p}(\nu) \approx G_{X,\sigma}(\nu) \qquad [(10.12) \text{ 참조}]$$

이고, 여기서 $X = np$ 그리고 $\sigma = \sqrt{np(1-p)}$ 이다.

✔ 10장의 연습문제

10.2절에 관한 문제: 주사위 던지기에서의 확률

10.1.★ 세 개의 주사위를 던지는 10.2절의 실험을 고려해보자. 에이스가 하나도 안 나오는 경우와 하나 나오는 경우에 대한 확률을 도출하라. 그림 10.1에 제시된 네 가지 확률이 모두 틀림없는 값이라는 것을 확인하라.

10.2.★ 두 개의 주사위 던지기에서 확률 $Prob$(2번 던지기에서 ν번 에이스), $\nu = 0, 1,$ 그리고 2를 계산하라. 이들을 좌표 평면에 히스토그램으로 그려라.

10.3.★★ 네 개의 주사위 던지기에서 확률 $Prob$(4번 던지기에서 ν번 에이스), $\nu = 0, 1, \ldots, 4$를 계산하라. 이들을 좌표 평면에 히스토그램으로 그려라. 독자들은 네 개의 주사위 던지기에서 두 개의 에이스가 얻어지는 서로 다른 방법의 가짓수를 신중하게 생각할 필요가 있다.

10.3절에 관한 문제: 이항 분포의 정의

10.4.★ (a) 5!, 6!, 그리고 25!/23!을 계산하라. (독자들은 마지막 것을 계산하기 전에 반드시 잠시 생각해보도록 하라.) (b) 왜 우리가 전통적으로 $0! = 1$로 정의하는지를 설명하라. [힌트: 통상적인 정의에 따르면 $n = 1, 2, \ldots,$ 에 대해서 차례곱 함수는 $n! = (n+1)!/(n+1)$을 만족한다.] (c) 방정식 (10.3)에 의해서 정의되는 이항 계수는

$$\binom{n}{\nu} = \frac{n!}{\nu!(n-\nu)!}$$

과 같다는 것을 증명하라.

10.5.★ 이항 계수 $\binom{3}{\nu}$를 $\nu = 0, 1, 2,$ 그리고 3에 대해서 계산하라. 이 계수들을 이용해서 $(p+q)^3$을 (10.5)와 같이 이항 전개하라.

10.6.★ 이항 계수 $\binom{4}{\nu}$를 $\nu = 0, 1, 2, 3,$ 그리고 4에 대해서 계산하라. 이 계수들을 이용해서 $(p+q)^4$을 (10.5)와 같이 이항 전개하라.

10.7.★ $n = 4,\ p = 1/2$인 경우 가능한 모든 ν에 대해서 이항 분포 함수 $B_{n,p}(\nu)$를 계산하고 히스토그램을 좌표 평면에 그려라.

10.8.★ $n = 4,\ p = 1/5$인 경우 가능한 모든 ν에 대해서 이항 분포 함수 $B_{n,p}(\nu)$를 계산하고 히스토그램을 좌표 평면에 그려라.

10.9.★ 나는 52장 놀이 카드 한 벌로부터 뽑은 카드를 다음 카드를 뽑기 전에 원래 한 벌의 카드에 매번 다시 섞어 넣으면서 카드를 여섯 번 뽑는다. 카드를 여섯 번 뽑았을 때 적확하게 ν장의 하트가 뽑힐 확률인 *Prob*(하트 ν장)을 $\nu = 0, 1, \ldots, 6$에 대해서 구하라.

10.10.★ 어떤 병원이 치사율이 80%인 질병에 걸린 네 명의 환자를 수용한다. 다음 출현들에 대한 확률을 구하라. (a) 환자가 한 명도 생존하지 못한다. (b) 단 한 명만 생존한다. (c) 두 명 이상 생존한다.

10.11.★★ 야찌(Yahtzee)라는 게임에서 한 경기자는 주사위 다섯 개를 동시에 던진다. (a) 에이스가 ν개 나올 확률을 $\nu = 0, 1, \ldots, 5$에 대해서 구하라. (b) 에이스가 세 개 **이상** 나올 확률은 어떻게 되는가? (c) 같은 눈이 다섯 개 나올 확률은 얼마인가?

10.12.★★ 이항 계수 $\binom{n}{\nu}$는 n번의 시행에서 ν개의 성공이 얻어질 수 있는 서로 다른 순서의 개수라는 것을 증명하라.

10.4절에 관한 문제: 이항 분포의 성질

10.13.★ $p = 1/2$인 경우에는 이항 분포가 $\nu = n/2$에 대해서 대칭이라는 것을, 말하자면

$$B_{n,1/2}(\nu) = B_{n,1/2}(n-\nu)$$

라는 것을 증명하라.

10.14.★★ 이항 분포에서 성공의 평균 횟수

$$\bar{\nu} = \sum_{\nu=0}^{n} \nu B_{n,p}(\nu)$$

는 바로 np임을 증명하라. [증명하는 방법은 여러 가지가 있는데, 그중에서 가장 좋은 방법 중 하나는 다음과 같다. $(p+q)^n$에 대한 이항 전개 (10.5)를 적어놓는다. 이 전개는 어떠한 p와 q에 대해서도 참이므로 독자들은 그것을 p에 대해서 미분할 수 있다. 그다음에 $p+q=1$이라고 놓고 그 결과에 p를 곱한다면 독자들은 원하는 답을 얻게 될 것이다.]

10.15.★★ (a) 어떤 극한 분포 $f(\nu)$에 대한 표준 편차라도

$$\sigma_\nu^2 = \overline{(\nu - \bar{\nu})^2}$$

에 의해서 정의된다. 이 정의가 $\overline{\nu^2} - (\bar{\nu})^2$과 같다는 것을 증명하라. (b) 이 결과를 이용해서 이항 분포에 대해서

$$\sigma_\nu^2 = np(1-p)$$

라는 것을 증명하라. (연습문제 10.14에서와 같은 방법을 사용하는 데 두 번 미분하라.)

10.16.★★ 이항 분포에 대한 가우스 근사 (10.12)는 n이 클 때는 탁월하고, 비록 n이 작을지라도 (특별히 p가 1/2에 가깝다면) 놀라울 정도로 잘 맞는다. 이 주장을 예를 들어 보여주기 위해서 $B_{4,\,1/2}(\nu)$의 값을 ($\nu = 0, 1, \ldots, 4$에 대해서) 적확하게 계산하고 또 가우스 근사를 이용해서 계산하라. 독자들의 계산을 비교하라.

10.17.★★ 가우스 근사 (10.12)를 이용해서 동전 하나를 25번 던질 때 앞면이 15번 나올 확률을 구하라. 같은 확률을 적확하게 계산하고 두 답을 비교하라.

10.18.★★ 가우스 근사를 사용해서 동전 하나를 25번 던져서 열여덟 개나 그 이상의 앞면을 얻을 확률을 근사적으로 구하라. (가우스 확률을 사용할 때는 독자들은 $\nu \geq 17.5$에 대한 확률을 구해야만 한다.) 이 근삿값을 적확한 답인 2.16%와 비교하라.

10.6절에 관한 문제: 응용; 가설 검정

10.19.★ 10.6절에 서술한 스키 왁스의 검정에서 왁스를 바른 스키 쪽이 열 번 경주에서 아홉 번 승리했다고 가정하자. 왁스가 아무런 차이를 만들지 않는다고 가정하고, 아홉 번 이상 승리할 확률을 계산하라. 이 아홉 번의 승리는 왁스가 효과가 있다는 (5% 수준에서) 유의한 증거가 되는가? 이 증거는 (1% 수준에서) 아주 유의한가?

10.20.★★ 새로운 비료를 검정할 목적으로 한 정원사가 유사한 식물의 열네 개 짝을 선정하고, 각 짝에서 하나의 식물은 새로운 비료로 처리하였다. 두 달 뒤에 처리된 식물 중 열두 개가 처리되지 않은 쪽보다는 더 건강하였

다. (그리고 남은 두 개의 식물은 덜 건강하였다.) 만약 비료가 사실상 아무런 차이를 주지 않았다고 한다면, 완전한 우연에 의해서 열두 개 이상이 건강하게 되었을 확률은 얼마인가? 이 열두 개의 성공은 비료가 효과가 있었다는 (5% 수준에서) 유의한 증거가 되는가? 이 증거는 (1% 수준에서) 아주 유의한가?

10.21.★★ 어떤 품종의 씨앗에서는 보통 25%가 싹이 튼다. 새로운 발아 촉진제를 검정하려고 이 품종의 씨앗을 100개 심고서 촉진제로 처리하였다. 만약 이들 중 32개가 발아했다면 (5% 유의 수준에서) 이 촉진제가 효과가 있었다고 결론을 내리겠는가?

10.22.★★ 어떤 학교에서 600명의 학생 중 420명이 국가 전체 합격률이 60%인 표준 수학 시험에 합격하였다. 만약 그 학교의 학생들이 시험에 대한 특별한 적성이 없었다고 한다면 몇 명이 시험에 합격할 것으로 기대할 수 있겠는가? 그리고 420명 이상이 합격할 확률은 얼마가 되겠는가? 이 학교는 학생들이 그 시험에 대해서 유의할 정도로 잘 준비되어 있었다고 주장할 수 있겠는가?

제11장

푸아송 분포

이 장에서는 극한 분포의 세 번째 예인 푸아송 분포를 소개한다. 푸아송 분포는 랜덤하게 발생하나 확정된 평균 비율에 따라서 일어나는 사건들을 세는 실험의 결과를 서술한다. 이러한 종류에 속하는 셈 실험의 예는 과학의 거의 모든 분야에서 등장하는데 예컨대 사회학자는 3일 동안 어떤 병원에서 태어나는 아기들의 수를 셀 수 있을 것이다. 물리학에서의 중요한 한 예는 방사성 표본의 붕괴를 세는 것인데 예컨대 한 물리학자는 10초 동안 라돈(radon) 기체의 한 표본으로부터 방출되는 알파 입자의 수를 세기로 결심할 수도 있다.

이러한 종류의 셈 실험은 3.2절에서 논의했는데 거기서 나는 "제곱근 규칙"을 진술은 했지만 증명하지는 않았다. 만약 독자들이 이러한 종류의 사건 발생을 선택한 시간 T 동안 세고서 ν개를 얻었다면 시간 T 동안의 참 평균 개수에 대한 최량의 추정값은 당연히 ν이고 이 추정값에서의 불확실은 $\sqrt{\nu}$가 된다.

11.1절과 11.2절에서 나는 푸아송 분포를 소개하고 몇 가지 성질들을 탐구할 것이다. 특히, 나는 11.2절에서 푸아송 분포의 표준 편차는 사건들의 기대 개수의 제곱근이라는 것을 증명하겠다. 이 결과는 3.2절의 제곱근 규칙을 정당화해줄 것이다. 11.3절과 11.4절에서는 푸아송 분포의 몇 가지 응용에 대해서 기술할 것이다.

11.1 푸아송 분포의 정의

푸아송 분포의 한 예로 우리가 방사성 물질의 표본 하나를 받고, 적합한 검출기를 사용해서 2분 동안에 표본으로부터 방출되는 붕괴 입자의 개수를 알아내고자 한다고 가정해보자. 만약 계수기가 신뢰할 수 있는 것이라면 우리가 얻은 값 ν에는 불확실성이 없을 것이다. 그럼에도 우리가 실험을 반복한다면 우리는 거의 확실하게 ν에 대해서 다른 값을 얻게 될 것이다. 수 ν의 변동은 셈에서의 불확실성을 반영하는 것이 아니고 방사능 붕괴 과정에 내재되어 있는 랜덤한 특성을 반영하는 것이다.

각 방사성 원자핵이 임의의 2분 간격 동안에 붕괴할 확률은 확정되어 있다. 만약 우리가 이 확률과 우리 표본의 원자핵들의 수를 알고 있다면 우리는 2분 동안에 붕괴하는 입자의 **기대 평균 개수**를 계산할 수 있을 것이다. 그럼에도 각각의 원자핵은 랜덤한 시간에 붕괴할 것이고, 그래서 하나의 2분 간격 동안에 붕괴하는 개수는 기대 평균 개수와 다를 것이다.

명백히 우리는 다음과 같은 질문을 해야만 할 것이다. 만약 우리가 (표본이 상당히 고갈된다면 보충을 하면서) 실험을 많이 반복한다면 2분 동안에 관측되는 붕괴의 개수 ν에 대해서 어떠한 분포를 기대할 수 있겠는가? 만약 독자들이 10장을 학습했다면 요구되는 분포는 이항 분포라는 것을 알아챌 것이다. 만약 n개의 원자핵이 있고 어떤 하나의 원자핵이 2분 동안에 붕괴할 확률이 p라면 ν개가 붕괴할 확률은 바로 n번 "시행"에서 ν번 "성공"할 확률, 즉 $B_{n,p}(\nu)$이다. 그런데 우리가 현재 논하고 있는 이러한 종류의 실험에서는 하나의 중요한 단순화가 존재한다. 시행의 (말하자면 원자핵의) 수는 어마어마하지만 (아마도 $n \sim 10^{20}$), 어떤 한 원자핵에 대해 "성공"할 (붕괴할) 확률은 (보통 $p \sim 10^{-20}$ 정도로) 극히 작다. (n은 크고 p는 작은) 이러한 조건 아래에서 이항 분포는 푸아송 분포라고 불리는 더 간단한 함수와 구별할 수 없다는 것을 보여줄 수 있다. 구체적으로

$$Prob(\text{어떤 확정된 간격 동안 } \nu\text{개}) = P_\mu(\nu) \tag{11.1}$$

라는 것을 증명할 수 있는데 여기서 **푸아송 분포** $P_\mu(\nu)$는

푸아송 분포

$$P_\mu(\nu) = e^{-\mu}\frac{\mu^\nu}{\nu!} \tag{11.2}$$

으로 주어진다. 이 정의에서 μ는 양의 파라미터인데 ($\mu > 0$) 이것은 내가 직접 증명하겠지만, 바로 해당 시간 간격에서의 기대되는 수셈의 평균이고, $\nu!$은 ($0! = 1$인) 차례곱을 나타낸다.

기대 평균 수셈으로서 μ의 의의

나는 여기서 푸아송 분포 (11.2)를 유도하지는 않고 단지 우리가 관심을 갖는 종류의 셈 실험에 대한 적합한 분포라고만 공언하겠다.[1] (11.2)의 파라미터 μ의 의의를 확립하려면 단지 셈 실험을 많이 반복할 때 기대할 수 있는 평균 수셈 $\bar{\nu}$만 계산하면 된다. 이 평균은 ν의 모든 가능한 값에 각각의 확률을 곱한 후 그 전체를 합하면 구해진다.

$$\bar{\nu} = \sum_{\nu=0}^{\infty} \nu P_\mu(\nu) = \sum_{\nu=0}^{\infty} \nu e^{-\mu}\frac{\mu^\nu}{\nu!}. \tag{11.3}$$

이 합의 첫 번째 항은 (그 값이 0이므로) 생략할 수 있고, 그래서 $\nu/\nu!$은 $1/(\nu-1)!$로 대체할 수 있다. 만약 공통 인자 $\mu e^{-\mu}$를 꺼낸다면 우리는

$$\bar{\nu} = \mu e^{-\mu}\sum_{\nu=1}^{\infty} \frac{\mu^{\nu-1}}{(\nu-1)!} \tag{11.4}$$

을 얻게 된다. 남아 있는 무한 합은

1 유도 과정을 알고자 한다면 예를 들어 H. D. Young, *Statistical Treatment of Experimental Data* (McGraw-Hill, 1962), Section 8 혹은 S. L. Meyer, *Data Analysis for Scientist and Engineers* (John Wiley, 1975), p. 207을 참조하라.

$$1+\mu+\frac{\mu^2}{2!}+\frac{\mu^3}{3!}+\cdots=e^{\mu} \tag{11.5}$$

인데, 이것은 바로 (표시한 바와 같이) 지수 함수 e^{μ}이다. 따라서 (11.4)의 지수 함수 $e^{-\mu}$는 합에 의해서 적확하게 상쇄되고 우리에게는

$$\bar{\nu}=\mu \tag{11.6}$$

라는 간단한 결론이 남게 된다. 말하자면 푸아송 분포 $P_{\mu}(\nu)$의 특성을 묘사하는 파라미터 μ는 바로 **우리가 셈 실험을 많이 반복한다면 기대할 수 있는 수셈의 평균**이다.

어떤 때는 우리가 세고 있는 사건들이 발생할 때 따라야 하는 평균 셈율을 미리 알고 있을 수 있다. 이 경우에는 시간 T 동안에 발생하는 사건의 기대 평균 개수는 바로

$$\mu=\text{셈율}\times\text{시간}=RT$$

이다. 역으로 만약 셈율 R을 모른다면 하나의 시간 T 동안 사건들의 개수를 세어서 우리는 μ에 대한 추정값을 얻을 수 있다. 이 경우 셈율 R의 추정값은 $R_{\text{best}}=\mu_{\text{best}}/T$로 구해진다.

예: 방사능 붕괴 입자 개수 세기

주의해서 측정한 결과 방사성 토륨의 어떤 표본이 1분당 1.5개의 비율로 알파 입자를 방출한다는 것이 확인되었다. 만약 내가 2분 동안 방출되는 알파 입자의 수를 센다면 기대 평균 결과는 어떻게 되겠는가? 내가 실제로 이 수를 얻을 확률을 얼마가 되겠는가? ν개의 입자를 관측할 확률이 $\nu=0, 1, 2, 3, 4$에 대해서 어떻게 되며 $\nu\geq 5$에 대해서는 어떻게 되겠는가?

기대되는 평균 수셈은 바로 평균 방출률에 (분당 $R=1.5$개에) 내가 관찰하는 동안의 시간을 ($T=2$분을) 곱한 것이다.

$$(\text{기대 평균 개수}) = \mu = 3.$$

물론 이 결과는 임의로 한 번 시행할 때 내가 적확하게 세 개의 입자를 관찰한다는 것을 뜻하지는 않는다. 이와는 달리 어떤 특정 개수의 (ν개의) 입자를 관찰할 확률은 푸아송 분포

$$Prob(\nu\text{개의 입자}) = P_3(\nu) = e^{-3}\frac{3^\nu}{\nu!}$$

으로 주어진다. 특히 내가 적확하게 세 개의 입자를 관찰할 확률은

$$Prob(3\text{개의 입자}) = P_3(3) = e^{-3}\frac{3^3}{3!} = 0.22 = 22\%$$

이다. 비록 기대되는 평균 결과는 $\nu = 3$이지만 다섯 번 시행할 때 한 번 정도만 이 개수를 얻을 것으로 기대할 수 있다는 것을 알고 있어야 한다.

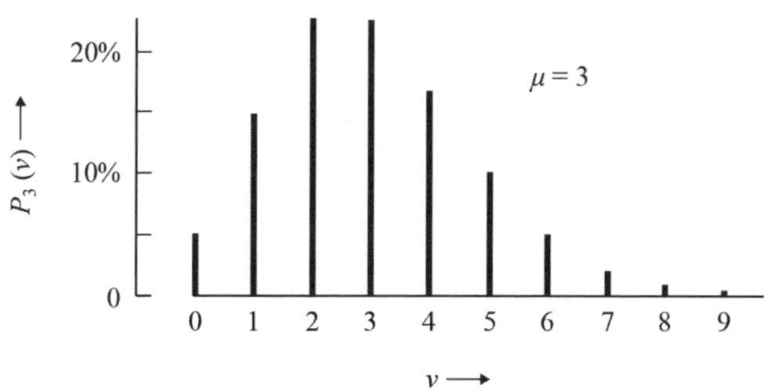

그림 11.1. 푸아송 분포 $P_3(\nu)$는 기대 평균 수셈이 3인 셈 실험에서 ν개의 사건을 관찰할 확률을 산출해준다.

어떤 특정 개수 ν에 대한 확률은 같은 방식으로 계산될 수 있고 (독자들이 확인할 수 있듯이) 다음과 같다.

개수 ν:	0	1	2	3	4
확률:	5%	15%	22%	22%	17%

이 확률들은 ($\nu=9$까지) 그림 11.1에 좌표로 표시되어 있다. 5나 그 이상의 수셈을 얻을 확률을 구하는 가장 간단한 방법은 $\nu=0, \ldots, 4$에 대한 확률들을 모두 더하고, 그다음에 이 합을 100%에서 빼서

$$Prob(\nu \geq 5) = 100\% - (5+15+22+22+17)\%$$
$$= 19\%$$

를 얻는 것이다.[2]

즉시 점검 11.1

닭장에 있는 18마리의 암탉은 1마리당 평균 하루 한 개의 달걀을 낳는다. 내가 만약 한 시간에 한 번 닭장을 점검하고 낳은 알을 꺼낸다면, 내가 매 시간 방문할 때 발견할 달걀의 평균 개수 μ는 어떻게 되겠는가? 푸아송 분포 $P_\mu(\nu)$를 사용해서 내가 ν개의 달걀을 발견할 확률을 $\nu=0, 1, 2, 3$에 대해서 계산하고 $\nu=4$ 이상일 확률도 계산하라. 가장 확률이 높은 개수는 몇 개인가? 내가 적확하게 μ개의 달걀을 발견할 확률은 어떻게 되는가? 그림 11.2에 제시된 확률이 틀림없다는 것을 확인하라.

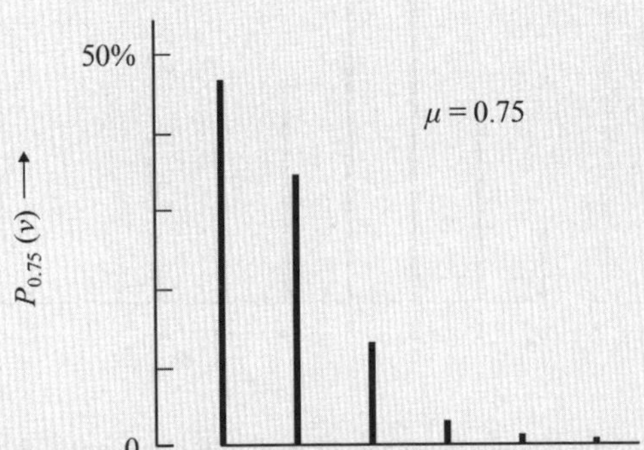

그림 11.2 푸아송 분포 $P_{0.75}(\nu)$는 기대 평균 수셈이 0.75인 셈 실험에서 ν개의 사건을 관측할 확률을 산출해준다.

2 독자들이 확인해볼 수 있는데, 모든 확률에서 여분의 소수점 자리들을 유지함으로써 얻어지는 올바른 답은 실제로는 18.48%이다.

11.2 푸아송 분포의 성질

표준 편차

푸아송 분포 $P_\mu(\nu)$는 랜덤하게 발생하나 확정된 평균 셈율로 일어나는 사건들을 세는 실험에서 ν개의 결과를 얻을 확률을 산출해준다. 우리는 파라미터 μ가 정확하게 기대 평균 수셈 $\bar{\nu}$라는 것을 보았다. 그다음 질문은 당연히 우리가 이러한 실험을 많이 반복할 때 수셈 ν의 표준 편차가 얼마인가를 묻는 것이다. (많은 시행 후에) 어떤 분포의 표준 편차도 평균으로부터의 제곱근평균제곱(RMS) 편차로 주어진다. 말하자면

$$\sigma_\nu^2 = \overline{(\nu - \bar{\nu})^2}$$

이고, 연습문제 10.5(a)나 4.5(a)의 결과를 이용한다면

$$\sigma_\nu^2 = \overline{\nu^2} - (\bar{\nu})^2 \tag{11.7}$$

이다. 푸아송 분포에 대해서 우리는 이미 $\bar{\nu} = \mu$임을 알고 있고 (연습문제 11.9에서와) 마찬가지로 계산하면 $\overline{\nu^2} = \mu^2 + \mu$가 얻어진다. 그러므로 방정식 (11.7)은 $\sigma_\nu^2 = \mu$라는 것을 또는

$$\sigma_\nu = \sqrt{\mu} \tag{11.8}$$

라는 것을 시사한다. 말하자면 평균 수셈이 μ인 푸아송 분포의 표준 편차는 $\sqrt{\mu}$이다.

결과 (11.8)은 3.2절의 제곱근 규칙을 정당화시켜준다. 만약 우리가 셈 실험을 단 한 번 실행하고 그 답으로 ν를 얻었다면 우리는 (연습문제 11.11에

서와 같이 최대 가능도 원리를 이용해서) 기대 평균 수셈에 대한 최량의 추정값은 $\mu_{\text{best}} = \nu$라는 것을 어렵지 않게 알 수 있다. (11.8)로부터 표준 편차에 대한 최량의 추정값은 곧바로 $\sqrt{\nu}$가 된다. 바꾸어 말하면 우리가 시간 T 동안에 사건의 수를 단 한 번 측정하고서 그 답으로 ν를 얻었다면 시간 T 동안에 기대되는 평균 수셈에 대한 우리의 답은

$$\nu \pm \sqrt{\nu} \tag{11.9}$$

이다. 이 답이 방정식 (3.2)에서 증명하지 않고 인용했던 바로 그 제곱근 규칙이다.

예: 방사능 붕괴에 대하여 계속

어떤 학생이 앞의 예에서의 토륨 표본을 30분간 감시하고 49개의 알파 입자를 관측하였다. 30분 동안에 방출되는 입자의 개수에 대한 이 학생의 답은 어떻게 되겠는가? 방출률 R에 대한 학생의 답은 1분당 입자 개수 단위로 어떻게 되는가?

(11.9)에 따르면 30분 동안에 방출되는 입자의 개수에 대한 학생의 답은

$$(30\text{분 동안 방출된 개수}) = 49 \pm \sqrt{49} = 49 \pm 7$$

이다. 분당 입자의 개수로 방출률을 알아내기 위해서 그 학생은 답을 30으로 나눠야 한다. 이 30분이 아무런 불확실성을 갖고 있지 않다고 가정하면 우리는

$$R = \frac{49 \pm 7}{30} = 1.6 \pm 0.2\ \text{입자/분} \tag{11.10}$$

임을 알게 된다. 제곱근 규칙은 실제 세어진 개수에서의 불확실성을 산출한다는 것을 (이 경우에는 $\sigma_\nu = \sqrt{\mu} = 7$인데) 알아야 한다. 흔히 범하기 쉬운 착오

는 붕괴율 $R=\nu/T$를 계산하고 나서 R에 대한 불확실성을 $\sqrt{R}$로 취하는 것이다. (11.10)을 한 번 보고 나서 독자들은 이 절차가 전혀 올바르지 않다는 것을 확신할 수 있어야 한다. 제곱근 규칙은 실제로 세어진 개수 ν에만 적용되며 $R=\nu/T$의 불확실성은 (11.10)에서처럼 반드시 오차 전파를 사용해서 ν에 대한 불확실성으로부터 계산되어야 한다.

즉시 점검 11.2

즉시 점검 11.1에서의 농부는 10시간 동안 그의 닭들이 아홉 개의 달걀을 낳은 것을 관찰하였다. 이 관찰에 근거한다면 10시간 동안 기대되는 달걀의 개수는 얼마로 추정하겠는가? 달걀의 생산율 R에 대해서는 어떤 답을 주겠는가? (두 답에서 불확실성도 모두 제시하라.)

푸아송 분포에 대한 가우스 근사

10장에서 우리는 가우스 분포를 이항 분포와 비교하였다. 두 분포는 많은 측면에서 무척 다르지만 그럼에도 적절한 조건 아래에서는 가우스 분포가 이항 분포에 대한 탁월하고 또 극히 유용한 근사라는 것을 우리는 목격하였다. 우리가 이제 곧 알게 되겠지만 가우스 분포와 **푸아송** 분포에 대해서도 거의 같은 것을 말할 수 있을 것이다.

가우스 분포 $G_{X,\sigma}(x)$는 **연속** 변수 x의 여러 가지 값에 대해서 확률을 산출해준다. 이에 비해서 푸아송 분포 $P_\mu(\nu)$는 이항 분포 $B_{n,p}(\nu)$와 마찬가지로 **이산** 변수 $\nu=0, 1, 2, 3, \ldots$에 대해서 확률을 산출해준다. 다른 하나의 중요한 차이는 가우스 분포 $G_{X,\sigma}(x)$는 **두 가지** 파라미터인 평균 X와 표준 편차 σ에 의해서 명시되는데 이에 비해 푸아송 분포 $P_\mu(\nu)$는 단 하나의 변수인 평균 μ에 의해서 명시된다. 그 이유는 푸아송 분포의 폭은 평균에 의해서 자동적으로 (말하자면 $\sigma_\nu=\sqrt{\mu}$로) 결정되기 때문이다. 끝으로 가우스 분포는 항상 종 모양을 하고 있고, 평균 값에 대해 대칭인데 그에 비해서 푸아송 분포는 일반적으로 위의 두 가지 성질을 둘 다 가지고 있지 않다. 그 마지막 차이점은 $\mu = 0.75$인 푸아송 분포를 보여주는 그림 11.2에서 특히 명확한데 이 곡선은 분명히 종 모양을 하고 있지 않을 뿐만 아니라 그것의 평균인 0.75에 대해서 근사적으로도 대칭이지 않다.

그림 11.1은 $\mu = 3$에 대한 푸아송 분포를 보여주고 있다. 비록 이 곡선은 분명히 정확하게 종 모양을 하고 있는 것은 아니지만 그림 11.2에 있는 $\mu = 0.75$에 대한 곡선에 비해서는 부정할 수 없을 정도로 훨씬 더 종 모양에 가깝다. 그림 11.3은 $\mu = 9$에 대한 푸아송 분포를 보여주고 있다. 이 곡선은 사실상 거의 종 모양을 하고 있고 분포의 평균에 ($\mu = 9$에) 대해서 대칭에 가깝다. 사실, $\mu \to \infty$이면 푸아송 분포는 점진적으로 더욱 종 모양에 가깝게 되고, 같은 평균과 표준 편차를 가진 가우스 분포에 접근한다는 것을 증명할 수 있다.[3] 말하자면

$$P_\mu(\nu) \approx G_{X,\sigma}(\nu), \quad (\mu\text{가 큰 수일 때}) \tag{11.11}$$

가 되는데, 여기서

$$X = \mu \qquad \text{그리고} \qquad \sigma = \sqrt{\mu}$$

이다. 그림 11.3에서 따로 표시한 곡선은 $X = 9$, 그리고 $\sigma = 3$인 가우스 함수이다. μ가 겨우 9밖에 되지 않는데도 푸아송 분포가 대응하는 가우스 함수에 놀라울 정도로 가깝다는 것을 분명하게 볼 수 있는데 경미한 불일치는 푸아송 분포에서의 남아 있는 비대칭성을 반영한다.

근사 (11.11)은 **푸아송 분포에 대한 가우스 근사**라고 불린다. 이것은 10.4절에서 논의한 이항 분포에 대한 가우스 근사와 유사하고 이 근사는 같은 조건 아래에서, 다시 말하자면 관련되는 파라미터가 클 때에 유용하다.

---

3 증명을 보려면 S. L. Meyer, *Data Analysis for Scientist and Engineers* (John Wiley, 1975), p. 227을 참조하라.

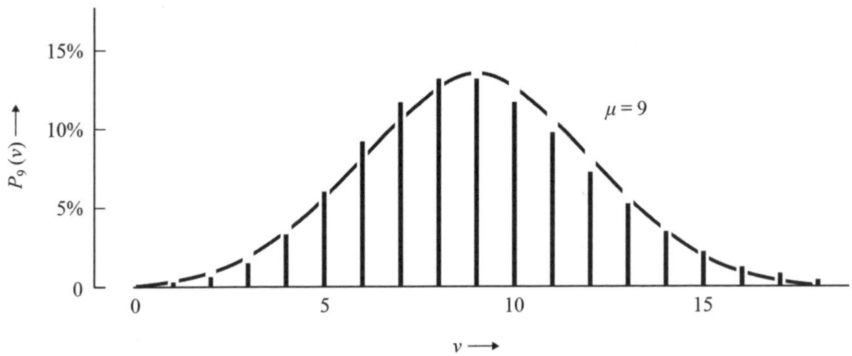

그림 11.3 $\mu = 9$에 대한 푸아송 분포. 띠 곡선은 푸아송 분포와 같은 평균과 표준 편차를 가진 ($X = 9$, 그리고 $\sigma = 3$인) 가우스 함수이다. $\mu \to \infty$이면 두 분포는 구별할 수 없게 되는데 비록 $\mu = 9$만 되어도 이미 둘은 아주 가깝다.

예: 푸아송 분포에 대한 가우스 근사

푸아송 분포에 대한 가우스 근사를 구체적으로 설명하기 위해서 $\mu = 64$인 푸아송 분포를 생각해보도록 하자. 예를 들어 72개를 셀 확률은

$$Prob(72\text{개 수셈}) = P_{64}(72) = e^{-64}\frac{(64)^{72}}{72!} \tag{11.12}$$

인데 장황한 계산 끝에

$$Prob(72\text{개 수셈}) = 2.9\%$$

로 산출된다. 그런데 (11.11)에 따르면 확률 (11.12)는 가우스 함수로 다음과 같이 만족스럽게 근사할 수 있다.

$$Prob(72\text{개 수셈}) \approx G_{64,8}(72).$$

가우스 함수의 값은

$$Prob(72\text{개 수셈}) \approx 3.0\%$$

로 쉽게 구해진다.

만약 우리가 같은 실험에서 수셈을 72개 이상 얻을 확률을 계산하기 원한다면 극도로 장황한 계산 끝에

$$\begin{aligned} Prob(\nu \geq 72) &= P_{64}(72) + P_{64}(73) + \ldots \\ &= 17.3\% \end{aligned}$$

라는 결과를 얻을 것이다. 만약 근사 (11.11)을 사용한다면, 우리는 단지 (가우스 분포는 ν를 연속 변수로 취급하기 때문에) $\nu \geq 71.5$를 얻을 가우스 확률을 계산하면 된다. 71.5는 평균보다도 7.5만큼 혹은 0.94σ만큼 위에 있으므로 요구되는 확률은 부록 B에 있는 표로부터 빠르게

$$\begin{aligned} Prob(\nu \geq 72) \approx Prob_{\mathrm{G}}(\nu \geq 71.5) &= Prob_{\mathrm{G}}(\nu \geq X + 0.94\sigma) \\ &= 17.4\% \end{aligned}$$

라는 것을 알아낼 수 있는데 그 어떤 기준으로 판정하더라도 이것은 탁월한 근사이다.

11.3 응용

내가 강조했듯이 푸아송 분포는 랜덤하게 발생하나 확정되어 있는 비율에 따라서 일어나는 사건을 세는 실험의 결과에 대한 분포를 서술한다. 물리학 초급 실험에서 가장 흔한 두 가지 사례는 방사성 원자핵의 붕괴를 세는 것과 우주선 입자의 도달을 세는 것이다.

다른 아주 중요한 한 예는 가우스 분포나 이항 분포 혹은 푸아송 분포 자체와 같은 기대 극한 분포에 대해서 탐구하는 실험이다. 극한 분포는 실험

을 여러 번 반복했을 때 특정한 종류의 사건이 얼마나 많이 기대되는지를 우리에게 가르쳐준다. (예를 들어 가우스 함수 $G_{X,\sigma}(x)$는 $x=a$에서 $x=b$까지 사이에 얼마나 많은 측정값이 안착할 것인지 우리에게 가르쳐줄 수 있다.) 실제로는 관측된 개수가 기대되는 개수와 적확하게 일치하는 경우란 거의 없다. 대신에 이 관측된 개수는 푸아송 분포에 따라서 요동한다. 특히 특정한 종류의 사건의 기대 개수가 n이라면 관측된 개수는 n으로부터 $\sqrt{n}$ 정도 벗어날 것으로 기대할 수 있다. 우리는 이 점을 12장에서 활용할 것이다.

많은 상황에서 수들이 근사적으로 푸아송 분포에 따라서 분포될 것이라고 기대하는 것은 합리적이다. 양계 농장에서 시간당 생산되는 달걀의 개수와 병원에서 1일 출생 수는 둘 다 적어도 근사적으로는 푸아송 분포를 따를 것으로 (비록 둘 다 아마도 계절적인 변동을 보이겠지만) 기대되고 있다. 이 가정을 검정하기 위해서 우리는 해당 수들을 여러 번 많이 기록할 필요가 있다. 결과로 얻어지는 분포를 좌표 평면에 점으로 표시한 후에 독자들은 이것을 푸아송 분포와 비교해보고 얼마나 비슷하게 잘 맞는지 알아볼 수 있다. 다른 정량적 검정을 더 실시해보려면 12장에서 서술되는 카이제곱 검정을 사용할 수 있다.

예: 우주선(cosmic ray) 셈하기

푸아송 분포의 다른 하나의 예로서 우주선에 관한 실험을 고려해보기로 하자. 이 “선(rays)”은 우주 공간으로부터 지구의 대기로 진입하는 양성자나 알파 입자와 같은 전기 띤 입자에 기원한다. 이러한 원초적인 입자들의 많은 수는 대기 중의 원자들과 충돌하고, 그러고 나서 계속해서 중간자나 양전자와 같은 이차적인 입자를 탄생시킨다. (원초적인 그리고 이차적인) 이 입자들의 일부분은 멀리 이동해서 지면까지 도달하고, 실험실에서 (예를 들면 가이거 계수기 등으로) 검출될 수 있다. 다음 문제에서 나는 주어진 시간 동안에 주어진 면적에 명중하는 우주선의 개수는 푸아송 분포를 따라야만 한다는 사실을 활용하겠다.

학생 A는 1분 동안 가이거 계수기에 명중하는 우주선의 개수를 측정했다고 공언한다. 이 학생은 반복해서 신중하게 측정했고 1분당 평균 아홉 개의 입자가 “무시할 수 있는 불확실성”을 가지고 계수기에 명중했다고 주장한다. 그의 주장을 검사하려고 학생 B가 1분 동안 몇 개의 입자가 도달하는지 세고 나서 열두 개라는 답을 얻었다. 이 답은 기대 셈율이 9라는 학생 A의 주장에 심각한 의구심을 드리울 수 있는가? 더욱 조심스럽게 확인할 목적으로 학생 C가 10분 동안에 도달하는 입자 수를 세었다. A의 주장으로부터 학생 C는 90개를 얻을 것으로 기대하였으나 실제로는 120개를 얻었다. 이 값은 A의 주장에 심각한 의구심을 드리우는가?

B의 결과를 먼저 검토해보자. 만약 A가 맞다면 기대 평균 수셈은 9이다. 수셈의 분포는 푸아송 분포이어야 하므로 표준 편차는 $\sqrt{9}=3$ 이다. 그러므로 학생 B의 결과인 12는 9라는 평균으로부터 단지 표준 편차의 1배만큼만 벗어나 있다. 이만큼의 크기는 분명히 A의 주장을 반박하기에는 충분할 만큼 멀리 떨어져 있다고 할 수 없다. 더 구체적으로는 어떤 답 ν를 얻을 확률은 $P_9(\nu)$ 라는 것을 알고 있으므로 우리는 9로부터 3만큼이나 혹은 더 이상 차이가 나는 답을 얻을 확률을 계산할 수 있다. 이 확률은 (연습문제 11.7을 참조하면) 40%라고 밝혀졌다. 당연히 B의 결과는 그다지 놀랄 만한 것은 아니고, 그래서 A가 걱정할 이유는 전혀 없다.

그런데 학생 C의 결과는 상당히 다른 문제이다. 만약 학생 A가 옳다면 C는 10분 동안에 90개를 기대해야만 한다. 그 분포가 푸아송이어야 하므로 표준 편차는 $\sqrt{90}=9.5$이어야 한다. 따라서 C의 결과인 120개는 A의 예측인 90개로부터 **표준 편차의 3배** 이상 벗어나 있다. 이렇게 큰 수들에 대해서는 푸아송 분포는 가우스 함수와 거의 구분을 할 수 없고 우리는 부록 A에 있는 표로부터 어떤 답이 평균으로부터 표준 편차의 3배 이상 벗어날 확률이 0.3%라는 것을 바로 계산할 수 있다. 즉 A가 옳다면 C가 120개를 관측했다는 것은 조금도 있을 법하지 않다. 이 진술을 뒤집어보면 우리는 무엇인가 분명히 잘못되었다고 말할 수 있을 것이다. 어쩌면 A가 자신이 주장한 것만큼 신중하지 않았을 수도 있다. 아니면 A나 C의 경우에는 계수기가 오작동해서 두 결과 중 하나에는 계통 오차를 도입했을 수 있을 것이다. 또는 어쩌면 A가 우주선의 흐름이 정상보다도 정말로 적을 때 측정했을 수도 있다.

11.4 배경을 감하기

이 장을 마무리하면서 나는 많은 셈 실험을 혼란스럽게 해주는 문제를 논의하겠다. 종종 우리가 연구하고자 하는 사건들에는 관심의 대상인 사건들과 구분할 수 없는 "배경" 사건들이 동반하는 경우가 있다. 예를 들어 방사능 원천의 붕괴를 연구할 때에 우리는 주변에 있는 방사성 물질이나 우주선으로부터 오는 입자들을 검출기가 등록하는 것을 방지할 수는 없다. 이것은 우리가 세는 수가 해당 사건들뿐만 **아니라** 이 배경 사건들도 포함한다는 것을 의미하고, 나아가 우리는 어떻게 해서라도 이 원하지 않는 배경 사건들을 반드시 감해야만 한다는 것을 의미한다. 적어도 원칙적으로는 그 치유책은 간단명료하다. (원천과 배경에 의한) 전체 셈율을 구했으므로, 우리는 반드시 원천을 제거하고 배경 단독에 의한 사건의 셈율을 구해야 한다. 원천에 의한 사건의 셈율은 그러면 이 두 가지 측정된 셈율의 차 바로 그것으로 주어진다.

실제로는 이 과정에서 놀라울 정도로 쉽게 착오를 범할 수 있는데 특히 오차 분석에서 더욱 그러하다. 서로 다른 시간 간격을 이용해서 전체 수셈과 배경 수셈을 측정하는 것이 대체로 편리하다. 어떤 시간 T_{tot} 동안에는 ν_{tot} 개의 (원천 **더하기** 배경의) 전체 사건들을 측정하고, 그러고 나서 시간 T_{bgd} 동안에는 ν_{bgd} 개의 배경 사건들을 측정했다고 가정하자. 당연히 우리는 ν_{tot}로부터 ν_{bgd}를 바로 뺄 수는 없는데 그 이유는 이 두 수가 서로 다른 시간 간격들에 적용되기 때문이다. 대신에 먼저 우리는 반드시 **셈율**

$$R_{\text{tot}} = \frac{\nu_{\text{tot}}}{T_{\text{tot}}} \quad \text{그리고} \quad R_{\text{bgd}} = \frac{\nu_{\text{bgd}}}{T_{\text{bgd}}} \tag{11.13}$$

을 계산해야 하고, 그다음에 두 셈율의 차(差)

$$R_{\text{sce}} = R_{\text{tot}} - R_{\text{bgd}} \tag{11.14}$$

로부터 원천에 의한 셈율을 계산한다. 관련되는 물리량의 불확실성을 추정할 때 제곱근 규칙은 **세어진 수** ν_{tot}와 ν_{bgd}에 대한 불확실성을 산출해준다는 것을 우리는 반드시 기억해야 하고, 그래서 이에 대응하는 셈율에서의 불확실성은 다음 예에서와 같이 반드시 오차 전파에 의해서 구해야 한다.

예: 배경을 가진 방사능 붕괴

어떤 학생이 방사능 원천을 액체 섬광 검출기에 넣어서 그 활동도를 감시하기로 결정하였다. 10분 동안에 검출기는 2,540개의 총 수셈을 등록하였다. 원하지 않은 배경 사건들이 검출될 가능성을 감안하기 위해, 이 학생은 그 원천을 제거하고 3분 동안에 검출기가 추가로 95개 등록했다는 것을 알았다. 원천의 활동도를 구하기 위해서 이 학생은 두 가지 셈율 R_{tot}와 R_{bgd}를 (개/분 단위로) 계산하고, 그 셈율들의 차 $R_{\text{sce}} = R_{\text{tot}} - R_{\text{bgd}}$를 계산하였다. 이 학생의 답은 불확실성과 함께 어떻게 되는가? (두 개 시간 간격에서의 불확실성은 무시할 수 있다고 가정하라.)

제곱근 규칙에 의하면 두 가지 세어진 개수는 불확실성과 함께

$$\nu_{\text{tot}} = 2{,}540 \pm \sqrt{2{,}540} = 2{,}540 \pm 50,$$

그리고

$$\nu_{\text{bgd}} = 95 \pm \sqrt{95} = 95 \pm 10$$

이다. 이 개수들을 대응하는 시간 간격으로 나누면 우리는 셈율들을

$$R_{\text{tot}} = \frac{\nu_{\text{tot}}}{T_{\text{tot}}} = \frac{2{,}540 \pm 50}{10} = 254 \pm 5\text{개/분},$$

그리고

$$R_{\text{bgd}} = \frac{\nu_{\text{bgd}}}{T_{\text{bgd}}} = \frac{95 \pm 10}{3} = 32 \pm 3\text{개/분}$$

으로 구할 수 있다. 마지막으로, 원천 단독에 의한 셈율은

$$R_{\text{sce}} = R_{\text{tot}} - R_{\text{bgd}} = (254 \pm 5) - (32 \pm 3) = 222 \pm 6 \text{ 개/분}$$

이다. 마지막 단계에서 오차들은 제곱하여 결합되었다는 것을 알아야 한다. 그 이유는 이 오차들이 분명히 독립적이고 랜덤하기 때문이다.

✔ 11장의 주요 정의와 방정식

• 푸아송 분포

푸아송 분포는 랜덤하게 발생하지만 확정된 평균 비율에 따라서 일어나는 사건들을 세는 실험을 서술한다. 만약 독자들이 선택된 시간 간격 T 동안 센다면 ν개의 사건을 관측할 확률은 푸아송 함수

$$Prob(\text{시간 } T \text{ 동안 } \nu\text{개}) = P_\mu(\nu) = e^{-\mu}\frac{\mu^\nu}{\nu!}$$ [(11.2) 참조]

에 의해서 주어지는데, 여기서 파라미터 μ는 시간 T 동안 기대되는 사건의 평균 개수이다. 말하자면

$$\begin{aligned}\bar{\nu} &= \mu \ (\textbf{많은 시행 후}) \\ &= RT\end{aligned}$$ [(11.6) 참조]

인데, 여기서 R은 사건이 발생하는 평균 발생률이다.

관측된 개수 ν의 표준 편차는

$$\sigma_\nu = \sqrt{\mu}$$ [(11.8) 참조]

이다.

• 푸아송 분포에 대한 가우스 근사

μ가 클 때는 푸아송 분포 $P_\mu(\nu)$는 푸아송 분포와 같은 평균과 표준 편차를 가진 가우스 함수로 만족스럽게 근사할 수 있다. 말하자면

$$P_\mu(\nu) \approx G_{X,\sigma}(\nu)$$

인데, 여기서 $X = \mu$이고 $\sigma = \sqrt{\mu}$ 이다. [(11.11) 참조]

- **배경을 감하기**

배경의 영향을 피할 수 없는 원천에 의해서 만들어지는 사건들은 다음 세 단계에 의해서 셀 수 있다.

(1) 시간 T_{tot} 동안 (원천 더하기 배경의) 전체 개수 ν_{tot}를 세고, 그리고 $R_{\mathrm{tot}} = \nu_{\mathrm{tot}} / T_{\mathrm{tot}}$를 계산한다.

(2) 원천을 제거하고 나서 시간 T_{bgd} 동안 배경 사건의 개수 ν_{bgd}를 측정한다. 그다음에 $R_{\mathrm{bgd}} = \nu_{\mathrm{bgd}} / T_{\mathrm{bgd}}$를 계산한다.

(3) 원천에 의한 사건의 셈율을 차 $R_{\mathrm{sce}} = R_{\mathrm{tot}} - R_{\mathrm{bgd}}$로 계산한다.

마지막으로 ν_{tot}와 ν_{bgd}에 대한 불확실성은 제곱근 규칙에 의해서 산출되며 이 값들로부터 세 가지 셈율에서의 불확실성을 오차 전파에 의해서 구할 수 있다.

✔ 11장의 연습문제

11.1절에 관한 문제: 푸아송 분포의 정의

11.1.★ $\mu = 0.5$인 푸아송 분포 $P_\mu(\nu)$를 $\nu = 0, 1, \ldots, 6$에 대해서 계산하라. ν에 대한 $P_{0.5}(\nu)$의 막대 히스토그램을 좌표 평면에 그려라.

11.2.★ (a) $\mu = 1$인 푸아송 분포 $P_\mu(\nu)$를 $\nu = 0, 1, \ldots, 6$에 대해서 계산하고 결과들을 막대 히스토그램으로 좌표 평면에 그려라. (b) 문항 (a)를 $\mu = 2$에 대해서 반복하라.

11.3.★★ 어떤 방사성 표본이 5.0×10^{19}개의 원자핵을 보유하고 있는데 각 원자핵이 5초 동안에 붕괴할 확률은 $p = 3.0 \times 10^{-20}$으로 정해져 있다. (a) 5초 동안에 표본에서 기대되는 붕괴의 평균 개수 μ는 어떻게 되는가? (b) 5초 동안에 붕괴를 ν개 관측할 확률 $P_\mu(\nu)$를 $\nu = 0, 1, 2, 3$에 대해서 계산하라. (c) 5초 동안에 네 개 이상 붕괴하는 것을 관측할 확률은 어떻게 되는가?

11.4.★★ 4주 동안 어떤 농부가 10:00와 10:30A.M. 사이에 암탉들이 평균 2.5개의 달걀을 낳는다는 것을 알았다. 낳은 달걀의 개수들은 $\mu = 2.5$인 푸아송 분포를 따른다고 가정한다면, 10:00와 10:30A.M. 사이에 이 농부가 달걀을 하나도 발견하지 못할 날이 몇 날이나 될 것이라고 추정하는가? 두 개 이하를 발견할 날은 몇 날이 될 것으로 추정하는가? 세 개 이상을 발견할 날은?

11.5.★★ 어떤 방사성 표본에 1분당 붕괴가 세 개 발생할 것으로 기대된다. 어떤 학생이 100개의 별개 1분 간격 동안에 붕괴의 개수 ν를 관측하

였고 표 11.1에 제시한 결과를 얻었다.

표 11.1 1분 간격 동안 붕괴되는 개수; 연습문제 11.5와 관련

붕괴 수 ν	0	1	2	3	4	5	6	7	8	9
관측 횟수	5	19	23	21	14	12	3	2	1	0

(a) ν에 대한 (결과 ν가 관측된 횟수의 비율인) f_ν를 좌표 평면에 점으로 표시해서 이 결과들을 히스토그램으로 만들어라. (b) 같은 좌표 평면에 기대 분포인 $P_3(\nu)$를 함께 보여라. 데이터가 기대 분포에 잘 맞는가? (이 적합도의 정량적인 측도를 구하려면 12장에서 논의하는 카이제곱 검정을 사용할 수 있다.)

11.6.★★★ (a) 푸아송 분포는 다른 모든 분포와 마찬가지로 다음 "정규화 조건"

$$\sum_{\nu=0}^{\infty} P_\mu(\nu) = 1 \tag{11.15}$$

을 반드시 만족해야 한다. 이 조건은 ν의 가능한 모든 값을 관측할 총 확률은 반드시 1이라는 것을 단언한다. 이것을 증명하라. [e^μ에 관한 무한 급수 (11.5)를 기억하라.] (b) (11.15)를 μ에 대해서 미분하고 나서 그 결과에 μ를 곱해주면 무한히 많이 시행한 후에는 방정식 (11.6)에서와 같이 $\bar{\nu} = \mu$라는 것에 대한 새로운 증명이 도출됨을 보여라.

11.2절에 관한 문제: 푸아송 분포의 성질

11.7.★ (a) 기대 평균 수셈이 $\mu = 9$인 셈 실험에서 관측되는 수셈 ν의 (많은 시행 후의) 표준 편차 σ_ν는 어떻게 되는가? (b) $\nu = 7, 8, \ldots, 11$에 대해서 ν를 얻을 확률인 $P_9(\nu)$를 계산하라. (c) 이 확률을 이용해서, 평균으로부터 표준 편차의 1배 이상 벗어나는 수셈 ν를 얻을 확률을 구하라. (d) 12

라는 수셈은 기대 평균이 참으로 9라는 것을 독자들이 의심하게 만들어주는가?

11.8.★ 어떤 핵 물리학자가 방사성 표본의 붕괴를 가이거 계수기로 감시하고 있다. 이 학자는 15개의 별개의 5초 간격 동안에 붕괴한 개수를 관측하고 다음 개수들을 얻었다.

$$7,\ 11,\ 10,\ 7,\ 5,\ 7,\ 6,\ 12,\ 12,\ 7,\ 18,\ 12,\ 13,\ 12,\ 6.$$

(a) 참 평균 수셈 μ에 대한 최량의 추정값 μ_{best}는 15개 수셈의 평균이다. (이 주장에 대한 증명을 알고 싶으면 연습문제 11.15를 참조하라.) μ_{best}의 값은 얼마인가? (b) 이 학자의 15개 수셈에 대한 표준 편차 σ_ν는 $\sqrt{\mu}$에 가까워야만 한다. 이 학자의 표준 편차는 얼마이고 그 값은 $\sqrt{\mu_{\text{best}}}$와 얼마나 잘 맞는가?

11.9.★★ (a) 푸아송 분포 $P_\mu(\nu)$에 대해서 ν^2의 평균 값은 $\overline{\nu^2} = \mu^2 + \mu$라는 것을 증명하라. [아마도 이렇게 하는 가장 쉬운 방법은 항등식 (11.5)를 μ에 대해서 두 번 미분하는 것일 것이다.] (b) 이것으로부터 ν의 표준 편차는 $\sigma_\nu = \sqrt{\mu}$라는 것을 증명하라. [항등식 (11.7)을 사용하라.]

11.10.★★ 어떤 방사성 표본에서 평균 붕괴율이 대략 분당 20개로 알려져 있다. 만약 독자들이 이 평균 붕괴율을 백분율 오차 4% 안으로 측정하려면 얼마나 긴 시간 동안 세어야 하겠는가?

11.11.★★ 평균 수셈 μ가 미지수인 푸아송 분포에 의해서 지배되는 셈 실험을 고려해보는데 내가 단 한 차례 세고서 값 ν를 얻었다고 가정하자. 이 값 ν를 얻을 확률인 $Prob(\nu)$를 쓰라. 최대 가능도의 원리에 따르면 미지의 μ에 대한 최량의 추정값은 $Prob(\nu)$를 가장 크게 해주는 μ의 값이다. 최량의 추정값 μ_{best}는 독자들이 예상했겠지만 관측된 수셈 ν 바로 그것이다. [이

계산에서 미지의 μ는 변수이고 ν는 내가 단 한 번의 실험에서 얻은 고정된 값이다.]

11.12.★★ 어떤 셈 실험에서 기대 평균 수셈은 $\mu = 16$이었다. (a) 가우스 근사 (11.11)을 사용해서 임의의 한 차례 시행에서 10이라는 수셈을 얻을 확률을 추정하라. 독자들의 답을 적확한 값인 $P_{16}(10)$과 비교하라. (b) 가우스 근사를 사용해서 10 **이하**인 수셈을 얻을 확률을 추정하라. (가우스 분포는 ν를 연속 변수로 취급한다는 사실을 감안하기 위해서는 $\nu \leq 10.5$에 대한 가우스 확률을 계산해야 한다는 것을 기억하라.) 적확한 답을 계산하고, 근삿값과 비교하라.

16이라는 작은 μ에 대해서도 가우스 근사가 얼마나 우수한 답을 산출해주는지를 그리고 적어도 문항 (b)에서만이라도 푸아송 분포를 사용해서 적확하게 계산하는 것에 비해서 가우스 근사가 얼마나 훨씬 덜 번거로운지를 주목해보라.

11.13.★★ 어떤 셈 실험에서 기대 평균 수셈은 $\mu = 400$이었다. 가우스 근사를 사용해서 $380 \leq \nu \leq 420$의 범위 안에서 수셈이 얻어질 확률을 구하라. 이 답을 적확한 답인 69.47%와 비교하라. 독자들의 휴대용 계산기로 이 적확한 확률을 구하는 것이 실현 가능한지에 대해서 논하라.

11.14.★★★ 연습문제 11.5에서 기대 평균 수셈은 $\mu = 3$이라는 것이 미리 알려졌다. 그렇기 때문에 데이터의 평균은 3에 가깝게 있어야만 하고 표준 편차는 $\sqrt{3}$에 가까워야만 한다. 데이터의 평균과 표준 편차를 구하고, 이 값들을 기댓값들과 비교하라.

11.15.★★★ 푸아송 분포 $P_\mu(\nu)$에 의해서 지배되는 어떤 셈 실험을 고려해보는데, 여기서 평균 수셈 μ는 아직 모른다. 그런데 독자들이 별개의 셈 실험을 N번 시행하고 다음 값들을 얻었다고 가정해보자.

$$\nu_1, \nu_2, \ldots, \nu_N .$$

이 값들로 이루어진 특정한 집합을 얻을 확률 $Prob(\nu_1, \ldots, \nu_N)$을 구하라. 최대 가능도의 원리에 따르면 미지의 μ에 대한 최량의 추정값은 확률 $Prob(\nu_1, \ldots, \nu_N)$이 최대가 되게 하는 μ의 값이다. μ_{best}는 독자들이 기대했듯이 관측된 개수들의 평균이라는 것을 증명하라.

$$\mu_{\text{best}} = \frac{1}{N}\sum_{i=1}^{N}\nu_i$$

(이 계산에서 미지수 μ는 변수이고, $\nu_1, \nu_2, \ldots, \nu_N$은 N번의 시행에서 독자들이 얻은 값들에 고정되어 있다.)

11.3절에 관한 문제: 응용

11.16.★ 가이거 계수기를 사용해서 어떤 학생이 15초 동안에 우주선 입자 25개를 기록하였다. (a) 15초 동안에 기록될 입자들의 참 평균 개수에 대한 학생의 최량의 추정값은 불확실성과 함께 어떻게 되는가? (b) 이 학생은 (분당 입자 개수인) **셈율**을 불확실성과 함께 어떻게 보고하겠는가?

11.17.★ 한 학생이 40초 동안에 방사성 표본으로부터 붕괴를 400개라고 세었다. (a) 40초 동안에 기록될 입자들의 참 평균 개수에 대한 학생의 최량의 추정값은 불확실성과 함께 어떻게 되는가? (b) 이 학생은 (초당 입자 개수인) **붕괴율**을 불확실성과 함께 어떻게 보고하겠는가?

11.18.★★ 숀과 마리아는 같은 방사성 표본을 감시하고 있다. 숀은 1분 동안 세고, 121개를 얻었다. 마리아는 6분 동안 세고, 576개를 얻었다. 각자는 그 후에 **셈율**을 분당 수셈으로 계산하였다. 이들의 결과는 만족스럽게 일치하는가?

11.4절에 관한 문제: 배경을 감하기

11.19.★★ 원자력 발전소에 있는 가열 통기관이 방사성 먼지로 오염되었을 것으로 의심을 받고 있다. 이 혐의를 조사하려고 한 보건 물리학자가 검출기를 통기관의 내부에 설치하고 120분 동안에 7,075개의 방사성 입자를 기록하였다. 배경 방사선을 검사할 목적으로 이 물리학자는 검출기를 통기관으로부터 일정 거리만큼 떨어진 곳으로 옮기고 검출기를 통기관으로부터 나오는 방사선으로부터 차폐시켰다. 이 새로운 위치에서 이 물리학자는 60분 동안에 3,015개의 입자를 기록하였다. 통기관의 내용물에 기인하는 방사선량에 대한 이 학자의 최종 답은 (분 당 입자 개수 단위로) 어떻게 되겠는가? 이 물리학자는 통기관 내부가 방사성 물질로 오염되었다는 것에 대한 유의한 증거를 가지고 있는가?

11.20.★★ 방사능이 있다고 생각되는 암석의 활동도를 측정하려고, 한 물리학자가 이 암석을 검출기에 넣고 10분 동안에 225개의 입자를 기록하였다. 배경 방사선을 검사할 목적으로 물리학자는 암석을 제거하고, 그다음에 6분 동안 90개 입자를 기록하였다. 두 가지 답을 모두 시간당 입자의 개수인 셈율로 변환한 후 암석만의 활동도가 산출될 수 있도록 차를 취하였다. 이 학자의 최종 답은 시간당 입자 개수로 얼마가 되는가? 그리고 그 답의 불확실성은 어떻게 되는가? 학자는 암석이 방사성이라는 유의한 증거를 가지고 있는가?

11.21.★★★ 한 물리학자가 어떤 방사성 원천의 활동도에 대한 정확한 측정이 필요했다. 이 학자는 자신의 시간을 가장 효율적으로 사용하려고 (원천 더하기 배경의) 전체 셈율을 빠르게 대략적으로 측정했다. 이 근사적 측정들은 참된 셈율에 대한 대략의 값인 r_{tot}와 r_{bgd}를 제공하였다. (내가 참된 셈율에 대해서 소문자 r을 사용한 것을 알아야 한다. 이렇게 한 것은 본 실험에서 측정하는 값들에 대해서 대문자 R을 사용할 수 있게 해줄 것이다.) 더 정확한 값들을 알기 위해서, 학자는 긴 시간 T_{tot} 동안에 (원천 더하기 배경의) 전체 개수 ν_{tot}와 긴 시간 T_{bgd} 동안에 배경 개수 ν_{bgd}를 측정하기로 계획하였다. 이 측정으

로부터 학자는 셈율 R_{tot}와 R_{bgd}를 계산하고 마지막으로 원천 단독에 의한 셈율 R_{sce}를 계산할 것이다.

이 학자가 사용하는 검출기는 단지 T시간 동안만 쓸 수 있다. 그래서 두 가지 시간 T_{tot}와 T_{bgd}는

$$T_{\text{tot}} + T_{\text{bgd}} = T \tag{11.16}$$

를 초과하지 않도록 제약받고 있다. 따라서 학자는 R_{sce}에 대한 최종 답에서 불확실성을 최소화할 수 있도록 T_{tot}와 T_{bgd}를 선정해야 한다.

(a) 만약 이 학자가 두 가지 시간을

$$\frac{T_{\text{tot}}}{T_{\text{bgd}}} = \sqrt{\frac{r_{\text{tot}}}{r_{\text{bgd}}}} \tag{11.17}$$

가 되도록 선정한다면, 학자의 최종 불확실성이 최소가 된다는 것을 보여라. [힌트: 기대 개수 ν_{tot}와 ν_{bgd}를 참 셈율인 r_{tot}와 r_{bgd}와 그리고 대응하는 시간의 항으로 나타내라. 이것들로부터 관련되는 모든 불확실성을 계산하라. R_{sce}에서의 불확실성을 최소화하기 위해 (11.16)을 사용해서 T_{bgd}를 소거한 다음 T_{tot}에 대해서 미분하고, 그 도함수를 0으로 놓아라.] r_{tot}와 r_{bgd}에 대한 예비 측정은 오른쪽의 비에 대한 근사적 값을 이 학자에게 알려주기 때문에, 이 학자는 (11.17)로부터 가용한 시간을 어떻게 T_{tot}와 T_{bgd}으로 나누어야 하는지를 알 수 있다.

(b) 만약 가용한 시간이 2시간이고 (T=2시간) 예비 측정이 $r_{\text{tot}}/r_{\text{bgd}} \approx 9$라는 것을 보여주었다면 이 물리학자는 T_{tot}와 T_{bgd}를 어떻게 선정해야만 하는가?

제 12 장

분포에 대한 카이제곱 검정

지금쯤 독자들은 극한 분포의 개념에 이미 상당히 친숙해졌을 것이다. 극한 분포란 실험이 많이 반복되는 경우에 기대되는 분포를 서술하는 함수이다. 있을 수 있는 서로 다른 많은 종류의 실험에 대응해서 서로 다른 많은 극한 분포가 존재한다. 아마도 자연과학에서 가장 중요한 세 가지 극한 분포는 우리가 이미 논의한 가우스 (혹은 정규) 분포, 이항 분포, 그리고 푸아송 분포일 것이다.

이 마지막 장은 실제 실험의 결과가 기대 극한 분포에 의해서 지배되는지 아닌지를 결정하는 방법에 초점을 맞추기로 한다. 구체적으로 말하자면 결과들의 기대 분포에 대해서 우리가 알고 있다고 믿고 있는 어떤 실험을 우리가 실시한다고 가정해보자. 이에 더하여 우리가 이 실험을 여러 번 반복하고 그리고 관측값들을 기록한다고 가정하자. 우리가 지금 다루고자 하는 문제는 바로 다음 질문으로 나타낼 수 있다. 관측된 분포가 기대되는 이론적 분포와 일관적인지 아닌지를 우리가 어떻게 결정할 수 있는가? 우리는 **카이제곱** 혹은 χ^2 **검정**이라고 불리는 간단한 절차를 사용해서 이 질문에 답할 수 있다는 것을 곧 알게 될 것이다. (그리스 문자 χ의 철자는 "chi"인데 이 문자는 "카이"라고 발음된다.)

12.1 카이제곱에 대한 소개

구체적인 예를 가지고 시작해보자. 어떤 총으로부터 발사된 탄환의 사정거리 x를 40번 $x_1, \ldots, x_{40}$으로 측정하고, 표 12.1에 제시한 결과들을 얻었다고 가정하자. 분명히 아주 당연한 것이지만 이 측정값들이 가우스 분포 $G_{X,\sigma}(x)$에 의해서 지배된다고 믿을 수 있는 이유도 우리가 가지고 있다고 가정한다. 이러한 종류의 실험에서는 일반적으로 기대 분포의 중심 X와 폭 파라미터 σ 중 그 어떤 것도 미리 알고 있지는 않다. 그러므로 우리의 첫 번째 단계는 측정값 40개를 활용해서 이 파라미터들에 대한 최량의 추정값을 계산하는 것이다.

$$(x\text{의 최량의 추정값}) = \bar{x} = \frac{\sum x_i}{40} = 730.1\,\text{cm} \tag{12.1}$$

그리고

$$(\sigma\text{의 최량의 추정값}) = \sqrt{\frac{\sum(x_i - \bar{x})^2}{39}} = 46.8\,\text{cm}. \tag{12.2}$$

표 12.1 x의 측정된 값(단위: cm)

731	772	771	681	722	688	653	757	733	742
739	780	709	676	760	748	672	687	766	645
678	748	689	810	805	778	764	753	709	675
698	770	754	830	725	710	738	638	787	712

이제 우리는 X와 σ를 중심과 폭에 대한 추정값으로 갖는 가우스 분포 $G_{X,\sigma}(x)$에 의해서 측정값들이 지배된다는 우리의 가설과 측정의 결과들인 $x_1, \ldots, x_{40}$의 실제 분포가 일관적인지 아닌지를 물어볼 수 있다. 이 질문에 답하려면, 만약 우리의 가설이 참이라면 측정값 40개가 어떻게 분포될 것으로 우리가 기대하는지를 반드시 계산해보아야 하고 또 이 기대 분포를 실제 관측된 분포와 비교해보아야 한다. 이렇게 하는데 첫 번째 난관은 x가 연속

변수라는 것이다. 그래서 x의 어떤 값과 똑같은 값을 갖는 측정값의 기대 개수에 대해서 우리는 말할 수 없다. 그보다 우리는 반드시 어떤 구간 $a < x < b$에서 기대되는 개수를 논해야 한다. 말하자면, 우리는 반드시 가능한 값의 범위를 **칸들**로 나누어야만 한다. 만약 측정값이 40개 있으면 표 12.2에서와 같이 칸이 네 개 만들어지도록 칸의 경계로서 $X-\sigma$, X, 그리고 $X+\sigma$를 선정할 수 있을 것이다.

나중에 우리는 칸들을 선정하는 기준을 논의할 것이다. 특히 모든 칸이 여러 개의 측정된 값 x_i를 포함하도록 칸들은 선정되어야만 한다. 일반적으로 나는 칸들의 수를 n으로 표기할 것인데 칸이 네 개인 이 예에서는 $n=4$이다.

표 12.2 표 12.1의 데이터에 대한 칸들의 한 가능한 선택. 마지막 열은 각 칸에 안착하는 관측값들의 수를 보여주고 있다.

칸 번호 k	칸 안의 x의 값		관측값의 개수 O_k
1	$x < X - \sigma$	(또는 $x < 683.3$)	8
2	$X - \sigma < x < X$	(또는 $683.3 < x < 730.1$)	10
3	$X < x < X + \sigma$	(또는 $730.1 < x < 776.9$)	16
4	$X + \sigma < x$	(또는 $776.9 < x$)	6

가능한 측정된 값의 범위를 구분하고 나면 이제 우리의 질문을 한층 더 정밀하게 공식화할 수 있다. 먼저, 우리는 각각의 칸 k에 안착하는 측정값들의 수를 셀 수 있다.[1] 우리는 이 수를 O_k라고 (여기서 "O"는 "observations"를 나타내는데) 표기한다. 이 예에서 데이터 O_1, O_2, O_3, O_4는 표 12.2의 마지막 열에 제시되었다. 다음으로 측정값들이 (추정된 X와 σ를 가지고서) 정규적으로 분포된다고 가정하고 나서, 우리는 각각의 칸 k에서 **기대되는** 측정값들의 수 E_k를 계산할 수 있다. 그다음에 우리는 반드시 관측된 수 O_k가 기대되는 수 E_k와 얼마나 잘 일치하는지를 판단해야 한다.

1 만약 어떤 측정값이 적확하게 두 개 칸의 경계에 안착한다면 우리는 양쪽 칸에 측정 반 개씩을 배정할 수 있다.

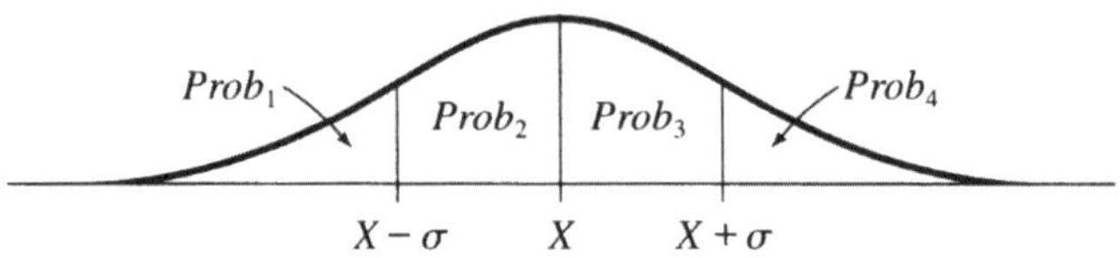

그림 12.1. 하나의 측정값이 표 12.2의 각각의 칸 $k=1, 2, 3, 4$에 안착하는 확률인 $Prob_k$는 가우스 함수 아래에 보인 네 개의 면적이다.

기대되는 개수 E_k의 계산은 간단명료하다. 어떤 하나의 측정값이 구간 $a<x<b$에 안착할 **확률**은 바로 가우스 함수 아래 $x=a$와 $x=b$ 사이의 면적이다. 지금 예에서는 하나의 측정값이 네 개 칸 각각에 안착할 확률 $Prob_1$, $Prob_2$, $Prob_3$, $Prob_4$는 그림 12.1에 표시된 네 개 면적이다. 면적이 같은 $Prob_2$와 $Prob_3$ 두 개는 합해서 잘 알려진 68%를 나타내고, 그래서 가운데에 있는 두 개 칸 중 하나에 안착할 확률은 34%이다. 말하자면, $Prob_2=Prob_3=0.34$이다. 그 바깥에 있는 두 개의 면적은 나머지 32%를 구성하고, 따라서 $Prob_1=Prob_4=0.16$이 된다. 기대되는 개수 E_k를 구하려면 우리는 이 확률들을 전체 측정값들의 개수인 $N=40$으로 곱해주기만 하면 된다. 그리하여 기대되는 개수는 표 12.3의 세 번째 열에 보인 바와 같게 된다. 수 E_k가 정수가 아니라는 사실은 "기대되는 개수"가 어떤 한 실험에서 우리가 실제로 기대하는 것이 아니라는 것을 우리에게 상기시켜준다. 이 개수는 오히려 측정의 전 계열을 많이 반복한 다음에 기대되는 평균 개수이다.

표 12.3 표 12.2에서 선택한 칸들을 사용해서 얻은 표 12.1의 40개 측정값에 대한 기대되는 개수들 E_k와 관측된 개수들 O_k

칸 번호 k	확률 $Prob_k$	기대되는 개수 $E_k = N\,Prob_k$	관측된 개수 O_k
1	16%	6.4	8
2	34%	13.6	10
3	34%	13.6	16
4	16%	6.4	6

지금 우리의 문제는 기대되는 개수 E_k가 대응하는 (표 12.3의 마지막 열에 있는) 관측된 개수 O_k를 얼마나 잘 설명하는가를 판단하는 것이다. 어떤 유한한 개수의 측정을 실시한 후에 E_k와 O_k가 **완벽하게** 일치하리라고는 우리는 당연히 기대하지 않는다. 그 반면에 측정값들이 정규적으로 분포되어 있다는 우리의 가설이 옳다면, 어떤 의미에서는 편차

$$O_k - E_k \tag{12.3}$$

는 **작을** 것이라고 우리는 기대할 수 있을 것이다. 반대로 편차 $O_k - E_k$가 **크다**는 것이 증명된다면 가설이 틀린다고 우리는 의심할 수 있을 것이다.

편차 $O_k - E_k$가 "작다"든지 혹은 "크다"는 진술을 명확하게 위해서는, 만약 측정값들이 진실로 정규적으로 분포된다면 $O_k - E_k$가 얼마나 클 것으로 우리가 **기대하는지**를 우리는 반드시 결정해야만 한다. 다행스럽게도 이 결정은 쉽게 내릴 수 있다. 만약 우리가 40번을 측정하는 일련의 실험을 많이 반복한다면 어떤 하나의 칸 k에 들어 있는 측정값들의 수 O_k는 11장에서 서술된 그러한 종류에 속하는 어떤 셈 실험의 결과라고 간주될 수 있다. 우리의 O_k에 대한 많은 다른 답은 E_k라는 평균 값을 가지고 있고, 그리고 이 답들은 $\sqrt{E_k}$ 정도 크기의 표준 편차를 가지고서 E_k를 중심으로 요동할 것으로 기대할 수 있다. 따라서 비교되어야 하는 두 가지 수는 편차 $O_k - E_k$와 편차 요동의 기대 크기 $\sqrt{E_k}$ 이다.

이러한 생각들은 우리로 하여금 비율

$$\frac{O_k - E_k}{\sqrt{E_k}} \tag{12.4}$$

를 고려해보도록 한다. 어떤 칸 k에 대해서는 이 비율은 양이 될 것이고 어떤 칸에 대해서는 음이 될 것이다. 그리고 몇몇 k에 대해서는 이 비율은 1보다 눈에 띄게 더 클 수도 있을 것이나 대부분의 칸에서는 이 비율의 크기는 1 정도이거나 혹은 더 작아야만 할 것이다. (측정값들이 정규적으로 분포되었다

고 하는) 우리의 가설을 검정하려면 우리는 당연히 각각의 k에 대한 수 (12.4)를 제곱하고 그다음에 이 제곱한 수를 모든 칸 $k=1, \ldots, n$에 (여기서 $n=4$) 걸쳐서 합산하게 된다. 이 절차는 **카이제곱**이라고 불리는 수

$$\chi^2 = \sum_{k=1}^{n} \frac{(O_k - E_k)^2}{E_k} \tag{12.5}$$

을 정의한다. 이 수 χ^2은 분명히 관측된 분포와 기대되는 분포 사이의 일치에 대한 합리적인 지표이다. 만약 $\chi^2 = 0$이면 그 일치는 완벽하다. 말하자면 모든 칸 k에 대해서 $O_k = E_k$라는 것인데 이것은 극히 일어나지 않을 상황이다. 일반적으로, 합 (12.5)에서의 개별 항들은 크기가 1 정도일 것으로 기대되고 그리고 이 합에는 n개의 항이 있다. 따라서

$$\chi^2 \lesssim n$$

이면 (χ^2의 크기가 n이거나 더 작으면), 관측된 분포와 기대 분포는 우리가 바랄 수 있을 만큼 잘 일치한다. 바꾸어 말하면 $\chi^2 \leq n$이면 우리의 측정값들이 기대한 대로 분포되었다는 것을 의심할 아무런 이유를 갖고 있지 않다고 할 수 있다. 반면에

$$\chi^2 \gg n$$

이면 (χ^2이 칸의 개수보다도 현저하게 크면), 관측된 개수와 기대되는 개수 사이에는 상당한 차이가 있고, 그래서 우리는 측정값들이 기대 분포에 의해서 지배되지 않고 있다고 의심할 충분한 이유를 갖게 된다.

우리의 예에서 네 개 칸에 있는 관측된 개수와 기대되는 개수 그리고 그 수들 간의 차는 표 12.4에 제시되어 있고, 이들을 이용해서 계산하면

$$\chi^2 = \sum_{k=1}^{4} \frac{(O_k - E_k)^2}{E_k}$$

$$= \frac{(1.6)^2}{6.4} + \frac{(-3.6)^2}{13.6} + \frac{(2.4)^2}{13.6} + \frac{(-0.4)^2}{6.4}$$

$$= 1.80 \tag{12.6}$$

이 간단하게 얻어진다.

표 12.4 표 12.1의 데이터를 차 $O_k - E_k$와 함께 여기에 제시하였다.

칸 번호 k	관측된 개수 O_k	기대되는 개수 $E_k = NProb_k$	차 $O_k - E_k$
1	8	6.4	1.6
2	10	13.6	−3.6
3	16	13.6	2.4
4	6	6.4	−0.4

χ^2에 대한 값 1.80은 합에 포함되어 있는 항들의 개수보다도 (말하자면 4보다도) 작기 때문에 측정값들이 정규적으로 분포되었다는 우리의 가설을 의심할 이유를 전혀 가지고 있지 않다.

즉시 점검 12.1

어떤 학급의 학생 100명 각자가 3층 창문으로부터 공이 낙하하는 시간을 측정한다. 학생들은 측정값들의 평균 $\bar{t}$와 표준 편차 σ_t를 계산하고 그다음에 그들이 측정한 값들을 우리가 방금 논의한 예에서처럼 선정된 네 개의 칸으로 분류하였다. 이들의 결과는 다음과 같다.

$(\bar{t}-\sigma_t)$ 미만 : 19

$(\bar{t}-\sigma_t)$와 $\bar{t}$ 사이 : 30

$\bar{t}$와 $(\bar{t}+\sigma_t)$ 사이 : 37

$(\bar{t}+\sigma_t)$ 초과 : 14.

학생들의 측정값들이 정규적으로 분포된다고 가정한다면 네 개 칸의 각각에서 기대되는 측정값들의 개수는 어떻게 되는가? χ^2은 얼마인가? 그리고 측정값들이 **진정** 정규적으로 분포된다는 것을 의심할 이유가 있는가?

12.2 카이제곱의 일반 정의

지금까지의 논의는 어떤 총으로부터 발사된 탄환의 사정거리를 나타내는 연속 변수 x에 대한 40개 측정값이라는 하나의 특정한 예에 집중했었다. 우리는 χ^2이라는 수를 정의하였고, 이것이 측정값들의 관측된 분포와 우리의 측정값들이 따를 것으로 우리가 기대하는 가우스 분포 사이의 일치에 대한, 적어도, 대강의 척도라는 것을 알았다. 우리는 이제 많은 다른 실험에 대해서도 같은 방식으로 χ^2을 정의하고 또 사용할 수 있게 되었다.

어떤 수 x를 측정하는 한 가지 실험을 생각해보자. 그런데 이 실험의 결과들이 어떤 특정한 분포를 따른다고 기대하는 이유를 우리는 가지고 있다. 이 측정을 많이 (N번) 반복한다고 상상해보자. 그리고 x의 가능한 값의 범위를 n개의 칸 $k=1, \ldots .n$으로 나누고, 그다음에 각각의 칸 k에 실제로 안착하는 관측값의 개수 O_k를 센다. 측정값들이 실제로 기대 분포에 의해서 지배된다고 가정하고, 우리는 다음으로 k번째 칸에 있는 측정값들의 기대 개수 E_k를 계산한다. 끝으로 우리는 (12.5)에서와 똑같이 χ^2을 계산한다.

$$\chi^2 = \sum_{k=1}^{n} \frac{(O_k - E_k)^2}{E_k}. \tag{12.7}$$

χ^2의 개략적 의의는 항상 이전의 예에서와 같다. 즉, $\chi^2 \leq n$이면 관측된 분포와 기대하는 분포 간의 일치는 받아들일 수 있는데, $\chi^2 \gg n$이면 두 분포 간에는 상당한 불일치가 존재하게 된다.

χ^2의 계산 방식과 관련해서 칸들을 선정하는 절차는 어느 정도 특정한 실험의 본질에 달려 있다. 구체적으로 이 절차는 측정된 물리량 x가 연속적인가 아니면 이산적인가에 달려 있다. 나는 이 두 가지 상황에 대해서 차례차례 설명하겠다.

연속 변수의 측정

12.1절에서 논의한 예에는 연속 변수 x가 관련되었는데 여기에 대해 좀 더 언급할 필요가 있다. 연속 변수에 관해서 우리가 논의한 유일한 극한 분포는 가우스 분포이다. 그러나 생길 수 있는 다른 분포가 당연히 많이 존재한다. 예를 들면 많은 종류의 원자 실험과 원자핵 실험에서는 측정되는 변수 x에 대한 (실제로는 에너지인데) 기대 분포는 로런츠형(Lorentzian) 분포

$$f(x) \propto \frac{1}{(x-X)^2+\gamma^2}$$

이고, 여기서 X와 γ는 어떤 상수들이다. 연속 분포의 다른 하나의 예는 연습문제 5.6에서 언급한 지수 분포 $\frac{1}{\tau}e^{-t/\tau}$인데 이 분포는 (기대되는 수명이 τ인) 방사성 원자가 시간 t 동안 생존할 확률을 산출해준다.

기대 분포 $f(x)$가 어떤 것이든, x에 대한 $f(x)$의 그래프 아래의 전체 면적은 1이고, 하나의 측정값이 $x=a$와 $x=b$ 사이에 있을 확률은 바로 a와 b 사이의 면적이다.

$$Prob(a < x < b) = \int_a^b f(x)dx.$$

따라서 k번째 칸이 $x=a_k$에서 $x=a_{k+1}$까지 연속된다면 (총 N번 측정한 후) k번째 칸에서 기대되는 측정값의 개수는

$$\begin{aligned} E_k &= N \times Prob(a_k < x < a_{k+1}) \\ &= N\int_{a_k}^{a_{k+1}} f(x)dx \end{aligned} \tag{12.8}$$

로 주어진다.

우리가 카이제곱 검정의 정량적 사용에 대해 12.4절에서 논의할 때에 우리는 기대하는 수 E_k가 너무 작지는 않아야 한다는 것을 알게 될 것이다. 명확한 아래 끝은 없을지라도 E_k는 아마도 개략적으로는 다섯이나 그 이상이어야 할 것이다.

$$E_k \gtrsim 5. \tag{12.9}$$

그러므로 우리는 (12.8)에 의해서 주어지는 E_k가 이 조건을 반드시 만족하는 방식으로 칸들을 선정해야만 한다. 우리는 칸들의 수가 너무 적지 않아야만 한다는 것을 곧 알게 될 것이다. 예컨대 중심 X와 폭 σ는 미리 알려져 있지 않은 가우스 분포가 기대 분포였던 12.1절의 예에서는 (우리가 곧 보게 되겠지만) 카이제곱 검정은 칸이 네 개보다 작으면 작동하지 않는다. 말하자면 이 예에서 우리는

$$n \geq 4 \tag{12.10}$$

인 것이 필요했다. 관측값들의 총 개수가 대략 20보다 작으면, 이러한 종류의 실험에는 카이제곱 검정을 효과적으로 적용할 수 없다는 것을 (12.9)와 (12.10)을 결합하면 알 수 있다.

이산 변수의 측정

우리가 여러 개의 주사위를 던질 때 나오는 이제 친숙해진 에이스의 개수와 같은 이산 변수를 우리가 측정한다고 가정해보자. 실제로 가장 흔한 이산 변수는 (에이스의 수와 같은) 정수인데 우리는 이산 변수를 (연속 변수에 대해서 사용하는) x 대신에 ν로 표기할 것이다. 만약 우리가 주사위를 다섯 개 던진다면 나올 수 있는 가능한 ν의 값은 $\nu = 0, 1, \ldots, 5$이어서 가능한 출현들을 칸들로 분류할 필요는 사실상 없다. 우리는 오직 여섯 가지 가능한 출현 중에서 각각이 몇 번이나 얻어지는지 세기만 하면 된다. 다르게 말하자면 우리는 칸을 여섯 개 선정할 수 있는데 각 칸은 오직 하나의 출현만 포함하고 있다.

그럼에도 여러 개의 출현을 하나의 칸으로 모으는 것은 때로는 바람직하다. 예컨대 우리가 주사위 다섯 개를 200번 던진다면 그 결과의 (연습문제 10.11에서 구한 확률에 따른) 기대 분포는 표 12.5의 첫 번째 열에 제시한 바와 같다. 여기에서 네 개와 다섯 개의 에이스가 나오리라고 기대되는 던지기의 개수는 각각 0.6과 0.03이라는 것을 볼 수 있다. 이 두 기대 개수는 우리가 카이제곱 검정을 사용하기를 원한다면 각 칸에 발생해야 한다고 요구되는 다섯 혹은 그 정도의 기대 개수보다 훨씬 적다는 것을 알 수 있다. 이 어려움은 출현들 $\nu = 3, 4, 5$를 하나의 칸으로 모음으로써 쉽게 교정될 수 있다. 이렇게 모으면 우리에게는 네 개의 칸 $k = 1, 2, 3, 4$만 남겨지게 되는데 이 칸들은 각각에 대응하는 기대 개수 E_k와 함께 표 12.5의 마지막 두 개 열에 제시되어 있다.

표 12.5 다섯 개 주사위를 200번 던진 후에 기대되는 ν개 $(\nu = 0, 1, \ldots, 5)$ 에이스의 발생 횟수

출현	기대 발생 횟수	칸 번호 k	기대되는 수 E_k
없음	80.4	1	80.4
하나	80.4	2	80.4
둘	32.2	3	32.2
셋	6.4	4	7.0
넷	0.6		
다섯	0.03		

방금 서술한 바와 같이 칸을 선정하였으면 우리는 각 칸에서 관측된 발생 횟수 O_k를 셀 수 있다. 그다음에 우리는 χ^2을 계산할 수 있고, 관측된 분포와 기대하는 분포가 일치하는지의 여부를 알아낼 수 있다. 이 실험에서 **만약** 주사위들이 (p가 진정으로 1/6이 되도록) 공정하다면 기대 분포가 분명히 이항 분포 $B_{5,\,1/6}(\nu)$라는 것을 알고 있다. 그리하여 이 경우에 분포에 대한 우리의 검정은 주사위들이 공정한지 아니면 왜곡되었는지 여부에 대한 검정이 된다.

이산 변수가 관련되어 있는 어떠한 실험에서도 각 칸에서 기대되는 발생 횟수가 최소한 다섯 혹은 그 정도라면 각각의 칸이 단 하나의 출현만 담고 있도록 칸들을 선정할 수 있다. 만약 그렇지 않다면 여러 개의 출현은 충분한 수의 기대 발생 횟수를 담는 하나의 커다란 칸으로 모아져야만 한다.

카이제곱의 다른 형식들

χ^2이라는 표기는 일찍이 이 책의 방정식 (7.6)과 (8.5)에서 사용되었는데 또한 이것은 (5.41)에서 제곱들의 합에 대해서도 사용되었었다. 이 모든 경우에서 χ^2은 일반적인 형식인

$$\chi^2 = \sum_{1}^{n}\left(\frac{\text{관측된 값} - \text{기대되는 값}}{\text{표준 편차}}\right)^2 \qquad (12.11)$$

을 가진 제곱들의 합이었다. 이 모든 경우에서 χ^2은 어떤 변수의 관측된 값과 기대되는 값 사이의 일치에 대한 지표이다. 만약 그 일치 정도가 우수하다면 χ^2은 크기가 n 정도여야 하는데 만약 일치 정도가 나쁘다면 χ^2은 n보다 훨씬 클 것이다.

그렇지만 안타깝게도 기대되는 값들과 표준 편차를 알고 있어서 (12.11)을 계산할 수 있는 경우에 한해서만, 우리는 일치를 검정할 목적으로 χ^2을 사용할 수 있다. 아마도 이 값들이 충분히 정확하게 알려진 가장 흔한 경우는 이 장에서 논의하는 종류의 검정, 즉 어떤 분포의 검정인데, 이 검정에서 E_k는

그 분포에 의해서 주어지고 E_k의 표준 편차는 $\sqrt{E_k}$로 주어진다. 그럼에도 카이제곱 검정은 광범위하게 적용되고 있다. 예를 들어, 8장에서 논의된 문제인 y가 x의 ($y=A+Bx$와 같은) 어떤 명확한 함수

$$y=f(x)$$

일 것으로 기대되는 두 변수 x와 y의 측정에 대해서 생각해보자. 우리가 N개의 측정된 짝 (x_i, y_i)를 가지고 있다고 가정하자. 그런데 여기서 x_i의 불확실성은 무시할 수 있고, y_i의 불확실성은 σ_i라고 알려져 있다. 그러면 y_i의 기댓값은 $f(x_i)$이고 y가 함수 $f(x)$에 얼마나 잘 맞는지는

$$\chi^2=\sum_1^N\left(\frac{y_i-f(x_i)}{\sigma_i}\right)^2$$

을 계산해서 검정할 수 있다. χ^2에 대한 이전의 모든 논평은 이 수에도 적용될 것이고, 다음 절들에서 서술하는 정량적인 검정들이 사용될 수 있을 것이다. 이 중요한 응용은 여기서 더 이상 추구되지는 않을 것인데 그 이유는 물리학 초급 실험에서 불확실성 σ_i를 충분히 신뢰할 수 있을 정도로 안다는 것은 극히 드물기 때문이다. (연습문제 12.14를 참조하라.)

12.3 자유도와 축소 카이제곱

우리가 χ^2을 계산하고 이것을 데이터를 수집하는 데 사용된 칸의 개수와 비교해본다면, 나는 관측된 분포와 기대하는 분포가 일치하는지 않는지를 검정할 수 있다고 주장하였다. 그런데 좀 더 나은 절차는 χ^2을 칸의 개수 n과 비교하는 것이 아니라 대신에 d라고 표기되는 **자유도의 수**와 비교하는 것이다. 자유도에 대한 개념은 8.3절에서 간략하게 언급되었는데 우리는 이제 이것을

더 상세하게 논의해야만 한다.

일반적으로, 통계적 계산에서 자유도의 수 d는 관측된 데이터의 수 **빼기** 데이터로부터 산정되어 통계적 계산에 사용되는 파라미터의 수로 정의된다. 이 장에서 검토되고 있는 문제들과 관련해서는 관측된 데이터란 n개의 칸 $k=1,\ldots,n$에 있는 관측값들의 개수를 나타내는 수 O_k이다. 따라서 관측된 데이터 수는 바로 칸들의 개수인 n이다. 그러므로 여기서 고려하고 있는 문제에서 자유도의 수는

$$d=n-c$$

인데, n은 칸의 수이고 c는 기대되는 개수 E_k를 산정하기 위해 데이터로부터 계산되어야 하는 파라미터들의 수이다. 수 c는 때로는 **제약 조건의 수**라고 불리는데 그 이유는 내가 곧 설명하겠다.

제약 조건의 수는 고려되고 있는 문제에 따라서 변동한다. 12.2절의 주사위 던지기 실험을 먼저 생각해보자. 우리가 다섯 개의 주사위를 던져보고 이 주사위들이 공정하다는 가설을 검정한다고 하자. 그러면 주사위들을 한 번 던질 때 나오는 에이스들의 수에 대한 기대 분포는 이항 분포 $B_{5,1/6}(\nu)$가 된다. 여기서 $\nu=0,\ldots,5$는 한 번 던질 때 나올 수 있는 에이스의 개수이다. 이 함수에서의 두 개 파라미터인 주사위들의 수, 5와 하나의 에이스가 나올 확률, 1/6은 사전에 알려져 있고, 데이터로부터 계산될 필요가 없다. 우리가 어떤 특정한 ν가 발생할 기대 횟수를 계산할 때에는 우리는 이항 확률에다가 총 던진 횟수 N을 (우리 예에서는 $N=200$) 반드시 곱해주어야만 한다. 이 파라미터는 데이터에 **진정으로** 의존한다. 구체적으로 N은 수 O_k의 합 바로 그것이다.

$$N=\sum_{k=1}^{n}O_k. \tag{12.12}$$

그리하여 주사위 실험에서 기대하는 결과를 계산할 때 우리는 오직 하나의 파라미터만을 (N을) 데이터로부터 계산해야만 한다. 그러므로 제약 조건의 수는

$$c = 1$$

이고, 그래서 자유도의 수는

$$d = n - 1$$

이 된다. 표 12.5에서 주사위 실험의 결과들은 네 개의 칸으로 분류되었고 (즉 $n = 49$이고) 따라서 실험은 세 개의 자유도를 갖게 되었다.

방정식 (12.12)는 제약 조건과 자유도라는 기묘한 용어들을 구체적으로 잘 설명해준다. 일단 수 N이 결정되고 나면 우리는 (12.12)를 $O_1, \ldots, O_n$의 값들을 "제약하는" 하나의 방정식으로 간주할 수 있다. 더 구체적으로는 우리는 제약 조건 (12.12) 때문에 수들 $O_1, \ldots, O_n$ 중에서 오직 $(n-1)$개만이 독립적이라고 말할 수 있다. 예컨대, 첫 $(n-1)$개의 수 $O_1, \ldots, O_{n-1}$은 (어떤 범위 안에서) 아무 값이라도 취할 수 있지만 마지막 수 O_n은 방정식 (12.12)에 의해서 완전하게 결정되어진다. 이러한 의미에서 단지 $n-1$개의 데이터만 **자유롭게** 독립적인 값들을 취할 수 있기 때문에 우리는 단지 $n-1$개의 자유도만 있다고 말한다.

이 장의 첫 번째 예에서 탄환의 사정거리는 40번 $(N = 40)$ 측정되었다. 결과들을 네 개의 $(n = 4)$ 칸으로 분류하였고 그러고 나서 가우스 분포 $G_{X,\sigma}(x)$로부터 기대할 수 있는 것과 비교했다. 이 경우에는 **세 개의** 제약 조건이 있기 때문에 단 하나의 자유도만 남았다.

$$d = n - c = 4 - 3 = 1.$$

첫 번째 제약 조건은 (12.12)와 같다. 관측값들의 총 수 N은 각 칸에 있는 관측값들의 수인 O_k의 합이다. 그러나 두 개의 **제약 조건**이 더 있었는데 그 이유는 (이러한 종류의 실험에서는 늘 있는 것이지만) 기대하는 가우스 분포 $G_{X,\sigma}(x)$의 파라미터들인 X와 σ를 우리가 사전에 모르기 때문이다. 따라서 우리가 기대하는 수 E_k를 계산하기 전에 우리는 X와 σ를 데이터를 이용해

서 추정했어야만 했다. 그러므로 모두 세 개의 제약 조건이 있게 되고, 그래서 이 예에서는

$$d = n - 3 \tag{12.13}$$

이다. 덧붙여 말하자면 이 결과는 우리가 이 실험에서 왜 최소한 네 개의 칸을 사용해야만 했는지를 설명해준다. 우리는 **자유도**의 수는 항상 하나 이상이어야만 한다는 것을 알게 될 것인데, 그렇기 때문에 (12.13)을 따르면 우리는 분명히 $n \geq 4$가 되도록 선정해야만 했다.

여기에서 고려하는 예들은 항상 적어도 하나의 제약 조건을 (말하자면 측정값들의 전체 수와 관련되는 제약 조건 $N = \sum O_k$) 가지고 있을 것이고, 아마도 하나 또는 두 개의 조건을 더 가지고 있을 것이다. 그리하여 자유도의 수 d는 (우리의 예에서는) $n-1$부터 $n-3$까지 범위에 걸쳐있을 것이다. n이 클 때는 n과 d 간의 차는 그다지 중요하지는 않다. 그러나 n이 작을 때는 (안타깝게도 자주 그렇게 되는데) 당연히 상당한 차이가 있다.

자유도의 개념으로 준비되었기 때문에 우리는 이제 카이제곱 검정을 더욱 정밀하게 만드는 작업을 시작할 수 있다. χ^2의 **기댓값**이 정확하게 자유도의 수 d라는 것이 (나는 입증하지 않을 것이지만) 입증될 수 있다.

$$(\chi^2\text{의 기대 평균 값}) = d. \tag{12.14}$$

이 중요한 방정식은 어떤 일련의 측정을 한 차례 실시한 다음에 $\chi^2 = d$가 된다는 것을 우리가 정말로 기대한다는 것을 의미하지는 않는다. 대신에 이 방정식은 만약 우리가 측정의 전체 계열을 무수히 반복하고 매번 χ^2을 산정한다면, 이 χ^2의 값들의 평균이 d일 것이라는 것을 의미한다. 그럼에도 불구하고 비록 일련의 측정을 단 **한 차례**만 실시한 후에라도 χ^2의 값을 d와의 비교하는 것은 일치에 대한 어떤 지표가 될 수 있다. 특히 만약 우리의 기대 분포가 **옳은** 분포라면 χ^2이 d보다 훨씬 크다는 것은 거의 있을 수 없다. 이 진술을 뒤집어 말하자면, 만약 우리가 $\chi^2 \gg d$라는 것을 안다면 기대 분포가 옳을 가능성은 거의 없을 것이라고 단언할 수 있을 것이다.

우리는 결과 (12.14)를 증명하지는 **않았지만** 그 결과의 몇 가지 양상이 합리적이라는 것을 알 수 있다. 예를 들면 $d=n-c$이기 때문에 우리는 (12.14)를

$$(\chi^2\text{의 기대 평균 값}) = n-c \tag{12.15}$$

라고 다시 쓸 수 있다. 말하자면 주어진 n이 어떤 것이든지, 만약 c가 커지면 (이를테면 만약 우리가 데이터로부터 더 많은 파라미터를 계산한다면), χ^2에 대한 기댓값은 작아질 것이다. 이 결과는 바로 우리가 기대해야만 하는 것이다. 12.1절의 예에서 우리는 기대 분포 $G_{X,\sigma}(x)$의 중심 X와 표준 편차 σ를 계산하기 위해 데이터를 사용했었다. 데이터에 맞추기 위해 X와 σ를 선정하였기 때문에 당연히 우리는 관측된 분포와 기대하는 분포 간의 일치는 얼마간 나아질 것으로 기대해야 할 것이다. 즉, 이 두 개의 여분의 제약 조건은 χ^2의 값을 축소시킬 것으로 기대된다는 것이다. 이 축소가 바로 (12.15)가 함축하는 것이다.

결과 (12.14)는 **카이제곱 검정**에 대해서 사고하는 약간 더 편리한 방법이 있다는 것을 시사한다. 우리는 **축소 카이제곱**을 (혹은 **자유도당 카이제곱**을) 도입하는데 이것을 $\tilde{\chi}^2$으로 표기하고, 다음과 같이 정의한다.

$$\tilde{\chi}^2 = \chi^2/d. \tag{12.16}$$

χ^2의 기댓값이 d이므로

$$(\tilde{\chi}^2\text{의 기대 평균 값}) = 1 \tag{12.17}$$

이라는 것을 알 수 있다. 그리하여 자유도의 수에 무관하게 우리의 검정은 다음과 같이 진술될 수 있다. 만약 $\tilde{\chi}^2$의 값이 1이나 그 이하로 얻어진다면

우리는 기대 분포를 의심할 아무런 이유를 갖고 있지 않다고 할 수 있다. 그런데 $\tilde{\chi}^2$의 값이 1보다 훨씬 크다면 우리의 기대 분포가 옳을 가능성은 거의 없다.

즉시 점검 12.2

즉시 점검 12.1의 실험에서 자유도의 수는 어떻게 되는가? 그리고 축소 카이제곱의 값 $\tilde{\chi}^2$은 얼마인가?

12.4 카이제곱에 대한 확률

관측된 데이터와 기대 분포 간의 일치에 대한 우리의 검정은 아직 충분히 다듬어지지 않았다. 이제 우리는 일치에 대한 **정량적** 측도가 필요하다. 구체적으로 말하자면 일치와 불일치 간의 경계를 어디에다 그어야 하는지에 대한 어떤 지침이 있어야 한다. 예를 들면 12.1절의 실험에서 우리는 어떤 범위에 있는 x를 40번 측정했는데 이 x의 분포가 가우스 분포라고 우리는 믿고 있다. 우리는 데이터를 네 개의 칸으로 분류하였고, 그러고 나서 $\chi^2 = 1.80$이라는 것을 알았다. 세 개의 제약 조건으로 인해서 단 하나의 자유도만 남았고 $(d=1)$ 그래서 축소 카이제곱 $\tilde{\chi}^2 = \chi/d$도 역시 1.80이었다.

$$\tilde{\chi}^2 = 1.80\,.$$

이제 질문은 다음과 같다. $\tilde{\chi}^2 = 1.80$이라는 값은 우리가 기대하는 가우스 분포를 배제할 수 있을 정도로 1보다 충분하게 더 큰가 혹은 그렇지 않은가?

이 질문에 답하기 위해 우리의 측정값들이 기대 분포에 (이 예에서는 가우스 분포에) 의해서 **정말로** 지배된다고 가정하는 것으로부터 시작하기로 한다. 이 가정 아래 $\tilde{\chi}^2$의 값이 1.80 또는 그 이상으로 크게 얻어질 **확률**을 우리는 계산할 수 있다. 자, 이 확률은 우리가 곧 알게 될 것이지만

$$Prob(\tilde{\chi}^2 \geq 1.80) \approx 18\%$$

로 판명된다. 즉, 우리의 결과가 기대 분포에 의해서 지배된다면 $\tilde{\chi}^2$의 값이 우리의 실제 값인 1.80보다 더 크거나 혹은 같을 확률이 18%라는 것이다. 바꾸어 말하자면 이 실험에서 1.80만큼이나 큰 $\tilde{\chi}^2$의 값은 전혀 터무니없지가 않다는 것이고, 그래서 우리는 (이 증거에 근거한다면) 기대 분포를 기각할 아무런 이유를 가지고 있지 않다고 할 수 있다.

우리의 일반적 절차는 지금쯤은 상당히 명확해야 한다. 어떤 일련의 측정을 실시하고 나서, 지금 $\tilde{\chi}_o^2$이라고 표기하는 축소 카이제곱을 계산한다. (여기서 하첨자 "o"는 "observed"를 의미하는데 그 이유는 $\tilde{\chi}_o^2$은 실제로 관측된 값이기 때문이다.) 다음으로 우리의 측정값들이 기대 분포를 따른다고 가정하고서 우리는 $\tilde{\chi}^2$이 관측된 $\tilde{\chi}_o^2$의 값보다 크거나 혹은 같은 값을 갖게 될 확률

$$Prob(\tilde{\chi}^2 \geq \tilde{\chi}_o^2) \tag{12.18}$$

을 산정한다. 만약 이 확률이 높다면, 값 $\tilde{\chi}_o^2$은 완벽하게 받아들일 수 있고 우리는 기대 분포를 기각할 아무런 이유가 없다. 만약 이 확률이 터무니없을 정도로 낮다면, $\tilde{\chi}^2$이 우리가 관측한 $\tilde{\chi}_o^2$만큼 크다는 것은 (만약 우리의 측정값들이 기대하는 바와 같이 분포한다면) 거의 있을 법하지 않고 이에 부합하여 우리의 기대 분포가 옳을 가능성도 거의 없다.

통계적 검정에서 늘 그렇듯이 상당히 확실한 것과 그렇지 않은 것의 경계를 결정해야만 한다. 두 가지 통상적인 선택은 상관관계와 관련해서 이미 언급한 것들이다. 경계가 5%에 설정되는 경우에는 만약

$$Prob(\tilde{\chi}^2 \geq \tilde{\chi}_o^2) < 5\%$$

이면, 관측된 값 $\tilde{\chi}_o^2$은 유의한 불일치를 가리킨다고 우리는 말할 것이고 그다음에 기대 분포를 5% 유의성 수준에서 기각할 것이다. 우리가 경계를 1%에 설정하는 경우에는 $Prob(\tilde{\chi}^2 \geq \tilde{\chi}_o^2) < 1\%$ 이면, 우리는 불일치가 아주 유의하다고 말할 것이고 1% 유의성 수준에서 기대 분포를 기각할 것이다.

독자들이 기각에 대한 경계로서 어떤 수준을 선정하든지 간에 그 수준은 반드시 진술되어야만 한다. 어쩌면 더 중요할 수도 있는데 보고서를 읽는 사람들이 그들 스스로 합리적인지 아닌지를 판단할 수 있도록 독자들은 확률 $Prob(\tilde{\chi}^2 \geq \tilde{\chi}_o^2)$을 진술해야만 한다.

이 교재에서 서술하기에는 확률 $Prob(\tilde{\chi}^2 \geq \tilde{\chi}_o^2)$의 계산 과정은 너무 복잡하다. 그렇지만 그 결과는 표 12.6이나 혹은 부록 D 에 있는 좀 더 완전한 표에서와 같이 표로는 쉽게 나열할 수 있다. 어떤 특정한 $\tilde{\chi}_o^2$을 얻을 확률은 자유도의 수에 종속적이다. 따라서 우리가 관심을 갖는 확률의 d에 대한 종속성을 강조하기 위해 이 확률을 $Prob_d(\tilde{\chi}^2 \geq \tilde{\chi}_o^2)$이라고 쓸 것이다.

확률 $Prob_d(\tilde{\chi}^2 \geq \tilde{\chi}_o^2)$의 일반적인 계산은 관측된 개수 O_k를 이들의 기댓값들인 E_k 근방에 가우스 분포에 따라서 분포된 연속 변수들로 취급한다. 여기서 고려하는 문제에서 O_k는 푸아송 분포에 따라서 분포되는 이산 변수이다.[2] 관련되는 모든 수가 상당히 크다면 O_k의 이산적 특성은 중요하지 않고 푸아송 분포는 가우스 분포로 잘 근사할 수 있다. 이러한 조건들을 만족한다면 표에 나열된 확률 $Prob_d(\tilde{\chi}^2 \geq \tilde{\chi}_o^2)$은 안심하고 사용할 수 있다. 이 이유 때문에 우리는 각 칸에서 기대되는 개수 E_k가 상당히 크도록 (최소한 다섯 개나 그 정도가 되도록) 칸들이 선정되어야 한다고 말했다. 같은 이유로

---

2 수 O_k를 얻는다는 것은 셈 실험과 같은 것이고, 그래서 O_k는 푸아송 분포를 따라야 한다고 논증하였다. 만약 칸 k가 너무 크면 하나의 측정값이 그 칸에 있을 확률이 1보다 아주 작지가 않기 때문에 (이것은 11.1절에서 언급했듯이 푸아송 분포에 대한 조건들 중 하나인데) 이 논증은 엄격하게는 옳지 않다. 그래서 우리는 반드시 합리적인 개수의 칸을 가져야만 한다.

칸들의 개수는 너무 적지는 않아야 한다.

표 12.6 측정값들이 기대 분포에 의해서 지배된다고 가정했을 때 $\tilde{\chi}^2$의 어떤 값을 얻을 백분율 확률 $Prob_d(\tilde{\chi}^2 \geq \tilde{\chi}_o^2)$. 공백은 0.05%보다도 작은 확률을 가리킨다. 더 완전한 표를 보려면 부록 D를 참조하라.

d	$\tilde{\chi}_o^2$												
	0	0.25	0.5	0.75	1.0	1.25	1.5	1.75	2	3	4	5	6
1	100	62	48	39	32	26	22	19	16	8	5	3	1
2	100	78	61	47	37	29	22	17	14	5	2	0.7	0.2
3	100	86	68	52	39	29	21	15	11	3	0.7	0.2	—
5	100	94	78	59	42	28	19	12	8	1	0.1	—	—
10	100	99	89	68	44	25	13	6	3	0.1	—	—	—
15	100	100	94	73	45	23	10	4	1	—	—	—	—

이러한 주의 사항들과 함께, 우리는 이제 d와 $\tilde{\chi}^2$의 몇 가지 대표적인 값에 대하여 계산한 확률들 $Prob_d(\tilde{\chi}^2 \geq \tilde{\chi}_o^2)$을 표 12.6에 제공한다. 왼쪽의 열은 자유도의 수 d에 대한 여섯 가지 ($d=1, 2, 3, 5, 10, 15$) 선택을 제시하고 있다. 다른 열의 표제들은 관측된 $\tilde{\chi}_o^2$의 가능한 값들을 나열하고 있다. 표의 각 칸에는 d와 $\tilde{\chi}_o^2$의 함수로서의 백분율 확률들 $Prob_d(\tilde{\chi}^2 \geq \tilde{\chi}_o^2)$을 제시하고 있다. 예를 들면 열 개의 자유도에 ($d=10$에) 대해서 $\tilde{\chi}^2 \geq 2$를 얻을 확률은 3%라는 것을 알 수 있다.

$$Prob_{10}(\tilde{\chi}^2 \geq 2) = 3\%.$$

따라서 우리가 열 개의 자유도를 가진 실험에서 축소 카이제곱으로 2를 얻었다면, 우리의 관측이 기대 분포와는 현저하게 다르다고 결론지을 수 있고 (비록 1% 수준에서는 아니지만) 5% 유의 수준에서 기대 분포를 기각할 수 있을 것이다.

표 12.6의 두 번째 열에 주어진 확률들은 모두 100%인데 이는 $\tilde{\chi}^2$이 확실하게 항상 0보다는 크거나 같기 때문이다. $\tilde{\chi}_o^2$이 증가함에 따라서 $\tilde{\chi}^2 \geq \tilde{\chi}_o^2$일 확률은 감소하나 그 비율은 d에 의존한다. 따라서 2자유도에 ($d=2$에) 대해서는 $Prob_d(\tilde{\chi}^2 \geq 1) = 37\%$인데 그에 비해서 $d=15$에 대해서는 $Prob_d(\tilde{\chi}^2 \geq 1)$는 45%이다. $Prob_d(\tilde{\chi}^2 \geq 1)$는 항상 상당한 크기를 갖는데 (실제로 적어도 32%인데) 그렇기 때문에 크기가 1이거나 그 이하인 $\tilde{\chi}_o^2$의 값은 완벽하게 합리적인 값이고, 결코 기대 분포의 기각을 요구하지 않는다는 것에 주목하라.

기대 분포를 의문 시할 것이 요구되는 $\tilde{\chi}_o^2$의 최솟값은 d에 종속적이다. 1자유도의 경우에는 불일치가 유의하게 (5% 수준이) 되기 전에 $\tilde{\chi}_o^2$가 무려 4만큼이나 클 수 있다는 것을 알 수 있다. 2자유도의 경우에는 대응하는 경계가 $\tilde{\chi}_o^2 = 3$이고, $d=5$에 대해서는 그 값은 2에 가깝고 (실은 $\tilde{\chi}_o^2 = 2.2$인데) 그리고 등등이다. 표 12.6에 (그리고 부록 D에) 있는 확률들이 준비되었기 때문에 우리는 이제 어떤 특정한 실험에서 얻어지는 $\tilde{\chi}_o^2$의 값에 정량적 유의성을 부여할 수 있다. 12.5절은 몇 가지 예를 제공한다.

즉시 점검 12.3

어떤 큰 학급의 학생들 각자가 공기 궤도 위의 활주체가 그 궤도의 정해진 길이를 활주할 때 걸리는 시간을 측정하였다. 학생들은 그들이 측정한 시간들의 평균과 표준 편차를 계산하고, 그다음에 시간 데이터를 여섯 개 칸으로 나누었다. 이들이 측정한 값들은 당연히 정규적으로 분포되어야 한다고 가정하고서 학생들은 각 칸에서 기대되는 측정값들의 개수를 계산하고 축소 카이제곱을 계산했는데, 4.0이라는 값을 얻었다. 만약 학생들의 측정값들이 실제로 정규적으로 분포되었다면 이만큼 큰 $\tilde{\chi}^2$의 값을 얻을 확률은 어떻게 되겠는가? 측정값들이 정규적으로 분포되지 **않았다**고 생각할 이유가 있는가?

12.5 예

우리는 12.1절의 예를 이미 거의 완전하게 분석하였다. 이 절에서 우리는 카이제곱 검정을 적용하는 것을 보여주기 위해 세 가지 예를 더 고려하기로 한다.

예 : 가우스 분포에 대한 다른 하나의 예

12.1절의 예는 결과가 정규적으로 분포한다고 기대되는 측정과 관련된 것이었다. 정규 분포나 가우스 분포는 너무 흔하기 때문에 우리는 다른 하나의 예를 간략하게 검토하기로 한다. 한 인류학자가 어떤 섬에 사는 원주민의 키에 관심을 가지고 있다고 가정하자. 이 학자는 성인 남자들의 키가 정규적으로 분포되었으리라고 추측하고 표본 200명의 키를 측정하였다. 이 측정값들을 이용해서 이 학자는 평균과 표준 편차를 계산하고, 이 값들을 기대 정규 분포 $G_{X,\sigma}(x)$의 중심 X와 폭 파라미터 σ에 대한 최량의 추정값으로 사용하였다. 이제 이 학자는 표 12.7의 첫 두 개 열에 보인 바와 같이 여덟 개의 칸을 선정하고 그의 관측값들을 분류해서 세 번째 열에 보인 결과를 얻었다.

표. 12.7 성인 남자 200명의 키에 대한 측정값들

칸 번호 k	칸의 키 높이	관측된 수 O_k	기대되는 수 E_k
1	$X-1.5\sigma$ 미만	14	13.4
2	$X-1.5\sigma$와 $X-\sigma$ 사이	29	18.3
3	$X-\sigma$와 $X-0.5\sigma$ 사이	30	30.0
4	$X-0.5\sigma$와 X 사이	27	38.3
5	X와 $X+0.5\sigma$ 사이	28	38.3
6	$X+0.5\sigma$와 $X+\sigma$ 사이	31	30.0
7	$X+\sigma$와 $X+1.5\sigma$ 사이	28	18.3
8	$X+1.5\sigma$ 초과	13	13.4

우리의 인류학자는 이제 이 결과들이 기대되는 정규 분포 $G_{X,\sigma}(x)$와 일관적인지 검정하기를 원한다. 이 때문에 이 학자는 먼저 (정규 분포를 가정하고서) 한 남자의 키가 어떤 특정한 칸 k에 속할 확률인 $Prob_k$를 계산해본다. 이 확률은 $G_{X,\sigma}(x)$의 칸 경계들 간의 적분이고 부록 B의 적분 표로부터 쉽게 알아낼 수 있다. 그러면 각 칸에서 기대되는 개수 E_k는, $Prob_k$ 곱하기 추출된 남자들의 수(200)이다. 이 수들은 표 12.7의 마지막 열에 주어져 있다.

기대되는 개수 E_k를 계산하려면, 이 인류학자는 그의 데이터로부터 계산된 세 개의 파라미터를 (표본에 있는 관측값의 총 수 그리고 X와 σ에 대한 학자의 추정값들을) 사용해야만 한다. 그리하여 비록 여덟 개의 칸이 있지만 이 학자는 세 개의 제약 조건을 가지고 있기 때문에 자유도의 수는 $d = 8 - 3 = 5$가 된다. 표 12.7의 데이터를 이용해서 계산하면 축소 카이제곱은

$$\tilde{\chi}^2 = \frac{1}{d}\sum_{i=1}^{8}\frac{(O_k - E_k)^2}{E_k} = 3.5$$

라고 간단하게 산출된다. 이 값은 1보다는 현저하게 크므로 우리는 곧바로 섬주민의 키는 정규 분포를 따르지 않을 것이라고 의심하게 된다. 더 구체적으로 표 12.6에서 만약 섬주민의 키가 기대한 대로 분포되었다면 그때는 $\tilde{\chi}^2 \geq 3.5$를 얻을 확률 $Prob_5(\tilde{\chi}^2 \geq 3.5)$는 근사적으로 0.5%라는 것을 알 수 있다. 어떠한 기준에 따르더라도 이 값은 거의 있을 법하지 않고, 그래서 우리는 섬주민의 키가 정규적으로 분포된다는 것은 거의 있을 법하지 않다고 결론 내릴 수 있다. 더 자세하게는 키가 정규 분포를 따른다는 가설을 1% (혹은 아주 유의한) 수준에서 우리는 기각할 수 있다.

예: 주사위에 대한 또 다른 예

12.2절에서 우리는 주사위 다섯 개를 여러 번 많이 던지고 각각의 던지기에서 에이스의 개수를 기록하는 실험을 논의했었다. 우리가 200번 던지고, 그 결과들을 앞에서 논한 바와 같이 칸으로 나눈다고 가정하자. 주사위들이 공정하다고 가정하고서 우리는 기대되는 개수들 E_k를 앞에서와 같이 계산할 수 있다. 이 수들은 표 12.8의 세 번째 열에 제시되어 있다.

표 12.8 다섯 개 주사위를 200번 던지는 실험에서 에이스 개수의 분포

칸 번호 k	칸 안의 결과들	기대되는 개수 E_k	관측된 개수 O_k
1	에이스가 없음	80.4	60
2	에이스 한 개	80.4	88
3	에이스 두 개	32.2	39
4	에이스 셋, 넷 혹은 다섯 개	7.0	13

실제 검정에서 다섯 개의 주사위는 200번 던져졌고, 표 12.8의 마지막 열에 있는 수들이 관측되었다. 관측된 분포와 기대 분포 간의 일치를 검정하기 위해 우리는 (네 개의 칸 빼기 하나의 제약 조건인) 세 개의 자유도가 있다는 것을 쉽게 알아차리고 나서,

$$\tilde{\chi}^2 = \frac{1}{3}\sum_{i=1}^{4}\frac{(O_k - E_k)^2}{E_k} = 4.16$$

을 계산한다. 뒤돌아가서 표 12.6을 참고해보면 세 개의 자유도를 가지고 $\tilde{\chi}^2 \geq 4.16$을 얻을 확률은, **만약** 주사위가 공정하다면 근사적으로 0.7%임을 알 수 있다. 우리는 주사위가 공정하지 않은 것이 거의 확실하다고 결론 내릴 수 있다. 표 12.8에서 수 E_k와 O_k를 비교해보면 적어도 하나의 주사위는 에이스에 유리하도록 왜곡되어 있다는 사실을 짐작할 수 있다.

예: 푸아송 분포의 한 예

카이제곱 검정의 마지막 예로, 기대되는 분포가 푸아송 분포인 어떤 실험을 고려해보기로 한다. 우리가 어떤 지역에 도달하는 우주선의 입자들을 세기 위해 가이거 계수기를 준비했다고 가정하자. 더 나아가서 우리가 100회의 개별적인 1분 간격 동안 입자들의 수를 세었고, 우리의 결과들은 표 12.9의 첫 두 개 열과 같다고 가정하자.

표 12.9 100회의 개별적인 1분 간격들 동안 관측된 입자의 개수

1분 간격에서의 수셈 ν	발생한 수	칸 번호 k	관측된 개수 O_k	기대되는 개수 E_k
없음	7	1	7	7.5
하나	17	2	17	19.4
둘	29	3	29	25.2
셋	20	4	20	21.7
넷	16	5	16	14.1
다섯	8	6	11	12.1
여섯	1			
일곱	2			
여덟 이상	0			
합계	100			

두 번째 열에 있는 수들을 조사해보면 $\nu \geq 5$인 수셈은 모두 하나의 칸으로 모으자는 생각이 떠오르게 된다. 이렇게 여섯 개 칸으로 ($k=1, \ldots, 6$) 선정한 안은 세 번째 열에 제시되어 있고, 칸들에 대응하는 수들인 O_k는 네 번째 열에 주어져 있다.

우리가 검정하고자 하는 가설은 수셈 ν가 어떤 푸아송 분포 $P_\mu(\nu)$에 의해서 지배된다는 것이다. 기대 평균 수셈 μ을 모르고 있기 때문에 우리는 먼저 100차례 수셈의 평균을 반드시 계산해야만 한다. 이 값이 $\bar{\nu}=2.59$라는 것은 쉽게 알 수 있는데 이 값은 μ에 대한 우리의 최량의 추정값이 된다. 이 값 $\mu=2.59$를 사용해서 우리는 어떤 특정 수셈 ν에 대한 확률 $P_\mu(\nu)$를 계산하고, 그로부터 마지막 열에 제시한 기대 수 E_k를 계산한다.

E_k를 계산할 때, 우리는 데이터에 근거한 두 가지 파라미터인 관측값들의 총 개수(100개)와 그리고 μ에 대한 우리의 추정값을 ($\mu = 2.59$를) 사용하였다. (푸아송 분포는 μ에 의해서 완전하게 결정되기 때문에 우리는 표준 편차 σ를 추정할 필요가 없었다는 점에 주의하라. 실제로 $\sigma = \sqrt{\mu}$이기 때문에 μ에 대한 우리의 추정값은 σ에 대한 추정값도 자동적으로 제공한다.) 그리하여 두 개의 제약조건이 있게 되는데 이들은 우리의 여섯 개 칸을 네 개의 자유도 $d = 4$로 축소시켜준다.

표 12.9의 마지막 두 개 열에 있는 수들을 사용하여 계산하면 축소 카이제곱이

$$\tilde{\chi}^2 = \frac{1}{d}\sum_{i=1}^{6}\frac{(O_k - E_k)^2}{E_k} = 0.35$$

라고 간단하게 산출된다. 이 값은 1보다 작기 때문에 우리는 관측된 분포와 기대되는 푸아송 분포 간의 일치는 만족스러운 것이라고 곧바로 결론 내릴 수 있다. 더 구체적으로는 부록 D의 표로부터 0.35만큼 큰 $\tilde{\chi}^2$의 값은 아주 확실하게 있을 수 있다는 것을 알 수 있는데, 실제로

$$Prob_4(\tilde{\chi}^2 \geq 0.35) \approx 85\%$$

나 된다. 따라서 우리의 실험에 따르면 기대되는 푸아송 분포를 의심할 이유가 절대적으로 없다고 할 수 있다.

실험에서 얻은 $\tilde{\chi}^2 = 0.35$라는 값은 실제로 1보다는 훨씬 작고 우리의 관측값들이 푸아송 분포와 아주 잘 맞는다는 것을 가리키고 있다. 그렇지만 우리의 측정값들이 기대하는 분포에 의해서 지배된다는 증거로서는 $\tilde{\chi}^2 \approx 1$이 제공하는 증거보다도 더 강력한 증거를 이 작은 값이 제공하지는 **못한다**. 만약 결과들이 참으로 기대 분포에 의해서 지배되고, 우리가 일련의 측정들을 아주 많이 반복한다면 우리는 평균 값인 1을 중심으로 요동하는 많은 다른 값을 기대할 수 있을 것이다. 따라서 만약 측정값들이 기대되는 분포에

의해서 지배된다면 $\tilde{\chi}^2 = 0.35$라는 값은 단지 우연한 요동으로 인해서 기대 평균 값으로부터 크게 멀어진 결과라고 할 수 있다. 이것은 우리의 측정값들이 기대 분포를 따르는 것으로 보인다는 결론에는 조금도 추가적인 무게를 실어주지는 않는다.

만약 독자들이 세 개의 예를 잘 이해하였다면 독자들은 초급 물리학 실험에서 마주치게 될 어떠한 문제에도 카이제곱 검정을 적용하는 데 아무런 어려움이 없을 것이다. 몇 가지 예들이 추가로 아래 연습문제에 포함되어 있다. 독자들은 이 연습문제들 중 몇 개는 반드시 풀어보아서 독자들의 이해 정도를 검정해야만 할 것이다.

✔ 12장의 주요 정의와 방정식

• 카이제곱의 정의

만약 기대되는 값과 표준 편차를 알고 있거나 또는 계산할 수 있는 측정을 n번 실시한다면, 우리는 χ^2을

$$\chi^2 = \sum_1^n \left(\frac{\text{관측된 값} - \text{기대되는 값}}{\text{표준 편차}} \right)^2 \qquad [(12.11) \text{ 참조}]$$

으로 정의할 수 있다. 이 장에서 고려되는 실험에서는 n개의 측정값은 수 $O_1, \ldots, O_n$이고, 이들은 어떤 물리량 x의 값이 n개의 칸 중 각각에서 관측되는 횟수들이다. 이 경우에 기대 횟수 E_k는 x의 가정된 기대 분포에 의해서 결정되고, E_k의 표준 편차는 바로 $\sqrt{E_k}$이다. 그러므로

$$\chi^2 = \sum_{k=1}^{n} \frac{(O_k - E_k)^2}{E_k} \qquad [(12.7) \text{ 참조}]$$

가 된다. 만약 x에 대하여 가정된 기대 분포가 옳다면, 그때는 χ^2의 크기는 n 정도여야만 한다. 만약 $\chi^2 \gg n$이면, 가정된 분포가 틀릴 것은 거의 확실하다.

• 자유도와 축소 카이제곱

만약 우리가 실험 전체를 많이 반복한다면 χ^2의 평균 값은

$$d = n - c$$

로 정의된 **자유도의 수** d와 같아야만 하는데, 여기서 c는 χ^2을 산정하기 위해서 데이터로부터 반드시 계산되어야 하는 **제약 조건**의 개수이다.

축소 χ^2은

$$\tilde{\chi}^2 = \chi^2/d \qquad [(12.16) \text{ 참조}]$$

로 정의된다. 만약 가정된 분포가 옳다면 $\tilde{\chi}^2$의 크기는 1정도여야만 한다. 만약 $\tilde{\chi}^2 \gg 1$이면 데이터는 가정된 분포에 만족스러울 만큼 잘 맞지 않는다.

• 카이제곱에 대한 확률

어떤 실험에서 축소 카이제곱으로 값 $\tilde{\chi}_o^2$을 독자들이 얻었다고 가정해보자. 만약 $\tilde{\chi}_o^2$이 1보다 현저하게 크다면 독자들은 기대되는 값들인 E_k가 근거하고 있는 분포를 의심할 이유를 가지고 있다. 독자들은 가정하는 분포가 옳다고 가정할 때 $\tilde{\chi}_o^2$만큼이나 큰 값 χ^2을 얻을 확률인

$$Prob_d(\tilde{\chi}^2 \geq \tilde{\chi}_o^2)$$

을 부록 D의 표에서 알아낼 수 있다. 만약 이 확률이 작다면, 독자들은 기대분포를 기각할 이유를 가지고 있다. 만약 이 확률이 5%보다도 작다면, 독자들은 5% 혹은 유의 수준에서 가정된 분포를 기각할 수 있고, 그런데 그 확률이 1%보다도 작다면, 독자들은 1% 혹은 아주 유의한 수준에서 가정된 분포를 기각할 수 있다.

✔ 12장의 연습문제

12.1절에 관한 문제: 카이제곱의 소개

12.1.★ 50명의 학생으로 이루어진 어떤 학급의 각 구성원이 같은 금속의 (혹은 같다고 알려진 금속의) 조각을 받았고, 그 금속의 밀도 ρ를 측정하라는 지시를 받았다. 50개 결과로부터 평균 $\bar{\rho}$와 표준 편차 σ_ρ가 계산되었고, 그 학급은 이 결과들이 정규적으로 분포되는지 아닌지를 검정하기로 결정하였다. 이를 위해 측정값들을 경계가 $\bar{\rho}-\sigma_\rho$, $\bar{\rho}$, $\bar{\rho}+\sigma_\rho$에 설정된 네 개의 칸으로 분류하고, 그 결과를 표 12.10에 제시하였다.

표 12.10 네 개의 칸으로 정리된 50개 금속 조각의 관측된 질량들; 연습문제 12.1과 관련

칸 번호 k	칸의 범위	관측된 개수 O_k
1	$\bar{\rho}-\sigma_\rho$ 미만	12
2	$\bar{\rho}-\sigma_\rho$와 $\bar{\rho}$ 사이	13
3	$\bar{\rho}$와 $\bar{\rho}+\sigma_\rho$ 사이	11
4	$\bar{\rho}+\sigma_\rho$ 초과	14

측정값들이 중심 $\bar{\rho}$와 폭 σ_ρ를 가지고 정규적으로 분포되었다고 가정하고 각 칸에서 기대되는 측정값들의 개수 E_k를 계산하라. 이로부터 χ^2을 계산하라. 이 측정값들은 정규적으로 분포된 것처럼 보이는가?

12.2.★★ 연습문제 4.13에서는 어떤 시간 t에 대하여 30번 측정한 값을 평균 $\bar{t}=8.15$ 그리고 표준 편차 $\sigma_t = 0.04$초와 함께 보고하였다. t에 관한 이 값들을 경계들이 $\bar{t}-\sigma_t$, $\bar{t}$, $\bar{t}+\sigma_t$에 설정된 네 개의 칸으로 분류하고, 각 칸 $k=1,2,3,4$에서 관측된 개수 O_k를 세도록 하라. 측정된 값들이

$\bar{t}$에 중심을 갖고 폭은 σ_t로 정규적으로 분포되었다고 가정하고 각 칸에서의 기대되는 개수들인 E_k를 구하라. χ^2을 계산하라. 측정된 값들이 정규적으로 분포되었다는 것을 의심할 이유가 있는가?

12.2절에 관한 문제: 카이제곱의 일반 정의

12.3.★ 한 도박꾼이 주사위를 240번 던져보는 것으로 주사위를 검정하기로 결정하였다. 한 번 던지면 여섯 가지 출현 $k = 1, 2, \ldots, 6$ 중 하나가 나타날 수 있는데 여기서 k는 보이는 변을 가리킨다. 이 도박꾼이 주사위 던지기 실험을 한 결과들의 분포는 표 12.11과 같다.

표 12.11 어떤 주사위를 240번 던져서 각 면이 나타나는 횟수; 연습문제 12.3과 관련

나타난 면 k	1	2	3	4	5	6
발생 횟수 O_k	20	46	35	45	42	52

만약 가능한 출현 k 하나하나를 하나의 분리된 칸으로 취급한다면 주사위가 공정하다고 가정할 때 각 칸에서 기대되는 개수 E_k는 어떻게 되는가? χ^2을 계산하라. 주사위가 왜곡되었을 가능성이 있는 것처럼 보이는가?

12.4.★★ 나는 세 개의 주사위를 동시에 총 400번 던지는데 한 번 던질 때마다 6이 나오는 개수를 기록하였다. 그리고 표 12.12에 제시한 결과를 얻었다.

표 12.12 주사위 세 개를 400번 던지는 실험에서 각 출현이 발생한 수; 연습문제 12.4와 관련

출현	칸 번호 k	발생 횟수 O_k
6이 없다	1	217
6이 하나	2	148
6이 둘 혹은 셋	3	35

이 주사위들이 공정하다고 가정하고, 이항 분포를 이용해서 세 개의 칸 각각에서 기대되는 개수 E_k를 구하고 그다음에 χ^2을 계산하라. 이 주사위들이 왜곡되었다고 의심할 이유가 있는가?

12.5.★★ 방사성 표본이 붕괴함에 따라서 그 활동도는 방사성 원자핵의 수가 감소하기 때문에 지수적으로 감소한다. 어떤 방사성 핵종들은 수백만 년의 심지어는 수십억 년의 평균 수명을 가지고 있는데 이러한 핵종들에 대해서는 활동도가 지수적으로 감소하는 것이 그렇게 명백하지가 않다. 다른 한편으로는 많은 핵종은 몇 분 혹은 몇 시간의 평균 수명을 가지고 있고 그러한 핵종에 대해서는 지수적으로 감소하는 것이 쉽게 관측된다. 다음 문제는 이 후자의 경우를 구체적으로 밝혀준다.

한 학생이 평균 수명이 τ라고 알려진 물질에 대해 지수적 붕괴 법칙이 성립하는 것을 입증하려고 한다. 시간 $t=0$에서 시작해서 시간 길이가 T인 연속되는 시간 간격들에서 이 학생은 표본으로부터 붕괴하는 개수를 센다. 말하자면 이 학생은 $0<t<T$, $T<t<2T$ 등과 같이 칸들을 수립하고, 각 칸에서의 붕괴 개수를 센다. (a) 지수적 감소 법칙에 따르면 시간 t후에 남아 있는 방사성 원자핵들의 개수는 $N(t)=N_0e^{-t/\tau}$인데 여기서 N_0는 $t=0$에서의 원자핵들의 개수이다. k번째 시간 칸 $[(k-1)T<t<kT]$에서 기대되는 붕괴 개수는

$$E_k = N_0(e^{T/\tau}-1)e^{-kT/\tau} \tag{12.19}$$

라는 것을 추론하라.

(b) 편의상 그 학생은 시간 간격 T를 알고 있는 값 τ와 같게 정하고, 그러고 나서 표 12.13에 제시한 결과를 얻었다.

표 12.13 연속되는 간격들 동안에 방사성 표본으로부터 관측된 붕괴의 개수. $t=4T$ 이후에 기록된 모든 붕괴는 하나의 칸에 포함되었다는 것에 주의하라; 문제 12.5와 관련

칸 번호 k	시간 간격	관측된 붕괴 수 O_k
1	$0<t<T$	528
2	$T<t<2T$	180
3	$2T<t<3T$	71
4	$3T<t<4T$	20
5	$4T<t$	16

(12.19)에 따른다면 기대되는 개수 E_k는 어떻게 되는가? 그리고 χ^2에 대한 이 학생의 값은 얼마인가? 이 학생의 결과는 지수적 감소 법칙과 일관적인가? (초기 개수 N_0는 데이터로부터 쉽게 알 수 있는데 그 이유는 이 수가 $t=0$ 이후에 붕괴한 총 개수와 같아야만 하기 때문이다.)

12.3절에 관한 문제: 자유도와 축소 카이제곱

12.6.★ (a) 연습문제 12.1의 실험에서 제약 조건의 수 c와 자유도의 수 d를 구하라. (b) 밀도의 공인된 값 ρ_{acc}가 알려져 있다고 가정하자. 그리고 학생들은 결과들이 ρ_{acc}에 중심을 갖는 정규 분포에 의해서 지배된다는 가설을 검정하기로 결정했다고 지금 가정해보자. 이 검정에 대해 몇 개의 제약 조건이 있을 것이며 자유도의 수는 몇 개가 되겠는가?

12.7.★ 연습문제 12.2에서 12.4에 이르기까지 각 문제에 대해서 제약 조건의 수 c와 자유도의 수 d를 구하라.

12.4절과 12.5절에 관한 문제: 카이제곱에 대한 확률과 예

12.8.★ 만약 우리가 어떤 실험에서 결과의 분포를 관측하고 또 기대 분

포를 알고 있다면, 우리는 관측된 $\tilde{\chi}_o^2$을 계산할 수 있고, $Prob_d(\tilde{\chi}^2 \geq \tilde{\chi}_o^2)$을 구할 수 있다. 만약 이 확률이 5%보다도 작다면, 우리는 기대 분포를 5% 수준에서 기각할 수 있다. 예를 들어 자유도가 두 개이면 ($d=2$), 3.0보다 큰 어떤 $\tilde{\chi}_o^2$의 값이라도 기대 분포를 5% 수준에서 기각하는 것을 정당화시켜줄 것이다. 즉 $d=2$에 대해서는 $\tilde{\chi}_o^2=3.0$은 그 값 이상에서는 우리가 기대 분포를 5% 수준에서 기각할 수 있는 임계값이다. 부록 D에 있는 확률들을 이용해서 $d=1, 2, 3, 4, 5, 10, 15, 20, 30$에 대하여 대응하는 $\tilde{\chi}_o^2$의 (5% 수준) 임계값들을 표로 작성하라.

12.9.★ 기대 분포를 기각하는 $\tilde{\chi}_o^2$의 임계값에 관한 표를 연습문제 12.8에서와 같이 작성하는데 이번에는 1% 수준에서 $d=1, 2, 3, 4, 5, 10, 15, 20, 30$에 대한 표를 작성하라.

12.10.★★ 연습문제 12.1의 데이터에 대해서 $\tilde{\chi}^2$을 산정하라. 만약 측정값들이 정규적으로 분포되었다면 $\tilde{\chi}^2$의 값이 이만큼 크거나 혹은 더 크게 얻어질 확률은 어떻게 되었겠는가? 측정값들이 정규적으로 분포된다는 가설을 독자들은 5% 유의성 수준에서 기각할 수 있겠는가? 1% 수준에서는? (필요한 확률들을 알고자 한다면 부록 D를 참조하라.)

12.11.★★ 연습문제 12.3에서 $\tilde{\chi}^2$의 값을 구하라. 5% 유의성 수준에서 그 주사위가 왜곡되었다고 독자들은 결론 내릴 수 있겠는가? 1% 수준에서는? (필요한 확률들을 알고자 한다면 부록 D를 참조하라.)

12.12.★★ 연습문제 12.4에서 $\tilde{\chi}^2$의 값을 구하라. 주사위들이 참으로 공정하다면 $\tilde{\chi}^2$의 값이 이만큼 크거나 혹은 더 크게 얻어질 확률은 어떻게 되는가? 이 증거가 주사위들이 왜곡되었다는 것을 암시하는지 아닌지를 설명하라. (필요한 확률들을 알고자 한다면 부록 D를 참조하라.)

12.13.★★ 관측된 값들은 평균 수셈이 $\mu=3$인 푸아송 분포를 따라야만 한다고 가정하고, 연습문제 11.5의 데이터에 대한 $\tilde{\chi}^2$을 계산하라. ($\nu \geq 6$인 모든 값을 단 하나의 칸으로 분류하라.) 몇 개의 자유도가 있는가? (μ는 미리 주어졌고, 그래서 데이터로부터 계산될 필요가 없다는 것을 잊지 마라.) $\tilde{\chi}^2$은 얼마인가? 이 데이터는 기대되는 푸아송 분포와 일관적인가?

12.14.★★ 카이제곱 검정은, 만약 불확실성이 신뢰할 수 있을 정도로 알려져 있다면, 두 개 변수의 측정값들 (x_i, y_i)의 어떤 집합이 기대되는 관계 $y=f(x)$에 얼마나 잘 맞는지 검정하는 목적에 사용될 수 있다. y와 x가 다음 선형 관계를 만족할 것으로 기대된다고 가정하자.

$$y=f(x)=A+Bx. \tag{12.20}$$

(예를 들어 y는 어떤 금속 막대의 길이일 수 있고, x는 온도일 수 있다.) A와 B는 $A=50$ 그리고 $B=6$이라고 이론적으로 예측되었다고 가정하고 또 다섯 번의 측정에 의해서 표 12.14에 제시한 값들이 얻어졌다고 가정하자.

표 12.14 관계 $y=A+Bx$에 맞추어질 것으로 기대되는 두 개의 변수에 대한 다섯 개의 측정값; 연습문제 12.14와 관련

x (불확실성이 없음)	1	2	3	4	5
y (모두 ±4)	60	56	71	66	86

x에 대한 측정값에서는 불확실성을 무시할 수 있는데 y에 대한 모든 측정값은 $\sigma=4$로 알려진 같은 표준 편차를 갖고 있다.

(a) y_i의 관측된 값들과 기대되는 값들에 대한 표를 만들어라. 그리고 χ^2을 다음과 같이 계산하라.

$$\chi^2=\sum_{i=1}^{5}\left(\frac{y_i-f(x_i)}{\sigma}\right)^2.$$

(b) 데이터로부터 어떤 파라미터도 계산되지 않았기 때문에 제약 조건은 전혀 없고 따라서 자유도는 다섯 개이다. $\tilde{\chi}^2$의 값을 계산하라. 그다음에 y가 실제로 (12.20)을 만족한다고 가정하고 그만큼 큰 $\tilde{\chi}^2$의 값을 얻을 확률을 부록 D를 사용해서 구하라. 5% 수준에서 독자들은 기대하는 관계 (12.20)을 기각하겠는가? (만약 상수 A와 B가 미리 알려져 있지 않다면 독자들은 최소제곱의 방법을 이용해서 데이터로부터 이 상수들을 계산해야만 한다는 것을 유념하라. 그다음에 독자들은 지금 경우에는 두 개의 제약 조건이 있고 오직 세 개의 자유도만 있다는 것을 제외하고는 앞에서와 마찬가지로 진행할 수 있을 것이다.)

12.15.★★★ 주사위 두 개가 함께 360회 던져졌고 각 던지기에서 총 득점이 기록되었다. 가능한 총 득점들은 2, 3, . . . , 12이고 이들의 발생 횟수는 표 12.15에 제시되어 있는 바와 같다.

표 12.15 두 개의 주사위를 함께 360회 던졌을 때 총 득점이 관측된 횟수; 연습문제 12.15와 관련

총 득점	2	3	4	5	6	7	8	9	10	11	12
발생 횟수	6	14	23	35	57	50	44	49	39	27	16

(a) 각각의 총 득점에 대한 확률을 계산하고 이로부터 (주사위가 공정하다고 가정하고) 발생할 것으로 기대되는 횟수를 계산하라. (b) χ^2, d, 그리고 $\tilde{\chi}^2 = \chi^2/d$의 값을 계산하라. (c) 주사위들이 공정하다고 가정한다면 이만큼 크거나 혹은 더 큰 $\tilde{\chi}^2$의 값을 얻을 확률은 어떻게 되는가? (d) 5% 유의성 수준에서 독자들은 주사위들이 공정하다는 가설을 기각할 수 있는가? 1% 수준에서는?

12.16.★★★ 어떤 장수명 방사성 표본에서 분당 평균 두 개가 붕괴한다는 것이 증거 없이 주장되고 있다. 이 주장을 검정하기 위해 한 학생이 40개의 개별적인 1분 간격들에서 붕괴 개수를 세었고, 표 12.16에 제시한 결과들을 얻었다. (평균 수명이 너무 길어서 이 모든 측정을 실시할 동안에 표본이 고갈되

는 것은 무시할 만큼 작다.)

표 12.16 어떤 방사성 표본의 1분 간격들에서 관측된 붕괴의 개수; 연습문제 12.16과 관련

붕괴 개수 ν	0	1	2	3	4	5 이상
관측된 횟수	11	12	11	4	2	0

(a) 붕괴를 지배하는 푸아송 분포가 실제로 $\mu = 2$를 가지고 있다면 이 학생은 E_k로 어떤 수를 얻을 것으로 기대해야 하는가? ($\nu \geq 3$인 모든 관측값을 단 하나의 칸으로 분류하라.) χ^2, d, $\tilde{\chi}^2 = \chi^2/d$의 값을 계산하라. ($\mu$는 데이터로부터 계산되지 않았다는 것을 잊지 말라.) 표본이 $\mu = 2$인 푸아송 분포를 따른다는 가설을 독자는 5% 유의 수준에서 기각하겠는가? (b) 이 학생이 자신의 결과들의 실제 평균은 $\bar{\nu} = 1.35$라는 것을 알아차렸다. 그래서 이 학생은 데이터가 $\mu = 1.35$인 푸아송 분포에 맞는지를 검정하기로 결정하였다. 이 경우 d와 $\tilde{\chi}^2$은 어떻게 되겠는가? 데이터는 새로운 가설과 일관적인가?

12.17.★★★ 10장에서는 이항 분포에 맞는지 아닌지에 대한 검정을 기술하였다. 우리는 각 시행에 (확률이 p인) “성공”과 (확률이 $1-p$인) “실패”라는 두 개의 가능한 출현만이 있는 n번의 시행을 고려했었다. 그때 우리는 관측된 성공의 횟수 ν가 어떤 가정된 값 p와 양립할 수 있는지 아닌지를 검정하였다. 만약 관련되는 수가 상당히 크다면 우리는 이 똑같은 문제를 성공에 대한 $k = 1$과 실패에 대한 $k = 2$라는 단 두 개의 칸과 하나의 자유도를 가진 카이제곱 검정으로 처리할 수 있다. 다음 문제에서 우리는 두 가지 방법을 모두 사용할 것이고 결과들을 비교할 것이다. 수가 클 때는 탁월하게 일치하고, 수가 작을 때는 그렇게 우수하지는 않지만 카이제곱이 여전히 쓸모 있는 지표이기에는 충분할 정도로 잘 일치한다는 것을 알게 될 것이다.

(a) 한 수프 제조업자가 맛에 감지할 정도로 영향을 미치지 않고서 자신의 닭고기 만두 수프에 다른 만두를 넣을 수 있다고 믿고 있다. 이 가설을 검정하려고 이 제조업자는 이전의 만두를 담은 “스타일 X”라고 상표를 붙인 열여섯

개의 캔과 새로운 만두를 담은 "스타일 Y"라고 상표를 붙인 열여섯 개의 캔을 제조하였다. 이 업자는 각 종류에서 하나씩을 열여섯 명의 감식가에게 보내서 이들이 어떤 것을 선호하는지 물었다. 만약 그의 가설이 옳다면 우리는 감식가 여덟 명은 X를, 다른 여덟 명은 Y를 선호할 것으로 기대해야 한다. 실제 감정에서 X를 선호한 감식가는 $\nu = 11$이었다. χ^2을 계산하고 χ^2이 이 값만큼 크거나 더 이상일 확률을 계산하라. 이 검정은 두 가지 만두 사이에 상당한 차이가 있다는 것을 가리키는가? 이제, 이항 분포를 사용해서 대응하는 확률을 적확하게 계산하고 결과들을 비교하라. (카이제곱 검정은 기대되는 수로부터 양 방향으로의 편차를 포함한다는 것에 주의하라. 그러므로 이 비교를 위해 독자들은 ν의 값이 8로부터 3 혹은 그 이상 어느 한쪽 방향으로도 벗어날 확률을, 즉 $\nu = 11, 12, \ldots, 16$이거나 $\nu = 5, 4, \ldots, 1$일 양쪽꼬리 확률을 계산해야만 한다.)

(b) 제조업자가 각 스타일에 대해서 400개의 캔을 제조하고 X를 선호한 감식가는 225명인 검정에 대해서 문항 (a)를 반복하라. (이항 확률을 계산할 때 가우스 근사를 이용하라.)

(c) 문항 (a)에서 수들이 너무 작아서 카이제곱 검정은 상당히 조악하였다. (옳은 값 21%에 비해서 이것은 13%를 산출했다.) 1자유도를 가지고서 독자들은 다음에 정의된 **조정된** 카이제곱을 사용하면 카이제곱 검정을 개선할 수 있다.

$$(\text{조정된 } \chi^2) = \sum_{k=1}^{2} \frac{(|O_k - E_k| - 1/2)^2}{E_k}.$$

문항 (a)의 데이터에 대해서 조정된 χ^2을 계산하고, 보통의 χ^2 대신에 이 값을 부록 D의 표에서 사용하면 확률의 값이 더욱 정확하게 얻어지는 것을 보여라.[3]

3 우리는 조정된 카이제곱의 사용을 여기서 정당화하지는 않았다. 그러나 이 예는 그것의 우월함을 보여준다. 더 상세한 사항들을 알기 위해서는 H. L. Alder & E. B. Roessler, *Introduction to Probability and Statistics*, 6th ed. (W. H. Freeman, 1977), p. 263을 참조하라.

| 참고문헌 |

나는 다음 책들이 유용하다는 것을 알았다. 이 책들은 대략 수학적 수준과 취급 범위의 완비성에 따라서 정렬되었다.

미적분학을 전혀 사용하지 않으려고 애쓰면서 통계적 방법들에 대해서 아름답고 명료하게 소개하는 책은 O. L. Lacy, *Statistical Methods in Experimentation* (Macmillan, 1953)이다.

아주 명료하면서 그리고 미적분학을 전혀 사용하지 않는 통계학에 관한 좀 더 고급 수준의 책은 H. L. Alder, & E. B. Roessler, *Introduction to Probability and Statistics*, 6th ed. (W. H. Freeman, 1977)이다.

수준이 이 책과 거의 비슷하면서 많은 같은 주제를 다루는 네 권의 책은 다음과 같다.

Baird, D. C., *Experimentation; An Introduction to Measurement Theory and Experiment Design*, 2nd ed. (Prentice Hall, 1988).

Barford, N. C., *Experimental Measurement; Precision, Error, and Truth* (Addison-Wesley, 1967).

Squires, G. L., *Practical Physics* (Cambridge, 1985).

Young, H. D., *Statistical Treatment of Experimental Data* (McGraw-Hill, 1962).

다음에 열거한 고급 수준의 책들에서는 더 많은 주제와 유도 과정에 대해서 찾아볼 수 있을 것이다.

Bevington, R. D. & K. D. Robinson, *Data Reduction and Error Analysis for the Physical Sciences* (McGraw-Hill, 1992).

Meyer, S. L., *Data Analysis for Scientists and Engineers* (John Wiley, 1975).

Pugh, E. M. & G. H. Winslow, *The Analysis of Physical Measurements* (Addison-Wesley, 1966).

부록

부록 A

정규 오차 적분 I

만약 연속 변수 x의 측정이 크기가 작고 모두 랜덤한 많은 오차의 지배를 받는다면 측정 결과의 기대 분포는 정규 분포 또는 가우스 분포

$$G_{X,\sigma}(x) = \frac{1}{\sigma\sqrt{2\pi}} e^{-(x-X)^2/2\sigma^2}$$

에 의해서 주어진다. 여기서 X는 변수 x의 참값이고, σ는 표준 편차이다.

정규 분포 함수의 적분 $\int_a^b G_{X,\sigma}(x)dx$ 는 **정규 오차 적분**이라고 하며 이것은 하나의 측정값이 $x=a$와 $x=b$ 사이에 안착할 확률

$$Prob(a \le x \le b) = \int_a^b G_{X,\sigma}(x)dx$$

이다. 표 A는 $a=X-t\sigma$, 그리고 $b=X+t\sigma$인 경우에 대한 적분을 보여준다. 이 적분은 하나의 측정값이 X의 양쪽 어느 편으로나 표준 편차의 t배 범위 안에 있을 확률

$$\begin{aligned} Prob(t\sigma \text{ 범위 안}) &= Prob(X-t\sigma \le x \le X+t\sigma) \\ &= \int_{X-t\sigma}^{X+t\sigma} G_{X,\sigma}(x)dx = \frac{1}{\sqrt{2\pi}}\int_{-t}^{t} e^{-z^2/2}dz \end{aligned}$$

를 제공한다. 이 함수는 때로는 $erf(x)$라고 표기된다. 그렇지만 이 기호는 약간 다른 함수를 나타내는 데도 사용되고 있다.

하나의 측정값이 같은 구간 **밖에** 있을 확률은 뺄셈으로 알아낼 수 있다.

$$Prob(t\sigma \text{ 범위 밖}) = 100\% - Prob(t\sigma \text{ 범위 안}).$$

더 많은 논의에 대해서는 5.4절과 부록 B를 참조하라.

표 A t의 함수로서 백분율 확률,

$$Prob(t\sigma \text{ 범위 안}) = \int_{X-t\sigma}^{X+t\sigma} G_{X,\sigma}(x)dx .$$

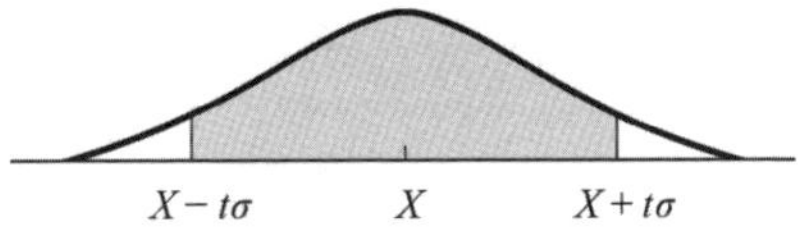

t	0.00	0.01	0.02	0.03	0.04	0.05	0.06	0.07	0.08	0.09
0.0	0.00	0.80	1.60	2.39	3.19	3.99	4.78	5.58	6.38	7.17
0.1	7.97	8.76	9.55	10.34	11.13	11.92	12.71	13.50	14.28	15.07
0.2	15.85	16.63	17.41	18.19	18.97	19.74	20.51	21.28	22.05	22.82
0.3	23.58	24.34	25.10	25.86	26.61	27.37	28.12	28.86	29.61	30.35
0.4	31.08	31.82	32.55	33.28	34.01	34.73	35.45	36.16	36.88	37.59
0.5	38.29	38.99	39.69	40.39	41.08	41.77	42.45	43.13	43.81	44.48
0.6	45.15	45.81	46.47	47.13	47.78	48.43	49.07	49.71	50.35	50.98
0.7	51.61	52.23	52.85	53.46	54.07	54.67	55.27	55.87	56.46	57.05
0.8	57.63	58.21	58.78	59.35	59.91	60.47	61.02	61.57	62.11	62.65
0.9	63.19	63.72	64.24	64.76	65.28	65.79	66.29	66.80	67.29	67.78
1.0	68.27	68.75	69.23	69.70	70.17	70.63	71.09	71.54	71.99	72.43
1.1	72.87	73.30	73.73	74.15	74.57	74.99	75.40	75.80	76.20	76.60
1.2	76.99	77.37	77.75	78.13	78.50	78.87	79.23	79.59	79.95	80.29
1.3	80.64	80.98	81.32	81.65	81.98	82.30	82.62	82.93	83.24	83.55
1.4	83.85	84.15	84.44	84.73	85.01	85.29	85.57	85.84	86.11	86.38
1.5	86.64	86.90	87.15	87.40	87.64	87.89	88.12	88.36	88.59	88.82
1.6	89.04	89.26	89.48	89.69	89.90	90.11	90.31	90.51	90.70	90.90
1.7	91.09	91.27	91.46	91.64	91.81	91.99	92.16	92.33	92.49	92.65
1.8	92.81	92.97	93.12	93.28	93.42	93.57	93.71	93.85	93.99	94.12
1.9	94.26	94.39	94.51	94.64	94.76	94.88	95.00	95.12	95.23	95.34
2.0	95.45	95.56	95.66	95.76	95.86	95.96	96.06	96.15	96.25	96.34
2.1	96.43	96.51	96.60	96.68	96.76	96.84	96.92	97.00	97.07	97.15
2.2	97.22	97.29	97.36	97.43	97.49	97.56	97.62	97.68	97.74	97.80
2.3	97.86	97.91	97.97	98.02	98.07	98.12	98.17	98.22	98.27	98.32
2.4	98.36	98.40	98.45	98.49	98.53	98.57	98.61	98.65	98.69	98.72
2.5	98.76	98.79	98.83	98.86	98.89	98.92	98.95	98.98	99.01	99.04
2.6	99.07	99.09	99.12	99.15	99.17	99.20	99.22	99.24	99.26	99.29
2.7	99.31	99.33	99.35	99.37	99.39	99.40	99.42	99.44	99.46	99.47
2.8	99.49	99.50	99.52	99.53	99.55	99.56	99.58	99.59	99.60	99.61
2.9	99.63	99.64	99.65	99.66	99.67	99.68	99.69	99.70	99.71	99.72
3.0	99.73									
3.5	99.95									
4.0	99.994									
4.5	99.9993									
5.0	99.99994									

부록 B

정규 오차 적분 II

어떤 계산에서는 정규 오차 적분의 편리한 형식은

$$Q(t)=\int_{X}^{X+t\sigma}G_{X,\sigma}(x)dx=\frac{1}{\sqrt{2\pi}}\int_{0}^{t}e^{-z^2/2}dz$$

이다.

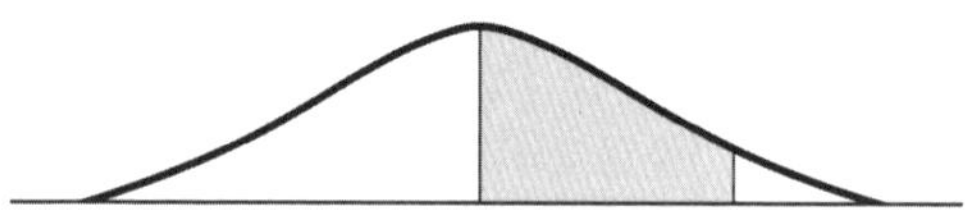

(당연히 이 적분은 부록 A에 나열된 적분의 꼭 절반이다.) 하나의 측정값이 구간 $a \le x \le b$에 놓일 확률 $Prob(a \le x \le b)$는 한 차례의 뺄셈이나 덧셈으로 구할 수 있다. 예를 들어

$$Prob(X+\sigma \le x \le X+2\sigma)=Q(2)-Q(1)$$

이다.

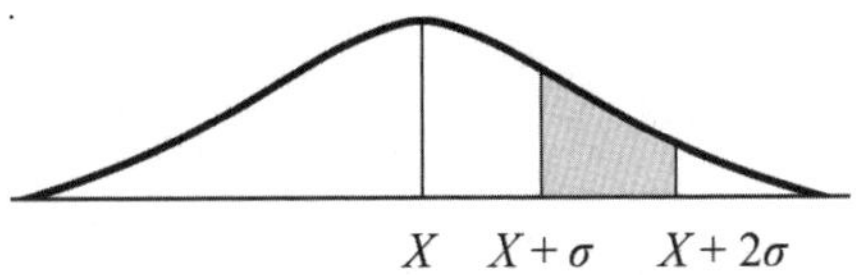

마찬가지로,

$$Prob(X-2\sigma \le x \le X+\sigma) = Q(2) + Q(1)$$

이다.

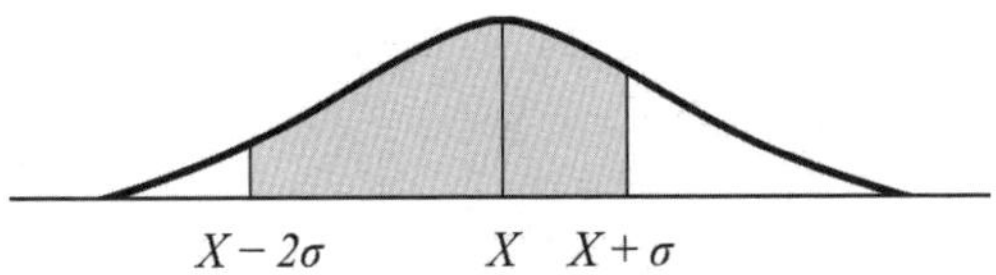

하나의 측정값이 어떠한 $X+t\sigma$보다도 클 확률은 바로 $0.5-Q(t)$이다.

예를 들어

$$Prob(x \ge X+\sigma) = 50\% - Q(1)$$

이다.

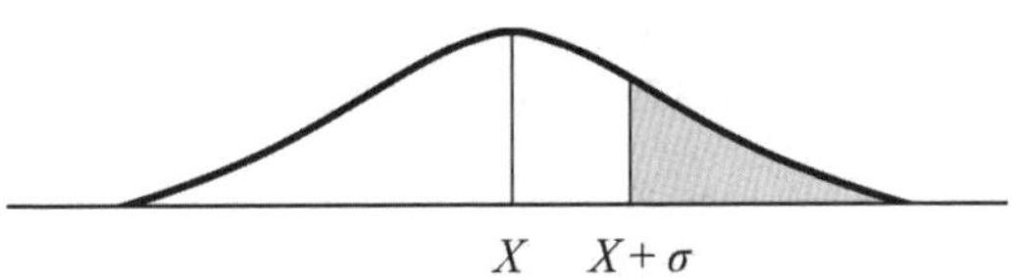

표 B t의 함수로서 백분율 확률,

$$Q(t) = \int_{X}^{X+t\sigma} G_{X,\sigma}(x)\,dx$$

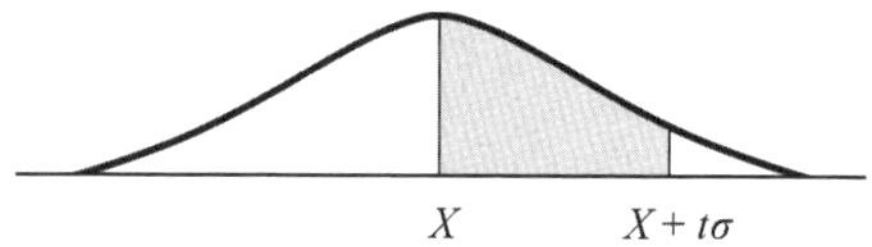

t	0.00	0.01	0.02	0.03	0.04	0.05	0.06	0.07	0.08	0.09
0.0	0.00	0.40	0.80	1.20	1.60	1.99	2.39	2.79	3.19	3.59
0.1	3.98	4.38	4.78	5.17	5.57	5.96	6.36	6.75	7.14	7.53
0.2	7.93	8.32	8.71	9.10	9.48	9.87	10.26	10.64	11.03	11.41
0.3	11.79	12.17	12.55	12.93	13.31	13.68	14.06	14.43	14.80	15.17
0.4	15.54	15.91	16.28	16.64	17.00	17.36	17.72	18.08	18.44	18.79
0.5	19.15	19.50	19.85	20.19	20.54	20.88	21.23	21.57	21.90	22.24
0.6	22.57	22.91	23.24	23.57	23.89	24.22	24.54	24.86	25.17	25.49
0.7	25.80	26.11	26.42	26.73	27.04	27.34	27.64	27.94	28.23	28.52
0.8	28.81	29.10	29.39	29.67	29.95	30.23	30.51	30.78	31.06	31.33
0.9	31.59	31.86	32.12	32.38	32.64	32.89	33.15	33.40	33.65	33.89
1.0	34.13	34.38	34.61	34.85	35.08	35.31	35.54	35.77	35.99	36.21
1.1	36.43	36.65	36.86	37.08	37.29	37.49	37.70	37.90	38.10	38.30
1.2	38.49	38.69	38.88	39.07	39.25	39.44	39.62	39.80	39.97	40.15
1.3	40.32	40.49	40.66	40.82	40.99	41.15	41.31	41.47	41.62	41.77
1.4	41.92	42.07	42.22	42.36	42.51	42.65	42.79	42.92	43.06	43.19
1.5	43.32	43.45	43.57	43.70	43.82	43.94	44.06	44.18	44.29	44.41
1.6	44.52	44.63	44.74	44.84	44.95	45.05	45.15	45.25	45.35	45.45
1.7	45.54	45.64	45.73	45.82	45.91	45.99	46.08	46.16	46.25	46.33
1.8	46.41	46.49	46.56	46.64	46.71	46.78	46.86	46.93	46.99	47.06
1.9	47.13	49.19	47.26	47.32	47.38	47.44	47.50	47.56	47.61	47.67
2.0	47.72	47.78	47.83	47.88	47.93	47.98	48.03	48.08	48.12	48.17
2.1	48.21	48.26	48.30	48.34	48.38	48.42	48.46	48.50	48.54	48.57
2.2	48.61	48.64	48.68	48.71	48.75	48.78	48.81	48.84	48.87	48.90
2.3	48.93	48.96	49.98	49.01	49.04	49.06	49.09	49.11	49.13	49.16
2.4	49.18	49.20	49.22	49.25	49.27	49.29	49.31	49.32	49.34	49.36
2.5	49.38	49.40	49.41	49.43	49.45	49.46	49.48	49.49	49.51	49.52
2.6	49.53	49.55	49.56	49.57	49.59	49.60	49.61	49.62	49.63	49.64
2.7	49.65	49.66	49.67	49.68	49.69	49.70	49.71	49.72	49.73	49.74
2.8	49.74	49.75	49.76	49.77	49.77	49.78	49.79	49.79	49.80	49.81
2.9	49.81	49.82	49.82	49.83	49.84	49.84	49.85	49.85	49.86	49.86
3.0	49.87									
3.5	49.98									
4.0	49.997									
4.5	49.9997									
5.0	49.99997									

부록 C

상관 계수에 대한 확률

N개의 점 $(x_1, y_1), \ldots, (x_N, y_N)$이 직선에 맞는 정도는 선형 상관 계수

$$r = \frac{\Sigma(x_i - \bar{x})(y_i - \bar{y})}{\sqrt{\Sigma(x_i - \bar{x})^2 \Sigma(y_i - \bar{y})^2}}$$

에 의해서 표시되는데, 이 계수는 항상 구간 $-1 \le r \le 1$ 사이에 놓여진다. r의 값이 ± 1에 가깝다는 것은 우수한 선형 상관관계를 나타내고 그 값이 0에 가깝다는 것은 상관관계가 거의 없거나 전혀 없다는 것을 나타낸다.

적합도에 대한 정량적인 측도는 표 C를 이용해서 구할 수 있다. 어떤 주어진 관측된 값 r_o에 대한 $Prob_N(|r| \ge |r_o|)$는 서로 관련이 없는 두 개의 변수가 r_o 만큼이나 큰 상관 계수를 산출해줄 확률이다. 따라서 만약 $Prob_N(|r| \ge |r_o|)$가 작은 값을 갖게 되는 계수 r_o를 우리가 얻었다면 이에 대응하여 우리의 변수들이 서로 관련이 없다는 것은 거의 있을 수 없다고 할 수 있다. 말하자면 변수들 간에 상관관계가 있다는 것을 나타낸다. 특히 $Prob_N(|r| \ge |r_o|) \le 5\%$이면 그 상관관계는 **유의하다**고 하고, 그 확률이 1%보다도 작다면 상관관계는 **아주 유의하다**고 한다.

예를 들어 두 개의 서로 관련이 없는 변수에 대한 20개 $(N = 20)$ 측정값들로부터 $|r| \ge 0.5$가 얻어질 확률은 표에서 찾아보면 2.5%로 주어져 있다. 따라서 만약 20개의 측정값들로부터 $r = 0.5$가 산출된다면 우리는 두 변수 사이에 선형 상관관계가 있다는 **유의한** 증거를 갖게 되는 것이다. 더 많은 논의에 대해서는 9.3부터 9.5절을 참조하라.

표 C에 있는 값들은 다음 적분으로부터 계산되었다.

$$Prob_N(|r| \geq |r_0|) = \frac{2\Gamma[(N-1)/2]}{\sqrt{\pi}\,\Gamma[(N-2)/2]} \int_{|r_0|}^{1} (1-r^2)^{(N-4)/2} dr.$$

예를 들어 퓨와 윈즐로(E. M. Pugh & G. H. Winslow)의 『자연과학적 측정의 분석』(*The Analysis of Physical Measurements*, 1966: Section 12-8)을 참조하라.

표 C 서로 관련이 없는 두 개의 변수에 대한 N개의 측정값들로부터 $|r| \geq r_0$ 인 상관 계수가 얻어질 N과 r_0 의 함수로서 백분율 확률 $Prob_N(|r| \geq |r_0|)$. (공백은 0.05%보다도 작은 확률을 가리킨다.)

	r_0										
N	0	0.1	0.2	0.3	0.4	0.5	0.6	0.7	0.8	0.9	1
3	100	94	87	81	74	67	59	51	41	29	0
4	100	90	80	70	60	50	40	30	20	10	0
5	100	87	75	62	50	39	28	19	10	3.7	0
6	100	85	70	56	43	31	21	12	5.6	1.4	0
7	100	83	67	51	37	25	15	8.0	3.1	0.6	0
8	100	81	63	47	33	21	12	5.3	1.7	0.2	0
9	100	80	61	43	29	17	8.8	3.6	1.0	0.1	0
10	100	78	58	40	25	14	6.7	2.4	0.5		0
11	100	77	56	37	22	12	5.1	1.6	0.3		0
12	100	76	53	34	20	9.8	3.9	1.1	0.2		0
13	100	75	51	32	18	8.2	3.0	0.8	0.1		0
14	100	73	49	30	16	6.9	2.3	0.5	0.1		0
15	100	72	47	28	14	5.8	1.8	0.4			0
16	100	71	46	26	12	4.9	1.4	0.3			0
17	100	70	44	24	11	4.1	1.1	0.2			0
18	100	69	43	23	10	3.5	0.8	0.1			0
19	100	68	41	21	9.0	2.9	0.7	0.1			0
20	100	67	40	20	8.1	2.5	0.5	0.1			0
25	100	63	34	15	4.8	1.1	0.2				0
30	100	60	29	11	2.9	0.5					0
35	100	57	25	8.0	1.7	0.2					0
40	100	54	22	6.0	1.1	0.1					0
45	100	51	19	4.5	0.6						0
	0	0.05	0.1	0.15	0.2	0.25	0.3	0.35	0.4	0.45	
50	100	73	49	30	16	8.0	3.4	1.3	0.4	0.1	
60	100	70	45	25	13	5.4	2.0	0.6	0.2		
70	100	68	41	22	9.7	3.7	1.2	0.3	0.1		
80	100	66	38	18	7.5	2.5	0.7	0.1			
90	100	64	35	16	5.9	1.7	0.4	0.1			
100	100	62	32	14	4.6	1.2	0.2				

부록 D

카이제곱에 대한 확률

일련의 측정값들이 칸 $k=1, \ldots, n$으로 분류되었다고 할 때 칸 k에서 관측되는 측정값들의 개수를 O_k라고 표시하기로 한다. (어떤 가정된 또는 기대되는 분포에 근거하여) 칸 k에서 **기대되는** 개수를 E_k라고 표시한다. 관측값들이 가정된 분포에 맞는 정도는

$$\tilde{\chi}^2 = \frac{1}{d}\sum_{i=1}^{n}\frac{(O_k - E_k)^2}{E_k}$$

으로 정의된 축소 카이제곱, $\tilde{\chi}^2$으로 나타내어지는데 여기서 d는 자유도의 개수 $d=n-c$이고 c는 제약 조건의 (12.3절 참조) 수이다. $\tilde{\chi}^2$의 기대 평균 값은 1이다. 만약 $\tilde{\chi}^2 \gg 1$ 이면 관측된 결과는 가정된 분포에 잘 맞지 않는다고 할 수 있다. 그런데 만약 $\tilde{\chi}^2 \lesssim 1$ 이면 그 일치는 만족스럽다고 할 수 있다.

이 검정은 표 D에 제시되어 있는 확률들을 가지고 정량적으로 실시된다. d개의 자유도를 가진 실험에서 실제로 얻어진 $\tilde{\chi}^2$의 값을 $\tilde{\chi}_o^2$이라고 표시하자. $Prob_d(\tilde{\chi}^2 \geq \tilde{\chi}_o^2)$이라는 수는 만약 측정값들이 참으로 가정된 분포를 따른다고 할 때 관측된 $\tilde{\chi}_o^2$만큼이거나 또는 더 큰 $\tilde{\chi}^2$의 값이 얻어질 확률이다. 그리하여 $Prob_d(\tilde{\chi}^2 \geq \tilde{\chi}_o^2)$이 크다면 관측된 분포와 기대되는 분포는 일관적일 것이다. 그런데 이 확률이 작다면 이들은 거의 확실하게 불일치할 것

이다. 특히 $Prob_d(\tilde{\chi}^2 \geq \tilde{\chi}_o^2)$이 5% 보다도 작다면 우리는 이 불일치는 **유의하다**고 하고, 가정된 분포를 5% 수준에서 기각한다. 만약 이 확률이 1% 보다도 작다면 그 불일치를 **아주 유의하다**고 하고, 우리는 가정된 분포를 1% 수준에서 기각한다.

예를 들어, 우리가 여섯 개 자유도를 $(d=6)$ 가진 실험에서 축소 카이제곱으로 2.6을 얻었다고 (즉 $\tilde{\chi}_o^2 = 2.6$) 가정해보자. 표 D에 따르면 측정값들이 가정된 분포에 의해서 지배되는 경우에는 $\tilde{\chi}^2 \geq 2.6$을 얻게 될 확률이 1.6% 이다. 따라서 5% 수준에서 (그러나 아직 1% 수준에서는 아닌데) 우리는 가정된 분포를 기각할 수 있을 것이다. 더 많은 논의에 대해서는 12장을 참조하라.

표 D 에서의 값들은 다음 적분으로부터 계산되었다.

$$Prob_d(\tilde{\chi}^2 \geq \tilde{\chi}_o^2) = \frac{2}{2^{d/2}\Gamma[d/2]} \int_{\tilde{\chi}_o}^{\infty} x^{d-1} e^{-x^2/2} dx.$$

예를 들어 퓨와 윈즐로의 『자연과학적 측정의 분석』(*The Analysis of Physical Measurements*, 1966: Section 12-5)을 참조하라.

표 D d개의 자유도를 가진 실험에서 $\tilde{\chi}^2 \geq \tilde{\chi}_o^2$인 값을 얻을 d와 $\tilde{\chi}_o^2$의 함수로서 백분율 확률 $Prob_d(\tilde{\chi}^2 \geq \tilde{\chi}_o^2)$. (공백은 0.05%보다도 작은 확률을 가리킨다.)

	$\tilde{\chi}_o^2$														
d	0	0.5	1.0	1.5	2.0	2.5	3.0	3.5	4.0	4.5	5.0	5.5	6.0	8.0	10.0
1	100	48	32	22	16	11	8.3	6.1	4.6	3.4	2.5	1.9	1.4	0.5	0.2
2	100	61	37	22	14	8.2	5.0	3.0	1.8	1.1	0.7	0.4	0.2		
3	100	68	39	21	11	5.8	2.9	1.5	0.7	0.4	0.2	0.1			
4	100	74	41	20	9.2	4.0	1.7	0.7	0.3	0.1	0.1				
5	100	78	42	19	7.5	2.9	1.0	0.4	0.1						

d	0	0.2	0.4	0.6	0.8	1.0	1.2	1.4	1.6	1.8	2.0	2.2	2.4	2.6	2.8	3.0
1	100	65	53	44	37	32	27	24	21	18	16	14	12	11	9.4	8.3
2	100	82	67	55	45	37	30	25	20	17	14	11	9.1	7.4	6.1	5.0
3	100	90	75	61	49	39	31	24	19	14	11	8.6	6.6	5.0	3.8	2.9
4	100	94	81	66	52	41	31	23	17	13	9.2	6.6	4.8	3.4	2.4	1.7
5	100	96	85	70	55	42	31	22	16	11	7.5	5.1	3.5	2.3	1.6	1.0
6	100	98	88	73	57	42	30	21	14	9.5	6.2	4.0	2.5	1.6	1.0	0.6
7	100	99	90	76	59	43	30	20	13	8.2	5.1	3.1	1.9	1.1	0.7	0.4
8	100	99	92	78	60	43	29	19	12	7.2	4.2	2.4	1.4	0.8	0.4	0.2
9	100	99	94	80	62	44	29	18	11	6.3	3.5	1.9	1.0	0.5	0.3	0.1
10	100	100	95	82	63	44	29	17	10	5.5	2.9	1.5	0.8	0.4	0.2	0.1
11	100	100	96	83	64	44	28	16	9.1	4.8	2.4	1.2	0.6	0.3	0.1	0.1
12	100	100	96	84	65	45	28	16	8.4	4.2	2.0	0.9	0.4	0.2	0.1	
13	100	100	97	86	66	45	27	15	7.7	3.7	1.7	0.7	0.3	0.1	0.1	
14	100	100	98	87	67	45	27	14	7.1	3.3	1.4	0.6	0.2	0.1		
15	100	100	98	88	68	45	26	14	6.5	2.9	1.2	0.5	0.2	0.1		
16	100	100	98	89	69	45	26	13	6.0	2.5	1.0	0.4	0.1			
17	100	100	99	90	70	45	25	12	5.5	2.2	0.8	0.3	0.1			
18	100	100	99	90	70	46	25	12	5.1	2.0	0.7	0.2	0.1			
19	100	100	99	91	71	46	25	11	4.7	1.7	0.6	0.2	0.1			
20	100	100	99	92	72	46	24	11	4.3	1.5	0.5	0.1				
22	100	100	99	93	73	46	23	10	3.7	1.2	0.4	0.1				
24	100	100	100	94	74	46	23	9.2	3.2	0.9	0.3	0.1				
26	100	100	100	95	75	46	22	8.5	2.7	0.7	0.2					
28	100	100	100	95	76	46	21	7.8	2.3	0.6	0.1					
30	100	100	100	96	77	47	21	7.2	2.0	0.5	0.1					

부록 E

표본 표준 편차와 관련한 두 개의 증명

5장에서 나는 폭 σ를 가지고 정규적으로 분포되는 어떤 물리량 x의 측정값들과 관련된 두 가지 중요한 결과를 증명하지 않고 인용하였다. (1) x에 관한 N개의 측정값에 근거한 σ에 대한 최량의 추정값은 분모에 $(N-1)$을 인자로 가진 (5.45)에 의해서 정의되는 N개의 측정값의 표본 표준 편차 σ_x이다. (2) σ에 대한 추정값인 σ_x의 비율 불확실성은 (5.46)에서와 같이 $1/\sqrt{2(N-1)}$이다. 이 두 가지 결과에 대한 증명은 의외로 만만치 않기 때문에 5장에서는 생략되었다. 이 증명들을 보고 싶어하는 사람들을 위해 나는 여기에 이들을 제공하고자 한다.

어떤 물리량에 대한 (모두 같은 방법을 사용해 얻어진) N번의 측정으로 구성되는 실험과 그 결과들

$$x_1, x_2, \ldots, x_N$$

을 생각해보자. 이 N개의 측정값의 표본 표준 편차는

$$\begin{aligned}\sigma_x^2 &= \frac{\sum (x_i - \overline{x})^2}{N-1} \\ &= \frac{SS}{N-1}\end{aligned} \tag{E1}$$

으로 정의되는데 여기서 나는 **제곱들의 합**에 대해서 SS라는 표기를 도입하

였다.

$$\begin{aligned} SS &= \text{제곱들의 합} \\ &= \sum_1^N (x_i - \overline{x})^2 \\ &= \sum_1^N (x_i)^2 - \frac{1}{N}\left(\sum_1^N x_i\right)^2. \end{aligned} \tag{E2}$$

(E2)의 마지막 줄을 쓸 때 나는 연습문제 4.5로부터 항등식 (4.28)을 사용하였다. 방정식 (E1)은 실제로는 σ_x의 **제곱**을 정의하는데 이것은 N개 측정값의 **표본 분산**이라고 한다. 수없이 많이 등장할 수 있는 제곱근 기호를 피하기 위해 나는 표준 편차 그 자체보다는 오히려 대부분 분산을 가지고 진행하겠다.

측정된 물리량 x로부터 어떤 고정된 상수를 빼더라도 참된 폭뿐만 아니라 표준 편차 σ_x도 변하지 않는다는 것을 알게 되면 우리의 증명은 단순화될 수 있다. 특히 우리는 x로부터 참값 X를 뺄 수 있는데 이렇게 하면 참값 0을 중심으로 정규적으로 분포된 물리량이 나오게 된다. 바꾸어 말하면 **우리는 측정된 물리량 x의 참값은 $X=0$이라고 가정할 수 있고, 또 그렇게 할 것이다.**

σ에 대한 최량의 추정값과 그것의 불확실성을 논의하기 위해 우리는 반드시 전체 실험을 어마어마한 ("무한한") 수 $\alpha = 1, 2, 3, \ldots$ 만큼 반복해야 한다. 이러한 방식으로 우리는 표 E1에 보인 바와 같이 거대한 배열을 생성할 수 있다.

표 E1 많은 수 $\alpha = 1, 2, 3, \ldots,$ 의 실험을 실시한 결과, 여기서 각 실험은 물리량 x에 대한 N개의 측정값으로 구성되어 있다. α번째 실험에서의 i번째 측정값은 $x_{\alpha i}$로 표기되고 α번째 행의 i번째 열에 주어져 있다.

실험 번호	첫 번째 측정	두 번째 측정		i번째 측정		N번째 측정
1	x_{11}	x_{12}	....	x_{1i}	....	x_{1N}
2	x_{21}	x_{22}	....	x_{2i}	....	x_{2N}
......	....	....	....	....	....	....
α	$x_{\alpha 1}$	$x_{\alpha 2}$	....	$x_{\alpha i}$	....	$x_{\alpha N}$
......	....	....	....	....	....	....
......	....	....	....	....	....	....

무한히 많은 실험 각각에 대해 우리는 평균과 분산을 계산할 수 있다. 예를 들면, α번째 실험에 대해서 (혹은 α번째 "표본 추출"에 대해서) 우리는 α번째 실험의 행에 있는 모든 수를 더하고 N으로 나누면, 표본 평균 $\bar{x}_\alpha$를 구할 수 있다. 이에 대응하는 표본 분산을 알아내기 위해서는, 우리는 제곱들의 합

$$SS_\alpha = \sum_{i=1}^{N} (x_{\alpha i} - \bar{x}_\alpha)^2$$

을 계산하고 $(N-1)$로 나누어주어야 한다. 여기서도 덧셈은 데이터에서 해당되는 행의 모든 성분에 대해서 실시된다.

우리는 하나의 표본에 있는 (말하자면 우리 데이터에서 하나의 행에 있는) 모든 측정값에 대한 평균이라는 것을 나타내기 위해서 $\bar{x}_\alpha$에서처럼 통상적인 가로줄 기호를 사용하기로 한다. 또한 우리는 데이터의 주어진 열에 있는 모든 수의 평균을 (즉 $\alpha = 1, 2, 3, \ldots$ 에 걸친 평균을) 고려할 필요가 있는데 우리는 이러한 종류의 평균을 두 개의 모난 괄호 $\langle \ldots \rangle$를 사용해서 표시할 것이다. 예를 들어 우리는 i번째 열에 있는 모든 측정값의 평균을 $\langle x_{\alpha i} \rangle$ 혹은 간단하게 $\langle x \rangle_i$로 표시하기로 한다. 이 값은 x에 대한 무한히 많은 측정값의 평균이기 때문에, 이것은 참값 X와 같고 이것을 우리는 0이 되도록 조정하

였다. 따라서

$$\langle x \rangle_i = X = 0$$

이다. 마찬가지로 어느 한 열에 있는 모든 값의 **제곱들**을 평균 낸다면 우리는 참 분산을 얻게 될 것이다.

$$\langle x^2 \rangle_i = \sigma^2. \tag{E3}$$

[$X=0$이기 때문에 $\langle x^2 \rangle_i$는 $\langle (x-X)^2 \rangle_i$와 같고 이것은 곧 σ^2이라는 것을 기억하라.] 이 아이디어들을 갖추었기 때문에 우리는 두 개의 증명에 착수할 준비가 되어 있다.

1. 폭 σ에 대한 최량의 추정값

x에 대한 N개의 측정값에 근거할 때 참 폭 σ에 대한 최량의 추정값은 N개 측정값의 표본 표준 편차라는 것을 우리는 보여주고자 한다. 우리는 다음 명제를 증명함으로써 그렇게 할 것이다. 만약 우리가 각 표본 α에 대해서 제곱들의 합 SS_α를 계산하고 모든 $\alpha = 1, 2, 3, \ldots$ 에 걸친 합을 평균 낸다면 그 결과는 참 분산 σ^2의 $(N-1)$배이다.

$$\langle SS \rangle = (N-1)\sigma^2. \tag{E4}$$

(E4)를 $(N-1)$로 나누면 우리는 참 분산이 $\langle SS \rangle/(N-1)$라는 것을 알 수 있다. 여기서 $\langle SS \rangle$는 N개 측정값의 무한히 많은 집합으로부터 얻은 제곱들 합의 평균이다. 이것은 다음으로 N개 측정값의 **단 하나의** 집합에 근거한 σ^2에 대한 최량의 추정값은 바로 $SS/(N-1)$이라는 것을 의미하게 되는데 여기서 SS는 측정값의 집합 하나에 대한 제곱들의 합이다. 이것은 방정식 (E1)에 의해서 주어지는 바로 그 분산이다. 따라서 만약 우리가 (E4)를 증명할 수

있다면 우리는 원하는 결과를 확립하게 되는 것이다.

방정식 (E4)를 증명하기 위해서 우리는 α번째 표본에 대한 제곱들의 합 SS_α로부터 출발하기로 한다. (E2)를 이용하면 우리는 이 합을 다음과 같이 쓸 수 있다.

$$SS_\alpha = \sum_i (x_{\alpha i})^2 - \frac{1}{N}\sum_i \sum_j x_{\alpha i}x_{\alpha j}. \tag{E5}$$

이 방정식과 (E2)의 차이는 내가 하첨자 α를 덧붙였고 (E2)의 마지막 항에서 제곱을 두 개 합의 곱으로 썼다는 점뿐이다. (E5)에서의 이중 합은 두 가지 부분으로 구성되어 있다. 첫 번째로 $i=j$인 N개의 항이 있는데 이들은 (E5)의 단일 합과 결합할 수 있다. 이렇게 하면 $i \neq j$인 $N(N-1)$개 항이 남게 된다. 그리하여 우리는 (E5)를 다음과 같이 다시 쓸 수 있다.

$$SS_\alpha = \left(1 - \frac{1}{N}\right)\sum_i (x_{\alpha i})^2 - \frac{1}{N}\sum_i \sum_{j \neq i} x_{\alpha i}x_{\alpha j}. \tag{E6}$$

식 (E6)은 단 하나의 표본 α에 대한 제곱들의 합이다. $\langle SS \rangle$를 구하기 위해서 우리는 단지 α의 모든 값에 걸쳐서 (E6)을 평균하면 된다. 어떠한 합의 평균도 그에 대응하는 평균의 합과 같기 때문에 (E6)은 다음을 함축한다.

$$\langle SS \rangle = \frac{N-1}{N}\sum_i \left\langle (x_{\alpha i})^2 \right\rangle - \frac{1}{N}\sum_i \sum_{j \neq i} \langle x_{\alpha i}x_{\alpha j} \rangle . \tag{E7}$$

첫 번째 합의 N개 항은 모두 같고 그 각각은 [(E3)에서처럼] σ^2과 같다. 그러므로 첫 번째 합은 곧 $N\sigma^2$이다. $i \neq j$이기 때문에 (E7)의 이중 합의 항들은 모두 0, 말하자면 $\langle x_{\alpha i}x_{\alpha j} \rangle = 0$이다. ($x$가 $X=0$을 중심으로 정규적으로 분포되었다는 것을 기억하라. 그래서 $x_{\alpha i}$의 하나의 가능한 값에 대해서 양이거나 음인 $x_{\alpha j}$의 값이 동등하게 있을 수 있고 그래서 서로 상쇄한다.) 그리하여 두 번째 합이 통째로 0이 되고 우리에게는

$$\langle SS \rangle = (N-1)\sigma^2$$

만 남아 있게 되는데 이것이 우리가 증명할 필요가 있는 결과인 (E4) 바로 그것이다.

2. 폭 σ에 대한 추정값에서의 불확실성

x에 대한 N개 측정값에 근거할 때 참 분산 σ^2에 대한 최량의 추정값은 (E1)에서 정의된 바와 같은 N개 측정값의 표본 분산이라는 것을 우리는 입증하였다. 그러므로 σ^2의 비율 불확실성은 제곱들의 합인 SS의 비율 불확실성과 같다.

$$\begin{aligned}&(\sigma^2\text{에 대한 추정값의 비율 불확실성})\\&=(SS\text{의 비율 불확실성}).\end{aligned} \tag{E8}$$

σ는 σ^2의 제곱근이기 때문에 σ의 비율 불확실성은 바로 σ^2의 불확실성의 절반이다.

$$\begin{aligned}&(\sigma\text{에 대한 추정값의 비율 불확실성})\\&=\frac{1}{2}(SS\text{의 비율 불확실성}).\end{aligned} \tag{E9}$$

SS의 비율 불확실성을 알아내기 위해 우리는 결과 (11.7)을 이용하는데 이 결과에서 어떤 물리량 q의 불확실성은 $\sqrt{\langle q^2 \rangle - \langle q \rangle^2}$ 이며 여기서 모난 괄호 $\langle .. \rangle$는 여느 때처럼 무한히 많이 측정한 다음에 얻어지는 해당 물리량의 평균을 표시한다. 그러므로 제곱들의 합의 불확실성은

$$(SS\text{의 불확실성}) = \sqrt{\langle SS^2 \rangle - \langle SS \rangle^2} \tag{E10}$$

이다. 우리는 [방정식 (E4)로부터] 제곱근 안의 두 번째 평균은 $\langle SS \rangle = (N-1)\sigma^2$ 이라는 것을 알고 있으므로, 남은 일은 첫 번째 항인 $\langle SS^2 \rangle$을 구하는 것이다.

N개 측정값의 어떤 집합에 대해서도 제곱들의 합 SS는 (E6)에 의해서 주어진다. 이 표현을 제곱하면 우리는 (덜 혼란스럽게 하기 위해 나는 모든 하첨자 α를 생략하기로 한다.)

$$\begin{aligned} SS^2 &= \left(\frac{N-1}{N}\right)\sum_i (x_i)^2 \sum_j (x_j)^2 \\ &\quad - 2\frac{N-1}{N^2}\sum_i (x_i)^2 \sum_j \sum_{k \neq j} x_j x_k \\ &\quad + \frac{1}{N^2}\sum_j \sum_{k \neq j} x_j x_k \sum_m \sum_{n \neq m} x_m x_n \\ &= A + B + C \end{aligned} \tag{E11}$$

라는 것을 알 수 있다.

(E11)의 평균 값을 알아내기 위해 우리는 세 개의 평균 $\langle A \rangle$, $\langle B \rangle$, 그리고 $\langle C \rangle$의 각각을 평가할 필요가 있다. A에 있는 이중 합은 각각의 평균이 $\langle x^4 \rangle$이 되는 $i = j$인 N개의 항을 가지고 있고, 또 각각의 평균이 $\langle x^2 \rangle^2$이 되는 $i \neq j$인 $N(N-1)$개의 항을 보유하고 있다. x가 $X = 0$을 중심으로 정규적으로 분포하고 있기 때문에 (이미 알고 있는 바와 같이) $\langle x^2 \rangle = \sigma^2$이다. 따라서 A에서의 이중 합은 그 평균이 $3N\sigma^4 + N(N-1)\sigma^4 = N(N+2)\sigma^4$이 되고 그래서

$$\langle A \rangle = \frac{(N-1)^2(N+2)}{N}\sigma^4$$

이 된다. 합 B에 있는 각 항은 x_k의 홀수 차 거듭제곱을 (x_k이거나 아니면 x_k^3을) 보유하고 있다는 것을 쉽게 알 수 있다. x가 0을 중심으로 정규적으로 분포되기 때문에 모든 홀수 차 거듭제곱의 평균은 0이고 그래서

$$\langle B \rangle = 0$$

이 된다. 항 C에 있는 사중 합은 $j=m$이고 $k=n$인 $N(N-1)$개 항을 보유하고 있는데 그 각각의 평균은 $\langle x^2 \rangle^2 = \sigma^4$이 된다. $j=n$이고 $k=m$인 같은 수의 합들이 있는데, 각 항의 평균은 σ^4이다. 남아 있는 모든 다른 항들은 x의 홀수 차 거듭제곱을 보유하게 되기 때문에 평균을 취하면 0이 된다. 따라서 항 C에 있는 사중 합의 평균은 $2N(N-1)\sigma^4$이 되고, 그래서

$$\langle C \rangle = \frac{2(N-1)}{N}\sigma^4$$

이 된다.

바로 전의 세 개의 방정식을 더하고 그 결과를 (E11)에 대입하면, 우리는

$$\langle SS^2 \rangle = \frac{(N-1)^2(N+2)+2(N-1)}{N}\sigma^4 = (N^2-1)\sigma^4$$

이라는 결론에 도달한다. 이 결과를 (E10)에 대입하면 [그리고 $\langle SS \rangle$를 $(N-1)\sigma^2$으로 대체하면], 우리는

$$(SS\text{의 불확실성}) = \sqrt{(N^2-1)-(N-1)^2}\,\sigma^2 = \sqrt{2(N-1)}\,\sigma^2$$

이라는 것을 알게 된다. 만약 우리가 전체를 $\langle SS \rangle = (N-1)\sigma^2$으로 나누어 주면 이 결과는 SS의 비율 불확실성은 $\sqrt{2/(N-1)}$이라는 것을 함축한다. 마지막으로 우리는 [(E9)로부터] σ 값의 비율 불확실성은 SS의 비율 불확실성의 절반이라는 것을 알고 있다. 그리하여

$$(\sigma\text{에 대한 추정값의 비율 불확실성}) = \frac{1}{\sqrt{2(N-1)}}$$

인데, 이것이 바로 우리가 고대하던 결과이다.

즉시 점검 문제와 홀수 번호 연습문제에 대한

해답

[제2장]

즉시 점검

QC2.1. (a) $110 \pm 2\,\text{mm}$. (b) 3.02에서 3.08 암페어.

QC2.2. (a) $8.12 \pm 0.03\,\text{m/s}$. (b) $31{,}234 \pm 2\,\text{m}$ 또는. $(3.1234 \pm 0.0002) \times 10^4\,\text{m}$. (c) $(5.68 \pm 0.03) \times 10^{-7}\,\text{kg}$.

QC2.3. (a) 43 ± 5그램.

QC2.4. (a) $0.04 = 4\%$. (b) $0.1 = 10\%$. (c) $4.58 \pm 0.09\,\text{J}$.

QC2.5. 백분율 불확실성은 1%와 3%; 면적 $= 30\,\text{cm}^2 \pm 4\% = 30 \pm 1\,\text{cm}^2$.

연습문제

2.1. $210 \pm 5\,\text{cm}$; $36.0 \pm 0.5\,\text{mm}$; $5.3 \pm 0.1\,\text{V}$; $2.4 \pm 0.1\,\text{s}$.

2.3. (a) $5.03 \pm 0.04\,\text{m}$. (b) 여분의 자릿수를 유지시키고, $1.5 \pm 1\,\text{s}$라고 어림하는 데는 강력한 논거가 있다. (c) $(-3.2 \pm 0.3) \times 10^{-19}\,\text{C}$. (d) $(5.6 \pm 0.7) \times 10^{-7}\,\text{m}$. (e) $(3.27 \pm 0.04) \times 10^3\,\text{grams} \cdot \text{cm/s}$.

2.5. 불일치 $= 2\,\text{mm}$인데, 이는 유의하지 **않다**.

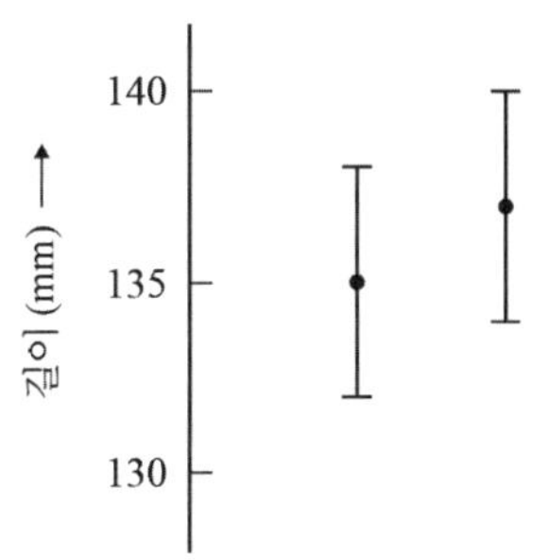

그림 A 2.5

2.7. (a) 거의 확실히 이 단계에서 유일한 합리적인 결론은 $1.9\pm0.1\,\text{gram/cm}^3$일 것이다. (b) 불일치는 $0.05\,\text{gram/cm}^3$이다. 이 값이 불확실성보다도 작기 때문에 이 불일치는 유의하지 **않다**.

2.9. 길이, $l=93.5\pm0.1\,\text{cm}$.

2.11. 표제가 $L-L'$인 열을 다음과 같아야 한다. 0.3 ± 0.9, -0.6 ± 1.5, -2.2 ± 2 (이것은 -2 ± 2로 반올림될 수 있다.), 1 ± 4, 1 ± 4, -4 ± 4. 차 $L-L'$은 이론적으로 0이 되어야만 한다. 하나를 제외한 모든 경우에 측정된 $L-L'$의 값은 불확실성보다 작다. 하나의 예외인 (-2.2 ± 2)에서는 측정값이 불확실성보다도 약간 더 크다. 그러므로 관측된 값들은 기대되는 값인 0과 일관적이다.

2.13. ($M+m$에 대한 최량의 추정값) = $M_{\text{best}}+m_{\text{best}}$. $M+m$에 대한 가장 큰 확실한 값은 $(M_{\text{best}}+m_{\text{best}})+(\delta M+\delta m)$이고 가장 작은 확실한 값은 마이너스 기호를 제외하고는 같게 표현된다. 그러므로 $M+m$에 대한 답은 $(M_{\text{best}}+m_{\text{best}})\pm(\delta M+\delta m)$이다.

2.15. 그림 A 2.15에 보인 직선은 원점을 관통하고, 모든 오차 막대를 관통하거나 혹은 근접해서 지나간다. 그러므로 데이터는 P가 T에 비례한다는 것과 일관적이다.

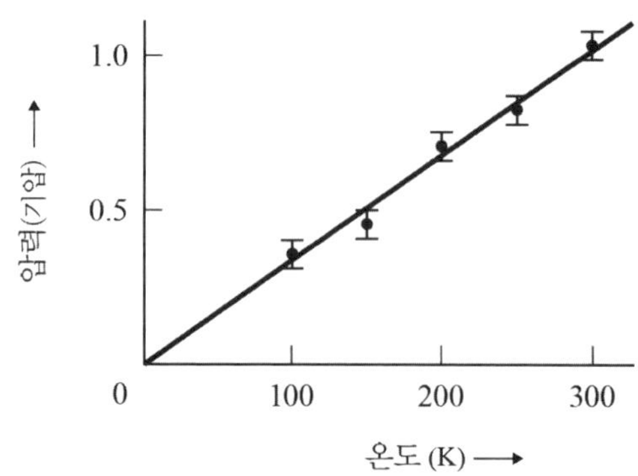

그림 A 2.15

2.17. 그림 A 2.17에 있는 I에 대한 P의 그래프는 포물선에 맞는 것처럼 보이는데 확신하기는 어렵다. I^2에 대한 P의 그래프는 분명히 원점을 지나가는 직선에 맞고, 그래서 P가 I^2에 비례한다는 것과 일관적이다.

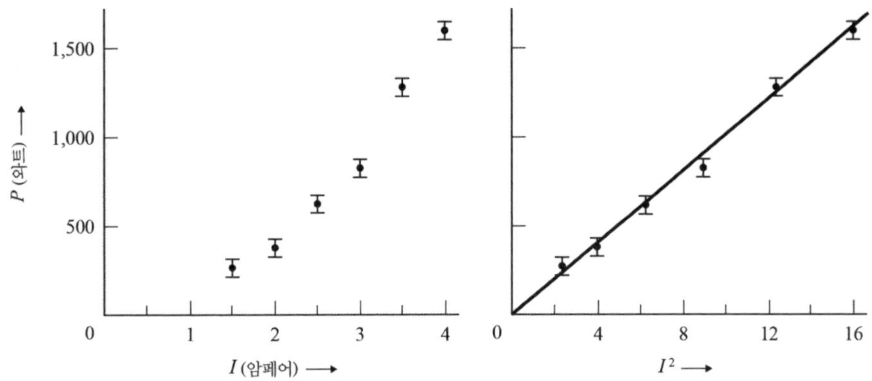

그림 A 2.17

2.19. (a) 원점을 포함하고 있는 그림 A 2.19(a)에서는 T가 A에 따라서 변하는지를 판단하기가 어렵다. 그림 A 2.19(b)에서는 수직 눈금이 크게 확대되었는데 T가 실제로 A에 따라서 변한다는 것을 명료하게 보여주고 있다. 분명히 현재 목적에 맞는 최상의 눈금을 선택하는 것을 반드시 주의 깊게 고려해야 한다. (b) 만약 (아래위로) 0.3 s 크기의 오차 막대와 함께 다시 그린다면, 둘 중 어느 그림도 T가 A에 따라서 변동한다는 증거가 될 수는 없을 것이다.

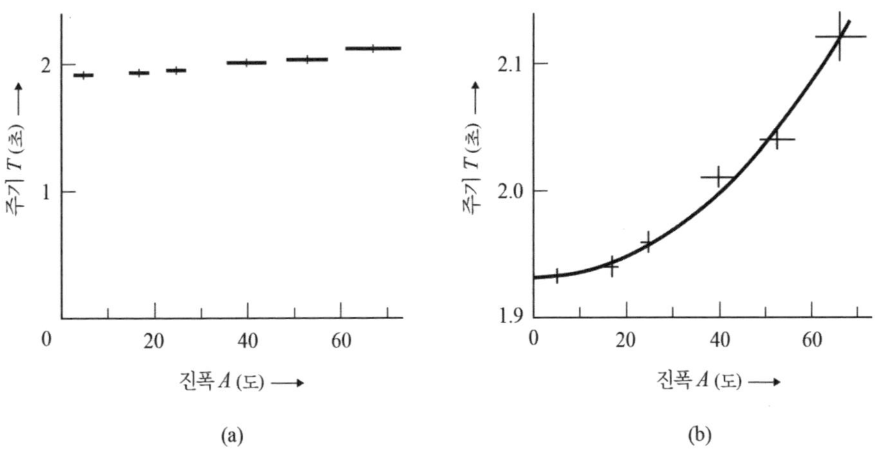

그림 A 2.19

2.21. (a) 40%. (b) 4%. (c) 0.6%. (d) 6%.

2.23. 미터 막대 자의 경우에는 $\delta l = 0.5\,\mathrm{mm}$ 이고 $\delta l/l = 2.5\%$ 인데 충분히 정밀하지 못하다. 현미경의 경우에는 $\delta l = 0.05\,\mathrm{mm}$ 이고 $\delta l/l = 0.25\%$ 인데 충분히 정밀하다.

2.25. (a) $v_f - v_i$에 대한 답들은 $4.0 \pm 0.3\,\mathrm{cm/s}$와 $0.6 \pm 0.4\,\mathrm{cm/s}$이다. (b) 백분율 불확실성들은 8%와 70%이다.

2.27. (a) 6.1 ± 0.1, 이 값은 두 개의 유효 숫자를 갖고 있다. (b) 1.12 ± 0.02, 이 값은 적어도 **약간은** 유의하다고 볼 수 있는 세 개의 유효 숫자를 갖고 있다. (c) 9.1 ± 0.2, 이 값은 두 개의 유효 숫자를 갖고 있다.

2.29. (a) $q = 2{,}700\,\mathrm{N \cdot s}$, 불확실성은 10% 혹은 $270\,\mathrm{N \cdot s}$ (또는 근사적으로 $300\mathrm{N \cdot s}$). (b) $q = 12\,\mathrm{ft \cdot lb}$, 불확실성은 10% 혹은 $1\,\mathrm{ft \cdot lb}$.

2.31. (a) $q_{\text{best}} = 10 \times 20 = 200$; ($q$의 가장 큰 확실한 값) $= 11 \times 21 = 231$; (q의 가장 작은 확실한 값) $= 9 \times 19 = 171$. 규칙 (2.28)은 $q = 200 \pm 30$으로 산출하는데 이것은 잘 일치한다. (b) (q의 가장 큰 확실한 값) $= 18 \times 35 = 630$; (q의 가장 작은 확실한 값) $= 2 \times 5 = 10$. 규칙 (2.28)은 $q = 200 \pm 300$으로 (즉 $q_{\max} = 500$ 그리고 $q_{\min} = -100$으로) 산출한다. 결과가 이렇게 심하게 틀린 이유는 규칙 (2.28)은 오직 모든 비율 불확실성이 1에 비해서 작을 때만 적용되기 때문이다. (실제에서는 일반적으로 **만족되는**) 이 조건이 여기서는 만족되지 않는다.

[제3장]

즉시 점검

QC3.1. (a) 33 ± 6. (b) 910 ± 30. (c) 문항 (a)에서는 비율 불확실성이 18%인데 문항 (b)에서는 단 3%이다. 더 긴 시간 동안 관찰한 검사관의 인내심은 비율 불확실성 더 작아진 것으로 보상을 받았다.

QC3.2. x, y, z에 대한 백분율 불확실성은 2.5%, 2%, 2.5%이다. 그러므로 $q = 10.0 \pm 7\% = 10.0 \pm 0.7$이다.

QC3.3. $15.7 \pm 0.3\,\mathrm{cm}$.

QC3.4. l의 백분율 불확실성은 1%이다. $V = 8.0\,\mathrm{cm}^3 \pm 3\% = 8.0 \pm 0.2\,\mathrm{cm}^3$.

QC3.5. $V = 195\,\mathrm{ml}$; 만약 불확실성들이 독립적이고 랜덤하다고 가정한다면 $\delta V = 7\,\mathrm{ml}$이고, 그렇지 않으면 $\delta V = 10\,\mathrm{ml}$이다.

QC3.6. $q = 230 \pm 3$; $r = 500 \pm 6.5\% = 500 \pm 30$.

QC3.7. $q = 20 \pm 2$.

QC3.8. $q = 10.0 \pm 0.3$.

QC3.9. $q = 20 \pm 6$.

연습문제

3.1. (a) 28 ± 5. (b) 310 ± 20. (c) 비율 불확실성은 A에 대해서는 18%, B에 대해서는 6%이다. B의 절대 불확실성은 더 크지만 그러나 이 학생의 인내심은 비율 불확실성이 더 작아지는 것으로 보상을 받았다.

3.3. 관측한 것은 4년 동안 환자 수가 $20 \pm \sqrt{20} = 20 \pm 4.5$라는 것이다. 이 값은 기대되는 수 16과 일관적이고 그래서 발생률이 비정상적으로 높다는 것에 대한 유의한 증거는 되지 못한다.

3.5. (그리고 3.19)

	연습문제 3.5 직접 합	연습문제 3.19 이차 합
(a)	3 ± 7	3 ± 5
(b)	40 ± 18	40 ± 13
(c)	0.5 ± 0.1	0.50 ± 0.07
(d)	300 ± 21	300 ± 12

3.7. (a) $35.4 \pm 4\,\text{cm} = 35\,\text{cm} \pm 10\%$. (b) $11 \pm 4\,\text{cm} = 11\,\text{cm} \pm 40\%$.
(c) $36 \pm 9\text{cm} = 36\,\text{cm} \pm 25\%$.
(d) $110 \pm 40\,\text{grams} \cdot \text{cm/s} = 110\,\text{grams} \cdot \text{cm/s} \pm 30\%$.

3.9. $c = 18.8 \pm 0.3\,\text{cm}$; $r = 3.00 \pm 0.05\,\text{cm}$.

3.11. (a) $0.48 \pm 0.02\,\text{s}$ (혹은 4%). (b) $0.470 \pm 0.005\,\text{s}$ (혹은 1%). (c) 아니다. 우선, 흔들이는 구동되지 않는다면 결국 멈출 것이다. 흔들이가 구동되더라도 다른 영향들이 결국에는 중요하게 될 것이고, 그래서 우리가 더 높은 정밀도를 추구하는 것을 좌절시킬 것이다. 예를 들어 우리가 여러 시간 동안 시간을 잰다면 스톱워치의 신뢰성이 제한하는 인자가 될 것이고, 따라서 주기 τ는 온도, 습도 그리고 기타 변수들의 변화로 인하여 **변동할** 것이다.

3.13. 부피 $= 34 \pm 5\,\text{m}^3$.

3.15. (a) 학생 A : 32 ± 6. (b) 학생 B : 790 ± 30. (c) 학생 A가 측정한 방출률은 16 ± 3개/분이고 학생 B가 측정한 방출률은 13.1 ± 0.5개/분이다. 이 두 개의 측정값은 양립할 수 있지만 B는 더 작은 불확실성으로 보상을 받았다.

3.17. 두 번째 불확실성이 무시될 수 있는 경우들은 별표로 표시하였다.

경우	답	불확실성	
		이차 합	직접 합
a	9.3	0.7*	0.7*
b	7.9	0.7*	0.8
c	9.7	0.7*	0.9
d	7.5	0.8	1

3.19. 연습문제 3.5에 대한 답을 참조하라.

3.21. (a) $v = 0.847 \pm 0.003\,\text{m/s}$. (b) $p = 0.602 \pm 0.003\,\text{kg} \cdot \text{m/s}$.

3.23. $L = 0.74 \pm 0.03\,\text{kg} \cdot \text{m}^2/\text{s}$.

3.25. 규칙 (3.18)은 여러 인자의 불확실성이 독립적이어야지만 유효하다. 우리가 x^2을 $x \times x$로 쓸 때 두 개의 인자가 (x와 x는) 독립적이라는 것은 명백히 참이 **아니다**. 그래서 규칙 (3.18)은 유효하지 않다.

3.27. 굴절률, $n = 1.52 \pm 0.03$.

3.29. (a) $\delta h/h = 0.1\%$. h가 λ의 분수거듭제곱(fractional power)에 비례하기 때문에 h의 백분율 불확실성은 λ의 백분율 불확실성보다도 더 **작다**. (b) 측정된 값 $6.644 \times 10^{-34}\,\text{J} \cdot \text{s}$는 0.1% 혹은 $0.007 \times 10^{-34}\,\text{J} \cdot \text{s}$의 불확실성을 가지고 있다. 불일치는 0.018×10^{-34}인데 이는 불확실성의 두 배 이상이다. 그러므로 결과는 다소 불만족스럽다.

3.31. (a) $\sin(\theta) = 0.82 \pm 0.02$. [$\delta \sin(\theta) = |\cos(\theta)|\delta\theta$를 사용할 때 $\delta\theta$는 반드시 라디안으로 표현해야 한다는 것을 잊지 마라.] (b) $f_{\text{best}} = e^{a_{\text{best}}}$, $\delta f = f_{\text{best}}\delta a$, $e^a = 20 \pm 2$. (c) $f_{\text{best}} = \ln(a_{\text{best}})$, $\delta f = \delta a / a_{\text{best}}$, $\ln(a) = 1.10 \pm 0.03$.

3.33. (a) $q = -1.38$ 그리고 $\delta q = 0.0791 \approx 0.08$. (b) $\delta q = 0.0787 \approx 0.08$. 두 가지 방법은 유효 숫자 두 개까지 일치한다.

3.35. (a) 30 ± 1. (b) 120 ± 30. (c) 2.0 ± 0.2.

3.37. (a) $0.08 \pm 0.01\,\mathrm{m/s^2}$. (b) 이 측정값은 예측된 값인 $0.13 \pm 0.01\,\mathrm{m/s^2}$ 과는 전혀 일치하지 않는다.

3.39. (a) $E = 0.247 \pm 0.004\,\mathrm{J}$. (b) $E = 0.251 \pm 0.003\,\mathrm{J}$. (c) 두 개의 측정값에 대한 오차의 범위는 겹치고 있기 때문에 이들은 에너지 보존과 일관적이다.

3.41.

i(도)	n	$\delta n/n$	δn
10	1.42	17%	0.2
20	1.52	9%	0.14
30	1.46	6%	0.09
50	1.58	3%	0.05
70	1.53	2%	0.03

단 하나를 제외하고 모든 측정값은 주어진 값 1.50의 양쪽에 불규칙하게 펴져 있다. 유일한 예외는 $i = 50$도($n = 1.58 \pm 0.05$)에 대한 것인데 심지어는 이 경우에도 주어진 값 1.50은 오차 범위를 아주 약간만 벗어나 있다. 그러므로 측정값들은 주어진 값과 **진정으로** 일관적이다.

각도 i가 증가함에 따라서 n의 비율 불확실성은 **감소한다**. 이 감소는 주로 절대 불확실성이 일정하기 때문인데, 따라서 각도가 증가함에 따라 비율 불확실성은 감소한다.

3.43. (a) 1과 1. (b) y와 x. (c) $2xy^3$과 $3x^2y^2$.

3.45. (a) 만약 $q = xy$이면 두 개의 편도함수는 y와 x이다. 규칙 (3.47)은

$$\delta q = \sqrt{y^2\delta x^2 + x^2\delta y^2}$$

으로 산출해준다. 이 방정식을 $|q|$로 나누면 xy에 대한 비율 불확실성에 대한 규칙 (3.18)이 적확하게 만들어진다. 마찬가지 방법으로 (3.48)은

$$\delta q \leq |y|\delta x + |x|\delta y$$

로 산출해주는데 이것을 $|q|$로 나누면 xy에 대한 비율 불확실성에 대한 규칙 (3.19)가 도출된다. (b) $q = x^n y^m$인 경우에는 규칙 (3.47)과 (3.48)을 $|q|$로 나누어주면

$$\frac{\delta q}{|q|} = \sqrt{\left(n\frac{\delta x}{x}\right)^2 + \left(m\frac{\delta y}{y}\right)^2} \quad \text{그리고} \quad \frac{\delta q}{|q|} \leq |n|\frac{\delta x}{|x|} + |m|\frac{\delta y}{|y|}$$

가 된다. 이 방정식들은 우리의 이전 규칙들로부터 얻은 답들과 적확하게 일치한다. (c) 만약 q가 오직 x에만 종속한다면 (3.47)과 (3.48) 둘 다 단일 변수에 대한 이전의 규칙 (3.23)으로 환원된다.

3.47. 불확실성 $\delta a = \frac{2g}{(M+m)^2}\sqrt{m^2(\delta M)^2 + M^2(\delta m)^2}$; $a = 3.3 \pm 0.1\,\mathrm{m/s^2}$.

3.49. 둘 중 어느 방법도 불확실성을 $\delta f = \frac{\sqrt{q^4(\delta p)^2 + p^4(\delta q)^2}}{(p+q)^2}$ 으로 산출한다.

[제4장]

즉시 점검

QC4.1. 평균 $= 23\,\mathrm{s}$; $\mathrm{SD} = 1.8\,\mathrm{s}$.

QC4.2. 16.0 ± 0.7.

연습문제

4.1. 평균 $= 12$; (표본 SD) $= 1$; (모집단 SD) $= 0.8$.

4.3. 평균 $= 85.7$; (표본 SD) $= 2.2$.

4.5. (a)
$$\begin{aligned}\sum(x_i - \bar{x})^2 &= \sum\left(x_i^2 - 2\bar{x}x_i + \bar{x}^2\right)\\ &= \sum x_i^2 - 2\bar{x}\sum x_i + N\bar{x}^2\\ &= \sum x_i^2 - 2\bar{x}N\bar{x} + N\bar{x}^2\\ &= \sum x_i^2 - N\bar{x}^2 = \sum x_i^2 - \frac{1}{N}\left(\sum x_i\right)^2.\end{aligned}$$

(b) 연습문제 4.1의 데이터를 가지고는 (4.28)의 두 변 모두 2가 된다.

4.7. (a) 평균 $= 15.4$; $\mathrm{SD} = 3.5$. (b) 관측된 $\mathrm{SD} = 3.5$에 비교해서 기대되는 $\mathrm{SD} = \sqrt{15.4} = 3.9$이다. (c) $\sqrt{\nu}$의 불확실성은 0.2이고 관측된 SD의 불확실성은 (5.46)으로부터 1.2라는 것을 알 수 있다. 그러므로 두 개의 수는 (3.9와 3.5는) 불확실성의 범위 안에서 잘 일치한다.

4.9. 평균 $= 1.7\,\mathrm{s}$; $\mathrm{SD} = 0.1\,\mathrm{s}$; 확률 $= 32\%$.

4.11. 어떤 단일 측정에서의 불확실성 $= \mathrm{SD} = 0.2\,\mu C$.

4.13. (a) 평균= 8.149 초; SD = 0.039초. (b) SD 의 1배 밖에서는 측정값들의 32% 또는 9.6개가 발견되기를 기대하는데 우리는 여덟 개를 얻었다. (c) SD 의 2배 밖에서는 측정값들의 5% 또는 1.5개가 발견되기를 기대하는데 우리는 두 개를 얻었다.

4.15. 최량의 추정값은 평균 = 12.0이고, 이 추정값에서의 불확실성은 SDOM = 0.6이다.

4.17. (a) (시간에 대한 최종 답)= 평균 ± SDOM = 8.149 ± 0.007 초. (b) 데이터는 유효 숫자를 세 개 가지고 있는데 이에 비해서 최종 답은 유효 숫자를 네 개 가지고 있다. 많은 수의 측정값을 가지고 있을 때는 SDOM이 SD에 비해서 훨씬 더 작기 때문에 이러한 결과는 측정값들의 수가 많을 때 우리가 기대해야만 하는 것이다.

4.19. (a) (20번 수셈의 평균) = 10.70; (이 답에서의 불확실성) = SDOM = 0.76. (b) (40초 동안의 총 수셈) = $214 \pm \sqrt{214} = 214 \pm 14.6$; 이것을 20으로 나누면 우리는 (2초 동안의 평균 수셈) = 10.70 ± 0.73을 얻는다. (c) 우리가 시간 T 동안에 입자들을 $\nu_1, \ldots, \nu_N$으로 N번 세었다고 가정하자. 그러면 두 논증 모두가 근사적으로

$$(\text{시간 } T \text{ 동안의 수셈에 대한 최량의 추정값}) = \frac{1}{N}\Sigma\nu_i \pm \frac{1}{N}\sqrt{\Sigma\nu_i}$$

이라고 산출해준다.

4.21. ($A_1, \ldots, A_N$의 평균) = 1,221.2; SD= 0.88; SDOM= 0.29. 따라서 이러한 방식으로는 최종 답이 $1{,}221.2 \pm 0.3\text{mm}^3$으로 얻어지는데, 이에 비해 다른 방식으로는 $1{,}221.2 \pm 0.4\,\text{mm}^3$이다.

4.23. 거듭제곱에서의 불확실성에 대한 규칙 (3.26)에 의해서

$$\frac{\delta e}{e} = \frac{3}{2}\frac{\delta\eta}{\eta} = 0.6\%$$

이다.

4.25. (a) $336 \pm 15\,\text{m/s}$; λ의 불확실성인 4.5%에 비교해서 f의 1% 계통 불확실성은 무시할 수 있다. (b) $336 \pm 11\,\text{m/s}$; 여기서는 계통 불확실성이 지배한다.

4.27. (a) $N = 3.18 \pm 0.09$ (또는 3%); d의 비율 불확실성은 3%이다. (b) 3%.

[제5장]

즉시 점검

QC5.1.

성적	F	D	C	B	A
s_k	0	1	2	3	4
n_k	2	0	7	4	7

$\bar{s} = 2.7.$

QC5.2. 그림 AQC 5.2를 참조하라.

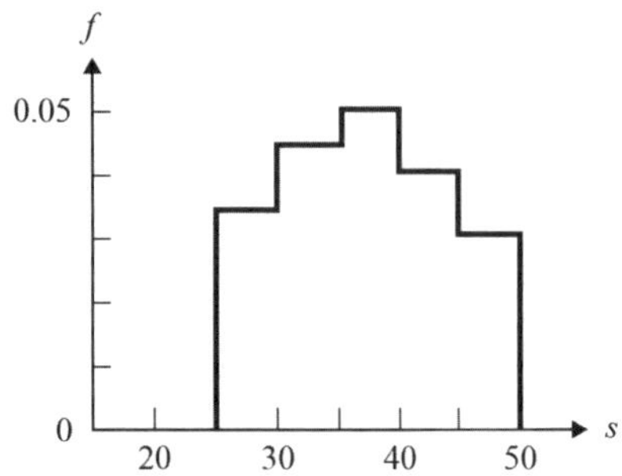

그림 AQC 5.2

QC5.3. 그림 AQC 5.3을 참조하라.

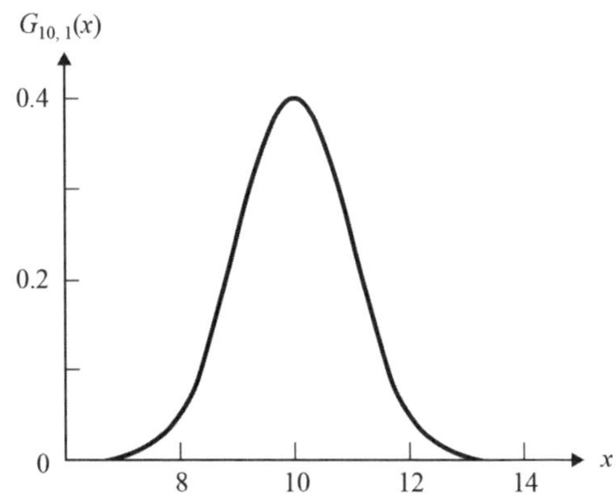

그림 AQC 5.3

QC5.4. $Prob$(7에서 13 사이) $= 87\%$; $Prob$(7에서 13 사이의 밖) $= 13\%$.

QC5.5. (σ_q에 대한 답) $= 6 \pm 3\,\mu\text{C}$; $\sigma_q - \delta\sigma_q = 3\,\mu\text{C}$; $\sigma_q + \delta\sigma_q = 9\,\mu\text{C}$.

QC5.6. $Prob$(2.4σ의 밖) $= 1.64\%$; 그러므로 2.4σ의 불일치는 5%와 2% 수준에서는 유의하나 1% 수준에서는 그렇지 않다.

연습문제

5.1. 그림 A 5.1을 참조하라. $\bar{s} = 2.7$.

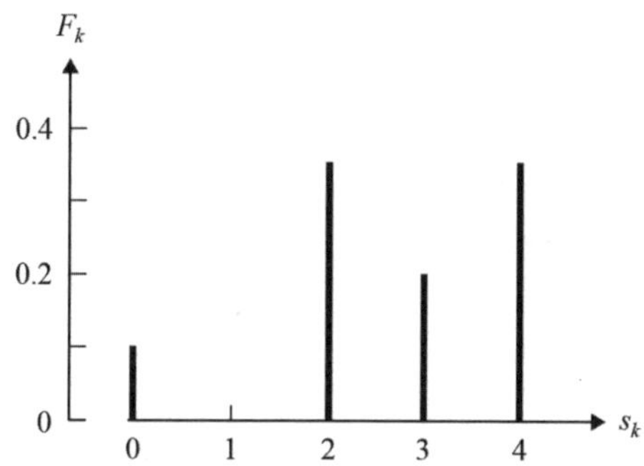

그림 A 5.1

5.3. (그리고 5.15.) 그림 A 5.3을 참조하라. 문항 (c)에서의 파선은 연습문제 5.15에 대한 가우스 함수이다.

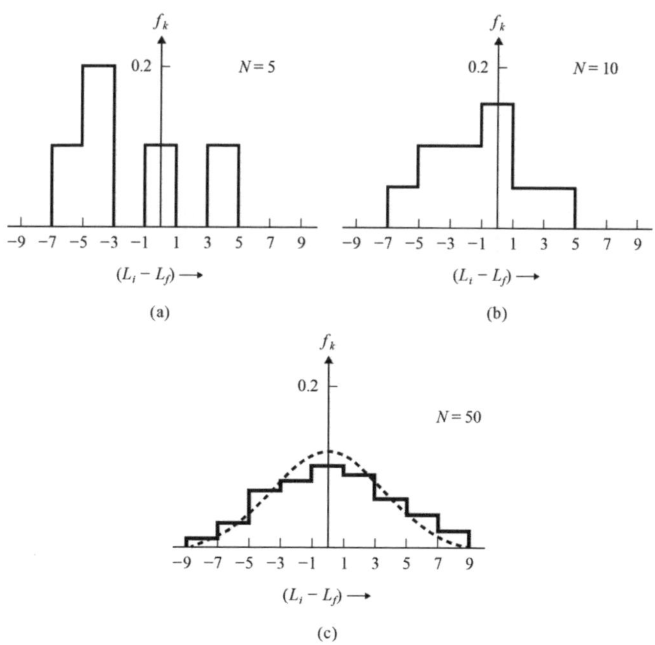

그림 A 5.3

5.5. (a) $Prob$($-a$에서 a 사이의 밖) $= 0$. (b) $Prob(x > 0) = 1/2$. (c) $C = 1/a$. (d) 그림 A 5.5를 참조하라.

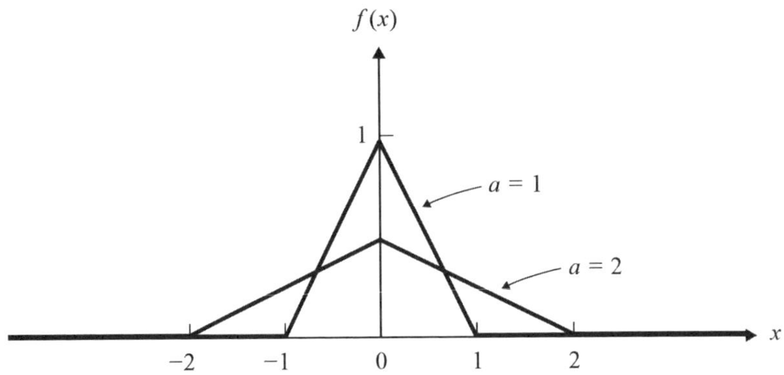

그림 A 5.5

5.7. $Prob(t > \tau) = 1/e = 37\%$; $Prob(t > 2\tau) = 1/e^2 = 14\%$.

5.9. (a) $C = 1/(2a)$. (b) 그림 A 5.9를 참조하라. $-a$에서 a 사이의 모든 값은 동등하게 가능하고 어떠한 측정값들도 이 범위 밖에는 안착하지 않는다. (c) 평균 $= 0$; $\text{SD} = a/\sqrt{3}$.

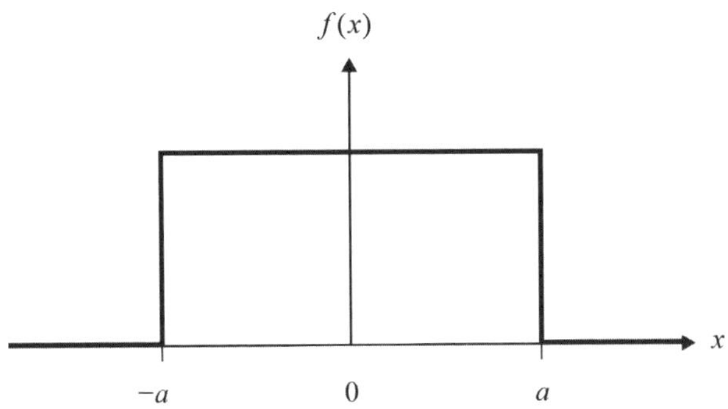

그림 A 5.9

5.11. 그림 A 5.11을 참조하라.

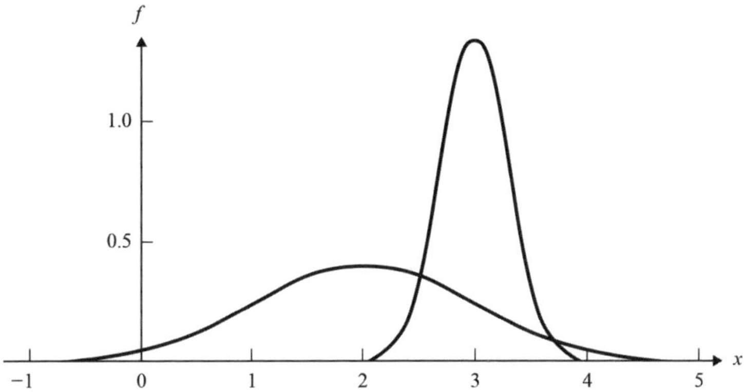

그림 A 5.11

5.13. 관심의 대상이 아닌 상수들을 무시하면

$$\frac{d^2G}{dx^2} \propto \left[1 - \frac{(x-X)^2}{\sigma^2}\right] e^{-(x-X)^2/2\sigma^2}$$

이다. 이것은 $x = X \pm \sigma$에서 0이 된다.

5.15. 연습문제 5.3에 대한 답을 참조하라.

5.17. 68 − 95 규칙은 정규적으로 분포된 측정값들에 대해서, 한 결과가 X로부터 1σ 안에 놓일 확률은 68%이고 X로부터 2σ 안에 놓일 확률은 95%라고 진술한다. 68 − 95 − 99.7 규칙은 앞의 규칙에 X로부터 3σ 안에 놓일 확률이 99.7%라는 것이 추가로 포함된다.

5.19. (a) 68%. (b) 38%. (c) 95%. (d) 48%. (e) 14%. (f) $y = 22.3$에서 23.7 사이.

5.21. (a) 72. (b) 5′9″.

5.23. (a) 부분 적분을 두 번하면 적분 (5.16)은 τ^2으로 줄어든다. 그러므로 $\sigma_t = \tau$이다. (b) 요구되는 확률은 분포 함수의 $\bar{t} \pm \sigma_t$의 범위에 걸친 적분으로, 말하자면 $t = 0$에서 2τ까지 적분으로 주어진다. 이 적분은 $1 - e^{-2} = 0.86 = 86\%$이다.

5.25. (a) 최량의 추정값 = 77, SD = 2. (b) 4%.

5.27. (a) 평균= 53, $\sigma = 1.41 \pm 0.45$; 즉, σ는 0.96에서 1.86 사이에 어디에 있어도 좋다. (b) 만약 $\sigma = 1.41$이면 묻는 확률은 7%이고, $\sigma = 0.96$이면 묻는 확률은 단 0.9%인데, 만약 $\sigma = 1.86$이면 그 확률은 18%이다. 이러한 종

류의 확률은 σ의 값에 아주 민감하다. (6과 같이) 몇 개 안 되는 측정만 시행했다면 σ에 대한 추정값은 아주 불확실하고 따라서 이러한 종류의 확률을 계산한 값은 극히 신뢰하기 어렵다.

5.29. 그림 A 5.29를 참조하라.

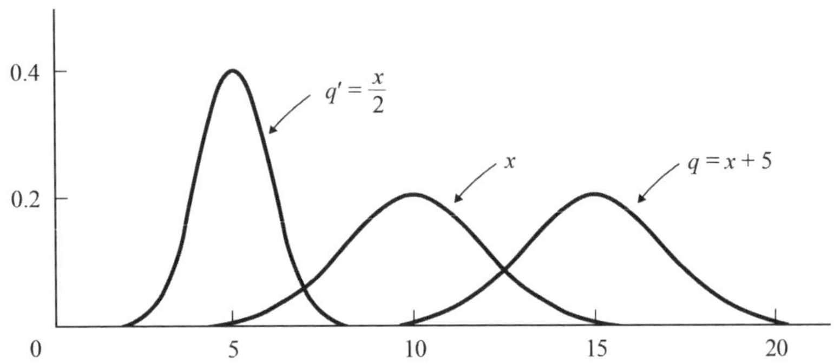

그림 A 5.29

5.31. (a) SD = 7.04. (b) $\overline{t_1} = 74.25$; $\overline{t_2} = 67.75$ 등등. 만약 $\bar{t}$가 네 개의 측정값으로 구성되는 어느 한 집단의 평균을 나타낸다면, 우리는 $\sigma_{\bar{t}} = \sigma_t/\sqrt{4} = 3.52$라고 기대해야 한다. 실제로 열 개 평균의 SD는 3.56이다. (c) 그림 A 5.31을 참조하라.

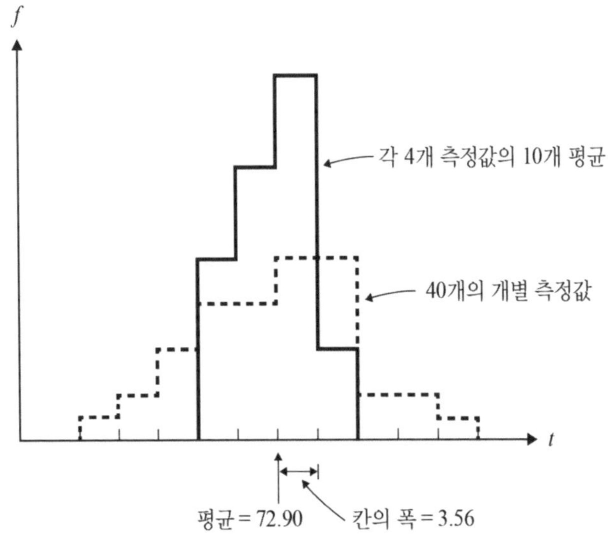

그림 A 5.31

5.33. (최량의 추정값) $= 77.0$; 불확실성 $= 0.7$; (불확실성의 불확실성) $= 0.2$; 말하자면 $t = 77 \pm (0.7 \pm 0.2)$이다.

5.35. 학생의 답은 기대되는 답으로부터 3σ만큼 떨어져 있는데 결과가 이만큼 벗어날 확률은 0.3%이다. 이 학생의 불일치는 아주 유의하고, 그래서 어떤 감지되지 아니한 계통 오차가 정말로 있을 법하다.

5.37. 관측된 에너지의 변화 $E_f - E_i$는 $-15\,\mathrm{MeV}$ 인데 $9.5\,\mathrm{MeV}$의 표준 편차를 가지고 있다. 만약 측정이 0을 중심으로 $\sigma = 9.5$를 가지고 정규적으로 분포되어 있다면, 관측된 값은 참값으로부터 표준 편차의 15/9.5배 혹은 1.6배만큼 떨어져 있다. $Prob$(1.6σ의 밖) $= 11\%$이기 때문에 관측된 값은 완벽하게 합리적이고 에너지 보존을 의심할 이유는 전혀 없다.

[제6장]

즉시 점검

QC6.1. $Prob = 1.24\%$; 이만큼 벗어날 것으로 기대되는 개수는 $1.24\% \times 20 = 0.25$개이고 쇼브네트의 판정기준을 따른다면 이 학생은 그 의심스러운 값을 기각해야만 한다.

연습문제

6.1. (a) $Prob = 4.5\%$; (기대되는 개수) $= 2.3$; 아니다. 이 학생은 그 데이터를 기각하면 안 된다. (b) 그렇다.

6.3. (기대되는 개수) $= 0.9$; 아니다. 이 학생은 그 결과를 기각하면 안 된다.

6.5. (a) 평균 $= 19.1$; SD $= 6.3$. (b) 기각. (c) 새로운 평균 $= 17.7$; SD $= 4.3$.

6.7. (a) 평균 $= 25.5$; SD $= 4.23$. (b) 그렇다, 기각하라; (기대되는 개수 $= 0.46$). (c) $\delta\sigma_x = 1.34$. (d) 만약 $\sigma = \sigma_x - \delta\sigma_x$이면, 기대되는 개수는 0.05이고 이 학생은 명백히 그 측정값을 기각할 것이다. 만약 $\sigma = \sigma_x + \delta\sigma_x$이면, 기대되는 개수는 1.06이고 이 학생은 명백히 그 측정값을 기각하지 **않을** 것이다. 가능한 σ 값의 범위는 "명백히 기각함"으로부터 "명백히 기각하지 않음"에 펼쳐져 있다. 바꾸어 말하면 몇 개의 (여섯 개의) 측정값만으로는 쇼브네트의 판정기준은 모호하고 따라서 가능하다면 적용하는 것을 피해야 한다.

[제7장]

즉시 점검

QC7.1. 가중치 = 4와 1; 가중 평균 = 10.4 ns.

QC7.2. 불확실성 = 0.4 ns.

연습문제

7.1. 전압 = 1.2 ± 0.1.

7.3. (a) 그렇다. 두 개의 측정값은 일관적이다. 이들의 가중 평균은 334.4 ± 0.9 m/s이다. (b) 이 결과들도 (사실 더) 일관적이다. 이들의 가중 평균은 334.08 ± 0.98인데 이것은 334 ± 1로 반올림되어야만 한다. 두 번째 측정값은 포함시킬 가치가 없다.

7.5. (a) $R_{\text{wav}} = 76 \pm 4$ 옴. (b) 근사적으로 26개 측정.

7.7. 만약 $\sigma_1 = \ldots = \sigma_N = \sigma$라고 가정한다면, $w_1 = \ldots = w_N = 1/\sigma^2 = w$일 것이다. w가 모두 같으면, x_{wav}에 대한 방정식 (7.10)은 $\Sigma w x_i / \Sigma w = w \Sigma x_i / N w$로 축소된다. 인자 w가 상쇄되어 통상적인 평균으로 바뀐다. (7.12)에 의해서 $\sigma_{\text{wav}} = 1/\sqrt{\Sigma w} = 1/\sqrt{Nw}$가 된다. $w = 1/\sigma^2$이기 때문에 이 결과는 $\sigma_{\text{wav}} = \sigma/\sqrt{N}$으로 바뀌는데 이것은 통상적인 SDOM이다.

7.9. (a) 독자들이 만든 스프레드시트의 상세 사항들은 독자들이 사용하는 프로그램에 달려 있는데 그 일반적인 외관은 다음과 같아야 할 것이다.

시행	x_i	σ_i	$w_i = 1/\sigma_i{}^2$	$w_i x_i$
1	11	1	1.00	11.00
2	12	1	1.00	12.00
3	10	3	0.11	1.11
Σ			2.11	24.11

$x_{\text{wav}} = \Sigma wx/\Sigma w$	$\sigma_{\text{wav}} = 1/\sqrt{\Sigma w}$
11.42	0.69

네 번째 열의 칸에는 w_i를 $1/\sigma_i^2$으로 계산하는 공식이 들어 있다. 마찬가지로 다섯 번째 열에는 $w_i x_i$를 산출하는 공식이 들어 있다. x_{wav}에 대한 칸에는 (여기서는 11.42인데) 제시된 바와 같은 x_{wav}를 계산하는 공식이 들어 있고 σ_{wav}에 대한 칸에는 σ_{wav}를 계산하는 공식이 들어 있다.

(b) 20개의 행을 가진 유사한 스프레드시트를 만들기는 쉽다. 그렇지만 만약 독자들이 단지 세 개의 데이터만 기입한다면 프로그램이 w_i를 $1/\sigma_i^2$으로 값을 매기려고 할 때 σ_i에 대한 공백 칸은 0으로 취급될 것이며 그래서 프로그램은 오류 메시지를 반송할 것이다. 이 문제점을 피하기 위해서 w_i에 대한 공식은 만약 σ_i에 대한 칸이 성분을 가지고 있으면 $1/\sigma_i^2$으로 보고하고, 칸이 공백이면 공백으로 보고하는 조건 명령이 필요할 것이다.

[제8장]

즉시 점검

QC8.1. 가장 잘 맞는 직선은 그림 AQC 8.1에 제시한 같이 $y = 4 + 3x$이다.

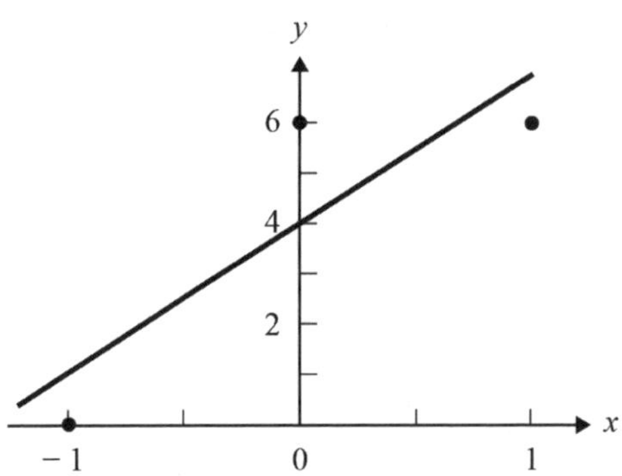

그림 AQC 8.1

연습문제

8.1. 가장 잘 맞는 직선은 그림 A 8.1에서 실선으로 나타낸 $y = 7.75 - 1.25x$이다. (띠선은 연습문제 8.17에 대한 것이다.)

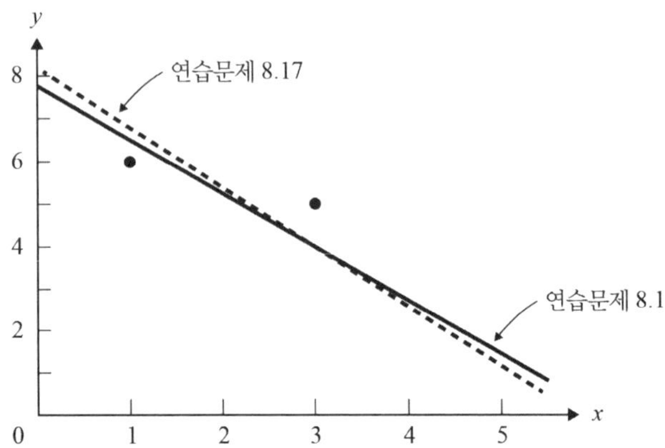

그림 A 8.1

8.3. 만약 독자들이 (8.8)에 Σx_i^2을 곱하고 이 값에서 (8.9)에 Σx_i를 곱한 것을 빼면 A에 대한 풀이를 얻게 될 것이다. 마찬가지로 (8.8)에 Σx_i를 곱하고 이 값에서 (8.9)에 N을 곱한 것을 빼면 B에 대한 풀이가 얻어진다.

8.5. 논증은 8.2절에 있는 (8.2)부터 (8.12)까지 이끈 논증과 거의 똑같다. 유일한 중요한 변경은 전체를 통해서 $A = 0$이라는 것이다. 따라서 (8.4)에서와 같이 $Prob(y_1, \ldots, y_N) \propto \exp(-\chi^2/2)$이고 χ^2은 (8.5)에 의해서 주어지는데, 단 $A = 0$이다. χ^2을 B로 미분하면 (8.7)이 산출되는데 역시 $A = 0$이다. 따라서 해는 $B = \left(\Sigma x_i y_i\right) / \left(\Sigma x_i^2\right)$이다.

8.7. $l_o = 3.69\,\mathrm{cm}$; $k = 162\,\mathrm{N/m}$.

8.9. 연습문제 8.5에서처럼 논증은 (8.2)부터 (8.12)까지 이끈 논증과 거의 똑같다. (8.4)에서처럼 $Prob(y_1, \ldots, y_N) \propto \exp(-\chi^2/2)$인데 측정값들이 다른 불확실성을 가지고 있기 때문에 $\chi^2 = \Sigma w_i (y_i - A - Bx_i)^2$이다. ($w_i = 1/\sigma_i^2$이라는 것을 기억하라.) 논증은 앞에서와 마찬가지로 계속된다.

8.11. 자세한 사항들은 독자들이 사용하는 프로그램과 지면 배치에 달렸지만

연습문제 8.1의 데이터에 대한 작업 계획표의 일반적인 외관은 다음과 같아야 할 것이다. (공간을 줄이기 위해 나의 스프레드시트는 오직 여섯 개 데이터만 수용한다.)

시행	x_i	y_i	x_i^2	$x_i y_i$
1	1	6	1	6
2	3	5	9	15
3	5	1	25	5
4			0	0
5			0	0
6			0	0
Σ	9	12	35	26

N	$\Delta =$ $N\Sigma x^2 - (\Sigma x)^2$	$A =$ $(\Sigma x^2 \Sigma y - \Sigma x \Sigma xy)/\Delta$	$B =$ $(N\Sigma xy - \Sigma x \Sigma y)/\Delta$
3	24	7.75	−1.25

x_i와 y_i열에 있는 공백 성분은 0으로 취급된다는 것을 인지하라. (이러한 영향을 방지하기 위한 예방 조치를 취하지 않는다면) 4열과 5열에 있는 공식들은 데이터가 없는 열에서는 0으로 반송할 것이다. 다행스럽게도 이 0들은 답에 영향을 주지는 않는다. N에 (이 예에서는 3인데) 대한 칸에는 x_i열에 있는 성분의 수를 세라는 지시가 들어 있다. Δ, A 그리고 B에 대한 칸에는 적합한 수를 계산하는 공식들이 들어 있다.

8.13. (a) $s_o = 8.45\,\text{cm}$; $v = 1.34\,\text{cm/s}$; $\sigma_s = 0.64\,\text{cm}$. (b) 만약 $\delta s \approx 1\,\text{cm}$라면 δs와 σ_s는 대략 크기가 같고, 그래서 데이터는 그림 A 8.13에 제시한 것처럼 직선과 일관적이다. (c) 만약 $\delta s \approx 0.1\,\text{cm}$이라면 (근사적으로 그래프 상의 점들의 크기인데) 데이터는 직선과 일관적이 아니다. (σ_s가 대략 δs보다도 6배 더 크다.) 이 그래프에서 활주체는 느려지는 것처럼 보인다. (마찰 때문에?)

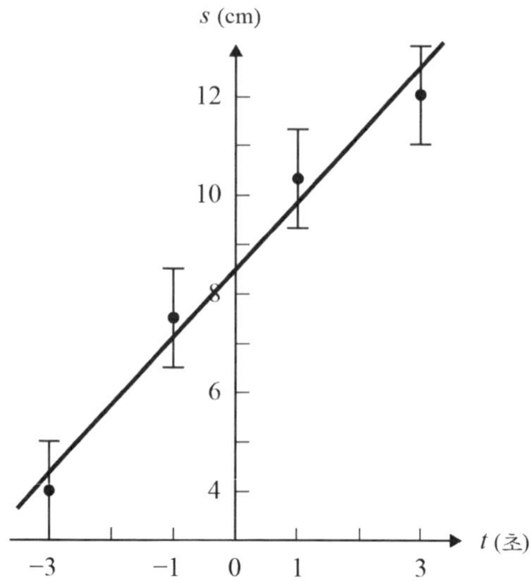

그림 A 8.13

8.15. $A = -3.90$; $B = 9.03$; $\lambda = 18.1 \pm 0.1\,\text{cm}$.

8.17. (a) 연습문제 8.1에서처럼 $A = 7.8 \pm 1.5$; $B = -1.25 \pm 0.4$. (b) 만약 우리가 $x = A' + B'y$에 맞춘다면 그때는 $A' = 5.86$ 그리고 $B' = -0.714$를 얻을 것이다. 이 방정식을 $y = A + Bx$로 다시 쓰면 우리는 $A = 8.2$ 그리고 $B = -1.4$를 얻게 된다. 우리가 예상한 것과 같이 이 결과들은 8.4절의 논의에 근거한 문항 (a)의 답과 일관적이다. 그림 A 8.1을 참조하라.

8.19. 상수 A는 모든 x_i와 y_i에 의존하는데 오직 y_i만 (σ_i로 표시한) 불확실성을 가지고 있다. 그러므로 오차 전파 공식 (3.47)에 의해서

$$\sigma_A^2 = \sum\left(\frac{\partial A}{\partial y_i}\sigma_i\right)^2$$

이다. 요구하는 도함수는

$$\frac{\partial A}{\partial y_i} = \frac{(\sum w_j x_j^2)w_i - (\sum w_j x_j)w_i x_i}{\Delta}$$

이다. 만약 독자들이 두 번째 방정식을 첫 번째에 대입하고 용기를 내서 대수적 계산을 해나간다면, 이 과정은 문제에서 말한 σ_A에 대한 답을 산출해 줄 것이다. [Δ에 대한 정의 (8.39)를 기억하고 $w_i = 1/\sigma_i^2$이라는 것을 기억하라.] 마찬가지 논증으로 σ_B가 산출된다.

8.21. χ^2이 (8.26)에 의해서 주어지는 관측된 값들을 얻을 확률은 (8.25)에 의해서 산출된다. 최대 확률은 χ^2의 최솟값에 대응한다. A, B, 그리고 C에 대한 χ^2의 도함수는 $(-2/\sigma^2)\sum(y_i - A - Bx_i - Cx_i^2)$, $(-2/\sigma^2)\sum(y_i - A - Bx_i - Cx_i^2)x_i$, 그리고 $(-2/\sigma^2)\sum(y_i - A - Bx_i - Cx_i^2)x_i^2$이다. 이 세 개의 도함수를 0으로 놓으면 (8.27)에 있는 세 개의 방정식이 얻어진다.

8.23. 논증은 (8.2)절의 논증과 거의 똑같다. 관측된 값 $y_1, \ldots, y_N$이 얻어질 확률은 $\exp(-\chi^2/2)$에 비례하는데, 여기서

$$\chi^2 = \sum[y_i - Af(x_i) - Bg(x_i)]^2/\sigma^2$$

이다. 확률은 χ^2이 최소일 때 가장 크다. 이 최소를 알아내기 위해 우리는 χ^2을 A와 B에 대해서 미분하고 그 도함수를 0으로 놓는다. 이 과정은 요구되는 (8.41)을 도출해준다.

8.25. $\tau = 45.1\,\text{min}$; $\nu_o = 494$.

[제9장]

즉시 점검

QC9.1. 공분산을 포함하면 $\sigma_q = 3.7$; 공분산을 무시하면 $\sigma_q = 2.7$.

QC9.2. $r = 0.94$.

QC9.3. $Prob_{20}(|r| \geq 0.6) = 0.5\%$이기 때문에 상관관계는 유의할 **뿐만 아니라** 아주 유의하다.

연습문제

9.1. $\sigma_{xy} = 1.75$.

9.3. (a) $\sigma_x^2 = 1.5$; $\sigma_y^2 = 3.5$; $\sigma_{xy} = 1.75$. (b) 2.92. (c) 2.24. (d) 2.92.

9.5. (a) 만약 줄자 i가 (평균에 비교해서) 줄어들었다면 답 x_i와 y_i 둘 다 평균보다는 더 클 것이고, 만약 줄자가 늘어났다면 둘 다 평균보다는 작을 것이다. 어떤 쪽이든 곱 $(x_i - \bar{x})(y_i - \bar{y})$는 양일 것이다. σ_{xy}를 정의하는 합에 있는 모든 항이 양이기 때문에 σ_{xy} 자체도 양이다. (b) 모든 측정값 i에 대해서

$x_i = \lambda_i X$이기 때문에 당연히 $\overline{x} = \overline{\lambda} X$가 되고, $\sigma_x = \sigma_\lambda X$가 된다. 마찬가지로 $\sigma_y = \sigma_\lambda Y$가 되고, 마지막으로 $\sigma_{xy} = \sigma_\lambda^2 XY = \sigma_x \sigma_y$가 된다.

9.7. 만약 독자들이 함수 $A(t)$가 $\sigma_x^2 + 2t\sigma_{xy} + t^2\sigma_y^2$과 같다는 사실에 주목한다면 계산은 가장 간단해진다.

9.9. 어떤 방식으로도 $r = 0.9820$이다.

9.11. (a) $Prob_5(|r| \geq 0.7) = 19\%$이고, 그래서 선형 관계에 대한 증거로는 유의하지 못하다. (b) $Prob_{20}(|r| \geq 0.5) = 2\%$이고, 그래서 선형 관계에 대한 증거로 5% 수준에서 유의하다.

9.13. $r = 0.73$이고 $Prob_{10}(|r| \geq 0.73) \approx 1.5\%$이기 때문에 상관관계는 5% 수준에서 유의하다.

9.15. 그림 A 9.15를 참조하라. $r = 0.98$이고 $Prob_6(|r| \geq 0.98) \approx 0.3\%$이기 때문에 상관관계는 유의할 뿐만 아니라 아주 유의하다.

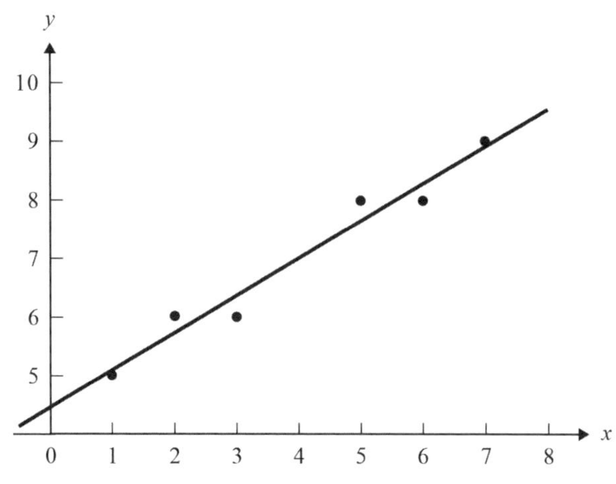

그림 A 9.15

[제10장]

즉시 점검

QC10.1. $Prob$(하트 3번) = 1.56%; $Prob$(하트 2번) = 14.06%; $Prob$(하트 2번 또는 3번) = 15.62%.

QC10.2. $Prob$(앞면 11 혹은 12번) $= 0.32\%$ 이고, 동전이 앞면에 유리하도록 왜곡되었다는 유의한 (심지어는 아주 유의한) 증거가 된다.

연습문제

10.1. $Prob$(에이스 0번) $= 57.87\%$; $Prob$(에이스 1번) $= 34.72\%$.

10.3. $\nu = 0, 1, \ldots, 4$에 대해서 $Prob$(4번 던지기에서 ν번 에이스) $= 48.23$, 38.58, 11.57, 1.54, 그리고 0.08%이다. 그림 A 10.3을 참조하라.

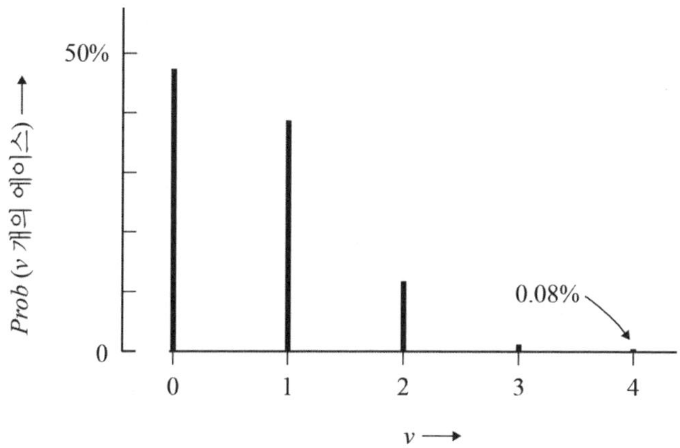

그림 A 10.3

10.5. 이항 계수 $\binom{3}{\nu}$는 $\nu = 0, 1, 2, 3$에 대해서 $1, 3, 3, 1$이다.

$$(p+q)^3 = \sum_{\nu=0}^{3} \binom{3}{\nu} p^{\nu} q^{(3-\nu)} = q^3 + 3pq^2 + 3p^2q + q^3.$$

10.7. $\nu = 0, 1, \ldots, 4$에 대해서 $B_{4,\,1/2}(\nu) = 6.25, 25, 37.5, 25, 6.25\%$ 이다. 그림 10.2를 참조하라.

10.9. $\nu = 0, 1, \ldots, 6$에 대해서 $Prob$(6번 뽑기에서 하트 ν장) $= 17.8$, 35.6, 29.7, 13.2, 3.3, 0.4, 0.02%이다.

10.11. (a) 40, 40, 16, 3.2, 0.3, 0.01%. (b) 3.5%. (c) 0.08%.

10.13.

$$B_{n,\,1/2}(n-\nu) = \frac{n!}{(n-\nu)!\,[n-(n-\nu)]!}\left(\frac{1}{2}\right)^n$$

$$= \frac{n!}{\nu!(n-\nu)!}\left(\frac{1}{2}\right)^n = B_{n,\,1/2}(\nu).$$

10.15. (a)

$$\sigma_\nu^2 = \overline{(\nu - \bar{\nu})^2}$$

$$= \sum f(\nu)(\nu-\bar{\nu})^2 = \sum f(\nu)\left[\nu^2 - 2\nu\bar{\nu} + (\bar{\nu})^2\right]$$

$$= \sum f(\nu)\nu^2 - 2\bar{\nu}\sum f(\nu)\nu + (\bar{\nu})^2 \sum f(\nu)$$

$$= \overline{\nu^2} - 2\bar{\nu}\bar{\nu} + (\bar{\nu})^2 = \overline{\nu^2} - (\bar{\nu})^2.$$

(b) 우리는 $\bar{\nu} = np$라는 것을 이미 알고 있다. $\overline{\nu^2}$를 구하기 위해서 우리는 어떤 p와 q에 대해서도

$$(p+q)^n = \sum \binom{n}{\nu} p^\nu q^{n-\nu}$$

라는 것을 지적하고자 한다. 만약 독자들이 이 방정식을 p에 대해서 두 번 미분하고, 전체를 p^2으로 곱한 다음 $p+q=1$로 놓으면

$$n(n-1)p^2 = \sum \nu(\nu-1)\binom{n}{\nu} p^\nu q^{n-\nu}$$

$$= \sum \nu^2 B_{n,\,p}(\nu) - \sum \nu B_{n,\,p}(\nu) = \overline{\nu^2} - \bar{\nu}.$$

라는 것을 알게 된다. $\bar{\nu} = np$이기 때문에 이 결과는 우리에게 $\overline{\nu^2} = n(n-1)p^2 + np$라는 것을 가르쳐준다. 이 결과를 문항 (a)에 대입하면 σ_ν^2을 $np(1-p)$로 산출해준다.

10.17. 9.68% (가우스 근사); 9.74% (적확한 값)

10.19. $Prob$(9 혹은 10번 승리) = 1.07%이기 때문에 증거는 유의하다. 그러나 아슬아슬하지만 아주 유의하지는 않다.

10.21. $Prob$(ν개 발아) = $B_{100,\,1/4}(\nu) \approx G_{25,\,4.33}(\nu)$. 그러므로

$Prob$(32개나 그 이상 발아) $\approx Prob_{\text{Gauss}}(\nu \geq 31.5)$

$= Prob_{\text{Gauss}}$(평균보다 1.5σ 이상) = 6.7%

이다. 이 검증은 아슬아슬하게 유의하지 **않다**.

[제11장]

즉시 점검

QC11.1. 1시간당 평균 개수는 $\mu = 0.75$ 이다. $\nu = 0, \ldots, 3$ 에 대해서 $Prob$ (1시간당 ν개의 달걀) = 47.2, 35.4, 13.3, 3.3% 이다. $Prob$(달걀 4개 이상) = 0.7%. 가장 확실한 개수는 0이고 적확하게 0.75개의 달걀을 얻을 확률은 0이다.

QC11.2. 10시간 동안에 기대되는 평균 개수는 9 ± 3 이다. 생산율은 $R = 0.9 \pm 0.3$ 개/시간이다.

연습문제

11.1. 그림 A 11.1에 보인 바와 같이 $\nu = 0, 1, \ldots, 6$ 에 대해서 $P_{0.5}(\nu) =$ 60.65, 30.33, 7.58, 1.26, 0.16, 0.02, 0.001 이다.

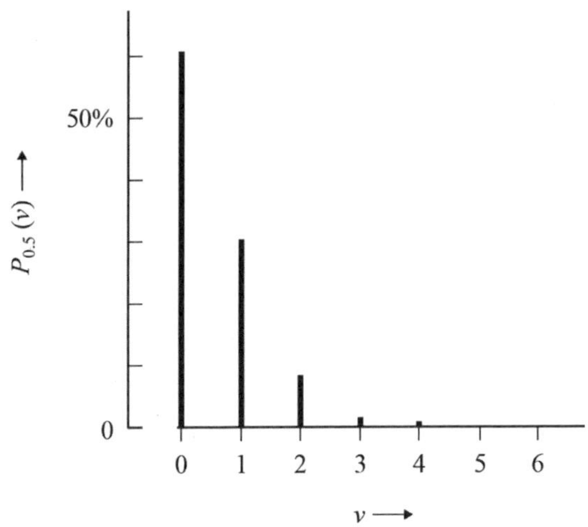

그림 A 11.1

11.3. (a) $\mu = 1.5$. (b) $\nu = 0, 1, 2, 3$ 에 대해서 $P_{1.5}(\nu) =$ 22.3, 33.5, 25.1, 12.6% 이다. (c) $Prob$(4개 혹은 그 이상 붕괴) = 6.6%.

11.5. 그림 A 11.5에서 수직 막대는 관측된 분포를 보여준다. 기대되는 푸아

송 분포 $P_3(\nu)$는 시선을 유도하기 위해서 연속적인 곡선으로 연결되었다. 적합도는 아주 우수해 보인다.

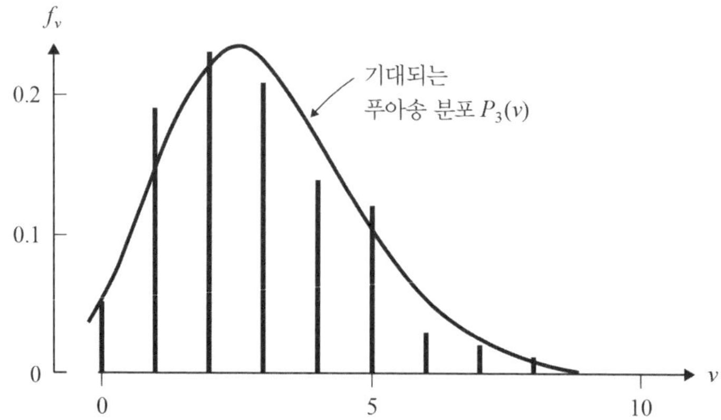

그림 A 11.5

11.7. (a) 3. (b) $P_9(7) = 11.7\%$ 등등. (c) $Prob(\nu \le 6$ 혹은 $\nu \ge 12)$ $= 40.3\%$. (d) 결과가 12만큼이나 벗어나는 것은 그렇게 놀랍지 않으며 따라서 $\mu = 9$라는 것을 의문 시할 이유가 전혀 없다.

11.9. (a) 만약 (11.15)를 μ에 대해서 두 번 미분하고 그 결과에 μ^2을 곱한다면 다음 방정식이 얻어진다.

$$0 = \mu^2 - 2\mu\sum\nu P_\mu(\nu) + \sum(\nu^2 - \nu)P_\mu(\nu)$$

$$= \mu^2 - 2\mu\bar{\nu} + (\overline{\nu^2} - \bar{\nu}) = \overline{\nu^2} - \mu^2 - \mu,$$

이것으로부터 원하는 결과가 나온다. (b) (11.7)에 대입하면 독자들은 주장하여진 대로

$$\sigma_\nu^2 = (\mu^2 + \mu) - \mu^2 = \mu,$$

를 얻어야만 한다.

11.11. $Prob(\nu) = e^{-\mu}\mu^\nu/\nu!$. 이 값은 μ에 대한 도함수가 0일 때 최대가 된다. 도함수는 $(\nu - \mu)e^{-\mu}\mu^{(\nu-1)}/\nu!$인데 이것은 $\mu = \nu$일 때 주장하여진 대로 0이 된다.

11.13. SD가 20이기 때문에 $P_{400}(\nu) \approx G_{400,\,20}(\nu)$이다. 가장 간단한 논증으로 $Prob(380 \le \nu \le 420)$은 대응하는 가우스 확률로 근사할 수 있다. 이것

은 평균에서 SD의 1배 범위 안에 결과가 놓일 바로 그 확률이고 잘 알려진 대로 68.27%이다. 이 값은 적확한 값 69.47%에 비교하여 못하지 않다. 만약 우리가 (가우스 분포는 ν를 연속 변수로 취급한다는 것을 감안하기 위해) $379.5 \le \nu \le 420.5$에 대해서 가우스 확률을 계산한다면 우리는 더 좋은 결과를 얻을 수 있다. 그 값은 부록 A의 도움을 받아서 69.46%에 가까운 것으로 알아낼 수 있는데 실로 놀라운 일치이다. 적확한 분포는 $e^{-400}400^{\nu}/\nu!$인데 380에서 420 범위에 있는 ν를 가지고 세 개 중 어느 하나의 인자를 계산할 때 대부분의 계산기는 넘치게 된다.

11.15. 관측된 값들을 얻을 확률은

$$Prob(\nu_1, \ldots, \nu_N) = P_\mu(\nu_1)P_\mu(\nu_2)\ldots P_\mu(\nu_N)$$
$$= e^{-N\mu}\frac{\mu^{(\nu_1+\ldots+\nu_N)}}{\nu_1!\ldots\nu_N!}$$

이다. 확률이 최대가 되는 μ의 값을 알아내려면, 이 확률을 μ에 대해서 미분하고 $\mu = \sum\nu_i/N$일 때 도함수가 0이 된다는 것에 주목하면 된다.

11.17. (a) 400 ± 20. (b) 10.0 ± 0.5 개/초.

11.19. 8.75 ± 1.1 개/분. 이 값은 통기관이 오염되었다는 유력한 증거가 된다.

11.21. (a) 이 학자가 시간 T_{tot} 동안에 센 개수는 근사적으로 $\nu_{\text{tot}} = r_{\text{tot}}T_{\text{tot}}$이고, 그것의 불확실성은 $\delta\nu_{\text{tot}} = \sqrt{\nu_{\text{tot}}} = \sqrt{r_{\text{tot}}T_{\text{tot}}}$이다. 그다음으로 이 학자는 R_{tot}를 $\nu_{\text{tot}}/T_{\text{tot}}$로 계산하는데, 따라서 불확실성은 $\delta R_{\text{tot}} = \delta\nu_{\text{tot}}/T_{\text{tot}} = \sqrt{r_{\text{tot}}/T_{\text{tot}}}$로 주어진다. 마찬가지 방법으로 우리는 R_{bgd}를 구할 수 있고 그것의 불확실성은 $\delta R_{\text{bgd}} = \sqrt{r_{\text{bgd}}/T_{\text{bgd}}}$로 주어진다. 끝으로 이 학자는 원천의 셈율을 $R_{\text{sce}} = R_{\text{tot}} - R_{\text{bgd}}$로 계산하는데 그 불확실성은

$$(\delta R_{\text{sce}})^2 = (\delta R_{\text{tot}})^2 + (\delta R_{\text{bgd}})^2 = \frac{r_{\text{tot}}}{T_{\text{tot}}} + \frac{r_{\text{bgd}}}{T_{\text{bgd}}}$$

에 의해서 주어진다. 불확실성을 가능한 한 가장 작게 만들기 위해서, 이 학자는 $T_{\text{bgd}} = T - T_{\text{tot}}$를 대입하고 그다음에 방정식을 T_{tot}에 대해서 미분한다. 결과로 나오게 되는 도함수는 $-r_{\text{tot}}/T_{\text{tot}}^2 + r_{\text{bgd}}/T_{\text{bgd}}^2$이고, 그래서 이 도함수는 $T_{\text{tot}}/T_{\text{bgd}} = \sqrt{r_{\text{tot}}/r_{\text{bgd}}}$일 때 주장한 바와 같이 0이 된다. (b) $T_{\text{tot}} = 1.5$ 시간; $T_{\text{bgd}} = 0.5$ 시간.

[제12장]

즉시 점검

QC12.1. 기대되는 수= 16, 34, 34, 16; $\chi^2 = 1.6$. 측정값들이 정규적으로 분포되었다는 것을 의심할 이유가 없다.

QC12.2. $d = 1$; $\tilde{\chi}^2 = 1.6$.

QC12.3. 0.7%. 측정값들이 정규적으로 분포되지 **않았다**는 것에 대한 증거로는 아주 유의하다.

연습문제

12.1. 기대되는 수 = 7.9, 17.1, 17.1, 7.9; $\chi^2 = 10.0$. $\chi^2 \gg n$이기 때문에 측정값들이 정규적으로 분포되었을 가능성은 거의 없다.

12.3. 각 칸에서 기대되는 수 = 40; $\chi^2 = 15.85$. $\chi^2 \gg n$이기 때문에 주사위는 거의 확실하게 왜곡되었을 것이다.

12.5. (a) k번째 칸에서 기대되는 붕괴의 수는 시간 $(k-1)T$에서 kT 사이에 붕괴하는 수인데 이것은

$$\begin{aligned} E_k &= N([k-1]T) - N(kT) \\ &= N_0 e^{-(k-1)T/\tau} - N_0 e^{-kT/\tau} = N_0\left(e^{T/\tau} - 1\right)e^{-kT/\tau} \end{aligned}$$

이어야만 한다.

(b) 기대되는 개수= 515.2, 189.5, 69.7, 25.6, 15.0; $\chi^2 = 1.8$. 이 학생의 결과는 지수적 붕괴 법칙과 일관적이다.

12.7. 연습문제 12.2에 대해서 $c = 3$, $d = 1$; 연습문제 12.3에 대해서 $c = 1$, $d = 5$; 연습문제 12.4에 대해서 $c = 1$, $d = 2$이다.

12.9.

d	1	2	3	4	5	10	15	20	30
$\tilde{\chi}^2_{\text{crit}}$	6.6	4.6	3.8	3.3	3.0	2.3	2.0	1.9	1.7

12.11. $\tilde{\chi}^2 = 3.17$. 이만큼 큰 $\tilde{\chi}^2$의 값을 얻을 확률은 0.7%이다. 그래서 우리는 주사위는 5%와 1% 수준 모두에서 왜곡되었다고 결론 내릴 수 있다.

12.13. $\chi^2 = 2.74$; $d = 6$; $\tilde{\chi}^2 = 0.46$. 데이터는 기대되는 푸아송 분포와 일관

적이다.

12.15. (a) 총 득점 $2, 3, \ldots, 12$에 대한 확률은 $\frac{1}{36}, \frac{2}{36}, \ldots, \frac{6}{36}, \ldots, \frac{1}{36}$ 이다. (b) $\chi^2 = 19.8$; $d = 10$; $\tilde{\chi}^2 = 1.98$. (c) $\tilde{\chi}^2$의 값이 1.98 이상으로 얻어질 확률은 3.1%이다. (d) 5% 수준에서 우리는 주사위가 왜곡되었다고 결론내릴 수 있는데 1% 수준에서는 그렇게 할 수 없다.

12.17. (a) $\chi^2 = 2.25$; $Prob(\chi^2 \geq 2.25) = 13\%$이고, 그래서 그 차이는 유의하지 않다. 적확한 계산은 $Prob(\nu \geq 11) + Prob(\nu \leq 5) = 21\%$로 산출해준다. 두 방법은 단지 아주 근사적으로만 일치한다. (b) $\chi^2 = 6.25$; $Prob(\chi^2 \geq 6.25) = 1.2\%$이고, 그래서 그 차이는 5% 수준에서 유의하다. (가우스 근사를 이용한) "적확한" 계산은 $Prob(\nu \geq 224.5) + Prob(\nu \leq 175.5) = 1.4\%$로 산출해준다. 두 가지 방법은 상당히 잘 일치한다. (c) 조정된 χ^2은 1.56이고 $Prob(\chi^2 \geq 1.56) = 21.2\%$인데 적확한 답인 21.0%와 탁월하게 일치한다.

| 찾아보기 |

ㅈ

ㅊ

ㅋ

ㅌ

ㅍ

ㅎ

| 국문-영문 용어 대비 표 |

68% 믿음 한계	68% confidence limit
$B_{n,p}(\nu)$, 이항 분포	$B_{n,p}(\nu)$, binomial distribution
Erf(t), 정규 오차 적분	Erf(t), normal error integral
$G_{X,\sigma}(x)$, 가우스 함수	$G_{X,\sigma}(x)$, Gauss function
$P_{\mu}(\nu)$, 푸아송 분포	$P_{\mu}(\nu)$, Poisson distribution
RMS 편차	RMS deviation
r, 상관 계수	correlation coefficient
x에 대한 최량의 추정값	best estimate for x
x와 y의 공분산	σ_{xy}
가설	hypothesis
가설 검정	hypothesis testing
가우스 근사	Gaussian approximation
가우스 분포	Gauss distribution
가우스 함수	Gauss function
가장 작은 확실한 값	smallest (lowest) probable value
가장 잘 맞는	best fit
가장 큰 확실한 값	largest (highest) probable value
가중 최소제곱	weighted least-squares
가중 최소제곱 맞추기	weighted least-squares fit
가중 평균	weighted average
가중 합	weighted sum
간단명료한	straightforward
개연 오차	probable error
거듭제곱	power
거의 확실한	probable
거의 확실한 범위	probable range

거품 상자	bubble chamber
검정	testing
검정, 검정하다	test
결과	result
결정 계수	coefficient of determination
계량기	meter
계통 오차	systematic error
곡선들에 최소제곱 맞추기	least-squares fit to curves
곱	products
곱과 몫	products and quotients
곱에서의 유효 숫자	significant figures in products
공분산	covariance
공인된 값	accepted value
관측, 관측값	observation
관측된 값	observed value
광자의 에너지	photon energy
광전 효과	photoelectric effect
구축	construction
굴절률	refractive index
귀무 가설	null hypothesis
극값	extreme value
극단, 극단적인	extreme
극한 분포	limiting distribution
기댓값, 기대되는 값	expected value
기대되는	expected
기호	symbol
논거, 논증	argument
눈금	scale
눈금 맞추기	calibration
눈금 맞추다	calibrate

눈금 표지	scale marking
늘어남, 늘어난 길이	extension
다변수 함수	function of several variables
다중 회귀	multiple regression
다항식 회귀	polynomial regression
단순 흔들이	simple pendulum
단일 변수 함수	function of one variable
데이터의 기각	rejection of data
독립, 독립적인	independent
독립 랜덤 오차	independent random errors
독립 오차	independent errors
독립 불확실성	independent uncertainty
랜덤 오차	random errors
로런츠형 분포	Lorentzian distribution
막대 히스토그램	bar histogram
모집단 표준 편차	population standard deviation
모집단	population
몫, 비율	quotient
무너지다	breakdown
무시할 만한	negligible
무의미한	insignificant
무의미한 불일치	insignificant discrepancy
물리량, 양, 수량	quantity
믿음 한계	confidence limit
밀리컨의 e의 측정	Millikan's measurement of e
바깥 채우기	extrapolation
바깥 채우다	extrapolate
반값반폭	half width at half maximum, HWHM
반값온폭	full width at half maximum, FWHM
반올림	rounding

받아들이다	accept
받아들여짐	acceptability
발생	occurrence
방사능 붕괴	radioactive decay
방정식	equation
방출률	rate of emission
배경 사건	back ground event
배경을 감하기	subtracting a background
배열	layout
백분율 불확실성	percentage uncertainty
벗어난	deviant
변동	variation
별도의	separate
보상 오차	compensating errors
보통 합	ordinary sum
부모 분포	parent distribution
부모 집단	parent population
부분 불확실성	partial uncertainty
부호	sign
분산	variance
분수거듭제곱	fractional power
분포	distribution
불변성	constancy
불일치	discrepancy
불확실성	uncertainty
불확실성에 대한 확신 수준	confidence level for uncertainty
불확실성의 전파	propagation of uncertainty
붕괴	decay
붕괴율	decay rate
비	ratio

비율	fraction
비율 불확실성	fractional uncertainty
비일관적	inconsistent
비파라미터적 검정	nonparametric tests
사건	event
사격 훈련	target practice
사실적인, 실제적인	realistic
사이 채우기	interpolation
사이 채우다	interpolate
산점도	scatter plot
상당히 확신하는	reasonably confident
상계	upper bound
상관 계수	coefficient of correlation, correlation coefficient
상관관계	correlation
상대 불확실성	relative uncertainty
서로 관련이 없는	uncorrelated
선도 숫자	leading digit
선형 그래프	linear graphs
선형 상관관계	linear correlation
선형 회귀	linear regression
선형화	linearization
성분	entry
세다	count
세기, 셈	counting
셈 실험	counting experiments
셈율	counting rate
세어진 수	counted number
소수점	decimal point
쇼브네트의 판정기준	Chauvenet's criterion
수셈	count

수량화하다, 정량화하다	quantify
슈바르츠 부등식	Schwartz inequality
스넬의 법칙	Snell's law
스튜던트의 t 분포	Student's t distribution
시그마 기호 Σ	sigma notation, Σ
시차(視差)	parallax
식(式)	expression
신뢰도, 신뢰성	reliability
신뢰할 수 있는	reliable
실험적 불확실성	experimental uncertainty
아르키메데스의 문제	Archimedes' problem
아주 유의한 검정 (1%)	highly significant test (1%)
양립할 수 있는	compatible
양쪽꼬리 확률	two-tailed probability
여론 조사	opinion poll
오차	error
오차 막대	error bar
오차의 계통 성분	systematic component of error
오차의 단계적 전파	step-by-step propagation of errors
오차의 랜덤 성분	random component of error
오차의 범위	margin of error
오차의 전파	propagation of errors
오차 전파	error propagation
오차 함수	error function
온도의 절대 영도	absolute zero of temperature
우연	chance
우주선	cosmic rays
원점	origin
원천	source
유의성 수준	significance level

유의한 검정	significant test (5%)
유의한 불일치	significant discrepancy
유의한 상관관계	significant correlation
유효 숫자	significant figures
음의 상관관계	negative correlation
이산 분포	discrete distributions
이차 합	quadratic sum
이항	binomial
이항 계수	binomial coefficient
이항 급수	binomial series
이항 분포	binomial distribution
이항 전개	binomial expansion
이항 정리	binomial theorem
인자	factor
인정하다	accept
일관적인	consistent
일반 상대론	general relativity
일반 상대성 이론	theory of general relativity
일치	agreement
임계각	critical angle
자유도	degrees of freedom
작업 가설	working hypothesis
잔차	residual
저울	scale
적확하게	exactly
적확한	exact
적확한 수	exact number
전체집단 분포	universe distribution
절대 불확실성	absolute uncertainty
점검, 검사, 대조	check

정규 밀도 함수	normal density function
정규 방정식	normal equations
정규 분포	normal distribution
정규 오차 적분	normal error integral
정규 오차 함수	normal error function
정규적으로 분포된 측정들	normally distributed measurements
정규화	normalization
정규화 조건	normalization condition
정당화	justification
정밀도	precision
정밀한	precise
정의의 문제	problems of definition
정확한	accurate
제곱근	square root
제곱근 규칙	square-root rule
제곱근평균제곱	root-mean-square (RMS)
제곱하여 더하기	addition in quadrature
제곱 합	sum in quadrature
제약 조건	constraints
조정되는	justified
조정된 카이제곱	adjusted chi squared
종 모양	bell-shaped
즉시 점검	quick check
지수 분포	exponential distribution
지수 함수	exponential function
직선 그래프	straight-line graphs
직선에 최소제곱 맞추기	least-squares fit to a line
직접 측정	direct measurements
직접 더하기	straight addition
짐	load

차(差), 차분, 차이	difference
차례곱	factorial
차례곱 함수	factorial function
차(差)에서의 불확실성	uncertainty in differences
참값	true value
참 오차	true error
척도	scale
천칭	balance
최대 가능도	maximum likelihood
최대 가능도의 원리	principle of maximum likelihood
최량의 추정값	best estimate, x_{best}
최소제곱	least-squares
최소제곱법	method of least-squares,
최소제곱 추정값	least-squares estimates
추정값	estimate
추정하다	estimate
축소 카이제곱	reduced chi squared, $\tilde{\chi}^2$
출현	outcome
측도	measure
측정된 값	measured value
측정, 측정값	measurement
측정하다	measure
카이제곱	chi squared, χ^2
카이제곱 검정	chi-squared test
카트	cart
칸	bin
칸의 선정	choice of bin
칸 히스토그램	bin histogram
통계적 가설	statistical hypothesis
편미분	partial differentiation

편차	deviation
평균	average, mean
평균의 불확실성	uncertainty of the mean
평균의 표준 편차	standard deviation of mean, $\sigma_{\bar{x}}$, SDOM
평균 편차	average deviation
폭 파라미터	width parameter σ
표기	notation
표본	sample
표본 표준 편차	sample standard deviation
표제	heading
표준 오차	standard error
표준 편차	standard deviation, σ_x, SD
표지	marking
푸아송	Poisson
한쪽꼬리 확률	one-tailed probability
합	sum
합과 차	sums and differences
합리적인	reasonable
확률 분포	probability distribution
확신, 믿음	confidence
확신하는	confident
확정된 평균 비율	definite average rate
회귀	regression
회귀 직선	line of regression, regression line
흔들이	pendulum
흡수 계수	absorption coefficient
히스토그램	histogram

존 테일러(John R. Taylor)

지은이는 볼더(Boulder)에 있는 콜로라도 주립대학교의 물리학 교수이면서 대통령 교육 석좌 교수이다. 케임브리지 대학교에서 학사 학위를 받았고 미국 버클리(Berkeley)에 있는 캘리포니아 주립대학교에서 물리학 박사 학위를 받았다. 1966년에 콜로라도 주립대학교의 교수가 되었고, 그곳에서 양자산란 이론과 양자론의 기초 등에 대해서 연구하였다. 테일러 교수는 많은 교육상을 수상하였으며, 미국물리학저널(American Journal of Physics)의 부편집인을 역임하였다. "Physics 4 Fun"이라는 TV 시리즈로 에미상(Emmy Award)을 받았고 콜로라도주에 있는 4만여 명의 학생들을 대상으로 "Mr. Wizard(마법사)" 강의를 실시하였다. 또한 테일러 교수는 세계 7개 주요 언어로 번역된 『오차 분석 입문』을 포함해서 세 권의 교재를 집필하였다.

김재관

옮긴이는 서울대학교 공과대학 건설환경공학부 교수 및 한국지진공학회 회장(2013. 3 ~ 2015. 3)을 역임하였다.

Part II의 주요 공식

가중 평균 (7장)

만약 $x_1, \ldots, x_N$이 같은 물리량 x에 대한 측정값들이고, 불확실성이 $\sigma_1, \ldots, \sigma_N$으로 알려져 있다면, x에 대한 최량의 추정값은 가중 평균

$$x_{\text{wav}} = \frac{\sum w_i x_i}{\sum w_i} \qquad \text{(p. 276)}$$

로 주어진다. 여기서 가중치 $w_i = 1/\sigma_i^2$이다.

직선에 최소제곱 맞추기 (8장)

만약 $(x_1, y_1), \ldots, (x_N, y_N)$이 데이터의 측정된 짝들이라면, 이 N개의 점에 가장 잘 맞는 직선 $y = A + Bx$의 계수들은

$$A = [(\sum x_i^2)(\sum y_i) - (\sum x_i)(\sum x_i y_i)]/\Delta,$$
$$B = [N(\sum x_i y_i) - (\sum x_i)(\sum y_i)]/\Delta$$

로 주어진다. 여기서

$$\Delta = N(\sum x_i^2) - (\sum x_i)^2 \qquad \text{(p. 288)}$$

이다.

공분산과 상관관계 (9장)

N개의 데이터 짝 $(x_1, y_1), \ldots, (x_N, y_N)$의 공분산은

$$\sigma_{xy} = \frac{1}{N}\sum_{i=1}^{N}(x_i - \bar{x})(y_i - \bar{y}) \qquad \text{(p. 332)}$$

이다. 선형 상관 계수는

$$r = \frac{\sigma_{xy}}{\sigma_x \sigma_y} = \frac{\sum (x_i - \bar{x})(y_i - \bar{y})}{\sqrt{\sum (x_i - \bar{x})^2 \sum (y_i - \bar{y})^2}} \qquad \text{(p. 340)}$$

이다. r의 값이 1 혹은 -1에 가깝다는 것은 선형적으로 서로 관련 있을 가능성이 유력하다는 것을 가리키고, r의 값이 0 근방에 있다면 서로 관련이 거의 없거나 전혀 없다는 것을 가리킨다. (r에 대한 확률에 대해서는 부록 C를 참조하라.)

이항 분포 (10장)

한 번 시행에서 "성공"할 확률이 p이면 n번의 시행에서 ν번 성공할 확률은 이항 분포